U0153741

半導體元件物理學

PHYSICS OF SEMICONDUCTOR DEVICES
FOURTH EDITION

—— 第四版 上冊 | Volume.1 ——

施敏、李義明、伍國珏 —— 著

顧鴻壽、陳密 —— 譯

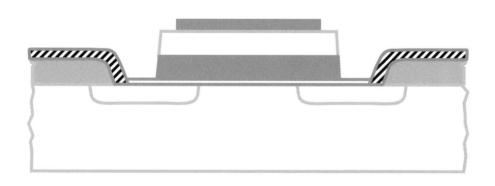

序言

自 1947 年貝爾電話實驗室研究團隊（現在為諾基亞貝爾實驗室）發現電晶體效應以來，半導體元件領域快速成長。隨著此領域的發展，半導體元件的文獻逐漸增加並呈現多元化，要吸收這方面的大量資訊，需要一本完整介紹元件物理及操作原理的書籍。

第一版、第二版與第三版的 *Physics of Semiconductor devices*《半導體元件物理學》分別在 1969 年、1991 年與 2007 年發行以符合如此的需求。令人驚訝的是，本書長期以來一直為主修應用物理、電機與電子工程，以及材料科學的大學研究生的主要教科書之一。由於本書包括許多在材料參數及元件物理上的有用資訊，因此也適合研究與發展半導體元件的工程師及科學家們當作主要參考資料。直到目前為止，本書仍為被引用最多次的書籍之一，在當代工程以及應用科學領域上，已被引用超過 55,000 次(Google Scholar)[*]。

自從本書上一版在 2007 年出版後，已有超過 1,000,000 篇與半導體元件相關的論文被發表，並且在元件概念及性能上有許多突破，顯然需要推出更新版以繼續達到本書的功能。在第四版的 *Physics of Semiconductor devices* 中，有超過 50% 的材料資訊已經被校正或是被更新，並將這些材料資訊全部重新整理。我們保留了基本的元件物理，加上許多當代感興趣的元件，例如負電容、穿隧場效電晶體、多層單元與三維的快閃記憶體、氮化鎵調變摻雜場效電晶體、中間能帶太陽能電池、射極關閉晶閘管、晶格—溫度

---

[*] 編按：本書於中文版翻譯完成時，引用次數已超過 63,800 次。

方程式等，亦在每章後增加大量問題集，幫助整合主題的發展，而某些問題可以在課堂上作為教學範例。

在撰寫這本書的過程，我們有幸得到許多人幫助及支持。首先，我們對於自己所屬的學術單位國立陽明交通大學表示謝意，沒有學校的支持，本書將無法完成；也感謝台灣高等教育深耕計畫第 2 部分—特色領域研究中心—毫米波智慧雷達系統與技術研究中心，以及交大思源基金會的經費資助。

以下學者在百忙中花了不少時間校閱本書並提供建議，使我們獲益良多，績效屬於下列學者：M. Ancona, T.-C. Chang, C.-H. Chaing, Y.-S. Chauhan, K. Endo, M.-Y. Lee, Y.-J. Lee, P.-T. Liu, T. Matsuoka, M. Meyyappan, N. Mori, S. Samukawa, A. Schenk, N. M. Shrestha, P.-H. Su, T. Tanaka, V. Rajagopal Reddy, 以及 D. Vasileska。我們也感謝各期刊以及作者允許我們重製並引用他們的原始圖。

我們很高興地感謝 C.-H. Chen, C.-Y. Chen, S. R. Kola, Y.-C. Lee, C.-C. Liu, W.-L. Sung, N. Thoti 及 Y.-C. Tsai 等協助製備這份原稿。我們更進一步地感謝 Min-Hui Chuang, Norman Erdos 及 Ju-Min Hsu 協助整理原稿的技術編輯。在 John Wiley 以及 Sons，感謝 Sarah Keegan 鼓勵我們進行這個計畫。最後，對我們的妻子 Therese Sze 以及 Linda Ng 在寫作這本書過程的支持及幫助表示謝意。本書作者李義明教授將本書獻給他的母親黃蔥女士，黃女士於 2019 年 6 月過世。

施敏
台灣 新竹

李義明
台灣 新竹

伍國珏
美國 北卡羅來納州 教堂山

2020 年 2 月

譯者序一

　　本書為施敏教授、李義明教授與伍國珏博士所撰寫《半導體元件物理學》（Physics of Semiconductor Devices）第四版的中譯本，在 2022 年順利出版面市。相較於第三版《半導體元件物理學》中譯本上、下冊分別在 2008 年及 2009 年發行，這十幾年半導體元件概念、尺寸及性能都有許多突破。本版本中保留了基本的元件物理，但更新超過 50% 的資訊，加上許多當代感興趣的元件，例如負電容、穿隧場效電晶體、多層單元與三維的快閃記憶體、氮化鎵調變摻雜場效電晶體、中間能帶太陽能電池、射極關閉晶閘管等。

　　近年來半導體積體電路的應用領域已由微電子、資訊、通訊等，推展至在人工智慧、大數據、雲端運算、物聯網、機器人、5G 與固態硬碟等領域的應用，彰顯了各種不同半導體積體電路元件的重要性，亦使非揮發性記憶體成為關鍵性半導體元件之一。自 2019 年新冠疫情來臨，全球產業面臨前所未有的衝擊，對半導體晶片的需求大增，台灣的半導體產業引發全球注目，各大學院校也紛紛成立半導體學院培育產業所需人才，《半導體元件物理學》第四版英文版於 2021 年出版，適逢其時，引發全球半導體相關領域讀者的關注與重視。本書編輯的內容相當詳實而易懂，長期以來成為全球各國大學部及研究所選用的教科書之一，並成為研習半導體元件理論必備的寶典級專業書籍。由於本書包括許多在材料參數及元件物理上的有用資訊，因此也適合研究與發展半導體元件的工程師及科學家們當作主要的參考資料。

　　本人與有榮焉受恩師施敏教授的邀請，參與翻譯本書的工作，是我一生中的莫大榮幸，在工業技術研究院服務以及國立交通大學博士班就讀期間，經常有機會與施敏教授互動，對教授的授課、教導與教誨，內心一直滿懷感恩與敬佩，並引以爲我個人處事的楷模與典範。本人誠摯地期望本書中文版的完成與出版，可以協助讀者簡要並有效率地學習半導體元件物理，並嘉惠在校學子們以及目前服務於半導體產業界的工程師與研發人員，如此方可不負恩師編撰此書籍的用心，以及所託付的任務。

顧鴻壽
謹識於台灣淡水
2022 年 4 月

譯者序二

　　本人與有榮焉受施敏教授的邀請，參與翻譯本書，甚感榮幸。在國立交通大學博士班就讀期間，雖未曾有機會與施敏教授互動，但在 90 年代，台灣新竹科學園區許多廠商正在新創階段，對半導體人才需求孔急，有許多原本在美國半導體大廠工作的同學得知施敏教授返台在國立交通大學任職，也對台灣半導體產業的發展有了信心，而返台加入台灣半導體產業。回顧三十年來，台灣半導體產業在全球已經佔有舉足輕重的地位，施敏教授對學子及半導體人才的培育與影響力功不可沒。與施敏教授有較深互動是本人在 2016 年主辦「群聯電子大師級講座 —— 邂逅數位電子時代」邀請施敏教授至明新科大演講，由群聯公司贊助經費；2017 年受安徽大學邀請至合肥參加半導體國際研討會有幸與施敏教授交流。施老師充滿學者風範，卻平易近人，是我最佩服的地方。

　　在學校教授「半導體製程與技術」課程近二十年，半導體元件概念、尺寸以及性能都已在近年有許多突破，此時出版《半導體元件物理學》第四版，對課程教材的更新會有莫大助益。惟目前學生閱讀原文書籍較為吃力，皆深深期待中文翻譯版本早日出版，協助在校學子們以及目前從事半導體產業工作的工程師與研發人員，簡要並有效率地學習半導體元件物理的內容。

　　自 2021 年 5 月開始翻譯本書，期間正逢台灣新冠疫情嚴峻之時，除了線上授課外，無法外出，大部分時間可以沉澱自己、專心譯書。本翻譯書得以順利出版，要感謝我貼心的碩士班學生吳承錡同學，在忙碌於碩士論文之餘同時協助中文打字。小女兒文舒犧牲週末與工作閒暇時間，協助中文打字與文字公式等編排。大女兒子念在 8 月自日本返台後，協助更新圖表中文版本與公式繕打。也謝謝國立陽明交通大學出版社程惠芳小姐的協助。本書在翻譯過程雖經多次斟酌與校對，兼顧與原版書籍的原意與文字流暢性，但本書內容豐富，且部分內容新穎，難免有疏漏之處，請各位讀者不吝指教。部分專有名詞目前無相關中文資料參考，為了維持各章節專有名詞一致性，盡量參考「國家教育研究院之雙語詞彙、學術名詞暨辭書資訊網」的中文翻譯名詞。

再次感謝施敏教授，本人才有機會翻譯本書，也感謝本書原文作者之一國立陽明交通大學李義明教授與他的博士班學生莊閔惠同學提供完整的原版資料。期望本書能為半導體人才培育盡一份心力。

陳密
謹識於台灣新竹
2022 年 4 月

目錄

序言 3

譯者序一 5

譯者序二 7

導論 13

第一部分 半導體物理

第一章 半導體物理及特性——回顧篇

1.1 簡介 17
1.2 晶體結構 18
1.3 能帶與能隙 23
1.4 熱平衡狀態下的載子濃度 28
1.5 載子傳輸現象 40
1.6 聲子、光和熱特性 70
1.7 異質接面與奈米結構 77
1.8 基本方程式與範例 87

第二部分 元件建構區塊

第二章 *p-n* 接面

2.1 簡介 109
2.2 空乏區 110
2.3 電流—電壓特性 125
2.4 接面崩潰 139
2.5 暫態行爲與雜訊 155
2.6 終端功能 160
2.7 異質接面 170

導論

    本書的內容可分為五個部分，分別是半導體物理、元件建構區塊、電晶體、負電阻與功率元件，以及光子元件與感測器等部分。第一部分「**半導體物理**」包含第一章，總覽半導體的基本特性，作為理解以及計算元件特性的基礎，其中簡短地概述能帶、載子濃度及傳輸特性，並將重點放在兩個最重要的半導體：矽（Si）及砷化鎵（GaAs）。為便於參考，這些半導體的建議值或是最精確值將收錄於第一章的圖表及附錄之中。

    第二部分「**元件建構區塊**」包含第二章到第四章，論述基本的元件建構區段，這些基本的區段可以構成所有的半導體元件。第二章探討 *p-n* 接面的特性，因為 *p-n* 接面的建構區塊出現在大部分半導體元件中，所以 *p-n* 接面理論為半導體元件物理的基礎；該章也討論由兩種不同的半導體所形成的異質接面結構，例如使用砷化鎵 GaAs 及砷化鋁 AlAs 來形成異質接面。異質接面為高速元件與發光元件的關鍵建構區塊。第三章則論述金屬—半導體接觸，即金屬與半導體之間作緊密接觸。當與金屬接觸的半導體只作適當的摻雜時，此接觸產生類似 *p-n* 接面的整流作用。然而，對半導體作重摻雜時，則形成歐姆接觸。歐姆接觸可以忽略在電流通過時造成的電壓降，並讓任一方向的電流通過，可作為提供元件與外界的必要連結。第四章論述金屬—絕緣體—半導體 MIS 電容器，其中以矽材料為基礎的金屬—氧化物—半導體 MOS 結構為主。將表面物理的知識與 MOS 電容的觀念結合是很重要的，因為這樣不但可以了解與 MOS 相關的元件，像是金氧半場效電晶體（MOSFET）與浮動閘極非揮發性記憶體，同時也是因為其與所有半導體元件表面，以及絕緣區域的穩定度與可靠度有關。

　　第三部分「**電晶體**」以第五章到第八章來討論電晶體家族。第五章探討雙極性電晶體，即由兩個緊密結合的 *p-n* 接面間交互作用所形成之元件。雙極性電晶體爲最重要的初始半導體元件之一，因爲其可以視爲第三次工業革命（1947–2000 年）的技術驅動器，而開發了計算機、微晶片與衛星等。第六章討論金氧半場效電晶體是第四次工業革命（自 2000 年以來）*的重要技術驅動器。金氧半場效電晶體是先進積體電路中最重要的元件之一，並且廣泛地應用在微處理器以及動態隨機存取記憶體（DRAM）上。第七章論述非揮發性記憶體（特別是浮動閘極記憶體），其使得全球快速連結（手機）、人工智慧、大數據、雲端運算、物聯網、機器人與固態硬碟等得以發展。第八章介紹三種其它的場效電晶體：接面場效電晶體（JFET）、金屬半導體場效電晶體（MESFET）以及調變摻雜場效電晶體（MODFET）。JFET 是較早開發的元件，現在主要用在功率元件；而 MESFET 與 MODFET 則應用在高速、高輸入阻抗放大器，以及單晶微波積體電路上。

　　第四部分「**負電阻與功率元件**」從第九章到第十一章，探討負電阻以及功率元件。第九章討論穿隧二極體（重摻雜的 *p-n* 接面）和共振穿隧二極體（利用多個異質接面形成雙能障的結構）。這些元件顯示出由量子力學穿隧所造成的負微分電阻，它們可以產生微波或作爲功能性元件，也就是說可以大幅地減少元件數量而達到特定的電路功能。第十章討論傳渡時間和傳渡電子元件。當一個 *p-n* 接面或金屬－半導體接面操作在累增崩潰區的情況下，適當的條件可使其成爲衝擊離子化累增渡時二極體（IMPATT diode）。在毫米波頻率（即大於 30 GHz）下，IMPATT 二極體能夠產生所有的固態元件中最高的連續波（continuous wave, CW）功率輸出。轉移電子效應是導

---

* 自 18 世紀中葉以來，有四次工業革命，第一次工業革命自 1769 至 1830 年，詹姆士・瓦特（James Watt）發明的蒸汽引擎爲工業革命技術的驅動器，第二次工業革命自 1876 至 1914 年，湯瑪斯・愛迪生（Thomas Edison）發明的電燈泡是爲工業革命的技術驅動器。

電帶的電子從高移動率的低能谷，轉移到低移動率的高能谷（動量空間），利用此機制也可以產生微波振盪。閘流體基本上是由三個緊密串聯的 *p-n* 接面形成 *p-n-p-n* 結構，將於第十一章討論。本章也會討論金氧半控制閘流體（為 MOSFET 與傳統閘流體的結合）以及絕緣閘極雙極性電晶體（IGBT，為 MOSFET 與傳統雙極性電晶體的結合）。這些元件具有寬廣的功率處理範圍及切換能力，可以處理從幾個毫安培到數千安培的電流，以及超過6,000伏特的電壓。

第五部分「**光子元件與感測器**」，從第十二章到第十四章介紹光子元件（photonic device）與感測器。光子元件可以作為偵測、產生，或是將光能轉換為電能，反之亦然。第十二章中討論發光二極體 LED 及雷射等半導體光源，發光二極體有多方面的應用，例如作為電子設備與交通號誌上的顯示元件、手電筒及車前頭燈的照明元件等。半導體雷射則可用在光纖通訊、影視播放器及高速雷射印表機等。各種具有高量子效率與高響應速度的光偵測器將在第十三章討論。本章也會討論太陽能電池，其能夠將光能轉換成電能，與光感測器相似，但有不同的重點與元件配置。全世界的能源需求增加與化石燃料造成全球暖化，因此迫切需發展替代性能源。太陽能電池被視為主要的替代方案之一，因為其擁有良好的轉換效率，能夠直接將太陽光轉換為電，在低操作成本下提供幾乎無止境的能量，並且不會產生污染。第十四章討論重要的半導體感測器，感測器定義為可以偵測或量測外部訊號的元件，基本上訊號可區分為六種：電、光、熱、機械、磁以及化學類型，藉由感測器可以提供我們利用感官直接察覺這些訊號以外的其他資訊。基於感測器的定義，傳統的半導體元件都是感測器，因為它們具有輸入以及輸出的功能，而且兩者皆為電的型式。我們從第二章到第十一章討論電訊號的感測器，而第十二及第十三章則探討光訊號感測器。在第十四章，我們討論剩下四種訊號的感測器，即熱、機械、磁以及化學類型。

我們建議讀者先研讀半導體物理（第一部分）以及元件建構區段（第二部分），第三部分到第四部分的每一章皆討論單一個主要元件或其相關的元

件家族，而大致與其他章節獨立，所以讀者可以將這本書來當作參考書，且
老師可以在課堂上選擇適當的章節以及偏愛順序。半導體元件有非常多的文
獻，迄今已超過 1,500,000 篇的論文在這個領域中發表，而且預計在未來十
年間的總量可達到兩百萬篇。這本書的每一個章節皆以簡單和一致的風格來
闡述，沒有過於依賴原始文獻。然而，我們在每個章節最後仍廣泛地列出關
鍵性的論文以作爲參考，並提供進一步的閱讀。

第一章
半導體物理及特性：回顧篇
Physics and Properties of Semiconductors — A Review

1.1 簡介

　　半導體元件物理，無疑地和半導體材料本身的物理有關。本章摘錄及回顧半導體的基本物理與特性。有鑒於半導體相關的文獻很多，在此僅剖析其中的一小部分，包括與元件操作相關的主題。若讀者想更詳細了解半導體物理，請查閱相關教科書或參考摩拉 (Moll)[1]、密斯 (Smith)[2]、摩斯 (Moss)[3]、波爾 (Boer)[4]、席格 (Seeger)[5]、辛格 (Singh)[6]、托爾 (Taur)[7]、施 (Sze) 與李 (Lee)[8] 和濱口 (Hamaguchi)[9] 等人的著作。

　　為了將大量的資訊濃縮於一章，本書根據實驗數據編輯收錄超過三十個表（有些位於附錄中）及圖例。本章主要強調兩種最重要的半導體：矽 (Si) 與砷化鎵 (GaAs)。矽已經被廣泛地研究並使用在各種商業電子產品上。砷化鎵在最近幾年亦被深入的探討。在此亦會探討一些特殊的性質，如直接能隙在光子上的應用，以及能谷間載子傳輸和較高移動率用來產生微波。

1.2 晶體結構

1.2.1 原始晶胞與晶面

　　晶體 (crystal) 是指原子具有完美結構且依週期性排列。一個最小的原子組合可以重複的排列形成完整晶體，稱做原始晶胞 (primitive cell)。原始晶胞的大小以晶格常數 (lattice constant) a 來表示。圖 1 顯示幾個重要的原始晶胞。

　　許多重要的半導體都是屬於四面體相的鑽石晶格 (diamond lattice) 或閃鋅礦晶格 (zincblende lattice) 結構；也就是說每個原子皆被位於四面體角落上等距且最相鄰的四個原子所包圍。最相鄰間兩個原子的鍵結，則是由兩個自旋相反的電子所形成。鑽石與閃鋅礦晶格結構可以視爲兩個面心立方晶格 (face-centered cubic lattice) 彼此相互穿插所組成的。對於鑽石晶格，如 Si（圖 1d），所有的原子皆相同；然而在閃鋅礦晶格，如 GaAs（圖 1e），一個次晶格 (sublattice) 爲鎵，而另一次晶格爲砷。砷化鎵屬於 III-V 族化合物，由週期表中 III 族與 V 族元素所構成。

　　大部分的 III-V 族化合物皆屬於閃鋅礦結構 [6,9,10]；然而，許多半導體（包含一部分的 III-V 族化合物）結晶呈岩鹽或纖鋅礦結構。圖 1f 表示岩鹽晶格 (rock-salt lattice)，同樣地亦可將其視爲兩個面心立方晶格彼此相互穿插所組成。在岩鹽結構中，每個原子擁有六個最相鄰原子。圖 1g 表示纖鋅礦晶格 (wurtzite lattice)，它可視爲兩個六方最密堆積晶格 (hexagonal close-packed lattice) 相互穿插而組成（例如鎘和硫的次晶格）。由圖中觀察次晶格的排列（Cd 或 S），可以發現相鄰的兩個平面層會有一水平位移，使得兩個平面間的距離達到最小（若層與層之間的原子距離不變），因此稱爲最密堆積。纖鋅礦結構擁有由四個等距最相鄰原子組成所排列而成的四面體相，與閃鋅礦結構相似。

　　附錄 F 列出重要半導體的晶格常數及其結晶結構 [11,12]。值得注意的是某些化合物，如硫化鋅和硫化鎘，可以結晶成閃鋅或纖鋅礦這兩種晶格結構。

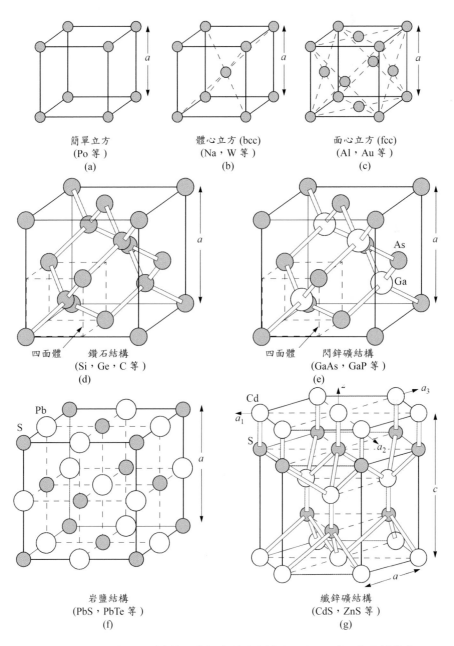

簡單立方
(Po 等)
(a)

體心立方 (bcc)
(Na，W 等)
(b)

面心立方 (fcc)
(Al，Au 等)
(c)

四面體　鑽石結構
(Si，Ge，C 等)
(d)

四面體　閃鋅礦結構
(GaAs，GaP 等)
(e)

岩鹽結構
(PbS，PbTe 等)
(f)

纖鋅礦結構
(CdS，ZnS 等)
(g)

圖 1　一些重要的原始晶胞（直接晶格）與其代表性的元素：a 與 c 為晶格常數。a_1-,
a_2-, a_3-, 與 z- 軸為閃鋅結構的四個晶軸。

　　半導體元件是建立在半導體表面或者靠近半導體表面，因此晶體表層平面的晶向與性質是很重要的。使用米勒指數 (Miller indices) 來定義晶體中的各種平面爲一種便利的方式。要決定一個平面的米勒指數，首先必須找出平面交於晶格常數（或是原始晶胞）三個基軸的截距，接著取出這些數目的倒數，並簡化爲相同比例的最小整數。括弧裡面 (hkl) 爲一個面的米勒指數或是一組類似的平面 {hkl}。圖 2 表示立方晶格中一些重要平面的米勒指數。一些其它的慣例在表 1 列出。對於矽來說，其爲單元素半導體，最容易由 {111} 面破壞或劈裂。反觀砷化鎵，雖然有相似的晶格結構，但其鍵結有輕微的離子性，較容易由 {110} 面裂開。

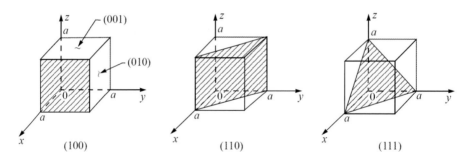

圖 2　立方晶體中一些重要平面的米勒指數。

　　一個結晶固體可以用三個原始基底向量 (primitive basis vector) a、b 和 c 來描述其原始晶胞。晶胞經過任意向量轉移後爲這些基底向量整數倍的總和，晶格結構仍然不變。換句話說，直接晶格位置可以用以下的組合來定義 [13]

$$\boldsymbol{R} = ma + nb + pc \qquad (1)$$

其中 m、n 和 p 爲整數。

表 1　米勒指數與其表示的晶面或晶向

米勒指數	晶面或晶向的描述
(hkl)	表示一個平面相交於 x、y 和 z 軸上的截距分別爲 $1/h$、$1/k$ 和 $1/l$。
(hkl)	表示一個平面其交於 x 軸的截距爲負值。
{hkl}	代表等效對稱的平面集合，例如在立方對稱中 {100} 包含 (100)、(010)、(001)、($\bar{1}$00)、(0$\bar{1}$0) 和 (00$\bar{1}$) 等面。
[hkl]	表示晶體中的某個方向，例如 [100] 爲 x 軸的方向。
〈hkl〉	代表等效方向的全部集合。
[hklm]	表示一個平面在六方晶格中（如纖鋅礦結構）其交於 a_1-、a_2-、a_3- 和 z 軸上的截距分別爲 $1/h$、$1/k$、$1/l$ 和 $1/m$（圖 1g）。

1.2.2 倒置晶格

對已知直接基底向量的組合，則倒置晶格 (Reciprocal Lattice) 基底向量組合 $a*$，$b*$，$c*$ 可被定義爲

$$a^* \equiv 2\pi \frac{b \times c}{a \cdot b \times c} \qquad b^* \equiv 2\pi \frac{c \times a}{a \cdot b \times c} \qquad c^* \equiv 2\pi \frac{a \times b}{a \cdot b \times c} \tag{2}$$

因此有 $a \cdot a^* = 2\pi$，$a \cdot b^* = 0$ 等性質。分母完全相同，其值 $a \cdot b \times c = b \cdot c \times a = c \cdot a \times b$ 代表是由這些向量圍成的體積。通常倒置晶格向量可寫爲

$$G = ha^* + kb^* + lc^* \tag{3}$$

其中 h、k 及 l 爲整數。直接晶格與倒置晶格向量有下列重要的關係

$$G \cdot R = 2\pi \times 整數 \tag{4}$$

因此每個倒置晶格中，向量正好垂直於直接晶格的一組平面。倒置晶格中，原始晶胞的體積與直接晶格的體積 V^*_C 的倒數成比例，即 $V^*_C = (2\pi)^3/V_C$，其中 $V_C \equiv a \cdot b \times c$。

在倒置晶格中，原始晶胞可以利用威格納－塞茲晶胞 (Wigner-Seitz

cell) 表示。威格納－塞茲晶胞的結構是由選擇的中心點與其最接近的等效倒晶格位置，在倒置晶格空間中繪出垂直平分面而構成。此方法亦可應用於直接晶格中。在倒置晶格空間中的威格納－塞茲晶胞被稱為第一布里淵區 (first Brillouin zone)。圖 3a 為一典型的體心立方倒置晶格 (body-centered cubic reciprocal lattice) 結構 [14]。如果我們首先於中心點 (Γ) 到立方體的八個角落各繪一條直線，然後找出其中垂面，結果就形成了一個被截斷角的八面體在立方體內部的一個威格納－塞茲晶胞。若進一步推導可知，一晶格常數為 a 的面心立方 (FCC) 結構轉換到倒置晶格中，則變成一間距為 $4\pi/a$ 的體心立方 (BCC) 結構 [15]。換句話說，圖 3a 中 BCC 倒置晶格的威格納－塞茲晶胞是由直接晶格中 FCC 結構的原始晶胞轉換過來的。BCC 和六方晶格結構的威格納－塞茲晶胞也可利用相似的方法構成，如圖 3b 和圖 3c 所示 [16]。在倒置晶格空間中，波向量 k ($|k| = k = 2\pi/\lambda$) 座標可以繪製成倒置晶格座標，因此以倒置晶格來表示能量－動量 (E-k) 關係式是非常有用的。此外，FCC 晶格的布里淵區 (Brillouin zone) 和大部分半導體材料的特性有關，需要特別注意。圖 3a 使用的標記之後會有詳細討論。

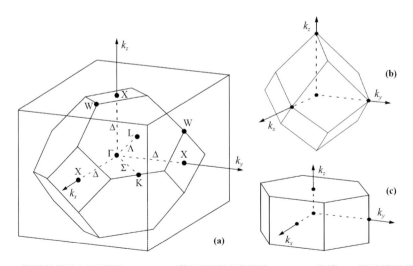

圖 3　各種晶格的布里淵區 (a) FCC、鑽石及閃鋅礦晶格 (b) BCC 晶格 (c) 纖鋅礦晶格。

1.3 能帶與能隙

晶格中載子的能量－動量 (E-k) 關係式影響許多重要特性，舉例來說，在載子、光子及聲子 (phonon) 交互作用，必須能量與動量守衡；載子間的彼此交互作用 [電子和電洞 (hole)] 則導入了能隙的概念。此關係式亦表現於有效質量和群速度上。這些特性都將於之後討論。

固態晶體的能帶結構，也就是能量－動量關係式，通常藉由近似單電子問題的薛丁格方程式 (Schrödinger equation) 來求得。能帶結構最重要的理論之一布拉區理論 (Bloch theorem)，其假設在週期性的晶格中，電位能 $V(r)$ 亦為週期性的，則可以解出薛丁格方程式的波函數 $\Psi(r,k)$[9, 15, 17]

$$\left[-\frac{\hbar^2}{2m^*}\nabla^2 + V(r) \right]\Psi(r,k) = E(k)\Psi(r,k)$$

(5)

其解為一布拉區函數

$$\Psi(r,k) = \exp(jk \cdot r)U_b(r,k)$$

(6)

在此 b 為能帶指標。$\Psi(r,k)$ 及 $U_b(r,k)$ 在晶格中對 R 做週期性變化。然而

$$\Psi(r+R,k) = \exp[jk \cdot (r+R)]U_b(r+R,k)$$
$$= \exp(jk \cdot r)\exp(jk \cdot R)U_b(r,k)$$

(7)

與 $\Psi(r,k)$ 相等，所以 $k \cdot R$ 必然為 2π 的整倍數。此性質與式 (4) 相同，因此我們可以把倒置晶格向量 G 用來代替 E-k 關係式中的 k 向量。

從布拉區理論可知能量在倒置晶格空間中也是週期性的變化，也就是說，$E(k) = E(k+G)$，其中 G 可由式 (3) 求得。若使用能帶指數來標示特定的能量層級，在倒置晶格的原始晶胞中，僅用 k 就足夠指定能量。在倒置晶格中，一般習慣使用威格納－塞茲晶胞（圖 3），此晶胞被稱為布里淵區或第一布里淵區 [14]。很明顯地，在倒置晶格空間中，我們能將任何動量 k 簡化為布里淵區內的一點，對任意的能量態位均可在簡化區圖形內給定標示。

對於鑽石晶格和閃鋅礦晶格，其布里淵區均與 FCC 結構相同，如圖 3a 所示。表 2 列出其布里淵區內最重要的對稱點及對稱線，如區域中心，區域邊緣還有其對應的 k 軸。

表 2　面心立方、鑽石及閃鋅礦晶格的布里淵區：區域邊緣和其對應軸（Γ 為中心點）

點	簡併數	軸
Γ, (0,0,0)	1	
X, $2\pi/a(\pm1,0,0)$, $2\pi/a(0,\pm1,0)$, $2\pi/a(0,0,\pm1)$	6	Δ, $\langle 1,0,0 \rangle$
L, $2\pi/a(\pm1/2,\pm1/2,\pm1/2)$	8	Λ, $\langle 1,1,1 \rangle$
K, $2\pi/a(\pm3/4,\pm3/4,0)$, $2\pi/a(0,\pm3/4,\pm3/4)$, $2\pi/a(\pm3/4,0,\pm3/4)$	12	Σ, $\langle 1,1,0 \rangle$

　　固體能帶結構已利用不同的數值方法來作理論分析。對於半導體來說，三種最常用的方法分別為正交平面波法 (orthogonalized plane-wave method)[18, 19]、虛位能法 (pseudopotential method)[20] 及 $\boldsymbol{k \cdot p}$ 法 [6]。圖 4 為 Si 與 GaAs 能帶結構。值得注意的是，對於任何半導體都有不允許態位存在的禁止能量範圍。能量態位或能帶只能准許在能隙的上方或下方。在上方的能帶稱為導電帶 (conduction band)，在下方的則稱為價電帶 (valence band)。分隔導電帶最低點與價電帶最高點的能量差被稱作能隙 (bandgap 或 energy gap) E_g，為半導體物理中最重要的參數之一。在圖中導電帶最低處命名為 E_C，而價電帶最高處則命名為 E_V。在能帶圖中，一般習慣定義電子能量由 E_C 向上為正值，而電洞能量由 E_V 向下為正。幾個重要的半導體能隙列於附錄 F 中。

　　當忽略電子自旋效應時，薛丁格方程式所算出閃鋅礦結構的價電帶，例如圖 4b 的 GaAs，是由四個次能帶 (subband) 所組成。若考慮電子自旋時，

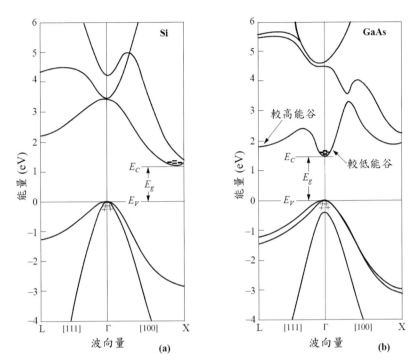

圖 4　(a)Si (b)GaAs 的能帶結構圖。E_g 為能隙、正號 (+) 代表價電帶中的電洞、負號 (−)
是導電帶中的電子。（參考文獻 21）

每個次能帶又可區分為兩個。四個次能帶其中的三個在 $k = 0$ 時，為簡併態
（Γ 點），形成能帶的頂部邊緣；第四個次能帶則形成能帶的底部（未顯
示）。此外，若發生自旋軌道的交互作用，在 $k = 0$ 處，會造成次能帶分離
在靠近能帶邊緣，也就是說，E_C 的底部或是 E_V 的頂端，E-k 關係式可以利
用二次方程式近似

$$E(k) = \frac{\hbar^2 k^2}{2m^*} \tag{8}$$

其中 m^* 為有效質量 (effective mass)。由圖 4 可知，沿著已知的方向，兩個
頂部的價電帶可以用不同曲率的拋物線能帶近似之：重電洞 (heavy-hole) 帶
（在 k 軸中較寬的能帶而 $\partial^2 E/\partial k^2$ 較小）及輕電洞 (light-hole) 帶（在 k 軸中

有較窄能帶與較大的 $\partial^2 E/\partial k^2$ 值）。有效質量通常為一張量，其 (m_{ij}^*) 可定義
為重要半導體的有效質量

$$\frac{1}{m_{ij}^*} \equiv \frac{1}{\hbar^2} \frac{\partial^2 E(k)}{\partial k_i \partial k_j} \tag{9}$$

編列於附錄 F 內。載子的移動通常以群速度 (group velocity) 表示，$v_g = (dE/dk)/\hbar$ 並且具有動量值 $p = \hbar k$。導電帶則是由許多次能帶組成（圖 4）。導電帶的底部可以位於 $k = 0(\Gamma)$ 的中心或是沿著不同的 k 軸遠離中心。單獨就對稱性分析是無法決定導電帶的底部位置。然而，實驗結果顯示，Si 的導電帶底部沿著 [l00] 軸 (Δ) 而離開中心點，GaAs 則是位於 $k = 0(\Gamma)$ 的位置。考慮價電帶的最大值 (E_V) 發生在 Γ，在決定半導體能隙時，k 空間中導電帶最小值會對準 E_V 或偏移。此即為 GaAs 的直接能隙 (direct bandgap) 與 Si 的非直接能隙(indirect bandgap)。也就是說，當載子在最小的能隙間轉移時，就直接能隙來說，動量（或是 k）是守恆的，但是非直接能隙的載子動量卻會改變能量面形狀。對於 Si 來說，其能量面為沿著 <100> 軸的六個橢球，位於距布里淵區中央四分之三的位置。而 GaAs 的等能量面則是位於布里淵區中央的球型。藉由拋物線能帶近似的實驗結果，我們可獲得電子的有效質量，GaAs 有一個，Si 有兩個：m_l^* 表示沿著對稱軸而 m_t^* 為與對稱軸垂直方向。這些數值也包括於附錄 G 中。

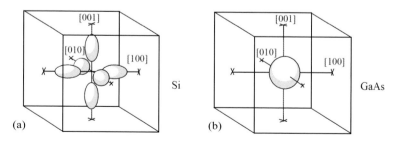

圖 5　(a)Si (b)GaAs 的電子等能量面。Si 能量面為沿著〈100〉軸的六個橢球，位於距布里淵區中央 3/4 的位置。而 GaAs 的等能量面則是位於布里淵區中央的球型。（參考文獻 22）

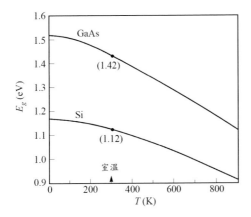

圖 6 Si 與 GaAs 的能隙對應溫度的函數關係。（參考文獻 23,24）

　　在室溫以及正常大氣壓下，Si 的能隙為 1.12 eV 而 GaAs 為 1.42 eV。
這些數值是針對高純度材料。對於高摻雜的情形能隙會變得較小。另一方
面，實驗結果顯示，能隙亦會隨著溫度增加而遞減。圖 6 顯示 Si 與 GaAs
的能隙會隨溫度的函數而變化。當此二半導體在 0 K 時，其能隙分別到達
1.166 與 1.519 eV。能隙隨溫度的變化，可以用一個通用函數來表示近似值

$$E_g(T) \approx E_g(0) - \frac{\alpha T^2}{T + \beta} \tag{10}$$

其中 $E_g(0)$、α 及 β 附於圖 6 插圖中。對於這兩個半導體來說，溫度係數 dE_g
/dT 為負值。有些半導體 dE_g/dT 的係數為正，如 PbS（附錄 F）的能隙從 0
K 的 0.286 eV 到 300 K 的 0.41 eV。當溫度接近室溫時，GaAs 的能隙會隨
壓力 P 而增加[25]，dE_g/dP 約為 12.6 × 10^{-6} eV-cm²/N，而 Si 的能隙卻會隨著
壓力增加而減少，$dE_g/dP = -2.4 × 10^{-6}$ eV -cm²/N。

1.4 熱平衡狀態下的載子濃度

　　半導體最重要的特性之一為可利用摻雜 (dope) 的方式改變半導體類型及雜質 (impurity) 濃度，進而改變其電阻率 (resistivity)。此外，當這些雜質被游離且載子被空乏時，會留下一電荷密度而產生電場，有時候成為半導體內部的位能障礙。這種特性是金屬或絕緣體所缺乏的。

　　圖 7 表示半導體的三種基本鍵結。圖 7a 為本質 (intrinsic) 矽，也就是高純度（雜質非常少可忽略不計）。其中每個矽原子與鄰近的四個原子共同分配四個價電子，形成四個共價鍵結（也可由圖 1 看出）。圖 7b 表示 n- 型矽，其中擁有五個價電子的磷原子，取代了矽原子位置，並且提供一個帶負電的電子到晶格導電帶之中。磷原子被稱為施體 (donor)。圖 7c 也是相似的情形，當含有三個價電子的硼原子取代矽的位置，接受了一個額外的電子在硼周圍形成四個共價鍵，因而在價電帶中產生了一個正電荷的電洞，故稱矽為 p- 型，而硼為受體 (acceptor)。

　　n- 型與 p- 型這些名詞是由實驗所觀察的現象而創造出來的。若金屬晶鬚擠壓在 p 型材料上而構成蕭特基位障二極體（見第三章）時，我們需要施加「正」(positive) 的偏壓於半導體上，才能產生明顯的電流 [26, 27]。同樣的，若是暴露在光源下相對於金屬晶鬚會引起正電位能。相對地，n- 型材料需要施加「負」(negative) 偏壓才能觀察到大電流產生。

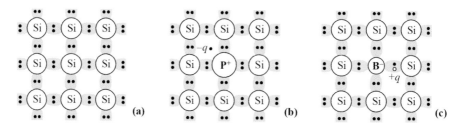

圖 7　半導體的三種基本鍵結圖 (a) 本質 Si 無雜質 (b) 含有施體（磷）的 n- 型 Si (c) 含有受體（硼）的 p- 型 Si。

1.4.1 載子濃度與費米能階

我們首先考慮本質半導體無添加任何雜質的情形。電子個數（佔據於導電帶能階中）為態位數目 $N(E)$ 乘上佔據的機率 $F(E)$，並對整個導電帶作積分

$$n = \int_{E_C}^{\infty} N(E)F(E)dE \tag{11}$$

在載子密度及溫度足夠低的情形下，態位密度 $N(E)$(density of states) 可以用靠近導電帶底部的密度近似之

$$N(E) = M_C \frac{\sqrt{2}}{\pi^2} \frac{m_{de}^{3/2}(E-E_C)^{1/2}}{\hbar^3} \tag{12}$$

M_C 表示導電帶內等效最低值的數目，而 m_{de} 為電子的態位密度有效質量 (density-of-state effective mass)^2，$m_{de} = (m_1^* m_2^* m_3^*)^{1/3}$，其中 m_1^*、m_2^* 和 m_3^* 為沿著等能面橢球體主軸的有效質量。例如，矽的 $m_{de} = (m_1^* m_t^{*2})^{1/3}$。另一方面，電子占據機率是一個與溫度及能量的強烈函數，可用費米－狄拉克分布函數表示

$$F(E) = \frac{1}{1 + \exp[(E-E_F)/kT]} \tag{13}$$

其中 E_F 為費米能階 (Femi level)，其大小可由電中性條件來決定（見 1.4.3 節）。對式 (11) 積分可得到

$$n = N_C \frac{2}{\sqrt{\pi}} F_{1/2}\left(\frac{E_F - E_C}{kT}\right) \tag{14}$$

其中 N_C 表示導電帶的有效態位密度 (effective density of state)，可以寫為

$$N_C \equiv 2\left(\frac{2\pi m_{de}kT}{h^2}\right)^{3/2} M_C \tag{15}$$

將式 (14) 中的費米－狄拉克積分 (Fermi-Dirac integral)，利用變數變換 $\eta \equiv (E-E_C)/kT$ 及 $\eta_F \equiv (E_F-E_C)/kT$，可得

$$F_{1/2}\left(\frac{E_F - E_C}{kT}\right) \equiv F_{1/2}(\eta_F) = \int_{E_C}^{\infty} \frac{[(E - E_C)/kT]^{1/2}}{1 + \exp[(E - E_F)/kT]} \frac{dE}{kT}$$

$$= \int_0^{\infty} \frac{\eta^{1/2}}{1 + \exp(\eta - \eta_F)} d\eta \tag{16}$$

上式求得的值繪於圖 8。注意當 $\eta_F < -1$ 時，整個積分可用指數函數近似。當 $\eta_F = 0$ 時，費米能階與導電帶邊緣一致，其積分值 ≈ 0.6，$n \approx 0.7 N_C$。

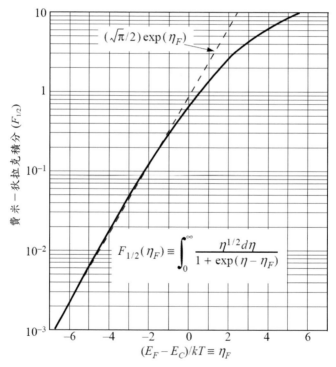

圖 8　費米－狄拉克積分 $F_{1/2}$ 為費米能量的函數圖（參考文獻 28）。其中虛線為波茲曼統計近似。

非簡併半導體（Nodegenerate Semiconductors）　由定義可知，非簡併 (nondegenerate) 半導體摻雜濃度比 N_C 少很多，費米能階大約在 E_C 以下數個 kT 的地方（負的 η_F）。費米－狄拉克積分近似為

$$F_{1/2}\left(\frac{E_F - E_C}{kT}\right) = \frac{\sqrt{\pi}}{2}\exp\left(-\frac{E_C - E_F}{kT}\right) \tag{17}$$

上式是利用波茲曼統計 (Boltzmann statistics) 近似。式 (14) 變爲

$$n = N_C\exp\left(-\frac{E_C - E_F}{kT}\right) \quad , \quad E_C - E_F = kT\ln\left(\frac{N_C}{n}\right) \tag{18}$$

同理，我們可求得 p- 型半導體的電洞密度及靠近價電帶頂部的費米能階

$$p = N_V\frac{2}{\sqrt{\pi}}F_{1/2}\left(\frac{E_V - E_F}{kT}\right) \tag{19}$$

可簡化爲

$$p = N_V\exp\left(-\frac{E_F - E_V}{kT}\right) \quad , \quad E_F - E_V = kT\ln\left(\frac{N_V}{p}\right) \tag{20}$$

其中 N_V 爲價電帶的有效態位密度，可寫爲

$$N_V \equiv 2\left(\frac{2\pi m_{dh}kT}{h^2}\right)^{3/2} \tag{21}$$

式中 m_{dh} 爲價電帶的態位密度有效質量 [5]

$$m_{dh} = \left(m_{lh}^{*3/2} + m_{hh}^{*3/2}\right)^{2/3} \tag{22}$$

其中下標表示輕電洞與重電洞的有效質量，已於前面式 (2) 中說明。

簡併半導體（Degenerate Semiconductors）　由圖 8 可知，對於簡併能階，即 n- 型或 p- 型濃度相當 / 甚至超過有效態位密度（N_C 或 N_V）的數目時，需改成費米－狄拉克積分來取代簡化的波茲曼統計近似。當 $\eta_F > -1$ 時，積分值與載子濃度開始呈現弱相依性。注意此時費米能階位於能隙之外。對於 n- 型半導體，費米能階爲載子濃度的函數可以大略估計爲 [29]

$$E_F - E_C \approx kT\left[\ln\left(\frac{n}{N_C}\right) + 2^{-3/2}\left(\frac{n}{N_C}\right)\right] \tag{23a}$$

以及對 p- 型為

$$E_V - E_F \approx kT\left[\ln\left(\frac{p}{N_V}\right) + 2^{-3/2}\left(\frac{p}{N_V}\right)\right]$$ (23b)

本質載子濃度（Intrinsic Concentration）　　在有限溫度下，本質半導體會因熱而發生擾動，導致電子連續地由價電帶激發到導電帶，並留下等數目的電洞在價電帶上。上述的過程會經由導電帶的電子與價電帶的電洞復合 (recombination) 而取得平衡。在穩定狀態 (steady state) 下，電荷數的淨值為 $n = p = n_i$，其中 n_i 為本質載子密度。由本質半導體的費米能階（由定義為非簡併態）可由式 (18) 和 (20) 計算出

$$\begin{aligned}
E_F = E_i &= \frac{E_C + E_V}{2} + \frac{kT}{2}\ln\left(\frac{N_V}{N_C}\right) \\
&= \frac{E_C + E_V}{2} + \frac{3kT}{4}\ln\left(\frac{m_{dh}}{m_{de}M_C^{2/3}}\right)
\end{aligned}$$ (24)

一般而言，本質半導體的費米能階 E_i 非常靠近能隙的中央（但並不是正好在正中央）。本質載子密度 n_i 可由式 (18) 和 (20) 獲得

$$\begin{aligned}
n_i &= N_C \exp\left(-\frac{E_C - E_i}{kT}\right) = N_V \exp\left(-\frac{E_i - E_V}{kT}\right) = \sqrt{N_C N_V}\exp\left(-\frac{E_g}{2kT}\right) \\
&= 4.9\times10^{15}\left(\frac{m_{de}m_{dh}}{m_0^2}\right)^{3/4} M_C^{1/2}T^{3/2}\exp\left(-\frac{E_g}{2kT}\right)
\end{aligned}$$ (25)

圖 9 表示 Si 以及 GaAs 的 n_i 與溫度的相依性。如預期地，當能隙愈大時，其本質載子密度愈小 [6, 31]。對於非簡併半導體而言，多數載子與少數載子濃度的乘積維持一定值。

$$\begin{aligned}
pn &= N_C N_V \exp\left(-\frac{E_g}{kT}\right) \\
&= n_i^2
\end{aligned}$$ (26)

這就是有名的質量作用定律 (mass-action law)。但對於簡併半導體，$pn < n_i^2$。同樣地，我們也能夠利用式 (25)，以 E_i 作為參考能量，將 n- 型材料的

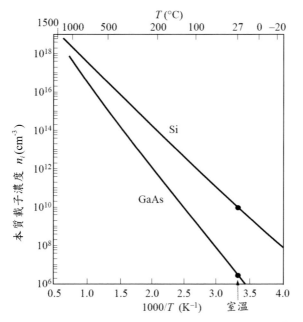

圖 9　Si 與 GaAs 的本質載子濃度對應溫度倒數的函數圖。（參考文獻 6,23,30）

電子濃度選擇以另一方程式表示之

$$n = n_i \exp\left(\frac{E_F - E_i}{kT}\right) \quad , \quad E_F - E_i = kT \ln\left(\frac{n}{n_i}\right) \tag{27a}$$

p- 型材料則爲

$$p = n_i \exp\left(\frac{E_i - E_F}{kT}\right) \quad , \quad E_i - E_F = kT \ln\left[\frac{p}{n_i}\right] \tag{27b}$$

1.4.2 施體與受體

　　當半導體摻雜施體或受體雜質時，就會產生雜質能階，且通常位於能隙之內。當施體雜質產生的施體能階 (donoer level) 填入電子時，我們定義爲電中性，若空著則爲正。相對地，空著的受體能階 (acceptor level) 爲中性，

而填入電子則為負的。這些能階在計算摻雜物的游離率或是電性的活化率時
非常重要，將於 1.4.3 節中討論。為了解雜質的游離能 (ionization energy) 大
小，最簡單的計算方法為依據氫原子模型 (hydrogen-atom model)。在真空
中氫原子的游離能為

$$E_H = \frac{m_0 q^4}{32\pi^2 \varepsilon_0^2 \hbar^2} = 13.6 \text{ eV} \tag{28}$$

晶格中施體的游離能 ($E_C - E_D$) 可經由電子的導電有效質量 (conductivity
effective mass)^2 取代 m_0

$$m_{ce} = 3\left(\frac{1}{m_1^*} + \frac{1}{m_2^*} + \frac{1}{m_3^*}\right)^{-1} \tag{29}$$

並且以半導體的介電常數 ε_s 取代式 (28) 中的 ε_0，可得

$$E_C - E_D = \left(\frac{\varepsilon_0}{\varepsilon_s}\right)^2 \left(\frac{m_{ce}}{m_0}\right) E_H \tag{30}$$

經由式 (30) 可計算出 Si 的施體游離能 0.025 eV，而 GaAs 則為 0.007 eV。
使用氫原子計算受體游離能的方式亦與施體相似。計算出的受體游離能 [由
價電帶邊緣計算，$E_a \equiv (E_A - E_V)$]，Si 與 GaAs 皆約為 0.05 eV。

　　雖然上述簡單的氫原子模型不能詳細地描述游離能，特別是半導體的深
層能階 (deep level)[32-34]，但對淺層雜質卻能夠正確地預估真實游離能的數量
級大小。這些計算值明顯比能隙小很多，若靠近能帶邊緣通常被稱為淺層雜
質 (shallow impurity)。此外，由於游離能大小與熱能 kT 相當，所以通常在
室溫下便能完全游離。圖 10 顯示 Si 與 GaAs 所量測到各種雜質的游離能。
值得注意的是一個原子可能擁有數個能階，舉例來說，金在矽的禁止能隙
中，同時有一個受體能階與兩個施體能階。

1.4.3 費米能階的計算

　　本質半導體的費米能階非常接近能隙中央。圖 11a 描述了此情況。其由
左至右為能帶簡圖、態位密度 $N(E)$、費米—狄拉克分布函數 $F(E)$ 及載子濃

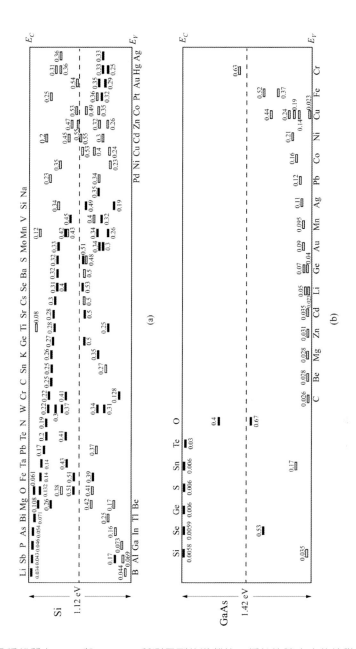

圖 10 各種雜質在 (a)Si 與 (b)GaAs 所測量到的游離能。低於能隙中央的能階由 E_V 開始量測，高於能隙中央則由 E_C 開始量測。實心橫槓代表施體能階，而空心橫槓為受體能階。（參考文獻 30,32,35 以及 36）

度的圖解。在導電帶與價電帶的陰影面積分別表示電子與電洞。它們的數目相同；也就是說，本質狀態下 $n = p = n_i$。當雜質被引入半導體晶體中，由於雜質能階與晶格溫度的關係，並非所有的摻雜物都會離子化。施體的游離數目為 [37]

$$N_D^+ = \frac{N_D}{1 + g_D \exp[(E_F - E_D)/kT]} \tag{31}$$

其中 g_D 為施體雜質能階的基態簡併 (ground-state degeneracy) 數。其值為 2，因為施體能階能夠接受一個任意自旋的電子（或是無電子於能階中）。同樣的，若濃度為 N_A 的受體雜質加入半導體晶體中，游離化的受體個數可以寫成相似的表示式

$$N_A^- = \frac{N_A}{1 + g_A \exp[(E_A - E_F)/kT]} \tag{32}$$

其中受體能階的基態簡併因子 g_A 為 4。數值 4 是因為對於大部分的半導體，其每個受體雜質能階可接受一個任意自旋的電洞，而且雜質能階為雙重簡併態（由於在 $k = 0$ 處有兩個簡併的價電帶）。當雜質原子被引入，所有的負電荷量（電子和游離化的受體）必須等於所有正電荷量（電洞和游離化的施體）以保持電中性 (charge neutrality)：

$$n + N_A^- = p + N_D^+ \tag{33}$$

隨著雜質加入，式 (26) 的質量作用定律 ($pn = n_i^2$) 仍然成立（直到發生簡併），且 pn 乘積與加入的雜質量無關。考慮另一種狀況，如圖 11b，濃度為 N_D (cm^{-3}) 的施體雜質被加入晶體中，則電中性條件變為

$$n = N_D^+ + p \approx N_D^+ \tag{34}$$

利用代換法，我們可得到

$$N_C \exp\left(-\frac{E_C - E_F}{kT}\right) \approx \frac{N_D}{1 + 2\exp[(E_F - E_D)/kT]} \tag{35}$$

因此若給定一組 N_D、E_D、N_C 及 T 等數值，則特定的費米能階 E_F 便能決定。

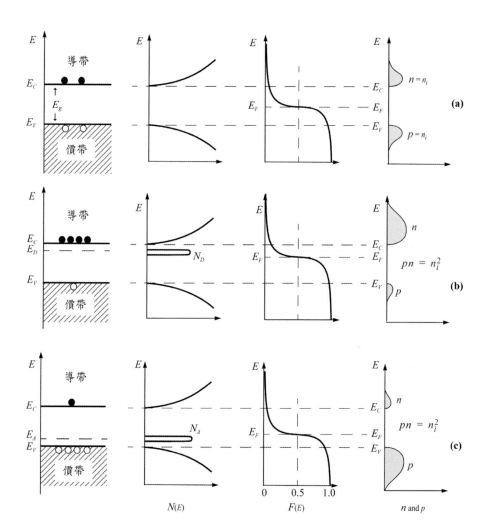

圖 11　在熱平衡狀態下 (a) 本質 (b) *n*- 型 (c) *p*- 型半導體的能帶、態位密度、費米—狄
　　　拉克分布及載子濃度圖。注意三種情況皆為 $pn = n_i^2$。

若獲得 E_F，便能計算載子濃度 n。式 (35) 亦能應用於圖解法。在圖 12，n 和 N_D^+ 的值都以 E_F 的函數表示並繪於圖中，找出這兩條線的交會點便能決定 E_F 的位置。在解式 (35) 之前，可看出 $N_D \gg N_C \exp[-(E_C-E_D)/kT]/2 \gg N_A$，因此電子濃度可以近似[6]，由下式得近似值

$$n \approx \sqrt{\frac{N_D N_C}{2}} \exp\left[-\frac{(E_C - E_D)}{2kT}\right] \qquad (36)$$

對於補償 n- 型材料 ($N_D > N_A$)，不能忽略其受體濃度，當 $N_A \gg N_C \exp[-(E_C-E_D)/kT]/2$ 時，電子密度的近似表示式為

$$n \approx \left(\frac{N_D - N_A}{2N_A}\right) N_C \exp\left[-\frac{(E_C - E_D)}{kT}\right] \qquad (37)$$

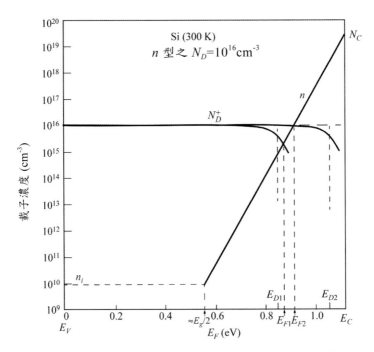

圖 12　當離子化不完全時，可利用圖解法來決定費米能階 E_F 及載子濃度 n。圖中舉出兩個不同雜質能階 E_{D1}，E_{D2} 的情形。

　　圖 13 為典型的例子，其中 n 對溫度的倒數作圖。在高溫時，由於 $n \approx p \approx n_i \gg N_D$，故可得本質區域。在中間溫度範圍 $n \approx N_D$。而非常低的溫度下，大部分的雜質被凍結住，由式 (36) 或 (37) 可求出隨著補償條件變化的斜率。然而電子密度在寬廣的溫度區域範圍（≈ 100 至 500 K）基本上仍為一常數。

　　圖 14 顯示 Si 和 GaAs 的費米能階為溫度與雜質濃度的函數，以及能隙大小與溫度的相依性（見圖 6）。當處於相對高溫時，大部分的施體和受體游離，所以電中性條件可以近似為

$$n + N_A = p + N_D \tag{38}$$

式 (26) 和 (38) 聯立解可以得到電子和電洞濃度。在 n- 型半導體中，$N_D > N_A$

$$n_{no} = \frac{1}{2}[(N_D - N_A) + \sqrt{(N_D - N_A)^2 + 4n_i^2}] \approx N_D \tag{39}$$

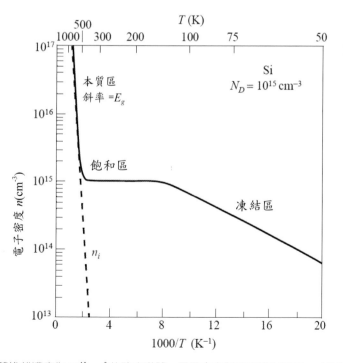

圖 13　施體摻雜濃度為 $10^{15}\,\mathrm{cm^{-3}}$ 的矽半導體，電子密度對溫度變化情形。（參考文獻 8）

$$\Rightarrow p_{no} = \frac{n_i^2}{n_{no}} \approx \frac{n_i^2}{N_D} \tag{40}$$

因此可獲得費米能階

$$n_{no} = N_D = N_C \exp\left(-\frac{E_C - E_F}{kT}\right) = n_i \exp\left(-\frac{E_F - E_i}{kT}\right) \tag{41}$$

同樣地，若｜$N_A - N_D$｜ $\gg n_i$ 或 $N_A \gg N_D$，p- 型半導體的載子濃度可寫為

$$p_{po} = \frac{1}{2}[(N_A - N_D) + \sqrt{(N_A - N_D)^2 + 4n_i^2}] \approx N_A \tag{42}$$

$$\Rightarrow n_{po} = \frac{n_i^2}{p_{po}} \approx \frac{n_i^2}{N_A} \tag{43}$$

因此

$$p_{po} = N_A = N_V \exp\left(-\frac{E_F - E_V}{kT}\right) = n_i \exp\left(-\frac{E_i - E_F}{kT}\right) \tag{44}$$

在上述公式中，下標 n 及 p 是半導體的類型，而下標符號 "o" 表示處於熱平衡條件下。對於 n- 型半導體，電子為多數載子 (majority carrier)，而電洞為少數載子 (minority carrier)，這是因為電子濃度為兩者間較大者。而在 p- 型半導體中，其角色對調。

1.5 載子傳輸現象

1.5.1 漂移和移動率

在低電場情況下，漂移速度 (drift velocity) v_d 和電場強度 $\mathscr{E}$ 成正比（如：$v_d = \mu\mathscr{E}$），其比例常數定義為移動率 (mobility) μ，單位為 cm^2/V-s。對於非極化 (nonpolar) 半導體，例如 Ge 和 Si，聲頻聲子 (acoustic phonon)（參見

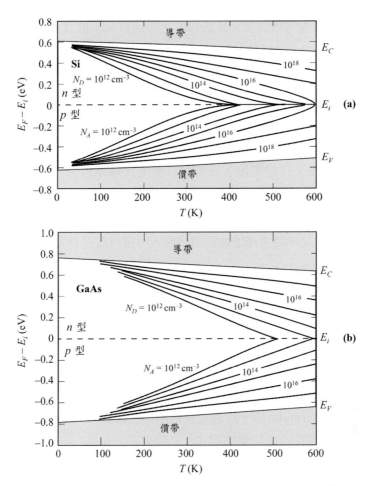

圖 14　(a)Si (b)GaAs 費米能階與溫度及雜質濃度的關係。圖中也顯示能隙大小與溫度相關。（參考文獻 38）

1.6.1 節）及游離雜質的存在，會導致載子的散射現象 (scattering)。這對移動率的影響頗為顯著。晶格中受到聲頻聲子交互作用的影響之移動率 μ_l 為 [39]

$$\mu_l = \frac{\sqrt{8\pi}\, q\hbar^4 C_l}{3E_{ds}^2 m_c^{*5/2}(kT)^{3/2}} \quad \propto \quad \frac{1}{m_c^{*5/2}T^{3/2}} \tag{45}$$

其中 C_l 為半導體的平均縱向彈性常數，E_{ds} 為每單位晶格擴張的能帶邊緣位移大小，而爲導電有效質量。從式 (45) 可看出移動率隨著溫度及有效質量的增加而減少。受到游離雜質作用的移動率 μ_i 可描述如下 [40]

$$\mu_i = \frac{64\sqrt{\pi}\varepsilon_s^2(2kT)^{3/2}}{N_I q^3 m^{*1/2}}\left\{\ln\left[1+\left(\frac{12\pi\varepsilon_s kT}{q^2 N_I^{1/3}}\right)^2\right]\right\}^{-1} \quad \propto \quad \frac{T^{3/2}}{N_I m^{*1/2}} \tag{46}$$

其中 N_I 爲游離雜質密度。由上式可預知移動率隨著有效質量增加而減少，但卻會隨著溫度上升而增加。這是因爲載子在高溫時擁有較高的熱速度 (thermal velocity)，使得因庫倫散射而偏向的影響減少。注意有效質量對此二散射情況有共同的相依性，然而對溫度的關係卻是相反的。我們可將上述兩式結合，也就是同時考慮上面兩個機制，可獲得馬西森定則 (Matthiessen rule)

$$\mu = \left(\frac{1}{\mu_l}+\frac{1}{\mu_i}\right)^{-1} \tag{47}$$

除了上述討論的散射機制外，其他的作用亦會影響實際的移動率，如 (1) 能谷內散射 (intravalley scattering)，爲電子在能量橢球內（圖 5）造成的散射，主要與長波長的聲子（聲頻聲子）有關；以及 (2) 能谷間散射 (intervalley scattering)，電子由鄰近能量橢球的最低點散射到另一能量橢球最低點，此與具有較高能量的聲子 [光頻聲子 (optical phonon)] 有關。對於極化 (polar) 半導體而言，例如 GaAs，極化光頻聲子散射 (polar-optical-phonon scattering) 對其影響則較爲明顯。

定性上來說，既然移動率被散射所限制，必定也與平均自由時間 (mean free time) τ_m 或是平均自由徑 (mean free path) λ_m 相關

$$\mu = \frac{q\,\tau_m}{m^*} = \frac{q\lambda_m}{\sqrt{3kTm^*}} \tag{48}$$

最後一項是利用關係式 $\lambda_m = v_{th}\tau_m$，其中 v_{th} 爲熱速度，又可寫爲

$$\upsilon_{th} = \sqrt{\frac{3kT}{m^*}} \tag{49}$$

若是同時考慮多個散射機制，則等效平均自由時間可由個別的散射平均自由時間來導出

$$\frac{1}{\tau_m} = \frac{1}{\tau_{m1}} + \frac{1}{\tau_{m2}} + ...$$ (50)

可看出式 (47) 和 (50) 的形式相同。

圖 15 表示室溫下，Si 和 GaAs 的移動率對雜質濃度關係。當雜質濃度增加時（在室溫時大部分的淺層雜質皆被游離）移動率下降，如式 (46) 所預測。同樣地 m^* 愈大，μ 愈小。由此可推知，在相同的雜質濃度下，半導體的電子移動率比電洞移動率還大。（附錄 F 和 G 列出半導體的有效質量）

圖 16 表示 n- 型與 p- 型矽樣本的移動率其溫度效應。當雜質濃度很低時，移動率主要被聲子散射 (phonon scattering) 所限制，其隨溫度增加而降

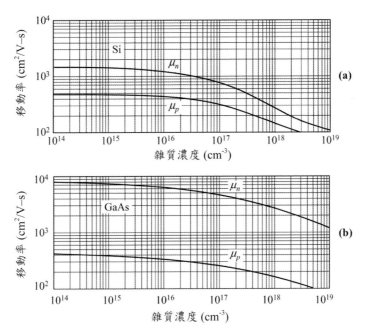

圖15　在 300 K 時 (a)Si（參考文獻 8,41）(b)GaAs 的漂移移動率與雜質濃度的關係。（參考文獻 8,12）

低，一如式 (45) 所預測。然而測量其斜率，卻與 −3/2 有所差異。這是因為其它散射機制導致。對於高純度的材料，在接近室溫時，n- 型和 p- 型 Si 的移動率分別為 $T^{-2.42}$ 與 $T^{-2.20}$，而 n 型與 p 型 GaAs 則分別為 $T^{-1.0}$ 和 $T^{-2.1}$（未顯示）。上面所討論的皆為導電移動率 (conductivity mobility)，其顯示等於漂移移動率 (drift mobility)[35]。這兩種移動率卻不同於霍爾移動率 (Hall mobility)（但有所關聯），霍爾移動率將會於下節中討論。

1.5.2 電阻率與霍爾效應

半導體含有電子與電洞兩種載子，因此受到電場作用而產生的漂移電流 (drift current) 可寫為 $J = \sigma\mathscr{E} = q\,(\mu_n n + \mu_p p)\,\mathscr{E}$，其中 σ 稱為導電率 (conductivity)，$\sigma = \dfrac{1}{\rho} = q(\mu_n n + \mu_p p)$，$\rho$ 為電阻率 (resistivity)。若在 n- 型半導體中，$n \gg p$，則

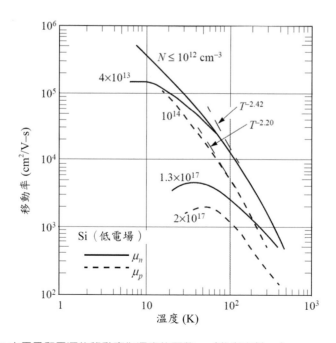

圖 16 在 Si 中電子和電洞的移動率為溫度的函數。（參考文獻 42）

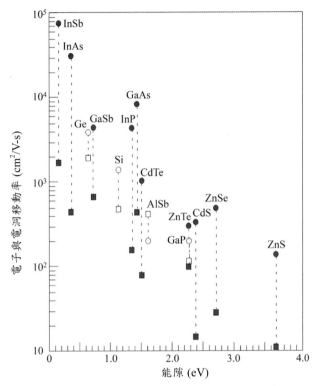

圖 17 電子（圓圈）和電洞（正方形）移動率對直接與非直接能帶的關係圖。（參考文獻 43,44）

$$\rho = \frac{1}{q\mu_n n} \qquad (51)$$

以及

$$\sigma = q\mu_n n \qquad (52)$$

最常見的量測電阻率的方式為四點探針法 (four-point probe)（圖 18 插圖）[45, 46]，其利用一個小的定電流經過最外面的兩個探針，同時以內部的兩探針量測電壓。在厚度 W 遠小於 a 或 d 的薄晶片中，片電阻 (sheet resistance) $R_\square$ 等於

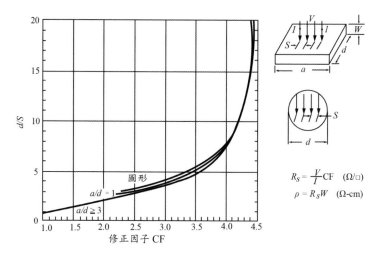

圖 18　使用四點探針量測電阻率所需使用的修正因子。（參考文獻 45）

$$R_{\square} = \frac{V}{I} \cdot CF \qquad \Omega/\square \tag{53}$$

其中 CF 為修正因子 (correction factor)，如圖 18 所示。於是電阻率 $\rho = R_{\square}W$，單位為 Ω-cm，在 $d \gg S$ 的極限條件下（其中 S 為探針的間距），則修正因子變為 $\pi / \ln 2 = 4.54$。

　　圖 19a 表示矽電阻率的量測值（在 300 K）與雜質濃度（n- 型磷和 p- 型硼）的關係。電阻率並非雜質濃度的線性函數。這是因為移動率不為定值，通常會隨濃度的增加而下降。圖 19b 表示量測所得 GaAs 的電阻率。利用圖 19，若已知電阻率的大小，我們可以反向推知半導體的雜質濃度。注意由於不完全游離的關係，雜質濃度也許會不同於載子濃度。舉例來說，在摻雜受體雜質 10^{17} cm^{-3} 的鎵之 p- 型矽中，室溫下沒有游離的受體約高達 23%[由式 (32)、圖 10 和 14 可知]。換句話說，真正的載子濃度只有 7.7×10^{16} cm^{-3}。

霍爾效應（Hall Effect）　量測的電阻率只得移動率和載子濃度的乘積，要直接量測每個參數最普遍的方法，就是使用霍爾效應。其命名是為了紀念

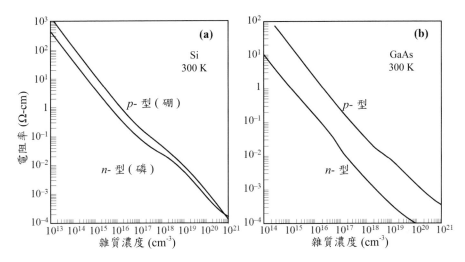

圖 19　(a) 矽 (b) 砷化鎵在 300 K 時，電阻率對雜質濃度的關係。（參考文獻 36,41）

這位科學家於 1879 年發現霍爾效應 [47]。此效應兼顧基本與實際的研究，所以即使到今天它還是最迷人的現象之一。例如最近分數量子化霍爾效應 (fractional quantum Hall effect) 的研究，以及作為磁場感測器的應用等。霍爾效應一般實際應用於量測半導體性質：像是載子濃度（即使濃度低到 10^{12} cm^{-3}）、移動率及型態（n 或 p）。它是非常重要的分析工具，只需做一簡單的電導量測，便能夠獲得未知材料的濃度、移動率和型態。

　　圖 20 為基本構造圖，其中施加一個沿著 x 軸方向的電場與施加於 z 軸方向的磁場 [48]。考慮一個 p- 型的樣本，羅侖茲力 (Lorentz force) 使電洞受到一個平均往下的力量，羅侖茲力 $= qv_x \times \mathscr{B}_z$，於是產生一往下方向的電流，並使得電洞累積於樣本底部，結果產生一電場 $\mathscr{E}_y$ 並逐漸增強。在最後樣本處於穩定狀態時，沿著 y 方向的淨電流為零，即沿著的 y 軸電場 [霍爾電場 (Hall field)] 與羅侖茲力達到平衡：此意味著載子的移動路徑平行於所施加的電場 $\mathscr{E}_x$。（對於 n 型材料，電子同樣累積在底部表面，但會建立一相反極性的電壓。）載子速度 v 與電流密度的關係可寫為 $Jx = qv_x p$，既然對於每個載子的羅侖茲力必須等於霍爾電場所施予的 $q\mathscr{E}_y = qv_x \mathscr{B}_z$ 力，則在此霍爾電壓

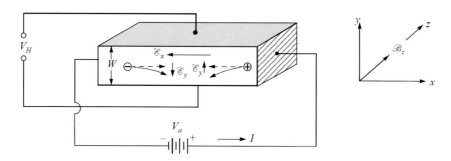

圖 20　利用霍爾效應量測載子濃度的基本架構。

(Hall voltage) 可以由外部量測而得到

$$V_H = \mathscr{E}_y W = \frac{J_x \mathscr{B}_z W}{qp} \tag{54}$$

當考慮散射時，霍爾電壓變爲 $V_H = R_H J_X \mathscr{B}_z W$，其中 R_H 爲霍爾係數 (Hall cofficient)，可寫爲

$$R_H = \begin{cases} \dfrac{r_H}{qp} & p \gg n \\[3mm] -\dfrac{r_H}{qn} & n \gg p \end{cases} \tag{55}$$

而霍爾因子 (Hall factor)

$$r_H \equiv \frac{\langle \tau_m^2 \rangle}{\langle \tau_m \rangle^2} \tag{56}$$

因此，若材料爲單一種載子主導且 r_H 已知，則載子濃度和載子型態（由霍爾電壓的極性推知是電子還是電洞）可直接從霍爾量測獲得。式 (55) 也是假設只有一種型態的載子傳導。一個更廣義的解可寫爲 [6]

$$R_H = \frac{r_H}{q} \frac{\mu_p^2 p - \mu_n^2 n}{(\mu_p p + \mu_n n)^2} \tag{57}$$

由式 (57) 可以看到 R_H 及 V_H 的正負號顯示半導體中多數載子的型態。霍爾移動率 μ_H 定義為霍爾係數與電導率的乘積：$\mu_H = |R_H|\sigma$，霍爾移動率應該與漂移移動率 (drift mobility)μ_n（或是 μ_p）區分開來，因為在式 (59) 中並不包括霍爾因子 r_H。它們之間的關係為 $\mu_H = r_H\mu$。

在霍爾因子中的參數 τ_m 為載子碰撞間隔的平均自由時間，與載子的能量有關。舉例來說，對於一個擁有球形等能量面的半導體來說，其聲子散射 $\tau_m \propto E^{-1/2}$，而游離雜質散射 (impurity scattering)$\tau_m \propto E^{3/2}$。一般來說 $\tau_m = C_l E^{-s}$，其中 C_l 與 s 為常數。對於非簡併半導體，由波茲曼分布 (Boltzmann distribution)，其 τ_m n 次方的平均值為

$$\left\langle \tau_m^n \right\rangle = \frac{\int_0^\infty \tau_m^n E^{3/2} \exp\left(-\frac{E}{kT}\right) dE}{\int_0^\infty E^{3/2} \exp\left(-\frac{E}{kT}\right) dE} \tag{58}$$

所以利用 τ_m 的一般形式，我們得到

$$\left\langle \tau_m^2 \right\rangle = \frac{C_l^2 (kT)^{-2s} \Gamma(\frac{5}{2} - 2s)}{\Gamma(\frac{5}{2})} \quad , \quad \left\langle \tau_m \right\rangle = \frac{C_l (kT)^{-s} \Gamma(\frac{5}{2} - s)}{\Gamma(\frac{5}{2})} \tag{59}$$

其中 $\Gamma(n)$ 為伽瑪函數 (gamma function)，定義為 $\Gamma(n+1) = n\Gamma(n)$ 和 $\Gamma(1/2) = \sqrt{\pi}$。由上式我們可得到聲子散射的 $r_H = 3\pi/8 = 1.18$，而雜質游離散射之 $r_H = 315\pi/512 = 1.93$。通常 r_H 的範圍介於 1 到 2 之間。若處於非常高的磁場下，其值會比 1 還小一些。

先前討論的是假設施加的磁場足夠小，而不會改變樣本電阻率的情況下。然而，在強磁場下，則會觀察到電阻率明顯地增加，此即所謂的磁電阻效應 (magnetoresistance effect)。其原因為載子在行進的路徑偏離了施加電場的方向。對於球形能量表面而言，電阻率的增量對在零磁場下的塊材電阻率之比值可寫為[6]

$$\frac{\Delta\rho}{\rho_0} = \left\{ \left[\frac{\Gamma^2(\frac{5}{2})\Gamma(\frac{5}{2}-3s)}{\Gamma^3(\frac{5}{2}-s)} \right] \left(\frac{\mu_n^3 n + \mu_p^3 p}{\mu_n n + \mu_p p} \right) - \left[\frac{\Gamma(\frac{5}{2})\Gamma(\frac{5}{2}-2s)}{\Gamma^2(\frac{5}{2}-s)} \right]^2 \left(\frac{\mu_n^2 n + \mu_p^2 p}{\mu_n n + \mu_p p} \right)^2 \right\} \mathscr{B}_z^2 \quad (60)$$

其比值與垂直電流方向的磁場分量平方成正比。當 $n \gg p$，$(\Delta\rho/\rho_0) \propto \mu_n^2 \mathscr{B}_z^2$。在 $p \gg n$ 時我們亦可得到相似的結果。

1.5.3 高電場特性

　　先前的章節只考慮低電場下的半導體載子傳輸效應。在本節中我們將簡單地探討當電場增加到中等以及更強的狀況下，一些半導體的特別現象與性質。在 1.5.1 節論述中可知半導體在低電場下，漂移速度和電場大小成正比，而其比例常數為移動率，與電場無關。然而，當電場足夠大時，移動率則呈現非線性變化，並且在某些狀況下，可以觀察到漂移速度趨於飽和。若持續增強電場，則會發生衝擊離子化作用。我們首先來探討非線性移動率。

　　若處於熱平衡狀態下，載子會同時釋放和吸收聲子，但交換能量的淨速率為零。而熱平衡時的能量分布符合馬克斯威爾 (Maxwellian) 分布函數。在電場施加的過程中，載子從電場獲得能量，且傳遞能量給聲子（放出的聲子比吸收的聲子還多）。在中高強度電場下，最主要的散射與聲頻聲子的放射有關。而載子獲得的平均能量比在熱平衡狀態時還要多。當電場強度增加時，載子的平均能量也跟著提升，使得其有效溫度 (effective temperature)T_e 比晶格溫度 T 還高。藉由平衡其能量轉移速率（由電場轉移給載子的能量與流失至晶格的能量速率相同）可以得到一比例關係式（假設半導體無轉移電子效應，如 Ge 及 Si）[1]

$$\frac{T_e}{T} = \frac{1}{2}\left[1 + \sqrt{1 + \frac{3\pi}{8}\left(\frac{\mu_0 \mathscr{E}}{c_s} \right)^2} \right] \quad (61)$$

以及

$$\upsilon_d = \mu_0 \mathscr{E} \sqrt{\frac{T}{T_e}} \tag{62}$$

其中 μ_0 為低電場移動率 (low-field mobility)，而 c_s 為聲速。對於中強度的電場，當 $\mu_0 E$ 與 c_s 相當時，載子速度 υ_d 與施加電場開始脫離線性關係，此時需乘上的修正因子 $\sqrt{T/T_e}$。最後，在足夠高的電場下，載子和光頻聲子開始產生交互作用，式 (61) 再也無法準確地描述其現象。於是 Ge 和 Si 的漂移速度與施加電場的關係愈來愈小，而逐漸達到飽和速度 (saturation velocity)

$$\upsilon_s = \sqrt{\frac{8E_p}{3\pi m_0}} \approx 10^7 \text{ cm/s} \tag{63}$$

其中 E_p 為光頻聲子能量 (optical-phonon energy)（列於附錄 H）。為了消除式 (61)-(63) 間的不連續性，一個經驗式經常用來描述從低電場到飽和的所有範圍之漂移速度 [46]

$$\upsilon_d = \frac{\mu_0 \mathscr{E}}{[1+(\mu_0 \mathscr{E}/\upsilon_s)^{C_2}]^{1/C_2}} \tag{64}$$

對於電子來說常數 C_2 值接近 2，而電洞則接近 1，其為溫度的函數。

　　對於 GaAs，速度－電場的關係更為複雜，須先考慮它的能帶結構（見圖 4）。高移動率能谷 ($\mu \approx 4,000$ 至 $8,000$ cm^2/V-s) 位於布里淵區的中央，而沿著〈111〉軸，約高於能量 0.3 eV 的地方，另有一低移動率衛星能谷 (satellite valley)($\mu \approx 100$ cm^2/V-s)[50]。移動率的不同是因電子有效質量 [式 (48)]：0.063 m_0 於較低的能谷及約 0.55 m_0 在較高的能谷中。當電場增加，較低能谷的電子會被激發到平時未被占據的較高能谷，導致 GaAs 形成微分負電阻 (differential negative resistance)。這種能谷間轉換機制，又稱轉移電子效應 (transferred-electron effect)，其速度－電場的關係在第十章有更詳細的討論。

　　圖 21a 表示室溫下高純度（低雜質濃度）的 Si 和 GaAs 所量測出漂移速度對電場的關係。若是高雜質摻雜，由於雜質散射的影響，在低電場下的

漂移速度或移動率比低摻雜時來的小。然而，高電場的速度基本上與雜質摻雜無關，因此也會達到飽和速度[55]。電子和電洞在 Si 中的飽和速度約為 1×10^7 cm/s。對 GaAs 來說，其存在一大範圍的負微分移動率區域，約在電場強度 3×10^3 V/cm 的地方，而高電場時其飽和速度趨近 6×10^6 cm/s。圖 21b 表示電子飽和速度與溫度的關係。可知 Si 和 GaAs 的飽和速度隨溫度上升而減少。

到目前為止，我們所討論的漂移速度皆是在穩定態條件下，載子可以經由足夠的散射事件而達到平衡值。然而在近代的元件中，載子須穿越的臨界尺寸變得愈來愈小。當尺寸變得與平均自由徑相當甚至更短時，載子在遇到散射前就已經通過，此即為彈道傳輸 (ballistic transport)。圖 22 表示漂移速度和通過距離之間的關係。由於沒有散射作用，速度將隨載子的通過時間及通過距離而增加，其大小 $\approx q\mathscr{E}t/m^*$。當處於高電場下，漂移速度在一狹小的空間（平均自由徑的級數）或時間（平均自由時間的級數）範圍內能夠短暫地達到比穩定態更高的值，此現象稱為速度過衝 (velocity overshoot)。（在本文中，圖 21a 所示的 GaAs，其由於轉移電子效應造成尖峰的速度，也被稱為速度過衝。這也許會造成讀者些許的困擾。）而在低電場下，電場產生的加速度並不高，而且散射開始發生，因此載子所能達到的速度不夠高，速度過衝效應並不會發生。注意，速度過衝在圖中顯示的外型和轉移電子效應相似，但在此橫座標的單位為距離（或是時間），然而後者則為電場強度。

接下來我們討論衝擊離子化效應。當半導體內的電場增加超過某個值時，載子可以獲得足夠的能量來激發電子－電洞對，此過程稱為衝擊離子化 (impact ionization)。很明顯地，其所需的起始能量必須要大於能隙。此倍增過程可用游離率 (ionization rate) α 來說明。游離率的定義為一個載子在行進每單位距離後所能產生的電子－電洞對數目（圖 23）。對於主要載子為電子，且其行進速度為 v_n，則

$$\alpha_n = \frac{1}{n}\frac{dn}{d(tv_n)} = \frac{1}{nv_n}\frac{dn}{dt} \tag{65}$$

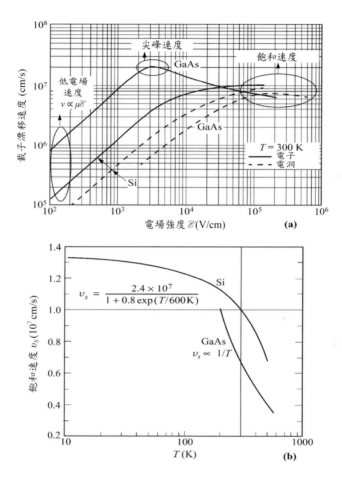

圖 21　(a) 高純度的 Si 和 GaAs 所測得的載子速度對電場關係。若是高摻雜的樣本，低
電場時的速度（移動率）會比圖中指示的還低。然而在高電場強度的區域，速
度基本上與摻雜無關。（參考文獻 42、51-53）(b)Si 和 GaAs 的電子飽和速度。
（參考文獻 42 和 54）

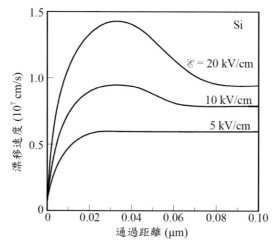

圖 22   在超短距離傳輸時產生速度過衝。當橫座標的「距離」被「時間」所取代亦可
　　　　觀察到相似的行為。圖中以矽為例。（參考文獻 56）

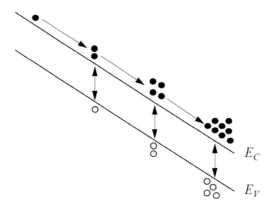

圖 23   由於衝擊離子化導致電子和電洞發生倍乘現象。圖中以電子 (α_n) 為例（即 $\alpha_p =$
　　　　0）。

若同時考慮電子和電洞的效應，則在任何固定位置的產生速率 (generation rate) 可以寫為

$$\frac{dn}{dt} = \frac{dp}{dt} = \alpha_n n \upsilon_n + \alpha_p p \upsilon_p$$
$$= \frac{\alpha_n J_n}{q} + \frac{\alpha_p J_p}{q} \tag{66}$$

相對地，在任何時間下，載子密度或電流會隨距離而改變，可以表示為

$$\frac{dJ_n}{dx} = \alpha_n J_n + \alpha_p J_p \tag{67a}$$

$$\frac{dJ_p}{dx} = -\alpha_n J_n - \alpha_p J_p \tag{67b}$$

然而總電流 $(J_n + J_p)$ 在所有距離內仍為定值，且 $dJ_n/dx = -dJ_p/dx$。游離率 α_n 和 α_p 隨電場強度的變化甚劇。游離率的物理表示式可以寫為 [57]

$$\alpha(\mathscr{E}) = \frac{q\mathscr{E}}{E_I} \exp\left\{ -\frac{\mathscr{E}_I}{\mathscr{E}[1 + (\mathscr{E}/\mathscr{E}_p)] + \mathscr{E}_T} \right\} \tag{68}$$

其中 E_I 為高電場下發生有效游離的起始能量，而 $\mathscr{E}_T$、$\mathscr{E}_p$ 和 $\mathscr{E}_I$ 分別為載子克服熱、光頻聲子及游離化等散射產生的減速效應所需之起始電場強度。例如 Si，電子的 E_I 測量值為 3.6 eV，電洞則為 5.0 eV。超過限制的電場範圍後，則式 (68) 可以化簡為

$$\alpha(\mathscr{E}) = \frac{q\mathscr{E}}{E_I} \exp(-\frac{\mathscr{E}_I}{\mathscr{E}}) \quad , \quad \text{if} \quad \mathscr{E}_p > \mathscr{E} > \mathscr{E}_T$$

$$\tag{69}$$

$$\alpha(\mathscr{E}) = \frac{q\mathscr{E}}{E} \exp(-\frac{\mathscr{E}_I \mathscr{E}_p}{\mathscr{E}^2}) \quad , \quad \text{if} \quad \mathscr{E} > \mathscr{E}_p \text{ and } \mathscr{E} > \sqrt{\mathscr{E}_p \mathscr{E}_T}$$

　　圖 24a 顯示 Ge、Si、SiC 及 GaN 的游離率之實驗結果。圖 24b 則為 GaAs 和其他少部分二元及三元化合物測得之游離率。這些結果皆是利用光倍增量測法 (photomultiplication measurements) 在 p-n 接面上測得到的。注意對於某些半導體，如 GaAs，其游離率與晶向有關。一般來說，游離率隨

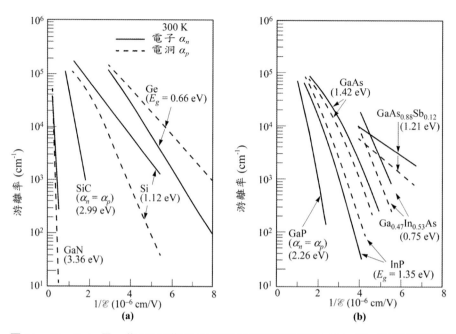

圖 24　Si、GaAs 及一些 IV-IV 族和 III-V 族化合物半導體在 300 K 時，游離率對電場強度之倒數的關係。（參考文獻 58-68）

著能隙的增加而減小，原因為高能隙的材料擁有較高的崩潰電壓 (breakdown voltage)。注意，式 (69) 對圖 24 中大部分的半導體都適用，但 GaAs 和 GaP 例外，必須使需用式 (71)。在固定的電場下，遊離率會隨著溫度的增加而減少。圖 25 表示矽半導體其電子游離率的理論預測值，以及在三種不同溫度的實驗值。

1.5.4 復合、產生及載子生命期

當半導體系統的熱平衡條件被擾亂時（例如：$pn \neq n_i^2$），可經由某些過程使系統回復熱平衡狀態 $(pn = n_i^2)$。這些過程是指當系統 $pn > n_i^2$ 時的復合 (recombination) 過程，以及當 $pn < n_i^2$ 時的熱產生 (generation) 過程。圖 26a 說明能帶到能帶 (band-to-band) 的電子－電洞復合過程。當電子從導

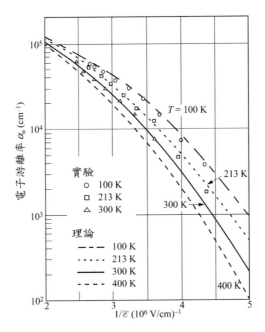

圖 25 四種溫度下 Si 的電子游離率對電場強度的倒數之關係。（參考文獻 69）

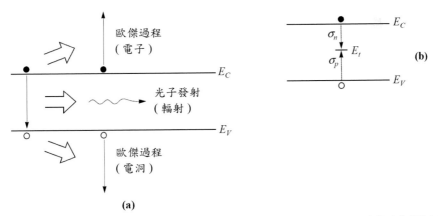

圖 26 各種復合過程（逆向為產生過程）(a) 能帶到能帶的復合，能量交換產生輻射或
歐傑過程。 (b) 經由單一能階缺陷復合（非輻射過程）。

電帶躍遷至價電帶時必須維持能量守衡，因此過多的能量可藉由放出光子（輻射過程）（radiative process），或是將能量傳遞給另一個自由電子或電洞（歐傑過程）（Auger process）。前者可視爲逆向的直接光學吸收，而後者則爲逆向的衝擊離子化過程。

　　能帶到能帶的躍遷 (band-to-band transition) 較常發生於直接能隙半導體中，一般大多爲 III-V 族化合物。此類半導體躍遷時，其復合速率 (recombination rate) 與電子和電洞濃度的乘積成正比，可以表示爲

$$R_e = R_{ec}pn \tag{70}$$

式中的 $R_{ec} = G_{th}/n_i^2$ 項稱爲復合係數 (recombination coefficient)，與熱產生速率 (thermal generation rate)G_{th} 有關，其中 R_{ec} 與溫度及半導體的能帶結構有關。對於直接能隙半導體 $R_{ec}\,(\approx 10^{-10}\ \mathrm{cm^3/s})$，其能帶到能帶的躍遷效率比非直接能隙半導體 $E_g\,(\approx 10^{-15}\ \mathrm{cm^3/s})$ 大很多。在熱平衡時，$pn = n_i^2$，且 $R_e = G_{th}$，則淨躍遷速率 $U = R_e - Gt_h$ 爲零。若發生低階注入時 (low-level injection)，也就是當過量載子 (excess carriers) 濃度 $\Delta p = \Delta n$ 比多數載子小很多的情形下，對 n 型材料其載子濃度變爲 $p_n = p_{no} + \Delta p$ 和 $n_n \approx N_D$，而淨躍遷速率可寫爲

$$U = R_e - G_{th} = R_{ec}(pn - n_i^2) \approx R_{ec}\Delta p N_D \equiv \frac{\Delta p}{\tau_p} \tag{71}$$

其中電洞的載子生命期 (carrier lifetime) 爲

$$\tau_p = \frac{1}{R_{ec}N_D} \tag{72a}$$

而在 p- 型材料中，電子的載子生命期

$$\tau_n = \frac{1}{R_{ec}N_A} \tag{72b}$$

　　間接能隙半導體例如 Si 和 Ge，最主要的躍遷方式是經由塊材缺陷的間接復合／產生（圖 26b）。單一能階的復合可分爲電子捕獲和電洞捕獲兩過

程。假設缺陷在能隙中的能階爲 E_t，密度 N_t，則淨躍遷速率可以利用蕭克萊－瑞得－厚爾統計 (Shockley-Read-Hall statistics) 來描述 [70-72]。

圖 27 所示爲透過復合中心發生在復合過程中的不同躍遷，假設半導體中心的濃度爲 N_t，已知未被佔據中心濃度爲 $N_t(1\text{-}F)$，F 爲中心被電子佔據的費米分布函數機率。在平衡條件下

$$F = \frac{1}{1+\exp\left(\dfrac{E_t - E_F}{kT}\right)} \tag{73}$$

E_t：中心能階，E_F：費米能階

因此在復合中心電子的捕獲速率可以得知爲

$$R_a \approx nN_t(1\text{-}F) \tag{74}$$

指定 $v_{th}\sigma_n$ 的乘積爲比例常數，可得下式

$$R_a = v_{th}\sigma_n N_t(1\text{-}F) \tag{75}$$

$v_{th}\sigma_n$ 乘積爲一個電子在捕獲截面爲 σ_n 時，單位時間的容積排量。若中心線位在容積內，電子將被捕獲。電子在中心的發射速率與電子捕獲過程相反。其速率與佔據中心的電子濃度 N_tF 成比例。我們可得

$$R_b = e_n N_t F \tag{76}$$

比例常數 e_n 稱爲發射機率 (emission probability)，在熱平衡時，電子發射與電子捕獲速率是相等的，例如 $R_a = R_b$，發射機率可以表示爲

$$e_n = \frac{v_{th}\sigma_n n(1\text{-}F)}{F} \tag{77}$$

在熱平衡時，電子濃度爲

$$n = n_i \exp\left(\frac{E_F - E_i}{kT}\right) \tag{78}$$

我們可得

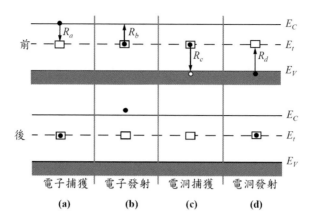

圖 27　在熱平衡時，間接產生復合過程 (a) 電子捕獲 (b) 電子發射 (c) 電洞捕獲 (d) 電洞發射。

$$e_n = \upsilon_{th}\sigma_n n_i \exp\left(\frac{E_t - E_i}{kT}\right) \tag{79}$$

在復合中心與價電帶間的躍遷在前面章節已說明。佔據復合中心，電洞的捕獲速率（圖 27c）可由下式得到

$$R_c = \upsilon_{th}\sigma_p N_t F \tag{80}$$

其中 σ_p 是電洞的捕獲截面積，藉由類似與電子發射的討論，電洞的發射速率 e_p（圖 27d）為

$$R_d = e_p N_t (1\text{-}F) \tag{81}$$

考慮在熱平衡條件下 $R_c = R_d$，以 υ_{th} 和 σ_p 表示，電洞的發射機率為

$$e_p = \upsilon_{th}\sigma_p n_i \exp\left(\frac{E_i - E_t}{kT}\right) \tag{82}$$

現在討論在不平衡情況下，n- 型半導體顯示不均勻的產生速率 G_L，因此在圖 27 顯示的過程，電子—電洞對產生而形成光，在穩定狀態下進入的電子與停留在導電帶上的電子數需相等。其稱為細部平衡 (detailed balance)，產

率 (yields) 為

$$\frac{dn_n}{dt} = G_L - (R_a - R_b) = 0 \tag{83}$$

相類似地，在穩定狀態下，電洞在價電帶上的細部平衡可以表示為

$$\frac{dp_n}{dt} = G_L - (R_c - R_d) = 0 \tag{84}$$

在平衡條件下，$G_L = 0$，$R_a = R_b$，$R_c = R_d$，然而，在穩定不平衡條件下，$R_a \neq R_b$，$R_c \neq R_d$，由方程式 (83)、(84) 可得

$$G_L = R_a - R_b = R_c - R_d \equiv U \tag{85}$$

由式 (75)、(76)、(80) 和 (81)，可以得到淨復合速率 [8]U。

$$U = \frac{\sigma_n \sigma_p \upsilon_{th} N_t (p_n n_n - n_i^2)}{\sigma_n \left[n_n + n_i \exp\left(\frac{E_t - E_i}{kT}\right) \right] + \sigma_p \left[p_n + n_i \exp\left(\frac{E_i - E_t}{kT}\right) \right]} \tag{86}$$

其中 σ_n 和 σ_p 分別為電子和電洞的捕獲截面。淨躍遷速率與 $pn - n_i^2$ 成比例，此外可以藉由式子的正負值來決定其為淨復合還是產生過程。當 $E_t = E_i$ 時，U 擁有最大值，這意味著在塊材的缺陷能譜中，只有靠近能隙中央的缺陷能階才是有效的復合／產生中心。若只考慮這些缺陷，式 (86) 可簡化為

$$U = \frac{\sigma_n \sigma_p \upsilon_{th} N_t (p_n n_n - n_i^2)}{\sigma_n (n_n + n_i) + \sigma_p (p_n + n_i)} \tag{87}$$

對於低階注入的 n 型半導體，則淨復合速率變為

$$U = \frac{\sigma_n \sigma_p \upsilon_{th} N_t [(p_{no} + \Delta p_n) n_n - n_i^2]}{\sigma_n n} \approx \sigma_p \upsilon_{th} N_t \Delta p_n \equiv \frac{\Delta p_n}{\tau_p} \tag{88}$$

其中

$$\tau_p = \frac{1}{\sigma_p \upsilon_{th} N_t} \tag{89a}$$

同樣地，在 p 型半導體，電子生命期可以表示為

$$\tau_n = \frac{1}{\sigma_n \upsilon_{th} N_t} \tag{89b}$$

如所預期的，間接躍遷的少數載子生命期與缺陷密度 N_t 成反比，然而在先前直接躍遷的情形下，載子生命期和摻雜濃度成倒數關係 [式 (72a) 和 (72b)]。

　　對於多個能階組合的缺陷，其復合過程在定性上的表現與單一能階相似，但行為的細節卻不相同。特別是處於高階注入 (high-level injection) 的條件下（也就是說，$\Delta n = \Delta p$ 與多數載子的濃度相當），其漸進的生命期為對應之所有正電荷、負電荷和中性缺陷能階的生命期平均值。在高階注入（$\Delta n = \Delta p > n$ 及 p）下，能帶到能帶之復合，其載子生命期變為

$$\tau_n = \tau_p = \frac{1}{R_{ec} \Delta n} \tag{90}$$

而經由缺陷復合的載子生命期可由式 (87) 導出

$$\tau_n = \tau_p = \frac{\sigma_n + \sigma_p}{\sigma_n \sigma_p \upsilon_{th} N_t} \tag{91}$$

將式 (91) 與式 (89a)、(89b) 比較，高階注入時載子確實有較長的生命期。值得注意的是，能帶到能帶之復合其生命期會隨著注入量的增加而減少，而經由缺陷復合的載子生命期，則由於注入量增加而變長。式 (89a) 和 (89b) 可由固態擴散和高能輻射實驗證明之。許多的雜質擁有接近能隙中央的能階（圖 10），這些雜質為有效的復合中心。典型的例子如金原子在矽中 [73]，少數載子生命期在金原子濃度由 $10^{14} \, cm^{-3}$ 增加到 $10^{17} \, cm^{-3}$ 的範圍時，呈現線性遞減，τ 從 $2 \times 10^{-4} \, s$ 變化到 $2 \times 10^{-9} \, s$。此項效應在某些元件上是十分有利的，例如一些高速元件的應用，需要非常短暫的載子生命期以減少電荷儲存時

間。另一項縮短少數載子生命期方法是利用高能粒子輻射，造成主體原子的位移與晶格破壞，結果在能隙中產生能階。舉例來說，Si 經過電子輻射後，會產生價電帶上方 0.4 eV 的受體能階與導電帶下方 0.36 eV 的施體能階。中子輻射也可以造成 0.56 eV 處的受體能階；此外，中子輻射還會於價電帶上方 0.25 eV 產生間隙 (interstitial) 態位。對於 Ge、GaAs 及其他的半導體，亦能獲得類似的結果。與固態擴散不同的是，輻射所引起的缺陷中心可以用低溫退火 (annealed) 的方式去除。

接下來我們討論產生過程。當載子濃度低於熱平衡的值時，即 $pn < n_i^2$，載子產生過程將取代超量載子復合。由式 (87) 可得知產生速率

$$U = -\frac{\sigma_p \sigma_n \upsilon_{th} N_t n_i}{\sigma_p[1+(p_n/n_i)]+\sigma_n[1+(n_n/n_i)]} \equiv -\frac{n_i}{\tau_g} \tag{92}$$

其中 τ_g 為產生載子生命期，又等於

$$\tau_g = \frac{1+(n_n/n_i)}{\sigma_p \upsilon_{th} N_t} + \frac{1+(p_n/n_i)}{\sigma_n \upsilon_{th} N_t} = \left(1+\frac{n_n}{n_i}\right)\tau_p + \left(1+\frac{p_n}{n_i}\right)\tau_n \tag{93}$$

其與電子和電洞濃度相關。由上式可知，產生生命期 (generation lifetime) 的時間比復合生命期還長，而且當 n 和 p 比本質濃度 n_i 小很多時有一最小值，大約為兩倍的復合生命期。少數載子生命期 τ 一般是利用光電導效應 (photoconductive effect, PC effect)[74] 或是光電磁效應 (photoelectromagnetic effect, PEM effect)[75] 來量測。光電導效應的基本方程式可以寫為

$$\begin{aligned} J_{PC} &= q(\mu_n + \mu_p)\Delta n\mathscr{E} \\ &= q(\mu_n + \mu_p)\frac{G_e}{\tau}\mathscr{E} \end{aligned} \tag{94}$$

其中 J_{PC} 為光照射下因產生速率 G_e 而增加的電流密度，$\mathscr{E}$ 為施加於樣本上的電場。Δn 則為光照射時所增加的載子密度，也可視為單位體積內增加的電子－電洞對數目。它等於產生速率 G_e 和生命期 τ 的乘積，即 $\Delta n = \tau G_e$。至於光電磁效應的量測法，我們測其短路電流，此電流是在磁場 $\mathscr{B}_z$ 垂直於入

射光的方向下所產生的。電流密度可以表示為

$$J_{\mathrm{PEM}} = q(\mu_n + \mu_p)\mathscr{B}_z \frac{D}{L_d}\tau G_e$$
$$= q(\mu_n + \mu_p)\mathscr{B}_z \sqrt{D\tau}\,G_e \tag{95}$$

其中 D 和 $L_d \equiv (D_\tau)^{1/2}$ 分別為擴散係數和擴散長度，將於下一節討論。而另一種量測載子生命期的方法將在 1.8.2 節中討論。

1.5.5 擴散

在上一節中，超量載子均勻的分布在樣本空間中。本節我們要討論的是在局部的位置發生超量載子，導致載子非均勻分布的情況。例如載子從接面注入，或是非均勻的照光條件。然而無論是哪種局部注入，都會造成載子濃度梯度，導致擴散 (diffusion) 過程發生。載子從高濃度區遷移至低濃度區，驅使系統回復均勻的狀態。載子流量或通量，以電子為例，依照費克定律 (Fick's law)

$$\left.\frac{d\Delta n}{dt}\right|_x = -D_n \frac{d\Delta n}{dx} \tag{96}$$

可知與濃度梯度成比例。而其比例常數稱為擴散係數（diffusion coefficient 或是 diffusivity）D_n。此載子通量構成擴散電流 (diffusion current)，可寫為

$$J_n = qD_n \frac{d\Delta n}{dx} \quad , \quad J_p = -qD_p \frac{d\Delta p}{dx} \tag{97}$$

物理上，擴散和散射都是因為載子受熱而任意移動。因此，可得 $D = v_{th}\tau_m$，推測擴散係數和移動率應該存在某種關係。要推導這樣的關係，考慮一不均勻摻雜濃度，無外加電場 $\mathscr{E}$ 的 n- 型半導體。總淨電流應為零，也就是漂移電流與擴散電流間達到平衡

$$qn\mu_n\mathscr{E} = -qD_n \frac{dn}{dx} \tag{98}$$

要達到上式的平衡條件，非均勻摻雜的半導體內部會產生一電場（$\mathscr{E} = dE_C/qdx$，而 E_F 在平衡時爲一常數）。利用式 (18) 取代 n，我們得到

$$\frac{dn}{dx} = \frac{-q\mathscr{E}}{kT} N_C \exp\left(-\frac{E_C - E_F}{kT}\right)$$
$$= \frac{-q\mathscr{E}}{kT} n \tag{99}$$

最後再將上式代入式 (98)，即可得擴散係數和移動率的關係

$$D_n = \left(\frac{kT}{q}\right)\mu_n \tag{100a}$$

對於 p- 型半導體亦可用相似的方式導出

$$D_p = \left(\frac{kT}{q}\right)\mu_p \tag{100b}$$

這就是有名的愛因斯坦關係式 (Einstein relation)（適用於非簡併半導體）。在 300 K 時，$kT/q = 0.0259$ V，再從圖 15 中決定移動率，即可獲得 D 值。另一個與擴散關係密切的參數爲擴散長度 (diffusion length)，定義爲

$$L_d = \sqrt{D\tau} \tag{101}$$

一般解擴散問題時，會以固定的注入源作爲邊界條件，而解出的濃度分布隨距離呈現自然指數變化，直到到達特徵長度 L_d。擴散長度亦可視爲載子在被消滅之前所能擴散的距離。

1.5.6 熱離子發射

另一個電流傳導機制爲熱離子發射 (thermionic emission)。此爲多數載子電流，並且總是與電位能障有關。注意其關鍵參數爲能障高度，而不是能障形狀。這種機制最一般的元件爲蕭特基位障二極體 (Schottky-barrier diode) 或金屬－半導體接面 (metal-semiconductor junction)（見第三章）。參考圖 28，當熱離子發射成爲主導機制時，即在能障層以內的碰撞或是漂

移－擴散過程都可被忽略。同樣的，能障寬度必須比平均自由徑還窄，或是為一個三角形能障，造成能障非常地陡峭，使得載子在一個平均自由徑的範圍內能障降低量超過一個 kT。此外，當載子注入並超越能障後，另一區的擴散電流不再成為限制因子。因此，在能障之後必定是另一個 n 型半導體或是金屬層。

由費米－狄拉克統計 (Fermi-Dirac statistics) 可知，導電帶以上的電子密度（對於 n 型基板）隨能量呈指數遞減。在任何有限的（非零）溫度下，載子密度在任何有限的能量皆不為零。在此我們特別感興趣的是超過能障高度的載子之數量。這一部分由熱產生具有較高能量的載子不會再被能障所限制，而成為熱離子－發射電流 (thermionic-emission current)。因此所有越過能障的電子電流可以表示為（見第三章）

$$J = A^* T^2 \exp\left(-\frac{q\phi_B}{kT}\right) \tag{102}$$

其中 ϕ_B 為能障高度 (barrier height)，以及

$$A^* \equiv \frac{4\pi q m^* k^2}{h^3} \tag{103}$$

稱之為有效李查遜常數 (effective Richardson constant)，其為有效質量的函數。A^* 可以進一步地利用量子力學的穿隧及反射來修正。

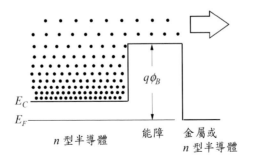

圖 28 電子熱離子發射越過能障的能帶圖。注意能障形狀（圖中為矩形）並不重要。

1.5.7 穿隧

　　穿隧 (tunneling) 是一種量子力學現象。在古典力學中，載子會被完全限制在位能障壁之中。只有獲得的能量高於能障之載子才能夠逃脫，如上面討論的熱離子發射情形。然而在量子力學，電子是以波函數的形式來表示。對於有限高度的位能障壁，波函數並不會突然的終止，反而會進入能障並穿透之（圖 29）。因此電子穿過一有限高度與寬度的能障之機率並不為零。要計算穿隧機率 (tunneling probability)，波函數 Ψ 可由薛丁格方程式解出

$$\frac{d^2\Psi}{dx^2} + \frac{2m^*}{\hbar^2}\left[E - U(x)\right]\Psi = 0 \tag{104}$$

若是一簡單的矩型能障，其高度 U_0 和寬度 W，解出的 Ψ 一般為 $\exp(\pm ikx)$ 的形式，其中 $k = \sqrt{2m^*(E-U_0)}/\hbar$。注意當穿隧發生時，載子能量 E 小於位障高度 U_0，即平方根內為負值而 k 為虛數。波函數及穿隧機率可以計算出

$$\begin{aligned}
T_t = \frac{|\Psi_B|^2}{|\Psi_A|^2} &= \left[1 + \frac{U_0^2 \sinh^2(|k|W)}{4E(U_0 - E)}\right]^{-1} \\
&\approx \frac{16E(U_0 - E)}{U_0^2}\exp\left(-2\sqrt{\frac{2m^*(U_0 - E)}{\hbar^2}}W\right)
\end{aligned} \tag{105}$$

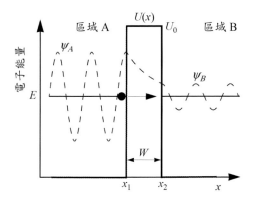

圖 29　電子穿隧通過一矩形能障時的波函數。

假設能障的形狀更爲複雜，但位能 $U(x)$ 隨位置的改變並不快，則可利用溫茲爾－卡門爾－布里淵近似(Wentzel-Kramers-Brillouin approximation, WKB approximation) 來簡化薛丁格方程式。則波函數的一般形式變爲 $\exp\int ik(x)dx$。而計算出的穿隧機率

$$T_t = \frac{|\Psi_B|^2}{|\Psi_A|^2} \approx \exp\left\{-2\int_{x_1}^{x_2}|k(x)|dx\right\} \approx \exp\left\{-2\int_{x_1}^{x_2}\sqrt{\frac{2m^*}{\hbar^2}[U(x)-E)]}dx\right\} \tag{106}$$

結合已知的穿隧機率與初始 A 區域中的有效載子數目（圖 29），再乘上目的地 B 區域中空的態位數目，我們就可以獲得穿隧電流 (tunneling current) J_t

$$J_t = \frac{qm^*}{2\pi^2\hbar^3}\int F_A N_A T_t (1-F_B)N_B dE \tag{107}$$

其中 F_A、F_B、N_A 及 N_B 表示其相對應的費米－狄拉克分布和態位密度。

1.5.8 空間電荷效應

半導體的空間電荷 (space charge) 是由摻雜濃度 $\rho = (p-n+N_D-N_A)q$ 及自由載子濃度來決定。在半導體的中性區內，$n = N_D$ 和 $p = N_A$，所以空間電荷密度 (space-charge density) 爲零。但是在由不同的材料、摻雜型態及摻雜濃度所形成的接面附近，載子濃度 n 和 p 可能小於或大於 N_D 和 N_A。在空乏近似 (depletion approximation) 下，n 和 p 假設皆爲零，而空間電荷的數目等於多數載子的摻雜量。然而施加偏壓時，載子濃度 n 和 p 能夠增加甚至遠超過其平衡時的值。當注入的 n 或 p 大於平衡值及摻雜濃度時，就會發生空間電荷效應 (space-charge effect)。注入載子能夠控制空間電荷進而改變電場分布，於是產生一種回饋機制：施加電場驅動電流，而電流的注入又會再重新建立電場。空間電荷效應一般常見於輕摻雜的材料，發生於空乏區 (depletion region) 外部。

在發生空間電荷效應的過程中，若電流是由注入載子的漂移項所主導，則此電流稱爲空間電荷限制電流 (space-charge-limited current)。既然其爲漂

移電流，於是對於電子的注入可寫爲

$$J = qn\upsilon \tag{108}$$

由於空間電荷被注入載子所決定，因此波松方程式 (Poisson equation) 的形式爲

$$\frac{d^2\psi_i}{dx^2} = \frac{qn}{\varepsilon_s} \tag{109}$$

載子速度隨電場強度的不同，與電場的關係會有所變化。在低電場移動率區中 $\upsilon = \mu\mathscr{E}$，若是在速度飽和區，則速度 υ_s 與電場無關。而當樣本大小或載子漂移的時間限制在超短的尺度內，可以觀察到無散射發生的彈道區

$$\upsilon = \sqrt{\frac{2qV}{m^*}} \tag{110}$$

由式 (108)-(110)，空間電荷限制電流在移動率區 [莫特－甘尼定律 (Mott-Gurney law)] 的解爲 [5]

$$J = \frac{9\varepsilon_s \mu V^2}{8L^3} \tag{111}$$

而在速度飽和區下

$$J = \frac{2\varepsilon_s \upsilon_s V}{L^2} \tag{112}$$

以及彈道區 [柴耳得－蘭牟定律 (Child-Langmuir law)]

$$J = \frac{4\varepsilon_s}{9L^2}\left(\frac{2q}{m^*}\right)^{1/2} V^{3/2} \tag{113}$$

上面三式中的 L 爲沿著電流方向的樣本長度。注意不同區域中電流密度與電壓的相依性並不一致。

1.6 聲子、光和熱特性

在先前的章節我們已探討過半導體不同載子傳輸機制。本節我們將簡要地介紹其他的效應與性質。這些特性對於半導體元件的操作非常重要。

1.6.1 聲子頻譜

聲子其實就是量子化的晶格震動，主要是由於晶格的熱能產生。與光子和電子類似，每個聲子皆擁有其獨特的特徵頻率（或是能量）與波數（動量或波長）。以一維空間晶格來說明，其排列方式為不同的質量 m_1 和 m_2 交替，並且只有最近相鄰的原子相連結，則碰撞頻率為 [4]

$$v_{\pm} = \sqrt{\alpha_f} \left[\left(\frac{1}{m_1} + \frac{1}{m_2} \right) \pm \sqrt{\left(\frac{1}{m_1} + \frac{1}{m_2} \right)^2 - \frac{4\sin^2(k_{ph}a/2)}{m_1 m_2}} \right]^{1/2} \quad (114)$$

其中 α_f 為虎克定律 (Hooke's law) 的力常數，k_{ph} 為聲子波數，a 則是晶格間距。當接近 $k_{ph} = 0$ 時，頻率 v_- 與 k_{ph} 成正比關係。此分支稱為聲頻支 (acoustic branch)，因為在此模式下，晶格作長波長振動，而且在晶格中的傳播速度 ω/k 接近聲速。而頻率 v_+ 在 k_{ph} 趨近於零時為一常數 $\approx [2\alpha_f(1/m_1+1/m_2)]^{1/2}$。這分支與聲頻模式 (acoustic mode) 不同，稱作光頻支 (optical branch)，因為頻率 v_+ 一般位於光學頻率範圍。對於聲頻模式，兩個不同質量的副晶格原子作同方向的移動，但光頻模式下它們的方向移動相反。

聲子的模式總數等於每個晶胞內的原子數乘上其晶格維度。在實際的三維空間晶格中，若一個原始晶胞內只含有一個原子，如簡單立方、體心或是面心立方晶格等，只能存在三種聲頻模式。對於三維空間晶格中擁有兩個原子的原始晶胞，像是 Si 和 GaAs，則存在著三種聲頻模式與三種光頻模式 (optical mode)。由偏振與波行進方向的觀點來看，縱向偏振模式 (longitudinally polarized mode) 其原子的位移向量與波向量的方向平行；因此包含一種縱向聲頻模式 (LA) 及一種縱向光頻模式 (LO)。至於原子移動的平面垂直於波向量者稱為橫向偏振模式 (transversely polarized mod)，其中包括兩種橫向聲頻模式 (TA) 及兩種橫向光頻模式 (TO)。

　　圖 30 表示 Si 和 GaAs 沿著某晶格方向所測得的聲子能譜。圖中的範圍 $k_{ph} = \pm \pi/a$ 定義在布里淵區內，超過此範圍其頻率 $-k_{ph}$ 的關係式將再次重複。注意當 k_{ph} 很小時，LA 和 TA 模式的能量（或頻率）與 k_{ph} 成正比。而縱向光頻聲子的能量在 $k_{ph} = 0$ 時為第一級拉曼散射 (first-order Raman scattering) 能量。其值於 Si 中為 0.063 eV，GaAs 為 0.035 eV。這些結果與其他重要的性質一併列於附錄 H 中。

1.6.2 光特性

　　光學量測為決定半導體能帶結構最重要的方式。當光照射引起電子躍遷到不同的能帶時，可決定半導體能隙 E_g。若電子仍在同一個能帶內，則為自由載子吸收。光學量測也能被用來研究晶格振動（聲子）。半導體的光學性質可以用複雜的折射率 (refractive index) 來表示

$$\bar{n} = n_r - ik_e \tag{115}$$

式中的實部折射率 n_r 是由介質中的傳遞速度（v 和波長 λ）來決定（假設真

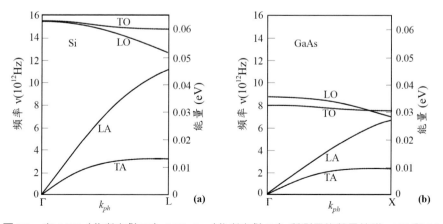

圖 30　在 (a)Si（參考文獻 76）(b)GaAs（參考文獻 77）所測量的聲子能譜。TO 和 LO 分別表示橫向及縱向光頻模式，而 TA 和 LA 為橫向與縱向聲頻模式。

空環境下波長爲 λ_0）

$$n_r = \frac{c}{\upsilon} = \frac{\lambda_0}{\lambda} \tag{116}$$

而折射率的虛數部分 k_e 被稱爲消光係數 (extinction coefficient)，與吸收係數 (absorption coefficient) 有關

$$\alpha = \frac{4\pi k_e}{\lambda} \tag{117}$$

在半導體中，吸收係數爲波長或是光子能量的函數。當靠近吸收邊緣時，吸收係數可以表示爲 [6]

$$\alpha \propto (h\nu - E_g)^\gamma \tag{118}$$

其中 $h\nu$ 爲光子能量而 γ 爲一常數。能帶到能帶的躍遷包含兩種型態：允許和禁帶的。（禁帶的躍遷是考慮光子的動量非常小但仍爲有限的值，和允許的躍遷相比，其機率非常的低。）對於直接能隙材料，通常躍遷發生時兩能帶的 k 值相同，如圖 31(a) 和 31(b) 所示。然而允許的直接躍遷能發生於所有的 k 值，禁帶的直接躍遷只會發生在 $k \neq 0$。在單一電子近似中，γ 等於 1/2 和 3/2 分別爲允許和禁帶直接躍遷。注意當 $k = 0$ 時，即能隙的定義位置，只有允許躍遷 ($\gamma = 1/2$) 存在，因此在實驗上可以用來決定能隙大小。若是非直接躍遷 [圖 31(c) 的躍遷]，聲子會參與其中以維持動量守恆。也就是當躍遷發生時，聲子（其能量 E_p）會被吸收或放出，吸收係數可被修改爲

$$\alpha \propto (h\nu - E_g \pm E_p)^\gamma \tag{119}$$

對於允許和禁帶非直接躍遷，在此常數 γ 分別等於 2 或 3。

　　另外，激子 (exciton) 的形成也會造成吸收峰值和等級的提升。所謂的激子其實是相互束縛的電子－電洞對，其束縛能量在能隙範圍之內，可以視爲一個單位在晶格中移動。在靠近吸收邊緣，差值 $(E_g - h\nu)$ 近似激子的束縛能 (binding energy)，所以必須考慮自由電子和電洞間的庫倫 (Coulomb) 交互作用。由於束縛能使得吸收所需要的光子能量降低。對於 $h\nu \gtrsim E_g$，激子

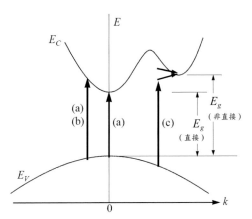

圖 31　光學躍遷 (a) 允許與 (b) 禁帶的直接躍遷 (c) 非直接躍遷過程包含聲子的放出（上方箭頭）及吸收（下方箭頭）。

的吸收與基本的吸收範圍連續而合併在一起。當 $hv \gg E_g$，更高的能帶參與躍遷過程，其複雜的能帶結構反應於吸收係數中。

　　圖 32 繪出 Si 和 GaAs 的吸收係數 α 在接近及超過基本吸收邊緣（能帶到能帶的躍遷）的實驗結果。低溫時曲線會往較高的光子能量移動，是由於能隙隨溫度而變化造成（圖 6）。A 的值爲 $10^4 \, cm^{-1}$ 表示 63% 的光會在半導體一微米內被吸收。當光通過一半導體，會同時造成光的吸收與電子－電洞對產生 (G_e)，而光強度 P_{op} 隨著距離而減少

$$\frac{dP_{op}(x)}{dx} = -\alpha P_{op}(x) = G_e hv \tag{120}$$

由上式的解可知光強度呈現指數減少

$$P_{op}(x) = P_0(1-R)\exp(-\alpha x) \tag{121}$$

其中 P_0 爲半導體外的入射光強度，R 爲光垂直入射半導體時，其界面的反射係數 (reflection coefficient)

$$R = \frac{(1-n_r)^2 + k_e^2}{(1+n_r)^2 + k_e^2} \tag{122}$$

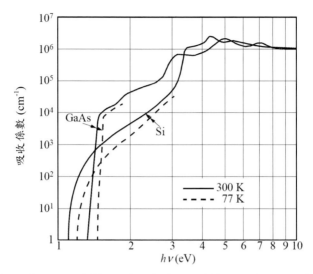

圖 32　對於 Si 和 GaAs，在接近及超過基本吸收邊緣所量測的吸收係數。（參考文獻 78-81）

假設半導體樣本的厚度為 W，乘積 αW 並不大，則會在半導體兩端的界面發生多次反射。總計所有在反射方向的光分量，可計算出反射係數的總和

$$R_\Sigma = R\left[1 + \frac{(1-R)^2 \exp(-2\alpha W)}{1 - R^2 \exp(-2\alpha W)}\right] \tag{123}$$

以及總穿透係數 (total transmission coefficient)

$$T_\Sigma = \frac{(1-R)^2 \exp(-\alpha W)}{1 - R^2 \exp(-2\alpha W)} \tag{124}$$

穿透係數 T_Σ 和反射係數 R_Σ 為量測中兩個重要的物理量。藉由分析垂直入射時 T_Σ-λ 或 R_Σ-λ 的資料，或是由不同的入射角度觀察 R_Σ 或 T_Σ，可獲得 n_r 和 k_e 及相關的能帶間躍遷能量。

1.6.3 熱特性

當一半導體同時有溫度梯度和電場存在，總電流密度（在一維空間）為 [2]

$$J = \sigma \left(\frac{1}{q} \frac{dE_F}{dx} - \mathscr{P} \frac{dT}{dx} \right) \tag{125}$$

其中 $\mathscr{P}$ 爲熱電能功率 (thermoelectric power)，其名稱緣自於在開路條件下淨電流爲零，而電場是由溫度梯度所造成。對於非簡併半導體，兩次碰撞之間的平均自由時間 $\tau_m \propto E^{-s}$ 如先前所述，則熱電能功率可寫爲

$$\mathscr{P} = -\frac{k}{q} \left\{ \frac{[\frac{5}{2} - s + \ln(N_C/n)]n\mu_n - [\frac{5}{2} - s - \ln(N_V/p)]p\mu_p}{n\mu_n + p\mu_p} \right\} \tag{126}$$

其中 k 爲波茲曼常數。上述方程指示在 n 型半導體中熱電能功率 $\mathscr{P}$ 爲負值，而 p- 型半導體爲正值，此特性經常用來決定半導體的傳導型態。熱電能功率可用來決定電阻率及相對於能帶邊緣的費米能階。在室溫下，p- 型矽的熱電能功率 $\mathscr{P}$ 隨著電阻率增加而上升：0.1 Ω-cm 的樣本具有 1 mV/K 的值，而 100 Ω 的樣本則爲 1.7 mV/K。相似的結果（除了 $\mathscr{P}$ 符號改變）亦可見於 n- 型矽中。

　　而另一個重要的熱效應爲熱傳導 (thermal conduction) 現象，爲一種擴散的過程。若存在一溫度梯度使得熱流 Q 產生

$$Q = -\kappa \frac{dT}{dx} \tag{127}$$

熱導率 (thermal conductivity) κ 主要分爲兩個部分，聲子（晶格）傳導 κ_L 及混合的自由載子（電子和電洞）傳導 κ_M，$\kappa = \kappa_L + \kappa_M$。晶格能夠傳遞熱能主要是由於聲子的擴散和散射。其中散射包括幾種型態，例如聲子對聲子、聲子對缺陷、聲子對載子、晶界及表面等。而總體的效應可表示爲

$$\kappa_L = \frac{1}{3} C_p \upsilon_{ph} \lambda_{ph} \tag{128}$$

其中 C_p 爲比熱 (specific heat)，υ_{ph} 爲聲子速度，而 λ_{ph} 爲聲子平均自由徑。至於混合載子的貢獻，對於電子及電洞散射，如果 $\tau_m \propto E^{-s}$，可寫爲

$$\kappa_M = \frac{(\frac{5}{2}-s)k^2\sigma T}{q^2} + \frac{k^2\sigma T}{q^2}\frac{[5-2s+(E_g/kT)]^2\,np\mu_n\mu_p}{(n\mu_n+p\mu_p)^2} \tag{129}$$

　　圖 33 顯示 Si 和 GaAs 所量測的熱導率爲晶格溫度的函數。其室溫值亦於附錄 H 中列出。一般來說，傳導載子對熱導率貢獻非常小，因此熱導率隨溫度的關係與 κ_L 一致而形成倒 V 的形狀。在低溫下，比熱與溫度呈現 T^3 的關係，即 κ 隨溫度猛烈地上升。在高溫時，聲子輔助型散射主導，以致 λ_{ph}（和 κ_L）以 $1/T$ 的速率下降。圖 33 亦表示銅、鑽石、SiC 和 GaN 的熱導率。銅爲 *p-n* 接面元件最常使用的熱傳導金屬；鑽石在目前已知的材料中，擁有最高的室溫熱導率，對半導體雷射與 IMPATT 振盪器的熱散逸非常有用。SiC 和 GaN 對於功率元件則是十分重要的半導體。

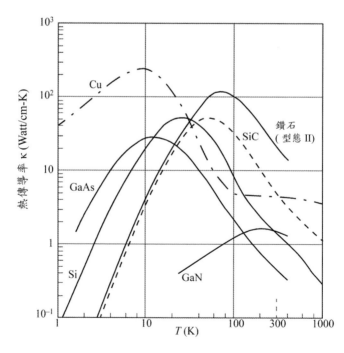

圖 33　量測純 Si、GaAs、SiC、GaN、Cu 以及鑽石（型態 II）的熱導率對溫度的關係圖。
　　　　（參考文獻 82-86）

1.7 異質接面與奈米結構

異質接面 (heterojunction) 是兩個不同半導體間所形成的接面。對於半導體元件的應用，其能隙間的差異提供額外的自由度，因而產生許多有趣的現象。異質接面要能夠成功地應用於各種元件上，必須利用磊晶 (epitaxy) 技巧使半導體上成長另一層與其晶格匹配 (lattice-matched) 的半導體材料，而無任何界面缺陷。到目前為止，異質接面已經廣泛使用在各式元件的應用。異質接面磊晶最基本物理為晶格常數匹配，這是物理上原子配置的需求條件。若是兩材料嚴重的晶格不匹配 (lattice mismatch)，結果會在界面產生差排 (dislocation)，進而造成電性上界面缺陷的問題。一些常見的半導體晶格常數顯示於圖 34，它們的能隙也一併附於圖中。一個良好接合的異質接面元件，其兩個材料的晶格常數相近，然而能隙 E_g 卻有所差異。例如圖中的 GaAs/AlGaAs（或 /AlAs）即為很好的例子。

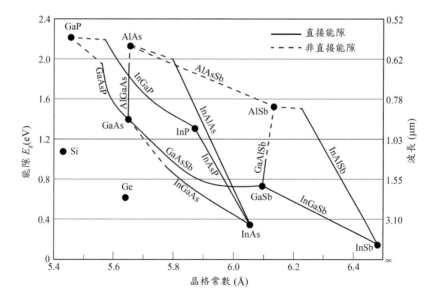

圖 34　一些常見的元素及二元半導體其對應的能隙與晶格常數。

　　磊晶技術 (epitaxy technology) 可用於成長晶格匹配半導體層和應變層。一個最佳的例子如 $Al_x Ga_{l-x} As$ 成長在 GaAs 上，Al 的所有莫耳分率變化 $0 \leq x \leq 1$ 均具有好的晶格匹配。導電帶 E_C 與價電帶 E_V 間能隙隨莫耳分率變化圖，如圖 35，當 $x = 0.4$，$Al_{0.4} Ga_{0.6} As$ 具有晶格常數 $a = 5.657$ Å，非常接近 GaAs，$Al_{0.4} Ga_{0.6} As/GaAs$ 的能帶圖如圖 36。

　　若是晶格常數不匹配性並不嚴重，高品質的異質磊晶 (heteroepitaxy) 能夠持續的成長，前提是磊晶層厚度必須夠小，這是因為晶格常數不匹配和所能允許的最大磊晶層厚度有直接的關係。我們可利用圖 37 來幫助說明。對於一層厚且鬆弛 (relax) 的異質磊晶層，由於界面終端的鍵結在物理上並不匹配，因此界面的差排是無法避免的。然而，若是異質磊晶層夠薄，使得磊晶層產生物理應變 (strain)，晶格常數會變得與基板相同（圖 37c）。當此現象發生，則差排就能夠被消除。

　　為了估計應變層的臨界厚度 (critical thickness)，讓我們從頭想像異質磊晶的過程。在一開始時，磊晶層的原子依照基板的晶格而排列。但當薄膜厚度逐漸增加，其應變能量也跟著累積起來。最後薄膜累積太多的能量以致無法再維持應變，於是轉變為鬆弛的狀態，也就是圖 37c 到圖 37b 的過程。晶格的不匹配程度定義為

$$\Delta \equiv \frac{\left| a_e - a_s \right|}{a_e} \tag{130}$$

其中 a_e 和 a_s 分別為磊晶層與基板的晶格常數。由一個經驗式中可發現臨界厚度可表示為

$$t_c \approx \frac{a_e}{2\Delta} \approx \frac{a_e^2}{2\left| a_e - a_s \right|} \tag{131}$$

舉例來說，若 a_e 為 5 Å，而不匹配程度 2%，則臨界厚度大約 10 nm。應變的異質磊晶成長技術在製作元件上擁有更大的自由度，容許使用的材料範圍更為寬廣。其對於新穎元件的製作及改良元件操作特性帶來巨大的衝擊。

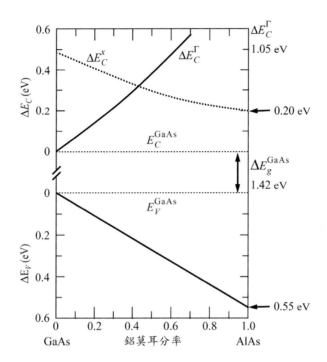

圖 35 $Al_x Ga_{1-x} As/GaAs$ 的能隙對 Al 莫耳分率圖，E_C 對不同莫耳分率變化用虛線表示。

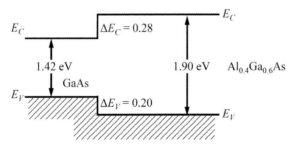

圖 36 $Al_{0.4} Ga_{0.6} As/GaAs$ 的能帶圖。

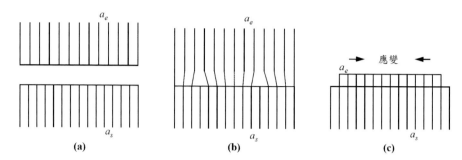

圖 37　兩材料分別擁有輕微不匹配的晶格常數 a_s 和 a_e。 (a) 分離的情形 (b) 若是以異質磊晶法成長之厚且鬆弛的磊晶層，會在界面產生差排。(c) 若成長薄且產生應變的磊晶層，則在界面處沒有差排發生。磊晶層的晶格常數 a_e 會發生應變而變得與基板 a_s 相同。

　　除了能隙的差異，不同半導體間電子親和力 (electron affinity) 也不一樣，這是在元件的應用上必須考慮的。當不同材料結合時，其界面的 E_C 和 E_V 會發生校準。依能帶校準的結果，異質接面可分成三類，如圖 38 所示：(1) 型態 I，跨坐的異質接面 (straddling Heterojunction)；(2) 型態 II，錯開的異質接面 (staggered Heterojunction) 以及 (3) 型態 III，破碎能隙異質接面 (broken-gap Heterojunction)。對於型態 I（跨坐的）的異質接面，其中一材料同時擁有相對較低的 E_C 與相對較高的 E_V，即較小的能隙值。而型態 II（錯開的）的異質接面，較低的 E_C 與較高的 E_V 之位置於能帶上產生一平移，以至於能夠在較低 E_C 的一邊收集電子，而在較高 E_V 的一端收集電洞，將兩種載子侷限在不同的空間中。至於型態 III（破碎能隙）的異質接面，可視為型態 II 的特例，其中一邊的 E_C 比另一端的 E_V 還低。即在界面處的導電帶與價電帶部分的重疊，因此命名為破碎能隙。

半導體奈米結構 (Semiconductor Nanostructures)　異質接面其中一項重要的應用為利用 ΔE_C 和 ΔE_V 來形成載子的能障。量子井 (quantum well, QW) 的形成是利用兩個異質接面或是三層的材料接合，而中間的材料具有最低的 E_C 作為電子的量子井，或者最高 E_V 作為電洞的量子井。因此量子井能夠將

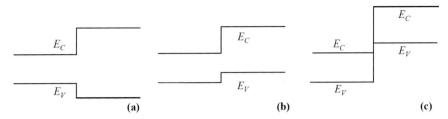

圖 38　異質接面的分類 (a) 型態 I，跨坐的異質接面 (b) 型態 II，錯開的異質接面 (c) 型態 III，破碎能隙異質接面。

電子或電洞侷限於二維空間 (2-D) 系統中。當自由電子於半導體塊材內往所有的方向移動 (3-D)，其高於導電帶邊緣的能量為連續的，利用能量與動量關係式 [式 (8)] 可得到

$$E - E_C = \frac{\hbar^2}{2m_e^*}(k_x^2 + k_y^2 + k_z^2) \tag{132}$$

在量子井中，載子其中一個移動方向被限制住。假設被限制方向為 x 座標，使得 $k_x = 0$。可發現在量子井內 x 方向的能量態位將不再連續，而是變為量子化的次能帶。對於一個量子井，其最重要的參數為能井寬度 L_x 與能井高度 ϕ_b。圖 39a 的能帶圖顯示位能障礙是由導電帶和價電帶的偏移（ΔE_C 和 ΔE_V）所造成。利用薛丁格方程式解出能井內部的波函數為

$$\Psi(x) = \sin\left(\frac{i\pi x}{L_x}\right) \tag{133}$$

其中 i 為整數。值得注意的是在能井邊界，只有 ϕ_b 為無限大時，ψ 確實為零。在若 ϕ_b 為有限值，則載子在有限機率下會「洩漏」（經由穿隧作用）到位能井外。此現象對於超晶格 (superlattice) 的形成非常重要，我們將於之後討論。總和上述的結果可知，固定能井邊界的條件將導致量子化的次能帶產生，其能量為（相對於能帶邊緣）

$$E_i = \frac{\hbar^2\pi^2 i^2}{2m^* L_x^2} \tag{134}$$

上式的解並未考慮有限的能障高度。若是 L_x 改變，量子井將可能失去其意義。要在能井內產生分離的能階，其最低需求為量子化能量 $\hbar^2\pi^2/2m^*L_x^2$，必須比 kT 大很多，而 L_x 則要小於平均自由徑與德布洛依波長 (de Broglie wavelength)，德布洛依波長 $\lambda = h/(2m^*E)^{1/2}$，其形式與式 (134) 的 L_x 相似。連續的導電帶被分離成次能帶，因此載子不再存留於能帶邊緣 E_C 或 E_V，只能位於次能帶中。此效應使得在量子井內發生能帶間躍遷時所要克服的有效能隙比塊材中的還要大。當量子井被一厚能障層分離出來，彼此間將不再相互影響，這樣的系統稱為複數量子井 (multiple quantum wells)。然而能井間的能障層變得愈來愈薄，則波函數開始相互重疊，於是形成異質結構（所組成的）超晶格 (superlattice)。超晶格最主要有兩點與複數量子井不同：(1) 其能階在橫越能障空間後仍為連續的；(2) 分離能帶變寬成的微型能帶 (miniband)（圖 39b）。由複數量子井轉變成超晶格的狀況，類似於原子聚在一起而形成規則排列的晶格之情形。一個完全獨立的原子擁有分離的能階，然而形成晶格時，每個原子的分離能階匯聚成連續的導電帶和價電帶。

　　另一種製作量子井和超晶格的方式是隨空間位置改變摻雜濃度 [87]。其位能障礙是由於空間電荷電場產生而造成（圖 40a），能障形狀也由矩形變為拋物線的形狀。這種摻雜的（或 n-i-p-i）複數量子井結構有兩種有趣的特性，首先，導電帶最小值與價電帶最大值同時發生變動，因此電子和電洞分別會在不同的位置聚積。此結果導致電子－電洞復合速率降到最小，即非常長的載子生命期，高於一般材料很多個數量級。此情形與型態 II 的異質接面相似。第二，其有效能隙為電子和電洞第一量子化能階之間的差值，並且可由基本材料來降低能隙。這種可調變的有效能隙能夠加強光在更長波長的放射與吸收。這是一種非常獨特的結構，其擁有「真實空間」的非直接能隙，相對於 k 空間。當摻雜的量子井之間愈來愈靠近，將再次形成摻雜 n-i-p-i 的超晶格結構（圖 40b）。

　　當半導體的物理尺度縮減到德布洛依波長的級數等級時，半導體物理維度將與電性有密切的關聯。若將載子的限制進一步延伸到一維與零維的維

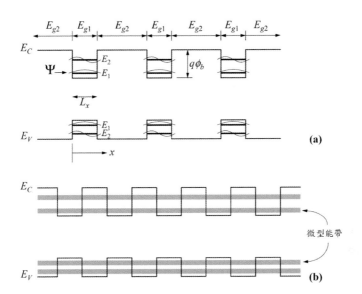

圖 39　能帶結構 (a) 異質結構（所組成的）複數量子井 (b) 異質結構超晶格。

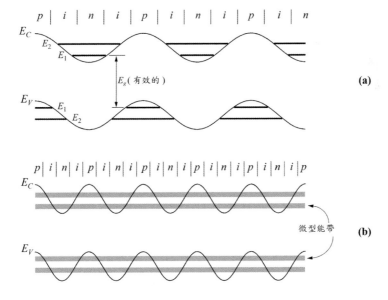

圖 40　(a) 摻雜的 (n-i-p-i) 複數量子井 (b) 摻雜的超晶格之能帶圖。

度，即為大家所熟知的量子線 (quantum wire) 和量子點 (quantum dot)。維度
變化最主要的影響在於態位密度 $N(E)$ 的改變。依照限制的程度，$N(E)$ 在不
同形狀時會擁有非常不一樣的能量分布。定性上，對於塊材半導體、量子井、
量子線及量子點，其 $N(E)$ 的分布形狀表示於圖 41。在一個三維 (3-D) 系統，
其態位密度已在先前提過 [式 (12)]，這裡我們再寫一次

$$N(E) = \frac{m^* \sqrt{2m^* E}}{\pi^2 \hbar^3} \approx E^{1/2} \tag{135}$$

而 2-D 系統的態位密度（量子井）為一階梯狀的函數

$$N(E) = \frac{m^* i}{\pi \hbar^2 L_x} \tag{136}$$

1-D 系統的態位密度（量子線）有能量倒數的關係式

$$N(E) = \frac{\sqrt{2m^*}}{\pi \hbar L_x L_y} \sum_{i,j} (E - E_{i,j})^{-1/2} \tag{137}$$

其中

$$E_{i,j} = \frac{\hbar^2 \pi^2}{2m^*} \left(\frac{i^2}{L_x^2} + \frac{j^2}{L_y^2} \right) \tag{138}$$

0-D 系統的態位密度（量子點）為一不連續函數且與能量大小無關

$$N(E) = \frac{2}{L_x L_y L_z} \sum_{i,j,k} \delta(E - E_{i,j,k}) \tag{139}$$

其中

$$E_{i,j,k} = \frac{\hbar^2 \pi^2}{2m^*} \left(\frac{i^2}{L_x^2} + \frac{j^2}{L_y^2} + \frac{k^2}{L_z^2} \right) \tag{140}$$

由於載子濃度及在能量上的分布可由態位密度乘上費米－狄拉克分布得到，
當物體尺度縮小到接近德布洛依波長 ($\approx$ 20 nm)，態位密度函數對於元件操
作極其重要。

　　若量子限制效應來自三維系統會有「量子點」或「人工原子」形成。

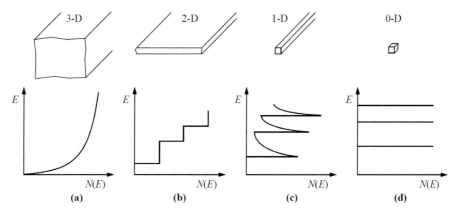

圖 41　能帶密度 $N(E)$ 於 (a) 塊材半導體 (3-D)，限制程度為 0-D（例如無任何限制）。
(b) 量子井 (2-D)，只限制在一個方向載子可在 2D 自由移動。(c) 量子線 (1-D)，
限制在兩個方向，所以載子可以在 1-D 方向自由移動。(d) 量子點 (0-D)，限制
在所有方向，載子僅能在 0-D 移動。

圖 42a 和 b 所示為矽奈米圓盤陣列的 SEM 影像和放大圖，使用的基板材料
為二氧化矽 (SiO_2)。比較量子井 (QW)、量子線 (QWR) 及量子點 (QD)，提
供額外的自由度，調整限制能階與微能帶的帶寬。例如量子線的限制能量
只能調整直徑。然而，直徑與厚度可用來控制量子點的微帶能量 (mini-band
energy)[88-89]。圖 42c 中顯示 E_g 值大小決定於矽奈米圓盤的厚度，其中矽奈米
圓盤直徑為 10 nm，由於量子侷限增強，使 E_g 值至隨著量子點尺寸減小而
增加[88-94]。

　　圖 43 顯示，InAs/GaAs 量子點的電子能階是量子點體積的函數，對所
有形狀量子點的基本半徑固定為 10 nm，注意量子點的體積與直徑範圍大小
取自可用的實驗數據。在圖 43a-d 之間，對量子點體積變化最敏感的是量子
圓盤，影響最小的是圓錐形量子點。此一結果並不意外，因為當體積與半徑
固定時，對圓盤幾何形狀的量子點，電子的波函數是最好的限制。當量子點
體積增加，不同形狀能態會收斂。電子能隨量子點體積的變化，一般引
用 $V^{-2/3}$，這指數可以涵蓋大範圍體積並與量子點的形狀有關[93]。

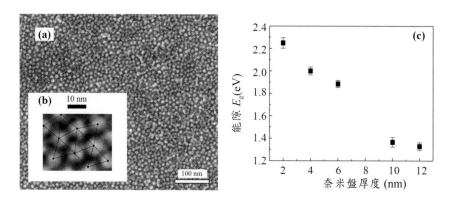

圖 42　(a) 矽圓盤陣列 (b) 高倍率之 SEM 影像的上視圖 (c) 能隙 E_g 與奈米盤厚度的關係圖。（參考文獻 88）

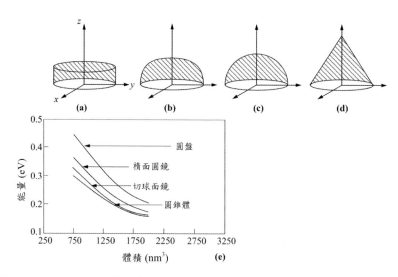

圖 43　InAs/GaAs 量子點具有四種不同形狀 (a) 圓盤 (b) 橢圓面鏡 (c) 切球面鏡 (d) 圓錐體，所有形狀均為柱狀對稱的圓形剖面圖。(e) 電子基態能階對量子點體積的關係圖。（參考文獻 93）

1.8 基本方程式與範例

1.8.1 基本方程式

　　基本方程式是用來描述在半導體元件操作時，其內部載子靜態的 (static) 與動態的 (dynamic) 行為。當一半導體受到外部的干擾，像是外加電場或光學激發，都會造成熱平衡條件的偏移[37]。基本方程式（亦稱為漂移擴散 (drift-diffusion model) 模式，DD 模式）大約可區分為三類：波松方程式 (Poisson equation)、電流密度方程式 (current-density equation) 以及連續方程式 (continuity equation)。這些方程式可用於分別計算靜電位能、電子濃度、電洞濃度等。考慮不均勻晶格溫度效應，熱流方程式可結合前面提到的偏微分方程式 (partial differential equation, PDE)。

波松方程式（The Poisson Equation）　　波松方程式推導始於馬克斯威爾方程式 (Maxwell equation)，利用高斯定律 (Gauss law)，定義為

$$\nabla \cdot \mathscr{D} = \rho(x, y, z) \tag{141}$$

其中 $\mathscr{D}$ 為電位移，ρ 為電荷密度，我們假設電位移與電場 $\mathscr{E}$ 相關，純量均相同電場介電常數 ε_S，可以表示成 $\mathscr{D} = \varepsilon_S \mathscr{E}$，磁通量密度 $\mathscr{B}$ (magnetic flux density) 與電場強度在馬克斯威爾方程式之關聯，可以表示為

$$\nabla \times \mathscr{E} = -\frac{\partial \mathscr{B}}{\partial t} \tag{142}$$

在元件物理，我們假設磁通量密度的變化速率是充分小（準靜態極限），所以

$$\frac{\partial \mathscr{B}}{\partial t} \approx 0 \tag{143}$$

由式 (142) 和 (143)，我們可得電場的旋度 (curl) 為零，梯度的旋度為零，可以推導出靜電位

$$\mathscr{E} = -\nabla \psi \tag{144}$$

由式 (141) 和 (144) 得到在均相材料內的波松方程式為

$$\nabla \cdot (\varepsilon_s \nabla \psi) = -\rho \tag{145}$$

其中矽介電常數 $\varepsilon_s = 11.9\,\varepsilon_0$（參考附錄 F）。半導體的電荷密度是電子密度 n、電洞密度 p 和離子化雜質摻雜密度 D 之總和，$\rho = q\,(n - p + D)$，其中 q 是基本電荷，D 是由離子化受體和施體雜質密度所組成，$D = N_A - N_D$，因此波松方程式為

$$\nabla^2 \psi = \frac{q(n - p + N_A - N_D)}{\varepsilon_s} \tag{146}$$

利用拉普拉斯算子在笛卡兒座標系可得

$$\nabla^2 \psi(x,y,z) = \frac{\partial^2 \psi}{\partial x^2} + \frac{\partial^2 \psi}{\partial y^2} + \frac{\partial^2 \psi}{\partial z^2} \tag{147}$$

式 (147) 與載子動態方程式之解討論如下。式 (147) 也可用來說明載子—載子庫侖相互作用 (Coulomb carrier-carrier interaction)（包含同時考慮短程和長程的相互作用）。電位移 (electric displacement) 與電場的純量均相介電常數有關。對壓電現象、鐵電現象、非線性光學等可做修正。對於一維空間情況，可將式 (147) 簡化為

$$\frac{d^2 \psi_i}{dx^2} = -\frac{d\mathscr{E}}{dx} = -\frac{\rho}{\varepsilon_s} = \frac{q(n - p + N_A - N_D)}{\varepsilon_s} \tag{148}$$

當 $\psi_i \equiv -E_i/q$，常用來測定在空乏層內的電荷密度 ρ 所造成的電場及靜電電位分布，如用於測定 p-n 接面空乏層之物理性質（在第 2 章討論）。

電流密度方程式（Current-Density Equtions）　一般來說電流的傳導主要由兩部分所組成：電場驅動的漂移項、載子濃度梯度造成的擴散項。電流密度方程式如下所示

$$\boldsymbol{J}_n = q\mu_n n\mathscr{E} + qD_n \nabla n \tag{149a}$$

$$J_p = q\mu_p p\mathscr{E} - qD_p \nabla p \tag{149b}$$

$$J_{cond} = J_n + J_p \tag{150}$$

其中 J_n 和 J_p 分別為電子與電洞電流密度。電子和電洞的移動率 (μ_n 和 μ_p) 已在 1.5.1 節描述。對於非簡併半導體，載子的擴散常數（D_n 和 D_p）和移動率之間可由愛因斯坦關係式 [$D_n = (kT/q)\mu_n$，等] 取得關聯。對於一維空間情形，式 (149a) 和 (149b) 化簡為

$$J_n = q\mu_n n\mathscr{E} + qD_n \frac{dn}{dx} = q\mu_n \left(n\mathscr{E} + \frac{kT}{q}\frac{dn}{dx} \right) = \mu_n n \frac{dE_{Fn}}{dx} \tag{151a}$$

$$J_p = q\mu_p p\mathscr{E} - qD_p \frac{dp}{dx} = q\mu_p \left(p\mathscr{E} - \frac{kT}{q}\frac{dp}{dx} \right) = \mu_p p \frac{dE_{Fp}}{dx} \tag{151b}$$

其中 E_{Fn} 和 E_{Fp} 為電子與電洞的準費米能階 (quasi Fermi level)。這些方程式在低電場時是有效的。若是在一足夠高的電場下，$\mu_n\mathscr{E}$ 和 $\mu_p\mathscr{E}$ 項應該要用飽和速度 v_s 取代（E_{Fn} 和 E_{Fp} 不再固定）。這些方程式並不包含外加磁場效應，磁電阻效應會降低電流大小。

連續方程式（Continuity Equations）　　當電流密度方程式處於穩定狀態下，連續方程式可以處理與時間有關的現象，例如低階注入、產生及復合。在定性上，淨載子濃度為產生與復合之間的差值，再加上流進或流出此區域的淨電流。時間相依的連續方程式為

$$\frac{\partial n}{\partial t} = G_n - U_n + \frac{1}{q}\nabla \cdot J_n \tag{152a}$$

$$\frac{\partial p}{\partial t} = G_p - U_p - \frac{1}{q}\nabla \cdot J_p \tag{152b}$$

其中 G_n 和 G_p 分別為電子和電洞的產生速率 ($cm^{-3}\text{-}s^{-1}$)。其產生的原因是由於外部的影響，如光子激發或是大電場下的衝擊離子化。而復合速率 $U_n = \Delta n/\tau_n$ 和 $U_p = \Delta p/\tau_p$，已於 1.5.4 節中討論過。在一維空間中，低階注入的條

件下，式 (152a) 和 (152b) 可簡化爲

$$\frac{\partial n_p}{\partial t} = G_n - \frac{n_p - n_{po}}{\tau_n} + n_p \mu_n \frac{\partial \mathscr{E}}{\partial x} + \mu_n \mathscr{E} \frac{\partial n_p}{\partial x} + D_n \frac{\partial^2 n_p}{\partial x^2} \tag{153a}$$

$$\frac{\partial p_n}{\partial t} = G_p - \frac{p_n - p_{no}}{\tau_p} - p_n \mu_p \frac{\partial \mathscr{E}}{\partial x} - \mu_p \mathscr{E} \frac{\partial p_n}{\partial x} + D_p \frac{\partial^2 p_n}{\partial x^2} \tag{153b}$$

當元件尺寸縮小至深次微米範圍，相對大電場與相對急速電場 $\mathscr{E}$ 空間變化及載子濃度，在這些元件違反 DD 模式於局部熱平衡的假設下。元件中的載子將被外加電場 $\mathscr{E}$ 加熱，造成載子能量分布明顯偏移平衡時的形狀。此外，因存在大電場 $\mathscr{E}$ 梯度，使載子無足夠的時間或距離，無法達到其均相狀態造成非局部效應，需要更多作用力，聚焦在加強傳輸模式才能精確計算熱電子效應。在深次微米元件結構基於半傳統波茲曼傳輸方程式 (Boltzmann, BTE) 和流體動力學模型 (hydrodynamic model, HD)，其由一組具平均動量和平均能量粒子數所組成的守恆方程式 [95, 96]。BTE 和 HD 模式導出的方程式在附錄 I。不同於 DD 模式，這些進階的模式可用於描述非靜態傳輸現象。例如，平均能量用來模式化熱載子過程，其比用局部電場 $\mathscr{E}$ 更爲精確。

晶格溫度方程式 (Lattice Temperature Equation)   對設計固態功率元件需考慮電子熱現象的相互作用。例如熱散逸是半導體元件的重要議題之一，晶格熱流方程式可用來解半導體元件的自熱效應。當元件晶格溫度不均勻，晶格熱源方程式（也稱爲晶格溫度方程式），可以下式表示 [95]

$$\rho_m C_p \frac{\partial T}{\partial t} - \nabla \cdot (\kappa \nabla T) = Q \tag{154}$$

Q 是熱產生源，ρ_m 是質量密度，C_p 是比熱，κ(W/cm-K) 是半導體材料的熱傳導率。ρ_m 與 C_p 值列於表 3。Si 與 GaAs 的熱傳導率表示式爲 $(1.65 \times 10^{-6} \, T^2 + 1.56 \times 10^{-3} \, T + 0.03)^{-1}$ 和 $0.44 \times (T/300)^{-1.25}$。由能帶窄化效應產生的熱，可表式爲

$$Q = \frac{1}{q} \boldsymbol{J}_n \cdot \nabla E_C + \frac{1}{q} \boldsymbol{J}_p \cdot \nabla E_V + E_g (U - G) \tag{155}$$

外加項 $qn\, D_n \nabla T/2T$ 和 $-qpD_p \nabla T/2T$ 可加入式 (149a) 和 (149b)，用於解因晶格溫度造成載子移動率降低的漂移擴散模式。尤其是傳統飛行時間法用於量測矽在脈衝雷射放射 (pulsed laser irradiation) 期間的晶格溫度[97,98]。

表 3　Si 與 GaAs 在 300 K 下的比熱和質量密度列表

半導體材料	C_p $(m^2s^{-2}K^{-1})$	ρ_m (VAs^3m^{-5})
Si	703	2,328
GaAs	351	5,316

1.8.2 範例

在本節中，我們將示範利用連續方程式來研究與時間相依或是空間相依的超量載子。超量載子能夠由光學激發或是鄰近接面注入的方式產生。在下列的範例中我們考慮光學激發以簡化情況。

超量載子隨時間衰減（Decay of Excess Carriers with Time）　考慮一 n 型樣本，如圖 38a 所示，受到光的照射，電子－電洞對均勻地產生於樣本各處，而產生速率爲 G_p。此範例中假設樣本的厚度小於吸收係數的倒數 $1/\alpha$，而且載子不隨空間而變化。其邊界條件爲 $\mathscr{E} = \partial \mathscr{E}/\partial x = 0$ 及 $\partial p_n/\partial x = 0$。我們可由式 (153b)

$$\frac{dp_n}{dt} = G_p - \frac{p_n - p_{no}}{\tau_p} \tag{156}$$

在穩定態時，$\partial p_n/\partial t = 0$，則

$$p_n - p_{no} = \tau_p G_p = 定值 \tag{157}$$

若在任一時刻 $t = 0$ 時，突然關掉光源，微分方程式變爲

$$\frac{dp_n}{dt} = -\frac{p_n - p_{no}}{\tau_p} \qquad (158)$$

由式 (157) 的邊界條件 $p_n(t=0) = p_{no} + \tau_p G_p$ 及 $p_n(\infty) = p_{no}$，可解出少數載子隨時間的變化

$$p_n(t) = p_{no} + \tau_p G_p \exp\left(-\frac{t}{\tau_p}\right) \qquad (159)$$

圖 44b 表示 p_n 隨時間的變化。上面的例子即為史蒂文生－凱耶斯法 (Stevenson-Keyes method) 量測少數載子生命期主要的概念[74]。圖 44c 說明其實驗裝置架構。在光脈衝照射下使得超量載子均勻產生於樣本各處，進而造成導電率與電流短暫的增加。當光脈衝移除後，光電導率持續下降一段時間，利用示波器監視電阻負載 R_L 的壓降可以觀察到此現象，並量測生命期。

超量載子隨距離衰減（Decay of Excess Carriers with Distance） 圖 45a 表示另一個簡單的範例，當過量載子由一端注入（亦可視為高能光子只在表面製造電子－電洞對）。參考圖 32，注意若光子能量 $h\nu = 3.5$ eV，則吸收係數約為 10^6 cm^{-1}，換句話說，半導體內部在距離 10 nm 的光強度以指數因子 e 的方式衰減。在穩定狀態時，在靠近表面的位置存在一濃度梯度。假設 n-型樣本未施加偏壓下，由式 (153b)，可寫下微分方程

$$\frac{\partial p_n}{\partial t} = 0 = -\frac{p_n - p_{no}}{\tau_p} + D_p \frac{\partial^2 p_n}{\partial x^2} \qquad (160)$$

其邊界條件為 $p_n(x=0) =$ 常數，由注入的數量來決定，此外 $p_n(\infty) = p_{no}$。$p_n(x)$ 解為

$$p_n(x) = p_{no} + [p_n(0) - p_{no}] \exp\left(-\frac{x}{L_p}\right) \qquad (161)$$

其中擴散長度 (diffusion length) 為 $L_p = (D_p \tau_p)^{1/2}$（圖 45a）。L_p 與 L_n 的最大值在矽中約 1 cm 左右的級數，而在砷化鎵只有 10^{-2} cm。在此需要特別注意的情況是，若第二個邊界條件改變為所有的超量載子於背面 ($x = W$) 被萃取

出或 $p_n(W) = p_{no}$，則由式 (160) 可獲得新的解為

$$p_n(x) = p_{no} + [p_n(0) - p_{no}] \left\{ \frac{\sinh[(W-x)/L_p]}{\sinh(W/L_p)} \right\} \tag{162}$$

結果表示於圖 45b。在 $x = W$ 時其電流密度可利用式 (151b)

$$J_P = -qD_p \frac{dp}{dx}\bigg|_W = \frac{qD_p[p_n(0) - p_{no}]}{L_p \sinh(W/L_p)} \tag{163}$$

後面我們將會說明式 (163) 與雙極性電晶體電流增益的關係（參考第五章）。

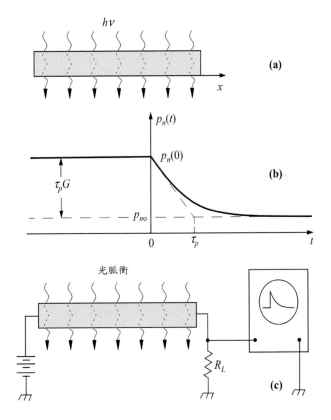

圖 44　光激發載子的衰減 (a) n 型樣本在固定照射下 (b) 少數載子（電洞）隨時間而衰減 (c) 量測少數載子生命期的實驗裝置圖。（參考文獻 74）

超量載子隨距離及時間衰減（Decay of Excess Carriers with Time and Distance）　當光脈衝只有局部照射到半導體而產生超量載子時（圖 46a），未施加偏壓下其傳輸方程式可由式 (153b) 獲得。令式中的 $G_p = \mathscr{E} = \partial\mathscr{E}/\partial\mathrm{x} = 0$

$$\frac{\partial p_n}{\partial t} = -\frac{p_n - p_{no}}{\tau_p} + D_p \frac{\partial^2 p_n}{\partial x^2} \tag{164}$$

其解可寫爲

$$p_n(x,t) = \frac{N'}{\sqrt{4\pi D_p t}} \exp\left(-\frac{x^2}{4D_p t} - \frac{t}{\tau_p}\right) + p_{no} \tag{165}$$

其中 N' 爲單位面積內電子或電洞最初產生的數目。圖 46b 表示載子由注入的地方向兩邊擴散開來。而擴散期間亦伴隨著復合進行（曲線以下的面積隨時間進行而遞減）。若對樣本施加電場，其解的形式與上述相同，只是需將 x 以 $(x - \mu_p \mathscr{E} t)$ 取代（圖 46c）；整個「超量載子包」以漂移速度 $\mu_p \mathscr{E}$ 向樣本的負值末端移動。而在移動的同時亦向外擴散，與無施加電場的情況一樣。上述的範例即爲著名的海恩－蕭克萊實驗 (Haynes-Shockley experiment)，用於量測半導體內部的載子漂移移動率 [99]。只要知道樣本長度、外加電場強度、信號間的延遲時間（施加偏壓與關掉光源的時間差）與樣本末端偵測到信號的時間（會顯示於示波器上），就能計算漂移移動率 $\mu = x/\mathscr{E}t$。

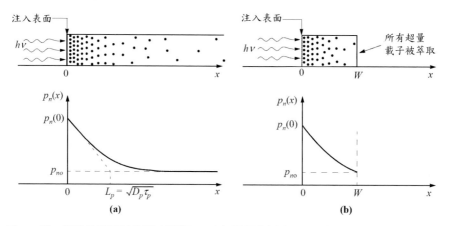

圖 45　從一端注入載子時的穩定狀態 (a) 半無限長的樣本 (b) 長度爲 W 的樣本。

表面復合（Surface Recombination） 當半導體樣本的一邊發生表面復合時（圖 47），在 $x = 0$ 的邊界條件可用下列表示

$$qD_p \frac{dp_n}{dx}\bigg|_{x=0} = qS_p[p_n(0) - p_{no}] \qquad (166)$$

上式是在描述少數載子抵達半導體表面且發生復合。常數 S_p 的單位為 cm/s，定義為電洞表面復合速度 (recombination velocity)。在 $x = \infty$ 的邊界條件參考式 (157)。穩定態下，無外加偏壓的微分方程

$$0 = G_p - \frac{p_n - p_{no}}{\tau_p} + D_p \frac{d^2 p_n}{dx^2} \qquad (167)$$

將上述邊界條件代入可獲得方程式的解為

$$p_n(x) = p_{no} + \tau_p G_p \left[1 - \frac{\tau_p S_p \exp(-x/L_p)}{L_p + \tau_p S_p} \right] \qquad (168)$$

對於一有限的 S_p 值其分布繪於圖 47。當 $S_p \to 0$，則 $p_n(x) \to p_{no} + \tau_p G_p$，可得到先前的式 (157)。而若是 $S_p \to \infty$，電洞濃度則變成 $p_n(x) \to p_{no} + \tau_p G_p[1 - \exp(-x/L_p)]$，於是表面的少數載子密度接近熱平衡值 p_{no}。類似於低階注入塊材的復合過程，少數載子生命期的倒數 $(1/\tau)$ 等於 $\sigma_p v_{th} N_t$ [式 (89a)]，因此表面復合速度可寫為 $S_p = \sigma_p v_{th} N'_{st}$，其中 N'_{st} 為邊界區域內每單位面積的表面缺陷中心數目。

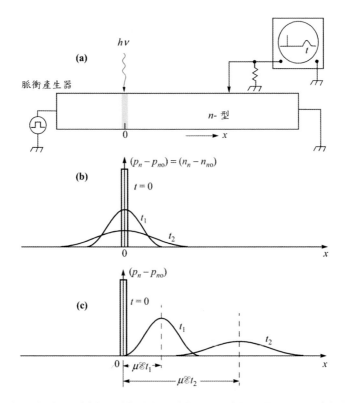

圖 46　局部的光脈衝照射後，其暫態載子擴散。 (a) 實驗裝置圖解 (b) 未施加電場的情況 (c) 施加電場。

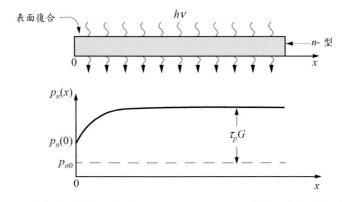

圖 47　在 $x = 0$ 處的表面復合。靠近表面的少數載子分布受其表面復合速度所影響。

參考文獻

1. J. L. Moll, *Physics of Semiconductors*, McGraw-Hill, New York, 1964.

2. R. A. Smith, *Semiconductors*, 2nd Ed.,Cambridge University Press, London, 1979.

3. T. S. Moss, Ed., *Handbook on Semiconductors*, Vols. 1–4, North-Holland, Amsterdam,1980.

4. K. W. Böer, *Survey of Semiconductor Physics*, Van Nostrand Reinhold, New York, 1990.

5. K. Seeger, *Semiconductor Physics*, 7th Ed., Springer-Verlag, Berlin, 1999.

6. J. Singh, *Physics of Semiconductors and Their Heterostructures*, Ting Lung Book Co., Taichung, 2007.

7. Y. Taur, *Fundamentals of Modern VLSI Devices*, 2nd Ed., Cambridge University Press, New York, 2009.

8. S. M. Sze and M. K. Lee, *Semiconductor Devices Physics and Technology*, 3rd Ed., Wiley, New York, 2012.

9. C. Hamaguchi, *Basic Semiconductor Physics*, 3rd Ed., Springer, New York, 2017.

10. R. K. Willardson and A. C. Beer, Eds., *Semiconductors and Semimetals*, Vol. 2, Physics of III-V Compounds, Academic, New York, 1966.

11. W. B. Pearson, *Handbook of Lattice Spacings and Structure of Metals and Alloys*, Pergamon, New York, 1967.

12. H. C. Casey and M. B. Panish, *Heterostructure Lasers*, Academic Press, New York, 1978.

13. C. Kittel, *Introduction to Solid State Physics*, 8th Ed., Wiley, New York, 2005.

14. L. Brillouin, *Wave Propagation in Periodic Structures*, 2nd Ed., Dover Publications, New York, 1963.

15. J. M. Ziman, *Principles of the Theory of Solids*, Cambridge University Press, London, 1964.

16. M. L. Cohen, "Pseudopotential Calculations for II-VI Compounds," in D. G. Thomas, Ed., *II-VI Semiconducting Compounds*, W. A. Benjamin, New York, 1967, p. 462.

17. C. Kittel, *Quantum Theory of Solids*, Wiley, New York, 1963.

18. L. C. Allen, "Interpolation Scheme for Energy Bands in Solids," *Phys. Rev.*, **98**, 993 (1955).

19. F. Herman, "The Electronic Energy Band Structure of Silicon and Germanium," *Proc. IRE*, **43**, 1703 (1955).

20. J. C. Phillips, "Energy-Band Interpolation Scheme Based on a Pseudopotential," *Phys. Rev.*, **112**, 685 (1958).

21. M. L. Cohen and J. R. Chelikowsky, *Electronic Structure and Optical Properties of Semiconductors*, 2nd Ed., Springer-Verlag, Berlin, 1988.

22. J. M. Ziman, *Electrons and Phonons*, Clarendon, Oxford, 1960.

23. C. D. Thurmond, "The Standard Thermodynamic Function of the Formation of Electrons and Holes in Ge, Si, GaAs and GaP," *J. Electrochem. Soc.*, **122**, 1133 (1975).

24. V. Alex, S. Finkbeiner, and J. Weber, "Temperature Dependence of the Indirect Energy Gap in Crystalline Silicon," *J. Appl. Phys.*, **79**, 6943 (1996).

25. W. Paul and D. M. Warschauer, Eds., *Solids Under Pressure*, McGraw-Hill, New York, 1963.

26. R. S. Ohl, "Light-Sensitive Electric Device," U.S. Patent 2,402,662. Filed May 27, 1941. Granted June 25, 1946.

27. M. Riordan and L. Hoddeson, "The Origins of the *pn* Junction", *IEEE Spectrum*, **34**, 46(1997).

28. J. S. Blackmore, "Carrier Concentrations and Fermi Levels in Semiconductors," *Electron. Commun.*, **29**, 131 (1952).

29. W. B. Joyce and R. W. Dixon, "Analytic Approximations for the Fermi Energy of an Ideal Fermi Gas," *Appl. Phys. Lett.*, **31**, 354 (1977).

30. O. Madelung, Ed., *Semiconductors–Basic Data*, 2nd Ed., Springer-Verlag, Berlin, 1996.

31. R. N. Hall and J. H. Racette, "Diffusion and Solubility of Copper in Extrinsic and Intrinsic Germanium, Silicon, and Gallium Arsenide," *J. Appl. Phys.*, **35**, 379 (1964).

32. A. G. Milnes, *Deep Impurities in Semiconductors*, Wiley, New York, 1973.

33. J. Hermanson and J. C. Phillips, "Pseudopotential Theory of Exciton and Impurity States," *Phys. Rev.*, **150**, 652 (1966).

34. J. Callaway and A. J. Hughes, "Localized Defects in Semiconductors," *Phys. Rev.*, **156**, 860 (1967).

35. E. M. Conwell, "Properties of Silicon and Germanium, Part II," *Proc. IRE*, **46**, 1281 (1958).

36. S. M. Sze and J. C. Irvin, "Resistivity, Mobility, and Impurity Levels in GaAs, Ge, and Si at 300 K," *Solid-State Electron.*, **11**, 599 (1968).

37. W. Shockley, *Electrons and Holes in Semiconductors*, D. Van Nostrand, Princeton, New Jersey, 1950.

38. A. S. Grove, *Physics and Technology of Semiconductor Devices*, Wiley, New York, 1967.

39. J. Bardeen and W. Shockley, "Deformation Potentials and Mobilities in Nonpolar Crystals," *Phys. Rev.*, **80**, 72 (1950).

40. E. Conwell and V. F. Weisskopf, "Theory of Impurity Scattering in Semiconductors," *Phys. Rev.*, **77**, 388 (1950).

41. C. Bulucea, "Recalculation of Irvin's Resistivity Curves for Diffused Layers in Silicon Using Updated Bulk Resistivity Data," *Solid-State Electron.*, **36**, 489 (1993).

42. C. Jacoboni, C. Canali, G. Ottaviani, and A. A. Quaranta, "A Review of Some Charge Transport Properties of Silicon," *Solid-State Electron.*, **20**, 77 (1977).

43. O. Oda, *Compound Semiconductor Bulk Materials and Characterizations*, World Scientific, Singapore, 2007.

44. O. Madelung, *Semiconductors: Data Handbook*, 3rd Ed., Springer-Verlag, Berlin, 2004.

45. W. E. Beadle, J. C. C. Tsai, and R. D. Plummer, Eds., *Quick Reference Manual for Silicon Integrated Circuit Technology*, Wiley, New York, 1985.

46. F. M. Smits, "Measurement of Sheet Resistivities with the Four-Point Probe," *Bell Syst. Tech. J.*, **37**, 711 (1958).

47. E. H. Hall, "On a New Action of the Magnet on Electric Currents," *Am. J. Math.*, **2**, 287(1879).

48. L. J. Van der Pauw, "A Method of Measuring Specific Resistivity and Hall Effect of Disc or Arbitrary Shape," *Philips Res. Rep.*, **13**, 1 (1958).

49. D. M. Caughey and R. E. Thomas, "Carrier Mobilities in Silicon Empirically Related to Doping and Field," *Proc. IEEE*, **55**, 2192 (1967).

50. D. E. Aspnes, "GaAs Lower Conduction-Band Minima: Ordering and Properties," *Phys. Rev.*, **B14**, 5331 (1976).

51. P. Smith, M. Inoue, and J. Frey, "Electron Velocity in Si and GaAs at Very High Electric Fields," *Appl. Phys. Lett.*, **37**, 797 (1980).

52. J. G. Ruch and G. S. Kino, "Measurement of the Velocity-Field Characteristics of Gallium Arsenide," *Appl. Phys. Lett.*, **10**, 40 (1967).

53. K. Brennan and K. Hess, "Theory of High-Field Transport of Holes in GaAs and InP," P*hys. Rev. B*, **29**, 5581 (1984).

54. B. Kramer and A. Mircea, "Determination of Saturated Electron Velocity in GaAs," *Appl. Phys. Lett.*, **26**, 623 (1975).

55. K. K. Thornber, "Relation of Drift Velocity to Low-Field Mobility and High Field Saturation Velocity," *J. Appl. Phys.*, **51**, 2127 (1980).

56. J. G. Ruch, "Electron Dynamics in Short Channel Field-Effect Transistors," *IEEE Trans. Electron Devices,* **ED-19**, 652 (1972).

57. K. K. Thornber, "Applications of Scaling to Problems in High-Field Electronic Transport," *J. Appl. Phys.*, **52**, 279 (1981).

58. R. A. Logan and S. M. Sze, "Avalanche Multiplication in Ge and GaAs *p–n* Junctions,"*Proc. Int. Conf. Phys.* Semicond., Kyoto, and *J. Phys. Soc. Jpn. Suppl.*, **21**, 434 (1966).

59. W. N. Grant, "Electron and Hole Ionization Rates in Epitaxial Silicon at High Electric Fields," *Solid-State Electron.*, **16**, 1189 (1973).

60. G. H. Glover, "Charge Multiplication in Au-SiC (6H) Schottky Junction," *J. Appl. Phys.*, **46**, 4842 (1975).

61. T. P. Pearsall, F. Capasso, R. E. Nahory, M. A. Pollack, and J. R. Chelikowsky, "The Band Structure Dependence of Impact Ionization by Hot Carriers in Semiconductors GaAs," *Solid-State Electron.*, **21**, 297 (1978).

62. I. Umebu, A. N. M. M. Choudhury, and P. N. Robson, "Ionization Coefficients Measured in Abrupt InP Junction," *Appl. Phys. Lett.*, **36**, 302 (1980).

63. R. A. Logan and H. G. White, "Charge Multiplication in GaP *p–n* Junctions," *J. Appl. Phys.*, **36**, 3945 (1965).

64. T. P. Pearsall, "Impact Ionization Rates for Electrons and Holes in Ga0.47In0.53As," *Appl. Phys. Lett.*, **36**, 218 (1980).

65. T. P. Pearsall, R. E. Nahory, and M. A. Pollack, "Impact Ionization Rates for Electrons and Holes in GaAs1-*x*Sbx Alloys," *Appl. Phys. Lett.*, **28**, 403 (1976).

66. L. W. Cook, G. E. Bulman, and G. E. Stillman, "Electron and Hole Impact Ionization Coefficients in InP Determined by Photomultiplication Measurements," *Appl. Phys. Lett.*, **40**, 589 (1982).

67. I. H. Oguzman, E. Bellotti, K. F. Brennan, J. Kolnik, R. Wang, and P. P. Ruden, "Theory of Hole Initiated Impact Ionization in Bulk Zincblende and Wurtzite GaN," *J. Appl. Phys.*, **81**, 7827 (1997).

68. M. R. Brozel and G. E. Stillman, Eds., *Properties of Gallium Arsenide*, 3rd Ed., INSPEC, London, 1996.

69. C. R. Crowell and S. M. Sze, "Temperature Dependence of Avalanche Multiplication in Semiconductors," *Appl. Phys. Lett.*, **9**, 242 (1966).

70. C. T. Sah, R. N. Noyce, and W. Shockley, "Carrier Generation and Recombination in p-n Junction and p-n Junction Characteristics," *Proc. IRE*, **45**, 1228 (1957).

71. R. N. Hall, "Electron-Hole Recombination in Germanium," *Phys. Rev.*, **87**, 387 (1952).

72. W. Shockley and W. T. Read, "Statistics of the Recombination of Holes and Electrons," *Phys. Rev.*, **87**, 835 (1952).

73. W. M. Bullis, "Properties of Gold in Silicon," *Solid-State Electron.*, **9**, 143 (1966).

74. D. T. Stevenson and R. J. Keyes, "Measurement of Carrier Lifetime in Germanium and Silicon," *J. Appl. Phys.*, **26**, 190 (1955).

75. W. W. Gartner, "Spectral Distribution of the Photomagnetic Electric Effect," *Phys. Rev.*, **105**, 823 (1957).

76. S. Wei and M. Y. Chou, "Phonon Dispersions of Silicon and Germanium from First-Principles Calculations," *Phys. Rev. B*, **50**, 2221 (1994).

77. C. Patel, T. J. Parker, H. Jamshidi, and W. F. Sherman, "Phonon Frequencies in GaAs," *Phys. Stat. Sol.* (b), **122**, 461 (1984).

78. W. C. Dash and R. Newman, "Intrinsic Optical Absorption in Single-Crystal Germanium and Silicon at 77°K and 300°K," *Phys. Rev.*, **99**, 1151 (1955).

79. H. R. Philipp and E. A. Taft, "Optical Constants of Silicon in the Region 1 to 10 eV," *Phys. Rev. Lett.*, **8**, 13 (1962).

80. D. E. Hill, "Infrared Transmission and Fluorescence of Doped Gallium Arsenide," *Phys. Rev.*, **133**, A866 (1964).

81. H. C. Casey, D. D. Sell, and K. W. Wecht, "Concentration Dependence of the Absorption Coefficient for n- and p-type GaAs between 1.3 and 1.6 eV," *J. Appl. Phys.*, **46**, 250(1975).

82. C. Y. Ho, R. W. Powell, and P. E. Liley, *Thermal Conductivity of the Elements—A Comprehensive Review*, Am. Chem. Soc. and Am. Inst. Phys., New York, 1975.

83. M. G. Holland, "Phonon Scattering in Semiconductors from Thermal Conductivity Studies," *Phys. Rev.*, **134**, A471 (1964).

84. B. H. Armstrong, "Thermal Conductivity in SiO2", in S. T. Pantelides, Ed., *The Physics of SiO2 and Its Interfaces*, Pergamon, New York, 1978.

85. G. A. Slack, "Thermal Conductivity of Pure and Impure Silicon, Silicon Carbide, and Diamond," *J. Appl. Phys.*, **35**, 3460 (1964).

86. E. K. Sichel and J. I. Pankove, "Thermal Conductivity of GaN, 25–360 K," *J. Phys. Chem.Solids*, **38**, 330 (1977).

87. G. H. Dohler, "Doping Superlattices—Historical Overview", in P. Bhattacharya, Ed., *III-V Quantum Wells and Superlattices*, INSPEC, London, 1996.

88. C. H. Huang, X. Y. Wang, M. Igarashi, A. Murayama, Y. Okada, I. Yamashita, and S. Samukawa, "Optical Absorption Characteristic of Highly Ordered and Dense Two-Dimensional Array of Silicon Nanodiscs," *Nanotechnology*, **22**, 105301 (2011).

89. M. F. Budiman, W. Hu, M. Igarashi, R. Tsukamoto, T. Isoda, K. M Itoh, I. Yamashita, A. Murayama, Y. Okada, and S. Samukawa, "Control of Optical Bandgap Energy and Optical Absorption Coefficient by Geometric Parameters in Sub-10 nm Silicon-Nanodisc Array Structure," *Nanotechnology*, **23**, 065302 (2012).

90. Y. C. Tsai, M. Y. Lee, Y. Li, and S. Samukawa, "Design and Simulation of Intermediate Band Solar Cell with Ultradense Type-II Multilayer Ge/Si Quantum Dot Superlattice,"*IEEE Trans. Electron Dev.*, **64**, 4547 (2017).

91. Y. Cao, J. Xu, Z. Ge, Y. Zhai, W. Li, X. Jiang, and K. Chen, "Enhanced Broadband Spectral Response and Energy Conversion Efficiency for Hetero-Junction Solar Cells with Graded-Sized Si Quantum Dots/SiC Multilayers," *J. Mater. Chem. C*, **3**, 12061 (2015).

92. X. Liu, Y. Zhang, T. Yu, X. Qiao, R. Gresback, X. Pi, and D. Yang, "Optimum Quantum Yield of the Light Emission from 2 to 10 nm Hydrosilylated Silicon Quantum Dots," *Part. Part. Syst. Charact.*, **33**, 44 (2015).

93. Y. Li, O. Voskoboynikov, C. P. Lee, S. M. Sze, and O. Tretyak, "Electron Energy StateDependence on the Shape and Size of Semiconductor Quantum Dots," *J. Appl. Phys.*, **90**, 6416 (2001).

94. D. Alima, Y. Estrin, D. H. Rich, and I. Bar, "The Structural and Optical Properties of Super-Continuum Emitting Si Nanocrystals Prepared by Laser Ablation in Water," *J. Appl. Phys.*, **112**, 114312 (2012).

95. D. Vasileska, S. M. Goodnick, and G. Klimeck, *Computational Electronics: Semiclassical and Quantum Device Modeling and Simulation*, CRC Press, New York, 2010.

96. T. Grasser, T. W. Tang, H. Kosina, and S. Selberherr, "A Review of Hydrodynamic and Energy-Transport Models for Semiconductor Device Simulation," *Proc. IEEE*, **91**, 251(2003).

97. B. Stritzker, A. Pospieszczyk, and J. A. Tagle, "Measurement of Lattice Temperature of Silicon during Pulsed Laser Annealing," *Phys. Rev. Lett.*, **47,** 356 (1981).

98. J. M. Poate, G. Foti, and D. C. Jacobson, *Surface Modification and Alloying: by Laser, Ion, and Electron Beams*, Plenum Press, New York, 1983.

99. J. R. Haynes and W. Shockley, "The Mobility and Life of Injected Holes and Electrons in Germanium," *Phys. Rev.*, **81**, 835 (1951).

習題

1. (a) 若在鑽石晶格點上填入相同的硬球，求出其傳統單位晶胞內所能填入的最大體積百分率。

   (b) 求在溫度 300 K 時，在矽 (111) 晶面中每平方公分的原子數目 (cm^{-2})。

2. 請計算四面體鍵結的鍵角，即四個鍵結間任一對之間的夾角。（提示：將此四個鍵結視為等長的向量，則此四個向量總和必須為多少？找出此向量方程式中沿著其中一個向量方向的部分。）

3. 對於面心立方體，其傳統單位晶胞的體積為 a^3。請利用基底向量：
$(0,0,0 \rightarrow a/2,0,a/2)$、$(0,0,0 \rightarrow a/2,a/2,0)$ 以及 $(0,0,0 \rightarrow 0,a/2,a/2)$ 來求 fcc 原始晶胞的體積。

4. (a) 請利用晶格常數 a 來推導鑽石晶格的鍵結長度 d 的表示式。

   (b) 在一個矽晶體中，若一個平面與笛卡兒的三個座標相切的截距分別為 10.86 Å、16.29 Å 和 21.72 Å，試求這個平面的米勒指數。

5. 試證明：(a) 每一個倒置晶格向量皆垂直於一組直接晶格的平面；以及 (b) 倒置晶格其單位晶胞的體積反比於直接晶格的單位晶胞體積。

6. 請證明晶格常數為 a 的 bcc 晶格其倒置晶格為一 fcc 晶格，且其立方晶胞的邊長為 $4\pi/a$。[提示：使用一組對稱的 bcc 向量

$$a = \frac{a}{2}(y+z-x) \ , \quad b = \frac{a}{2}(z+x-y) \ , \quad c = \frac{a}{2}(x+y-z)$$

其中 a 是一個傳統原始晶胞的晶格常數，而 x, y, z 是笛卡兒座標的單位向量，對 fcc 而言：

$$a = \frac{a}{2}(y+z) \ , \quad b = \frac{a}{2}(z+x) \ , \quad c = \frac{a}{2}(x+y) \ ]$$

7. 接近於導電帶最小值附近的能量可以表示為

$$E = \frac{\hbar^2}{2}\left(\frac{k_x^2}{m_x^*} + \frac{k_y^2}{m_y^*} + \frac{k_z^2}{m_z^*}\right)$$

在矽中，沿著 [100] 方向有六個橢球狀的能量最小值。若等能量橢球的軸長比為 5:1，試求縱向有效質量 m_l^* 對橫向有效質量 m_t^* 的比值。

8. 在半導體的導電帶中，一個較低能量的能谷位在布里淵區的中心處，而六個較高的能谷在沿著 [100] 方向的布里淵區邊界上。若較低能谷的有效質量為 0.1 m_0，而較高能谷的有效質量為 1.0 m_0，求較高能谷對較低能谷的有效態位密度比值。

9. 請推導出態位密度對能量的相關式，其隨結構維度而改變，如式 (135)-(137) 與 (139) 所列出。

10. 計算非簡併態的 n 型半導體其導電帶電子的平均動能。其中態位密度以式 (12) 來計算。

11. 若一個矽樣品摻 10^{16} cm³ 的磷，求在溫度 77K 下游離化的施體密度。請假設磷施體雜質的游離能及電子的有效質量與溫度無關。(提示：先選擇一個 N^+_D 值去計算費米能階，接著再求相對應的 N^+_D 值。假如它們不一致，則選擇另一個 N^+_D 值並重複上述的程序直到 N^+_D 值一致爲止。

12. 利用圖解法決定在 300 K 時其硼原子摻雜濃度爲 10^{15} cm⁻³ 之矽樣品的費米能階（其中 $n_i = 9.65 \times 10^9$ cm⁻³）。

13. 試求在 300 K 下，摻雜施體 2×10^{10} cm⁻³ 且完全游離化的矽樣品，其費米能階相對於導電帶底部的位置 $(E_C - E_F)$。

14. 金會在矽的能隙間產生兩個能階：$E_C - E_A = 0.54$ eV，$E_D - E_V = 0.29$ eV。假設第三個能階 $E_D - E_V = 0.35$ eV 未活化。

    (a) 若在矽中摻雜高濃度的硼，則金能階的電荷狀態將爲何？爲什麼？

    (b) 金對電子與電洞濃度的影響是什麼？

15. 從圖 13 計算及決定在摻雜的矽樣品中爲何種種類的雜質原子？

16. 對於一個摻雜磷原子 2.86×10^{16} cm⁻³ 的 n 型矽樣品，試求在 300 K 下中性原子對游離化施體的比例。$(E_C - E_D) = 0.045$ eV。

17. (a) 假設在 Si 中移動率比值 $\mu_n / \mu_p \equiv b$ 是一個與雜質濃度無關的常數。請使用本質電阻率 ρ_i 來表示在 300 K 時的最大電阻率 ρ_m。若 $b = 3$ 且本質 Si 的電洞移動率爲 450 cm²/V-s，請計算 ρ_i 與 ρ_m。

    (b) 試求在 300 K 下，摻雜 5×10^{15} 鋅原子 /cm³，10^{17} 硫原子 /cm³ 以及 10^{17} 碳原子 /cm³ 之 GaAs 樣品的電子與電洞濃度、移動率及電阻率。

18. 考慮一在 $T = 300$ K 時具有導電率 $\sigma = 16$ S/cm 及受體摻雜濃度為 10^{17} cm^{-3} 的互補型 n- 型矽。請決定施體濃度以及電子移動率。[互補型半導體 (compensated semiconductor) 的定義為：在相同區域之中，同時含有施體與受體雜質原子。]

19. 試求在 300 K 下，一個摻雜 1.0×10^{14} cm^{-3} 的磷原子、8.5×10^{12} cm^{-3} 的砷原子及 1.2×10^{13} cm^{-3} 的硼原子之矽樣品的電阻率。假設雜質完全游離化而移動率為 $\mu_n = 1500$ cm^2/V-s，$\mu_p = 500$ cm^2/V-s 與雜質濃度無關。

20. 一個半導體具有電阻率 1.0 Ω -cm 和霍爾係數 -1250 cm^2/ 庫倫。假設僅有一種類型的載子存在且平均自由時間正比於載子的能量，即 $\tau \propto E$。請計算的載子濃度與移動率。

21. 由式 (86) 可得知復合速率。在低階注入條件下，U 可以表示為 $(p_n - p_{no})/\tau_r$，其中 τ_r 是復合生命期。若 $\sigma_n = \sigma_p = \sigma_o$，$n_{no} = 10^{15}$ cm^{-3}，與 $\tau_{ro} \equiv (v_{th} \sigma_o N_t)^{-1}$，請找出當復合生命期 τ_r 變為 $2\tau_{ro}$ 時 $(E_t - E_i)$ 的值。

22. 對於單一能階之復合其電子與電洞具有相同的捕獲截面。試求在載子完全空乏的條件下，每單位體積、單位產生速率之缺陷中心的數目。假設缺陷中心位於能隙的中間，而 $\sigma = 2 \times 10^{-16}$ cm^2，以及 $v_{th} = 10^7$ cm/s。

23. 在一個載子完全空乏的半導體區域中 (即 $n \ll n_i$，$p \ll n_i$)，電子－電洞對的產生是經由缺陷中心交替的發射電子與電洞。請推導發生發射過程其間隔的平均時間 (假設 $\sigma_n = \sigma_p = \sigma$); 此外，試求當 $\sigma = 2 \times 10^{-16}$ cm^2，$v_{th} = 10^7$ cm/s，以及 $E_t = E_i (T = 300$ K) 時的平均時間。

24. 對於單一能階復合過程，在一個 $n = p = 10^{13}$ cm^{-3}，$\sigma_n = \sigma_p = 2 \times 10^{-16}$ cm^2，$v_{th} = 10^7$ cm/s，$N_t = 10^{16}$ m^{-3}，以及 $(E_t - E_i) = 5$ kT 的矽樣品中，請求出其每次發生復合過程之間隔的平均時間。

25. 對一個矽晶體而言，其 $m_1 = m_2$，且 $\sqrt{\alpha_f / m_1} = 7.63 \times 10^{12}$ Hz，試求在布里淵區邊界之光頻聲子的能量。α_f 是力常數。

26. 假設在 500℃ 時 $Ga_{0.5}In_{0.5}As$ 與 InP 的基底晶格匹配。當溫度降到 27℃ 時，試求這兩層之間晶格不匹配的程度。

27. 試求異質接面 $Al_{0.4}Ga_{0.6}As/GaAs$ 對 $Al_{0.4}Ga_{0.6}As$ 能隙的導電帶不連續性之比值。

28. 右圖為量子井在基材上的一維能帶分布圖，E_g 是量子井在塊材型態的能隙。L 是量子井長度，假設電子與電洞的位障是無窮大，電子與電洞的有效質量分別以 m^*_e、m^*_h 表示。請推導出量子井的波峰發射能，並顯示峰值發射能量大小與量子井尺寸的關係。

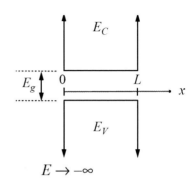

29. 在熱平衡時，對於具有拋線狀能帶結構的非簡併半導體，可移動電子 n 與電洞濃度 p 可以式 (27a) 和 (27b) 的波茲曼統計來表示與靜態位能的相關性，證明式 (148) 可以表示為非線性波松方程式：

$$\frac{d^2\psi}{dx^2} = \frac{qn_i}{\varepsilon_s}\left(\exp\left(\frac{\psi}{V_{th}}\right) - \exp\left(\frac{-\psi}{V_{th}}\right) + \frac{N_A - N_D}{n_i}\right)$$

其中 V_{th} 為熱電壓，$V_{th} = kT/q$。

30. 分別針對靜電位能、電子濃度和電洞濃度，由波松方程式、電子電流連續方程式和電洞電流連續方程式組成之 DD 模式。在穩定狀態範圍，請寫出在二維和三維中三個耦合（連結）偏微分方程式以變數 ψ、n 和 p 表示。

31. 請證明具均勻能帶的元件在式 (155) 中其熱產生源，可以以電場表示。

32. 在海恩－蕭克萊實驗中，少數載子的最大值在 $t_1 = 25\,\mu s$ 與 $t_2 = 100\,\mu s$ 時相差十倍。試求少數載子的生命期。

33. 由海恩－蕭克萊實驗裡描述載子漂移與擴散的表示式中，請找出 $t=1\,s$ 下載子脈衝的半高寬。假設擴散係數為 $10\,cm^2/s$。

34. 超量載子從寬度 $W=0.05\,mm$ 的 n 型矽 ($3\times10^{17}\,cm^{-3}$) 表面 ($x=0$) 注入，並且在另一邊的表面得到密度 $p_n(W)=p_{no}$，假如載子生命期為 $50\,\mu s$，試求注入電流中是藉由擴散而到達另一邊表面的部分為何。

35. 用光照射一 $N_D=5\times10^{15}\,cm^{-3}$ 的 n 型 GaAs 樣品。樣品均勻地吸收光且產生 10^{17} 電子－電洞對 /cm³-s。生命期 τp 為 $10^{-7}\,s$，$L_P=1.93\times10^{-3}\,cm$，表面復合速度 S_P 為 $10^5\,cm/s$。試求單位面積單位時間下電洞在表面復合的數目。

36. 一 n 型半導體具有過量的電洞 $10^{14}\,cm^{-3}$，其在塊材內少數的載子生命期為 $10^{-6}\,s$，而在表面處的少數載子生命期則為 $10^{-7}\,s$。假設外加電場為零且 $D_p=10\,cm^2/s$。請決定穩態下超量載子的濃度，其為一個與半導體表面 ($x=0$) 距離相關的函數。

第二章
p-n 接面
p-n junction

2.1 簡介

　　p-n 接面（*p-n* junction）在現代電子應用與了解其他半導體元件上扮演重要角色。*p-n* 接面的理論為半導體元件物理的基礎[1]，其基本的電流—電壓特性是由蕭克萊（Shockley）建立[2,3]，其後由薩（Sah）、諾斯（Noyce）、蕭克萊（Shockley）[4]與摩拉（Moll）[5]發展。第一章中建立的半導體元件方程式、波松方程式和電子電洞連續方程式可以用來發展 *p-n* 接面的理想靜態或稱穩態與動態特性。

　　而空乏區內的載子復合與產生、高載子注入效應，以及串聯電阻效應使接面偏離理想特性，將在後續討論。接面崩潰，特別是由累增倍乘所造成的接面崩潰將詳細地被討論，也會討論 *p-n* 接面的暫態行為及雜訊特性。*p-n* 接面為兩端點元件，其各種最終的功用取決於摻雜濃度分布（doping profile）、元件幾何結構與偏壓條件，將在 2.6 節中作簡短的說明。本章最後探討重要的元件——異質接面，亦即是不同的半導體接面（例如：*n-* 型 GaAs 在 *p-* 型 AlGaAs 上）。

2.2 空乏區

2.2.1 陡峭接面

內 建 電 位 與 空 乏 層 寬 度 **(Built-In Potential and Depletion-Layer Width)**　當半導體中的摻雜濃度在接面處快速地由受體摻雜濃度 N_A 變爲施體摻雜濃度 N_D 時，此接面稱爲陡峭接面 (Abrupt Junction)，如圖 1a 所示。特別是當 $N_A \gg N_D$（反之亦然），將形成單邊陡峭接面 p^+-n（或 n^+-p）接面。我們首先考慮熱平衡狀態，也就是在 p-n 接面上沒有外加偏壓與電流。由漂移電流與擴散電流方程式 [第一章的式 (151a)]，可得

$$J_n = 0 = q\mu_n \left(n\mathscr{E} + \frac{kT}{q}\frac{dn}{dx} \right) = \mu_n n \frac{dE_F}{dx} \tag{1}$$

或

$$\frac{dE_F}{dx} = 0 \tag{2}$$

相同地

$$J_p = 0 = \mu_p p \frac{dE_F}{dx} \tag{3}$$

由上可知，在淨電子電流或電洞電流爲零的狀態，p-n 接面內各處的費米能階 (Fermi level) 必須相同。內建電位 ψ_{bi}，或稱爲擴散電位 (diffusion potential)，如圖 1b、c、d 所示，將等於

$$q\psi_{bi} = E_g - (q\phi_n + q\phi_p) = q\psi B_n + q\psi_{Bp} \tag{4}$$

對非簡併 (nondegenerate) 的半導體而言

$$\psi_{bi} = \frac{kT}{q}\ln\left(\frac{n_{no}}{n_i}\right) + \frac{kT}{q}\ln\left(\frac{p_{po}}{n_i}\right) \approx \frac{kT}{q}\ln\left(\frac{N_D N_A}{n_i^2}\right) \tag{5}$$

在平衡狀態下，$n_{no}\,p_{no} = n_{po}\,p_{po} = n_i^2$

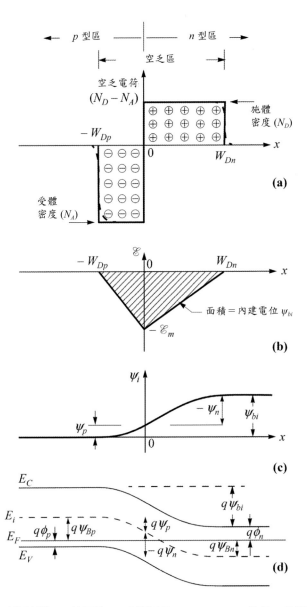

圖 1   熱平衡時的陡峭 *p-n* 接面的 (a) 空間電荷 (space-charge) 分布，虛線表示在考慮空
乏區近似的修正 (b) 電場分布 (c) 位能分布，ψ_{bi} 為內建電位 (d) 能帶圖。

$$\psi_{bi} = \frac{kT}{q} \ln\left(\frac{p_{po}}{p_{no}}\right) = \frac{kT}{q} \ln\left(\frac{n_{no}}{n_{po}}\right) \tag{6}$$

由上式可知在 *p-n* 接面任一邊的載子密度關係。若 *p-n* 接面的單邊或雙邊爲簡併 (degenerate) 態，則必須注意費米能階與內建電位的 計算。此時必須使用式 (4)，這是因爲波茲曼統計 (Boltzmann statistics) 不能用來簡化取代費米－迪拉克積分 (Fermi-Dirac integral)。除此之外，必須考慮摻雜原子的不完全離子化，即 $n_{no} \neq N_D$ 與 $p_{po} \neq N_A$[第一章，式 (31) 及 (32)]。接下來，我們將計算空乏區 (depletion region) 內的電場與靜電位能分布；爲了簡化分析，空乏區內的空間電荷將近似爲理想的盒狀分布。由於處於熱平衡狀態下，半導體內中性區（遠離接面的任一邊）的電場必定爲零；*p-* 型端內單位面積的總負電荷數目將相等於 *n-* 型端內單位面積的總正電荷數目，即

$$N_A W_{Dp} = N_D W_{Dn} \tag{7}$$

由波松方程式 (Poisson equation)，我們可推得

$$-\frac{d^2\psi_i}{dx^2} = \frac{d\mathscr{E}}{dx} = \frac{\rho(x)}{\varepsilon_s} = \frac{q}{\varepsilon_s}[N_D^+(x) - n(x) - N_A^-(x) + p(x)] \tag{8}$$

在空乏區中，$n(x) \approx p(x) \approx 0$，且假設摻雜原子完全游離化

$$\frac{d^2\psi_i}{dx^2} \approx \frac{qN_A}{\varepsilon_s} \qquad -W_{Dp} \leq x \leq 0 \tag{9a}$$

$$-\frac{d^2\psi_i}{dx^2} \approx \frac{qN_D}{\varepsilon_s} \qquad 0 \leq x \leq W_{Dn} \tag{9b}$$

由上式積分後可得空乏區的電場

$$\mathscr{E}(x) = \int_{-W_{Dp}}^{x} -\frac{d^2\psi}{dy^2} dy = \int_{-W_{Dp}}^{x} -\left(\frac{qN_A}{\varepsilon_s}\right) dy = -\frac{qN_A}{\varepsilon_s}(x + W_{Dp}) \qquad -W_{Dp} \leq x \leq 0 \tag{10}$$

我們可以注意到

$$\int_x^{W_{Dn}} \frac{d^2\psi}{dy^2}dy = \int_x^{W_{Dn}} -\left(\frac{qN_D}{\varepsilon_s}\right)dy = -\frac{qN_D}{\varepsilon_s}\left(W_{Dn}-x\right) = \frac{qN_D}{\varepsilon_s}\left(x-W_{Dn}\right) \quad (11a)$$

因此當 $0 \le x \le W_{Dn}$，我們可得

$$\int_x^{W_{Dn}} \frac{d^2\psi}{dy^2}dy = \frac{d\psi}{dy}\bigg|_{y=W_{Dn}} - \frac{d\psi}{dy}\bigg|_{y=x} = 0 + \mathscr{E}(x) = \mathscr{E}(x) \quad (11b)$$

由式 (10)、(11a)、(11b)，如圖 1b 所示，我們可得

$$\mathscr{E}(x) = -\frac{qN_A(x+W_{Dp})}{\varepsilon_s} \qquad -W_{Dp} \le x \le 0 \qquad (12)$$

和

$$\begin{aligned}\mathscr{E}(x) &= -\mathscr{E}_m + \frac{qN_D x}{\varepsilon_s} \\ &= -\frac{qN_D}{\varepsilon_s}(W_{Dn}-x) \qquad 0 \le x \le W_{Dn}\end{aligned} \quad (13)$$

其中 $\mathscr{E}_m$ 為在 $x = 0$ 處的最大電場，且可由下式表示

$$\left|\mathscr{E}_m\right| = \frac{qN_D W_{Dn}}{\varepsilon_s} = \frac{qN_A W_{Dp}}{\varepsilon_s} \quad (14)$$

將式 (12) 與 (13) 再進行積分可得位能分布 $\psi_i(x)$，其靜電位能分布如圖 1c 所示

$$\psi_i(x) = \frac{qN_A}{2\varepsilon_s}(x+W_{Dp})^2 \qquad -W_{Dp} \le x \le 0 \qquad (15)$$

$$\psi_i(x) = \psi_i(0) + \frac{qN_D}{\varepsilon_s}\left(W_{Dn} - \frac{x}{2}\right)x \qquad 0 \le x \le W_{Dn} \qquad (16)$$

利用上面的關係，可求出跨越不同區域的靜電位能大小

$$\psi_p = \frac{qN_A W_{Dp}^2}{2\varepsilon_s} \quad (17a)$$

$$|\psi_n| = \frac{qN_D W_{Dn}^2}{2\varepsilon_s} \tag{17b}$$

其中，ψ_n 為相對於 *n-* 型塊材，其值因此為負。（參見附錄 A 的定義）由式 (17a)、(17b) 可得

$$\psi_{bi} = \psi_p + |\psi_n| = \psi_i(W_{Dn}) = \frac{|\mathscr{E}_m|}{2}(W_{Dp} + W_{Dn}) \tag{18}$$

而 $\mathscr{E}_m$ 也可由下式表示

$$|\mathscr{E}_m| = \sqrt{\frac{2qN_A\psi_p}{\varepsilon_s}} = \sqrt{\frac{2qN_D|\psi_n|}{\varepsilon_s}} \tag{19}$$

由式 (7) 與 (18)，可計算出空乏區寬度為

$$W_{Dp} = \sqrt{\frac{2\varepsilon_s\psi_{bi}}{q}\frac{N_D}{N_A(N_A+N_D)}} \tag{20a}$$

$$W_{Dn} = \sqrt{\frac{2\varepsilon_s\psi_{bi}}{q}\frac{N_A}{N_D(N_A+N_D)}} \tag{20b}$$

以及

$$W_{Dp} + W_{Dn} = \sqrt{\frac{2\varepsilon_s}{q}\left(\frac{N_A+N_D}{N_AN_D}\right)\psi_{bi}} \tag{21}$$

並可進一步的推論出下列的關係式

$$\frac{|\psi_n|}{\psi_{bi}} = \frac{W_{Dn}}{W_{Dp}+W_{Dn}} = \frac{N_A}{N_A+N_D} \tag{22a}$$

$$\frac{\psi_p}{\psi_{bi}} = \frac{W_{Dp}}{W_{Dp}+W_{Dn}} = \frac{N_D}{N_A+N_D} \tag{22b}$$

對單邊陡峭接面 (p^+-*n* 或 n^+-*p*) 而言，式 (4) 可直接用來計算內建電位。在此種情況下，主要的電位變化區域與空乏區域將會處在輕摻雜端的半導體

內：而式 (21) 簡化成

$$W_D = \sqrt{\frac{2\varepsilon_s \psi_{bi}}{qN}} \tag{23}$$

其中，N 爲 N_A 或 N_D，其值由是否 $N_A \gg N_D$ 來決定，或反之亦然。另外

$$\psi_i(x) = |\mathscr{E}_m| \left(x - \frac{x^2}{2W_D} \right) \tag{24}$$

在此討論是使用空乏區電荷爲盒狀分布，即空乏近似 (depletion approximation)。爲了更精準地獲得空乏層的特性，則得考量多數載子 (majority-carrier) 的貢獻，以及波松方程式內的雜質濃度，也就是在 p- 型端內的電荷密度 $\rho \approx -q[N_A - p(x)]$ 與在式 (8) 中 n- 型端內的電荷密度 $\rho \approx q[N_D -n(x)]$。空乏層寬度基本上與式 (21) 相同，但 ψ_{bi} 由 ($\psi_{bi}-2kT/q$) 所取代 *。而校正因子 *2kT/q* 源自於接近空乏區邊緣的兩個多數載子分布末端[5, 6] 所造成 [n- 型端爲電子、p- 型端爲電洞，如圖 1(a) 中虛線所示]，每一邊皆貢獻一個 *2kT/q* 因子。因此，對單邊陡峭接面而言，熱平衡下的空乏層寬度變成

$$W_D = \sqrt{\frac{2\varepsilon_s}{qN} \left(\psi_{bi} - \frac{2kT}{q} \right)} \tag{25}$$

　　此外，在施加電壓 V 於此接面時，跨在接面上的總淨電位變化可以 ($\psi_{bi}-V$) 表示，其中，在施加順偏壓時 V 爲正（相對於 n- 型區正電壓在 p- 型區上），施加逆偏壓時 V 爲負。將式 (25) 中的 ψ_{bi} 以 ($\psi_{bi}-V$) 取代，可獲得空乏層寬度與施加電壓的函數關係。而矽半導體的單邊陡峭接面，其函數關係表示於圖 2 中。在零偏壓下的淨電位對矽而言接近 0.8 V，對砷化鎵而言爲 1.3 V。內建電位在順偏壓 (forwardbias) 時將降低，而在逆偏壓 (reverse bias) 時則增加；由於矽與砷化鎵具有大約相同的靜態介電係數，因此上述的結果也適用於砷化鎵。爲了獲得其他不同半導體的空乏層寬度，例如鍺，則需將矽半導體的結果乘上 ($\sqrt{\varepsilon_s(Ge)/\varepsilon_s(Si)} = 1.16$) 的因子。對大多數的陡峭 p-n 接面而言，上述的簡單模型可以得到適當的準確性。

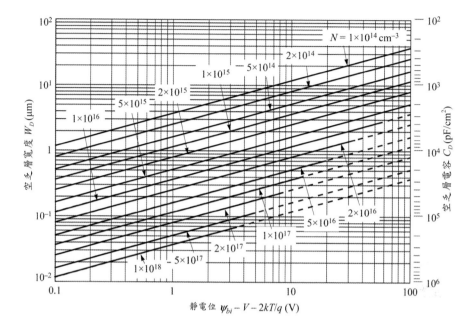

圖2 矽單邊陡峭接面，單位面積空乏層寬度及空乏層電容為淨電位 ($\psi_{bi} - V - 2kT/q$) 的函數。輕摻雜端的摻雜濃度為 N。虛線表示崩潰條件。*

---

* 在 *p-* 型區域中，包含有電洞濃度的波松方程式為

$$\frac{d^2\psi_i}{dx^2} = \frac{q}{\varepsilon_s}[N_A - p(x)] = \frac{qN_A}{\varepsilon_s}[1 - \exp(-\beta_{th}\psi_i)]$$

$$(\beta_{th} = q/kT)$$

兩邊對 $d\psi_i$ 積分，並使用 $d\psi_i/dx = -\mathscr{E}$

$$\int_0^{\psi_p} -\frac{d\mathscr{E}}{dx}d\psi_i = \frac{qN_A}{\varepsilon_s}\int_0^{\psi_p}[1 - \exp(-\beta_{th}\psi_i)]d\psi_i$$

$$\Rightarrow \frac{\mathscr{E}_m^2}{2} = \frac{qN_A}{\beta_{th}\varepsilon_s}[\beta_{th}\psi_p + \exp(-\beta_{th}\psi_p) - 1] \approx \frac{qN_A}{\varepsilon_s}\left(\psi_p - \frac{kT}{q}\right)$$

將上式與式 (19) 比較，接面兩端的電位皆降低 kT/q。

空乏層電容 (Depletion-Layer Capacitance)　單位面積的空乏層電容定義為
$C_D = dQ_D / dV = \varepsilon_s / W_D$，其中 dQ_D 為施加偏壓 dV 時，在空乏區兩端所增加
的空間電荷（但總電荷為零）。對單邊陡峭接面而言，其單位面積的空乏層
電容為

$$C_D = \frac{\varepsilon_s}{W_D} = \sqrt{\frac{q\varepsilon_s N}{2}} \left(\psi_{bi} - V - \frac{2kT}{q} \right)^{-1/2} \tag{26}$$

當處於順／逆偏壓時，V 為正／負值；其空乏層電容值如圖 2 所示。改寫上
式可得

$$\frac{1}{C_D^2} = \frac{2}{q\varepsilon_s N} \left(\psi_{bi} - V - \frac{2kT}{q} \right) \tag{27}$$

$$\Rightarrow \frac{d(1/C_D^2)}{dV} = -\frac{2}{q\varepsilon_s N} \tag{28}$$

由式 (27) 與式 (28) 可知，將 $1/C^2$ 對 V 的作圖從單邊陡峭接面可得直線關係
（圖 3）。由斜率可知基板的雜質濃度 (N)，並將直線外插至 $1/C^2 = 0$ 的位
置得到 $(\psi_{bi} - 2kT/q)$。要注意在順向偏壓下會產生額外的擴散電容，其存在
於前述的空乏層電容中。擴散電容將在 2.3.4 節中討論。值得注意的是，當
摻雜分布的改變小於狄拜長度 (Debye length, L_D)[8] 時，半導體內的電位分布
與電容－電壓值不再隨著摻雜分布而有靈敏的變化。而狄拜長度為半導體的
特性長度，定義為

$$L_D \equiv \sqrt{\frac{\varepsilon_s kT}{q^2 N}} \tag{29}$$

由式 (29) 中得知，電位的改變極限值反應摻雜濃度的陡峭變化。例如，考
慮相對於背景濃度 N_D 增加微小的摻雜 $\wedge N_D$ 時，則接面附近的電位能改變
量 $\Delta \psi_i(x)$ 可表示為

$$n = N_D \exp\left(\frac{\Delta \psi_i q}{kT} \right) \tag{30}$$

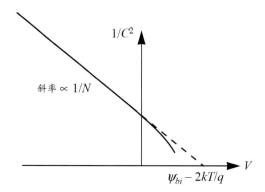

圖3 $1/C^2$ 對 V 作圖，由圖中可得到內建電位大小與摻雜濃度 N 。

$$\frac{d^2\Delta\psi_i}{dx^2} = -\frac{q}{\varepsilon_s}(N_D + \Delta N_D - n) = -\frac{qN_D}{\varepsilon_s}\left[1 + \frac{\Delta N_D}{N_D} - \exp\left(\frac{\Delta\psi_i q}{kT}\right)\right]$$

$$\approx -\frac{qN_D}{\varepsilon_s}\left[1 + \frac{\Delta N_D}{N_D} - \left(1 + \frac{\Delta\psi_i q}{kT}\right)\right] \approx \frac{q^2 N_D}{\varepsilon_s kT}\Delta\psi_i \tag{31}$$

其方程式的解具有式 (29) 的衰減長度。這表示若摻雜分布陡峭變化在尺度上小於狄拜長度時，這個變動不具效果，且不能被解析；若空乏區寬度小於狄拜長度，則不能用波松方程式作分析。在熱平衡下，矽與砷化鎵之陡峭接面的空乏區寬度分別約為 8 L_D 與 10 L_D。在室溫下，狄拜長度與矽摻雜濃度的關係如圖 4 所示。當摻雜濃度為 10^{16} cm^{-3} 時，狄拜長度為 40 nm；對其它摻雜濃度，L_D 將隨著 $1/\sqrt{N}$ 變化，也就是說每數量級減少 3.16 的因子。

2.2.2 線性漸變接面

在實際的元件中，摻雜濃度並非陡峭分布，特別是接近冶金接面，也就是當兩接面接觸並互相補償。當空乏區寬度終止於此過渡區，其摻雜分布可近似為線性函數。首先考慮在熱平衡的情況下，線性漸變接面 (Linear Graded Junction) 的雜質分布如圖 5a 所示。其波松方程式在這個情形下為

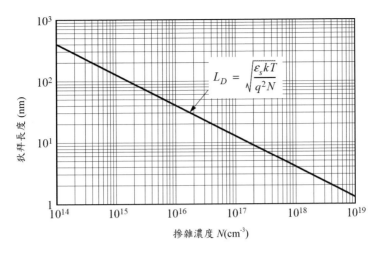

圖 4　在室溫下，矽的狄拜長度與摻雜密度 N 的函數關係圖。

$$-\frac{d^2\psi_i}{dx^2} = \frac{d\mathscr{E}}{dx} = \frac{\rho(x)}{\varepsilon_s} = \frac{q}{\varepsilon_s}(p-n+ax)$$
$$\approx \frac{qax}{\varepsilon_s} \qquad\qquad (32)$$

其中，$-W_D/2 \le x \le W_D/2$，a 為摻雜梯度，其單位為 cm^{-4}。式 (32) 積分可得電場分布，如圖 5(b) 所示。

$$\mathscr{E}(x) = -\frac{qa}{2\varepsilon_s}\left[\left(\frac{W_D}{2}\right)^2 - x^2\right] \qquad -\frac{W_D}{2} \le x \le \frac{W_D}{2} \qquad (33)$$

在 $x = 0$ 的位置，具有最大電場 $\mathscr{E}_m$，可得到 $|\mathscr{E}_m| = qaW_D^2/8\varepsilon_s$。對式 (32) 再積分一次，可得電位分布，如圖 5(c) 所示

$$\psi_i(x) = \frac{qa}{6\varepsilon_s}\left[2\left(\frac{W_D}{2}\right)^3 + 3\left(\frac{W_D}{2}\right)^2 x - x^3\right] \qquad -\frac{W_D}{2} \le x \le \frac{W_D}{2} \qquad (34)$$

而由上式可得知內建電位與空乏區寬度的關係為

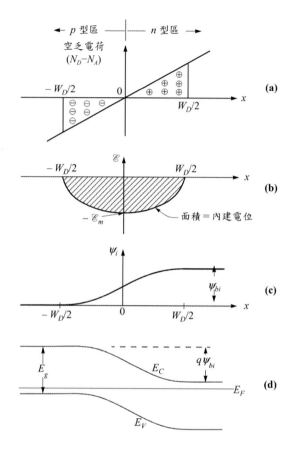

圖 5   在熱平衡狀態下，線性漸變接面的 (a) 空間電荷分布 (b) 電場分布 (c) 電位分布 (d) 能帶圖。

$$\psi_{bi} = \frac{qaW_D^3}{12\varepsilon_s} \tag{35}$$

或

$$W_D = \left(\frac{12\varepsilon_s \psi_{bi}}{qa}\right)^{1/3} \tag{36}$$

由於空乏區兩端 $(-W_D/2$ 與 $W_D/2)$ 的摻雜濃度大小皆為 $aW_D/2$，因此線性漸變接面的內建電位可由類似於式 (5) 的表示式近似之

$$\psi_{bi} \approx \frac{kT}{q} \ln\left[\frac{(aW_D/2)(aW_D/2)}{n_i^2}\right] \approx \frac{2kT}{q} \ln\left(\frac{aW_D}{2n_i}\right) \tag{37}$$

因此，式 (36) 與 (37) 可解得 W_D 與 ψ_{bi}。陡峭 p-n 接面能帶圖如圖 (5d) 所示，基於精確的數值計算後 [9, 10]，內建電位可以被精確地計算，並以梯度電壓 (gradient voltage) V_g 來表示

$$V_g = \frac{2kT}{3q} \ln\left(\frac{a^2 \varepsilon_s kT}{8n_i^3 q^2}\right) \tag{38}$$

矽與砷化鎵的梯度電壓與摻雜濃度之分布梯度的關係如圖 6 所示。其電位值比由式 (37) 空乏近似法計算所得之內建電位低 100 mV 以上。圖 7 顯示使用 V_g 為內建電位所求得的矽空乏層寬度與空乏層電容，其為 $(V_g - V)$ 的函數。線性漸變接面中的空乏層電容可以表示為

$$C_D = \frac{\varepsilon_s}{W_D} = \left[\frac{qa\varepsilon_s^2}{12(\psi_{bi} - V)}\right]^{1/3} \tag{39}$$

其中，在外加偏壓為順偏 / 逆偏時，V 為正 / 負值。

2.2.3 任意摻雜分布

在 2.2.1 與 2.2.2 節中，我們已經討論單邊陡峭接面與線性漸變接面兩個理想近似摻雜分布的 p-n 接面基本性質，如圖 8 所示。由於 p-n 接面不同，儘管有相似的摻雜密度，但會有不同的摻雜分布，特別是空間電荷與電場會有不同的物理特性。圖 8(b) 與 8(c) 所示為空間電荷和電場分布的波峰值。在此節中，我們將考慮接面附近的濃度為任意摻雜分布 (Arbitrary Doping Profile)。其討論限於在 p^+-n 接面的 n- 型區端接面之淨電位 (net potential) 變化，可由橫跨空乏區的總電場積分得到

$$\psi_n = \psi_{n0} - V = -\int_0^{W_D} \mathscr{E}(x)dx = -x\mathscr{E}(x)\Big|_0^{W_D} + \int_{\mathscr{E}(0)}^{\mathscr{E}(W_D)} x d\mathscr{E} \tag{40}$$

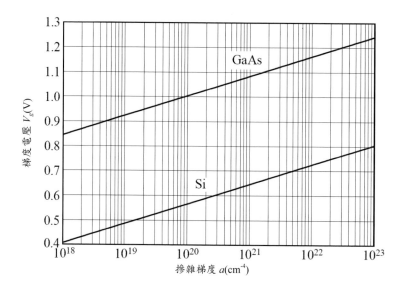

圖6 矽與砷化鎵之線性漸變接面的梯度電壓。

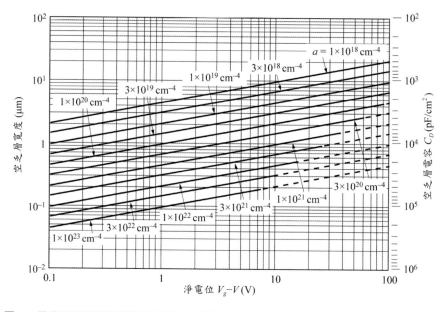

圖7 矽的不同雜質線性漸變接面空乏層寬度、單位面積空乏層電容與淨電位 $(V_g - V)$ 的關係。虛線表示崩潰條件。

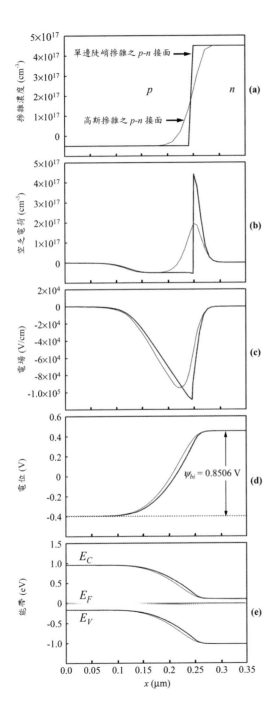

圖 8　在熱平衡下，不同摻雜分布的 p-n 接面 (a) 兩個不同摻雜分布：單邊陡峭接面（粗線）和高斯摻雜（細線條），其中 $N_A = 5 \times 10^{16}$ cm^{-3} 和 $N_D = 5 \times 10^{17}$ cm^{-3}。(b) 空間電荷分布 (c) 高斯摻雜之 p-n 接面電場峰值比較低 (d) 由於相同程度之摻雜，p-n 接面會有相同大小的內建電位，但會有不同電位分布形狀 (e) 能帶圖。

ψ_{n0} 是 ψ_n 在零偏差壓時的電位。因爲電場在空乏區邊緣處 $\mathscr{E}$ (W_D) 爲零,所以上式的第一項爲零。介面電位變爲

$$\psi_n = \int_{\mathscr{E}(0)}^{\mathscr{E}(W_D)} x \frac{d\mathscr{E}}{dx} dx = \frac{q}{\varepsilon_s} \int_0^{W_D} x N_D(x) dx \tag{41}$$

同時總空乏區電荷可由下式得到

$$Q_D = q \int_0^{W_D} N_D(x) dx \tag{42}$$

將以上數值對空乏區寬度微分可得到

$$\frac{dV}{dW_D} = -\frac{d\psi_n}{dW_D} = -\frac{q N_D(W_D) W_D}{\varepsilon_s} \tag{43}$$

$$\Rightarrow \frac{dQ_D}{dW_D} = q N_D(W_D) \tag{44}$$

由式 (44) 可得空乏層電容量

$$C_D = \left| \frac{dQ_D}{dV} \right| = \left| \frac{dQ_D}{dW_D} \times \frac{dW_D}{dV} \right| = \frac{\varepsilon_s}{W_D} \tag{45}$$

可再次得到空乏層電容的通式 ε_s / W_D,並可適用於任意的摻雜分布。由此式 (28) 可推導出非均勻摻雜分布

$$\begin{aligned} \frac{d(1/C_D^2)}{dV} &= \frac{d(1/C_D^2)}{dW_D} \frac{dW_D}{dV} = \frac{2W_D}{\varepsilon_s^2} \frac{dW_D}{dV} \\ &= -\frac{2}{q\varepsilon_s N_D(W_D)} \end{aligned} \tag{46}$$

此 *C-V* 的技術可用來量測非均勻摻雜分布。$1/C_D^2$ 對 *V* 作圖(類似圖 3),假如摻雜濃度不是常數,將會偏離直線。

2.3 電流－電壓特性

2.3.1 理想情況－蕭克萊方程式 [2, 3]

　　理想的電流－電壓特性 (Current-Voltage Characteristics) 基於下列四項假設：(1) 陡峭空乏層近似：此時內建電位與外加偏壓由一個具有陡峭邊界的電偶層提供，且假設在此邊界外的半導體爲中性。(2) 可利用波茲曼近似：如第一章中的式 (18) 及 (20)。(3) 低階注入 (low-injection) 假設：即注入的少數載子 (minority carrier) 密度低於多數載子 (majority carrier) 密度。(4) 在空乏層中沒有產生－復合電流 (generation-recombination current) 存在，且電子流以及電洞流經過空乏層後，仍爲定值。

　　我們首先考慮波茲曼關係式。在熱平衡下，其濃度關係爲

$$n = n_i \exp\left(\frac{E_F - E_i}{kT}\right) \tag{47a}$$

$$p = n_i \exp\left(\frac{E_i - E_F}{kT}\right) \tag{47b}$$

很明顯地，在熱平衡時，上述方程式 pn 的乘值等於本質半導體載子密度平方 (n_i^2)。在外加偏壓下，接面兩端的半導體內的少數載子密度將有所改變：且 pn 乘積不再等於 n_i^2。我們必須定義準費米能階 (quasi-Fermi level, imref)，如下所示

$$n \equiv n_i \exp\left(\frac{E_{Fn} - E_i}{kT}\right) \tag{48a}$$

$$p \equiv n_i \exp\left(\frac{E_i - E_{Fp}}{kT}\right) \tag{48b}$$

其中，E_{Fn} 與 E_{Fp} 分別表示電子與電洞的準費米能階。由式 (48a)、(48b) 可得 E_{Fn} 與 E_{Fp} 爲

$$E_{Fn} \equiv E_i + kT \ln\left(\frac{n}{n_i}\right) \qquad (49a)$$

$$E_{Fp} \equiv E_i - kT \ln\left(\frac{p}{n_i}\right) \qquad (49b)$$

而 *pn* 的乘積變為

$$pn = n_i^2 \exp\left(\frac{E_{Fn} - E_{Fp}}{kT}\right) \qquad (50)$$

當順向偏壓時，$E_{Fn} - E_{Fp} > 0$，且 $pn > n_i^2$；當逆向偏壓時，$(E_{Fn} - E_{Fp}) < 0$，且 $pn < n_i^2$。由第一章的式 (151a)，以及本章的式 (48a) 和因子 $\mathscr{E} \equiv \nabla E_i / q$，我們可推導出通過接面的電子電流密度為

$$\begin{aligned} J_n &= q\mu_n\left(n\mathscr{E} + \frac{kT}{q}\nabla n\right) = \mu_n n\nabla E_i + \mu_n kT\left[\frac{n}{kT}(\nabla E_{Fn} - \nabla E_i)\right] \\ &= \mu_n n\nabla E_{Fn} \end{aligned} \qquad (51)$$

同樣地，電洞電流密度為

$$J_p = \mu_p p\nabla E_{Fp} \qquad (52)$$

因此，電子、電洞電流密度分別正比於電子、電洞之準費米能階的梯度。假如 $E_{Fn} = E_{Fp} =$ 定值（熱平衡時），則 $J_n = J_p = 0$。*p-n* 接面在順偏壓與逆偏壓情況下，其理想電位分布及載子濃度表示於圖 9。E_{Fn} 與 E_{Fp} 隨著距離而變化，這是因為與載子濃度相關 [式 (49a) 與式 (49b)]，而其相對應的電流可由式 (51) 及 (52) 得到。在空乏區中，E_{Fn} 與 E_{Fp} 維持相對的常數。這是因為雖然在空乏區內部具有相對較高的載子濃度，但電流仍然是個常數，所以準費米能階的梯度必須小。除此之外，典型空乏層寬度遠小於載子的擴散長度，因此準費米能階在空乏區內的降低不明顯。基於這些理由，下式在空乏區內將可成立

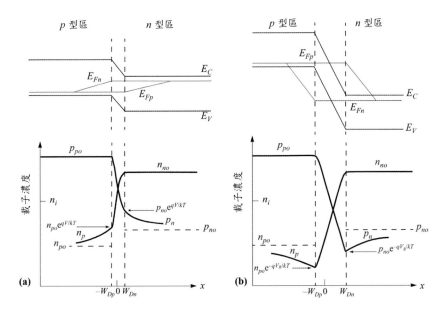

圖9 (a) 順向偏壓 (b) 逆向偏壓時的能帶圖與載子濃度分布圖。圖中並顯示電子與電洞的準費米能階。

$$qV = E_{Fn} - E_{Fp} \tag{53}$$

結合式 (50) 及 (53)，可求得在 p- 型端之空乏區邊界 $(x = -W_{Dp})$ 的電子密度

$$n_p(-W_{Dp}) = \frac{n_i^2}{p_p} \exp\left(\frac{qV}{kT}\right) \approx n_{po} \exp\left(\frac{qV}{kT}\right) \tag{54a}$$

其中，在低階注入時，$p_p \approx p_{po}$，而 n_{po} 為 p- 型區端平衡時的電子密度。相似地

$$p_n(W_{Dn}) = p_{no} \exp\left(\frac{qV}{kT}\right) \tag{54b}$$

對於 n- 型區端邊界是在 $x = W_{Dn}$ 處。先前所述的方程式皆為理想電流－電壓方程式中最重要的邊界條件由連續方程式 (continuity equation)，我們可以得到接面的 n- 型區端穩定狀態條件

$$-U + \mu_n \mathscr{E} \frac{dn_n}{dx} + \mu_n n_n \frac{d\mathscr{E}}{dx} + D_n \frac{d^2 n_n}{dx^2} = 0 \tag{55a}$$

$$-U - \mu_p \mathscr{E} \frac{dp_n}{dx} - \mu_p p_n \frac{d\mathscr{E}}{dx} + D_p \frac{d^2 p_n}{dx^2} = 0 \tag{55b}$$

在這些方程式中，U 爲淨復合速率。注意由於電荷電中性，多數載子必須調整其濃度，例如 $n_n - n_{no} = p_n - p_{no}$，且需符合 $dn_n/dx = dp_n/dx$。將式 (55a) 乘上 $\mu_p p_n$，以及式 (55b) 乘上 $\mu_p p_n$，並且結合愛因斯坦關係 (Einstein relation) $D = (kT/q)\mu$，由此可得

$$-\frac{p_n - p_{no}}{\tau_p} - \frac{n_n - p_n}{(n_n/\mu_p) + (p_n/\mu_n)} \frac{\mathscr{E} dp_n}{dx} + D_a \frac{d^2 p_n}{dx^2} = 0 \tag{56}$$

其中，雙極擴散常數 (ambipolar diffusion coefficient) D_a 以及 τ_p 可得

$$D_a = \frac{n_n + p_n}{n_n/D_p + p_n/D_n}$$

$$\tag{57}$$

$$\tau_p \equiv \frac{p_n - p_{no}}{U}$$

從低階注入假設，[例如在 n 型半導體中，$p_n \ll (n_n \approx n_{no})$]，式 (56) 可簡化爲

$$-\frac{p_n - p_{no}}{\tau_p} - \mu_p \mathscr{E} \frac{dp_n}{dx} + D_p \frac{d^2 p_n}{dx^2} = 0 \tag{58}$$

上式即爲缺少 $\mu_p p_n d\mathscr{E}/dx$ 項的式 (55b)，因其在低階注入假設的條件下，可以被忽略。在沒有電場的中性區內，式 (58) 可再次化簡爲

$$\frac{d^2 p_n}{dx^2} - \frac{p_n - p_{no}}{D_p \tau_p} = 0 \tag{59}$$

利用式 (54b) 及 $p_n(x = \infty) = p_{no}$ 的邊界條件，式 (59) 的解爲

$$p_n(x) - p_{no} = p_{no}\left[\exp\left(\frac{qV}{kT}\right) - 1\right]\exp\left(-\frac{x - W_{Dn}}{L_p}\right) \tag{60}$$

其中 $L_p \equiv \sqrt{D_p\tau_p}$ ，在 $x = W_{Dn}$，電洞的擴散電流 (diffusion current) 為

$$J_p = -qD_p\frac{dp_n}{dx}\Big|_{W_{Dn}} = \frac{qD_p p_{no}}{L_p}\left[\exp\left(\frac{qV}{kT}\right) - 1\right] \tag{61a}$$

相似地，我們也可得到在 p- 型端的電子擴散電流

$$J_n = qD_n\frac{dn_p}{dx}\Big|_{-W_{Dp}} = \frac{qD_n n_{po}}{L_n}\left[\exp\left(\frac{qV}{kT}\right) - 1\right] \tag{61b}$$

圖 10 所示為分別在順向偏壓及逆向偏壓時的少數載子密度與電流密度。電洞電流是由 p- 型端注入到 n- 型端的電洞所導致，但電流大小卻只由 n- 型端內的特性 (D_p, L_p, p_{no}) 決定。而電子電流具有相同的相似性。由式 (61a) 與 (61b) 的總和可獲得總電流為

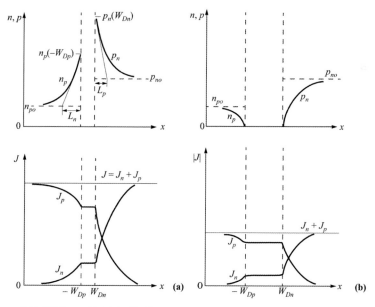

圖 10 (a) 順向偏壓 (b) 逆向偏壓條件下，載子分布與電流密度（兩者都是線性圖）。

$$J = J_p + J_n = J_0 \left[\exp\left(\frac{qV}{kT} \right) - 1 \right] \tag{62}$$

其中

$$J_0 \equiv \frac{qD_p p_{no}}{L_p} + \frac{qD_n n_{po}}{L_n} \equiv \frac{qD_p n_i^2}{L_p N_D} + \frac{qD_n n_i^2}{L_n N_A} \tag{63}$$

式 (62) 爲著名的蕭克萊方程式 (Shockley equation)[1, 3]，爲理想的二極體 (diode) 定律。而圖 11a 與 b 爲理想的電流－電壓關係，分別以線性與半對數作圖。在順偏方向（在 *p-* 型端施加正偏壓），當 $V > 3\ kT/q$ 時，電流上升速率爲定值 [圖 11(b)]；在 300 K 的溫度下，要使電流改變一個級數 (decade)，則電壓必須改變 59.5 mV (= 2.3 *kT/q*)。在逆偏方向時，會發現電流密度飽和在 (−J_0) 的大小。現在我們考慮溫度效應對飽和電流密度 J_0 的影響。由於式 (63) 內的第二項與第一項具有相似的行爲，因此我們只考慮式 (63) 內的第一項；對於單邊陡峭 p^+-*n* 接面，施體濃度 N_D，$p_{no} \gg n_{po}$，所以第二項也可被省略。n_i、D_p、p_{no} 及 $L_p \equiv \sqrt{D_p \tau_p}$ 等值都與溫度相關。如果 D_p / τ_p 正比於 T^γ，其中 γ 爲定值，則

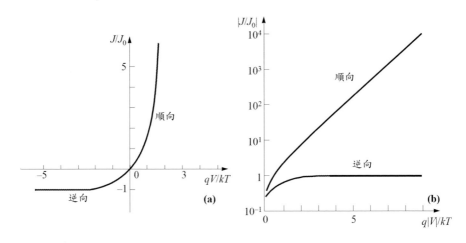

圖 11　理想的電流－電壓特性 (a) 線性圖 (b) 半對數圖。

$$J_0 \approx \frac{qD_p p_{no}}{L_p} \approx q\sqrt{\frac{D_p}{\tau_p}}\frac{n_i^2}{N_D} \propto T^{\gamma/2}\left[T^3\exp\left(-\frac{E_g}{kT}\right)\right]$$

$$\propto T^{(3+\gamma/2)}\exp\left(-\frac{E_g}{kT}\right)$$

(64)

和溫度相依性有關的 $T^{3+\gamma/2}$ 項與指數項相比並不重要。J_0 對 $1/T$ 作圖，其斜率主要由能隙 (energy gap) E_g 所決定。可預期在反向的情況下，$|J_R| \approx J_0$，其電流大約隨著溫度以 $\exp(-E_g/kT)$ 的關係增加；而在順向的情況下，$J_F \approx J_0\exp(qV/kT)$，電流的增加量將大約正比於 $\exp[-(E_g-qV)/kT]$。

蕭基特方程式完全可以用來預測鍺 p-n 接面在低電流密度下的電流－電壓特性。然而，對於矽與砷化鎵 p-n 接面，理想方程式只能定性上的符合。圖 12 為在室溫下，比較模擬具有相同摻雜濃度之 Si、GaAs、InAs 和 InP 的 p-n 接面二極體。圖中顯示，正向電流與半導體材料的飽和電流成正比。會產生偏離理想情況的主因為：(1) 在空乏層內發生的載子產生 (generation) 與復合 (recombination)；(2) 即使在相對小的順偏壓情況下，仍有可能發生高階注入 (high-injection) 的情況；(3) 串聯電阻造成的寄生 IR 大降；(4) 在

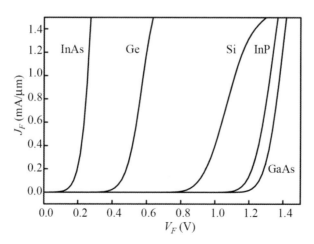

圖 12　在室溫下，比較模擬以 Si、GaAs、InAs 與 InP 製作的 p-n 二極體正向電流與電壓特性，N_A 與 N_D 均勻的摻雜濃度分別為 5×10^{16} 與 $5\times10^{18}\,cm^{-3}$。

能隙 (bandgap) 的能態之間發生載子穿隧 (tunneling) 現象；(5) 表面效應。
此外，在相對的高反向電場下，將造成接面的崩潰現象 (Breakdown)，例
如累增倍乘 (avalanche multiplication) 所產生的崩潰。*p-n* 接面的表面效應
主要來自於介面上的游離電荷在半導體內或表面上引起的半導體影像電荷
(image charge)，造成所謂的表面通道或表面空乏層的形成。因通道形成，
將會改變接面的空乏區，並產生表面漏電流。對於矽半導體所製作的平面
p-n 接面 (planar *p-n* junction) 而言，表面漏電流通常遠小於在空乏區內的產
生－復合電流 (generation-recombination current)。

2.3.2 產生－復合過程 [4]

　　首先考慮逆向偏壓時的產生電流 (generation current)，因為載子濃度在
逆向偏壓下會減少（此時 $pn \ll n_i^2$），所以在此主要的產生過程為 1.5.4 節所
討論的發射 (emission)。而電子－電洞對 (electron-hole pairs) 的產生速率可
由第一章的式 (86) 獲得，在 $p \ll n_i$ 及 $n \ll n_i$ 的條件下

$$U = -\left\{ \frac{\sigma_p \sigma_n \upsilon_{th} N_t}{\sigma_n \exp[(E_t - E_i)/kT] + \sigma_p \exp[(E_i - E_t)/kT]} \right\} n_i \equiv -\frac{n_i}{\tau_g} \tag{65}$$

其中 τ_g 為產生生命期 (Lifetime)，其定義為上式括號內的倒數 [請參見第一
章內的式 (92) 及後續討論]。而空乏區內產生的電流可表示為

$$J_{ge} = \int_0^{W_D} q|U| dx \approx q|U| W_D \approx \frac{qn_i W_D}{\tau_g} \tag{66}$$

其中，W_D 為空乏區寬度。如果載子的生命期隨溫度緩慢變化，則產生電流
與本質濃度 n_i 有相同的溫度相依性。在給定溫度下，J_{ge} 正比於空乏層寬
度，而寬度與施加的逆偏壓大小有關。由上述可預期對於陡峭接面而言 J_{ge}
$\propto (\psi_{bi}+V)^{1/2}$，而對線性漸變接面 $J_{ge} \propto (\psi_{bi}+V)^{1/3}$，總逆向電流（當 $p_{no} \gg n_{po}$
且 $|V| > 3kT/q$ 時）約為中性區內擴散電流與空乏區內產生電流的總和

$$J_R = q\sqrt{\frac{D_p}{\tau_p}}\frac{n_i^2}{N_D} + \frac{qn_iW_D}{\tau_g} \tag{67}$$

對於具有較高的本質濃度 n_i 的半導體（例如：鍺），則在室溫下的逆偏電流將以擴散電流主導，使得逆向電流符合蕭克萊方程式。若是半導體內的本質濃度 n_i 較低（例如：矽），產生的電流可能佔主導地位。圖 13 中的曲線 (e) 即爲典型矽半導體的例子。當溫度足夠高時，擴散電流會主導逆偏電流。在順向偏壓下，在空乏區內的主要復合－產生過程爲捕獲過程 (capture processes)，此時除了原本的擴散電流外，還增加復合電流 J_{re} (recombination current)。將式 (50) 代入第一章中的式 (86) 可得

$$U = \frac{\sigma_p\sigma_n\upsilon_{th}N_t n_i^2[\exp(qV/kT)-1]}{\sigma_n\{n+n_i\exp[(E_t-E_i)/kT]\}+\sigma_p\{p+n_i\exp[(E_i-E_t)/kT]\}} \tag{68}$$

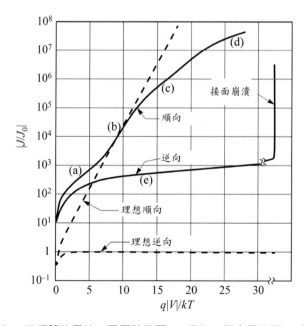

圖 13　實際的 Si 二極體的電流－電壓特性圖 (a) 產生－復合電流區 (b) 擴散電流區 (c) 高階注入區 (d) 串聯電阻效應區 (e) 由產生－復合與表面效應所造成的逆向漏電流。

在 $E_t = E_i$，以及 $\sigma_n = \sigma_p = \sigma$ 的假設下，則式 (68) 可簡化爲

$$
\begin{aligned}
U &= \frac{\sigma \upsilon_{th} N_t n_i^2 [\exp(qV/kT)-1]}{n+p+2n_i} \\
&= \frac{\sigma \upsilon_{th} N_t n_i^2 [\exp(qV/kT)-1]}{n_i \left\{ \exp[(E_{Fn}-E_i)/kT] + \exp[(E_i-E_{Fp})/kT] + 2 \right\}}
\end{aligned}
\tag{69}
$$

空乏區最大的復合速率發生於 E_i，在 E_{Fn} 與 E_{Fp} 中間一半的位置，則式 (69) 的分母變成 $2n_i[\exp(qV/2\,kT)+1]$。當 $V > kT/q$ 時，我們可得 $U \approx \sigma \upsilon_{th} N_t n_i \exp(qV/2\,kT)/2$，以及

$$
J_{re} = \int_0^{W_D} qU dx \approx \frac{qW_D}{2} \sigma \upsilon_{th} N_t n_i \exp\left(\frac{qV}{2kT}\right) \approx \frac{qW_D n_i}{2\tau} \exp\left(\frac{qV}{2kT}\right)
\tag{70}
$$

上式中所使用的近似，是假設空乏層內大部分區域處於最大復合速率；因此式 (70) 中的 J_{re} 將高於實際情況。以更嚴謹的推導則會得到 [11]

$$
J_{re} = \int_0^{W_D} qU dx = \sqrt{\frac{\pi}{2}} \frac{kTn_i}{\tau \mathscr{E}_o} \exp\left(\frac{qV}{2kT}\right)
\tag{71}
$$

其中，$\mathscr{E}_o$ 爲復合速率最大之位置的電場，其值等於

$$
\mathscr{E}_o = \sqrt{\frac{qN(2\psi_B - V)}{\varepsilon_s}}
\tag{72}
$$

類似逆向偏壓時產生電流 (generation current)，在順向偏壓下的復合電流也是正比於本質濃度 n_i。全部的順偏電流可近似爲式 (62) 與式 (71) 的總和。對於 p^+-n 接面 ($p_{no} \gg n_{po}$)，且 $V \gg kT/q$ 時，順偏電流爲

$$
J_F = q\sqrt{\frac{D_p}{\tau_p}} \frac{n_i^2}{N_D} \exp\left(\frac{qV}{kT}\right) + \sqrt{\frac{\pi}{2}} \frac{kTn_i}{\tau_p \mathscr{E}_o} \exp\left(\frac{qV}{2kT}\right)
\tag{73}
$$

一般而言，實驗結果可以經驗式來表示

$$
J_F \propto \exp\left(\frac{qV}{\eta kT}\right)
\tag{74}
$$

當復合電流主導時，理想因子 (ideality factor) $\eta = 2$ [如圖 13 中的曲線 (a)]。當擴散電流主導時，$\eta = 1$ [如圖 13 中的曲線 (b) 所示]。當復合電流與擴散電流相當時，η 值介於 1 與 2 間。

2.3.3 高階注入情況

在高電流密度時（順向偏壓條件下），也就是注入的少數載子濃度已高到與多數載子濃度相當，則必須同時考慮擴散電流與漂移電流。個別的傳導電流密度可以由式 (51) 與 (52) 得到。由於 J_p、q、μ_p 與 p 為正值，電洞的準費米能階 E_{Fp} 將單調地朝圖 9(a) 的右邊增加。同樣地，電子的準費米能階 E_{Fn} 則向圖的左邊單調地降低。換句話說，不論在哪個位置上，電子與電洞之準費米能階的相差值必須等於或小於外加偏壓；因此 [12]

$$pn \leq n_i^2 \exp\left(\frac{qV}{kT}\right) \tag{75}$$

即使在高階注入情況 (High-injection condition) 下亦成立。注意，上述的討論並沒有考慮空乏區內的載子復合。為了說明高階注入的情況，我們在圖 14 中畫出矽半導體 p^+-n 階梯接面 (step junction) 的各種數值模擬結果，包含載子濃度分布及具有準費米能階分布的能帶。在圖 14a、b 與 c 中的電流密度分別為 10、10^3、10^4 A/cm^2。二極體在電流密度為 10 A/cm^2 時為低階注入區段；此時，幾乎所有的電位降都發生在接面上，而 n- 型端內的電洞濃度也遠小於電子濃度。在 10^3 A/cm^2 時，接面附近的電子濃度明顯超過原先的施體摻雜濃度（基於電中性的原理，入射載子數 $\Delta p = \Delta n$）；在 n- 型端內將產生歐姆電位降 (ohmic potential drop)。在 10^4 A/cm^2 時，即非常高的注入下，跨在接面上的電位降與半導體兩邊中性區的歐姆位降相比並不明顯。雖然圖 14 只顯示在二極體中間的區域，但也能夠看出兩個準費米能階的差值等於或小於外加偏壓 qV。由圖 14b 與 c 可發現在 n- 型端接面，載子濃度是相等的（即 $n = p$）。將此條件帶入式 (75) 可獲得 p_n ($x = W_{Dn}$) $\approx n_i \exp(qV/2kT)$。而電流大致上也正比於 $\exp(qV/2kT)$，如圖 13 中的曲線 (c)。在高電流的情況下，我

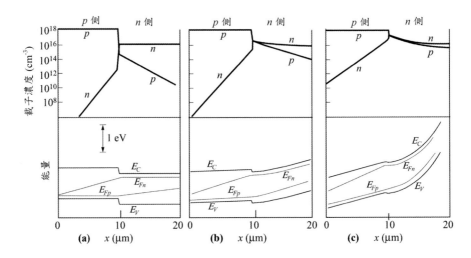

圖 14 Si 的 p^+-n 接面，在不同電流密度下操作的載子濃度分布與能帶圖 (a)10 A/cm^2 (b)10^3 A/cm^2 (c)10^4 A/cm^2。元件參數：$N_A = 10^{18}$ cm^{-3}，$N_D = 10^{16}$ cm^{-3}，$\tau_n = 3 \times 10^{-10}$ s，$\tau_p = 8.4 \times 10^{-10}$ s。（參考文獻 12）

們須額外考慮準中性區內的有限電阻效應。此電阻在二極體端點之間吸收了相當大量的外加偏壓，如圖 13 中的曲線 (d)。藉由實驗所得的曲線與理想曲線 ($\Delta V = IR$) 比較，可估計出串聯電阻的大小。利用磊晶 (epitaxial) 材料 p^+-n-n^+ 結構可有效地減少串聯電阻效應。

2.3.4 擴散電容

當接面為逆偏時，接面電容主要是由之前討論的空乏層電容所構成的；在順偏時，由於少數載子密度重新分布，而成為接面電容的主要貢獻，即所謂的擴散電容 (Diffusion Capccitance)。換句話說，後者主要是由於注入的電荷造成，而前者是因空乏層中的空間電荷造成。假設接面為順偏時，直流電壓為 V_0，電流密度為 J_0，當施加一個小的交流訊號 (ac) 在接面上，此時，總電壓與電流密度可定義為

$$V(t) = V_0 + V_1 \exp(j\omega t) \tag{76}$$

以及

$$J(t) = J_0 + J_1 \exp(j\omega t) \tag{77}$$

其中，V_1 與 J_1 分別為小訊號偏壓與小訊號電流密度。分離導納 (admittance) J_1/V_1 的虛數部分，可得擴散電導 (diffusion conductance) 與擴散電容

$$Y \equiv \frac{J_1}{V_1} \equiv G_d + j\omega C_d \tag{78}$$

在空乏區邊界的電子與電洞密度可利用 $[V_0 + V_1 \exp(j\omega t)]$ 取代 V，並代入式 (54a) 與 (54b) 得到。在 $V_1 \ll V_0$ 的條件下，接面之 n- 型端

$$
\begin{aligned}
p_n(W_{Dn}) &= p_{no} \exp\left\{ \frac{q[V_0 + V_1 \exp(j\omega t)]}{kT} \right\} \\
&\approx p_{no} \exp\left(\frac{qV_0}{kT} \right) + \frac{p_{no}qV_1}{kT} \exp\left(\frac{qV_0}{kT} \right) \exp(j\omega t) \approx p_{no} \exp\left(\frac{qV_0}{kT} \right) + \tilde{p}_n(t)
\end{aligned}
\tag{79}
$$

而接面 p- 型端內的電子密度也可利用相似的式子表示。式 (79) 中的第一項為直流部分，第二項為小信號交流部分。將 $\tilde{p}_n$ 代入連續方程式 [第一章的式 (153b)，其中 $Gp = \mathscr{E} = d\mathscr{E}/dx = 0$] 則產生

$$j\omega\tilde{p}_n = -\frac{\tilde{p}_n}{\tau_p} + D_p \frac{d^2\tilde{p}_n}{dx^2} \tag{80}$$

或

$$\frac{d^2\tilde{p}_n}{dx^2} - \frac{\tilde{p}_n}{D_p\tau_p/(1+j\omega\tau_p)} = 0 \tag{81}$$

若是載子生命期表示如下時，則式 (81) 相同於式 (59)

$$\tau_p^* = \frac{\tau_p}{1+j\omega\tau_p} \tag{82}$$

藉由適當的數學代換，我們可由式 (62) 獲得交流電的電流密度

$$J = \left(qp_{no}\sqrt{\frac{D_p}{\tau_p^*}} + qn_{po}\sqrt{\frac{D_n}{\tau_n^*}} \right) \exp\left\{ \frac{q[V_0 + V_1\exp(j\omega t)]}{kT} \right\}$$
$$\approx \left(qp_{no}\sqrt{\frac{D_p}{\tau_p^*}} + qn_{po}\sqrt{\frac{D_n}{\tau_n^*}} \right) \left[\exp\left(\frac{qV_0}{kT}\right) \right]\left[1 + \frac{qV_1}{kT}\exp(j\omega t) \right] \tag{83}$$

其中，交流部分的電流密度為

$$J_1 = \left(\frac{qD_p p_{no}\sqrt{1+j\omega\tau_p}}{L_p} + \frac{qD_n n_{po}\sqrt{1+j\omega\tau_n}}{L_n} \right)\left[\exp\left(\frac{qV_0}{kT}\right) \right]\frac{qV_1}{kT} \tag{84}$$

由 J_1 / V_1，可得 G_d、C_d，且與頻率相關。在相對低頻下（即 $\omega\tau_p$、$\omega\tau_n \ll 1$），擴散電導 G_{d0} 為

$$G_{d0} = \frac{q}{kT}\left(\frac{qD_p p_{no}}{L_p} + \frac{qD_n n_{po}}{L_n} \right)\exp\left(\frac{qV_0}{kT}\right) \qquad \text{S}/\text{cm}^2 \tag{85}$$

對式 (62) 微分也可獲得與上式相同的結果。低頻下的擴散電容可利用近似式 $\sqrt{1+j\omega\tau} \approx 1+0.5j\omega\tau$ 得到

$$C_{d0} = \frac{q^2}{2kT}(L_p p_{no} + L_n n_{po})\exp\left(\frac{qV_0}{kT}\right) \qquad \text{F/cm}^2 \tag{86}$$

此擴散電容與順向電流成正比。對 n^+-p 單邊接面而言，其擴散電容為

$$C_{d0} = \frac{qL_n^2}{2kTD_n}J_F \tag{87}$$

　　擴散電導及電容和頻率的關係如圖 15 所示，為正規化頻率 $\omega\tau$ 的函數，在此只考慮式(84)的其中一項（例如：若 $p_{no} \gg n_{po}$，則為包含 p_{no} 的那一項）。插圖為等效的交流導納電路。在圖 15 中擴散電容明顯地隨訊號頻率增加而降低。對高頻操作而言，C_d 大約正比於 $\omega^{-1/2}$；而擴散電容也正比於直流電流的大小 $[C_d \propto \exp(qV_0/kT)]$。基於這些結果可知，在低頻以及順向偏壓條件下，$C_d$ 將變得特別重要。

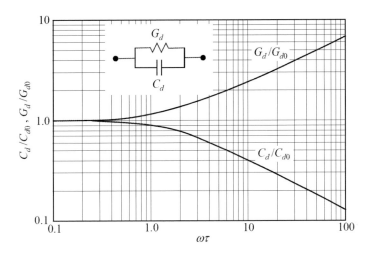

圖 15　正規化後的擴散電導、擴散電容對頻率 $\omega\tau$ 的關係圖。插圖為 *p-n* 接面在順向偏壓下的等效電路圖。

2.4 接面崩潰

　　當施加足夠大的電場在 *p-n* 接面時，接面將會崩潰 (Junction Breakdown) 並造成非常大的電流[13]。崩潰現象只發生於逆向偏壓的情況下，這是由於逆向偏壓造成接面上具有很高的電場。基本的崩潰機制主要可分為三種：(1) 熱不穩定度；(2) 穿隧 (tunneling)；(3) 累增倍乘 (avadlanche multiplication)。在此，我們將簡單說明前面兩項機制，但會詳細討論累增倍乘的機制。

2.4.1 熱不穩定度

　　在室溫下大部分絕緣體，因熱不穩定 (Thermal Instability) 而形成最大介電強度，會導致崩潰現象；對於能隙較小的半導體（例如：鍺），這也是主要的效應。由於高逆向偏壓下的逆向電流造成大量的熱能消耗，將使得接面的溫度提高；當溫度提高時，又會使得逆向電流提高。這種正向回饋是崩潰的原因，溫度效應對逆向電壓特性的影響可由圖 16 說明。在圖中，水平

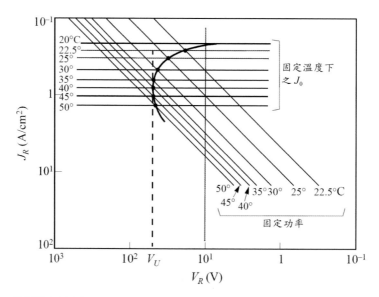

圖 16　熱崩潰在逆向偏壓下的電流－電壓特性圖，其中 V_U 為翻轉電壓。
　　　（參考文獻 14）

線組表示逆向電流密度 J_0，而每條水平線表示接面在不同溫度下的逆向電流
密度大小，並與溫度呈現 $T^{3+\gamma/2}\exp(-E_g/kT)$ 的變化關係，正如先前討論的趨
勢。元件所產生的熱損耗雙曲線正比於電功率，即 *I–V* 的乘積，也就是在
此對數－對數圖中的斜直線。這些斜線也必須滿足在固定接面溫度的條件。
因此逆向電流－電壓特性曲線可以由這兩組曲線的交點得知。在圖中可發
現此特性曲線具有負微分電阻 (negative differential resistance)，這是由於在
高逆向偏壓造成的熱損耗。在此情況下，二極體將會受到破壞，除非利用一
些方式來量測，如使用大的串聯限流電阻 (series-limiting resistor)。上述的
效應稱為熱不穩定度 (thermal instability) 或熱散逸 (thermal runaway)。電壓
V_U 則稱為翻轉電壓 (turnover voltage)。如果 *p-n* 接面有相當大的飽和電流時
（例如：鍺），則熱不穩定度在室溫下很重要；但在非常低溫下，熱不穩定
度的影響將小於其他機制所造成的效應。

2.4.2 穿隧

　　接下來我們將考慮接面在大的逆向偏電壓下所發生的穿隧效應 (tunneling effect)（參見 1.5.7 節）。當位能障礙 (potential barrier) 很薄時，載子將因高電場的影響而直接穿過位能障礙，如圖 17(a) 所示。在這個例子中，載子的能障為三角形，且最大高度由能隙大小所決定。p-n 接面（穿隧二極體）的穿隧電流為

$$J_t = \frac{\sqrt{2m^*}\, q^3 \mathscr{E} V_R}{4\pi^2 \hbar^2 \sqrt{E_g}} \exp\left(-\frac{4\sqrt{2m^*}\, E_g^{3/2}}{3q\mathscr{E}\hbar} \right) \tag{88}$$

由於電場並非為定值，$\mathscr{E}$ 為接面中的平均電場。在矽半導體中，當 $\mathscr{E} \approx 10^6$ V/cm 時，顯著的電流藉由能帶到能帶的穿隧過程 (band to band tunneling) 開始流動；為了獲得這麼高的電場，在接面上的 n- 型端與 p- 型端必須具有相當高的雜質濃度。如果在接面的崩潰電壓小於 $4E_g/q$，則造成崩潰的機制為穿隧效應；若接面的崩潰電壓高於 $6E_g/q$，則造成崩潰的機制為累增倍

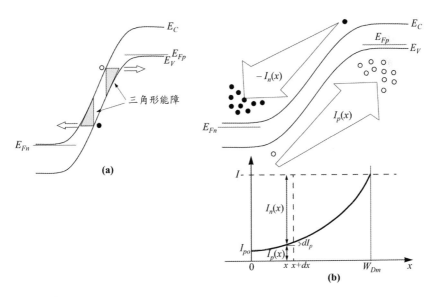

圖 17　崩潰機制的能帶示意圖 (a) 穿隧 (b) 累增倍乘（本例起始電洞電流為 I_{po}）。

乘效應。當崩潰電壓介於 4~6 E_g/q 時，崩潰現象是由穿隧與累增倍乘機制共同造成的。既然矽與砷化鎵的能隙 E_g 會隨著溫度上升而變小（參考第一章），對這些半導體而言，穿隧效應的崩潰電壓呈現一負的溫度係數，即崩潰電壓隨溫度的上升而降低。這主要是因爲在較高溫下，可在較低的逆向電壓（或電場）就達到崩潰電流密度 J_t [式 (88)]。此溫度效應通常可用來分辨崩潰現象是由穿隧機制或累增倍乘機制所造成。其中，累增倍乘機制有正溫度係數，即崩潰電壓隨溫度上升而提高。

2.4.3 累增倍乘

在空乏區內，熱產生電子，是由施加電場得到動能，若施加電場夠大，電子獲得足夠動能，碰撞其他原子，可打斷晶格鍵，產生更多的電子－電洞對。新產生之載子需要由電場得到動能，產生更多的電子－電洞對，假如過程依序連續進行，將會產生倍增的電子－電洞對，此過程稱累增倍乘 [15](avalanche multiplication) 或稱衝擊離子化 (impact ionization)，是接面崩潰現象最重要的機制。累增崩潰電壓可以視爲大多數二極體之逆向偏壓、雙極性電晶體 (bipolar transistor) 的集極電壓，以及 MESFET 與 MOSFET 之汲極電壓的上限值。此外，衝擊離子化機制可應用於產生微波功率，像是 IMPATT 元件；亦可應用於放大光訊號，例如累增式光偵測器 (photodectector)。

首先，我們推導基本的游離化積分 (ionization integral) 可決定崩潰條件。假設一電流 I_{po} 由左方入射至寬度 W_{Dm} 的空乏區中，如圖 17(b) 所示，如果空乏區內的電場強度夠高到足以引發衝擊離子化而產生電子－電洞對 (electron-hole pair)，則電洞電流 I_p 在穿越空乏區過程中將會隨著距離增加而提高，最後到達 $x = W_{Dm}$ 時，其電流值爲 $M_p I_{po}$。同樣地，電子電流 I_n 亦由 $I_n(W_{Dm}) = 0$ 提高到 $I_n(0) = I - I_{po}$，其中總電流 $I(= I_p + I_n)$ 在穩定狀態時爲定值。電洞電流的增加量等於空乏區內單位距離 dx 下，每秒所產生的電子－電洞對數目

$$dI_p = I_p \alpha_p \, dx + I_n \alpha_n dx \tag{89}$$

或

$$\frac{dI_p}{dx} - (\alpha_p - \alpha_n)I_p = \alpha_n I \tag{90}$$

電子與電洞的游離率 (α_n 與 α_p) 曾在第一章中探討過。利用邊界條件 $I = I_p(W_{Dm}) = M_p I_{po}$ 求解式 (90)，可得 [#]

$$I_p(x) = \frac{I\left\{ \int_0^x \alpha_n \exp\left[-\int_0^x (\alpha_p - \alpha_n)dx' \right]dx + \frac{1}{M_p} \right\}}{\exp\left[-\int_0^x (\alpha_p - \alpha_n)dx' \right]} \tag{91}$$

其中，M_p 為電洞的倍乘因子 (multiplication factor)，並定義為

$$M_p \equiv \frac{I_p(W_{Dm})}{I_p(0)} \equiv \frac{I}{I_{po}} \tag{92}$$

利用關係式 [※]

$$\int_0^{W_{Dm}} (\alpha_p - \alpha_n) \exp\left[-\int_0^x (\alpha_p - \alpha_n)dx' \right]dx = -\exp\left[-\int_0^x (\alpha_p - \alpha_n)dx' \right]\Bigg|_0^{W_{Dm}}$$
$$= -\exp\left(\left[-\int_0^{W_{Dm}} (\alpha_p - \alpha_n)dx' \right] + 1 \right) \tag{93}$$

[#] 式 (90) 具有微分方程 $y' + Py = Q$ 的形式，其中，$y = I_p$。其標準解為

$$y = \left[\int_0^x Q\left(\exp\int_0^x Pdx' \right)dx + C \right] \Big/ \exp\int_0^x Pdx'$$

其中 C 為積分常數。

[※] 令 $U = \int_0^x ydx' \Rightarrow \frac{dU}{dx} = y$ 和 $\frac{d}{dU}e^U = e^U$

此積分式可簡化為

$$\int y\left(\exp\int_0^x ydx' \right)dx = \int ye^U dx = \int e^U dU = e^U = \exp\int_0^x ydx'$$

可求出式 (91) 在 $x = W_{Dm}$ 處的值，並可重寫爲

$$1 - \frac{1}{M_p} = \int_0^{W_{Dm}} \alpha_p \exp\left[-\int_0^x (\alpha_p - \alpha_n) dx' \right] dx \tag{94}$$

注意，M_p 同時爲 α_n 與 α_p 的函數。累增崩潰電壓的定義爲：「當 M_p 趨近無窮大時的電壓值」，而當 M_p 接近無限大，在式 (94) 左邊項 $1-1/M_p$ 的值接近於 1。因此可以從游離化積分得到崩潰條件

$$\int_0^{W_{Dm}} \alpha_p \exp\left[-\int_0^x (\alpha_p - \alpha_n) dx' \right] dx = 1 \tag{95a}$$

如果累增過程是由電子取代電洞所造成，則游離化積分如下式

$$\int_0^{W_{Dm}} \alpha_n \exp\left[-\int_x^{W_{Dm}} (\alpha_n - \alpha_p) dx' \right] dx = 1 \tag{95b}$$

式 (95a) 與 (95b) 是相同的 [16]；也就是說，崩潰條件只取決於空乏區內所發生的現象，與是由何種載子（或主要電流）造成無關。即使崩潰現象是由一混合的主要電流所引發，情況也不會有任何改變，所以只需要式 (95a) 或 (95b) 其中一式即可決定崩潰條件。如果半導體中具有相同的游離率 ($\alpha_n = \alpha_p = \alpha$)，例如磷化鎵半導體，則式 (95a) 與 (95b) 可簡化成簡單的表示式

$$\int_0^{W_{Dm}} \alpha \, dx = 1 \tag{96}$$

由上述的崩潰條件以及與電場相關的游離率，可計算出崩潰電壓、電場最大值及空乏層寬度。如先前所討論的，空乏層內的電場與電位能可由波松方程式得到，並可以由數值上的疊代法 (iteration method) 計算空乏層邊界滿足式 (95a) 或 (95b)。藉由已知的邊界條件，對於單邊陡峭接面，我們可得到崩潰電壓爲

$$V_{BD} = \frac{\mathcal{E}_m W_{Dm}}{2} = \frac{\varepsilon_s \mathcal{E}_m^2}{2qN} \tag{97}$$

對線性漸變接面，崩潰電壓爲

$$V_{BD} = \frac{2\mathscr{E}_m W_{Dm}}{3} = \frac{4\mathscr{E}_m^{3/2}}{3}\left(\frac{2\varepsilon_s}{qa}\right)^{1/2} \tag{98}$$

其中 N 為淺摻雜端的背景雜質濃度，a 為雜質分布梯度，以及 $\mathscr{E}_m$ 為最大電場。

　　由波松方程式與電子－電洞電流連續方程式，可計算空間電荷區域的電壓降低與崩潰電壓 [17]，如圖 18 所示為不同摻雜濃度的 *p-n* 接面。圖 18(a) 為

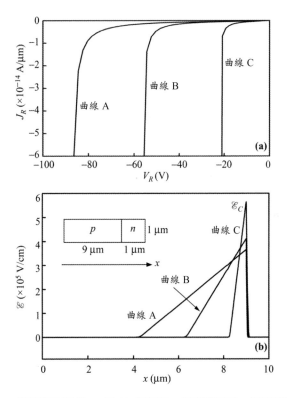

圖 18　(a) 矽 *p-n* 接面在不同的 N_A 和 N_D 條件下，崩潰逆電流—電壓的關係圖（如曲線 A、B、C）曲線 A 元件的 $N_A = 5\times10^{15}\,\text{cm}^{-3}$ 與 $N_D = 5\times10^{17}\,\text{cm}^{-3}$、曲線 B 元件的 $N_A = 1\times10^{16}\,\text{cm}^{-3}$ 與 $N_D = 2.5\times10^{17}\,\text{cm}^{-3}$、曲線 C 元件的 $N_A = 1\times10^{16}\,\text{cm}^{-3}$ 與 $N_D = 5\times10^{17}$ cm⁻³ (b) 單邊陡峭接面的電場絕對值變化圖，*p-n* 接面面積為 10 μm×1 μm，而 *n* 型區的面積為 1 μm×1 μm，臨界電場 $\mathscr{E}_C$ 和空乏區寬度 W 的特定值列於表 1 中，崩潰電壓是針對各種不同摻雜濃度估算而得到的。

矽 *p-n* 接面在不同 N_D 與 N_A 濃度下逆向崩潰電流電壓關係圖。其中當元件具有曲線 A 摻雜濃度，則會因最低單邊陡峭接面而造成最大的崩潰電壓。元件爲曲線 C 的摻雜濃度，因最重的摻雜濃度而形成最窄的空乏區寬度，導致最小的崩潰電壓。對三種不同摻雜濃度的電場分布圖，如圖 18(b)、表 1 所列爲矽 *p-n* 接面分別對曲線 A、B、C 的臨界電場、空乏區寬度，以及崩潰電壓的計算結果列表。崩潰電壓與摻雜濃度呈現相反的變化關係。

單邊陡峭 *p-n* 接面的崩潰電壓受控於低摻雜濃度。圖 19(a) 顯示矽、(100) 晶面的砷化鎵及磷化鎵半導體，以陡峭接面所計算之崩潰電壓與雜質濃度 N 的關係。而計算所得的崩潰電壓與實驗結果相當符合[19]。圖中的虛線表示摻雜濃度 N 的上限值，在這個範圍內，其累增崩潰計算是有效的；此上限值是基於 $6E_g/q$ 的標準。當超過符合此標準的 N 值後，穿隧機制將參與崩潰過程，且最後會主導整個崩潰現象。

表 1　矽 *p-n* 接面在三種不同摻雜濃度下，臨界電場、空乏區寬度和崩潰電壓的計算結果列表。

	曲線 A	曲線 B	曲線 C
$\mathscr{E}_C$(V/cm)	3.65×10^5	4.11×10^5	5.64×10^5
W(μm)	4.8	2.8	0.8
V_{BD}(V)	87.6	57.5	22.6

在砷化鎵半導體中，游離率及崩潰電壓除了和摻雜濃度有關外，也和晶面方向有關（參見第一章）[20]。當摻雜濃度接近 $10^{16} \, \text{cm}^{-3}$ 時，崩潰電壓基本上將不再與晶向有關。在較低摻雜時，崩潰電壓 V_{BD} 在 (111) 晶面爲最大；但在高摻雜時，最大崩潰電壓 V_{BD} 則發生在 (100) 晶面。圖 19(b) 爲線性漸變接面所計算之崩潰電壓與雜質濃度梯度的關係。虛線表示雜質濃度梯度 a 的上限值，在這個範圍內，其累增崩潰計算是有效的。

上述的三種半導體在崩潰發生時，其最大電場強度 $\mathscr{E}_m$ 與空乏區寬度可經由計算而得到。其中圖 20a 表示單邊陡峭接面，圖 20b 為線性漸變接面的計算數。對於矽的陡峭接面而言，在崩潰發生時的最大電場為[21]

$$\mathscr{E}_m = \frac{4\times10^5}{1-(1/3)\log_{10}(N/10^{16}\ \text{cm}^{-3})} \qquad \text{V/cm} \qquad (99)$$

其中，N 的單位為 cm^{-3}。

因為游離率與電場強度有強烈的相依性，所以在崩潰發生時的電場，有時也稱為臨界電場 (critical field)，隨著雜質濃度 N 或梯度 a 緩慢變化（係數為 4 的因子高於 N 與 a 的函數有數個級數值）。因此，在一次近似下，我們可以假設半導體最大電場 $\mathscr{E}_m$ 為定值，進而由式 (97) 與 (98) 得到 V_{BD} 正比於 $N^{-1.0}$（對陡峭接面而言）與 V_{BD} 正比於 $a^{-0.5}$（對線性漸變接面而言）。圖 19 所示為一般常用的對照表（係數為 3）。正如預期，對給定摻雜濃度 N 或梯度 a 時，崩潰電壓會隨材料的能隙增加而提高，這是由於累增過程需要能帶到能帶的激發 (band-to-band excitation)。應該注意的是，臨界電場只是一項約略參考，而非半導體的基本材料特性。還必須假設有一個均勻的電場涵蓋很大的距離。舉例來說，如果只有高電場，但在很短的距離內發生，不會產生崩潰現象，這是因為此時並無法滿足式 (96)。總電位差（電場乘上距離）也必須大於能隙，能帶到能帶間的載子倍乘才可能產生。例如高電場下，但只有很小的電位降落在聚積層 (accumulation layer)，也無法造成累增崩潰。

研究過上述比較的所有半導體材料後，我們可以獲得一般性的近似表示式。對於陡峭接面

$$V_{BD} \approx 60\left(\frac{E_g}{1.1\ \text{eV}}\right)^{3/2}\left(\frac{N}{10^{16}\ \text{cm}^{-3}}\right)^{-3/4} \qquad \text{V} \tag{100}$$

其中，E_g 是室溫下的半導體能隙，單位為電子伏特 (eV)；N 為背景摻雜濃度，單位為 cm^{-3}。對於線性漸變接面

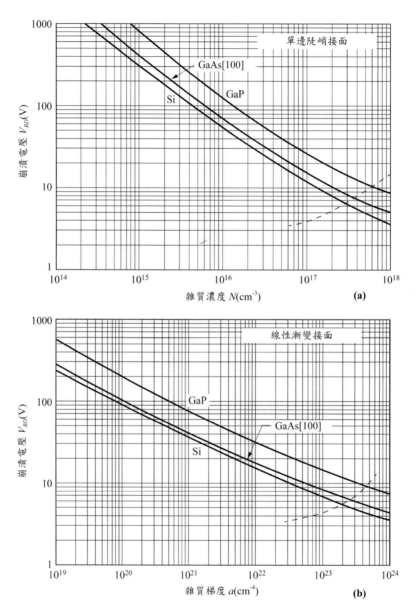

圖 19   Si、晶向 [100] GaAs 與 GaP 在 (a) 單邊陡峭接面（對應雜質濃度）(b) 線性漸變
接面（對應雜質梯度）情況下的累增崩潰電壓。圖中虛線表示最大摻雜濃度或
梯度，超過此數值後，崩潰特性將由穿隧機制所主導。（參考文獻 18）

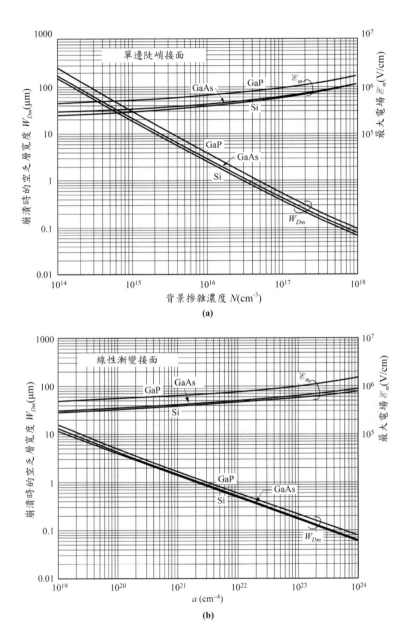

圖 20　Si、晶向 [100] GaAs 與 GaP 在 (a) 單邊陡峭接面 (b) 線性漸變接面，崩潰發生時的空乏層寬度與最大電場強度的關係圖。（參考文獻 18）

$$V_{BD} \approx 60 \left(\frac{E_g}{1.1 \, \mathrm{eV}} \right)^{6/5} \left(\frac{a}{3 \times 10^{20} \, \mathrm{cm}^{-4}} \right)^{-2/5} \qquad \mathrm{V} \tag{101}$$

a 爲摻雜濃度梯度，單位爲 cm^{-4}。

對於擴散接面 (diffused junction)，即靠近一邊爲線性梯度變化，而另一側爲固定摻雜的情況（如圖 21 中的插圖），則崩潰電壓將介於上述兩種極端狀況之間[22]（如圖 19）。如圖 21 所示，當 *a* 值很大時，此種接面的崩潰電壓將可用單邊陡峭接面之結果來決定（底部的線）；另一方面，當 *a* 值很小時，則此種接面的崩潰電壓將以線性漸變接面之結果來給定（平行線），且與雜質濃度 N_B 無關。

圖 19、20 假設在接面崩潰時，半導體層厚度大到足以產生最大空乏區寬度 W_{Dm}。但如果半導體厚度 *W* 小於空乏區寬度 W_{Dm}（如圖 22 中的插圖），則元件將會在崩潰前被貫穿 (punched through)（也就是說，空乏區到達 n^+ 區域）。此時若進一步增加逆向偏壓，空乏區寬度不能繼續擴張，而且元件

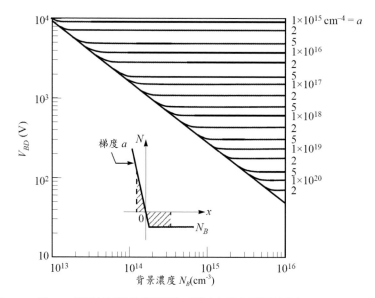

圖 21　在 300 K 時，Si 擴散接面的崩潰電壓，插圖表示空間電荷分布。
（參考文獻 22）

將會提前崩潰。這時候的最大電場 $\mathscr{E}_m$ 基本上與沒有產生貫穿現象之二極體是相同的。因此，對於發生貫穿的二極體，其崩潰電壓降減低為 V'_{BD}，而相較於正常元件的崩潰電壓 V_{BD}，其關係如下

$$\frac{V'_{BD}}{V_{BD}} = \frac{插圖中的陰影面積}{(\mathscr{E}_m W_{Dm})/2}$$
$$= \left(\frac{W}{W_{Dm}}\right)\left(2 - \frac{W}{W_{Dm}}\right) \tag{102}$$

貫穿現象通常都發生於摻雜濃度 N 很低的時候，像是 p^+-π-n^+ 或 p^+-v-n^+ 的二極體，其中 π 表示輕摻雜的 p- 型半導體，v 為輕摻雜的 n- 型半導體。對於這種二極體的崩潰電壓可利用式 (102) 計算求出其與背景摻雜濃度的關係。如圖 22 中所示，此接面元件是在磊晶基板 (epitaxial substrates) 上，用矽半導體所製作的單邊陡峭接面（即，在 n^+ 上磊晶一層 v 區域，而磊晶層厚度 W 作為參數）。在固定厚度 W 下，當摻雜濃度降低時，崩潰電壓幾乎為固定值，這是由於磊晶層產生貫穿現象所造成。

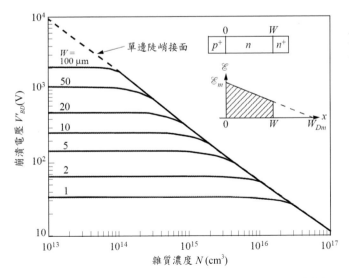

圖22　Si 之 p^+-π-n^+ 與 p^+-v-n^+ 接面的崩潰電壓，其中 π 表示輕摻雜濃度的 p 型半導體，而 v 表示輕摻雜濃度的 n 型半導體。W 則為 π 或 v 區域的寬度。

　　到目前爲止的結果顯示室溫下的累積崩潰。在較高溫度下，崩潰電壓將會提升。定性上對崩潰電壓增加的解釋爲熱載子 (hot carrier) 在通過空乏區時，會經由散射而損失部分的能量給光頻聲子 (optical phonons)，並降低游離率（參見第一章，圖 25）。因此，在固定電場下，載子移動同樣的距離會損失更多的能量給晶體晶格 (crystal lattice)；這意味著載子必須經過更大的位能差（或更大的電壓）才可以獲得足夠的能量產生電子－電洞對。圖 23 預測矽半導體的 V_{BD} 正規化到室溫的值。須注意當溫度提高時，崩潰電壓會明顯的提高，特別是在較低摻雜濃度時（或是低濃度梯度）[24]。

邊際效應 (Edge Effects)　當以平面製程形成接面，應該考慮其周圍的接面曲率效應，如圖 24a 所示。特別注意在周圍處，空乏區會變得較窄且電場較大。由於在接面的圓柱形和（或）球形區域（圖 24b）內會有較高的電場密度，因此崩潰電壓大小將由此區域決定。在圓柱形或球形區域內的 *p-n* 接面內，

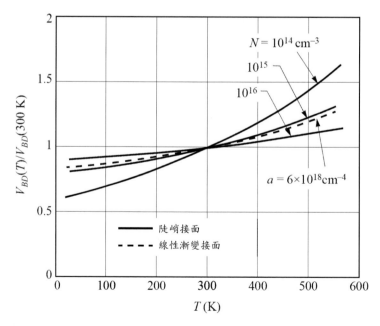

圖 23　在矽半導體中，正規化的累增崩潰電壓對應晶格溫度的關係。崩潰電壓通常會隨著溫度而增加。（參考文獻 23）

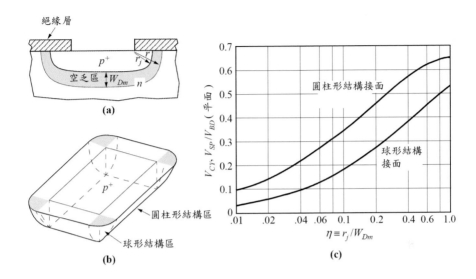

圖 24 (a) 以平面擴散或離子佈值過程所製作的接面，在靠近遮罩 (mask) 的地方會形成彎曲的接面結構。其中 r_j 為曲率半徑 (b) 接面彎曲結構的三維示意圖，在四個角落上為球形結構 (c) 圓柱形及球形結構的接面，其正規化崩潰電壓是正規化曲率半徑的函數。（參考文獻 22）

其電位能 $\psi(r)$ 與電場強度 (r) 可由波松方程式計算而得

$$\frac{1}{r^n}\frac{d}{dr}[r^n \mathscr{E}(r)] = \frac{\rho(r)}{\varepsilon_s} \tag{103}$$

其中，接面為圓柱形時，$n = 1$；接面為圓形時，$n = 2$。而電場 $\mathscr{E}(r)$ 可利用下式求解

$$\mathscr{E}(r) = \frac{1}{\varepsilon_s r^n}\int_{r_j}^{r} r^n \rho(r)dr + \frac{C_1}{r^n} \tag{104}$$

其中，r_j 表示冶金接面的曲率半徑。而常數 C_1 必須經過適當的調整，使電場 $\mathscr{E}(r)$ 對距離積分後會等於內建電位能 (built-in potential)。

在 300 K 溫度下，對矽半導體所製作的單邊陡峭接面，計算所得的崩潰電壓可以簡單的方程式表示 [22]

當接面為圓柱形時

$$\frac{V_{CY}}{V_{BD}} = \left[\frac{1}{2}(\eta^2 + 2\eta^{6/7})\ln(1 + 2\eta^{-8/7}) - \eta^{6/7}\right] \tag{105}$$

當接面為球形時

$$\frac{V_{SP}}{V_{BD}} = \left[\eta^2 + 2.14\eta^{6/7} - (\eta^3 + 3\eta^{13/7})^{2/3}\right] \tag{106}$$

其中，V_{CY} 和 V_{SP} 分別表示圓柱形與球形接面的崩潰電壓，而 V_{BD} 及 W_{Dm} 則表示與其相同背景摻雜濃度之平面結構接面的崩潰電壓與最大空乏區寬度，且 $\eta \equiv r_j/W_{Dm}$。圖 24(c) 表示出數值分析結果對 η 的函數關係。明顯地，崩潰電壓會隨曲率半徑縮小而降低。然而，對於線性漸變的圓柱形與球形接面，經由計算後所得的崩潰電壓並不會因曲率半徑大小而有所改變 [25]。

　　另一個造成崩潰現象提早發生的邊際效應，源自於金屬－氧化物－半導體 (metal-oxide-semiconductor, MOS) 結構，其閘極表面會超過 *p-n* 接面。這種結構通常也被稱為閘極二極體 (gated diode)。在某些閘極電壓下，閘極邊際的電場強度會高於接面之平面區域的電場強度，且崩潰的發生點會由冶金接面表面區域轉移到閘極的邊際。此崩潰與閘極電壓相依性，如圖 25 所示。當較高的正閘極電壓施加在 p^+-n 接面，p^+- 的表面將會被空乏，而 n 表面會發生聚積；此時，崩潰現象會發生在冶金接面表面附近。當閘極偏壓往負的方向掃的時候，則發生崩潰現象的位置將會朝 n- 型端（朝著右邊）移動。在中等強度的閘極偏壓下，崩潰電壓與閘極偏壓具有線性關係，如下式 [27]

$$V_{BD} = mV_G + \text{常數} \tag{107}$$

其中，$m \leq 1$。在更高的負閘極偏壓下，閘極邊緣與接面重疊之表面會有足夠的電場直接引發崩潰，此時，崩潰電壓的大小會瞬間降低。此閘極二極體之崩潰現象是可逆的，且可被重複量測。為了使邊際效應最小化，必須將閘極介電層的厚度超過臨界值 [26]。此種機制也是 MOSFET 中閘極引發的汲極漏電流 (gate-induced drain leakage, GIDL) 的主要原因（參見 6.4.5 節）。

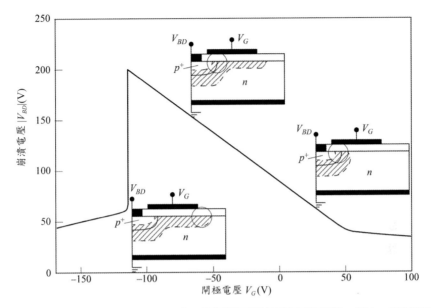

圖 25　在閘極二極體 (gated diode) 中，閘極偏壓與崩潰電壓的關係；其中，電場所引發之崩潰現象的位置會因閘極偏壓而移動。（參考文獻 26）

2.5 暫態行為與雜訊

2.5.1 暫態行為

　　為了應用於切換 (switching) 電路，由順向偏壓過渡到逆向偏壓必須是突然的，而且暫態時間必須是短暫的，反之亦然。對於 p-n 接面而言，由逆向偏壓切換至順向偏壓時可以快速地反應，然而由順向偏壓到逆向偏壓的響應則會被少數載子的電荷儲存所限制。圖 26a 所示為一個簡單的電路，電路中的 p-n 接面有一順偏壓電流 I_F 流通。當 $t = 0$ 時，切換 S 突然轉向右邊電路，此時有一初始逆向電流 $I_R = (V_R - V_F)/R$ 流通。暫態時間 (Tranisent Time) 定義為：「當電流降低到初始逆向偏電流 I_R 的 10%，其所需要花費的時間。」即圖 26b 中 t_1、t_2 的總和時間，其中而 t_1、t_2 分別表示定電流相 (constant-current phase) 與衰減相 (decay phase) 的時間間隔。首先，考慮定電流相或稱為儲存相 (storage phase)。改寫第一章所提及的連續方程式 (continuity equation) 以表示 p^{+}-n 接面 ($p_{po} \gg n_{no}$) 中的 n- 型端，可得

$$\frac{\partial p_n(x,\ t)}{\partial t} = D_p \frac{\partial^2 p_n(x,\ t)}{\partial x^2} - \frac{p_n(x,\ t) - p_{no}}{\tau_p} \tag{108}$$

而邊界條件為：在 $t = 0$ 時，電洞的初始分布為擴散方程式中穩定態的解；在順向偏壓下，跨越接面的電壓可由式 (54b) 得知

$$V_j(t) = \frac{kT}{q} \ln \left[\frac{p_n(0,\ t)}{p_{no}} \right] \tag{109}$$

　　圖 26c 表示少數載子密度 p_n 在不同時間間隔下的分布情況。由式 (109) 可以計算得知，只要在 $p_n(0,\ t)$ 遠大於 p_{no}（在 $0 < t < t_1$ 的時間區間隔內），則接面上的電位 V_j 仍為 kT/q 的級數，如圖 26d 所示。在此時間間隔內，逆向電流幾乎為定值，可以得到定電流相。利用超越方程式在給定 t_1 後可以解出與時間相關的連續方程式 [28]

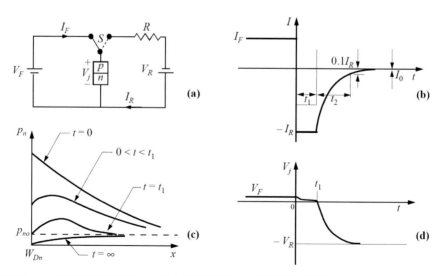

圖 26　*p-n* 接面的暫態行為 (a) 基本的切換電路 (b) 暫態電流響應 (c) 在不同時間間隔下少數載子在空乏區邊界外的分布 (d) 暫態接面－電壓響應。（參考文獻 28）

$$\text{erf}\sqrt{\frac{t_1}{\tau_p}} = \frac{1}{1+(I_R/I_F)} \tag{110}$$

然而，利用電荷控制模型 (charge-control model) 能提供更清晰的概念而獲得明確 t_1 表示式；在輕摻雜端所儲存的少數載子電荷可由積分來獲得

$$Q_s = qA\int \Delta p_n dx \tag{111}$$

當 p-n 接面切換到逆向模式後，對連續方程式進行積分後會變為

$$-I_R = \frac{dQ_s}{dt} + \frac{Q_s}{\tau_p} \tag{112}$$

將順向電流 $Q_s(0) = I_F\tau_p$ 的初始條件 (initial conduction) 帶入上式可得解為

$$Q_s(t) = \tau_p \left[-I_R + (I_F + I_R)\exp\left(\frac{-t}{\tau_p}\right) \right] \tag{113}$$

設定 $Q_s = 0$，則 t_1 可得

$$t_1 = \tau_p \ln\left(1 + \frac{I_F}{I_R}\right) \tag{114}$$

比較式 (114) 與式 (110) 的精確解，可得知由式 (114) 所得的估計值將會比實際值高；如果 $I_F/I_R = 0.1$，則將會高出約 2 倍；如果 $I_F/I_R = 10$，則將會高出約 20 倍。

在經過 t_1 後，電洞密度將會開始降低，並低於平衡值 p_{no}。接面上的電壓也開始傾向達到 $-V_R$，且形成新的邊界條件。此為衰減相 (decay phase)，並具有初始條件為 $p_n(0, t_1) = p_{no}$。t_2 的解可以藉由另一超越方程式得到

$$\text{erf}\sqrt{\frac{t_2}{\tau_p}} + \frac{\exp(-t_2/\tau_p)}{\sqrt{\pi t_2/\tau_p}} = 1 + 0.1\left(\frac{I_R}{I_F}\right) \tag{115}$$

圖 27 所示為對 t_1 及 t_2 的總結果。其中，實線表示 n- 型端的平面接面，其厚度 W 遠大於擴散長度 (diffusion length) 時的結果 (即 $W \gg L_p$)，虛線表示

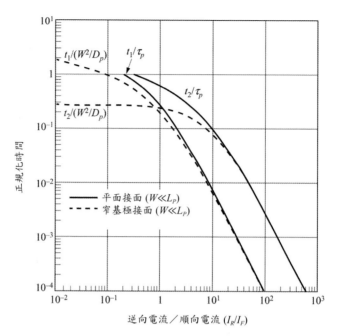

圖 27　正規化時間對不同 I_R / I_F 的關係，W 為 p^+-n 接面中的 n 型區域寬度。
（參考文獻 28）

窄的基極接面（即 $W \gg L_p$ 的結果）。對大的 I_R/I_F 比例，暫態時間近似為

如果 $W \gg L_p$

$$t_1 + t_2 \approx \frac{\tau_p}{2}\left(\frac{I_R}{I_F}\right)^{-2} \tag{116}$$

如果 $W \ll L_p$

$$t_1 + t_2 \approx \frac{W^2}{2D_p}\left(\frac{I_R}{I_F}\right)^{-2} \tag{117}$$

例如，將接面（其 $W \gg L_p$）由順向電流 10mA 切換轉為逆向電流 10 mA 時（$I_F/I_R = 1$），則定電流相 (constant-current phase)、衰減相 (decay phase) 的時間間隔分別為 $0.3\ \tau_p$ 與 $0.6\ \tau_p$，全部的暫態時間為 $0.9\ \tau_p$。在所有情況下，快

速切換必須有較低的電洞生命期 τ_p；藉由引入雜質以此在禁帶能隙 (forbidden gap) 中形成深能階 (deep levels)，可以有效降低 τ_p，例如摻雜金於矽中。

2.5.2 雜訊

雜訊 (Noise) 是指當電流流過或電壓通過半導體塊體材料或元件時的自發性變動。這些電壓或電流訊號的自發性變動要設定在較低的極限值，是因為半導體元件主要是應用於放大小訊號或是測量微小的物理量。了解造成這些極限的因子、藉此知識來最佳化操作條件，並找出新方法和新技術來減低雜訊是重要的。雜訊一般可分為 (1) 熱雜訊或稱為強生雜訊 (thermal noise or Johnson noise)；(2) 閃爍雜訊 (flicker noise)、(3) 散粒雜訊 (shot noise)。熱雜訊會發生在任何導體或半導體元件中，這是由於電流載子的隨機熱運動 (thermal motion) 所造成；由於在任何訊號頻率下的熱訊號皆具相同程度的影響，所以熱雜訊也可稱為白雜訊 (white oise)。在開路電路 (open-circuit) 中，其熱雜訊電壓的均方值為 [29, 30]

$$\left\langle V_n^2 \right\rangle = 4kTBR \tag{118}$$

其中，B 為頻寬 (bandwidth)，單位為赫茲 (Hz)；R 是端點 (terminals) 間之動態阻抗 (dV/dI) 的實部項 (real part)。在室溫下，對具有 1 kΩ 電阻的半導體而言，當訊號頻寬為 1- Hz 時，熱雜訊電壓的均方根 $\sqrt{\left\langle V_n^2 \right\rangle}$ 大約只為 4 nV。

閃爍雜訊可藉由與 $1/f^\alpha$ 成正比的獨特頻譜分布來區別，其中 α 通常接近 1（也稱為 $1/f$ 雜訊）。閃爍雜訊在較低頻訊號操作下是非常重要的，對大多數的半導體而言，閃爍雜訊的來源是源自表面效應 (surface effect)。閃爍雜訊的能量頻譜 ($1/f$ noise-power spectrum) 可以藉由 MIS(metal-insulator-semiconductor) 閘極端阻抗的損失項 (lossy part) 來做定性及定量上的修正。這損失項源自於載子在介面缺陷上的復合 (recombination)。散粒雜訊是由於帶電載子的分離 (discreteness) 並造成電流，為大多數半導體元件中的主要雜訊來源。散粒雜訊在低、中頻時，是與頻率無關的（為白色光譜）；在較

高頻時，將會變得與頻率相關。對於 *p-n* 接面，其散粒雜訊的雜訊電流 (noise current) 均方值為 $\langle i_n^2 \rangle = 2qB\,|I|$，其中，$I$ 可為順向電流或逆向電流。在低階注入時，全部雜訊電流均方值（忽略 $1/f$ 雜訊）的總和為

$$\langle i_n^2 \rangle = \frac{4kTB}{R} + 2qB\,|I| \tag{119}$$

由蕭克萊方程式，可得

$$\frac{1}{R} = \frac{dI}{dV} = \frac{d}{dV}\left\{ I_0\left[\exp\left(\frac{qV}{kT}\right) - 1 \right] \right\} = \frac{qI_0}{kT}\exp\left(\frac{qV}{kT}\right) \tag{120}$$

將式 (120) 帶入式 (119) 操作在順向偏壓的條件

$$
\begin{aligned}
\langle i_n^2 \rangle &= 4qI_0 B \exp\left(\frac{qV_F}{kT}\right) + 2qI_0 B\left[\exp\left(\frac{qV_F}{kT}\right) - 1 \right] \\
&\approx 6qI_0 B \exp\left(\frac{qV_F}{kT}\right)
\end{aligned}
\tag{121}
$$

實驗結果也可證實，雜訊電流的均方值是正比於飽和電流 I_0，並會因外界的輻射而增加。

2.6 終端功能

　　p-n 接面為一個可執行各種終端功能 (Terminal Function) 的兩端點元件，而終端功能主要取決於外加偏壓條件、摻雜濃度分布及元件幾何結構。在這個章節，我們將簡短地探討幾種特別元件的特性，包含電流－電壓特性、電容－電壓特性和前面 2.3 與 2.4 章節提到的崩潰現象。許多其它相關的兩端點元件，將在後續的章節中探討，例如，下冊第九章的穿隧二極體 (tunnel diode) 及第十章衝擊離子化累增渡時二極體 (IMPATT diode)。

2.6.1 整流器

整流器 (Rectifier) 為一兩端點元件，在特定方向電流流動時只有很小的電阻值，而在其它方向電流流動時則有非常大的電阻值（即整流器只允許單邊電流流通）。由實際二極體的電流－電壓關係可以得到整流器的順向及逆向電阻

$$I = I_0 \left[\exp\left(\frac{qV}{\eta kT} \right) - 1 \right] \tag{122}$$

其中，I_0 為飽和電流，而理想因子 (ideality factor) η 通常介於 1（此時為擴散電流主導）和 2（此時為復合電流主導）之間。順向直流（或靜態）電阻 R_F 及小訊號（或動態）電阻 r_F 可由式 (122) 得到

$$R_F \equiv \frac{V_F}{I_F} \approx \frac{V_F}{I_0} \exp\left(\frac{-qV_F}{\eta kT} \right) \tag{123}$$

$$r_F \equiv \frac{dV_F}{dI_F} \approx \frac{\eta kT}{qI_F} \tag{124}$$

而逆向直流電阻 R_R 及小訊號電阻 r_R 可由下式得到

$$R_R \equiv \frac{V_R}{I_R} \approx \frac{V_R}{I_0} \tag{125}$$

$$r_R \equiv \frac{dV_R}{dI_R} = \frac{\eta kT}{qI_0} \exp\left(\frac{q|V_R|}{\eta kT} \right) \tag{126}$$

比較式 (123)~(126) 顯示，直流整流比例 R_R/R_F 隨著 $(V_R/V_F)\exp(qV_F/\eta kT)$ 改變，而交流整流比例 r_R/r_F 隨著 $(I_F/I_0)\exp(q|V_R|/\eta kT)$ 改變。通常 *p-n* 接面所製作之整流器的切換速度較慢，這是由於順向導通態在轉為逆向阻絕態時，需要較長的時間延遲 (time delay) 以獲得高阻抗。在整流 60- Hz 電流時，時間延遲（正比於少數載子生命期，如圖 27 所示）並不會造成太大的影響；但是在高頻應用上，必須有效地降低少數載子的生命期，以維持整流效率。大多數的整流器所承受的功率損耗 (power- issipation) 能力從 0.1 到 10

W，逆向崩潰電壓從 50 到 2500 V（兩個或以上的 *p-n* 接面串聯在高壓整流器），而低功率二極體的切換時間約為 5 ns，高功率二極體的切換時間約為 500 ns。整流器在電路上有許多的應用 [31]，可用來將交流電壓訊號轉變為各種不同波形，例如：半波形 (half-wave) 與全波形 (full-wave) 整流器、限位 (clipper) 與鉗位 (clamper) 電路、峰值偵測器（解調器 (demodulator)）等等。整流器也可以用來做釋放靜電 (electrostatic discharge, ESD) 防護元件。

2.6.2 曾納二極體

曾納二極體（Zener diode，也稱為電壓調節器）具有可控制的崩潰電壓 [稱為曾納電壓 (Zener voltage)]；在逆偏電壓下，曾納二極體具有陡峭的崩潰特性。在崩潰發生前，二極體具有很高的電阻；在發生崩潰後，二極體只有很小的動態電阻 (dynamic resistance)。因此，端點電壓可被崩潰電壓限制（或調節），且可用來建立固定的參考電壓。大多數的曾納二極體都是以矽半導體所製作，這是由於矽半導體的二極體具有低飽和電流及先進矽半導體技術；曾納二極體是兩邊具有較高摻雜濃度的 *p-n* 接面。正如 2.4 節中所討論的，當崩潰電壓 V_{BD} 大於 $6E_g/q$（$\approx 7\,V$，矽半導體）時，崩潰機制主要為累增崩潰，且 V_{BD} 的溫度係數為正；當 V_{BD} 小於 $4E_g/q$（$\approx 5\,V$，矽半導體）時，崩潰機制為能帶到能帶的穿隧 (band-to-band tunneling)，且 V_{BD} 的溫度係數為負。當崩潰電壓 V_{BD} 介於 $6E_g/q$ 到 $4E_g/q$ 之間時，崩潰現象是由兩種機制同時主導。此時可聯想到，將正溫度係數二極體串聯負溫度係數二極體，可製造出與溫度無關的電壓調節器（溫度影響的因子每 °C 為 0.002%）。

2.6.3 變阻器

變阻器 (Varistor) 或可變電阻器 (Varistor or varisable resistor) 是一種兩端點元件，且具有非歐姆行為，即電阻會隨電壓而改變 [32]。式 (123)、(124) 顯示，*p-n* 接面二極體在順向偏壓下具有非歐姆特性，而相似的非歐姆特性也在金屬－半導體接觸時出現，此現象將會在第三章中討論。可變電阻器的一項有趣應用為極性相反地併聯兩個二極體，藉此可作為對稱分壓限制器

(symmetrical fractional-voltage limiter)，分壓 ≈ 0.5 V。而這種雙二極體所組成的元件，不論在何種方向的偏壓下都可以獲得順向電流－電壓特性。非線性關係的可變電阻器元件也可應用於微波的調節器 (modulation)、混合器 (mixing)、檢波器 (detection or demodulation)。更常見的是以金屬－半導體接觸 (metal-semiconductor contact) 為基礎的可變電阻器元件，這是因為缺乏少數載子電荷儲存，所以具有較快的反應速度。

2.6.4 變容器

變容器 (varactor) 術語源自於可變的電抗器 (variable reactor)，意指可以藉由控制直流偏壓來調變元件的電抗（或電容）；而變容器二極體已廣泛應用於參數放大器 (parametric amplification)、諧波產生器 (harmonic generation)、混合器 (mixing)、偵測器 (detection) 及電壓調節器 (voltage-variable tuning)。為了上述應用，元件必須避免操作在順向偏壓，這是因為過量電流將會影響電容的運作，而逆向偏壓時的基本電容－電壓特性已經在 2.2 節中討論過。在此將之前陡峭和線性漸變摻雜分布推導延伸為廣義的運用。一維的波松方程式為

$$\frac{d^2\psi_i}{dx^2} = -\frac{qN}{\varepsilon_s} \tag{127}$$

如圖 28(a) 所示，假設接面其中一端為重摻雜 (heavily doped)，廣義的摻雜濃度分布（施體摻雜時，符號為負）是 $N = Bx^m$ 且 $x \geq 0$。如果 $m = 0$，則 $N = B$，即表示為均勻摻雜濃度分布（或單邊陡峭接面）；如果 $m = 1$，則摻雜濃度分布為線性漸變接面。當 $m < 0$，則稱為「超陡峭」(hyper-abrupt) 接面；而超陡峭接面的摻雜分布可用磊晶製程 (epitaxial process) 或是離子佈植 (ion implantation) 的製程達成。此時邊界條件為 $\psi (x = 0) = 0$ 及 $\psi (x = W_D) = V_R + \psi_{bi}$。其中，$V_R$ 是外加逆向偏壓，ψ_{bi} 是內建電位。對波松方程式進行積分，並帶入邊界條件後可以獲得空乏層寬度與單位面積的微分電容 (differential capacitance)[33]

$$W_D = \left[\frac{\varepsilon_s(m+2)(V_R+\psi_{bi})}{qB} \right]^{1/(m+2)} \tag{128}$$

$$C_D \equiv \frac{\varepsilon_s}{W_D} = \left[\frac{qB\varepsilon_s^{m+1}}{(m+2)(V_R+\psi_{bi})} \right]^{1/(m+2)} \propto (V_R+\psi_{bi})^{-s} \tag{129}$$

其中 $s \equiv 1/(m+2)$，變容器 (varactor) 的一個重要特性參數為敏感度 (sensitivity)。敏感度的定義為

$$-\frac{dC_D}{C_D}\frac{V_R}{dV_R} = -\frac{d(\log C_D)}{d(\log V_R)} = \frac{1}{m+2} = s \tag{130}$$

較大的 s 值表示空乏層電容容易隨逆偏電壓而改變。對於線性漸變接面，$m = 1$，$s = 1/3$；對於陡峭接面，$m = 0$，$s = 1/2$；對於超陡峭接面，$m = -1$, $-3/2$, $-5/3$，$s = 1, 2, 3$。這些接面的電容－電壓關係如圖 28(b) 所示；如預期的，超陡峭接面具最高的敏感度及電容改變量。

在變容器二極體以外，變容器在鰭式 (Fin-type) 金氧半場效電晶體 (FinFET) 中的金氧半 (MOS) 技術扮演重要角色，如電壓－控制振盪器

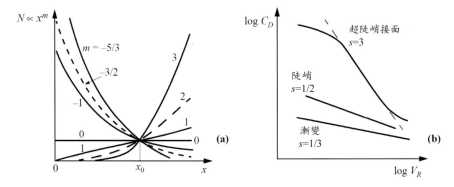

圖 28　(a) 變容器之不同摻雜濃度分布（以 x_0 濃度作正規化）(b) 空乏區電容對逆偏電壓的對數－對數圖。（參考文獻 33, 34）

(Voltage-controlled oscillators)，因為其具有相對大空乏區電容 (depletion capacitances) 可調整範圍 [35]。n- 型金氧半場效電晶體的源極 (D) 和汲極 (S) 連結在一起表現如金氧半電容器，電容值大小決定於閘極 (G) 施加的電壓大小。鰭式金氧半場效電晶體的金氧半 (FinFET MOS) 變容器可由控制元素來改變電性。在製作鰭式金氧半場效電晶體的金氧半變容器時，可不需改變程序參數而達到調整電性 [36]。圖 29 中所示為 FinFET MOS 變容器具有相對大的可調變範圍（約 10 倍），高於平面式 MOS 變容器（約 3 倍）。在 FinFET MOS 變容器元件的電容增加比平面式 MOS 變容器元件的電容值增加更急遽，可廣泛應用於高速電路設計，如電壓控制振盪器電路 (voltage controlled oscillator circuits) [37]。MOS 元件將在後續章節中討論（如第四章將討論 MOS 電容器、第六章討論 MOSFETs）。

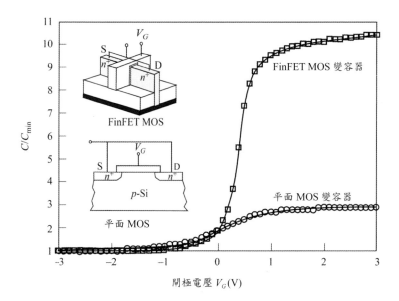

圖29 　n- 型 FinFET 變容器與平面 MOS 變容器之正規化量測電容對閘極電壓的關係圖。兩個變容器均製作在〈100〉晶圓上，氧化層厚度為 6 nm，FinFET 變容器鰭高度為 40 nm，寬度為 15 nm。

2.6.5 快速回復二極體

快速回復二極體 (Fast-Recovery Diode) 設計用於超高切換速度元件。元件可分爲 *p-n* 接面二極體與金屬－半導體二極體兩種類型。這兩種二極體的切換行爲描述於圖 26(b)。對 *p-n* 接面二極體而言，可藉由摻入復合中心來減少總復合時間 $(t_1 + t_2)$，例如：摻雜金原子於矽半導體中，可有效減少載子生命期。雖然復合時間與載子生命期 τ 成正比，如圖 27 所示，但很可惜地，不能藉由大量的摻入復合中心 (N_t) 而無限制地減少復合時間，這是由於 *p-n* 接面的逆向產生電流亦正比於 N_t[式 (65) 與 (66)]。對於直接能隙半導體，例如：砷化鎵，其少數載子生命期通常是遠小於矽；因此，超高速砷化鎵 *p-n* 接面二極體復合時間可到達 0.1 ns 的級數甚至更小。對矽而言，實際復合時間約爲 1~5 ns。金屬－半導體二極體 [蕭克萊二極體 (Schottky diode)] 亦顯示出超高速的特性，這是由於此種元件的運作幾乎全靠主要載子，即主要載子元件 (majority-carrier devices)，而少數載子的儲存效應可忽略。金屬－半導體二極體的特性將會在第三章中詳細討論。

2.6.6 電荷儲存二極體

與快速復合二極體相反，電荷儲存二極體 (Charge-storage diode) 被設計爲在順向導通時儲存電荷，切換爲逆向時僅導通極短的時間。一種實際應用的電荷儲存二極體爲步復式二極體 (step-recovery diode)，或稱爲突返二極體 (snapbacki diode)，這種二極體在逆向偏壓時僅導通極的短時間，當儲存電荷消耗完時則突然快速關閉。換句話說，這種二極體可用於減少衰減相位（相對於 t_2），但不須減少儲存相位（相對於 t_1）。大多數的電荷儲存二極體是用矽製作，具有相對較長的少數載子生命期，約 0.5 ~ 5 μs（約爲快速復合二極體載子生命期的 1000 倍）。減少衰減相位的機制是利用特別的摻雜濃度分布，被注入的載子被侷限在靠近接面的區域。元件在皮秒 $(10^{-12}$ 秒) 的範圍內快速關閉，會導致多諧波 (rich in harmonics) 的快速上升波前 (wavefront)。基於這些特性，步復式二極體可用於諧波產生器 (harmonic generation) 及脈衝整形器 (pulse shaping)。

2.6.7 *p-i-n* 二極體

    p-i-n 二極體 (*p-i-n* diode) 是在 *p* 層與 *n* 層半導體中夾入一層本質層 (i-region)。然而，實際上理想的本質層可近似爲高阻值的 *p-* 層（稱爲 *π-* 層）或高阻值的 *n-* 層（稱爲 *v-* 層）。在圖 30(a)、(b)、(c)、(d) 和 (e) 所示，分別爲 *p-i-n* 二極體在熱平衡下之摻雜分布、空間電荷分布、電場、靜電位能與能帶圖。由圖 30(d) 與 (e) 中可觀察到，在本質區因低摻雜濃度，靜電位能會急速下降。模擬的電位和能帶圖與理想作圖結果非常相似，如圖 30(b) 與 (c) 所示。理想條件下的電場遠大於模擬所得的數值，原因是高估了空間電荷值 (space charge)。

    p-i-n 二極體廣泛應用在不同電子元件設計，如高電壓、微波、光伏元件與電路等 [31, 38-42]。這種二極體的本質層提供了許多特別的性質，例如：低且固定的電容值、逆向偏壓時的高崩潰電壓；其中最特別的是藉由控制元件電阻（在順向電流下可線性近似調變）作爲可變衰減器 (variolosser；variable attenuator)。其切換時間大約爲 $W/2v_s$，W 爲本質層的寬度，v_s 爲飽和速度 [43]。可將訊號調變到 GHz 的範圍。此外，ON 狀態閘流體 (Thyristor) 的順偏特性與 *p-i-n* 二極體相似（參見第十一章）。在接近零或小的逆向偏壓時，輕摻雜的本質層開始到達完全空乏；此時，電容爲

$$C = \frac{\varepsilon_s}{W} \tag{131}$$

一旦到達完全空乏，則電容不再隨逆向電壓而改變。圖 22 爲 *p-i-n* 二極體在逆偏下的崩潰電壓；由於本質區只有少量的淨電荷，所以此區域內的電場幾乎爲定值，崩潰電壓可近似爲 $V_{BD} \approx \mathscr{E}_m W$。其中對低摻雜的矽半導體而言，最大崩潰電場強度約爲 2.5×10^5 V/cm。本質層的寬度 W 可以控制在頻率響應與功率（來自於最大電壓）之間的取捨。在順向偏壓時，電洞由 *p-* 型端注入，電子由 *n-* 型端注入；由於電中性，所注入的電洞、電子密度約相等，且遠高於本質層的背景摻雜濃度，所以 *p-i-n* 二極體一般操作在高階注入的情況，即 $\Delta p = \Delta n \gg n_i$。而傳導的電流是由 *i-* 區域內的復合過程所主導，

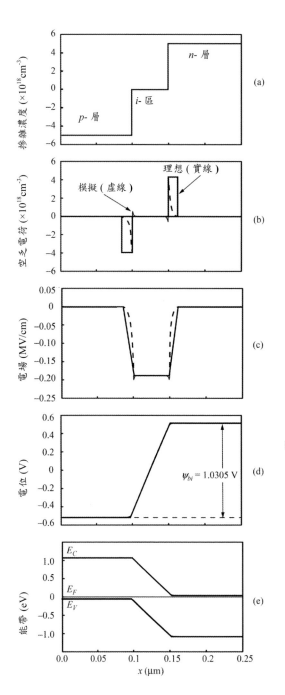

圖 30 在熱平衡下 *p-i-n* 二極體
之均勻摻雜分布模擬 (a)
p-i-n 二極體摻雜程度 N_A
$= N_D = 5 \times 10^{18}$ cm^{-3} (b) 空間
電荷對 $N_D - N_A$ 模擬空間
電荷以虛線作圖，兩個矩
形實線是理想條件 (c) 模
擬與理想的電場分布圖，
圖中最大之超越波峰是因
在 *i-* 區域感應空間電荷
量太小 (d) 位能分布圖，
其中 ψ_{bi} 是內建電位 (e)
能帶圖，模擬與理想的電
位與能帶均類似，在圖中
兩線條重疊。

復合電流為 [參見式 (70)]

$$J_{re} = \int_0^W qUdx = \frac{qWn_i}{2\tau}\exp\left(\frac{qV_F}{2kT}\right) \tag{132}$$

直流偏壓下電流－電壓特性更詳細的討論，可參考 11.2.4 節。然而，*p-i-n* 二極體元件最有趣的現象，是在高頻 (> 1/2 πτ) 小訊號下，儲存在本質層內的載子不會被 RF 訊號或復合過程所完全消除，在這樣的高頻率下，沒有整流，可將 *p-i-n* 二極體可視為單純電阻器，其阻值完全由注入的電荷來決定，與直流偏壓電流成正比。此時的動態射頻 (RF) 電阻可簡單地表示為

$$R_{rf} = \rho\frac{W}{A} = \frac{W}{q\Delta n(\mu_n + \mu_p)A} = \frac{W^2}{J_F\tau(\mu_n + \mu_p)A} \tag{133}$$

其中，我們假設 $J_F = qW\Delta n/\tau$。而射頻電阻可由直流偏壓電流控制，如圖 31 所示。

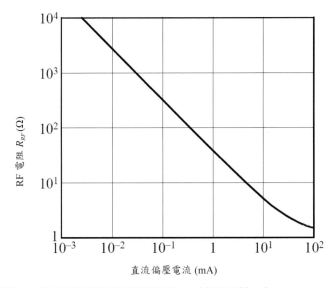

圖 31　典型的 RF 電阻是直流偏壓電流的函數。（參考文獻 44）

2.7 異質接面

　　部分異質接面 (Heterojunction) 的特性已在 1.7 節中討論過。當兩半導體具有相同型態的導電性時，此接面稱爲同型異質接面 (isotype heterojunction)；當兩導電性型態不同，此接面稱爲非同型異質接面 (anisotype heterojunction)，同時也是較具有應用價值及最常見的結構。1951 年，蕭克萊 (Shockley) 提出陡峭異質接面作爲雙極性電晶體 (bipolar transistor) 中的有效射極－基極注入器 [45](emitter-base injector)。古巴諾夫 (Gubanov) 在同一年發表一篇關於異質接面理論的論文 [46]。較晚，克羅麥 (Kroemer) 也發表分析異質接面作爲寬能隙 (wide-bandgap) 射極的研究 [47]。因此，異質接面開始被廣泛地研究，也有許多重要的應用被發展出來，例如：室溫注入雷射 (room-temperature injection laser)、發光二極體 (light-emitting diode, LED)、光偵測器 (photo-detector)、太陽能電池 (solar cell) 等。在這許多應用裡，可藉由製作多層厚度約爲 10 nm 的週期性異質接面來研究量子井 (quantum-wells) 與超晶格 (superlattices) 特性。其他關於異質接面的知識可參見參考文獻 48-51。

2.7.1 非同型異質接面

　　Anoderson 提出不具有表面缺陷的理想非同型陡峭異質接面 (Anisotype Heterojunction) 之能帶模型 [52]，是以先前蕭基特的研究作爲基礎所建立起來的。接下來，我們探討此能帶模型，它可充分地解釋大部分的傳輸過程，且只需要透過一小部分的修正即可解釋具有表面缺陷的非理想情況。圖 32a、c 爲兩個具有相反型態隔離半導體的能帶圖。假設兩半導體具有不同的能隙 E_g、介電常數 (permittivities) ε_s、功函數 (work function) ϕ_m 及不同的電子親和力 (electron affinities) χ。而功函數、電子親和力可分別定義爲：「將電子由費米能階 E_F、導帶 (conduction band) 最底端移至眞空能階 (vacuum level) 所需要的能量。」兩半導體導帶邊緣的能階差爲 ΔE_C，價帶邊緣能階差爲 ΔE_V。如圖 32 所示，電子親和力規則 ($\Delta E_C = q\Delta\chi$)，在所有情況中並非都是有效的假設。然而，藉由經驗選擇適當的 ΔE_C，Anderson 模型仍然適合且不須變更 [53]。

　　當接面由上述的半導體所組成時，在平衡狀態下，*n-p* 非同型異質接面的能帶分布如圖 32b 所示，其中窄能隙 (narrow-bandgap) 材料為 *n-* 型半導體。由於在平衡態時，接面兩端的費米能階高度必須相同，而真空能階在任何位置皆平行能帶邊緣 (band edge) 且連續，因此當能隙寬度、電子親和力與摻雜無關時（非簡併半導體），在接面不連續的導帶能階差 (ΔE_C) 與價帶能階差 (ΔE_V) 不因摻雜而改變。總內建電位能 ψ_{bi} 等於 ($\psi_{b1}+\psi_{b2}$)，其中 ψ_{b1}、ψ_{b2} 分別為半導體 1、2 在平衡態下的靜電位能。[#] 由圖 32 可明顯看出當平衡時 ($E_{F1}=E_{F2}$)，總內建電位為 $\psi_{bi}=|\phi_{m1}-\phi_{m2}|$，解接面兩端階梯接面 (step junction) 的波松方程式，可得空乏區寬度與空乏電容，其邊界條件為電位移的連續性。即在接面介面上，$\mathscr{D}_1=\mathscr{D}_2=\varepsilon_{s1}\mathscr{E}_1=\varepsilon_{s2}\mathscr{E}_2$。可得

$$W_{D1} = \left[\frac{2N_{A2}\varepsilon_{s1}\varepsilon_{s2}(\psi_{bi}-V)}{qN_{D1}(\varepsilon_{s1}N_{D1}+\varepsilon_{s2}N_{A2})} \right]^{1/2} \tag{134a}$$

$$W_{D2} = \left[\frac{2N_{D1}\varepsilon_{s1}\varepsilon_{s2}(\psi_{bi}-V)}{qN_{A2}(\varepsilon_{s1}N_{D1}+\varepsilon_{s2}N_{A2})} \right]^{1/2} \tag{134b}$$

以及

$$C_D = \left[\frac{qN_{D1}N_{A2}\varepsilon_{s1}\varepsilon_{s2}}{2(\varepsilon_{s1}N_{D1}+\varepsilon_{s2}N_{A2})(\psi_{bi}-V)} \right]^{1/2} \tag{135}$$

而接面兩端半導體上的相對電位為

$$\frac{\psi_{b1}-V_1}{\psi_{b2}-V_2} = \frac{N_{A2}\varepsilon_{s2}}{N_{D1}\varepsilon_{s1}} \tag{136}$$

\# 慣例上，會先標記能隙較小 E_g 的材料，即：下標的數字越小。

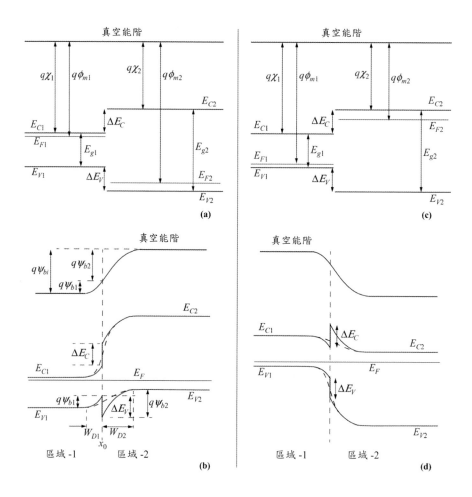

圖 32   能帶分布圖 (a) 兩個具有相反型態且能隙不同的隔離半導體（能隙較小者為 *n* 型
半導體）(b) 在熱平衡時，理想的非同型異質接面的能帶分布。在 (c)、(d) 中能
隙較小者為 *p* 型半導體，在 (b)、(d) 中，跨越接面的虛線表示能帶漸變的部分。
（參考文獻 52）

其中外加電壓分成兩個區域 $V = V_1 + V_2$。由此可見，當接面兩端的半導體相同時，前述的表示式可以回歸到傳統 p-n 接面的結果（2.2 節中所討論）。

考慮電流的流通，圖 32b 顯示當 E_V 通過接面附近的尖端時，E_C 單調遞增。由於額外的位障造成熱離子發射 (thermionic emission) 瓶頸，在一系列的擴散過程中，電洞電流變得更為複雜。為了簡化分析過程，我們假設一個漸變的接面，ΔE_C 與 ΔE_V 在空乏區內的過渡變為較平滑；藉由這些假設，使得擴散電流與一般的 p-n 接面相似，但需有適當的參數修正。此時的電子、電洞擴散電流為

$$J_n = \frac{qD_{n2}n_{i2}^2}{L_{n2}N_{A2}}\left[\exp\left(\frac{qV}{kT}\right) - 1\right] \tag{137a}$$

$$J_p = \frac{qD_{p1}n_{i1}^2}{L_{p1}N_{D1}}\left[\exp\left(\frac{qV}{kT}\right) - 1\right] \tag{137b}$$

需注意能帶邊緣差 (band offset)ΔE_C、ΔE_V 並沒有出現在上述的方程式中，且擴散電流只與接收端的半導體特性有關，與同質接面 (homojunction) 的結果相似。總電流密度為

$$J = J_n + J_p = \left(\frac{qD_{n2}n_{i2}^2}{L_{n2}N_{A2}} + \frac{qD_{p1}n_{i1}^2}{L_{p1}N_{D1}}\right)\left[\exp\left(\frac{qV}{kT}\right) - 1\right] \tag{138}$$

另一個有趣的是兩種擴散電流的比例

$$\frac{J_n}{J_p} = \frac{L_{p1}D_{n2}N_{D1}n_{i2}^2}{L_{n2}D_{p1}N_{A2}n_{i1}^2} = \frac{L_{p1}D_{n2}N_{D1}N_{C2}N_{V2}\exp(-E_{g2}/kT)}{L_{n2}D_{p1}N_{A2}N_{C1}N_{V1}\exp(-E_{g1}/kT)}$$
$$\approx \frac{N_{D1}}{N_{A2}}\exp\left(\frac{-\Delta E_g}{kT}\right) \tag{139}$$

由上式發現，載子注入比例除了與摻雜比例成正比外，並與能隙差 (bandgap difference) ΔE_g 成指數關係。此為雙極電晶體設計的重要依據，其中載子注入比例與電流增益 (current gain) 直接相關；異質接面雙極電晶體 (heterojunction bipolar transistor, HBT) 利用寬能隙半導體作為射極抑制基極

電流，在第五章中將會有更詳細的探討。

2.7.2 同型異質接面

　　同型異質接面 (Isotype Heterojunction) 的情況與前述的非同型異質接面有些許不同。在 *n-n* 型異質接面中，因爲寬能隙半導體的功函數較小，所以能帶的彎曲與 *n-p* 型異質接面相反 [如圖 33a][54]。$(\psi_{b1}-V_1)$ 與 $(\psi_{b2}-V_2)$ 之間的關係可由介面電位移連續 ($\mathscr{D}=\varepsilon_s\mathscr{E}$) 邊界條件得到。區域 1 的介面爲聚積模式 (accumulation)，介面的載子增加滿足波茲曼統計，而 x_0 處的電場強度爲（詳細的推導可參見 2.2.1 節的註解）

$$\mathscr{E}_1(x_0)=\sqrt{\frac{2qN_{D1}}{\varepsilon_{s1}}\left\{\frac{kT}{q}\left[\exp\frac{q(\psi_{b1}-V_1)}{kT}-1\right]-(\psi_{b1}-V_1)\right\}} \tag{140}$$

在圖 33a 中區域 2 的介面爲空乏模式 (depletion)，介面處的電場強度爲

$$\mathscr{E}_2(x_0)=\sqrt{\frac{2qN_{D2}(\psi_{b2}-V_2)}{\varepsilon_{s2}}} \tag{141}$$

由式 (140) 及 (141) 的電位移方程式 $\mathscr{D}=\varepsilon_s\mathscr{E}$，得知 $(\psi_{b1}-V_1)$ 與 $(\psi_{b2}-V_2)$ 之間的複雜關係式。然而，如果 $\varepsilon_{s1}N_{D1}/\varepsilon_{s2}N_{D2}$ 的比值爲 1 的數量級，且 $\psi_{bi}=\psi_{b1}+\psi_{b2}\gg kT/q$，可得[54]

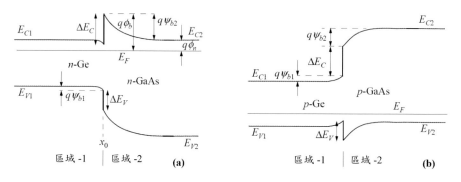

圖 33　理想的 (a) *n–n* 型 (b) *p–p* 型同型異質接面能帶圖。（參考文獻 52, 54）

$$\exp\left[\frac{q(\psi_{b1} - V_1)}{kT}\right] \approx \frac{q}{kT}(\psi_{bi} - V) \tag{142}$$

其中，$V = V_1 + V_2$ 為總外加偏壓。圖 33b 顯示，平衡時的理想 p-p 異質接面能帶圖。對載子的傳輸而言，如圖 33a 的位障所示，傳導機制由主要載子的熱離子發射所主導，本例子的主要載子為電子（詳述請見第三章）。因此，電流密度為 [54]

$$J = qN_{D2}\sqrt{\frac{kT}{2\pi m_2^*}}\exp\left(\frac{-q\psi_{b2}}{kT}\right)\left[\exp\left(\frac{qV_2}{kT}\right) - \exp\left(\frac{-qV_1}{kT}\right)\right] \tag{143}$$

結合式 (142) 與 (143)，可得電流－電壓的關係

$$J = \frac{q^2 N_{D2}\psi_{bi}}{\sqrt{2\pi m_2^* kT}}\exp\left(\frac{-q\psi_{bi}}{kT}\right)\left(1 - \frac{V}{\psi_{bi}}\right)\left[\exp\left(\frac{qV}{kT}\right) - 1\right] \tag{144}$$

由於當金屬－半導體接觸時，電流為熱離子發射所主導，指數項前的因子通常表示成等效李察遜常數（Richardson Constant）A^* 及位障 ϕ_b。藉由替換 A^* 及適當的 N_{D2} 表示式，上述的電流密度方程式變為

$$\begin{aligned}
J &= \frac{q\psi_{bi}A^*T}{k}\left(1 - \frac{V}{\psi_{bi}}\right)\exp\left(\frac{-q\psi_{b1}}{kT}\right)\exp\left(\frac{-q\phi_b}{kT}\right)\left[\exp\left(\frac{qV}{kT}\right) - 1\right]\\
&= J_0\left[\exp\left(\frac{qV}{kT}\right) - 1\right]
\end{aligned} \tag{145}$$

此關係不同於金屬－半導體接觸，不但 J_0 值 $[A^*T^2\exp(-q\phi_B/kT)]$ 不同，與溫度的關係也不同。逆向電流在高電壓 $-V$ 下線性地增加且不會飽和。在順偏時，J 與 V 可近似為指數關係 $J \propto \exp(qV/\eta kT)$。

參考文獻

1. J. N. Burghartz, Ed., *Guide to State-of-the-Art Electron Devices*, IEEE Press, 2013.

2. W. Shockley, "The Theory of p–n Junctions in Semiconductors and *p–n* Junction Transistors," *Bell Syst. Tech. J.*, **28**, 435 (1949);

3. W. Shockley, *Electrons and Holes in Semiconductors*, D. Van Nostrand, Princeton, New Jersey, 1950.

4. C. T. Sah, R. N. Noyce, and W. Shockley, "Carrier Generation and Recombination in *p–n* Junction and *p–n* Junction Characteristics," *Proc. IRE*, **45**, 1228 (1957).

5. J. L. Moll, "The Evolution of the Theory of the Current-Voltage Characteristics of *p–n* Junctions," *Proc. IRE*, **46**, 1076 (1958).

6. C. G. B. Garrett and W. H. Brattain, "Physical Theory of Semiconductor Surfaces," *Phys. Rev.*, **99**, 376 (1955).

7. C. Kittel and H. Kroemer, *Thermal Physics*, 2nd Ed., W. H. Freeman and Co., San Francisco, 1980.

8. W. C. Johnson and P. T. Panousis, "The Influence of Debye Length on the *C–V* Measurement of Doping Profiles," *IEEE Trans. Electron Devices*, **ED-18**, 965 (1971).

9. B. R. Chawla and H. K. Gummel, "Transition Region Capacitance of Diffused *p–n* Junctions," *IEEE Trans. Electron Devices*, **ED-18**, 178 (1971).

10. Y. Li, "Parallel Monotone Iterative Method for the Numerical Solution of Multi-dimensional Semiconductor Poisson Equation," *Comput. Phys. Commun.*, **153**, 359 (2003).

11. M. Shur, *Physics of Semiconductor Devices*, Prentice-Hall, Englewood Cliffs, New Jersey, 1990.

12. H. K. Gummel, "Hole–Electron Product of *p–n* Junctions," *Solid-State Electron.*, **10**, 209 (1967).

13. J. L. Moll, *Physics of Semiconductors*, McGraw-Hill, New York, 1964.

14. M. J. O. Strutt, *Semiconductor Devices,* Vol. 1, *Semiconductor and Semiconductor Diodes*, Academic Press, New York, 1966, Chapter 2.

15. S. M. Sze and M. K. Lee, *Semiconductor Devices Physics and Technology*, 3rd Ed., Wiley, Singapore, 2013.

16. P. J. Lundberg, private communication.

17. Y. Li, S. M. Sze, and T. S. Chao, "A Practical Implementation of Parallel Dynamic Load Balancing for Adaptive Computing in VLSI Device Simulation," *Eng. Comput.*, **18**, 124 (2002).

18. S. M. Sze and G. Gibbons, "Avalanche Breakdown Voltages of Abrupt and Linearly Graded *p–n* Junctions in Ge, Si, GaAs, and GaP," *Appl. Phys. Lett.*, **8**, 111 (1966).

19. R. M. Warner, "Avalanche Breakdown in Silicon Diffused Junctions," *Solid-State Electron.*, **15**, 1303 (1972).

20. M. H. Lee and S. M. Sze, "Orientation Dependence of Breakdown Voltage in GaAs," *Solid-State Electron.*, **23**, 1007 (1980).

21. F. Waldhauser, private communication.

22. S. K. Ghandhi, *Semiconductor Power Devices*, Wiley, New York, 1977.

23. C. R. Crowell and S. M. Sze, "Temperature Dependence of Avalanche Multiplication in Semiconductors," *Appl. Phys. Lett.*, **9**, 242 (1966).

24. C. Y. Chang, S. S. Chiu, and L. P. Hsu, "Temperature Dependence of Breakdown Voltage in Silicon Abrupt p–n Junctions," *IEEE Trans. Electron Devices*, **ED-18**, 391 (1971).

25. S. M. Sze and G. Gibbons, "Effect of Junction Curvature on Breakdown Voltages in Semi-conductors," *Solid-State Electron.*, **9**, 831 (1966).

26. A. Rusu, O. Pietrareanu, and C. Bulucea, "Reversible Breakdown Voltage Collapse in Silicon Gate-Controlled Diodes," *Solid-State Electron.*, **23**, 473 (1980).

27. A. S. Grove, O. Leistiko, and W. W. Hooper, "Effect of Surface Fields on the Breakdown Voltage of Planar Silicon *p*–n Junctions, " *IEEE Trans. Electron Devices*, **ED-14**, 157 (1967).

28. R. H. Kingston, "Switching Time in Junction Diodes and Junction Transistors" *Proc. IRE*, **42**, 829 (1954).

29. A. Van der Ziel, *Noise in Measurements*, Wiley, New York, 1976.

30. A. Van der Ziel and C. H. Chenette, "Noise in Solid State Devices," in *Advances in Electronics and Electron Physics*, Vol. 46, Academic Press, New York, 1978.

31. K. K. Ng, *Complete Guide to Semiconductor Devices*, 2nd Ed., Wiley, New York, 2002.

32. J. P. Levin, "Theory of Varistor Electronic Properties", *Crit. Rev. Solid State Sci.*, **5**, 597 (1975).

33. M. H. Norwood and E. Shatz, "Voltage Variable Capacitor Tuning—A Review," *Proc. IEEE*, **56**, 788 (1968).

34. R. A. Moline and G. F. Foxhall, "Ion-Implanted Hyperabrupt Junction Voltage Variable Capacitors," *IEEE Trans. Electron Devices*, **ED-19**, 267 (1972).

35. P. Andreani and S. Mattisson, "On the Use of MOS Varactors in RF VCO's," *IEEE J. Solid-State Circuits*, **35**, 905 (2000).

36. H. H. Hsieh, Y. H. Liu, and C. P. Jou, U.S. Patent 9,160,274B2 (2015).

37. J. Jing, S. Wu, X. Wu, P. Upadhyaya, and A. Bekele, "Novel MOS Varactor Device Optimization　and Modeling for High-Speed Transceiver Design in FinFET Technology," *Tech. Dig. IEEE IEDM*, p.699, 2016.

38. P. Hazdra, S. Popelka, and A. Schöner, "Optimization of SiC Power *p-i-n* Diode Parameters by Proton Irradiation," *IEEE Trans. Electron Dev.*, **65**, 4483 (2018).

39. G. Li, V. Kilchytska, N. André, L. A. Francis, Y. Zeng, and D. Flandre, "Leakage Current and Low-Frequency Noise Analysis and Reduction in a Suspended SOI Lateral p-i-n Diode," *IEEE Trans. Electron Dev.*, **64**, 4252 (2017).

40. C. Veerappan and E. Charbon, "A Low Dark Count *p-i-n* Diode Based SPAD in CMOS Technology," *IEEE Trans. Electron Dev.*, **63**, 65 (2016).

41. N. Kaji, H. Niwa, J. Suda, and T. Kimoto, "Ultrahigh-Voltage SiC *p-i-n* Diodes With Improved Forward Characteristics," *IEEE Trans. Electron Dev.*, **62**, 374 (2015).

42. N. Camara, K. Zekentes, L. P. Romanov, A. V. Kirillov, M. S. Boltovets, K. V. Vassilevski, and G. Haddad, "Microwave *p-i-n* Diodes and Switches Based on 4H-SiC," *IEEE Electron Dev. Lett.*, **27**, 108 (2006).

43. G. Lucovsky, R. F. Schwarz, and R. B. Emmons, "Transit-Time Considerations in *p-i-n* Diodes," *J. Appl. Phys.*, **35**, 622 (1964).

44. A. G. Milnes, *Semiconductor Devices and Integrated Electronics*, Van Nostrand, New York, 1980

45. W. Shockley, U.S. Patent 2,569,347 (1951).

46. A. I. Gubanov, *Zh. Tekh. Fiz.*, **21**, 304 (1951); Zh. Eksp. Teor. Fiz., 21, 721 (1951).

47. H. Kroemer, "Theory of a Wide-Gap Emitter for Transistors," Proc. *IRE*, **45**, 1535 (1957).

48. H. C. Casey and M. B. Panish, *Heterostructure Lasers*, Academic Press, New York, 1978.

49. A. G. Milnes and D. L. Feucht, *Heterojunctions and Metal-Semiconductor Junctions*, Academic Press, New York, 1972.

50. B. L. Sharma and R. K. Purohit, *Semiconductor Heterojunctions*, Pergamon, London, 1974.

51. P. Bhattacharya, Ed., *Properties of III-V Quantum Wells and Superlattices*, IET, London, 2011.

52. R. L. Anderson, "Experiments on Ge-GaAs Heterojunctions," *Solid-State Electron.*, **5**, 341 (1962).

53. W. R. Frensley and H. Kroemer, "Theory of the Energy-Band Lineup at an Abrupt Semiconductor Heterojunction," *Phys. Rev. B*, **16**, 2642 (1977).

54. L. L. Chang, "The Conduction Properties of Ge-GaAsl–xPx n-n Heterojunctions," *Solid-State Electron.*, **8**, 721 (1965).

習題

1. 一個面積爲 1 cm^2 之矽 p-n 階梯接面 (step junction)，由摻雜 10^{17} 個施體 /cm^3 的 n- 區域，以及 2×10^{17} 個受體 /cm^3 的 p- 區域所構成，所有施體與受體都離子化。求內建電位。

2. 如右圖所示爲一個矽 p^+-n 接面所量測的空乏電容值（在 n- 型磊晶層內形成）。元件的面積爲 10^{-5} cm^2，p^+- 層的厚度爲 0.07 μm。求磊晶層的厚度。

    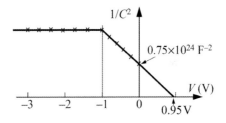

3. 一個矽 p-n 接面，在 p- 型端爲具 10^{19} cm^{-4} 雜質梯度的線性漸變接面，在 n- 型端上有 3×10^{14} cm^{-3} 的均勻摻雜。(a) 若在零偏壓時，p- 型端的空乏區寬度爲 0.8 μm，求熱平衡時空乏區的總寬度、內建電位及最大電場值。(b) 畫出此接面的雜質與電場分布圖。

4. 在熱平衡狀況下，求出 p^+-n_1-n_2 結構的空乏區寬度以及最大電場。

    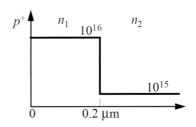

5. 一個 p-n^+ 矽二極體，面積爲 1 cm^2，假設在室溫下復合時間爲 10 ns，計算並繪出此元件的順向電流電壓特性，包括在空乏區的復合電流，其中受體與施體的濃度分別爲 $N_A = 10^{15}$ cm^{-3} 與 $N_D = 10^{17}$ cm^{-3}。

6. 設計一陡峭摻雜分布的矽 p^+-n 接面二極體（假設 $\tau_p = 10^{-7}$ s）其具有 130 V 之逆向崩潰電壓，且在 $V = 0.7$ V 下其順向電流爲 2.2 mA。

7. 如右圖所示，為一個矽 *p-n* 接面，已知不同的摻雜濃度之兩個電場分布 (a) 找出曲線 A 與曲線 B 的摻雜濃度分布之最大可能分布。(b) 求內建電位與空乏層之電容。

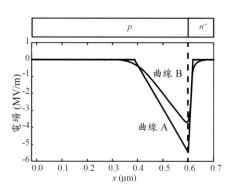

8. (a) 一個矽 p^+-n 接面在 300 K 時的參數如下：$\tau_p = \tau_g = 10^{-6}$ s，$N_D = 10^{15}$ cm^{-3}。求 5 V 偏壓下，空乏區的產生電流密度與總逆向電流密度。

    (b) 若 τ_p 降 100 倍，而 τ_g 維持不變，總逆向電流密度是否會有任何顯著的改變？

9. 一個 p^+-n 接面在摻雜 $N_D = 10^{15}$ cm^{-3} 的 n- 型基板上形成。若接面處有 10^{15} cm^{-3} 密度的產生－復合中心，並位於矽的本質費米能階上方 0.02 eV 處，且 $\sigma_n = \sigma_p = 10^{15}$ cm^2 ($v_{th} = 10^7$ cm/s)，請計算在 –0.5 V 下產生與復合的電流值。

10. 一個 *p-n* 接面，在 p- 端摻雜 1×10^{17} cm^{-3} 雜質，而 n- 端摻雜 1×10^{19} cm^{-3} 雜質，且置於逆向偏壓 –2 V 下，若有效生命期為 1×10^{-5} 秒，請計算產生－復合電流密度。

11. (a) 假設 $\alpha = \alpha_0 (\mathscr{E}/\mathscr{E}_0)^m$，其中 α_0、$\mathscr{E}_0$ 及 m 為常數；並假設 $\alpha_n = \alpha_p = \alpha$。請推導一個均勻摻雜受體濃度 N_A 以及介電常數為 ε_s 之 n^+-p 接面的累增崩潰電壓表示式。

    (b) 若 $\alpha_0 = 10^4$ cm^{-1}，$\mathscr{E}_0 = 4 \times 10^5$ V/cm，$m = 6$，$N_A = 2 \times 10^{16}$ cm^{-3}，以及 $\varepsilon_s = 10^{-12}$ F/cm，則崩潰電壓為何？

12. 當一個矽 p^+-n 接面逆偏壓為 30 V 時，其空乏層電容為 1.75 nF/cm^2。若最大電崩潰電場為 3.1×10^5 V/cm，求崩潰電壓值。

13. 對於一個超陡峭 p^+-n 接面之變容器，其 n- 端摻雜的分布為 $n(x) = Bx^m$，其中 B 為常數、$m = -3/2$。請推導微分電容的表示式。

14. 一個 n-i-p-i-n 矽元件，請計算近似值並畫出其電場與能帶圖，元件總長為 4.01 μm，其中 n- 型區與本質區的長度分別為 1 μm，而 p- 型區的長度為 0.01 μm。在 n 型區的摻雜濃度為 $N_D = 5 \times 10^{18}$ cm^{-3}，遠高於在 p- 型區的施體濃度 N_A 兩個級數。

15. 一個具有 p^+-i-n^+-i-n^+ 摻雜濃度分布的矽接面二極體，其中包含一個夾在兩個 i 型區中非常窄的 n^+ 型區。此 n^+ 型區的摻雜為 10^{18} cm^{-3} 與寬度為 10 nm。第一個 i 型區厚度為 0.2 μm，而第二個 i- 型區厚度為 0.8 μm。當外加 20 V 的逆向偏壓於此接面二極體上，求第二個 i- 型區中電場的大小。

16. 對於一個 p^+-n-n^+ 單邊陡峭的矽接面，其施體摻雜濃度為 5×10^{14} cm^{-3}，最大崩潰電場為 3×10^5 V/cm。若 n- 型磊晶層的厚度降至 5 μm，求崩潰電壓值。

17. 如右圖 (a) 所示，對於一個 p^+-n 單邊陡峭矽接面，其施體摻雜 $N_D = 2 \times 10^{16}$ cm^{-3}，崩潰電壓為 32 V，若摻雜之濃度分布改為圖 (b)，求崩潰電壓。

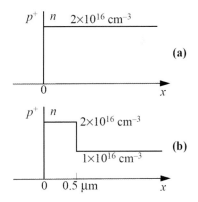

18. 對於一逆向偏壓為 200 V 的 p^+-i-n^+ 矽二極體，其相對應的電容值為 1.05 nF/cm^2，求電子的倍乘因子 Mn 值。

19. 一個摻雜 $N_A = 10^{16}$ cm^{-3} 之 n^+-p 「理想」矽接面,少數載子生命期為 10^{-8} s,移動率為 966 cm^2/V-s,,求順向偏壓為 1 V,在寬度為 1μm 中性 p-型區內,其儲存的少數載子數目。

20. 對於一個摻雜 $N_D = 10^{15}$ cm^{-3} 之 p^+-n 陡峭理想矽接面,在施加順向偏壓為 1 V,求出中性區中所儲存的少數載子 (C/cm^2)。假設中性區的長度為 1 μm 與電洞的擴散長度為 5μm。電洞的分布為

$$p_n - p_{no} = p_{no}\left[\exp\left(\frac{qV}{kT}\right) - 1\right]\exp\left[\frac{-(x-x_n)}{L_p}\right]$$

21. 考慮一內建電位為 1.6 V 之理想陡峭異質接面。半導體 1 與 2 雜質濃度分別為 1×10^{16} 施體 /cm^3 及 3×10^{19} 受體 /cm^3,而介電常數分別為 12 及 13。求分別施加 0.5 V 及 -5 V 電壓下,每個材料內的靜電位能及空乏區寬度。

22. 在室溫下,對於一個 n-GaAs/p-Al$_{0.3}$Ga$_{0.7}$As 的異質接面 ($\Delta E_C = 0.21$ eV)。(a) 此異質接面屬於何種型態? (b) 當兩邊摻雜濃度均為 5×10^{15} cm^{-3} 時,根據 Anderson 模型(見 2.7.1 節),求熱平衡下空乏區的總寬度。(c) 繪出其能帶圖。(提示:對於 AlGaAs 的能隙請參考第一章的圖 32。Al$_x$Ga$_{1-x}$As 介電常數為 12.9–3.12x。並假設 Al$_x$Ga$_{1-x}$As 之 N_C 和 N_V 相等,其中 $0 < x < 0.4$)。

23. 異質接面在 GaAs 與 Al$_{0.4}$Ga$_{0.6}$As 對齊是屬於型態 I。導電帶不連續性為 $\Delta E_C = 0.28$ eV,Al$_{0.4}$Ga$_{0.6}$As 與 GaAs 兩者分別摻雜碳的濃度為 10^{20} cm^{-3} 及 10^{16} cm^{-3}。(a) 假設兩個半導體的介電常數相同,求熱平衡下全空乏寬度。(b) 請繪出 $V = 0$ 的能帶圖。

第三章
金屬─半導體接觸
Metal-Semiconductor Contact

3.1 簡介

　　一般認為最早且有系統性的研究金屬─半導體整流系統，該歸功於貝朗 (Braum) 在 1874 年提出點接觸的總電阻與施加電壓極性，以及表面的詳細狀態之間的關係[1]。而到了 1904 年，各種形式的點接觸整流器才獲得實際的應用[2]。1931 年，威爾森 (Wilson) 基於固態能帶理論將半導體的傳輸理論公式化[3]，此後這個理論被應用在金屬─半導體接觸上。1938 年，蕭特基 (Schottky) 提出，在半導體中無化學層的情況，位障會因固定的空間電荷而提升[4]。基於上述構想而產生的模型稱為蕭特基位障 (Schottky barrier)。而在 1938 年，莫特 (Mott) 也推導出更適合的金屬─半導體接觸之理論模型，稱為莫特位障 (Mott barrier)[5]。1942 年，這個模型被貝特 (Bethe) 更進一步地改進為熱電子發射模型 (thermionic-emission model)，藉此精確地描述電性的行為[6]。關於整流金屬─半導體接觸的基本理論、歷史發展及元件技術可以參考文獻 7-12。

　　由於金屬─半導體接觸在直流與微波應用，以及作為半導體元件中複雜結構的一部分有相當的重要性，所以金屬─半導體接觸一直被廣泛地研究。如特別應用在光偵測器、太陽能電池，或是在金屬半導體場效應電晶體 (MESFET) 的閘極電極等。其中最重要的是為了使電流可在各半導體元件內傳輸，會在與金屬接觸的半導體上進行高摻雜來形成歐姆接觸。

3.2 位障的形成

　　當金屬與半導體接觸時，在金屬與半導體的介面上會形成一位障 (barrier)，而此位障會反應在電流的傳導與電容行為上。在此章節，我們考慮以基本的能帶圖說明位障高度的形成，以及一些效應可修正位障。

3.2.1 理想狀況

　　首先我們考慮在沒有表面態位 (surface state) 及其他異常因素時的理想狀況 (Ideal Condition)。圖 1a 顯示在沒有相互接觸且各別為獨立系統時，高功函數金屬與 n- 型半導體的電子能量關係。如果允許此兩個材料互相連接，譬如透過外部金屬線連接，則電荷將會從半導體流到金屬，並且建立起如同單一系統般的熱平衡狀態（參考圖 1b）。兩端的費米能階將連成一直線。相對於金屬的費米能階，半導體的費米能階下降量等於此兩種材料之功函數的差值。功函數定義為：「真空能階與費米能階之間的能量差」。對金屬而言，功函數以 $q\phi_m$ 表示，而對半導體，功函數等於 $q(\chi + \phi_n)$，其中 $q\chi$ 為電子親和力 (electron affinity)，為半導體導電帶底部 E_C 到真空能階的測量值，$q\phi_n$ 則是 E_C 與費米能階的能量差。這兩個功函數之間的電位差 $\phi_m - (\chi + \phi_n)$ 稱為接觸電位 (contact potential)。當間隙距離 δ 減少，則間隙的電場增加，並且在金屬表面增加負電荷；此時，等量的正電荷必定存在於半導體的空乏區中。在空乏層中電位的變化類似於單邊的 p-n 接面。當 δ 小到與原子之間的距離相當時，對電子而言能夠穿透此間隙，因此在圖的最右邊可以獲得此極限的情形（圖 1d）。明顯地，該位障高度 $q\phi_{Bn0}$ 的極限值為

$$q\phi_{Bn0} = q(\phi_m - \chi) \tag{1}$$

簡單來說，位障高度是金屬的功函數與半導體的電子親和力之間的差值。當金屬與 p 型半導體間為理想的接觸時，此位障高度 $q\phi_{Bp0}$ 為

$$q\phi_{Bp0} = E_g - q(\phi_m - \chi) \tag{2}$$

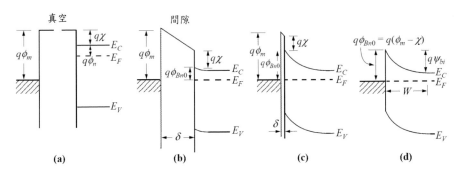

圖 1　金屬與半導體在 (a) 分開的 (b) 連接成一系統 (c) 間隙 δ 減少 (d) 零間隙情況下之金屬—半導體接觸能帶圖。（參考文獻 7）

因此，對任何半導體與金屬的結合，預期 n- 型與 p- 型基材上的位障高度總和將與能隙相等，或

$$q(\phi_{Bn0}+\phi_{Bp0}) = E_g \tag{3}$$

然而事實上，由式 (1) 和式 (2) 給的位障高度簡單表示式從未在實驗中得到驗證。半導體的電子親和力和金屬功函數已被建立。對於金屬，$q\phi_m$ 為幾個電子伏特的數量級 (2~6 eV)，而 $q\phi_m$ 的值通常對於表面污染非常敏感。圖 2 顯示對於潔淨的表面最可信的數值。實驗所得之位障高度與理想情況的主要差異來自：(1) 不可避免的介面層，即在圖 1c 中 $\delta \neq 0$，和 (2) 介面態位 (interface state) 的出現；此外，由於影像力降低 (image-force lowering) 的影響，此位障高度也會被改變。這些影響將會在後續的章節中討論。

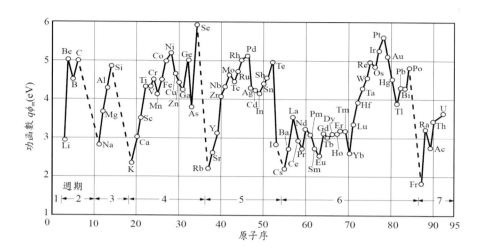

圖2　在真空中乾淨的金屬表面之金屬功函數與其對應之原子序。注意在每一族中的功函數具有週期性增加與減少的特性。（參考文獻 13）

3.2.2 空乏層

　　金屬－半導體接觸的空乏層 (Depletion Layer) 與單邊陡峭接面類似（例如：p^+-n 接面）。由前面的討論，當金屬緊密地與半導體接觸時，在介面上，半導體的導電帶以及價電帶會與金屬費米能階構成明確的能量關係。此關係一旦建立，它將成為解半導體內的波松方程式 (Poisson equation) 之邊界條件，而處理過程與 p-n 接面的方式相同。圖3 顯示不同的偏壓情況下，金屬在 n- 型和 p- 型材料上的能帶圖。在單邊陡峭近似下，對於金屬與 n- 型半導體接觸，在 $x < W_D$，$\rho \approx qN_D$，而在 $x > W_D$，$\rho \approx 0$ 及 $\mathcal{E} \approx 0$，其中 W_D 為空乏寬度，我們得到

$$W_D = \sqrt{\frac{2\varepsilon_s}{qN_D}\left(\psi_{bi} - V - \frac{kT}{q}\right)} \tag{4}$$

$$\left|\mathcal{E}(x)\right| = \frac{qN_D}{\varepsilon_s}(W_D - x) = \mathcal{E}_m - \frac{qN_D x}{\varepsilon_s} \tag{5}$$

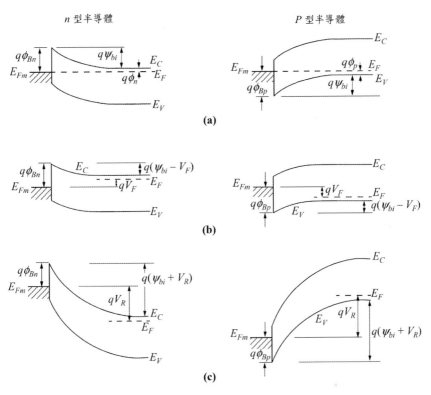

圖 3 (a) 熱平衡 (b) 順向偏壓 (c) 逆向偏壓情況下，金屬在 n- 型 (左) 以及 p- 型 (右) 半導體上的能帶圖。

$$E_C(x) = q\phi_{Bn} - \frac{q^2 N_D}{\varepsilon_s}\left(W_D x - \frac{x^2}{2}\right) \qquad (6)$$

其中 kT/q 項由主要載子的分布末端所貢獻（在 n- 型端，主要載子為電子；參考 2.2.1 節註解），而 $\mathscr{E}_m$ 為最大電場強度，發生在 $x = 0$ 的位置

$$\mathscr{E}_m = \mathscr{E}(x=0) = \sqrt{\frac{2qN_D}{\varepsilon_s}\left(\psi_{bi} - V - \frac{kT}{q}\right)} = \frac{2[\psi_{bi} - V - (kT/q)]}{W_D} \qquad (7)$$

半導體單位面積之空間電荷 Q_{sc} 及單位面積空乏層電容 C_D 為

$$Q_{sc} = qN_D W_D = \sqrt{2q\varepsilon_s N_D \left(\psi_{bi} - V - \frac{kT}{q}\right)} \tag{8}$$

$$C_D \equiv \frac{\varepsilon_s}{W_D} = \sqrt{\frac{q\varepsilon_s N_D}{2[\psi_{bi} - V - (kT/q)]}} \tag{9}$$

式 (9) 可以改寫成

$$\frac{1}{C_D^2} = \frac{2[\psi_{bi} - V - (kT/q)]}{q\varepsilon_s N_D} \tag{10}$$

或

$$N_D = \frac{2}{q\varepsilon_s}\left[-\frac{1}{d(1/C_D^2)/dV}\right] \tag{11}$$

如果 N_D 在整個空乏區為定值，則 $1/C_D^2$ 對電壓作圖可獲得一直線。如果 N_D 不是定值，則可以利用微分電容，由式 (11) 來決定摻雜分布，類似 2.2.1 節所討論的單邊 *p-n* 接面情況。電容—電壓量測 (*C-V* measurement) 也可以用來研究深層的雜質能階。圖 4 表示具有一個淺施體能階與一個深施體能階的半導體 [14]。所有在費米能階上面的淺能階施體都被游離，而深能階的施體只有在半導體表面附近，其能階位於費米能階之上才會游離，因此在介面附近有較大的有效摻雜濃度。在 *C-V* 量測中 [一小交流 (ac) 訊號疊加在直流 (dc) 偏壓上]，因為深雜質只跟得上緩慢的訊號變化，也就是說高頻測量中 dN_T/dV 並不存在，所以電容具有頻率相依性。比較不同頻率的 *C-V* 量測，可以顯示出這些深能階雜質 (deep-level impurity) 的特性。

3.2.3 介面態位

金屬—半導體的位障高度會由金屬功函數與介面態位 (Interface States) 來決定。位障高度的一般表示式可以從以下兩個假設獲得 [15]：(1) 金屬與半導體緊密地接觸，介面層為原子級的尺度，而此介面層允許電子穿透並可經得起電位跨越；(2) 在介面上每單位面積單位能量的介面態位由半導體表面

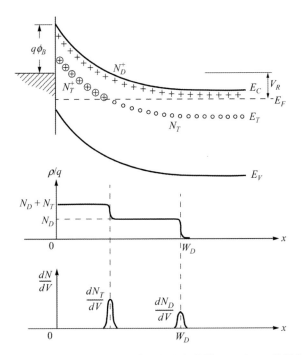

圖 4　具有一個淺施體能階與一個深施體能階的半導體。N_D 和 N_T 分別為淺能階施體與深能階施體的濃度。（參考文獻 14）

性質決定，而與金屬無關。更詳細的實際金屬 $-n-$ 型半導體接觸能帶圖顯示於圖 5。圖中也列出各種導出的參數量並定義之。我們第一個關心的參數量為能階 $q\phi_0$，其位於半導體表面，且高於 E_V，稱為中性能階 (neutral level)；若半導體表面的態位高於它為受體形式（當態位空缺時為中性，填滿電荷時呈現負電性），而低於它則為施體形式（當填滿電子時為中性，空缺則為正電性）。因此，當表面費米能階與中性能階位置相同時，介面缺陷電荷的淨總合為零 [16]。在形成金屬接觸之前，此能階也有固定半導體表面之費米能階的作用。

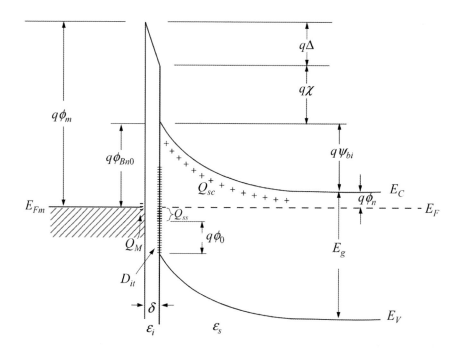

ϕ_m ＝金屬功函數

ϕ_{Bn0} ＝位障高度（未受影像力降低之效應）

ϕ_0 ＝介面態位之中性能階（在 E_V 之上）

Δ ＝介面層之跨越電位

χ ＝半導體之電子親和力

ψ_{bi} ＝內建電位

δ ＝介面層厚度

Q_{sc} ＝半導體之空間電荷密度

Q_{ss} ＝介面缺陷電荷

Q_M ＝金屬之表面電荷密度

D_{it} ＝介面缺陷密度

ε_i ＝介面層（真空）之介電係數

ε_s ＝半導體之介電係數

圖 5   金屬 $-n-$ 型半導體接觸的詳細能帶圖，金屬與半導體間為原子等級距離的介面層
（介面層為真空）。（參考文獻 15）

第二個量爲 $q\phi_{Bn0}$，即金屬—半導體接觸的位障高度，是電子由金屬流向半導體所必須克服的位障。假設此介面層厚度只有幾個 Å (10^{-10} m)，因此基本上電子可以穿透。考慮具有受體介面缺陷（在此特定的例子中，費米能階高於中性能階），其密度爲 D_{it} 態位數 /cm^2-eV 的半導體，而密度從 $q\phi_0+E_V$ 到費米能階的能量範圍內皆爲定值，則在半導體中介面缺陷電荷密度 Q_{ss} 爲負值，並可表示如下

$$Q_{ss} = -qD_{it}(E_g - q\phi_0 - q\phi_{Bn0}) \qquad C/cm^2 \qquad (12)$$

括號內的量是表面費米能階及中性能階的能量差值。介面缺陷密度 D_{it} 乘以此量即爲高於中性能階，並且塡滿電荷之表面態位數目。在熱平衡下半導體的空乏層所形成的空間電荷密度如下

$$Q_{sc} = qN_D W_D = \sqrt{2q\varepsilon_s N_D \left(\phi_{Bn0} - \phi_n - \frac{kT}{q}\right)} \qquad (13)$$

半導體表面上所有的等效表面電荷密度爲式 (12) 和 (13) 的總和。由於介面層無任何的空間電荷效應，因此金屬表面形成一等量且電性相反的電荷 Q_M (C/cm^2)。對於一薄介面層而言，其空間電荷效應可以忽略不計，而且 Q_M 可以表示爲

$$Q_M = -(Q_{ss} + Q_{sc}) \qquad (14)$$

介面層的跨越電位 Δ 可由金屬與半導體上的表面電荷應用高斯定律 (Gauss law) 而得

$$\Delta = -\frac{\delta Q_M}{\varepsilon_i} \qquad (15)$$

其中 ε_i 爲介面層的介電係數，δ 爲厚度。而 Δ 另一個關係可觀察圖 5 的能帶圖而得

$$\Delta = \phi_m - (\chi + \phi_{Bn0}) \qquad (16)$$

此關係爲熱平衡情況下，整個系統的費米能階必須爲定值所造成的結果。若由式 (15) 和 (16) 消除 Δ，且利用式 (14) 取代 Q_M，我們可以獲得

$$\phi_m - \chi - \phi_{Bn0} = \sqrt{\frac{2q\varepsilon_s N_D \delta^2}{\varepsilon_i^2}\left(\phi_{Bn0} - \phi_n - \frac{kT}{q}\right)} - \frac{qD_{it}\delta}{\varepsilon_i}(E_g - q\phi_0 - q\phi_{Bn0}) \qquad (17)$$

現在可以由式 (17) 解出 ϕ_{Bn0}。我們引入參數

$$c_1 \equiv \frac{2q\varepsilon_s N_D \delta^2}{\varepsilon_i^2} \qquad (18)$$

$$c_2 \equiv \frac{\varepsilon_i}{\varepsilon_i + q^2 \delta D_{it}} \qquad (19)$$

上面的參數包含所有的介面特性。如果已獲得 ε_i 和 δ，則可以用式 (18) 來計算 c_1。對於真空劈開或是非常乾淨的半導體基材，此介面層的厚度為原子尺寸（約 4 或 5Å）。對於如此薄的介面層，其介電係數可以用自由空間值作為近似，又因此近似法的 ε_i 是最低極限值，結果將高估 c_2 的值。對於 $\varepsilon_s \approx 10\varepsilon_0$、$\varepsilon_i = \varepsilon_0$ 和 $N_D < 10^{18}\,cm^{-3}$ 而言，c_1 值很小，大約為 0.01 V 的級數，而在式 (17) 中的平方根項計算出來小於 0.1 V。忽略平方根項，式 (17) 簡化為

$$\phi_{Bn0} = c_2(\phi_m - \chi) + (1 - c_2)\left(\frac{E_g}{q} - \phi_0\right) \equiv c_2 \phi_m + c_3 \qquad (20)$$

利用不同的 ϕ_m 進行實驗可以決定 c_2 和 c_3，則介面特性如下

$$\phi_0 = \frac{E_g}{q} - \frac{c_2\chi + c_3}{1 - c_2} \qquad (21)$$

$$D_{it} = \frac{(1 - c_2)\varepsilon_i}{c_2\delta q^2} \qquad (22)$$

利用之前 δ 及 ε_i 的假設，我們獲得 $D_{it} \approx 1.1 \times 10^{13}(1 - c_2)/c_2$ 態位數 /cm²-eV。亦可從式 (20) 直接獲得兩個極限情形

1. 在式 (19) 中，當 $D_{it} \to \infty$，則 $c_2 \to 0$，且

$$q\phi_{Bn0} = E_g - q\phi_0 \qquad (23)$$

在這個例子裡，位於介面的費米能階被表面態位釘札 (pin) 在高於價電帶 $q\phi_0$ 的位置。此時位障高度完全由半導體表面特性所決定，而與金屬功函數無關。

2. 當 $D_{it} \rightarrow 0$，則 $c_2 \rightarrow 1$，且

$$q\phi_{Bn0} = q(\phi_m - \chi) \tag{24}$$

此方程式是爲理想的蕭特基位障之位障高度，其忽略表面效應，與式 (1) 完全相同。

　　圖 6a 顯示金屬 $-n-$ 型半導體系統的實驗結果。將數據作最小平方線性擬合可獲得

$$q\phi_{Bn0} = 0.27q\phi_m - 0.52 \tag{25}$$

比較式 (20) ($c_2 = 0.27$，$c_3 = -0.52$) 並利用式 (21) 及 (22)，我們可以獲得 $q\phi_0$ = 0.33 eV，與 D_{it} = 4×10^{13} 態位數 /cm^2-eV。GaAs、GaP 和 CdS 可得類似的結果，其顯示於圖 6b 及列於表 1 之中。在此必須指出，儘管有表面態位等非理想因素的存在，式 (3) 中 $n-$ 型和 $p-$ 型基材位障高度的總和等於半導體能隙的關係還是有效的。

表 1　Si、GaAs、GaP 以及 CdS 之位障高度數據與介面特性之計算。（參考文獻 15）

半導體	c_2	c_3(V)	χ(V)	$D_{it}(10^{13}/\text{eV-cm}^2)$	$q\phi_0$(eV)	$q\phi_0/E_g$
Si	0.27±0.05	−0.52±0.22	4.05	2.70±0.70	0.30±0.36	0.270
GaAs	0.07±0.05	0.51±0.24	4.07	12.5±10.0	0.53±0.33	0.380
GaP	0.27±0.03	0.02±0.13	4.00	2.70±0.40	0.66±0.20	0.294
CdS	0.38±0.16	−1.17±0.77	4.80	1.60±1.10	1.50±1.50	0.600

　　我們注意到 Si、GaAs 和 GaP 的 $q\phi_0$ 值非常接近能隙的 1/3 位置。而其他半導體亦可得相似的結果[17]。這事實指出大部分的共價半導體表面具有一

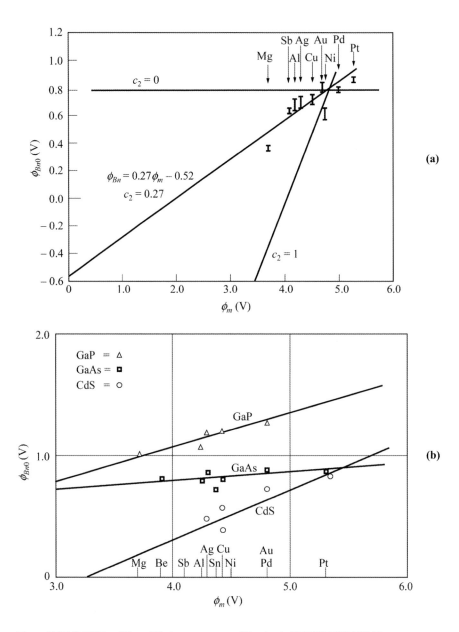

圖 6   不同金屬在 *n*- 型 (a) 矽 (b)GaAs、GaP 和 CdS 上的位障高度實驗值。
（參考文獻 15）

高峰值密度的表面態位或是缺陷在中性能階附近，而此中性能階約在從價電帶邊緣算起 1/3 能隙的位置。普胡 (Pugh)[18] 以理論計算 [111] 晶向的鑽石，確實發現一表面態位的狹窄能帶位在稍低於禁止能隙中心之處。因此可預期在其他半導體亦存在相似的情形。

對於 III-V 族化合物，經過光電子發射能譜 (photoemission spectroscopy) 的量測顯示出蕭特基位障的形成，主要由於沉積金屬時介面附近產生缺陷所引起的 [19]。在少部分的化合物半導體上，像 GaAs、GaSb 和 InP 等，已經證明某些金屬形成的表面費米能階會被侷限住，而能階位置與金屬無關 [20]。表面費米能階的釘札現象可用來解釋大部分的 III-V 族化合物，其位障高度基本上與金屬功函數無關。對於離子性半導體，如 CdS 和 ZnS 等，其位障高度通常與金屬有強烈地相關性，且其表面特性與電負度也存在著一些關連性。電負度 (electronegativity) X_M 的定義為在分子中原子吸引電子的能力。圖 7 顯示庖立電負度 (Pauling's electronegativity) 的大小。注意其週期性類似於功函數的週期（圖 2）。圖 8a 顯示沉積在 Si、GaSe 及 SiO$_2$ 上的金屬其位障高度與電負度之關係。此圖中，定義斜率為介面行為指標 (index of interface)

$$S \equiv \frac{d\phi_{Bn0}}{dX_M} \tag{26}$$

注意 S 與 $c_2 = (d_{Bn0}/d_m)$ 的比較。我們可以畫出指標 S 和半導體電負度差（即離子性，ΔX）的關係顯示於圖 8b。此電負度差定義為：「於半導體中陽離子與陰離子之間的庖立電負度差。」注意從共價半導體（例如 $\Delta X = 0.4$ 的 GaAs）到離子半導體（例如 $\Delta X = 1.5$ 的 AlN）的劇烈轉變。對於 $\Delta X < 1$ 的半導體，其 S 指標很小，顯示出位障高度與金屬電負度（或是功函數）僅有微弱的關係。另一方面，對於 $\Delta X > 1$，S 指標接近 1，而其位障高度強烈取決於金屬電負度（或是功函數）。

大部分使用在先進的金氧半場效電晶體元件中的金屬如圖 9 所示，其主要特點為當這些金屬與矽連接在一起，如前面所提之費米能階釘札效應

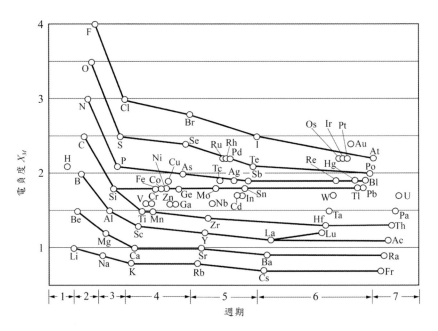

圖 7 庖立電負度的大小。注意同一族元素之電負度會隨原子序遞減。（參考文獻 21）

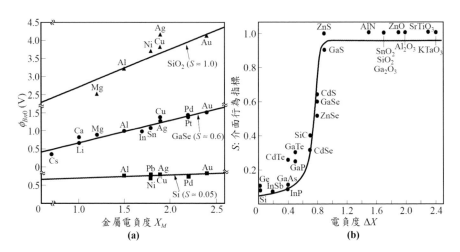

圖 8 (a) 沉積在 Si、GaSe 和 SiO$_2$ 上的金屬位障高度與電負度的關係 (b) 介面行為指標，
S 為半導體電負度差的函數。（參考文獻 22）

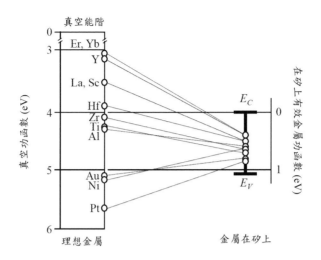

圖 9　以數個金屬本質功函數的差異性，說明在矽上的費米能階釘扎 (pinning) 效應，以及如同半導體表面所觀察的功函數。參考值的金屬功函數與在矽上的有效數值，歸因於費米能階釘扎效應。（參考文獻 23）

(effect of Fermi-level pinning) 造成有效金屬功函數幾乎與其參考值無關。對於在介面上的蕭特基位障高度以及其引發矽內的空乏區擴展，這現象使得應用複雜化 [24]。對於矽積體電路的技術應用上，由於金屬會與下層的矽發生化學反應而形成矽化物，故蕭特基位障接觸的發展成為一個重要課題 [25]。透過固態—固態冶金反應而構成的金屬矽化物，會形成更可靠且具有再現性的蕭特基位障，這是由於介面的化學反應能夠明確被定義，並且可以維持在良好控制下。因為矽化物表面特性與共晶溫度 (eutectic temperature) 有關，可以想像位障高度和共晶溫度應該也具有某種關連性。圖 10 顯示過渡金屬矽化物在 n- 型矽上的位障高度與矽化物的共晶溫度之經驗值擬合關係圖 [26]。若以位障高度與形成矽化物之生成熱作圖，亦可以觀察到類似的相關性 [27]。

3.2.4 影像力降低

影像力降低 (Image-Force Lowering)，也就是所謂的蕭特基效應 (Schottky effect) 或是蕭特基位障降低 (Schottky-barrier lowering)，為施加電

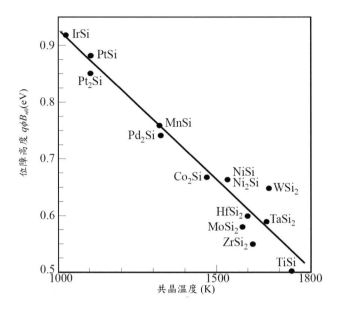

圖 10　過渡金屬矽化物的位障高度與共晶溫度之關係。（參考文獻 26）

場的情況下，發射的帶電載子產生影像力而引發位障能量降低。圖 11 所示
爲當電子在接近金屬位置所形成之電場，此系統是金屬被一個等量且相反電
荷稱爲影像電荷 (image charge) 所取代的環境。首先考慮一金屬－眞空系統
如圖 11。最初電子由費米能階逃脫進入眞空所需的最小能量爲功函數 $q\phi_m$，
如圖 11c 所示。若一電子與金屬的距離爲 x，如圖 11a，在金屬表面將因感
應作用而產生一正電荷，如圖 11b 所示。而電子和感應正電荷之吸引力等於
電子和在 $-x$ 位置的等量正電荷所產生之力量。此正電荷稱爲影像電荷 (image
charge)，而朝向金屬的吸引力稱爲影像力 (image force)，其大小如下

$$F(x) = \frac{-q^2}{4\pi\varepsilon_0(2x)^2} = \frac{-q^2}{16\pi\varepsilon_0 x^2} \tag{27}$$

其中 ε_0 爲自由空間（眞空）的介電係數。電子由無限遠移動到點 x 所作的
功爲

$$E(x) = -\int_{\infty}^{x} F(y)dy = \frac{-q^2}{16\pi\varepsilon_0 x} \tag{28}$$

y 爲 $F(y)$ 積分之變數，此能量相當於電子距離金屬表面 x 之位能，如圖 11c 所示，由 x 軸向下量測。當施於一外加電場 $\mathscr{E}$ 時（在此例子中爲 $-x$ 方向），如圖 11d 所示，總電位能 PE 爲距離的函數，表示爲

$$PE(x) = -\frac{q^2}{16\pi\varepsilon_0 x} - q|\mathscr{E}|x \tag{29}$$

式 (29) 之最大値是在 $x = x_m$ 時，影像力降低 $\Delta\phi$ (image-force lowering)，如圖 11d 所示，利用 $d(PE)/dx = 0$，可計算 x_m 値（圖 11 所示）

$$\frac{dPE(x)}{dx} = \frac{d}{dx}\left(-\frac{q^2}{16\pi\varepsilon_0 x} - q|\mathscr{E}|x\right) = \frac{q^2}{16\pi\varepsilon_0 x^2} - q|\mathscr{E}| = 0 \tag{30}$$

$$\Rightarrow x_m = \sqrt{\frac{q}{16\pi\varepsilon_0 |\mathscr{E}|}} \tag{31}$$

由式 (29) 可計算出影像力降低値爲

$$\Delta\phi = -\frac{PE(x)}{q}\Bigg|_{x=x_m} = \sqrt{\frac{q|\mathscr{E}|}{4\pi\varepsilon_0}} = 2|\mathscr{E}|x_m \tag{32}$$

由式 (31) 和 (32)，對於 $\mathscr{E} = 10^5$ V/cm，可得 $\Delta\phi = 0.12$ V 和 $x_m = 6$ nm；而對於 $\mathscr{E} = 10^7$ V/cm，得到 $\Delta\phi = 1.2$ V 和 $x_m = 1$ nm。因此在高電場下蕭特基位障顯著地下降，而且對於熱離子發射而言，有效金屬功函數 (effective metal work function)$q\phi_B$ 減少。這些結果可以應用於金屬—半導體系統。然而，電場必須由介面的適當電場所取代，而自由空間介電係數 ε_0 也需由適當的半導體介電係數 ε_s 來取代，亦即

$$\Delta\phi = \sqrt{\frac{q\mathscr{E}_m}{4\pi\varepsilon_s}} \tag{33}$$

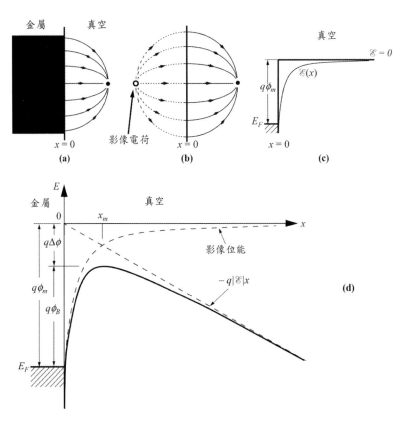

圖 11　(a) 在靠近金屬處生成電子的電場結構圖 (b) 以影像電荷取代金屬表示系統 (c) 末外加電場 (d) 有外加電場條件下金屬表面和真空之間的能帶圖。金屬功函數為 $q\phi_m$。當表面受到電場作用，有效位障會下降，其位障降低是由於電場與影像力的結合效應。

注意在元件的內部中，例如金屬－半導體接觸，由於內建電位的存在，因此就算沒有外加偏壓電場也不會為零。另外在金屬－半導體系統中有較大的介電係數 ε_s，所以位障降低值會小於所對應的金屬－真空系統。例如以 $\varepsilon_s = 12$ ε_0 而言，對於 $\mathcal{E} = 10^5$ V/cm，由式 (33) 所得到的 $\Delta\phi$ 只有 0.035 V，而且更小的電場會獲得更小的值。雖然位障降低值很小，它對金屬－半導體系統之電流傳輸過程卻有深遠的影響，將會在 3.3 節中討論。在實際的蕭特基位障二極體 (Schottky-barrier diode)，電場並非定值而是隨著距離變化，以空乏

近似法爲基礎可得到位於表面的最大電場

$$\mathscr{E}_m = \sqrt{\frac{2qN|\psi_s|}{\varepsilon_s}} \qquad (34)$$

其中表面電位 (surface potential) ψ_s（在 n- 型半導體上）爲

$$|\psi_s| = \phi_{Bn0} - \phi_n + V_R \qquad (35)$$

將 $\mathscr{E}_m$ 代入式 (33) 中可獲得

$$\Delta\phi = \sqrt{\frac{q\mathscr{E}_m}{4\pi\varepsilon_s}} = \left[\frac{q^3 N|\psi_s|}{8\pi^2\varepsilon_s^3}\right]^{1/4} \qquad (36)$$

影像力降低值與摻雜濃度和表面電位成正比，並且更進而取決於材料之介電常數。矽與此相關特性如圖 12 所示，爲影像力下降值與表面電位之對數一對數圖，改變摻雜濃度由 10^{17} 至 10^{21} cm^{-3}，圖中顯示影像力下降值與摻雜濃度成正比。x_m 之值約在數個 nm 範圍，在類似之考量下，需加上電洞之影像力，式 (36) 中其適當參數可適用於計算電洞位障。圖 13 顯示在不同偏壓條件下，金屬在 n 型半導體上包含蕭特基效應的能帶圖。注意在順向偏壓下 ($V > 0$)，電場及影像力較小，而且位障高度 $q\phi_{Bn0} - q\Delta\phi_F$ 約略大於零偏壓下的位障高度 $q\phi_{Bn} = q\phi_{Bn0} - q\Delta\phi$。在逆向偏壓下 ($V_R > 0$)，位障高度 $q\phi_{Bn0} - q\Delta\phi_R$ 略小。實際上，位障高度變得與電壓有關，ε_s 值也可能和半導體靜態介電係數不同。如果在發射過程中，電子由金屬－半導體介面到位障最大值 x_m 的傳渡時間 (transit time) 小於介電質鬆弛時間 (dielectric relaxation time)，半導體介質將沒有足夠時間來極化，而介電係數可以預期小於靜態的值。然而對於矽，其對應的介電係數大約與靜態值相同。

利用光電量測法（將於 3.4.4 節介紹）得金－矽位障的介電常數 ($\kappa_s = \varepsilon_s$ /ε_0)，其實驗結果顯示於圖 14。圖中所量測的位障降低值會隨著最大電場的平方根而變化[28]。從式 (36) 可計算此影像力介電常數 (image-force dielectric constant) 爲 12±0.5。當 $\varepsilon_s/\varepsilon_0 = 12$，圖 14 中電場的變化範圍對應 x_m 的距離，

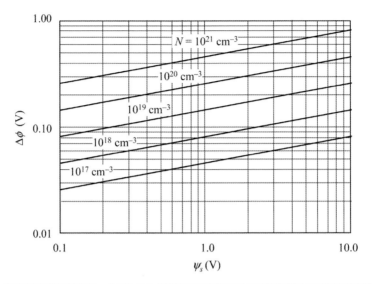

圖 12   針對不同摻雜濃度，以式 (36) 計算所得矽影像力下降值對表面電位的關係圖。

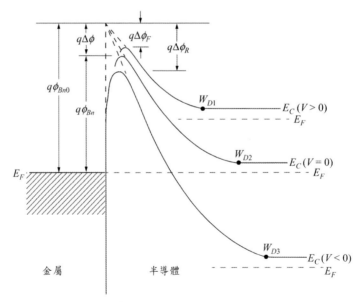

圖 13   在不同偏壓條件下的金屬－ n- 型半導體接觸包含蕭特基效應之能帶圖。本質位
障高度為 $q\phi_{Bn0}$。於熱平衡下的位障高度為 $q\phi_{Bn}$。而在順向偏壓與逆向偏壓下位
障降低量分別為 $\triangle\phi_F$ 和 $\triangle\phi_R$。（參考文獻 10）

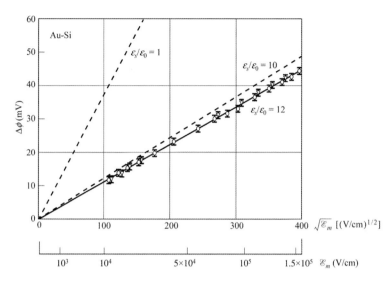

圖 14　在 Au-Si 二極體中，量測的位障降低值為電場的函數。（參考文獻 28）

在 1 到 5 nm 之間。假設一載子速率為 10^7 cm/s 的數量級時，對這些距離的傳渡時間為 $1-5 \times 10^{-14}$ s。因此，對於週期相近的電磁輻射波（波長介於 3 到 15 μm 間）[29]，此影像力介電常數也大約在 12 左右。從直流到 $\lambda = 1$ μm 範圍內，矽塊材的介電常數基本上為常數 (11.9)，因此當電子橫越過空乏層時，此晶格有足夠的時間極化。光電量測與由光學常數所推導的數據相當一致。對於 Ge 和 GaAs，光學介電常數對波長之相依性與 Si 類似。因此預期這些半導體在上述的電場範圍，其影像力介電係數 (image-force permittivity) 大約與對應的靜態塊材數值相同。

3.2.5 位障高度調整

　　對於理想的蕭特基位障，位障高度幾乎與摻雜無關，主要是由金屬以及金屬－半導體介面特性所決定，因此一般的蕭特基位障在決定半導體後（例如 n- 型或 p- 型 Si），可以選擇的位障高度有限。然而，藉由在半導體表面引入一層可控制雜質數量（如透過離子佈值）的薄層（約為 10 nm 或更小），便可以改變已知的金屬─半導體的有效位障高度 [30-32]。對於可靠性高的元件操作，必須選擇一最佳冶金性質的金屬，同時又能調整金屬和半導體的有效位障高度，而此方法特別有用。

　　圖 15a 顯示藉由薄的 n^+ 層或是薄的 p^+ 層分別與 n- 型半導體接觸來控制位障，使得位障減低或是增加的理想情形。首先考慮位障減低的情形，在圖 15b 中的電場分布為

$$\mathscr{E} = \begin{cases} -|\mathscr{E}_m| + \dfrac{qn_1x}{\varepsilon_s} & 0 < x < a \\[2mm] -\dfrac{qn_2}{\varepsilon_s}(W-x) & a < x < W \end{cases} \qquad (37)$$

其中 $\mathscr{E}_m$ 為在金屬─半導體介面處的最大電場，表示如下

$$|\mathscr{E}_m| = \frac{q}{\varepsilon_s}[n_1a + n_2(W-a)] \qquad (38)$$

因 $\mathscr{E}_m$ 所導致的影像力降低如式 (36) 所示。對於 $n_2 \leq 10^{16}$ cm^{-3} 的 Si 和 GaAs 蕭特基位障而言，$n_2(W-a)$ 的零偏壓值大約為 10^{11} cm^{-2}。因此，如果 n_1a 比 10^{11} cm^{-2} 大許多，則式 (38) 和 (36) 可簡化為

$$|\mathscr{E}_m| \approx \frac{qn_1a}{\varepsilon_s} \qquad (39)$$

$$\Delta\phi \approx \frac{q}{\varepsilon_s}\sqrt{\frac{n_1a}{4\pi}} \qquad (40)$$

對於 $n_1a = 10^{12}$ 和 10^{13} cm^{-2} 時，所對應的降低值分別為 0.045 及 0.14 V。雖然影像力降低對位障減少有所貢獻，但穿遂效應會更為顯著。對於 $n_1a = 10^{13}$ cm^{-2}，由式 (39) 得到的最大電場為 1.6×10^6 V/cm，等於摻雜濃度為 10^{19} cm^{-3} 之 Au-Si 蕭特基二極體的零偏壓電場。這樣的二極體因為穿遂而增加的飽和電流密度約為 10^{-3} A/cm^2，所對應有效位障高度為 0.6 V（參考之後電流對位障高度的討論），即比原本 Au-Si 二極體的 0.8 V 位障，降低了 0.2 V。對於 Si 及 GaAs 位障，計算的有效位障高度與 $\mathscr{E}_m$ 的函數如圖 16 所示。藉

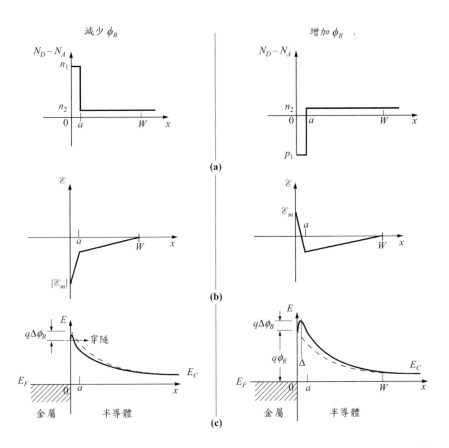

圖 15　一個薄的 (a) p^+ 或 n^+ 層在 n 型基板上，位障降低（左）或增加（右）的理想化控制位障接觸。(b)(c) 為電場與能帶分布圖。虛線為均勻摻雜的原始位障。

由增加最大電場從 10^5 V/cm 到 10^6 V/cm，通常可降低 Si 的有效位障 0.2 V，而 GaAs 則可以超過 0.3 V。

在已知的應用中，應適當的選擇參數 n_1 和 a，如此在順向才不會因較大的蕭特基位障降低以及額外的穿遂電流，而實質降低理想因子 η。而在逆向，在所需的偏壓範圍內它們不會引起大的漏電流。如果在介面形成相反摻雜的薄半導體層，可以增加有效位障。如圖 15a 所指出，如果以 p^+ 區域取

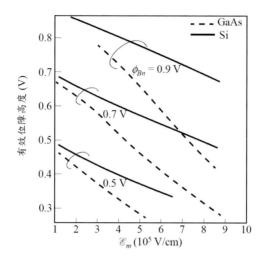

圖 16 對於 Si 和 GaAs 的金屬一半導體接觸，由穿逐效應所計算出來有效位障高度的減少。（參考文獻 33）

代 n^+ 區域，則能帶分布在 $x = 0$ 會是 $q\phi_B$，並且於 $x = \Delta$ 達到最大值，其中

$$\Delta = \frac{1}{p_1}[ap_1 - (W - a)n_2] \tag{41}$$

發生在 $x = \Delta$ 的有效位障高度為

$$\phi_B' = \phi_B + \mathscr{E}_m\Delta - \frac{qp_1\Delta^2}{2\varepsilon_s} \tag{42}$$

若 $p_1 \gg n_2$ 及 $ap_1 \gg Wn_2$，式 (42) 則近似為 $(\phi_B + qp_1a^2/2\varepsilon_s)$。因此，當乘積 ap_1 增加時，此有效位障會隨之增加。圖 17 顯示在半導體表面形成淺的銻植入層之 Ni-Si 二極體的量測結果。當佈植的劑量增加，有效位障高度在 n- 型基材為減少，而對 p- 型基材則為增加。

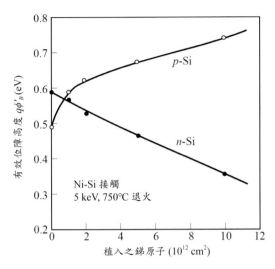

圖 17　對於 p- 型基材內的電洞與 n- 型基材內的電子，其有效位障高度為銻佈植劑量的函數。（參考文獻 33）

3.3 電流傳輸過程

　　在金屬－半導體接觸的電流主要藉由多數載子傳輸，不同於 p-n 接面是少數載子為電流傳輸載子。圖 18 顯示在順向偏壓下的五種基本傳輸過程（其相反的過程發生於逆向偏壓下）[8]。此五種過程為：(1) 電子從半導體中克服位障發射進入金屬 [對於適當摻雜半導體（例如具有 $N_D \leq 10^{17}\,cm^{-3}$ 的矽），且操作在適當的溫度下（如 300 K）之蕭特基二極體，此項為其主要過程]；(2) 電子穿隧通過位障的量子力學穿隧效應（對重摻雜半導體來說很重要，且是用來產生歐姆接觸的主要因素）；(3) 在空間電荷區的復合 [與 p-n 接面的復合過程相同（參考第二章）]；(4) 在空乏區內電子的擴散；和 (5) 從金屬注入之電洞擴散至半導體中（等效於中性區的復合）。另外，還可能具有在金屬周邊的高電場所引起的邊緣漏電流，或是因金屬—半導體介面缺陷所引起的介面電流。目前已有不同的方法來改進介面品質，以及許多元件結構被提出來用於減少或是消除邊緣漏電流（參考 3.5 節）。

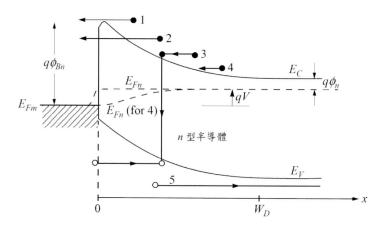

圖 18　在順向偏壓下五種基本傳輸過程 (1) 熱離子發射 (2) 穿隧 (3) 復合 (4) 電子擴散 (5) 電洞擴散。

對於一般高移動率的半導體（如 Si 和 GaAs），可以透過熱離子—發射理論 (thermionic-emission theory) 適當地描述傳輸過程。我們也應考慮擴散理論應用在低移動率的半導體上，而廣義的熱離子—發射—擴散理論 (thermionic-emission-diffusion theory) 為前面兩個理論的綜合。

蕭特基二極體的行為在某種程度上有點類似於單邊陡峭 *p-n* 接面二極體，然而蕭特基二極體本質上具有快速反應，可進行如同多數載子元件的操作。因此除了電荷儲存二極體外，*p-n* 接面二極體的終端功能可利用蕭特基二極體來完成。這是因為在多數載子元件中的電荷儲存時間是非常小的。另外一個差異為，因蕭特基二極體有較小的內建電位，熱離子發射比擴散方式容易，因此有較大的電流密度，這也導致更小的順向壓降。同樣地，蕭特基二極體的缺點為較大的逆向電流及較低的崩潰電壓。

3.3.1 熱離子—發射理論

貝特提出的熱離子發射理論 (Thermionic-Emission Theory)[6]，乃根據下列假設：(1) 位障高度 $q\phi_{Bn}$ 遠大於 kT；(2) 熱平衡建立在決定發射之平面處；(3)

淨電流流動並不會影響熱平衡，因此可以疊加兩個電流通量，其一爲從金屬到半導體，另一項則是半導體到金屬，而個別的準費米能階都不相同。如果熱離子發射爲限制機制，則整個空乏區的 E_{Fn} 爲平的（圖 18）。由於這些假設，位障分布的形狀變得無關緊要，而電流流動僅與位障高度有關。利用能量足以克服位障，而且在 x 方向流動的電子濃度可求出由半導體到金屬的電流密度 $J_{s \to m}$ 爲

$$J_{s \to m} = \int_{E_{Fn}+q\phi_{Bn}}^{\infty} q\upsilon_x dn \tag{43}$$

其中 $E_{Fn} + q\phi_{Bn}$ 爲熱離子發射至金屬所需最小能量，而 x 爲傳輸方向的載子速率。在增加的能量範圍中，電子密度爲

$$dn = N(E)F(E)dE$$
$$\approx \frac{4\pi(2m^*)^{3/2}}{h^3} \sqrt{E-E_C} \exp\left(-\frac{E-E_C+q\phi_n}{kT}\right)dE \tag{44}$$

其中 $N(E)$ 和 $F(E)$ 分別爲態位密度及分布函數。如果我們假設在導電帶內所有的電子能量均爲動能，則

$$E - E_C = \frac{1}{2}m^*\upsilon^2 \tag{45}$$

$$\Rightarrow dE = m^*\upsilon d\upsilon \tag{46}$$

$$\sqrt{E-E_C} = \upsilon\sqrt{\frac{m^*}{2}} \tag{47}$$

將式 (45)-(47) 代入式 (44) 可得

$$dn \approx 2\left(\frac{m^*}{h}\right)^3 \exp\left(-\frac{q\phi_n}{kT}\right)\exp\left(-\frac{m^*\upsilon^2}{2kT}\right)(4\pi\upsilon^2 d\upsilon) \tag{48}$$

由式 (48) 得到在速度 υ 到 $\upsilon+d\upsilon$ 之間每單位體積的電子數目，並分布在所有的方向，將式 (48) 代入式 (43) 中可得

$$J_{s \to m} = \iiint_D q \upsilon_x 2 \left(\frac{m^*}{h} \right)^3 \exp\left(-\frac{q\phi_n}{kT} \right) \exp\left(-\frac{m^*\upsilon^2}{2kT} \right)(4\pi\upsilon^2 d\upsilon) \tag{49}$$

其中 D 定義為 $\upsilon_{0x} < \upsilon_x < \infty$，$-\infty < \upsilon_y < \infty$，$-\infty < \upsilon_z < \infty$，速度 υ_{0x} 是在 x- 方向超越位障之最小速度，並滿足

$$\frac{1}{2} m^* \upsilon_{0x}^2 = q(\psi_{bi} - V) \tag{50}$$

假如傳輸方向只平行於 x 軸，我們將速度化為三個分量 $\upsilon^2 = \upsilon_x^2 + \upsilon_y^2 + \upsilon_z^2$，考慮代換 $4\pi\upsilon^2 d\upsilon = d\upsilon_x d\upsilon_y d\upsilon_z$，從式 (49) 可進一步表示成

$$J_{s \to m} = 2q \left(\frac{m^*}{h} \right)^3 \exp\left(-\frac{q\phi_n}{kT} \right) \times \int_{\upsilon_{0x}}^{\infty} \upsilon_x \exp\left(-\frac{m^*\upsilon_x^2}{2kT} \right) d\upsilon_x \int_{-\infty}^{\infty} \exp\left(-\frac{m^*\upsilon_y^2}{2kT} \right) d\upsilon_y \int_{-\infty}^{\infty} \exp\left(-\frac{m^*\upsilon_z^2}{2kT} \right) d\upsilon_z$$

$$= \left(\frac{4\pi q m^* k^2}{h^3} \right) T^2 \exp\left(-\frac{q\phi_n}{kT} \right) \exp\left(-\frac{m^*\upsilon_{0x}^2}{2kT} \right) \tag{51}$$

將式 (51) 代入式 (50) 則產生

$$J_{s \to m} = \left(\frac{4\pi q m^* k^2}{h^3} \right) T^2 \exp\left(-\frac{q\phi_{Bn}}{kT} \right) \exp\left(\frac{qV}{kT} \right)$$

$$= A^* T^2 \exp\left(-\frac{q\phi_{Bn}}{kT} \right) \exp\left(\frac{qV}{kT} \right) \tag{52}$$

以及

$$A^* = \frac{4\pi q m^* k^2}{h^3} \tag{53}$$

為熱離子發射時的有效李查遜常數 (effective Richardson constant)，其忽略光頻聲子散射 (optical phonon scattering) 和量子力學反射等效應（參考 3.3.3 節）。對自由電子 ($m^* = m_0$) 而言，李查遜常數 A 為 120 A/cm^2-K^2。須注意當考慮影像力降低時，在式 (52) 中的位障高度 ϕ_{Bn} 減少 $\Delta\phi$。

　　對於導電帶最低點擁有等向性有效質量 (isotropic effective mass) 的

半導體而言（如 n- 型的 GaAs），A^*/A 可以簡化爲 m^*/m_0。對於多能帶谷 (multiple-valley) 的半導體而言，其查遜常數結合了單一能量最小值[34]

$$\frac{A_1^*}{A} = \frac{1}{m_0}\sqrt{l_1^2 m_y^* m_z^* + l_2^2 m_z^* m_x^* + l_3^2 m_x^* m_y^*} \tag{54}$$

其中 l_1、l_2 和 l_3 爲相對於橢球體主軸，垂直放射平面方向的方向餘弦，而 m_x^*、m_y^* 和 m_z^* 爲有效質量張量的分量。對於 Si，導電帶的最小值發生在 〈100〉方向，而 $m_l^* = 0.98\ m_0$，$m_t^* = 0.19\ m_0$。A^* 的最小值發生在 〈100〉 方向

$$\left(\frac{A^*}{A}\right)_{n-\text{Si}\langle100\rangle} = \frac{2m_t^*}{m_0} + \frac{4\sqrt{m_l^* m_t^*}}{m_0} = 2.1 \tag{55}$$

在〈111〉方向上所有的最小值提供相等的電流，並產生最大的 A^* 值

$$\left(\frac{A^*}{A}\right)_{n-\text{Si}\langle111\rangle} = \frac{6}{m_0}\sqrt{\frac{(m_t^*)^2 + 2m_l^* m_t^*}{3}} = 2.2 \tag{56}$$

對於 Si 及 GaAs 的電洞而言，在 $k = 0$ 處有兩個能量極大值，其輕、重 電洞所引起的電流在各方向大致相同。這些載子所增加的電流，可表示爲

$$\left(\frac{A^*}{A}\right)_{p-\text{type}} = \frac{m_{lh}^* + m_{hh}^*}{m_0} \tag{57}$$

表 2 列出關於 Si 和 GaAs 的 A^*/A 值。由於在偏壓下，對於電子從金屬移動 到半導體的位障高度保持一樣，因此流入半導體的電流不受施加電壓影響。 它必等於在熱平衡狀況下（即 $V = 0$）由半導體進入金屬的電流。由式 (52) 設 $V = 0$ 得到所對應的電流密度

$$J_{m\to s} = -A^* T^2 \exp\left(-\frac{q\phi_{Bn}}{kT}\right) \tag{58}$$

表 2 A^*/A 的值（參考文獻 34）

半導體	Si	GaAs
p-type	0.66	0.62
n-type 〈100〉	2.1	0.063（低電場）　0.55（高電場）
n-type 〈111〉	2.2	0.063（低電場）　0.55（高電場）

由式 (52) 和 (58) 的和，可獲得總電流密度

$$J_n = \left[A^* T^2 \exp\left(-\frac{q\phi_{Bn}}{kT} \right) \right]\left[\exp\left(\frac{qV}{kT} \right) - 1 \right]$$

$$= J_{TE}\left[\exp\left(\frac{qV}{kT} \right) - 1 \right]$$

(59)

其中

$$J_{TE} \equiv A^* T^2 \exp\left(-\frac{q\phi_{Bn}}{kT} \right)$$

(60)

式 (59) 類似 p-n 接面的傳輸方程式。然而飽和電流密度的表示式卻不一樣。

另一種用來計算熱離子發射電流的方法如下 [8]。不需分解速度分量，只有能量超過位障的電子才對順向電流有貢獻。越過位障的電子數目為

$$n = N_C \exp\left[\frac{-q(\phi_{Bn} - V)}{kT} \right]$$

(61)

根據馬克斯威爾 (Maxwellian) 的速率分布，載子隨機移動穿越過平面而形成的電流可寫成

$$J = nq\frac{\upsilon_{ave}}{4}$$

(62)

其中 υ_{ave} 為平均熱速率

$$\upsilon_{ave} = \sqrt{\frac{8kT}{\pi m^*}} \qquad (63)$$

式 (61) 和 (63) 代入式 (62) 獲得

$$J = \frac{4(kT)^2 q\pi m^*}{h^3} \exp\left[\frac{-q(\phi_{Bn} - V)}{kT}\right] \qquad (64)$$

與式 (52) 相同。

3.3.2 擴散理論

蕭特基提出的擴散理論 (Diffusion Theory)[4] 提出了下列假設：(1) 位障高度 $q\phi_B$ 遠大於 kT；(2) 包含電子在空乏區內的碰撞效應，亦即擴散；(3) 在 $x = 0$ 和 $x = W_D$ 的載子濃度不受電流影響（也就是說，它們具有各自的平衡值）；以及 (4) 半導體的雜質濃度為非簡併態 (nondegenerate)。

因為在空乏區的電流與該處的電場、濃度梯度有關，我們必須使用電流密度方程式，沿著 x 方向

$$J_n = q\left(n\mu_n\mathscr{E} + D_n\frac{dn}{dx}\right) \qquad (65)$$

利用愛因斯坦關係（Einstein relation）可得到導電帶和電場的表示式

$$J_n = qD_n\left(\frac{n}{kT}\frac{dE_C}{dx} + \frac{dn}{dx}\right) \qquad (66)$$

在穩態的條件下，電流密度與 x 無關；而式 (66) 可以用 $\exp[E_C(x)/kT]$ 作為積分因子來進行積分。然後我們得到

$$J_n\int_0^{W_D} \exp\left[\frac{E_C(x)}{kT}\right]dx = qD_n\left\{n(x)\exp\left[\frac{E_C(x)}{kT}\right]\right\}\Bigg|_0^{W_D} \qquad (67)$$

而邊界條件是使用 $E_{Fm} = 0$ 作為參考點（參照圖 18，但忽略影像力對擴散的影響）

$$E_C(x) = \begin{cases} q\phi_{Bn} & , \quad x = 0 \\ q(\phi_n + V) & , \quad x = W_D \end{cases} \tag{68}$$

$$n(x) = \begin{cases} N_C \exp\left[-\dfrac{E_C(0) - E_{Fn}(0)}{kT}\right] = N_C \exp\left(-\dfrac{q\phi_{Bn}}{kT}\right) & , \quad x = 0 \\ N_D = N_C \exp\left(-\dfrac{q\phi_n}{kT}\right) & , \quad x = W_D \end{cases} \tag{69}$$

將式 (68)-(69) 代入式 (67) 獲得

$$J_n = qN_C D_n \left[\exp\left(\dfrac{qV}{kT}\right) - 1\right] \bigg/ \int_0^{W_D} \exp\left[\dfrac{E_C(x)}{kT}\right] dx \tag{70}$$

對於蕭特基位障而言，忽略影像力的影響，位能分布可以由式 (6) 獲得。將此 $E_C(x)$ 的表示式代入式 (70)，並以 $\psi_{bi} + V$ 項來表示 W_D，可推得

$$\begin{aligned} J_n &\approx \dfrac{q^2 D_n N_C}{kT} \sqrt{\dfrac{2qN_D(\psi_{bi} - V)}{\varepsilon_s}} \exp\left(-\dfrac{q\phi_{Bn}}{kT}\right)\left[\exp\left(\dfrac{qV}{kT}\right) - 1\right] \\ &\approx q\mu_n N_C \mathscr{E}_m \exp\left(-\dfrac{q\phi_{Bn}}{kT}\right)\left[\exp\left(\dfrac{qV}{kT}\right) - 1\right] = J_D\left[\exp\left(\dfrac{qV}{kT}\right) - 1\right] \end{aligned} \tag{71}$$

其中

$$J_D \equiv q\mu_n N_C \mathscr{E}_m \exp\left(-\dfrac{q\phi_{Bn}}{kT}\right) \tag{72}$$

擴散及熱離子－發射理論的電流密度表示式，即式 (59) 與式 (71) 基本上非常類似。然而，和熱離子發射理論之電流飽和密度 J_{TH} 相比，式 (71) 擴散理論的飽和電流密度 J_D 與偏壓有關，並且對溫度的敏感度較低。

3.3.3 熱離子－發射－擴散理論

　　上述有關熱離子發射和擴散方式的綜合方程式，是由克羅威爾 (Crowell) 和施 (Sze) 提出 [35]。此式是利用金屬─半導體介面附近的熱離子復合速率 υ_R 為邊界條件所推導出。既然擴散的載子容易受到擴散區域的電位環境影響，

所以我們考慮併入蕭特基位障降低效應，其電子位能 [或 $E_C(x)$] 和距離的關係如圖 19 所示。我們考慮當位障高度大到足以使金屬表面到 $x = W_D$ 之間的電荷密度為游離化施體（即空乏近似）的情況。如圖所示，在金屬和半導體塊材之間所施加的電壓 V 將引起電子朝向金屬流動。圖中也顯示位障內電子準費米能階 E_{Fn} 為位置的函數。在整個 x_m 和 W_D 之間的區域中

$$J = J_n = n\mu_n \frac{dE_{Fn}}{dx} \tag{73}$$

其中，在任一 x 處的電子密度

$$n = n(x) = N_C \exp\left[-\frac{E_C(x) - E_{Fn}(x)}{kT}\right] \tag{74}$$

我們將假設 x_m 到 W_D 之間的區域是等溫的，而且電子溫度 (electron temperature) T 等於晶格溫度。如果將 x_m 到介面 $(x = 0)$ 之間的位障作用視為電子的吸收，則可利用一有效復合速率為 v_R 來描述位於最大位能處 x_m 的電流

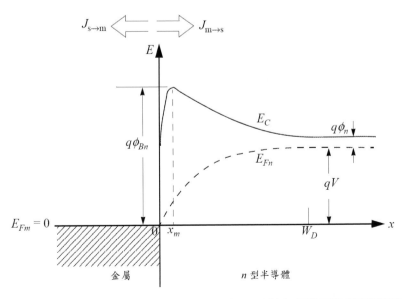

圖 19　包含蕭特基效應的能帶圖，說明衍生之熱離子－發射－擴散理論和穿隧電流。

$$J = q(n_m - n_0)v_R \tag{75}$$

其中，n_m 為電流流動時，位於 x_m 的電子密度

$$n_m = n(x_m) = N_C \exp\left[\frac{E_{Fn}(x_m) - E_C(x_m)}{kT}\right] = N_C \exp\left[\frac{E_{Fn}(x_m) - q\phi_{Bn}}{kT}\right] \tag{76}$$

n_0 是在準平衡態 (quasi-equilibrium) 時，在 x_m 處的電子密度；如果在最大位能的大小與位置不變的情況下達到平衡狀態，此密度將會發生。也就是當 $E_{Fn}(x_m) = E_{Fm}$ 時

$$n_0 = N_C \exp\left(-\frac{q\phi_{Bn}}{kT}\right) \tag{77}$$

另一邊界條件（以 $E_{Fm} = 0$ 為參考點）為

$$E_{Fn}(W_D) = qV \tag{78}$$

如果利用式 (73) 和 (74) 消除 n，並將其 E_{Fn} 之表示式由 x_m 積分到 W_D

$$\exp\left[\frac{E_{Fn}(x_m)}{kT}\right] - \exp\left(\frac{qV}{kT}\right) = \frac{-J}{\mu_n N_C kT} \int_{x_m}^{W_D} \exp\left(\frac{E_C}{kT}\right) dx \tag{79}$$

由式 (75) 和式 (79)，可以求解出 $E_{Fn}(x_m)$

$$\exp\left[\frac{E_{Fn}(x_m)}{kT}\right] = \frac{v_D \exp(qV/kT) + v_R}{v_D + v_R} \tag{80}$$

其中

$$v_D \equiv D_n \exp\left(\frac{q\phi_{Bn}}{kT}\right) \bigg/ \int_{x_m}^{W_D} \exp\left(\frac{E_C}{kT}\right) dx \tag{81}$$

上式為電子從空乏層邊緣 W_D 傳輸到最大位能 x_m 的有效擴散速度。將式 (80) 代入式 (75)，可獲得熱離子－發射－擴散理論 (Thermionic-Emission-Diffusion, TED theory) 的最後結果

$$J_{TED} = \frac{qN_C\upsilon_R}{1+(\upsilon_R/\upsilon_D)}\exp\left(-\frac{q\phi_{Bn}}{kT}\right)\left[\exp\left(\frac{qV}{kT}\right)-1\right] \tag{82}$$

在此方程式中，υ_R 和 υ_D 的相對值決定了熱離子發射與擴散的相對貢獻。利用道森積分（Dawson integral）可以求得參數 υ_D，並且在空乏區中可以用 $\upsilon_D \approx \mu_n\mathscr{E}_m$ 近似[8]。如果在 $x \geq x_m$ 時，電子為馬克斯威爾分布，且除了與電流密度 $qn_0\upsilon_R$ 相關的電子外，沒有其他電子由金屬返回，則此半導體可視為一個熱離子發射器。而熱速率 υ_R 可由下式所得

$$\begin{aligned} \upsilon_R &= \int_0^\infty \upsilon_x \exp\left(\frac{-m^*\upsilon_x^2}{2kT}\right)d\upsilon_x \bigg/ \int_{-\infty}^\infty \exp\left(\frac{-m^*\upsilon_x^2}{2kT}\right)d\upsilon_x \\ &= \sqrt{\frac{kT}{2m^*\pi}} = \frac{A^*T^2}{qN_C} \end{aligned} \tag{83}$$

A^* 是有效的李查遜常數 (effective Richardson constant)，如表 2 所示。300 K 時，[111] 晶向 n- 型 Si 和 [100] 晶向 n- 型 GaAs 的 υ_R 分別為 5.2×10^6 和 1.0×10^7 cm/s。由此可見，如果 $\upsilon_D \gg \upsilon_R$，在式 (82) 前面的指數項由 υ_R 所主導，此時與熱離子－發射理論 ($J_{TED} = J_{TE}$) 相符。然而，若 $\upsilon_D \ll \upsilon_R$，則擴散過程成為限制因子 ($J_{TED} = J_D$)。

總而言之，式 (82) 為綜合蕭特基擴散理論和貝特熱離子－發射理論的結果。當 $\mu\mathscr{E}$ $(x_m) > \upsilon_R$，可推測電流大致符合熱離子－發射理論。此標準比貝特的條件 $\mathscr{E}(x_m) > kT/q\lambda$ 更為精確，其中 λ 為載子的平均自由徑。在先前的 3.3.1 節中，與熱離子發射有關的復合速率 υ_R 被引入作為一邊界條件，用來描述蕭特基位障內金屬的載子收集行為。在許多例子中，電子躍過最大位能後，仍存有相當的機率，會因電子的光頻聲子散射（optical-phonon scattering）而被散射回來[36, 37]。最初電子發射躍過最大位能的機率為 $f_p = \exp(-x_m/\lambda)$；此外，由於蕭特基位障造成的量子力學反射，以及電子穿隧通過蕭特基位障，會使電子能量分布更進一步地偏離馬克斯威爾分布[38, 39]。總電流通量比例 f_Q（為考慮量子力學的穿隧與反射的總電流，以及忽略這些效

應的總電流比值）和電場與電子能量（由最大電位能所測得）有很強的相關性。

若考慮 f_p 和 f_Q，則 J-V 特性的完全表示式為

$$J = A^{**}T^2 \exp\left(-\frac{q\phi_{Bn}}{kT}\right)\left[\exp\left(\frac{qV}{kT}\right)-1\right] \tag{84}$$

其中

$$A^{**} = \frac{f_p f_Q A^*}{1+(f_p f_Q \upsilon_R / \upsilon_D)} \tag{85}$$

這些效應的影響會反應在有效李查遜常數上，A^* 會降低 50% 而變成 A^{**}。圖 20 顯示在雜質濃度為 10^{16} cm^{-3} 的 金屬─ Si 系統，其在室溫下計算所得的 A^{**}。注意到電子（n- 型 Si），其 A^{**} 在電場為 10^4 到 2×10^5 V/cm 的範圍內，基本上都維持在 110 A/cm^2-K^2 左右；而對於電洞 (p- 型 Si)，A^{**} 在相同電場範圍內也都維持一定值，但其數值明顯較低 ($\approx$ 30 A/cm^2-K^2)。對於 n-型 GaAs，計算所得的 A^{**} 為 4.4 A/cm^2-K^2。

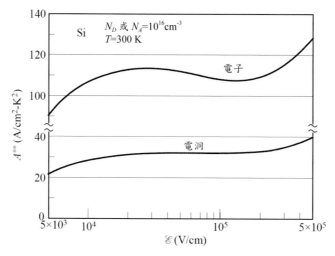

圖 20　對於金屬─矽位障，計算其有效李查遜常數 A** 對應電場的關係。
　　　（參考文獻 40）

總結上述的討論，在室溫下而電場範圍由 10^4 到 10^5 V/cm 左右，大部分 Si 和 GaAs 蕭特基位障二極體的電流傳輸機制，主要是由多數載子的熱離子發射所主導。將式 (6) 和 (74) 代入式 (73)，可用來研究電子費米能階 E_{Fn}（在金屬－半導體介面附近）與空間的相依性，並計算其差異值 $E_{Fn}(W_D)-E_{Fn}(0)$。圖 18 所顯示的 E_{Fn}，基本上在整個空乏區內是水平的[41]。對於 $N_D = 1.2 \times 10^{15}$ cm^{-3} 的 Au-Si 二極體，在溫度為 300 K，順偏電壓為 0.2 V 時，此二極體的 $E_{Fn}(W_D)-E_{Fn}(0)$ 差異值只有 8 meV。在較高的摻雜濃度下，此差異值會更小。這些結果進一步地驗證：對於具有適當摻雜的高移動率半導體，適用熱離子－發射理論。

3.3.4 穿隧電流

對於摻雜較重或是低溫操作的半導體，穿隧電流 (Tunneling Current) 可能會變得更明顯。在極端的歐姆接觸情形下（金屬接觸在簡併半導體上），穿隧電流為主要的傳輸過程。在本章 3.6 節，我們將專注討論歐姆接觸。從半導體到金屬的穿隧電流 $J_{s \to m}$ 正比於量子穿透係數（穿隧機率）乘上半導體內的佔據機率，以及金屬內的非佔據機率為[39]

$$J_{s \to m} = \frac{A^{**}T^2}{kT}\int_{E_{Fm}}^{q\phi_{Bn}} F_s T(E)(1-F_m)dE \qquad (86)$$

F_s 和 F_m 分別為半導體和金屬的費米－狄拉克分布函數（Fermi-Dirac distribution），而 $T(E)$ 為穿隧機率（與特定能量的位障寬度有關）。可以由一個相似的表示式獲得反方向流動的電流 $J_{m \to s}$。此時只需將 F_s 和 F_m 互換並使用相同的方程式。而淨電流密度為這兩分量的代數總和。對於上述的方程式，要獲得更詳細的表示式是有困難的，可以利用電腦之數值計算得到式 (86) 的解答。

對於 Au-Si 位障，其典型的電流－電壓特性之理論和實驗值顯示於圖 21。我們注意到總電流密度由熱離子發射和穿隧電流所構成，可以方便地表示如下

$$J = J_0 \left[\exp\left(\frac{qV}{\eta kT} \right) - 1 \right] \tag{87}$$

其中 J_0 為飽和電流密度，可藉由圖 19 的對數－線性圖，使用外插法在 $V = 0$ 時得之。η 為理想因子 (ideality factor)，與對數－線性圖的斜率有關。在穿隧電流很小、沒有穿隧電流或空乏層復合的情況下，J_0 主要由熱離子發射所決定，而且 η 非常接近 1。對於高摻雜和／或是低溫下，穿隧電流開始發生，而且 J_0 和 η 兩者都會提高。

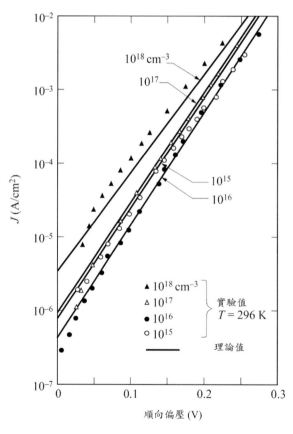

圖 21　Au-Si 蕭特基位障理論和實驗之電流－電壓特性。電流會因為穿隧而增加。（參考文獻 39）

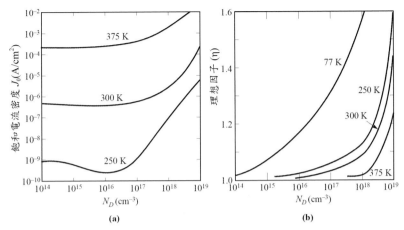

(a)   **(b)**

圖 22　(a)Au-Si 蕭特基位障在三種溫度下，飽和電流密度對摻雜濃度的關係。(b) 在不
同溫度下，理想因子 η 對摻雜濃度的關係。（參考文獻 39）

　　Au-Si 二極體之飽和電流密度 J_0 及 η 與摻雜濃度的關係（包含溫度參
數）繪製於圖 22。注意，J_0 在低摻雜濃度時為一常數，但是當 $N_D > 10^{17}$
cm^{-3} 時，J_0 開始迅速增加。理想因子 η 在低摻雜及高溫下非常接近 1；然而，
當摻雜增加或是溫度降低，η 會大幅地偏離 1。

　　圖 23 顯示 Au-Si 二極體的穿隧電流對熱離子電流的比值。注意，在 N_D

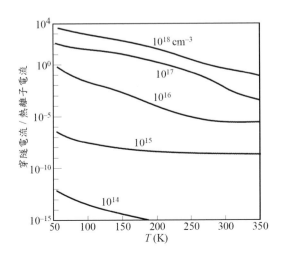

圖 23　Au-Si 位障的穿隧電流對熱
離子電流之比值。在高摻
雜及低溫時，穿隧電流會
主導。（參考文獻 39）

$\leq 10^{17} \, \text{cm}^{-3}$ 和 $T \geq 300$ K 時，此比值會遠小於 1 ，並且可以忽略穿隧分量。然對在高摻雜及低溫下，此值變成遠大於 1，顯示出穿隧電流成為主導項。

　　穿隧電流也可以用解析的方式來表示，這樣能夠給予更多的物理觀點。此公式經由巴杜法尼 (Padovani) 和史特拉頓 (Stratton) 的努力[42]，也可用來推導歐姆接觸電阻。參考圖 24 的能帶圖，我們可以概略地將電流分類為三種分量：(1)躍過位障的熱離子發射(TE)；(2)費米能階附近的場發射(FE)；(3)能量位在 TE 和 FE 之間的熱離子─場發射 (TFE)。其中，FE 為一種單純的穿隧過程；TFE 是熱激發的載子進行穿隧，其所遇到的位障寬度比 FE 更薄。這些分量的相對貢獻與溫度及摻雜程度相關。相較於熱能 kT，可以定義一個粗略的標準 E_{00}

$$E_{00} \equiv \frac{q\hbar}{2} \sqrt{\frac{N}{m^* \varepsilon_s}} \tag{88}$$

當 $kT \gg E_{00}$ 時，電流由 TE 主導，原本的蕭特基位障行為佔優勢，排除穿隧現象。當 $kT \ll E_{00}$ 時，由 FE 主導（或穿隧）。而當 $kT \approx E_{00}$ 時，結合 TE 和 FE 兩者的 TFE 為主要機制。在順偏壓下，因 FE 而產生的電流可以表示為[42]

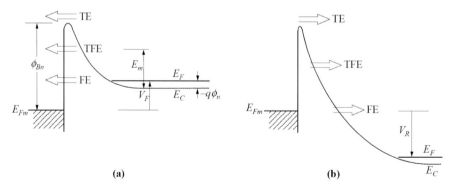

圖 24　蕭特基二極體的能帶圖（在 n- 型簡併半導體上）以定性表示在 (a) 順向偏壓 (b) 逆向偏壓下的穿隧電流。TE＝熱離子發射，TFT ＝熱離子─場發射。FE ＝場發射。

$$J_{FE} = \frac{A^{**}T\pi \exp[-q(\phi_{Bn} - V_F)/E_{00}]}{c_1 k \sin(\pi c_1 kT)}[1 - \exp(-c_1 q V_F)]$$
$$\approx \frac{A^{**}T\pi \exp[-q(\phi_{Bn} - V_F)/E_{00}]}{c_1 k \sin(\pi c_1 kT)} \tag{89}$$

其中

$$c_1 \equiv \frac{1}{2E_{00}} \log\left[\frac{4(\phi_{Bn} - V_F)}{-\phi_n}\right] \tag{90}$$

對於簡併半導體而言 ϕ_n 爲負。注意，與 TE 相比，FE 電流對溫度的相依性較弱（溫度參數不在指數項中），這是穿隧現象的特性。因 TFE 產生的電流如下

$$J_{TFE} = \frac{A^{**}T\sqrt{\pi E_{00} q(\phi_{Bn} - \phi_n - V_F)}}{k\cosh(E_{00}/kT)} \exp\left[\frac{-q\phi_n}{kT} - \frac{q(\phi_{Bn} - \phi_n)}{E_0}\right]\exp\left(\frac{qV_F}{E_0}\right) \tag{91}$$

$$E_0 \equiv E_{00} \coth\left(\frac{E_{00}}{kT}\right) \tag{92}$$

其 TFE 在能量如下時達到峰值

$$E_m = \frac{q(\phi_{Bn} - \phi_n - V_F)}{\cosh^2(E_{00}/kT)} \tag{93}$$

E_m 是以中性區的 E_C 爲基準所量測的。在逆偏壓下，因爲可能有大的電壓差，所以穿隧電流可以變得更大。因 FE 和 TFE 所產生的電流爲

$$J_{FE} = A^{**}\left(\frac{E_{00}}{k}\right)^2\left(\frac{\phi_{Bn} + V_R}{\phi_{Bn}}\right)\exp\left(-\frac{2q\phi_{Bn}^{3/2}}{3E_{00}\sqrt{\phi_{Bn} + V_R}}\right) \tag{94}$$

$$J_{TFE} = \frac{A^{**}T}{k}\sqrt{\pi E_{00} q\left[V_R + \frac{\phi_{Bn}}{\cosh^2(E_{00}/kT)}\right]}\exp\left(\frac{-q\phi_{Bn}}{E_0}\right)\exp\left(\frac{qV_R}{\varepsilon'}\right) \tag{95}$$

其中

$$\varepsilon' = \frac{E_{00}}{(E_{00} / kT) - \tanh(E_{00} / kT)} \tag{96}$$

雖然這些解析的表示式較複雜，但如果已知所有的參數，還是能簡單地把這些表示式計算出來。在本章 3.6 節中，這些方程式也可以用來推導歐姆接觸電阻。

3.3.5 少數載子注入

蕭特基位障二極體主要是一種多數載子元件。因爲少數載子的擴散遠小於多數載子的熱離子發射電流，所以少數載子的注入比例 (injection ratio) γ 很小（γ 爲少數載子電流對總電流的比例）。然而，在足夠大的順向偏壓下，不能忽略少數載子的漂移分量，而此漂移分量將會增加整體的注入效應。電洞漂移和擴散所產生的總電洞電流爲

$$J_p = q \mu_p p_n \mathscr{E} - q D_p \frac{dp_n}{dx} \tag{97}$$

大量的多數載子熱離子─發射電流會造成電場增加

$$J_n = q \mu_n N_D \mathscr{E} \tag{98}$$

我們考慮圖 25 所示的能帶圖，其中 x_1 爲空乏層的邊界、x_2 標示出 n-型磊晶層和 n^+ 基材之間的介面。由第二章所討論的接面理論，在 x_1 的少數載子密度爲

$$p_n(x_1) = p_{no} \exp\left(\frac{qV}{kT}\right) = \frac{n_i^2}{N_D} \exp\left(\frac{qV}{kT}\right) \tag{99}$$

從式 (84)，$p_n(x_1)$ 也可以表示爲順向偏電流密度的函數

$$p_n(x_1) \approx \frac{n_i^2}{N_D} \frac{J_n}{J_{n0}} \tag{100}$$

其中 $J_n = J_{n0} \exp(qV/kT\text{-}1)$ 是熱離子發射電流，J_{n0} 爲飽和電流密度。要計算擴散電流，也需要 $p_n(x_2)$ 的其他邊界條件。對少數載子而言，我們使用傳輸速

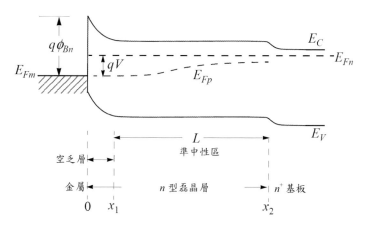

圖 25　在順向偏壓下，磊晶蕭特基位障的能帶圖。

度 (transport velocity) S_p [或表面復合速率 (surface recombination velocity)] 來描述少數載子的電流和濃度，表示如下

$$J_p(x_2) = qS_P[p_n(x_2)-p_{no}] \tag{101}$$

首先考慮 $S_p = \infty$ 的情況 [或是 $p_n(x_2) = p_{no}$，此兩者相等]。在這邊界條件下，此擴散分量有一標準形式，與 p-n 接面的相同。從式 (97)、(98) 和 (100)，可獲得的總電洞電流如下（在 $L \ll L_p$ 時）

$$
\begin{aligned}
J_p &= q\mu_p p_n \mathscr{E} + \frac{qD_p n_i^2}{N_D L}\exp\left[\left(\frac{qV}{kT}\right)-1\right] \\
&= \frac{\mu_p n_i^2 J_n^2}{\mu_n N_D^2 J_{n0}} + \frac{qD_p n_i^2}{N_D L}\exp\left[\left(\frac{qV}{kT}\right)-1\right]
\end{aligned} \tag{102}
$$

注入比例為

$$\gamma \equiv \frac{J_p}{J_p + J_n} \approx \frac{J_p}{J_n} \approx \frac{\mu_p n_i^2 J_n}{\mu_n N_D^2 J_{n0}} + \frac{qD_p n_i^2}{N_D L J_{n0}} \tag{103}$$

對於 Au-Si 二極體，所量測到的注入比例值非常小，其級數為 10^{-5}，符合式 (103)[43]。注意，此 γ 具有兩項。在式 (103) 的第二項由擴散電流所形成，與偏壓無關。在低偏壓時，注入比例為

$$\gamma_0 = \frac{qD_p n_i^2}{N_D L J_{n0}} \tag{104}$$

式 (103) 的第一項由漂移過程所形成，並且和偏壓（或是電流）有關。在高電流下，它可以超越擴散分量。明顯的，爲了降低少數載子的注入比例（這是爲了減少電荷儲存時間，後續將會討論到）所使用的金屬─半導體系統必須具有大的 N_D（即低阻值材料）、大的 J_{n0}（相當於小的位障高度）和小的 ni（相當於大的能隙）。除此之外，需避免高偏壓操作。舉例而言，具有 $N_D = 10^{15}$ cm^{-3} 和 $J_{n0} = 5 \times 10^{-7}$ A/cm^2 的 Au-n-Si 二極體在低偏壓時的注入比例 $\gamma_0 \approx 5 \times 10^{-4}$；但是在電流密度爲 350 A/cm^2 時，預測注入比例會高達 5% 左右。先前的敘述是假設 $p_n(x_2) = p_{no}$。注意在 x_2 的位置，對電洞而言多了一個位障並造成電洞堆積。沙菲特 (Scharfetter) 利用 S_p 作爲參數來考慮這些中間的狀況 [44]。由正規化之 γ_0 與 J_{00} 所得之計算結果如圖 26a。J_{00} 爲電洞的漂移和擴散分量相等時的多數載子電流；使式 (102) 中的兩項相等，就可以求得 J_{00}。另一個與注入比例相關的量爲少數載子儲存時間 (minority-carrier storage tim)τ_s，其定義爲每單位電流密度儲存在準中性區的少數載子量

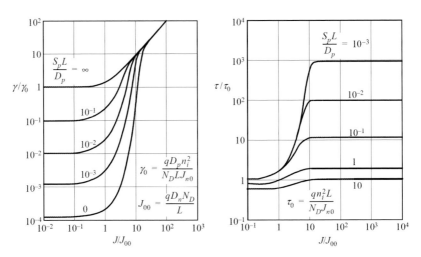

圖 26　(a) 正規化的少數載子注入比例對正規化電流密度的關係 (b) 正規化的少數載子儲存時間對正規化的電流密度之關係。$L/L_p = 10^{-2}$。（參考文獻 44）

$$\tau_s \equiv \int_{x_1}^{x_2} qp(x)dx \Big/ J \tag{105}$$

在低電流限制時，τ_s 與 $p_n(x_2)$ 或 S_p 有關，可以近似如下（在 $L \ll L_p$）

$$\tau_s \approx \frac{qn_i^2 L}{N_D J_{n0}} \tag{106}$$

此參數與電流無關。在高電流偏壓時，$p_n(x_2)$ 可以變得非常高，甚至比準中性區 L 內的其他位置還高；也就是說，載子分布會隨位置而增加。再次利用 S_p 爲參數，τ_s 對電流密度的一般性結果顯示於圖 26b。由圖可以觀察到，對於有限的 S_p ($S_p \neq \infty$)，τ_s 的增加量能夠以級數的方式增加。另外，高摻雜對於任何情形下的降低儲存時間也非常重要。

3.3.6 MIS 穿隧二極體

　　爲了持續滿足性能需求以面對即將來臨金氧半場效電晶體的新世代，降低接觸電阻值同時微縮接觸表面是至關重要的。降低接觸電阻有兩種方法，一是使用脈衝雷射退火 (pulsed laser annealing) 來窄化空乏區寬度，另一是在金屬－絕緣－半導體 (MIS) 接面上減小費米能階釘札效應 [24]。在金屬－絕緣體－半導體 (MIS) 穿隧二極體中，沉積金屬前會故意（有時並非故意）引入一層薄的介面層（例如一層氧化物）[45, 46]。此介面層的厚度大約 1-3 nm。此元件與 MIS 電容（將在第四章中探討）不同，它擁有相當的電流，而且在施加偏壓下，半導體並非處於平衡態（也就是說，電子和電洞的準費米能階 E_{Fn} 與 E_{Fp} 是分開的）。此結構相較於傳統金屬－半導體接觸的主要差異爲：(1) 因介面層的加入而使得電流減少；(2) 有較低的位障高度（部分的位能是跨在介面層上的）；以及 (3) 較高的理想因子 η。其能帶圖與圖 5 類似。電流方程式可以寫爲 [45]

$$J = A^* T^2 \exp(-\sqrt{\zeta}\,\delta)\exp\left(\frac{-q\phi_B}{kT}\right)\left[\exp\left(\frac{qV}{\eta kT}\right) - 1\right] \tag{107}$$

可以在 9.3.2 節找到此方程式的推導。對於相同的位障,電流被穿隧機率

$$T(E) = \exp\left(-\sqrt{\zeta}\,\delta\right) \tag{108}$$

其中 ζ(以 eV 為單位)和 δ(以 Å 為單位)分別為介面層的有效位障和厚度。(省略 $[\,2(2m^*/\hbar)\,]^{1/2}$ 之常數,其值為 1.01 eV$^{-1/2}$ Å^{-1}。)這個額外的穿隧機率可視為有效李查遜常數的修正,正如前所討論的。理想因子增加為 [45]

$$\eta = 1 + \left(\frac{\delta}{\varepsilon_i}\right)\frac{(\varepsilon_s/W_D) + qD_{its}}{1 + (\delta/\varepsilon_i)qD_{itm}} \tag{109}$$

其中 D_{its} 和 D_{itm} 分別為平衡時,半導體和金屬的介面缺陷。一般而言,當氧化物厚度小於 3 nm 時,介面缺陷與金屬達成平衡;然而對於較厚的氧化物,這些缺陷傾向與半導體達成平衡。

　　圖 27a 為一個金屬─絕緣層─半導體結構的實驗結果,由熱 SiN$_x$ 層夾在 Al 與 Si 之間構成。在固定溫度條件下,氮化物會隨著時間成長,增量電阻值可由內插至接面為零而得。當絕緣層厚度增加,電阻急速下降,並達到一個最小之接觸電阻值。但其後隨著氮化物厚度增厚,接觸電阻增加 [47]。在半導體與金屬層中間若插入具有適當厚度之絕緣層,有助於增加電流密度。圖 27b 所示為穿隧通過界面絕緣層,由能帶圖可看出深能態比自由載子能態面臨較大的最小位障,因此造成急速衰減(如箭頭長度所示),當金屬誘發能隙態阻塞,可允許自由電子穿隧絕緣層。圖 27c 所示為由典型實驗觀察所得接觸電阻率為絕緣層厚度之函數的示意圖。很明顯地,在絕緣厚度大時會因穿隧電阻增加,而造成接觸電阻增加。對曲線左側,首先單層絕緣體,會壓制金屬引發能隙與鈍化缺陷引發能隙態,並造成寬鬆的釘札效應,降低蕭特基位障高度並增加熱離子電流。當絕緣層厚度增加,不可忽略絕緣層位能下降,並可能造成半導體空間電荷區變窄,而降低蕭特基位障高度,明顯的,這並不等於釘札鬆動 (de-pinning),因為蕭特基位障高度決定於金屬功函數,並不受此現象影響 [48]。

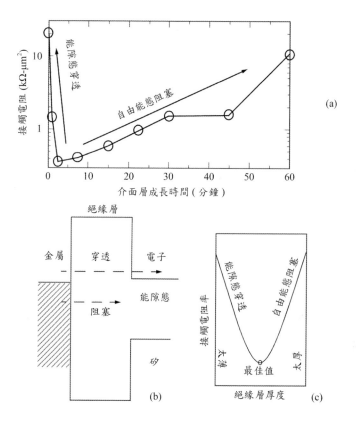

圖 27 　(a) Al 在 n^+Si 上量測值表示了明顯的最小接觸電阻值。當界面厚度增加，能隙態
　　　　阻塞、電阻快速下降，並釋出費米能階，更進一步增加界面層厚度，因自由載
　　　　子阻塞而造成電阻上升，矽之穿隧是由於高的基板摻雜濃度，而減少熱電子阻
　　　　障之轉移。(b) 穿隧通過界面絕緣層，由能帶圖可看出深能態比自由載子能態面
　　　　臨較大的最小位障，因此造成急速衰減（如箭頭之長度所示），當金屬引發能
　　　　隙態阻塞，可允許自由電子穿隧絕緣層。(c) 最適當的絕緣層厚度為能隙態位阻
　　　　塞，而自由載子仍能充分地穿隧。（參考文獻 47）

　　此介面層會減少多數載子熱離子─發射電流，但不影響擴散所形成的少數載子電流，並且可提升少數載子注入效率。此現象用來改善電致發光二極體 (electroluminescent diode) 的注入效率及蕭特基位障太陽能電池的開路電壓。更多穿隧效應將於 9.3 節討論。

3.4 位障高度的量測

　　基本上，有四種方法可用來量測金屬─半導體接觸的位障高度：(1) 電流─電壓法；(2) 活化能法；(3) 電容─電壓法；(4) 光電方法。

3.4.1 電流─電壓量測

　　對於適量摻雜的半導體，在順偏方向 $(V > 3kT/q)$ 的 I-V 特性可以透過式 (84) 獲得

$$J = A^{**}T^2 \exp\left(\frac{-q\phi_{B0}}{kT}\right)\exp\left[\frac{q(\Delta\phi + V)}{kT}\right] \tag{110}$$

由於 A^{**} 和 $\Delta\phi$ （影像力降低）兩者都與所施加的電壓呈現微弱的函數關係，因此順偏之 J-V 特性可以用先前式 (87) 的 $J = J_0 \exp(qV/\eta kT)$ 來表示（當 $V > 3kT/q$），其中 η 為理想因子

$$\eta \equiv \frac{q}{kT}\frac{dV}{d(\ln J)}$$
$$= \left[1 + \frac{d\Delta\phi}{dV} + \frac{kT}{q}\frac{d(\ln A^{**})}{dV}\right]^{-1} \tag{111}$$

典型的例子如圖 28 所顯示，圖中對於 W-Si 二極體，其 $\eta = 1.02$；而對於 W-GaAs 二極體，其 $\eta = 1.04$。利用外插法獲得電壓為零時的電流密度值，即飽和電流密度 J_0。而位障高度可以從下面方程式得到

$$\phi_{Bn} = \frac{kT}{q}\ln\left(\frac{A^{**}T^2}{J_0}\right) \tag{112}$$

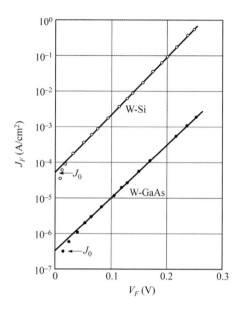

圖 28 W-Si 及 W-GaAs 二極體之順向電流密度對電壓的關係。（參考文獻 49）

由於在室溫下，位障高度 ϕ_{Bn} 對於 A^{**} 的選擇並不是非常敏感，所以就算增加 100% 的 A^{**}，也只會使 ϕ_{Bn} 增加 0.018 V。在室溫下 A^{**} = 120 A/cm²-K²，J_0 和 ϕ_B (ϕ_{Bn} 或是 ϕ_{Bp}) 的理論關係繪製於圖 29。在其他的 A^{**} 值，可以在此圖中畫出平行線可獲得適當的關係。

　　在逆偏方向，影響電壓主要因素為蕭特基位障降低，或

$$J_R \approx J_0$$
$$\approx A^{**}T^2 \exp\left[-\frac{q(\phi_{B0} - \sqrt{q\mathscr{E}_m/4\pi\varepsilon_s})}{kT}\right] \qquad \text{for } V_R > 3kT/q \qquad (113)$$

其中

$$\mathscr{E}_m = \sqrt{\frac{2qN_D}{\varepsilon_s}\left(V_R + \psi_{bi} - \frac{kT}{q}\right)} \qquad (114)$$

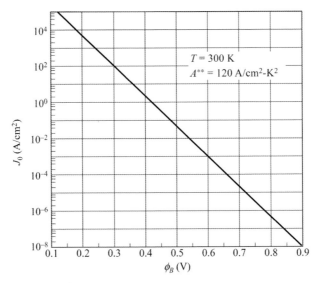

圖 29　在 300 K，有效李查遜常數為 120 A/cm²-K² 時，其理論飽和電流密度對位障高度關係。

如果位障高度比能隙還小，則空乏層的產生－復合電流相較於蕭特基發射電流是比較小的，這使得逆向電流會如式 (113) 隨著逆偏壓而逐漸地增加，這主要是因為影像力降低所造成。

　　然而，大部分實際的蕭特基二極體構成逆向電流的主要部分為邊緣的漏電流，此漏電流是由金屬電極板周圍的陡峭邊緣造成。這種陡峭邊緣效應類似第二章討論的接面曲率效應（當 $r_j \rightarrow 0$）。為了消除此效應，可以在製作金屬－半導體二極體時加入一擴散的防護環 (guard ring)（此結構後續討論）。此防護環為一深摻雜的 p- 型擴散區，其特定的摻雜分布使得 p-n 接面比金屬－半導體接觸有更高的崩潰電壓。由於陡峭邊緣效應的消除，我們可以獲得近乎理想的順向偏壓與逆向偏壓 I–V 特性。圖 30 顯示具有防護環之 PtSi-Si 二極體的實驗量測值和基於式 (113) 理論計算值的比較，其特性幾乎是一致的。接近 30 V 時電流的急遽增加是因為累增崩潰所造成，對於施體摻雜濃度為 2.5×10^{16} cm⁻³ 的二極體而言，此現象可以被預期。

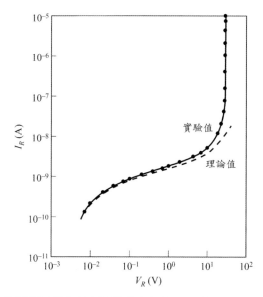

圖 30　PtSi-Si 二極體所量測的逆向偏壓電流與式 (113) 的理論預測值比較。（參考文獻 50）

　　要了解防護環結構對於防止提前崩潰和表面漏電流的效能，可以在固定的逆向偏壓下，研究二極體的直徑與逆向漏電流之間的函數關係而得知。基於此目的，可以在半導體上製作不同直徑的蕭特基二極體陣列，再量測其逆向漏電流，並繪出漏電流與二極體直徑之間的函數關係 [51]。如果實驗數據的所得到斜率為 2，表示漏電流大小正比於元件面積；另一方面，若是漏電流是由邊緣效應主導，則預期數據將落在斜率為 1 的直線上。

　　對於某些蕭特基二極體，其逆向電流還具有額外的成分，此成分來自於如果金屬─半導體的介面沒有插入氧化物或是其他污染，則在金屬內電子的波函數能夠使其穿透半導體能隙，這是量子力學效應，導致金屬─半導體的介面形成一靜態電偶極層；此電偶極層導致本質位障高度會輕微地隨著電場而變化，使得 $d\phi_{B0}/d\mathscr{E}_m \neq 0$。利用一次近似，此靜態的位障降低可以表示為

$$\Delta\phi_{\text{static}} \approx \alpha\mathscr{E}_m \tag{115}$$

或 $\alpha \equiv d\phi_{B0}/d\mathscr{E}_m$。圖 31 顯示 RhSi-Si 二極體的逆向電流，在 $\alpha = 1.7$ nm 的經驗值下，其理論值與量測值極為吻合。

3.4.2 活化能量測

　　以活化能量測 (Activation-Energy Measurement) 來決定蕭特基位障，主要的優點為不需要假設任何的電性活化面積 (electrically active area)。此特點在研究新穎或不尋常的金屬─半導體介面上特別重要，因為通常會不知道實際的接觸面積大小。在不夠乾淨或是未反應完全的表面上，電性作用面積可能只佔幾何面積中的一小部分。另一方面，劇烈的冶金反應可能會使得金屬─半導體的介面變得粗糙不平，結果導致電性作用面積會大於表面的幾何面積。如果將式 (84) 乘上電性作用面積 A，我們得到

$$\ln\left(\frac{I_F}{T^2}\right) = \ln(AA^{**}) - \frac{q(\phi_{Bn} - V_F)}{kT} \tag{116}$$

其中 $q(\phi_{Bn} - V_F)$ 可視為活化能。當溫度超過某一限制範圍（大約在室溫附近）後，A^{**} 和 ϕ_{Bn} 基本上與溫度無關。因此若固定順向偏壓 V_F，並將 $\ln(I_F/T^2)$ 對 $1/T$ 作圖，求其斜率可獲得位障高度，而由 $1/T = 0$ 的縱座標截距可以得到電性作用面積 A 與有效李查遜常數 A^{**} 的乘積。

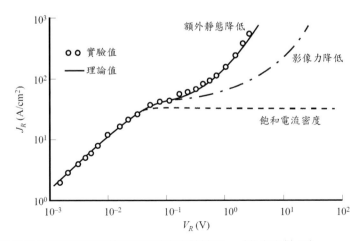

圖 31　RhSi-Si 二極體其逆偏特性的理論與實驗結果。（參考文獻 40）

為了說明活化能法在研究介面冶金反應的重要性，圖 32 顯示 Al-*n*-Si 接觸在各種退火溫度下，不同位障高度之飽和電流與活化能的關係 [52]。圖中的斜率指出，退火溫度在 450℃ 到 650℃ 時，其有效位障高度幾乎線性地由 0.71 增加至 0.81 V，而此結果也可由 *I–V* 和 *C–V* 量測獲得驗證。另外也能推測，當到達 Al-Si 共晶溫度 (≈ 580℃) 時，金屬－半導體介面的實際冶金特性必定是明顯的改變。當退火溫度超過 Al-Si 共晶溫度時，由圖 32 的縱座標截距可知電性作用面積變大，其增加的因子為 2。

3.4.3 電容－電壓量測

位障高度也可以透過電容量測來決定。當一小交流電壓疊加於一直流偏壓上，在金屬表面會導入額外的電荷，而在半導體處則感應出電性相反之電荷。由式 (10) 可得電容 *C* (每單位面積的空乏層電容) 和電壓 *V* 之間的關係。

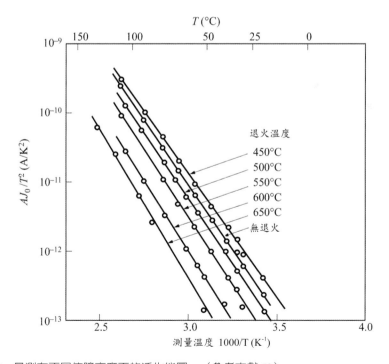

圖 32　量測在不同位障高度下的活化能圖。（參考文獻 52）

圖 33 是 $1/C^2$ 對外加電壓作圖,顯示了一些典型的結果。在電壓軸上的截距可獲得內建電位 ψ_{bi},而得知內建電位便能決定位障高度 [48, 53]

$$\phi_{Bn} = \psi_{bi} + \phi_n + \frac{kT}{q} - \Delta\phi \tag{117}$$

圖中斜率也能得到載子密度 [式 (11)],並可用來計算 ϕ_n。為了獲得包含淺能階雜質 (shallow-level impurity) 和深能階雜質的半導體位障高度(如圖 4 所示),要在兩個不同的溫度下以各種頻率來量測 C–V 曲線 [54]。

3.4.4 光電量測

光電量測 (photoelectric measurement) 為決定位障高度的一個精確且直接的方法 [55]。當單色光射向金屬表面時可能產生光電流,其基本架構如圖 34 所示。在蕭特基位障二極體中,會發生兩種載子激發方式並造成光電流,分別為:躍過位障的激發(過程 -1),以及能帶到能帶的激發 (band-to-band

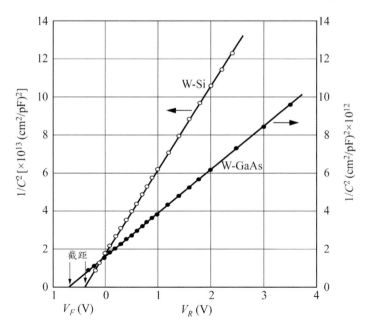

圖 33   W-Si 及 W-GaAs 二極體之 $1/C^2$ 與施加電壓的關係。(參考文獻 52)

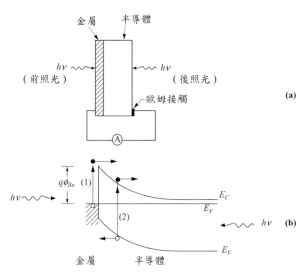

圖 34　(a) 光電量測的架構圖 (b) 光激發過程的能帶圖。

excitation)（過程 -2）。在量測位障高度時，只有過程 -1 有用，產生此過程最有用的波長應該介於 $q\phi_{Bn} < h\nu < E_g$ 的範圍內。此外，最重要的光吸收區域位於金屬－半導體的介面。對於前照光，金屬薄膜的厚度必須很薄，才可讓光穿透並到達介面；但如果光能量 $h\nu < E_g$，則可以穿透半導體，所以使用背照光的方式並沒有前照光的限制，而最高的光強度會在金屬－半導體介面上。注意，此光電流可以在未加偏壓時收集到。

　　每單位被吸收的光子產生之光電流 [光響應 (photoresponse) R] 為光子能量 $h\nu$ 的函數，可由福勒理論 (Fowler theory) 獲得[56]

$$R \propto \frac{T^2}{\sqrt{E_s - h\nu}} \left\{ \frac{x^2}{2} + \frac{\pi^2}{6} - \left[e^{-x} - \frac{e^{-2x}}{4} + \frac{e^{-3x}}{9} - ... \right] \right\} \quad \text{for } x \geq 0 \qquad (118)$$

這裡的 E_s 為 $h\nu_0$（= 位障高度 $q\phi_{Bn}$ ）的總和，而費米能量是從金屬的導電帶底端開始量測，而 $x \equiv h(\nu - \nu_0)/kT$。在 $E_s \gg h\nu$ 及 $x > 3$ 條件之下，式 (118) 簡化為

$$R \propto (hv\text{-}hv_0)^2 \tag{119}$$

當光響應的平方根對光子能量作圖時，應該可以獲得一直線，並且由能量軸上的外差值直接得到位障高度。圖 35 顯示 W-Si 和 W-GaAs 二極體的光響應，所求出的位障高度分別爲 0.65 和 0.80 eV。光電量測可以被利用來研究其它元件與材料的參數。它也曾被利用來決定 Au-Si 二極體的影像力介電常數 [28]。藉由量測不同的逆向偏壓下光起始 (photothreshold) 能量的偏移，我們可以決定出影像力降低值 $\triangle \phi$。將 $\triangle \phi$ 對 $\sqrt{\mathscr{E}_m}$ 作圖，來決定介電常數 K_s，如先前圖 14 中所示。光電量測法經常被用來研究能障高度與溫度間的相依關係 [57]。測量的光起始值爲 Au-Si 二極體溫度的函數。光起始值的偏移合理地被認爲與矽的能隙—溫度相依性有關。此結果暗示在 Au-Si 介面之費米能階發生的釘札現象與價電帶邊緣有關，並且與 3.2.3 節所討論的一致。

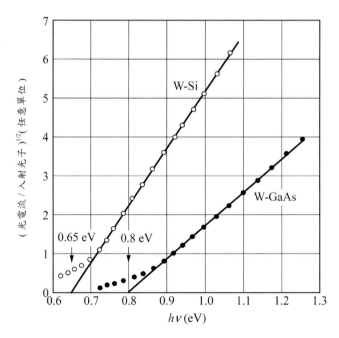

圖 35　W-Si 和 W-GaAs 二極體之光響應平方根對光子能量的關係。圖中的外插值相當於位障高度 $q\phi_{Bn}$。（參考文獻 48）

3.4.5 量測位障高度

　　I–V、*C–V*、活化能和光電法皆常用於量測位障高度。對於乾淨介面的緊密接觸，這些方法所獲得的位障高度一般來說大致相同（誤差在 ±0.02 V 之內）。若不同量測方法之間的差異甚大，可能是來自於介面的污染、介入其中間的絕緣層、邊緣漏電流或是深雜質能階所造成的結果。一些元素及化合物半導體所量測到的蕭特基位障列於表 3，對大部分化合物半導體，蕭特基位障高度在 0.5-1.4 V 範圍內，如表 3 所列，大部分金屬在砷化鎵基板上 [65] 蕭特基位障高度集中在 0.8-0.9 V。即使存在以上不完美，這些金屬在 *p-* 型矽基板上，其蕭特基位障高度可由式 (3) 計算而得。這些位障高度顯示金屬—半導體接觸是在良好的真空系統中切割，或經過化學清潔的半導體表面上沉積高純度金屬所製作而成。如預期地，矽和砷化鎵的金屬—半導體接觸是最廣泛地被研究的。在所有金屬中，金、鋁和鉑是一般最常用的材料。表 4 列出 *n-* 型矽上之金屬矽化物的位障高度及一些性質。

　　通常位障高度易受沉積前的表面處理與沉積後的熱處理所影響 [69]。圖 36 顯示 *n-* 型矽和砷化鎵經過不同退火溫度後，在室溫下量測的位障高度值。當 Al-Si 二極體的退火溫度超過 450℃，其位障高度將會增加 [52]，推測可能是因為矽在 Al 中擴散所造成（參考圖 32）。在矽表面形成矽化物的金屬達到共晶溫度時，位障高度也會突然改變。PtSi 二極體的位障高度為 0.9 V，在 300℃ 或是更高溫度的退火後，介面會形成 PtSi 而使 ϕ_{Bn} 降低為 0.85 V 左右 [70]。對於 Pt-GaAs 接觸，當 $PtAs_2$ 在介面形成時，位障則由 0.84 V 增加到 0.87 V 的高度 [71]。對於 W-Si 二極體，位障高度則一直保持定值，直到退火溫度超過 1000℃，形成 WSi_2 的矽化物為止 [72]。到目前為止，所有先前討論過的蕭特基二極體之金屬層是使用沉積的方式形成，所以為多晶態或非晶態結構。對於接觸在矽上的某些矽化物，可以由下層的單晶矽開始磊晶成長而得單晶態形式 [73]；這些磊晶的矽化物包含 $NiSi_2$、$CoSi_2$、$CrSi_2$、Pd_2Si、$ErSi_{2-x}$、$TbSi_{2-x}$、YSi_{2-x} 和 $FeSi_2$。磊晶的矽化物具有高均勻和熱穩定的性質，提供很好的機會探討位障高度與介面之微觀構造的基本關係。磊晶的矽化物

表 3　n 型半導體於 300 K 時所量測到的蕭特基位障高度 ϕ_{Bn} (V)。每項值皆為該系統所報導過的最高值。在 p 型半導體上的位障高度可利用 $\phi_{Bp}+\phi_{Bn} \approx E_g/q$ 來計算。（參考文獻 8、58-64）

	Si	GaAs	Ge	AlAs	SiC	GaP	GaSb	InP	ZnS	ZnSe	ZnO	CdS	CdSe	CdTe	PbO
E_g	1.12	1.42	0.66	2.16	3.0	2.24	0.67	1.29	3.6	2.82	3.2	2.43	1.7	1.6	
Ag	0.83	1.03	0.54			1.2	0.45	0.54	1.81	1.21	0.68	0.56	0.43	0.8	0.95
Al	0.81	0.93	0.48		1.3	1.06	0.6	0.5	0.8	0.75	0.68	0.78		0.76	
Au	0.83	1.05	0.59	1.2	1.4	1.3	0.61	0.52	2.2	1.51	0.65	0.78	0.7	0.86	
Bi		0.9					0.2			1.14				0.78	
Ca	0.4	0.56													
Co	0.81	0.86	0.5		1.4										
Cr	0.60	0.82			1.2	1.18		0.45							
Cu	0.8	1.08	0.5		1.3	1.2	0.47	0.42	1.75	1.1	0.45	0.5	0.33	0.82	
Fe	0.98	0.84	0.42							1.11				0.78	
Hf	0.58	0.82	0.64			1.84									
In		0.83					0.6		1.5	0.91	0.3			0.69	0.93
Ir	0.77	0.91	0.42												
Mg	0.6	0.66				1.04	0.3		0.82	0.49		0.45			
Mo	0.69	1.04			1.3	1.13									
Ni	0.74	0.91	0.49		1.4	1.27		0.32				0.45		0.83	0.96
Os	0.7		0.4									0.53			
Pb	0.79	0.91	0.38							1.15		0.59		0.68	0.95
Pd	0.8	0.93		1.0	1.2		0.6	0.41	1.87		0.68	0.62		0.86	
Pt	0.9	0.98			1.7	1.45			1.84	1.4	0.75	1.1	0.37	0.89	
Rh	0.72	0.90	0.4												
Ru	0.76	0.87	0.38												
Sb		0.86					0.42			1.34				0.76	
Sn		0.82						0.35							
Ta		0.85							1.1		0.3				
Ti	0.6	0.84			1.1	1.12						0.84			
W	0.66	0.8	0.48												

表 4 金屬矽化物於 n 型矽上的位障高度。每項系統的位障高度為文獻曾報告過之最高值。（參考文獻 8、23、61、65-68）

金屬矽化物	ϕ_{Bn}(V)	結構	形成溫度 (°C)	熔點 (°C)
CoSi	0.68	立方	400	1460
CoSi$_2$	0.64	立方	450	1326
CrSi$_2$	0.57	六方	450	1475
DySi$_2$	0.37			
ErSi$_2$	0.39			
GdSi$_2$	0.37			
HfSi	0.53	正交	550	2200
HoSi$_2$	0.37			
IrSi	0.93		300	
Ir$_2$Si$_3$	0.85			
IrSi$_3$	0.94			
MnSi	0.76	立方	400	1275
Mn$_{11}$Si$_{19}$	0.72	四方	800 *	1145
MoSi$_2$	0.69	四方	1000 *	1980
Ni$_2$Si	0.75	正交	200	1318
NiSi	0.75	正交	400	992
NiSi$_2$	0.66	立方	800 *	993
Pd$_2$Si	0.75	六方	200	1330
PtSi	0.87	正交	300	1229
Pt$_2$Si	0.78			
RhSi	0.74	立方	300	
TaSi$_2$	0.59	六方	750 *	2200
TiSi$_2$	0.60	正交	650	1450
VSi$_2$	0.65			
WSi$_2$	0.86	四方	650	2150
YSi$_2$	0.39			
ZrSi$_2$	0.55	正交	600	1520

* 在乾淨的介面條件下，其溫度可低於 700°C。

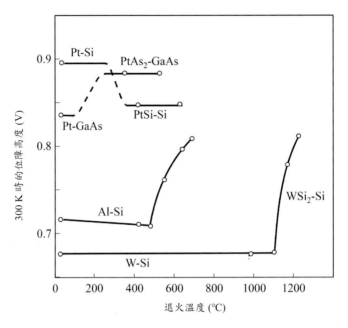

圖 36　以不同的溫度退火處理後，在室溫下量測所得 *n*- 型 Si 和 GaAs 的位障高度。

介面之蕭特基位障高度決定於矽表面磊晶晶向。即使在相同晶向的矽表面，仍然可以形成不同的型態（A 和 B）與介面結構（6-、7- 或 8- 重次），而它們之間的位障高度近似值，NiSi$_2$ 為 0.14 eV、CoSi$_2$ 為 0.4 eV。據瞭解，由統計介面結構的空間分布，可以合理地解釋在相同的金屬─半導體系統所觀察到的位障高度之範圍。

3.5 元件結構

最早期的元件結構為點接觸式整流器，這是使用一具有陡峭的小金屬線端點與半導體接觸；此接觸可能只是一個簡單的機械式接觸，或者是利用放電過程來產生一微小的 *p-n* 接面合金。點接觸整流器與平面蕭特基二極體相較下具有較差的順偏和逆偏 *I–V* 特性。由於這種整流器容易被許多因素所影響,如晶鬚壓力、接觸面積、晶體結構、表面條件、晶鬚成分、熱製程或是製作過程等,因此很難用理論來預測它的特性。點接觸整流器的優點為面積小,可以產生非常小的電容,這正是微波應用上所希望的特性。而其缺點包括具有很高的展阻 (spreading resistance) ($R_s \approx \rho/2\pi r_0$,其中 r_0 為接觸形成之半球的半徑),這是因為表面效應引起的大漏電電流,會造成很差的整流比例;另外還有金屬熔點下高度集中的電場造成之軟性逆向崩潰 (soft reverse-breakdown) 特性。

現今的金屬－半導體二極體大部分由平面製程製作;金屬－半導體的接觸可經由各種的方法形成,其中包括熱蒸鍍(電阻或電子束加熱)、濺鍍、化學分解或是電鍍金屬。而表面預處理的方式包括化學蝕刻、機械研磨、真空切割、背向濺鍍、熱處理或是離子轟擊。由於大部分的金屬－半導體接觸是在真空系統中形成[74],與真空沉積金屬有關的重要參數為蒸氣壓 (vapor pressure)[75],其定義為當固體或液體與其本身的蒸汽達成平衡時所具有的壓力。具有高蒸氣壓的金屬在蒸鍍過程可能會產生問題。在積體電路中最常見的結構是在金屬周邊以氧化物作為隔絕層。圖 37a 顯示的小面積接觸元件,是利用平面製程在 n^+ 基材上的 n- 型磊晶層上製作小面積的接觸元件,其在微波混合二極體上非常有用[76, 77]。為了達到良好的效能,我們必須將串聯電阻和二極體電容最小化。如圖 37b 的金屬堆疊結構[78]可得近似理想的順偏 I–V 特性及在適當逆向偏壓下的低漏電電流。但是在施加大逆向電壓時,電極的陡峭邊緣效應將使逆向電流增加。由於此結構可以成為金屬積體化的一部分,所以被大量地用在積體電路上。另一個方法為使用局部氧化絕緣 (local-oxide isolation)[79] 以減少邊緣電場,如圖 37c 所示。此方法需要特別的平面化製程來合併局部氧化步驟。在圖 37d 中,此二極體是被孔隙或溝渠所包圍[80]。在這種情況下,將污染物埋在溝渠中會造成可靠度的問題。為了消除電極的陡峭邊緣效應,提出過許多元件結構。圖 37e 是用一擴散的防護環[50] 得到近似理想的順偏和逆偏特性。此結構在研究靜態特性上是非常有用的工具;然而,它會有較長的回復時間,以及因鄰近的 p-n 接面而產生較大的

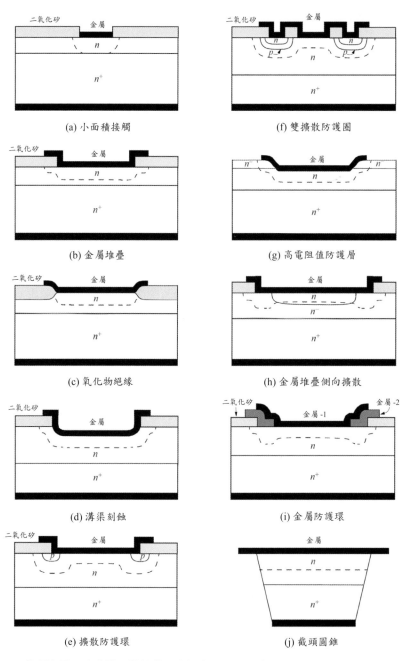

(a) 小面積接觸

(f) 雙擴散防護圈

(b) 金屬堆疊

(g) 高電阻值防護層

(c) 氧化物絕緣

(h) 金屬堆疊側向擴散

(d) 溝渠刻蝕

(i) 金屬防護環

(e) 擴散防護環

(j) 截頭圓錐

圖 37　各種金屬－半導體元件結構。虛線表示空乏區寬度位置。

寄生電容。圖 37f 使用雙擴散防護環[81] 來減少回復時間，但此製程相對較為複雜。圖 37g 使用另一種防護環結構，它在主動層 (active layer) 的頂端具有一層高電阻層[82]。由於半導體的介電常數高於絕緣體，所以此結構的寄生電容通常也會高於圖 37b 所示的結構。圖 37h 為金屬堆疊側向擴散結構[83]，它基本上是雙蕭特基二極體（並聯），但沒有包含 *p-n* 接面。此結構提供近似理想的順偏和逆偏 *I–V* 特性，並且具有非常短的逆向回復時間。此製程需要額外的氧化和擴散步驟，而且外部的 n^- 環可能會增加元件的電容。

　　圖 37i 提出利用一具有高位障高度的額外金屬作為防護環結構。然而，對於共價半導體，通常難以使其位障高度得到大幅度變動。某些微波功率產生器（如 IMPATT 二極體）將會使用截頭圓錐結構[84]，如圖 37j 所示。其懸突的金屬和半導體圓錐之間的角度必須大於 90°，使接觸端的周邊電場始終小於中心的電場，這角度確保累增崩潰將在金屬－半導體接觸內均勻發生。蕭特基二極體其中一項的重要應用為夾箝雙極性電晶體 (clamped bipolar transistor)[85]（圖 38）（雙極性電晶體的詳細討論，請參考第五章。）蕭特基二極體可以藉由聯結基極－集極終端來形成飽和時間常數非常短的夾箝（組合式）電晶體（參考 5.4.3 節）。利用標準的埋入式集極技術[59]，讓基極接觸分叉延伸至集極周圍區域，便能很容易地達到製作目的。在飽和區中，原來的電晶體基極－集極接面以輕微的順偏取代了逆偏，如果在蕭特基二極體的順向電壓降遠低於原本電晶體基極－集極之開啟電壓，其中一大部分過量的基極電流將經由蕭特基二極體流出，而此蕭特基二極體卻不會儲存少數載子。因此，相較於原本的電晶體，飽和時間明顯減少許多。

　　由於蕭特基二極體通常比其他二極體具有更大的電流，所以串聯電阻對此元件而言相當重要。為了描述串聯電阻特性，我們由式 (87) 的電流修正式開始

$$I = AJ_0 \left\{ \exp\left[\frac{q(V - IR_s)}{\eta kT} \right] - 1 \right\} \tag{120}$$

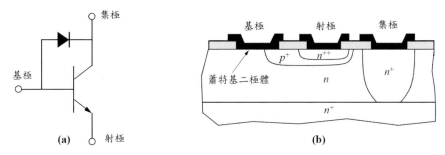

圖 38　具有一蕭特基二極體的組合式 *n-p-n* 雙極電晶體之 (a) 電路表示圖 (b) 結構剖面圖。其中蕭特基二極體夾箝連接於基極和 *n-* 型集極之間。

在此，順向偏壓區域的微分電阻與偏壓（或電流）有關

$$\frac{dV}{dI} = \frac{\eta kT + qIR_s}{qI} \tag{121}$$

此式表示二極體的微分電阻在低偏壓下與電流成反比 ($= \eta kT/qI$)。在 $IR_s \gg \eta kT/q$ 的高電流下，微分電阻將會飽和於 R_s 的值。對於 Au-Si 和 Au-GaAs 二極體，其微分電阻與電流關係的典型實驗結果顯示於圖 39a。圖中也顯示先前所討論的 Si 點接觸結果。我們注意到，在足夠高的順向偏壓下，此接面電阻趨向一固定值，此值即為串聯電阻值 R_s

$$R_s = \frac{1}{A}\int \rho(x)dx + \frac{\rho_S}{2\pi r}\tan^{-1}\left(\frac{2h}{r}\right) + R_{co} \tag{122}$$

其中右邊的第一項是對整個準中性區（位於空乏層邊緣與重摻雜基材之間，如圖 25 所示。）進行積分所得的電阻。第二項是在電阻率為 ρ_s、厚度為 h 之基材上的展阻，其中二極體具有半徑為 r 的圓形面積（參考 3.6 節）。最後一項 R_{co} 是與基材做歐姆接觸產生的電阻。對於位在塊材半導體基底上的蕭特基二極體而言，第一項並不存在。另一種簡單萃取串聯電阻的方法是利用 $I-V$ 曲線的半對數函數圖，如圖 39b 所示。在電流偏離指數上升的區域，串聯電阻可以透過 $\Delta V = IR_s$ 來估算。對於蕭特基二極體在微波的應用上，一項重要的品質因素為順向偏壓的截止頻率 (cutoff frequency) f_{c0}，其定義如下

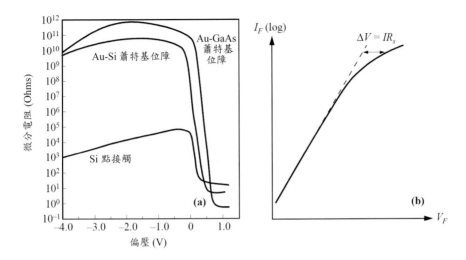

圖 39 (a) Au-Si、Au-GaAs 及點接觸式二極體,量測其微分電阻與外加電壓的關係。(參考文獻 86) (b) 以順偏 $I-V$ 曲線估算串聯電阻值。

$$f_{c0} \equiv \frac{1}{2\pi R_F C_F} \tag{123}$$

其中 R_F 和 C_F 是順向偏壓範圍在約 0.1 V 到平帶 (flat band) 條件下的微分電阻與電容[87]。與零偏壓時的截止頻率相比,f_{c0} 的值非常小,在實際考量下可當作最低的極限值。一典型結果顯示於圖 40。注意,較低的接面直徑具有較高的截止頻率。此外,在相同的摻雜和接面直徑(如 10 μm)下,n-型 GaAs 上的蕭特基二極體可得較高的截止頻率,這主要是因為 GaAs 有很高的電子移動率,所以造成較低的串聯電阻。

　　為了增進高頻效能,通常會希望元件具有較小的電容但有較大的接觸面積。莫特位障 (Mott barrier) 可以符合這樣的需求。莫特位障是一種金屬-半導體接觸,而接觸的半導體為相當輕摻雜的磊晶層,如此可使整個磊晶層能被完全空乏,因而產生較低的電容。此現象即使在正偏壓下仍然成立,因此電容為一定值,而與偏壓無關。圖 41 顯示莫特位障的能帶圖。在相同的

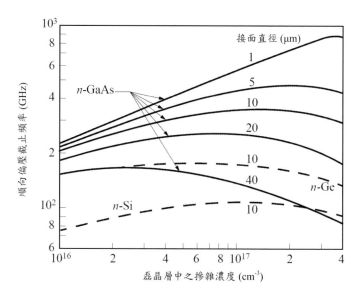

圖 40 各種接面直徑尺寸之磊晶層（0.5 μm 厚）順向偏壓截止頻率與摻雜濃度的關係圖。（參考文獻 86）

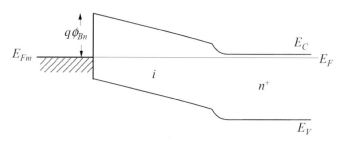

圖 41 在零偏壓下莫特位障的能帶圖。

截止頻率下，此二極體的電容明顯低於標準蕭特基二極體的電容值，所以莫特二極體的直徑可以大很多[88]。由於空乏區域內的多數載子濃度較低，所以莫特位障的電流傳輸被擴散過程主導，可由式 (71) 描述之。蕭特基二極體的小信號等效電路如圖 42 所示，與 p-n 二極體的小信號等效電路類似，除了擴散電容分流轉變為空乏層電容 (depletion-layer capacitance)[89] 以外。由微分電阻分流組成的緊密模型 (compact model)

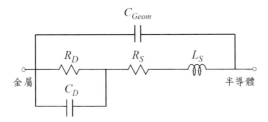

圖 42   蕭特基二極體小信號等效電路圖。其中 R_S 為串聯電阻，R_D 是微分電阻，C_{Geom} 是元件幾何電容，L_S 是元件寄生電感。（參考文獻 89 與 90）

$$R_D = \frac{dV}{dJ} \tag{124}$$

蕭特基二極體空乏區每單位面積的空乏層電容

$$C_D = \left[\frac{qN_D\varepsilon_s}{2\left(\psi_{bi} - V - \frac{kT}{q}\right)} \right]^{\frac{1}{2}} \tag{125}$$

蕭特基位障元件的電容 $1/C_D^2$ 對電壓作圖類似第二章的圖 3，分流 R_D 和 C_D 是由串聯電阻 R_S 和寄生電感 (parasitic inductance) L_S 串聯組成。$C_{Geom} = \varepsilon_s/L$ 為元件幾何電容 (device geometric capacitance) 或稱為寄生電容。在順向偏壓條件下，蕭特基二極體因為沒有擴散電容，應答速度遠快於 *p-n* 二極體。當 $R_D \gg R_S$，$C_D \gg C_{Geom}$ 時，蕭特基二極體的時間常數近似 $R_D C_D$。在所有整流器之間，蕭特基位障由於其高頻能力，廣泛作為微波混合器和偵測器之二極體。類似 *p-i-n* 二極體，蕭特基位障用於高功率元件。在金屬與重度摻雜的半導體區插入本質區，會使元件增加崩潰電壓和減少寄生電阻。

3.6 歐姆接觸

歐姆接觸 (Ohmic Contact) 定義爲：「金屬─半導體接觸的接面，其電阻與半導體元件整個的電阻相較下可以忽略不計。」一個良好的歐姆接觸並不會影響元件效能，而且當電流流通時，歐姆接觸上的電壓降遠小於跨在元件主動區上的電壓降，任意的半導體元件最後總是會連接於晶片金屬層上。因此，所有半導體元件最少都會有兩個金屬─半導體接觸來形成連接。所以良好的歐姆接觸對於半導體元件來說是必須的。巨觀參數 ── 特徵接觸電阻 (specific contact resistance)，其定義爲電流密度對跨越介面上電壓之微分的倒數。在零偏壓時所計算之特徵接觸電阻 R_c，爲歐姆接觸的一項重要品質因數 (figure-of-merit, FOM)[91]

$$R_c \equiv \left(\frac{dJ}{dV} \right)^{-1}_{V=0} \tag{126}$$

利用進行電腦數值模擬可以得到此解 [91, 92]。另外也可以使用本章先前所描述的 I-V 關係解析推導出 R_c。再次地利用摻雜 (E_{00}) 和溫度 (kT) 之間的比較來決定主導的電流機制，對於適度的低摻雜和／或適度的高溫 ($kT \gg E_{00}$)，利用標準的熱離子發射表示式 (84)，可得

$$R_c = \frac{k}{A^{**}Tq} \exp\left(\frac{q\phi_{Bn}}{kT} \right) \propto \exp\left(\frac{q\phi_{Bn}}{kT} \right) \tag{127}$$

由於只與小的外加電壓有關，可以忽略位障高度與電壓的相依性。由式 (127) 可知，爲了獲得小的 R_c，應該使用低位障高度的材料。對於高摻雜等級 ($kT \approx E_{00}$)，TFE 爲主導，而 R_c 如下 [42,93]

$$R_c = \frac{k\sqrt{E_{00}}\cosh(E_{00}/kT)\coth(E_{00}/kT)}{A^{**}Tq\sqrt{\pi q(\phi_{Bn} - \phi_n)}} \exp\left[\frac{q(\phi_{Bn} - \phi_n)}{E_{00}\coth(E_{00}/kT)} + \frac{q\phi_n}{kT} \right]$$
$$\propto \exp\left[\frac{q\phi_{Bn}}{E_{00}\coth(E_{00}/kT)} \right] \tag{128}$$

對於簡併半導體，ϕ_n 值是負的。此種類型的穿隧發生於能量高於導電帶時；

而載子密度和穿隧機率的乘積之最大值，可由式 (93) 的 E_m 得到。在更高的掺雜，$kT \ll E_{00}$，則 FE 為主導，而特徵接觸電阻如下 [42, 93]

$$R_c = \frac{k \sin(\pi c_1 kT)}{A^{**} \pi q T} \exp\left(\frac{q\phi_{Bn}}{E_{00}}\right) \propto \exp\left(\frac{q\phi_{Bn}}{E_{00}}\right) \tag{129}$$

假如無法產生非常小的位障高度，要得到一個良好的歐姆接觸應該操作在穿隧機制的範圍內。特徵接觸電阻為位障高度（所有區域皆然）、掺雜濃度（在 TFE 和 FE 下）和溫度（在 TE 和 TFE 的區域會更靈敏）的函數。對於同樣的半導體材料，這些參數在定性上的關係顯示於圖 43。此圖也指出各種機制的操作趨勢及範圍。在 TE 範圍中，R_c 和掺雜的濃度無關，只與位障高度 ϕ_B 有關；而在另外的末端 FE，除了 ϕ_B 之外，R_c 也和掺雜濃度呈現 $\propto \exp(N^{-1/2})$ 的相依性。在矽基材上計算得到的特徵接觸電阻結果顯示於圖 44。

　　明顯地，為了要得到低 R_c 值，必須使用高掺雜濃度、低位障高度或兩者並用；對於所有歐姆接觸而言，採用這些方式非常恰當。在寬能隙的半導

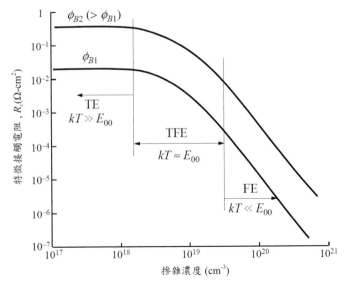

圖 43　特徵接觸電阻與掺雜濃度（以及 E_{00}）、位障高度和溫度的關係圖。圖中分別標示 TE、TFE 和 FE 的區域。

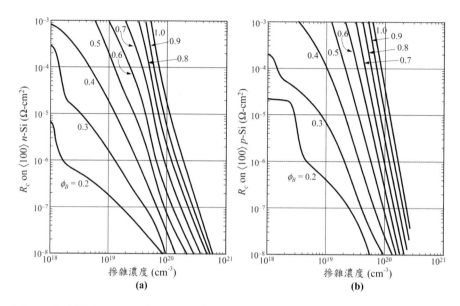

圖44　在室溫下，(a) n-型 (b) p-型〈100〉Si 表面上對不同位障高度（單位 eV）所計算的特徵接觸電阻值 R_c。（參考文獻 94）

體上，要製作良好的歐姆接觸是很困難的，因為通常沒有一種金屬具有夠低的功函數來產生低位障。在這樣的情況下，製作歐姆接觸的技術一般是建立一更高摻雜的表面層；另一個常見的技術是增加一層能隙小但高度摻雜同型態的異質接面。對於 GaAs 和 III-V 化合半導體，為了獲得歐姆接觸而發展出各種不同技術[95]。表 5 列出在半導體上常見的接觸材料。當先進積體電路的元件微型化時，元件的電流密度通常會增加，此時不只需要更小的歐姆接觸電阻，也需要更小的接觸面積。隨著元件微型化，製作良好歐姆接觸的難度也隨之增加。總接觸電阻如下

$$R = \frac{R_c}{A} \tag{130}$$

然而，此式只在電流密度均勻地跨越全部的面積時才成立。我們在此提出兩個實際情況來說明額外的電阻成分對歐姆接觸影響之重要性。對於半徑為 r

的小接觸，如圖 45a 所示，有一個展阻與歐姆接觸串聯，其值如下 [97]

$$R_{sp} = \frac{\rho}{2\pi r} \tan^{-1}\left(\frac{2h}{r}\right) \tag{131}$$

表 5　各種半導體的金屬歐姆接觸。（參考文獻 96）

半導體	金屬	半導體	金屬
n-Ge	Ag-Al-Sb, Al, Al-Au-P, Au, Bi, Sb, Sn, Pb-Sn	p-Ge	Ag, Al, Au, Cu, Ga, Ga-In, In, Al-Pd, Ni, Pt, Sn
n-Si	Ag, Al, Al-Au, Ni, Sn, In, Ge-Sn, Sb, Au-Sb, Ti, TiN	p-Si	Ag, Al, Al-Au, Au, Ni, Pt, Sn, In, Pb, Ga, Ge, Ti, TiN
n-GaAs	Au(0.88)Ge(0.12)-Ni, Ag-Sn, Ag(0.95)In(0.05)-Ge	p-GaAs	Au(0.84)Zn(0.16), Ag-In-Zn, Ag-Zn
n-GaP	Ag-Te-Ni, Al, Au-Si, Au-Sn, In-Sn	p-GaP	Au-In, Au-Zn, Ga, In-Zn, Zn, Ag-Zn
n-GaAsP	Au-Su	p-GaAsP	Au-Zn
n-GaAlAs	Au-Ge-Ni	p-GaAlAs	Au-Zn
n-InAs	Au-Ge, Au-Sn-Ni, Sn	p-InAs	Al
n-InGaAs	Au-Ge, Ni	p-InGaAs	Au-Zn, Ni
n-InP	Au-Ge, In, Ni, Sn		
n-InSb	Au-Sn, Au-In, Ni, Sn	p-InSb	Au-Ge
n-CdS	Ag, Al, Au, Au-In, Ga, In, Ga-In		
n-CdTe	In	p-CdTe	Au, In-Ni, Indalloy 13, Pt, Rh
n-ZnSe	In, In-Ga, Pt, InHg		
n-SiC	W	p-SiC	Al-Si, Si, Ni

對於高 r/h 比例，此成分近似塊材電阻 $\rho h/A$。如果此接觸製作在水平擴散面上（圖 45b，類似 MOSFET 的例子），在位置 X （接觸的邊緣）到金屬接觸之間的總電阻為 [98]

$$R = \frac{\sqrt{R_\square R_c}}{W} \coth\left(L\sqrt{\frac{R_\square}{R_c}} \right) \tag{132}$$

其中 $R_\square$ 為擴散層的片電阻 $(\Omega/\square)$。此式包含了非均勻電流密度流過接觸（電流擁擠效應）的情況和片電阻本身的貢獻；在 $R_\square \to 0$ 的極限下，式 (132) 可以簡化為式 (130)。

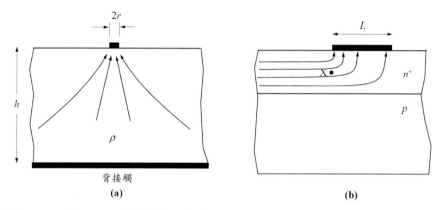

(a)   **(b)**

圖 45　(a) 當 $r \ll h$，小接觸的電流示意圖，r 為接觸的半徑。(b) 對於水平擴散層之接觸的電流示意圖。如果擴散層的片電阻很高，電流將被迫趨向接觸端邊緣。

參考文獻

1. F. Braun, "Über die Stromleitung durch Schwefelmetalle," *Ann. Phys. Chem.*, **153**, 556 (1874).

2. J. C. Bose, U.S. Patent 775,840 (1904).

3. A. H. Wilson, "The Theory of Electronic Semiconductors," *Proc. R. Soc. Lond. Ser. A*, **133**, 458 (1931).

4. W. Schottky, "Halbleitertheorie der Sperrschicht," *Naturwissenschaften*, **26**, 843 (1938).

5. N. F. Mott, "Note on the Contact between a Metal and an Insulator or Semiconductor," *Proc. Cambr. Philos. Soc.*, **34**, 568 (1938).

6. H. A. Bethe, "Theory of the Boundary Layer of Crystal Rectifiers," *MIT Radiat. Lab. Rep.*, 43-12 (1942).

7. H. K. Henisch, *Rectifying Semiconductor Contacts*, Clarendon, Oxford, 1957.

8. E. H. Rhoderick and R. H. Williams, *Metal-Semiconductor Contacts*, 2nd Ed., Clarendon, Oxford, 1988.

9. E. H. Rhoderick, "Transport Processes in Schottky Diodes," in K. M. Pepper, Ed, *Inst. Phys. Conf. Ser.*, No. 22, Institute of Physics, Manchester, England, 1974, p. 3.

10. V. L. Rideout, "A Review of the Theory, Technology and Applications of Metal-Semiconductor Rectifiers," *Thin Solid Films*, **48**, 261 (1978).

11. R. T. Tung, "Recent Advances in Schottky Barrier Concepts," *Mater. Sci. Eng. R.*, **35**, 1 (2001).

12. W. Y. Loh and B. Coss, "Junction Contact Materials and Interfaces in Si Channel Devices," *MRS Bull.*, **36**, 97 (2011).

13. H. B. Michaelson, "Relation between an Atomic Electronegativity Scale and the Work Function," *IBM J. Res. Dev.*, **22**, 72 (1978).

14. G. I. Roberts and C. R. Crowell, Capacitive Effects of Au and Cu Impurity Levels in Pt n-type Si Schottky Barriers," *Solid-State Electron.*, **16**, 29 (1973).

15. A. M. Cowley and S. M. Sze, "Surface States and Barrier Height of Metal-Semiconductor Systems," *J. Appl. Phys.*, **36**, 3212 (1965).

16. J. Bardeen, "Surface States and Rectification at a Metal Semiconductor Contact," *Phys. Rev.*, **71**, 717 (1947).

17. C. A. Mead and W. G. Spitzer, "Fermi-Level Position at Metal-Semiconductor Interfaces," *Phys. Rev.*, **134**, A713 (1964).

18. D. Pugh, "Surface States on the <111> Surface of Diamond," *Phys. Rev. Lett.*, **12**, 390 (1964).

19. W. E. Spicer, P. W. Chye, C. M. Garner, I. Lindau, and P. Pianetta, "The Surface Electronic Structure of III-V Compounds and the Mechanism of Fermi Level Pinning by Oxygen (Passivation) and Metals (Schottky Barriers)," *Surface Sci.*, **86**, 763 (1979).

20. W. E. Spicer, I. Lindau, P. Skeath, C. Y. Su, and P. Chye, "Unified Mechanism for Schottky-Barrier Formation and III-V Oxide Interface States," *Phys. Rev. Lett.*, **44**, 420 (1980).

21. L. Pauling, *The Nature of The Chemical Bond*, 3rd Ed., Cornell University Press, Ithaca, New York, 1960.

22. S. Kurtin, T. C. McGill, and C. A. Mead, "Fundamental Transition in Electronic Nature of Solids," *Phys. Rev. Lett.*, **22**, 1433 (1969).

23. T. Nishimura, K. Kita, and A. Toriumi, "Evidence for Strong Fermi-Level Pinning due to Metal-Induced Gap States at Metal/Germanium Interface," *Appl. Phys. Lett.*, **91**, 123123 (2007).

24. J. Borrel, L. Hutin, O. Rozeau, M. A. Jaud, S. Martinie, M. Gregoire, E. Dubois, and M. Vinet, "Modeling of Fermi-Level Pinning Alleviation With MIS Contacts: n and pMOS-FETs Cointegration Considerations—Part I," *IEEE Trans. Electron Dev.*, **63**, 3413 (2016).

25. S. P. Murarka, *Silicides for VLSI Applications*, Academic Press, New York, 1983.

26. G. Ottaviani, K. N. Tu, and J. W. Mayer, "Interfacial Reaction and Schottky Barrier in Metal-Silicon Systems," P*hys. Rev. Lett.*, **44**, 284 (1980),

27. J. M. Andrews, *Extended Abstracts*, Electrochem. Soc. Spring Meet., Abstr. 191 (1975), p. 452.

28. S. M. Sze, C. R. Crowell, and D. Kahng, "Photoelectric Determination of the Image Force Dielectric Constant for Hot Electrons in Schottky Barriers," *J. Appl. Phys.*, **35**, 2534 (1964).

29. C. D. Salzberg and G. G. Villa, "Infrared Refractive Indexes of Silicon Germanium and Modified Selenium Glass," *J. Opt. Soc. Am.*, **47**, 244 (1957).

30. J. M. Shannon, "Reducing the Effective Height of a Schottky Barrier Using Low-Energy Ion Implantation," *Appl. Phys. Lett.*, **24**, 369 (1974).

31. J. M. Shannon, "Increasing the Effective Height of a Schottky Barrier Using Low-Energy Ion Implantation," *Appl. Phys. Lett.*, **25**, 75 (1974).

32. J. M. Andrews, R. M. Ryder, and S. M. Sze, "Schottky Barrier Diode Contacts," U.S. Patent 3,964,084 (1976).

33. J. M. Shannon, "Control of Schottky Barrier Height Using Highly Doped Surface Layers," *Solid-State Electron.*, **19**, 537 (1976).

34. C. R. Crowell, "The Richardson Constant for Thermionic Emission in Schottky Barrier Diodes," *Solid-State Electron.*, **8**, 395 (1965).

35. C. R. Crowell and S. M. Sze, "Current Transport in Metal-Semiconductor Barriers," *Solid-State Electron.*, **9**, 1035 (1966).

36. C. R. Crowell and S. M. Sze, "Electron-Optical-Phonon Scattering in the Emitter and Collector Barriers of Semiconductor-Metal-Semiconductor Structures," *Solid-State Electron.*, **8**, 979 (1965).

37. C. W. Kao, L. Anderson, and C. R. Crowell, "Photoelectron Injection at Metal-Semiconductor Interface,"*Surface Sci.*, **95**, 321 (1980).

38. C. R. Crowell and S. M. Sze, "Quantum-Mechanical Reflection of Electrons at Metal-Semiconductor Barriers: Electron Transport in Semiconductor-Metal-Semiconductor Structures," *J. Appl. Phys.*, **37**, 2685 (1966).

39. C. Y. Chang and S. M. Sze, "Carrier Transport across Metal-Semiconductor Barriers," *Solid-State Electron.*, **13**, 727 (1970).

40. J. M. Andrews and M. P. Lepselter, "Reverse Current-Voltage Characteristics of Metal-Silicide Schottky Diodes," *Solid-State Electron.*, **13**, 1011 (1970).

41. C. R. Crowell and M. Beguwala, "Recombination Velocity Effects on Current Diffusion and Imref in Schottky Barriers," *Solid-State Electron.*, **14**, 1149 (1971).

42. F. A. Padovani and R. Stratton, "Field and Thermionic-Field Emission in Schottky Barriers," *Solid-State Electron.*, **9**, 695 (1966).

43. A. Y. C. Yu and E. H. Snow, "Minority Carrier Injection of Metal-Silicon Contacts," *Solid-State Electron.*, **12**, 155 (1969).

44. D. L. Scharfetter, "Minority Carrier Injection and Charge Storage in Epitaxial Schottky Barrier Diodes," *Solid-State Electron.*, **8**, 299 (1965).

45. H. C. Card, "Tunnelling MIS Structures," *Inst. Phys. Conf. Ser.*, **50**, 140 (1980).

46. M. Y. Doghish and F. D. Ho, "A Comprehensive Analytical Model for Metal- Insulator-Semiconductor (MIS) Devices," *IEEE Trans. Electron Dev.*, **ED-39**, 2771 (1992).

47. D. Connelly, C. Faulkner, D. E. Grupp, and J. S. Harris, "A New Route to Zero-Barrier Metal Source/Drain MOSFETs," *IEEE Trans. Nanotechnol*, **3**, 98 (2004).

48. L. Hutin, O. Rozeau, V. Carron, J. M. Hartmann, L. Grenouillet, J. Borrel, F. Nemouchi, S. Barraud, C. L. Royer, Y. Morand, C. Plantier, P. Batude, C. FenouilletBéranger, H. Boutry, T. Ernst, and M. Vinet, "Junction Technology Outlook for Sub-28nm FDSOI CMOS," *Proc. Int. Workshop Junction Technol.*, p. 1, 2014.

49. C. R. Crowell, J. C. Sarace, and S. M. Sze, "Tungsten-Semiconductor Schottky-Barrier Diodes," *Trans. Met. Soc. AIME*, **233**, 478 (1965).

50. M. P. Lepselter and S. M. Sze, "Silicon Schottky Barrier Diode with Near-Ideal $I-V$ Characteristics," *Bell Syst. Tech. J.*, **47**, 195 (1968).

51. J. M. Andrews and F. B. Koch, "Formation of NiSi and Current Transport across the NiSi-Si Interface," *Solid-State Electron.*, **14**, 901 (1971).

52. K. Chino, "Behavior of Al-Si Schottky Barrier Diodes under Heat Treatment," *Solid-State Electron.*, **16**, 119 (1973).

53. A. M. Goodman, "Metal-Semiconductor Barrier Height Measurement by the Differential Capacitance Method-One Carrier System," *J. Appl. Phys.*, **34**, 329 (1963).

54. M. Beguwala and C. R. Crowell, "Characterization of Multiple Deep Level Systems in Semiconductor Junctions by Admittance Measurements,"*Solid-State Electron.*, **17**, 203 (1974).

55. C. R. Crowell, W. G. Spitzer, L. E. Howarth, and E. Labate, "Attenuation Length Measurements of Hot Electrons in Metal Films," *Phys. Rev.*, **127**, 2006 (1962).

56. R. H. Fowler, "The Analysis of Photoelectric Sensitivity Curves for Clean Metals at Various Temperatures," *Phys. Rev.*, *38*, 45 (1931).

57. C. R. Crowell, S. M. Sze, and W. G. Spitzer, "Equality of the Temperature Dependence of the Gold-Silicon Surface Barrier and the Silicon Energy Gap in Au n-type Si Diodes," *Appl. Phys. Lett.*, **4**, 91 (1964).

58. J. O. McCaldin, T. C. McGill, and C. A. Mead, "Schottky Barriers on Compound Semiconductors: The Role of the Anion," *J. Vac. Sci. Technol.*, **13**, 802 (1976).

59. J. M. Andrews, "The Role of the Metal-Semiconductor Interface in Silicon Integrated Circuit Technology," *J. Vac. Sci. Technol.*, **11**, 972 (1974).

60. A. G. Milnes, *Semiconductor Devices and Integrated Electronics*, Van Nostrand, New York, 1980.

61. *Properties of Silicon*, INSPEC, London, 1988.

62. *Properties of Gallium Arsenide*, INSPEC, London, 1986. 2nd Ed., 1996.

63. G. Myburg, F. D. Auret, W. E. Meyer, C. W. Louw, and M. J. van Staden, "Summary of Schottky Barrier Height Data on Epitaxially Grown n- and p-GaAs," *Thin Solid Films*, **325**, 181 (1998).

64. N. Newman, T. Kendelewicz, L. Bowman, and W. E. Spicer, "Electrical Study of Schottky Barrier Heights on Atomically Clean and Air-Exposed n-InP (110) Surfaces," *Appl. Phys. Lett.*, **46**, 1176 (1985).

65. K. A. Jackson and W. Schroter, Eds., *Handbook of Semiconductor Technology*, Wiley-VCH, Weinheim, 2000.

66. J. M. Andrews and J. C. Phillips, "Chemical Bonding and Structure of Metal-Semiconductor Interfaces,"*Phys. Rev. Lett.*, **35**, 56 (1975).

67. G. J. van Gurp, "The Growth of Metal Silicide Layers on Silicon," in H. R. Huff and E. Sirtl, Eds., *Semiconductor Silicon 1977*, Electrochemical Society, Princeton, New Jersey, 1977, p. 342.

68. I. Ohdomari, K. N. Tu, F. M. d'Heurle, T. S. Kuan, and S. Petersson, "Schottky-Barrier Height of Iridium Silicide," *Appl. Phys. Lett.*, **33**, 1028 (1978).

69. J. L. Saltich and L. E. Terry, "Effects of Pre- and Post-Annealing Treatments on Silicon Schottky Barrier Diodes," *Proc. IEEE*, **58**, 492 (1970).

70. A. K. Sinha, "Electrical Characteristics and Thermal Stability of Platinum Silicide-to-Silicon Ohmic Contacts Metallized with Tungsten," *J. Electrochem. Soc.*, **120**, 1767 (1973).

71. A. K. Sinha, T. E. Smith, M. H. Read, and J. M. Poate, "n-GaAs Schottky Diodes Metallized with Ti and Pt/Ti," *Solid-State Electron.*, **19**, 489 (1976).

72. Y. Itoh and N. Hashimoto, "Reaction-Process Dependence of Barrier Height between Tungsten Silicide and n-Type Silicon," *J. Appl. Phys.*, **40**, 425 (1969).

73. R. Tung, "Epitaxial Silicide Contacts," in R. Hull, Ed., *Properties of Crystalline Silicon*, INSPEC, London, 1999.

74. For general references on vacuum deposition, see L. Holland, Vacuum Deposition of Thin Films, Chapman & Hall, London, 1966; A. Roth, *Vacuum Technology*, North-Holland, Amsterdam, 1976.

75. R. E. Honig, "Vapor Pressure Data for the Solid and Liquid Elements," *RCA Rev.*, **23**, 567 (1962).

76. D. T. Young and J. C. Irvin, "Millimeter Frequency Conversion Using Au-n-type GaAs Schottky Barrier Epitaxy Diode with a Novel Contacting Technique," *Proc. IEEE.*, **53**, 2130 (1965).

77. D. Kahng and R. M. Ryder, "Small Area Semiconductor Devices," U.S. Patent 3,360,851 (1968).

78. A. Y. C. Yu and C. A. Mead, "Characteristics of Al-Si Schottky Barrier Diode," *Solid-State Electron.*, **13**, 97 (1970).

79. N. G. Anantha and K. G. Ashar, *IBM J. Res. Dev.*, **15,** 442 (1971).

80. C. Rhee, J. L. Saltich, and R. Zwernemann, "Moat-Etched Schottky Barrier Diode Displaying Near Ideal $I-V$ Characteristics," *Solid-State Electron.*, **15**, 1181 (1972).

81. J. L. Saltich and L. E. Clark, "Use of a Double Diffused Guard Ring to Obtain Near Ideal $I-V$ Characteristics in Schottky-Barrier Diodes," *Solid-State Electron.*, **13**, 857 (1970).

82. K. J. Linden, "GaAs Schottky Mixer Diode with Integral Guard Layer Structure," *IEEE Trans. Electron Dev.*, **ED-23**, 363 (1976).

83. A. Rusu, C. Bulucea, and C. Postolache, "The Metal-Overlap-Laterally-Diffused (MOLD) Schottky Diode,"*Solid-State Electron.*, **20**, 499 (1977).

84. D. J. Coleman Jr., J. C, Irvin, and S. M. Sze, "GaAs Schottky Diodes with Near-Ideal Characteristics," *Proc. IEEE*, **59**, 1121 (1971).

85. K. Tada and J. L. R. Laraya, "Reduction of the Storage Time of a Transistor Using a Schottky-Barrier Diode," *Proc. IEEE*, **55**, 2064 (1967).

86. J. C. Irvin and N. C. Vanderwal, "Schottky-Barrier Devices," in H. A. Watson, Ed., *Microwave Semiconductor Devices and Their Circuit Applications*, McGraw-Hill, New York, 1968.

87. N. C. Vanderwal, "A Microwave Schottky-Barrier Varistor Using GaAs for Low Series Resistance," *Tech. Dig. IEEE IEDM*, p.13.4, 1967.

88. M. McColl and M. F. Millea, "Advantages of Mott Barrier Mixer Diodes," *Proc. IEEE*, **61**, 499 (1973).

89. M. Shur, *Physics of Semiconductor Devices*, Prentice-Hall, New Jersey, 1990.

90. N. Shariati, W. S. T. Rowe, J. R. Scott, and K. Ghorbani, "Multi-Service Highly Sensitive Rectifier for Enhanced RF Energy Scavenging," *Sci. Rep.*, **5**, 9655 (2015).

91. C. Y. Chang, Y. K. Fang, and S. M. Sze, "Specific Contact Resistance of Metal-Semiconductor Barriers," *Solid-State Electron.*, **14**, 541 (1971).

92. A. Y. C. Yu, "Electron Tunneling arid Contact Resistance of Metal-Silicon Contact Barriers," *Solid-State Electron.*, **13**, 239 (1970).

93. C. R. Crowell and V. L. Rideout, "Normalized Thermionic-Field (T-F) Emission in Metal- Semiconductor (Schottky) Barriers," *Solid-State Electron.*, **12**, 89 (1969).

94. K. K. Ng and R. Liu, "On the Calculation of Specific Contact Resistivity on <100> Si," *IEEE Trans. Electron Dev.*, **ED-37**, 1535 (1990).

95. V. L. Rideout, "A Review of the Theory and Technology for Ohmic Contacts to Group III-V Compound Semiconductors," *Solid-State Electron.*, **18**, 541 (1975).

96. S. S. Li, *Semiconductor Physical Electronics*, Plenum Press, New York, 1993.

97. R. H. Cox and H. Strack, "Ohmic Contacts for GaAs Devices," *Solid-State Electron.*, **10**, 1213 (1967).

98. H. Murrmann and D. Widmann, "Current Crowding on Metal Contacts to Planar Devices," *IEEE Trans. Electron Dev.*, **ED-16**, 1022 (1969).

習題

1. 請繪出 n- 型 GaAs 之金屬一半導體接觸導電帶與費米能階的能帶圖，其中 n- 型摻雜濃度為 (a)10^{15} cm^{-3} (b)10^{17} cm^{-3} 及 (c)10^{18} cm^{-3}。位障高度 $q\phi_{Bn0}$ 為 0.80 eV。

2. Au-*n*-Si 之金屬—半導體接觸的施體摻雜濃度為 2.8×10^{16} cm^{-3}，試問在熱平衡下蕭特基位障的降低值為何，並請找出位障降低的相對應位置。位障高度 $q\phi_{Bn0}$ 為 0.80 eV。

3. 對一個理想的蕭特基位障，當 $p_1 \gg n_2$ 與 $ap_1 \gg W_{n2}$，請參考式 (41)、(42) 證明有效位障高度 $\phi'_B = \phi_B + \mathscr{E}_m \Delta - qp_1\Delta^2/2\varepsilon_s$，至 $\phi_B + qp_1a^2/2\varepsilon_s$。

4. 元件在不同溫度下，以 J_{SM} 理論結果對順向偏壓關係如下圖，找出蕭特基接觸的理想因子，其中 $N_D = 10^{18}$ cm^{-3}，溫度分別為 77 K 和 296 K。

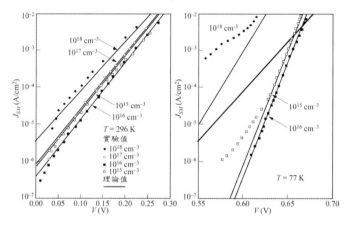

5. 對於一 Au-Si 蕭特基位障二極體，其 $\phi_{Bn} = 0.80$ V。請求出在低階注入條件下，其少數載子的電流密度及注入比例。其中 *n*- 型矽的參數為 1 Ω-cm，$\tau_p = 100$ μs。

6. 在 300 K 下，蕭特基二極體及 *p-n* 接面二極體的逆向飽和電流分別為 5×10^{-8} A 與 10^{-12} A。二極體間相互串聯，並且以 0.5 mA 的定電流驅動。試求二極體上總電壓降。

7. (a) 求圖 33 中 W-GaAs 的蕭特基位障高度與施體濃度。

　　(b) 請與圖 28 中，飽和電流密度為 5×10^{-7} A/cm^2 時所得到的位障高度作比較，假設 $A^{**} = 4$ A/cm^2-K^2。

　　(c) 若存在位障高度差，則此位障高度差是否與蕭特基位障降低一致？

8. 對一個金屬 $-n$ 型矽接觸，由光電量測所得的位障高度為 0.65 V，然而從 C-V 量測所得的電壓軸之截距為 0.5 V。求此均勻摻雜之矽基板的摻雜濃度。

9. 均勻摻雜矽之蕭特基二極體在逆向偏壓下量測的電容，模式化可得 $1/C^2 = 1/C_O^2 - kV$，其中 C_O = 1.25 pF、k = 1.25 pF^{-2} V^{-1}，二極體面積 10^{-3} cm^2，請計算內建電位、位障高度及摻雜質濃度。

10. 在 0.5 μm 的 n- 型磊晶層上製作之 Pd-GaAs 接觸，其順向偏壓下，截止頻率為 370 GHz。若圓形接觸面積為 1.96×10^{-7} cm^2，試求順向偏壓條件下的空乏區寬度。

11. 一個蕭特基二極體介於金屬與重半導體摻雜區域間有一低摻雜區域 N_D = 5×10^{14} cm^{-3}，蕭特基二極體是以均勻低摻雜矽製作而成。假設最大電場為 20 V/μm，考慮位障降低效應下，請計算在最大反轉電壓下蕭特基二極體之反轉電流密度，並估算其功率消耗。

12. 在 N_D = 3×10^{20} cm^{-3} 之 n- 型矽上形成一面積 10^{-6} cm^2 的歐姆接觸。其中位障高度 ϕ_{Bn} 為 0.8 V，電子有效質量 m_n^* = 0.26 m_0。試求順向電流為 1 A 時歐姆接觸的電壓降。（提示：穿過接觸的電流值可以表示為 $I = I_0 \exp\left[-C_2 \left(\phi_{Bn} - V \right) / \sqrt{N_D} \right]$，其中 I_0 為常數以及 $C_2 \equiv 4\sqrt{m_n^* \varepsilon_s}/\hbar$。）

13. 一個蕭特基二極體在歐姆接觸擴散區之摻雜濃度為 5×10^{23} cm^{-3}，元件寬度 W = 5 μm，接觸長度 L = 1.5 μm，層厚度 d = 0.2 μm，特徵接觸電阻 (specific contact resistance) R_c = 5×10^{-6} Ω-cm^{-3}，求金屬接觸之總電阻？（提示：擴散層之薄片電阻 $R_\square$，可由 $R_\square$ = $1/q\mu N d$ 計算而得到，N 為摻雜濃度，d 為擴散層的厚度）

第四章
金屬—絕緣體—半導體電容器
Metal-Insulator-Semiconductor Capacitors

4.1 簡介

　　金屬—絕緣體—半導體 (MIS) 電容器為研究半導體表面最有用的元件，因為所有半導體元件的變化性、可靠度及穩定性問題，大部分都和表面的狀態息息相關，了解 MIS 電容器的表面物理，對元件運作非常重要。而金屬—氧化物—矽電容器形成金屬—氧化物—半導體場效電晶體 (Metal-Oxide-Semiconductor Field Effect Transistor, MOSFET) 的中心部分，因此本章我們主要關注金屬—氧化物—矽 (MOS) 系統。此系統已有廣泛的研究，因為它和多數的矽平面元件以及積體電路有關。

　　1959 年摩拉 (Moll)[1]、普凡 (Pfann) 及賈瑞特 (Garrett)[2] 首先提出以 MIS 結構作為電壓控制之可變電阻器 (varistor)（可變電容器），它的特性隨後被法蘭克 (Frankl)[3] 及林德納 (Lindner)[4] 分析。而里吉納 (Ligenza) 及史匹哲 (Spitzer) 於 1960[5] 年利用 SiO_2 在矽表面上熱成長成功做出第一個 MIS 結構，這項重要實驗的成功立刻促使姜 (Kahng) 及亞特拉 (Atalla)[6] 發表第一個金氧半場效電晶體 (MOSFET)。SiO_2-Si 系統更進一步的研究，而後由塔門 (Terman)[7]、赫飛 (Lehovec) 與索博基 (Slobodskoy)[8] 發表，在尼克萊 (Nicollian) 及布雷斯 (Brews)[9] 編著的 MOS 物理與技術書中可找到對 MOS 電容器廣泛且深入的探討。SiO_2-Si 系統迄今仍是最理想且最實用的 MIS 結構。

4.2 理想 MIS 電容器

金屬—絕緣體—半導體 (MIS) 結構如圖 1 所示，其中 d 為絕緣體厚度，而 V 為外加電壓。在本章中，當金屬板相對於半導體為正偏壓時，電壓為正。一個理想沒有偏壓的 n- 型及 p- 型半導體 MIS 結構能帶圖，如圖 2 所示。一理想 MIS 電容器定義如下：(1) 只有在施加任意偏壓下，結構中才會有的電荷存在。而位於半導體內的電荷與位於絕緣體相鄰的金屬表面上的電荷，其數量相等且符號相反，也就是 MIS 結構內沒有任何的介面缺陷及任何種類的氧化層電荷；(2) 在直流偏壓狀態下，無任何載子經過絕緣體傳輸，亦即絕緣體的電阻為無窮大。另外，為簡化問題，我們假設金屬功函數 ϕ_m 及半導體功函數的差為零，或 $\phi_{ms} = 0$，由以上條件與圖 2，可得

對 n- 型半導體

$$\phi_{ms} \equiv \phi_m - \left(\chi + \frac{E_g}{2q} - \psi_{Bn} \right) = \phi_m - (\chi + \phi_n) = 0 \tag{1a}$$

對 p- 型半導體

$$\phi_{ms} \equiv \phi_m - \left(\chi + \frac{E_g}{2q} + \psi_{Bp} \right) = \phi_m - \left(\chi + \frac{E_g}{q} - \phi_p \right) = 0 \tag{1b}$$

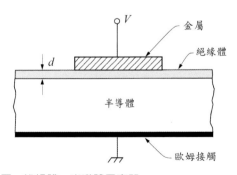

圖 1　最簡單的金屬—絕緣體—半導體電容器。

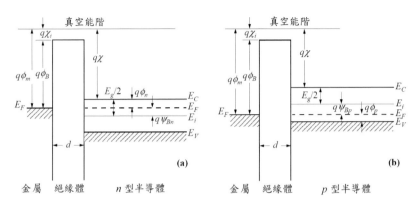

圖2　在平衡狀態 $(V = 0)$ 時，(a) n- 型半導體 (b) p- 型半導體理想 MIS 電容器的能帶圖。

其中 χ 及 χ_i 分別為半導體及絕緣體的電子親和力 (electron affinities)，而 ψ_{Bn}、ψ_{Bp}、ϕ_n、ϕ_p 為相對於能隙中間 (midgap) 及能帶邊緣 (band edges) 的費米能階。換言之，在無外加偏壓之下，能帶為平的，稱為平帶 (flat-band) 條件。本節所考慮的理想 MIS 電容理論，為了解實際 MIS 結構的基礎，且用來探究半導體表面物理。在一半導體表面會出現三種狀況：(1) 多數載子（如，p- 型電洞）之累積；(2) 多數載子形成空乏；(3) 表面反轉，在此反轉條件下少數載子（如，p- 型電子）數目會大於多數載子。反轉對金屬—氧化物—半導體場效電晶體的運作是重要的。

　　當一理想的 MIS 電容器偏壓是正或負的電壓時，基本上半導體表面可能會出現三種狀況（圖 3）。首先考慮 p- 型半導體（上半部的圖）。當負電壓 $(V < 0)$ 施加於金屬板，半導體表面之價電帶邊緣 E_V 向上彎曲，而且靠近費米能階（圖 3a）。對一個理想的 MIS 電容器而言，結構中並無任何電流流動（或 $dE_F/dx = 0$），所以在半導體內的費米能階將維持平面。因載子密度與能量差 $(E_F - E_V)$ 成指數關係，能帶彎曲引起靠近半導體表面的主要載子（電洞）聚積，這是聚積 (accumulation) 狀態。當外加一小量正電壓 $(V > 0)$，能帶向下彎曲，而多數載子形成空乏（圖 3b），這是空乏 (depletion) 狀態。當外加一更大的正電壓時，能帶向下彎曲更形嚴重，因此表面的本質能階 E_i

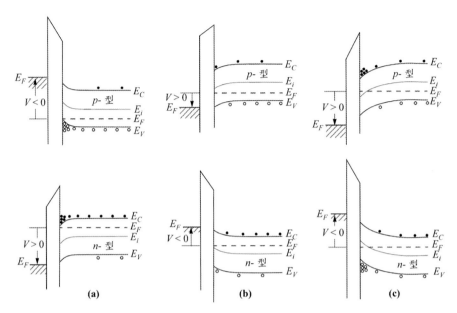

圖 3　在不同偏壓下 (a) 聚積 (b) 空乏 (c) 反轉狀態時理想 MIS 電容器的能帶圖。上下圖分別為 p- 與 n- 型半導體基材。

低於費米能階 E_F（圖 3c）。此處表面的電子（少數載子）數目大於電洞，表面因此反轉，這是反轉狀態。相對的改變電壓的極性，n- 型半導體可以得到類似的結果。

4.2.1 表面空間電荷區

本節我們推導表面位能、空間電荷及電場的關係，這些關係式在下一節用來推導理想 MIS 結構的電容─電壓特性。由第一章式 (27b)

$$p = n_i \exp\left(\frac{E_i - E_F}{kT}\right) \tag{2}$$

在直流偏壓下，無電流，因此 E_F 為常數，由圖 4 可以得知

1. 在最右邊處

$$p_{po}(x) = n_i \exp\left(\frac{E_i - E_F}{kT}\right) = n_i \exp\left(\frac{q\psi_p}{kT}\right)\Bigg|_{\beta \equiv \frac{q}{kT}} = n_i \exp(\beta\psi_p) \tag{3}$$

電位 $\psi_p(x)$ 定義為相對於半導體塊材 (bulk) 的電位 $E_i(x)/q$

$$\psi_p(x) \equiv -\frac{[E_i(x) - E_i(\infty)]}{q} \tag{4}$$

2. 接近半導體表面，$\psi_p(0) \equiv \psi_s$，ψ_s 稱為表面電位 (surface potential)，電子與電洞濃度為 ψ_p 的函數，由下列關係式得到

$$p_p(x) = n_i \exp\left(\frac{E_i(x) - E_F}{kT}\right) = n_i \exp\left[\frac{q(\psi_{Bp} - \psi_p)}{kT}\right]$$
$$= n_i \exp[\beta(\psi_{Bp} - \psi_p)] = p_{po} \exp(-\beta\psi_p) \tag{5a}$$

由第一章式 (26) 質量作用定律 (mass action law) 可以得到

$$n_p(x) = \frac{n_i^2}{p_p(x)} = \frac{n_i^2}{p_{po} \exp(-\beta\psi_p)} = n_{po} \exp(\beta\psi_p) \tag{5b}$$

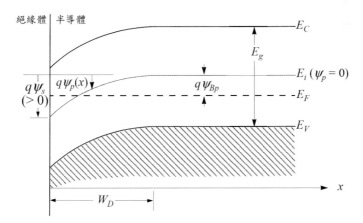

圖 4　　p- 型半導體表面的能帶圖。電位能 $q\psi_p$ 的測量為相對於塊材內的本質費米能階 E_i。圖中顯示表面電位 ψ_s 為正。當 $\psi_s < 0$ 時，則聚積發生。而 $\psi_{Bp} > \psi_s > 0$ 時空乏發生。當 $\psi_s > \psi_{Bp}$ 時，反轉發生。

其中能帶向下彎曲時，ψ_p 為正（如圖 4 所示），n_{po} 及 p_{po} 分別為半導體塊材內部電子與電洞的平衡密度，以及 $\beta \equiv q/kT$。

3. 在表面 $(x = 0)$ 密度為

$$p_p(0) = p_{po} \exp(-\beta\psi_s) \tag{6a}$$

$$n_p(0) = n_{po} \exp(\beta\psi_s) \tag{6b}$$

ψ_s 為表面電位 (surface potential)

從以上討論，各種表面電位可以加以分類：

$\psi_s < 0$	電洞聚積（能帶向上彎曲）
$\psi_s = 0$	平帶狀態
$\psi_{Bp} > \psi_s > 0$	電洞空乏（能帶向下彎曲）
$\psi_s = \psi_{Bp}$	費米能階在能隙中心 (midgap)，$E_F = E_i(0)$，$n_p(0) = p_p(0) = n_i$
$2\psi_{Bp} > \psi_s > \psi_{Bp}$	弱反轉 [電子增加，$n_p(0) > p_p(0)$]
$\psi_s > 2\psi_{Bp}$	強反轉 [$n_p(0) > p_{po}$ 或 N_A]

電位 $\psi_p(x)$ 為距離的函數，可由 1.8.1 節之一維的波松方程式求得

$$\frac{d^2\psi_p}{dx^2} = -\frac{\rho(x)}{\varepsilon_s} \tag{7}$$

其中 $\rho(x)$ 為總空間電荷密度

$$\rho(x) = q(N_D^+ - N_A^- + p_p - n_p) \tag{8}$$

N_D^+ 及 N_A^- 分別為已游離的施體及受體密度。在遠離表面，半導體塊材內部電荷中性必須成立，因此在無窮遠處 ψ_p 為零 $[\psi_p(\infty) = 0]$，可以得到 $\rho(x) = 0$，以及

$$N_D^+ - N_A^- = n_{po} - p_{po} \tag{9}$$

解空乏區內的一維波松方程式結果為

$$\frac{d^2\psi_p}{dx^2} = -\frac{q}{\varepsilon_s}\left(n_{po} - p_{po} + p_p - n_p\right)$$

$$= -\frac{q}{\varepsilon_s}\left\{p_{po}[\exp(-\beta\psi_p) - 1] - n_{po}[\exp(\beta\psi_p) - 1]\right\} \tag{10}$$

注意，式 (10) 為非線性偏微分方程式，在式 (10) 方程式兩邊乘上因子 $d\psi_p$，可得

$$\left(\frac{d2\psi_p}{dx^2}\right)d\psi_p = \frac{-q}{\varepsilon_s}\left\{p_{po}[\exp(-\beta\psi_p) - 1] - n_{po}[\exp(\beta\psi_p) - 1]\right\}d\psi_p \tag{11}$$

以 ψ 取代變數 ψ_p，重新組合方程式，由表面任意點 x 積分至塊材 [10]

$$\int_{\frac{d\psi_p}{dx}}^{0}\left(\frac{d^2\psi}{dx^2}\right)(d\psi) = \frac{-q}{\varepsilon_s}\int_{\psi_p}^{0}\left\{p_{po}[\exp(-\beta\psi) - 1] - n_{po}[\exp(\beta\psi) - 1]\right\}d\psi \tag{12}$$

$$\Rightarrow \int_{0}^{\frac{d\psi_p}{dx}}(d\psi)\frac{d}{dx}\left(\frac{d\psi}{dx}\right) = \frac{-q}{\varepsilon_s}\int_{0}^{\psi_p}\left\{p_{po}[\exp(-\beta\psi) - 1] - n_{po}[\exp(\beta\psi) - 1]\right\}d\psi \tag{13}$$

$$\Rightarrow \int_{0}^{\frac{d\psi_p}{dx}}\left(\frac{d\psi}{dx}\right)d\left(\frac{d\psi}{dx}\right) = \frac{-q}{\varepsilon_s}\int_{0}^{\psi_p}\left\{p_{po}[\exp(-\beta\psi) - 1] - n_{po}[\exp(\beta\psi) - 1]\right\}d\psi \tag{14}$$

$$\Rightarrow \frac{1}{2}\left(\frac{d\psi_p}{dx}\right)^2 = \frac{-q}{\varepsilon_s}\int_{0}^{\psi_p}\left\{p_{po}[\exp(-\beta\psi) - 1] - n_{po}[\exp(\beta\psi) - 1]\right\}d\psi \tag{15}$$

$$\Rightarrow \mathscr{E}^2 = \left(\frac{\sqrt{2}kT}{q}\right)^2\frac{qp_{po}\beta}{\varepsilon_s}\left\{[\exp(-\beta\psi_p) + \beta\psi_p - 1] + \frac{n_{po}}{p_{po}}[\exp(\beta\psi_p) - \beta\psi_p - 1]\right\} \tag{16}$$

其中電場 ($\mathscr{E} \equiv -d\psi_p/dx$)，由式 (6a)、(6b) 可得 $n_{po}/p_{po} = \exp(-2\beta\psi_{Bp})$，可以使用附註

$$L_D \equiv \sqrt{\frac{kT\varepsilon_s}{p_{po}q^2}} \equiv \sqrt{\frac{\varepsilon_s}{qp_{po}\beta}} \tag{17}$$

與

$$F\left(\beta\psi_p\,,\,\frac{n_{po}}{p_{po}}\right) \equiv \sqrt{[\exp(-\beta\psi_p)+\beta\psi_p-1]+\frac{n_{po}}{p_{po}}[\exp(\beta\psi_p)-\beta\psi_p-1]} \geq 0 \qquad (18)$$

其中 L_D 為電洞的外質狄拜長度 (Debye length)，因此由式 (16) 可得

$$\mathscr{E}(x) = \pm\frac{\sqrt{2}kT}{qL_D}F\left(\beta\psi_p\,,\,\frac{n_{po}}{p_{po}}\right) \qquad (19)$$

當 $\psi_p > 0$ 為正號，$\psi_p < 0$ 為負號。為了決定表面電場 $\mathscr{E}(x=0)=\mathscr{E}_s$，令 $\psi_p=\psi_s$

$$\mathscr{E}_s = \pm\frac{\sqrt{2}kT}{qL_D}F\left(\beta\psi_p\,,\,\frac{n_{po}}{p_{po}}\right) \qquad (20)$$

由式 (20) 與利用高斯定律，可得總單位面積空間電荷

$$Q_s = -\varepsilon_s\mathscr{E}_s = \mp\frac{\sqrt{2}\varepsilon_s kT}{qL_D}F\left(\beta\psi_s,\,\frac{n_{po}}{p_{po}}\right) \qquad (21)$$

　　典型的空間電荷密度 Q_s 變化，為表面電位 ψ_s 的函數，圖 5 顯示室溫時 $N_A = 4\times10^{15}\text{cm}^{-3}$ 的 p- 型矽。注意對於負 ψ_s，Q_s 為正，相當於聚積狀態，則式 (18) 中函數 F 為第一項所主導，也就是 $Q_s \propto \exp(q|\psi_s|2kT)$。當 $\psi_s = 0$ 時為平帶狀態，而且 $Q_s = 0$。而當 $2\psi_B > \psi_s > 0$ 時，Q_s 為負，且為空乏，以及弱反轉的情形，此時函數 F 為第二項所主導，也就是 Q_s 正比於 $\sqrt{\psi_s}$。對於 $\psi_s > 2\psi_B$ 為強反轉狀態，函數 F 將由第四項所主導，也就是 $Q_s \propto \exp(q\psi_s/2kT)$。注意強反轉開始時，其表面電位為

$$\psi_s(\text{強反轉}) \approx 2\psi_{Bp} \approx \frac{2kT}{q}\ln\left(\frac{N_A}{n_i}\right) \qquad (22)$$

4.2.2 理想 MIS 電容曲線

　　圖 6a 為一理想 MIS 結構之能帶圖，其半導體能帶彎曲情形與圖 4 類似，但是在強反轉狀況。電荷的分布則如圖 6b 所示，由於系統電荷中性，需要的是

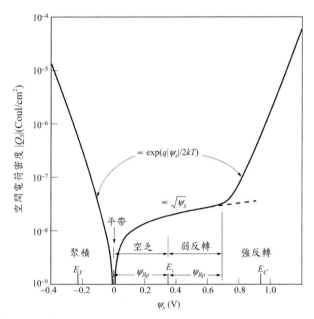

圖 5　半導體內部空間電荷密度變化量為表面電位 ψ_s 函數。在室溫下，p- 型矽 $N_A =$ $4 \times 10^{15} \, cm^{-3}$。

$$Q_M = -(Q_n + qN_AW_D) = -Q_s \tag{23}$$

其中 Q_M 為金屬上的單位面積電荷，Q_n 為反轉區表面附近的單位面積電子，qN_AW_D 為空間電荷區每單位面積的游離受體電荷，其中 W_D 為空乏區寬度；而 Q_s 為半導體內部總單位面積電荷。圖 6c 及 d 的電場及電位可分別由波松方程式一次及二次積分得到。沒有任何功函數差時，外加電壓部分跨過絕緣層，部分跨過半導體，因此

$$V = V_i + \psi_s \tag{24}$$

其中 V_i 為跨過絕緣層的電壓，且由圖 6c 可得

$$V_i = \mathscr{E}_i d = \frac{|Q_s|d}{\varepsilon_i} = \frac{|Q_s|}{C_i} \tag{25}$$

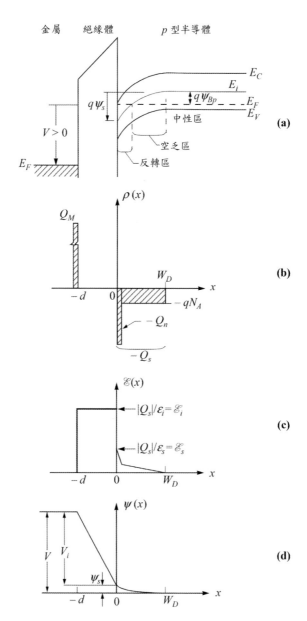

圖 6　理想 MIS 電容器在強反轉狀態之 (a) 能帶圖 (b) 電荷分布 (c) 電場分布，由式 (21)
可知 $|Q_s| = \varepsilon_s \mathscr{E}_s$，由高斯定律得 $\varepsilon_s \mathscr{E}_s = \varepsilon_i \mathscr{E}_i$，所以 $\mathscr{E}_s = \mathscr{E}_i(\varepsilon_i/\varepsilon_s) = \mathscr{E}_i (3.9/11.9) = 0.32$
$\mathscr{E}_i$ (d) 電位分布。（相對於半導體塊材）

系統的總電容 C 是由絕緣層電容 C_i

$$C_i = \frac{\varepsilon_i}{d} \tag{26}$$

與半導體的空乏層電容 (depletion-layer capacitance) C_D 相互串聯而成

$$C = \frac{C_i C_D}{C_i + C_D} \tag{27}$$

若已知絕緣體厚度 d，則 C_i 值為定值，相當於系統所能量測到的最大電容。但半導體電容 C_D 不只和偏壓有關（或 ψ_s），同時也是測量頻率的函數，圖 7 說明不同測量頻率及掃描速率 (sweep rate) 的 C-V 曲線特性，其主要差別在於反轉區，特別是強反轉區，圖中也顯示不同區域所對應的表面電位。對於理想的 MIS 電容器而言（而且無功函數差），平帶發生在 $V = 0$ 處，該處 $\psi_s = 0$，空乏區對應表面電位的範圍從 $\psi_s = 0$ 到 $\psi_s = \psi_{Bp}$ 之間。弱反轉從 $\psi_s = \psi_{Bp}$ 開始，強反轉起始於 $\psi_s = 2\psi_{Bp}$，而最小低頻電容發生在這兩點之間。

低頻電容 (Low-Frequency Capacitance)　半導體空乏層電容 C_D，可由半導體側的總靜電荷 Q_s（式 (21)）對半導體表面電位 ψ_s，微分得到

$$
\begin{aligned}
C_D = \frac{dQ_s}{d\psi_s} &= \frac{d}{d\psi_s}\left[\frac{\sqrt{2}\varepsilon_s kT}{qL_D} F(\beta\psi_s, n_{po}/p_{po})\right] \\
&= \frac{\sqrt{2}\varepsilon_s kT}{qL_D} \frac{\dfrac{1}{2}\{-\beta\exp(-\beta\psi_s) + \beta + (n_{po}/p_{po})[\beta\exp(\beta\psi_s)-\beta]\}}{F(\beta\psi_s, n_{po}/p_{po})} \\
&= \frac{\varepsilon_s}{\sqrt{2}L_D} \frac{1-\exp(-\beta\psi_s)+(n_{po}/p_{po})[\exp(\beta\psi_s)-1]}{F(\beta\psi_s, n_{po}/p_{po})}
\end{aligned} \tag{28}
$$

此電容可以想像成圖 5 的斜率。結合式 (24) 至 (28)，可以完整描述理想低頻 C-V 曲線，如圖 7 中曲線 (a) 所示。

探討低頻曲線，我們由軸的左邊開始施加電壓（負電壓及 ψ_s），在此電洞累積，因為半導體具有高的微分電容，導致總電容 C 接近絕緣體電容 C_i（如 $C/C_i \approx 1$）。當負電壓減少到零時，為平帶狀態，即 $\psi_s = 0$。因為式 (18)

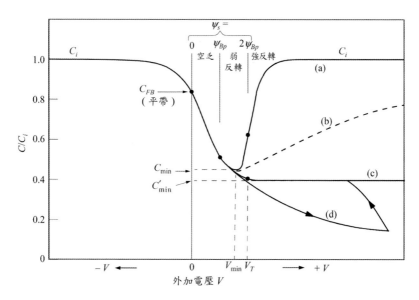

圖7　(a) 低頻 (b) 中間頻率 (c) 高頻 (d) 快速高頻掃描（深空乏）MIS 電容器的 $C\text{-}V$ 曲線。
相對於 $p\text{-}$ 型半導體，電壓施加於金屬板上。假設平帶電壓 $V = 0$。

中函數 F 接近零，C_D 可由式 (28) 泰勒展開數列後，在 $\psi_s = 0$ 可得近似空乏
電容 C_D（平帶），用來計算如圖 7 標示的平帶電容 C_{FB}

$$C_D(\text{平帶}) = \frac{\varepsilon_s}{\sqrt{2}L_D} \frac{[1-(1-\beta\psi_s)+\cdots]}{\left[1-\beta\psi_s+\frac{(-\beta\psi_s)^2}{2}+\beta\psi_s-1+\cdots\right]^{\frac{1}{2}}}$$

$$= \frac{\varepsilon_s}{\sqrt{2}L_D} \frac{\beta\psi_s}{\left(\frac{\beta^2\psi_s^2}{2}\right)^{\frac{1}{2}}} \tag{29}$$

$$= \frac{\varepsilon_s}{L_D}$$

由式 (17) (26) (27) 及式 (29) 可計算得平帶狀態的總電容 C_{FB}

$$C_{FB}(\psi_s = 0) = \frac{C_i C_D (\text{平帶})}{C_i + C_D (\text{平帶})} = \frac{\dfrac{\varepsilon_i}{d} \times \dfrac{\varepsilon_s}{L_D}}{\dfrac{\varepsilon_i}{d} + \dfrac{\varepsilon_s}{L_D}} = \frac{\varepsilon_i}{d + \left(\dfrac{\varepsilon_i}{\varepsilon_s}\right) L_D}$$

$$= \frac{\varepsilon_i \varepsilon_s}{\varepsilon_s d + \varepsilon_i \sqrt{kT \varepsilon_s / N_A q^2}} \tag{30}$$

其中 ε_i 及 ε_s 分別為絕緣體及半導體的介電係數。而 L_D 為在 $P_{p0} = N_A$ 時之外質狄拜長度 (extrinsic Debye length)，顯示在空乏及弱反轉狀態下，即 $2\psi_{Bp} > \psi_s > kT/q$，函數 F （式 (18)）可以簡化為

$$F \approx \sqrt{\beta \psi_s} \qquad (2\psi_{Bp} > \psi_s > kT/q) \tag{31}$$

空間電荷密度（式 (21)）可以簡化為

$$Q_s = \sqrt{2\varepsilon_s q p_{po} \psi_s} = q W_D N_A \qquad (2\psi_{Bp} > \psi_s > kT/q) \tag{32}$$

為常見的的空乏近似。由式 (24)、(25) 及 (32)，可將空乏寬度表示為端電壓的函數，解二次方程式得到

$$W_D = \sqrt{\frac{\varepsilon_s^2}{C_i^2} + \frac{2\varepsilon_s V}{q N_D}} - \frac{\varepsilon_s}{C_i} \tag{33}$$

的解，若 W_D 已知，即可導出 C_D 及 ψ_s。式 (28) 中之空乏電容可以下式估算

$$C_D = \sqrt{\frac{\varepsilon_s q p_{po}}{2\psi_s}} = \frac{\varepsilon_s}{W_D} \qquad (2\psi_{Bp} > \psi_s > kT/q) \tag{34}$$

當正電壓持續增加，空乏區寬度變寬，作用如同半導體表面的介電質串聯絕緣體，而且總電容持續減少。當電子的反轉層在表面形成，電容經過極小值之後再度增加。電容極小值及對應的極小電壓分別以 $C_{\min}$ 及 $V_{\min}$ 表示（圖 7）。因為 C_i 為固定值，可由 C_D 極小值得 $C_{\min}$。C_D 極小值所對應的 ψ_s 值，可以令式 (28) 的微分為零得到，結果為超越函數 [9]

$$\sqrt{\cosh(\beta\psi_s - \beta\psi_B)} = \frac{\sinh(\beta\psi_s - \beta\psi_B) - \sinh(-\beta\psi_B)}{\sqrt{N_A/n_i} F(\beta\psi_s, n_{po}/p_{po})} \tag{35}$$

若 ψ_s 已知，由式 (24) 至 (28) 可以得到 $C_{\min}$ 及 $V_{\min}$。

　　尤其，電子濃度依外加交流訊號的能力決定電容的增加量，只有在低頻時少數載子（以電子為例）的復合－產生率可以隨著小訊號變化，與測量訊號同步，電荷與反轉層交換。不像空乏與弱反轉，強反轉所增加的電荷不再位於空乏區的邊緣，而是在半導體表面的反轉層，結果呈現較大的電容。圖 8 敘述不同低頻、高頻及深空乏狀態，半導體端所增加的電荷位置。實驗發現，對於金屬─二氧化矽─半導體系統，電容和頻率最有關的範圍介於 5Hz 和 1 kHz 之間 [11,12]，和矽基板的載子生命期及熱產生率有關。結果如圖 7 曲線 (c) 顯示，強反轉區量測到的高頻 MOS 曲線，電容並沒有增加。圖 9 顯示 n- 型 MIS 電容器在施加不同頻率訊號下，量測所得的 C-V 曲線。注意低頻曲線的起始頻率為 f= 100 MHz[13,14]。

高頻電容 (High-Frequency Capacitance)　　高頻 C-V 曲線可以利用類似單邊陡峭 p-n 接面 (one-sided abrupt p-n junction) [15,16] 的方法獲得。當半導體表面空乏，空乏區內已游離的受體表示為 $-qN_AW_D$，其中 W_D 為空乏寬度，積分一維波松方程式（在 4.2.1 節）產生在空乏區內的電位分布

$$\psi_p(x) = \psi_s\left(1 - \frac{x}{W_D}\right)^2 \tag{36}$$

其中表面電位 ψ_s 為

$$\psi_s = \frac{qN_AW_D^2}{2\varepsilon_s} \tag{37}$$

當外加電壓增加，ψ_s 及 W_D 跟著增加，最後將發生強反轉，如圖 5 所示。強反轉開始於 $\psi_s \approx 2\psi_B$。一旦強反轉發生，空乏寬度達到最大。當能帶向下彎曲足以達到 $\psi_s = 2\psi_B$，反轉層可以有效的屏障半導體以避免電場更深的穿透，

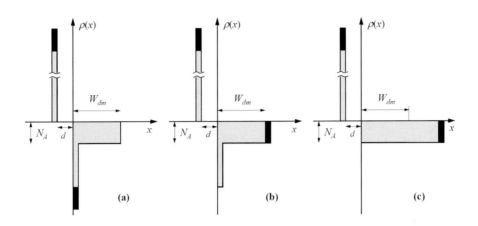

圖 8   (a) 低頻 (b) 高頻 (c) 快速高頻掃描（深空乏，$W_D > W_{Dm}$）情況下，增加的位移電荷（黑色面積）。在強反轉狀態，電容為小訊號頻率及靜態掃描速率的函數。

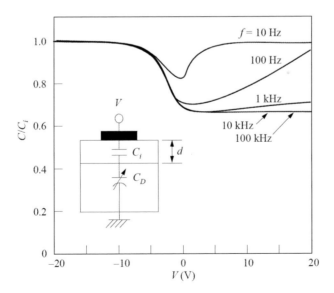

圖 9   金屬—絕緣體—半導體電容器，頻率對 C–V 曲線的效應。其中 $N_A = 1.45 \times 10^{16}$ cm^{-3}，$d = 200\,\text{nm}$，插圖為串聯的電容器，低頻曲線的起始頻率 $f \le 100\,\text{MHz}$。

即使能帶彎曲增加非常小（對應增加非常小的空乏區寬度），結果在反轉區增加非常多的電荷密度。因此，由式 (22) 可獲得穩定情況下，空乏區的最大寬度 W_{Dm}

$$W_{Dm} \approx \sqrt{\frac{2\varepsilon_s \psi_s (\text{強反轉})}{qN_A}} \approx \sqrt{\frac{4\varepsilon_s kT \ln(N_A/n_i)}{q^2 N_A}} \tag{38}$$

在 Si 與 GaAs 中，W_{Dm} 與摻雜濃度的關係如圖 10 所示，其中 p- 型半導體 N 等於 N_A，n- 型半導體 N 等於 N_D。只有在 MIS 結構才有最大空乏區寬度的現象，在 p-n 接面或蕭特基位障 (Schottky barrier) 並不會發生。另一項有趣的量為所謂的開啟電壓 (turn–on voltage) 或起始電壓 (threshold voltage)V_T 在強反轉發生。忽略式 (23) 之 Q_n 項，由於強的反轉，Qs 可以表示成 $Q_s = Q_n + qN_A W_{Dm} \approx qN_A W_{Dm}$，由式 (24) 得到

$$\begin{aligned} V_T &= \frac{|Q_s|}{C_i} + 2\psi_{Bp} \\ &= \sqrt{\frac{2\varepsilon_s qN_A(2\psi_{Bp})}{C_i}} + 2\psi_{Bp} \end{aligned} \tag{39}$$

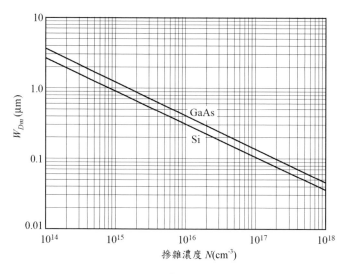

圖 10　強反轉狀態下，Si 及 GaAs 之最大空乏層寬度 W_{Dm} 對應半導體摻雜濃度的關係圖。

注意，即使緩慢變化的靜態電壓將額外的電荷放在反轉層表面，高頻小訊號對少數載子而言仍然太快，且增加的電荷放在空乏區的邊緣如圖 8b 所示。空乏電容簡單表示為 ε_i / W_D，其最小值對應最大的空乏寬度 W_{Dm}

$$C'_{\min} = \frac{\varepsilon_i \varepsilon_s}{\varepsilon_s d + \varepsilon_i W_{Dm}} \qquad (40)$$

金屬－二氧化矽－矽（metal-SiO$_2$-Si）電容器，針對不同的氧化層厚度與摻雜濃度，已計算出完美理想的 C-V 曲線。圖 11a 顯示典型的 p- 型矽理想 C-V 曲線。注意，當氧化層變得更薄時，電容變化較大，曲線也更尖銳，並會降低起始電壓 V_T。圖 11b 顯示相同系統的 ψ_s 和外加電壓的關係。同理，更薄的氧化層調整 ψ_s 更有效率。計算關鍵性的參數 C_{FB}、$C_{\min}$、$C'_{\min}$、V_T 及 $V_{\min}$，並將計算結果繪製於圖 12。這些理想的 MIS 曲線將在後面段落中用來比較實驗的結果，以瞭解實際的 MIS 系統。要轉變成 n- 型矽，可簡單地藉由改變電壓軸的正負號來達成。但若想要轉變成其他的絕緣體，則需將氧化層厚度乘以 SiO$_2$ 和其他絕緣體之介電常數比

$$d_c = d_i \frac{\varepsilon_i (\mathrm{SiO_2})}{\varepsilon_i (絕緣層)} \qquad (41)$$

其中 d_c 為用在這些曲線之等效 SiO$_2$ 厚度，d_i 及 ε_i 為新的絕緣體厚度與介電常數，對於其他半導體可利用式 (30) 至 (39) 建立和圖 11 類似的 MIS 曲線。

在高頻情況下，以快速斜坡掃描向強反轉方向掃過，即使大的訊號變化，仍然沒有足夠時間使半導體達到平衡。當空乏寬度大於平衡時的最大值，會發生深空乏，這是一般電荷耦合元件 (CCD) 操作在大的偏壓脈衝下的情況，將在 13.6 節討論。圖 8c 比較空乏寬度及所增加的電荷。圖 7 曲線 (d) 顯示電容將隨偏壓持續減小，類似 p-n 接面或蕭特基位障。在較大的電壓下，半導體可能產生衝擊離子化 (impact ionization)，將在後面的累增效應中討論。然而，在照光情況下，可以快速產生額外的少數載子，以及圖 7 曲線 (d) 將回到曲線 (c)。

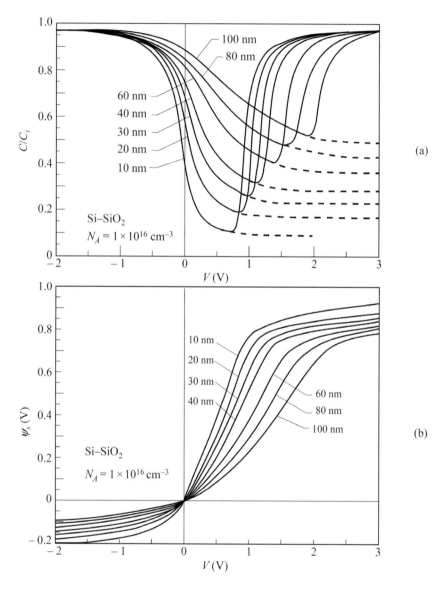

圖 11　(a) 不同氧化層厚度之理想 MIS 的 *C–V* 曲線。實線表示低頻，虛線表示高頻。(b)
　　　　表面電位 ψ_s 對應外加電壓的圖形。（參考文獻 17）

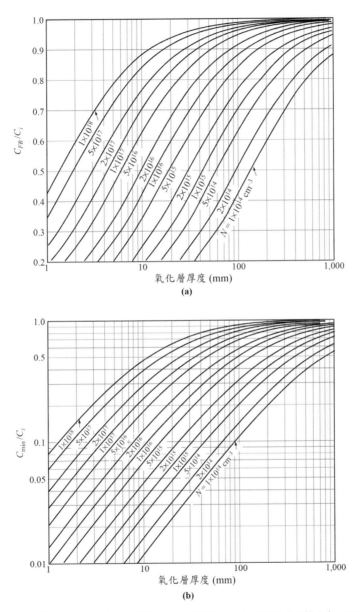

圖 12　(a) 平帶電容（正規化）(b) 低頻 C_{min}（正規化）　(c) 高頻（正規化）(d)V_T 及低頻 V_{min} 情況下，理想 Si-SiO$_2$ MOS 電容器的關鍵性參數為摻雜程度及氧化層厚度的函數。

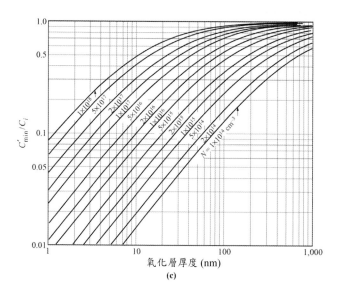

(c)

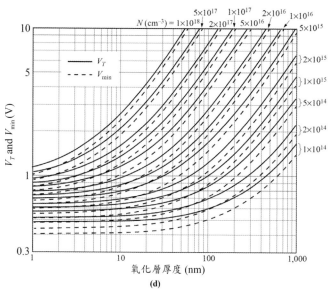

(d)

圖 12　（接續前頁）

4.3 矽 MOS 電容器

　　金屬－二氧化矽－矽 (metal-SiO₂-Si, MOS) 電容器爲所有的 MIS 電容器中，最實際且最重要的元件，故以此爲例。而以熱氧化[9]方式成長之二氧化矽薄膜可用其在介面區域的化學組成來解釋。首先單晶矽上方爲一層 SiOₓ，即爲不完全氧化的矽；接著是薄的 SiO₂ 應變區域；而其他爲化學計量 (stoichiometric) 態，且不受應變的非結晶 SiO₂。化合物 SiOₓ，當 $x = 2$ 時爲化學計量態，而 $1 < x < 2$ 時，爲非化學計量 (nonstoichiometric) 態，對於實際上的 MOS 電容器，介面缺陷 (interface trap) 及氧化層電荷存在，將以一種或其他的方式影響理想 MOS 特性。這些缺陷及電荷的基本類型如圖 13 所示：(1) 介面缺陷密度 D_{it} 及捕獲電荷 Q_{it} 位於 Si-SiO₂ 介面處，而其能量態則位於矽的禁帶能隙 (forbidden bandgap) 中，且可以在短時間內和矽交換電荷；Q_{it} 也由占據的情況或費米能階所決定，因此其數量和偏壓有關。介面缺陷或許可以由過多的矽（三價矽）、損壞的 Si-H 鍵結、過多的氧與摻雜所產生。(2) 固定氧化層電荷 Q_f，位於介面附近且在外加電場下不能移動。(3) 氧化層捕獲電荷 Q_{ot}，舉例而言，這些電荷可由 X 光輻射或熱電子注入所引起；

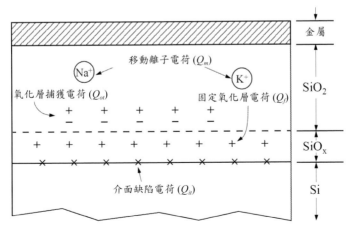

圖 13　矽熱氧化相關的電荷之專門名詞圖示說明。（參考文獻 18）

這些缺陷在氧化層內部分布。(4) 移動離子電荷 Q_m，例如鈉離子，能夠在偏壓－溫度應力測試 (bias-temperature stress) 狀況下於氧化層內移動。

4.3.1 介面缺陷

特姆 (Tamm)[19]、蕭克萊 (Shockley)[20] 及其他學者 [9] 已研究過介面缺陷 (Interface Traps) 電荷 Q_{it}，傳統上也稱為介面狀態 (interface state)、快速狀態 (fast state) 或表面狀態 (surface state)，並且表示由於晶體表面上週期性晶格結構中斷，使得 Q_{it} 存在於禁止能隙 (forbidden gap) 中。蕭克萊及皮爾森 (Pearson) 在表面電導測量 [21] 實驗中發現 Q_{it} 的存在。而在超高真空系統中測量乾淨的表面 [20]，證實 Q_{it} 可以非常的高——約為表面原子密度的數量級（$\approx$ 10^{15} 原子 /cm^2）。目前 MOS 電容使用熱氧化成長 (thermally grown) 二氧化矽於矽表面，可利用低溫 (450℃) 的氫退火 (annealing)，將大部分的介面缺陷電荷加以中和。總表面電荷可以小於 $10^{10}\,cm^{-2}$，相當於約每 10^5 個表面原子會存在一個介面缺陷。類似塊材雜質，如果介面缺陷為電中性並可以捐出（放棄）一個電子而變成正電荷，可視為施體，同理受體介面缺陷為電中性且接受一個電子而變成負電荷，介面缺陷的分布函數（佔據）類似第一章所討論的塊材雜質能階

$$
\begin{aligned}
F_{SD}(E_t) &= \left[1 - \frac{1}{1+(1/g_D)\exp[(E_t - E_F)/kT]}\right] \\
&= \frac{1}{1+g_D\exp[(E_F - E_t)/kT]}
\end{aligned}
\tag{42a}
$$

表示施體介面缺陷

$$
F_{SA}(E_t) = \frac{1}{1+g_A\exp[(E_t - E_F)/kT]}
\tag{42b}
$$

表示受體介面缺陷。式中 E_t 為介面缺陷能量，且對施體 (g_D) 而言基態簡併 (ground-state degeneracy) 為 2，受體 (g_A) 為 4。假定每一個介面擁有兩種型態的缺陷。藉由等效 D_{it} 分布來描述介面缺陷的總和，並以中性能階 E_0 上面的狀態為受體型態，下面的狀態為施體型態，如圖 14 所示。要計算這些缺

陷電荷，可以假設室溫下，在 E_F 上面及下面佔據率爲 0 與 1 值，利用這些假設，可以輕易的計算得到介面缺陷電荷

$$Q_{it} = \begin{cases} -q\int_{E_0}^{E_F} D_{it} dE & E_F \text{大於} E_0 \\ +q\int_{E_F}^{E_0} D_{it} dE & E_F \text{小於} E_0 \end{cases} \tag{43}$$

上述電荷爲單位面積有效淨電荷（即 C/cm^2）。由於介面缺陷的能階在能隙間分布，以介面缺陷密度分布表示

$$D_{it} = \frac{1}{q}\frac{dQ_{it}}{dE} \qquad \text{缺陷數}/cm^2\text{-eV} \tag{44}$$

這個概念用來實驗性決定 D_{it}，從 D_{it} 的改變反應 E_F 或表面電位 ψ_s 的改變。換句話說，式 (44) 不能區分介面缺陷是否爲施體型態或受體型態，但只能決定 D_{it} 的大小。當施加電壓，費米能階相對介面缺陷能階向上或向下移動，而造成介面缺陷電荷發生變化。這些電荷的變化影響 MOS 電容器的電容，並且改變其理想的 $C-V$ 曲線，包含介面缺陷效應的基本等效電路 [23]，如圖 15a 所示。圖中，C_i 及 C_D 分別表示絕緣體電容及半導體空乏層電容。C_{it} 及 R_{it} 是與介面缺陷有關的電容及電阻，同時也是能量的函數。$C_{it}R_{it}$ 的乘積定

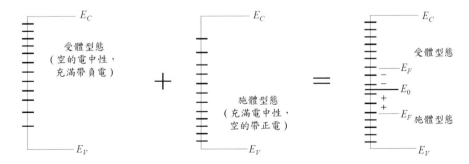

圖 14 介面缺陷系統是由受體及施體狀態組成，可由中性能階 E_0 以上爲受體狀態，而以下爲施體狀態的等效分布解釋：當 E_F 在 E_0 的上面淨電荷爲 $-$，在下面淨電荷爲 $+$。

義為介面缺陷的生命期 τ_{it}，決定介面缺陷的頻率特性。圖 15a 的等效電路並聯部分，可以轉換為一與頻率相關的電容 C_p 並聯一頻率相關的電導 G_p，如圖 15b 所示，可得

$$C_p = C_D + \frac{C_{it}}{1+\omega^2\tau_{it}^2} \tag{45}$$

以及

$$\frac{G_p}{\omega} = \frac{C_{it}\,\omega\tau_{it}}{1+\omega^2\tau_{it}^2} \tag{46}$$

其中 ω 是訊號的角頻率，圖 15c 與 d 中包含了在低頻及高頻極限下的等效電路。在低頻極限中，可將 R_{it} 設為零且 C_D 與 C_{it} 並聯。而在高頻極限中，忽略 C_{it}–R_{it} 部分或者視為開路，如圖 15a 所示，其物理意義為缺陷不足以迅速地反應快速訊號。這兩種情況的總電容（低頻 C_{LF} 及高頻 C_{HF}）為

$$C_{LF} = \frac{C_i(C_D+C_{it})}{C_i+C_D+C_{it}} \tag{47}$$

$$C_{HF} = \frac{C_iC_D}{C_i+C_D} \tag{48}$$

這些方程式及等效電路將在測量介面缺陷時會用到，後續將再討論。

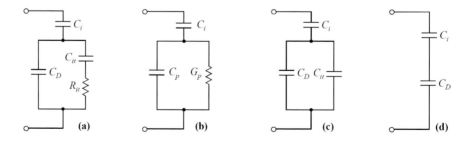

圖 15　(a) (b) 包含介面缺陷效應 (c) 低頻極限 (d) 高頻極限的等效電路，C_{it} 及 R_{it} 分別為介面缺陷的等效電容與電阻。（參考文獻 23）

4.3.2 介面缺陷的測量

不論是由電容量測或電導量測，其輸入電導及輸入電容的等效電路都包含類似的介面缺陷訊息，因此可以用來計算介面缺陷密度。電導測試可獲得較準確的結果，特別是較低介面缺陷密度（$\approx 10^{10} \, \text{cm}^{-2}\text{-eV}^{-1}$）的 MOS 電容。然而，電容測試法可迅速計算出平帶位移大小及全部介面缺陷電荷。圖 16a 定性顯示有無介面缺陷之高頻及低頻 $C\text{-}V$ 特性。有一項非常值得注意的介面缺陷效應是曲線會沿著電壓方向擴展，這是因為額外的電荷必須去填補缺陷，所以耗費更多的總電荷或外加電壓去完成相同的表面電位 ψ_s（或能帶彎曲）。圖 16b 更清楚地顯示有／沒有介面缺陷情況下，ψ_s 直接對外加電壓作圖。稍後能觀察到 $\psi_s\text{-}V$ 曲線圖可以用來決定 D_{it}。另一項需注意的為強

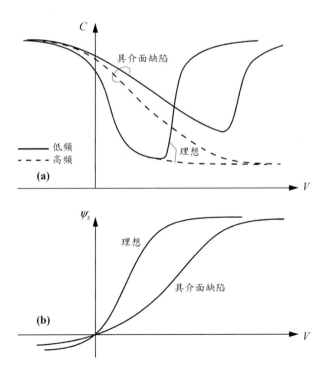

圖 16　(a) 介面缺陷對高頻及低頻 $C\text{-}V$ 曲線的影響 (b)$C\text{-}V$ 曲線向外伸展，是因為外加電壓 V 對有效的表面電位 ψ_s 的調整減少。本圖以 p- 型半導體為例。

反轉附近 $V_{\min}$ 點之前的高、低頻電容曲線差距，這項差異正比於 D_{it}。

　　或者可由另一個觀點來幫助了解。介面缺陷有兩個方式影響總電容，第一個為經由額外的電路成分 C_{it} 及 R_{it} 直接影響；第二個為間接影響 C_D。對於固定偏壓，因部分電荷將用來填介面缺陷，其他放在空乏層的電荷減少且將減少表面電位 ψ_s 或能帶彎曲，但因為 C_D 與 ψ_s 之間的關係是固定 [式 (28) 或式 (34)]，改變 ψ_s 也意謂著 C_D 改變。這解釋在高頻極限下，即使圖 15d 等效電路不含 C_{it} 成分，圖 16a 的高頻 C-V 曲線仍會受到 C_D 介面缺陷所影響。觀察圖 16a 的四條曲線有助於瞭解決定 D_{it} 的各種不同電容方法，基本上可分為三種：(1) 低頻電容：比較測得的低頻曲線與理論的理想曲線；(2) 高頻電容：比較量測到的高頻曲線與理論的理想曲線；(3) 高－低頻率電容：比較所量測到的高、低頻率曲線。

　　在討論每一項電容方法之前，首先推導一些有用的項目，這些對所有方法都有效。首先 C_{it} 及 D_{it} 之間的關係推導如下。因為 $dQ_{it} = qD_{it}\,dE$，且 $dE = qd\psi_s$，可得

$$C_{it} = \frac{dQ_{it}}{d\psi_s} = q^2 D_{it} \tag{49}$$

接著我們將導出 ψ_s-V 曲線伸展與介面缺陷的關係。利用圖 15c 的低頻等效電路，外加電壓可分為氧化層及半導體層部分 [式 (24)]。其中跨越半導體的電壓部分 ψ_s 可由電容網路的分壓來簡化，即

$$\frac{d\psi_s}{dV} = \frac{C_i}{C_i + (C_D + C_{it})} \tag{50}$$

意味著

$$D_{it} = \frac{C_i}{q^2}\left[\left(\frac{d\psi_s}{dV}\right)^{-1} - 1\right] - \frac{C_D}{q^2} \tag{51}$$

如果 ψ_s-V 關係（圖 16b）可以由電容測量得到，則 D_{it} 可以由此方程式計算出。

高頻電容法 (High-Frequency Capacitance Method) 塔門 (Terman)[7] 首先發展出高頻量測方式，如圖 15d 等效電路所示，這項方法的優點為不含電路 C_{it} 成分。由式 (48) 測量 C_{HF} 可直接得到 C_D，當 C_D 已知，ψ_s 可由理論計算並得到 ψ_s-V 關係。然後利用式 (51) 決定 D_{it}。

低頻電容法 (Low-Frequency Capacitance Method) 貝爾格隆 (Berglund)[24] 首先利用低頻電容積分得到 ψ_s-V 關係，然後利用式 (51) 決定 D_{it}。由式 (50) 開始，以圖 15c 低頻等效電路為基礎，整合式 (47) 可得

$$\frac{d\psi_s}{dV} = \frac{C_i}{C_i + C_D + C_{it}} = 1 - \frac{C_D + C_{it}}{C_i + C_D + C_{it}} = 1 - \frac{C_{LF}}{C_i} \tag{52}$$

兩外加電壓之間積分式 (52) 得到

$$\psi_s(V_2) - \psi_s(V_1) = \int_{V_1}^{V_2}\left(1 - \frac{C_{LF}}{C_i}\right)dV + 常數 \tag{53}$$

式 (53) 指出，在任何外加電壓下，由積分 $(1-C_{LF}/C_i)$ 可以得到表面電位。積分常數可由聚積或強反轉開始，其 ψ_s 為已知且和外加電壓關係不大。一旦知道 ψ_s 及摻雜的輪廓，可由式 (51) 計算 D_{it}。低頻電容方法的缺點是當氧化層較薄時，則直流漏電增加，測量將變得困難。

高－低頻電容法 (High-Low-Frequency Capacitance Method) 此方法結合高頻及低頻電容，由凱斯特康 (Castague) 與威派勒 (Vapaille)[25] 所發展出來，在完全知道摻雜分布下，此方法的優點為不需比較任何理論計算（其他方法則需要理論計算），但此方法對於不均勻摻雜來說仍然相當複雜。由高頻及低頻極限的方程式開始 [式 (47) 及式 (48)]，可以寫出

$$C_{it} = \left(\frac{1}{C_{LF}} - \frac{1}{C_i}\right)^{-1} - C_D = \left(\frac{1}{C_{LF}} - \frac{1}{C_i}\right)^{-1} - \left(\frac{1}{C_{HF}} - \frac{1}{C_i}\right)^{-1} \tag{54}$$

定義電容差距為 $\Delta C \equiv C_{LF} - C_{HF}$，並且利用 $D_{it} = C_{it}/q^2$ 關係，我們直接得到每一偏壓點的缺陷密度

$$D_{it} = \frac{C_i}{q^2}\left[\left(\frac{1}{\Delta C / C_i + C_{HF} / C_i} - 1\right)^{-1} - \left(\frac{1}{C_{HF} / C_i} - 1\right)^{-1}\right]$$

$$= \frac{\Delta C}{q^2}\left(1 - \frac{C_{HF} + \Delta C}{C_i}\right)^{-1}\left(1 - \frac{C_{HF}}{C_i}\right)^{-1}$$

(55)

本方程式顯示缺陷密度在一階近似下，正比於電容差距 ΔC，如果已知 D_{it} 能譜分布，則可用低頻電容積分法或高頻方法來反求 ψ_s。

電導法 (Conductance Method)　尼克萊 (Nicolian) 及郭茲伯格 (Goetzberger) 對電導法 [26] 作了詳細且廣泛的討論。電容法困難處在於介面缺陷電容，包含氧化層電容、空乏層電容及介面缺陷電容必須由測量電容中萃取，如之前所描述的，不論電容及電導均為電壓及頻率的函數，包含相同的介面缺陷訊息。由於必須計算兩電容之間的差距，因此使用測量電容來萃取介面缺陷資料，會產生大的誤差。但這個困難不會發生在與介面缺陷有關的電導測量。因此，電導測量可得到更精確且可靠的結果，特別是當 D_{it} 很低的時候，例如熱氧化產生的 SiO$_2$-Si 系統。圖 17 顯示在 5 及 100 kHz 範圍內測量到的電容及電導，其中最大電容變化只有 14%，此時在這頻率範圍內電導峰值大小變化超過一個數量級。圖 15b 為簡化的等效電路，也是 MOS 電導量測技巧的原理。MOS 電容的阻抗 (impedance) 可由跨接電容兩端的橋式電路測得，並且在強聚積情況下測量到絕緣體電容 C_i。絕緣電容值之電抗 (reactance) 是由阻抗 (impendence) 及導納 (admittance) 相減而得的，其阻抗可轉換成電導。由式 (46) 可得等效並聯電導 G_p 除以 ω，在此不含 C_D 項，且只和等效電路中介面缺陷部分有關。測量到的導納與介面缺陷電導的轉換關係為

$$\frac{G_p}{\omega} = \frac{\omega C_i^2 G_{in}}{G_{in}^2 + \omega^2(C_i - C_{in})^2} = \frac{C_{it}\omega\tau_{it}}{1 + \omega^2\tau_{it}^2}$$

(56)

在已知偏壓下，可由角頻率函數量測得到 G_p/ω。圖 18 為 G_p/ω 對 ω 之關係圖，其中最大值發生在 $\omega\tau_{it} = 1$，在最大角頻率的 G_p/ω 值可由下式推導出

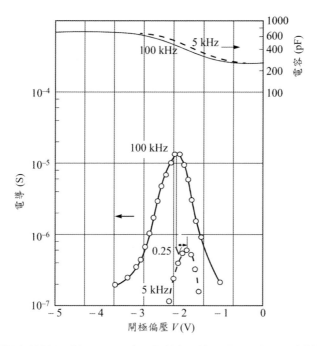

圖 17　兩種頻率所測量到的 MOS 電容及電導之比較，顯示電導比電容對於頻率更為敏感。（參考文獻 26）

$$\frac{d}{d\omega}\left(\frac{G_p}{\omega}\right) = C_{it}\frac{(1+\omega^2\tau_{it}^2)\tau_{it} - \omega\tau_{it}(2\omega\tau_{it}^2)}{(1+\omega^2\tau_{it}^2)} = 0 \tag{57}$$

$$\Rightarrow 1+\omega^2\tau_{it}^2 - 2\omega^2\tau_{it}^2 = 0 \Rightarrow \omega^2\tau_{it}^2 = 1 \Rightarrow \tau_{it} = \frac{1}{\omega} \tag{58}$$

$$\Rightarrow \left.\frac{G_p}{\omega}\right|_{max} = \frac{C_{it}}{2} \tag{59}$$

因此在修正 C_i 的等效並聯電導中，直接由測量到的電導求出 C_{it} 及 $\tau_{it} = R_{it}C_{it}$。當 C_{it} 為已知，可以利用 $D_{it} = C_{it}/q^2$ 關係得到介面缺陷密度。Si-SiO$_2$ 系統 [27] 典型的結果顯示，接近能隙中間的 D_{it} 幾乎為定值，但朝向導電帶及

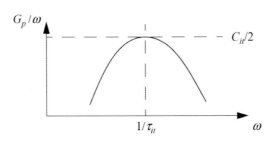

圖 18　最大的 G_p/ω 值發生在 $\omega = 1/\tau_{it}$，最大角頻率時，G_p/ω 值為 $C_{it}/2$。

價電帶邊緣增加。而矽晶向非常重要，如圖 19 所示，在晶面 (100) D_{it} 大約比晶面 (111) 小一個數量級。這項結果與矽表面 [28, 29] 單位面積有效的鍵結數有關，表 1 列出矽 (111)、(110) 及 (100) 晶面的特性。明顯的 (111) 面有最多的單位面積有效鍵結數，而在 (100) 面最少，所以預期在 (100) 面有最低的氧化速率，這對薄的氧化層來說是有利的。如果假設介面缺陷源自於氧化層中過多的矽，那麼氧化速率越慢，過多的矽數量越少；因此 (100) 表面將有最少的介面缺陷密度，故製造的矽平面 MOSFET，均選擇 (100) 晶面的基板。

表 1　矽晶體平面的特性

晶面	單位晶胞面積 (cm^2)	晶胞面積內之原子數	晶胞面積內之有效鍵	原子 /cm^2	有效鍵 /cm^2
(111)	$\sqrt{3}a^2/2$	2	3	7.85×10^{14}	11.8×10^{14}
(110)	$\sqrt{2}a^2$	4	4	9.6×10^{14}	9.6×10^{14}
(100)	a^2	2	2	6.8×10^{14}	6.8×10^{14}

　　Si-SiO$_2$ 系統內的介面缺陷包含許多能階，這些能階的能量非常靠近，故無法區分個別的能階。而實際上，在整個半導體能隙中呈現連續能譜分布。因此以單一能階時間常數（圖 15a）的 MOS 電容等效電路來說，應解釋為某特定的偏壓或缺陷能階。圖 20 顯示利用蒸氣成長氧化層在 (100) 矽

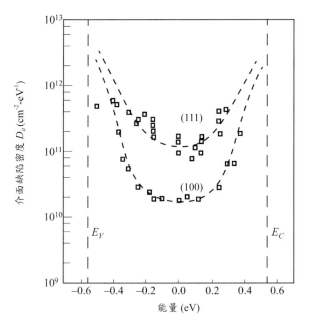

圖 19　熱氧化矽的介面缺陷密度 D_{it}。晶面 (100) 比晶面 (111) 具有大量較低的介面缺陷。
（參考文獻 27）

基板上的 MOS 電容器，其時間常數 τ_{it} 隨表面電位（或缺陷能階）的變化情形，$\overline{\psi}_s$ 為平均表面電位（將於後面討論），這些曲線可利用下列方程式匹配

$$p\text{-型} \qquad \tau_{it} = \frac{1}{\overline{\upsilon}\,\sigma_p n_i} \exp\left[-\frac{q(\psi_{Bp} - \overline{\psi}_s)}{kT}\right] \tag{60a}$$

$$n\text{-型} \qquad \tau_{it} = \frac{1}{\overline{\upsilon}\,\sigma_n n_i} \exp\left[-\frac{q(\psi_{Bn} + \overline{\psi}_s)}{kT}\right] \tag{60b}$$

其中 σ_p 及 σ_n 分別為電洞及電子的捕獲截面 (capture cross section)，而 $\overline{\upsilon}$ 為平均熱速度，這些結果顯示捕獲截面和能量無關。由圖 20 利用 $\sigma_p = 10^7$ cm/s，得到捕獲截面 [26] $\sigma_p = 4.3 \times 10^{-16}$ cm^2 及 $\sigma_n = 8.1 \times 10^{-16}$ cm^2。晶面 (111) 的矽的時間常數隨表面電位變化情形類似 (100)，且測量到的捕獲截面較小 $\sigma_p = 2.2 \times 10^{-16}$ cm^2 和 $\sigma_n = 5.9 \times 10^{-16}$ cm^2。

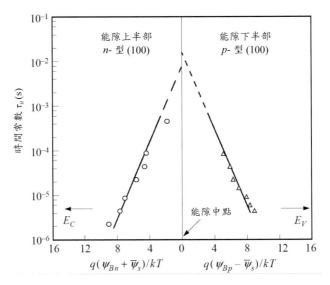

圖 20　缺陷時間常數 τ_{it} 對應能量的變化圖形。$T = 300$ K。（參考文獻 26）

　　如圖 21 所示，n- 型 MOS 元件的波動導電帶，因為是由受體 —— 類似介面缺陷過程所引發，比理想導電帶具有較高尖峰。當介面缺陷被導入，如圖 21 所示的擾動差值可高達 80 meV。圖 22 為與圖 21 相同元件結構的電容器，其電容對外加電壓的關係圖，波動是由全部的任意介面缺陷所形成，由元件在不同介面缺陷造成的不同分布，計算所得之 200 個 C–V 曲線表示在圖 22。尤其是施加高電壓在 MOS 元件上，元件不會有效地遮蔽電位的變動，造成反轉層的遮蔽效應，因此電容值仍然會受到相當大的擾動[32-34]。

　　進一步來說，我們也必須考慮包含固定氧化層電荷 Q_f 以及介面缺陷電荷 Q_{it} 的表面電荷，其造成影響表面電位之波動統計。由式 (60b) 得知的微小變動將引起 τ_{it} 的大量變化。假設表面電荷在介面處為隨機分布，在半導體表面的電場波動將橫跨整個介面的平面。圖 23 顯示 Si-SiO$_2$ MOS 電容器偏壓在空乏、弱反轉情況下，G_p/ω 之計算值為頻率的函數，包含連續的介面缺陷、表面電荷（$Q_{it} + Q_f$）的統計波松分布導致的時間常數離散

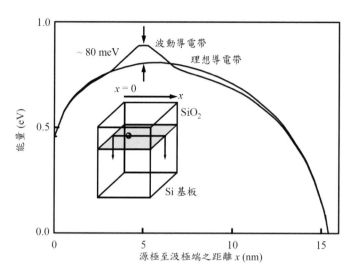

圖 21 理想與波動兩種 MOS 元件的導電帶圖。施加電壓為 0 V，汲極電壓為 0.8 V。插圖中在 Si-SiO₂ 介面上的黑點是假設為受體—類似介面缺陷。局部能障差值約為 10%，如圖中標示。（參考文獻 31）

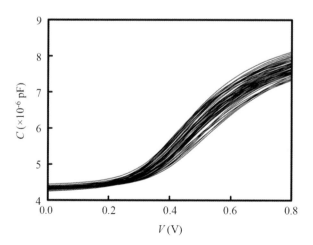

圖 22 *n-* 型 MOS 元件全部任意介面缺陷所引發的波動 *C–V* 圖。當元件開啟時，正規化電容值的變化由 1.5% 上升至 5%。（參考文獻 30）

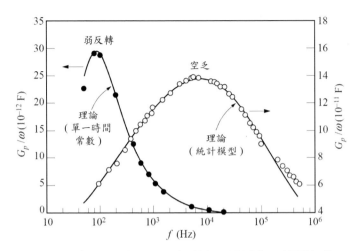

圖 23   Si-SiO$_2$ MOS 電容器偏壓在空乏區（細線）及弱反轉區（粗線）的 G_p/ω 對應頻率圖形。圓圈代表實驗結果，而線條為理論計算。（參考文獻 26）

(dispersion) 效應。圖中顯示，實驗的結果與統計結果極為一致，說明統計模型的重要性。圖 23 也顯示電荷或電位擾動的影響。在空乏區，電位擾動會擴大頻率的範圍，但峰值頻率則不受影響，這是最重要的萃取參數。另一方面，電位擾動在弱反轉區的影響更為強烈。這是因為電位擾動將使局部區域轉為空乏，因此在那些區域的電導不均衡。所以即使 G_p/ω 曲線沒有擴大且時間常數為單一值，其偏移量仍和電荷擾動有關。為避免這個問題，我們不在反轉區量測缺陷能譜，而是在空乏區測量 n- 型及 p- 型元件，並各取涵蓋能隙的一半來得之。

4.3.3 氧化層電荷及功函數差

氧化層電荷除了介面缺陷，還包含固定氧化層電荷 (fixed oxide charge) Q_f、移動離子電荷 (mobile ionic charge) Q_m，以及氧化層捕獲電荷 (oxide trapped charge) Q_{ot}，如圖 13 所示。這些將依序討論。與介面缺陷電荷不同的是，這些氧化層電荷和偏壓無關，所以他們引起閘極偏壓方向的偏移，如圖 24a 所示。任一氧化層電荷所造成的平帶電壓偏離，可由高斯定律得到

$$\Delta V = -\frac{1}{Ci}\left[\frac{1}{d}\int_0^d x\rho(x)dx\right] \tag{61}$$

式中 $\rho(x)$ 爲單位體積電荷密度，電壓偏移效果依電荷的位置加權，即越靠近氧化層－半導體介面，會引起更多的偏移，正氧化層電荷定性的影響可以解釋於圖 24b-d。正電荷相當於額外的正閘極偏壓在半導體上，所以需要更多的負閘極偏壓來完成與原來相同的能帶彎曲，須注意在新的平帶狀態（圖 24d），氧化層電場不再是零。

固定氧化層電荷 Q_f 有下列的特性：位置非常的靠近 Si-SiO$_2$ 介面[9]，一般而言爲正；它的密度不太受氧化層厚度、雜質的型態及濃度所影響，但是和氧化與退火條件，以及矽表面方位有關。固定氧化層電荷的由來，被認爲是 Si-SiO$_2$ 介面附近過量的矽（三價矽）或電子從過多的氧中心流失（非橋接的

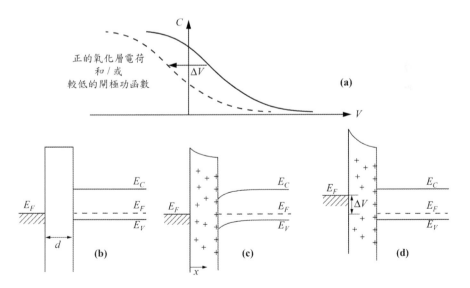

圖 24　(a) 高頻 C–V 曲線（p-型半導體），由於正的氧化層電荷 C–V 沿電壓軸偏移。(b) 平帶狀態下，原始的能帶圖。(c) 包含正氧化層電荷以及 (d) 新的平帶偏壓。

氧）造成。已詳細預處理過之 Si-SiO₂ 介面系統，在厚度約 3 nm 之 Si-SiO₂ 介面內的固定氧化層電荷密度 Q_f 值，矽為 (100) 晶面時約 10^{10} cm^{-2}，矽為 (111) 晶面時約 5×10^{10} cm^{-2}。如圖 25a 所示，p- 型 MOS 電容器的空乏層厚度 W，在 $Q_f > 0$ 時，會小於 $Q_f = 0$ 時。在 $Q_f > 0$，總電容 C 增加，C-V 曲線會左移。當 $Q_f < 0$，C-V 曲線會右移，因此會造成在外加電壓方向的平行位移（參看圖 25b）。在電性量測方面，Q_f 可以視為位於 Si-SiO₂ 介面的電荷層

$$\Delta V_f = -\frac{Q_f}{C_i} \tag{62}$$

　　圖 26 顯示理想（虛線）與實際（實線）p- 型 MOS 元件在 C-V 曲線之偏移，p- 型 MOS 電容器由於正或負固定氧化層電荷，會造成 C-V 曲線沿著電壓軸偏移，圖 26a、b 是 n- 型 MOS 電容器（也就是 p- 型半導體）在負（$Q_f > 0$，會引發）或正（$Q_f < 0$，會引發）外加電壓下 C-V 曲線之偏移，相類式的在圖 26c、d 所示是 p- 型 MOS 電容器在負或正外加電壓下 C-V 曲線之偏移。注意，因為在較低之 Q_{fit} 與 Q_f 值時，對矽之 MOSFET 最好選擇以 (100) 晶面的半導體。

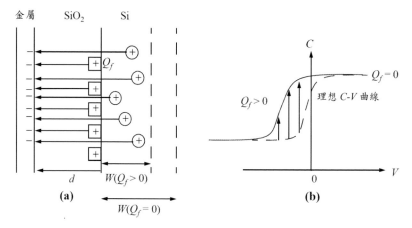

圖 25　(a) $Q_f > 0$ 時，空乏層厚度 W 小於 $Q_f = 0$ 時。(b) $Q_f > 0$，總電容 C 增加，造成 C-V 曲線左移。

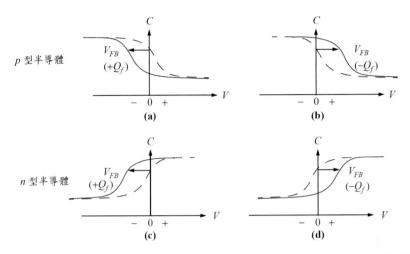

圖 26 理想（虛線）與實際（實線） p- 型 MOS 元件，由於正或負固定氧化層電荷，造成 C-V 曲線沿著電壓軸的偏移，(a)(b) 是 n- 型 MOS 電容器，(c)(d) 是 p- 型 MOS 電容器。

移動離子電荷可以在氧化層內來回移動，這和偏壓情況有關，而且導致電位偏移，可移動離子電荷 Q_m 在 C-V 曲線上隨著電壓 V 軸而上升。通常在升溫時偏移程度增加。在極端的情況下，當閘極電壓掃至相反的極性，可以看到延滯 (hysteresis) 現象。司諾 (Snow)[35] 等人首次證明在熱成長 SiO_2 薄膜中鹼離子，例如鈉是氧鈍化元件 (oxide-passivated devices) 不穩定的主要因素。MOS 半導體元件在高溫（例如高於 100℃）及高電壓操作下的可靠度 (relibaility) 問題，也可能和微量的鹼金屬離子污染有關，電壓偏移量由式 (61) 表示為

$$\Delta V_m = -\frac{Q_m}{C_i} \quad 和 \quad Q_m = \frac{1}{d}\int_0^d x\rho_m(x)dx \tag{63}$$

其中 Q_m 為 $Si\text{-}SiO_2$ 介面上，單位面積移動離子的有效淨電荷，並且利用實際的移動離子 $\rho_m(x)$。如圖 27 所示，為防止氧化層在元件的生命中遭受移動離子電荷的污染，可以利用不滲透的薄膜來保護，例如非結晶體或微小結晶

體的氮化矽。對於非結晶體 Si_3N_4，其鈉滲透量非常的少。其它的鈉阻障層還包括 Al_2O_3 及含磷的玻璃。

　　氧化層捕獲電荷和 SiO_2 內的缺陷有關。這些電荷的產生大部分與製程有關，例如 X- 光輻射或高能電子轟擊，Q_{ot} 可由低溫熱退火移除。氧化層缺陷通常一開始為中性，之後被引入氧化層內的電子及電洞充電，任何經過氧化層的電流（熱載子注入，或光子激發）都有可能發生（下節即將討論）因氧化層捕獲電荷所產生的偏移可由式 (61) 得到，而在 Si-SiO$_2$ 介面每單位面積之有效淨電荷為

$$\Delta V_{ot} = -\frac{Q_{ot}}{C_i} \quad \text{和} \quad Q_{ot} = \frac{1}{d}\int_0^d x\rho_{ot}(x)dx \tag{64}$$

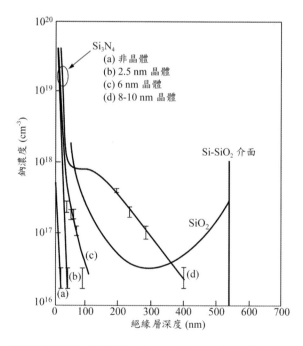

圖 27　鈉 (Na) 濃度對具有不同結晶尺寸的 SiO_2 和 Si_3N_4 絕緣層之深度關係圖，所有曲線中樣品的厚度均為 400 nm。（參考文獻 9 和 36）

其中 $\rho_{ot}(x)$ 為氧化層—捕獲電荷的體積電荷密度。所有氧化層電荷所造成的總電壓偏移量為式 (62)-(64) 之總和

$$\Delta V = \Delta V_f + \Delta V_m + \Delta V_{ot} = -\frac{Q_f + Q_m + Q_{ot}}{C_i} \qquad (65)$$

功函數差 (Workfunction Difference) 之前所討論可假設 p- 型半導體的功函數差，如圖 2b

$$\phi_{ms} \equiv \phi_m - \left(\chi + \frac{E_g}{2q} + \psi_{Bp} \right) \qquad (66)$$

為零，如果 ϕ_{ms} 的值不等於零，則實驗的 C-V 曲線將從理論曲線偏移，相當於施加閘極偏壓，如圖 28 所示，這偏移量不含氧化層電荷，所以淨平帶電壓變成

$$V_{FB} = \phi_{ms} - \frac{Q_f + Q_m + Q_{ot}}{C_i} \qquad (67)$$

圖 29 顯示平帶電壓與不同方法所得到的金屬功函數之相互關係。Si-SiO$_2$ 介面的能帶是以電子光發射測量法[38](electron photoemission) 量測，得到 SiO$_2$ 能隙大約為 9 eV，以及電子親和力 $q\chi_i$ 為 0.9 eV。不同的金屬[37] 由光反應對光子能量的關係圖，hv 軸的截距相當於金屬 -SiO$_2$ 位能障礙 $q\phi_B$。金屬功函

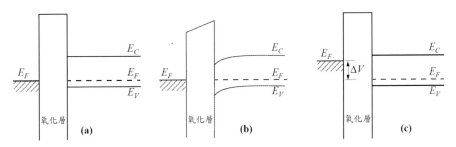

圖 28 (a) 平帶狀態下的能帶圖，$\phi_{ms} = 0$ (b) 包含較低的閘極功函數，零偏壓 (c) 新的平帶偏壓。

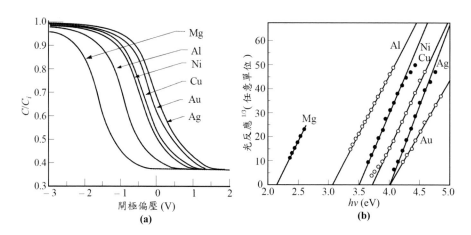

圖 29　(a) 由電容測量的平帶電壓 (b) 從光反應的位障高度的相互關係。
（參考文獻 37）

數是 ϕ_B 及 χ_i 的和（參考圖 2）。由光反應及電容曲線所得到的金屬功函數相當一致。現代的積體電路製程，以重摻雜的多晶矽取代鋁當成閘極電極。對於 n^+- 多晶矽閘極，費米能階基本上與導電帶底部 E_C 一致，且有效功函數等於矽之電子親和力（$\chi_{si} = 4.05$ V）。對於 p^+- 多晶矽閘極，費米能階與價電帶頂端 E_V 一致，且有效功函數 ϕ_m 等於 χ_i 加上 E_g/q (5.08 V)。這是 MOSFET 使用多晶矽閘極的優點之一，因爲相同的材料可以藉由摻雜給予不同的功函數。圖 30 顯示鋁、銅、p^+- 以及 n^+- 多晶矽閘極之功函數差爲矽摻雜濃度的函數。藉由適當的選擇閘極電極，n- 及 p- 型矽表面都可以在聚積和反轉之間變化。如圖 31 所示，以 p- 型 MOS 電容器爲例，由 C-V 曲線測得之反轉電容值，會隨著 n^+- 多晶矽閘極摻雜濃度增加而增加。因爲 n^+- 多晶矽閘極之重度摻雜濃度，會降低多晶閘極的空乏效應，最大的電容值近似於絕緣層電容，會出現在反轉區域。

4.3.4 聚積與反轉層厚度

　　對一個 MOS 電容器而言，最大電容值等於 ε_i/d，這是指電荷依附在絕緣體兩介面的之電極兩側上。雖然此假設在金屬－絕緣體介面上有效，但對

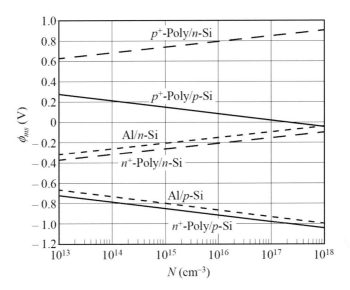

圖 30　簡併多晶矽與鋁閘極在 *p*- 型及 *n*- 型 Si 上的功函數差 (ϕ_{ms}) 對應摻雜濃度關係圖。

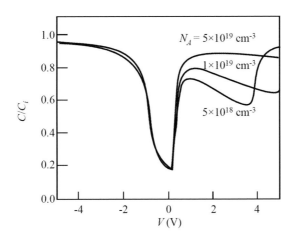

圖 31　*p*- 型 MOS 元件的 *n*+- 多晶矽閘極在不同摻雜濃度的情況下之 *C–V* 曲線圖，
　　　MOS 元件通道的長度與寬度均為 64 μm。（參考文獻 39 與 40）

於絕緣體─半導體介面，可能會導致相當大的誤差，特別是薄的氧化層。這是因為半導體側的電荷，無論聚積或強反轉電荷的分布都是從介面算起距離的函數。這些效應將會減少最大的電容值 ε_i/d。為了簡化，將在下一節討論聚積，此結果也能應用在強反轉情況。

古典模型 (Classical Model, CL)　在 1.8.1 節討論過，電荷分布是由波松方程式所控制。在 1.4.1 節提過利用波茲曼統計在 p- 型基板上誘發在累積層上電洞的分布。$n \ll p$，$N_D \ll N_A$，在 x- 方向之一維波松方程式可以重寫為

$$\frac{d^2\psi_p}{dx^2} = -\frac{q}{\varepsilon_s}(N_A - p) = -\frac{qN_A}{\varepsilon_s}\left[\exp\left(-\frac{q\psi_p}{kT}\right) - 1\right] \approx -\frac{qN_A}{\varepsilon_s}\exp\left(-\frac{q\psi_p}{kT}\right) \quad (68)$$

上述方程式的解為 [41]

$$\psi_p(x) = -\frac{kT}{q}\ln\left(\sec^2\left\{\cos^{-1}\left[\exp\left(\frac{q\psi_p}{2kT}\right)\right] - \frac{x}{\sqrt{2}L_D}\right\}\right) \quad (69)$$

在 ψ_p 接近零時，總聚積層厚度等於 $\pi L_D/\sqrt{2}$，為數十個 nm 之級數。然而大多數的載子會侷限在非常靠近表面的地方。圖 32 顯示兩種不同偏壓作用下的古典電位及載子分布。雖然濃度在表面達到高峰值，但會隨著有效距離以奈米級數增加，有效距離也是偏壓的函數，較高的偏壓會使載子更靠近 Si-SiO$_2$ 介面。

量子力學模型 (Quantum Mechancial (QM) Model)　圖 33 為超薄閘極氧化層 ($d < 3$ nm) 和重度摻雜濃度 ($\sim 10^{18}$ cm^{-3}) 的矽基板，在 Si-SiO$_2$ 介面形成非常大的電場。如圖 33b，會導致在 Si-SiO$_2$ 介面處形成窄且深的電位井。根據量子力學理論，電子波被限制在電位井內，而形成次能帶 (Energy sub-band)。每個次能帶相當於電子在 Si-SiO$_2$ 介面的垂直方向運動之量化能階。量子侷限效應對於具有超薄氧化層與重度摻雜矽基板的 MOS 元件要非常注意。所以前述古典力學無法用來精確計算反轉層電子濃度。想較精確計算反轉層的電子濃度，可以結合在反轉層的量子力學模型 (QM) 效應，以耦合薛丁格─波松方程式來解 [42, 43]。

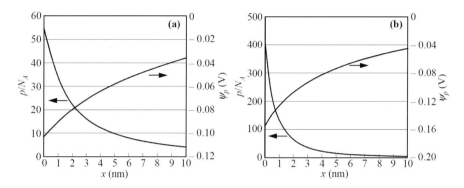

圖 32 表面電位 ψ_s 為 (a) $4kT/q$ (b)$6kT/q$ 時,以古典方法計算電位及載子分布。

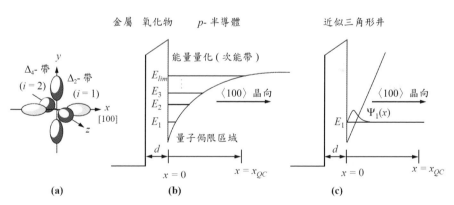

圖 33 (a) 在固定能量表面,矽之導電帶動量空間在晶向 [100] 有六個導電帶谷 (b)QM 模式下矽 MOS 電容器的能帶圖 (c) 考慮具固定電場 $\mathscr{E}$ 之三角量子井在 $x=0$ 時,具有相對較大之位障,一個三角量子井可用於近似 (b) 之能帶,是從最低 E_1、E_2、E_3……量子化次能帶開始。

$$\begin{cases} \dfrac{d^2\psi}{dx^2} = \dfrac{q(n-p+N_A-N_D)}{\varepsilon_s} \\[3mm] -\dfrac{\hbar^2}{2m_{xi}}\dfrac{d^2\Psi_{ji}}{dx^2} + V\Psi_{ji} = E_{ji}\Psi_{ji} \end{cases} \tag{70}$$

其中電子濃度 n，已知由下式

$$n = N_c \frac{2}{\sqrt{\pi}} \int_{\xi_0(x)}^{\infty} \frac{\sqrt{\xi}}{1+e^{\xi-r(x)}} d\xi + \frac{kT}{\pi\hbar^2} \sum_i g_i m_{di} \sum_j \ln\left[\frac{1+e^{\frac{E_F-E_{ji}}{kT}}}{1+e^{\frac{E_F-E_{lim}}{kT}}}\right] |\Psi_{ji}|^2 \tag{71}$$

尤其是如圖 33b 所示，在基板區域，電子在 3-D 移動且允許所有能量都在導電帶上。然而，接近 Si-SiO₂ 介面區域（接近量子侷限區域 $0 < x < x_{QC}$），當所有態位的能量均高於最小值，電子在縱向能量低於在電位井內之次能帶 E_{lim}。式 (71) 中電子濃度可由右側第一項古典模型 (CL) 理論，第二項量子力學模型 (QM) 理論（也稱二維電子氣體）(two- Dimenional gas, 2DEG) [44] 計算而得。$i = 1, 2$，m_{xi} 是垂直 i^{th} 谷介面的有效質量。$V = -q\psi$ 是電子的電位能。E_{ji} 與 Ψ_{ji} 分別是在 i^{th} 谷之 j^{th} 次能帶的能階與波函數。ξ 是能量以 kT 為單位，$\xi_0(x) = [E_{lim}-V(x)]/kT$，$\Psi_{ji}$ 是在 i^{th} 谷之 j^{th} 能階的波函數，g_i 是 i^{th} 谷的退化因子，m_{di} 是在 i^{th} 谷的平行有效質量。如圖 33a，表面能為定值，矽導電帶是由在 (100) 表面方向, 沿著 x, y, z 軸, 對稱之六個楕圓球體組成。以薛丁格方程式可以對不同之 m_{xi} 解二次，第一次對（標記 1，$i = 1$）二個楕圓球上的電子。第二次對（標記 2，$i = 2$）另外四個楕圓球上電子。表 2 是解薛丁格方程式所用的相關參數列表 [42]。若以在 Si-SiO₂ 介面之三角井電位能的假說取代，如圖 33c，為了得到實際上更精確的解，式 (70) 解答的自我一致性會受限於合適的 Si-SiO₂ 介面邊界條件 [42, 43, 44, 45]。圖 34a 顯示， n- 型 MOS 電容器閘極為 n^+- 多晶矽，$N_A = 10^{17}$ cm^{-3}，$d = 1$ nm，在 V = 1 V 時，可由式 (70) 計算得到導電帶在最低五個電子能階的分布與費米能階。圖 34b 所示為電子波函數相對應的機率 $|\Psi(x)|^2$，分別在最低的五個次能帶：$E_{ji} = E_{11}, E_{12}, E_{21}, E_{31}$ 與 E_{41}。

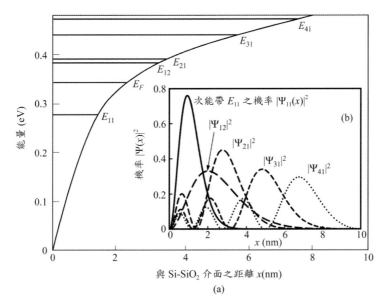

圖 34 (a) 計算 n- 型 Si MOS 電容器的導電帶，在五個最低電子能階的分布，以及在反轉層的費米能階，閘極為 n^+- 多晶矽，$N_A = 10^{17}$ cm^{-3}，在強反轉電壓 V = 1 V 作用下，$d = 1$ nm。(b) 電子波函數 $\Psi(x)$ 在最低的五個次能帶：分別是 $E_{ji} = E_{11}, E_{12}, E_{21}, E_{31}$ 與 E_{41} 所對應的機率 $|\Psi(x)|^2$。

表 2　解薛丁格方程式所用之參數（式 70）

i（標記）	1	2
g_i（退化因子）	2	4
m_{di}	$m_t = 0.190 \times m_0$	$\sqrt{m_l m_t} = 0.418 \times m_0$
m_{xi}	$m_l = 0.196 \times m_0$	$m_t = 0.190 \times m_0$

　　圖 35 更進一步計算 n- 型 MOS 電容器在 Si-SiO$_2$ 介面處的電子排斥。量子力學中，因絕緣體的高位障和載子相關連的波函數在絕緣體－半導體介面處接近零。最終結果是，載子濃度峰值離介面處為一有限的距離，這距離大約為 1 nm。圖 36 為空間電子濃度分布對不同 SiO$_2$ 厚度的關係圖。隨著有效氧化層厚度增加，效應相對增加。會影響元件的電子特性，如起始電壓

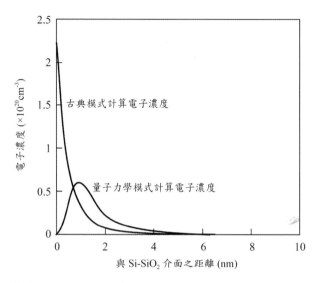

圖 35　以古典模型與量子力學模型計算 n- 型 MOS 電容器的電子濃度。多晶矽閘極厚度 = 20 nm，$N_D = 5 \times 10^{19}$ cm^{-3}，外加電壓 1 V，其中 p- 型基板的摻雜濃度 $N_A = 10^{17}$ cm^{-3}，氧化層厚度 d = 1 nm。

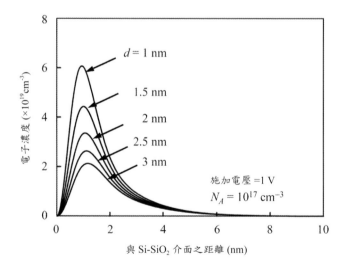

圖 36　以量子力學模型計算 n- 型 MOS 電容器，在 SiO$_2$ 層厚度分別為 1, 1.5, 2, 2.5 及 3 nm 時的電子濃度空間分布圖。多晶矽閘極厚度為 20 nm，$N_D = 5 \times 10^{19}$ cm^{-3}。

的大小，隨著氧化層電容值的降低，起始電壓會以數百毫伏特 (mV) 的級數增加。估算量子力學模型效應，電子濃度之平均位移 $\bar{x}$，可由下式定義 [47]

$$\bar{x} = \int_0^\infty n(x)xdx \bigg/ \int_0^\infty n(x)dx \tag{72}$$

對相同的氧化層厚度，如圖 37 所示，電子濃度平均位移會隨著外加電壓增加而降低。當固定外加電壓，若基板的摻雜濃度增加，會因強的量子力學模型侷限，而使電子濃度平均位移降低。如圖 38a 所示，平均位移對氧化層厚度 d 之比值，會隨氧化層厚度降低而增加。當表面電場強度增加，量子井會變窄，造成波函數形狀也變窄，和波值會向 Si-SiO$_2$ 介面移動，如圖 38b 所示。當氧化層厚度由 20 nm 減少至 1 nm，比值變動約五倍。值得注意的是，當氧化層厚度因 $\bar{x}$（例如有效氧化層厚度大於實質氧化層厚度）導致額外的量子電容增加，而使氧化層厚度減少，使閘極電容降低，變成非常重要。圖 38a 插圖所示為 MOS 電容器之起始電壓增加，閘極電容與量子電容的串聯組合之值。因為串聯的電容需要較高之外加電壓，來誘發充分大的反轉電荷密度，這種退化會降低傳導電流和 MOSFET 之轉導 (transconductance) 一樣（參考第六章）。

　　圖 39 顯示，比較古典與量子力學模型計算的結果 [48]。廣義來看，這效果可以解釋為氧化層電容的退化 (degradation)（或可視作較厚的氧化層）。考慮介電常數的差異，10 Å 的矽等於 3 Å 的 SiO$_2$。這些數量加到氧化層厚度會降低電容。圖 39 中，量子力學模型比古典模型引起更為明顯的退化。其他進一步引起電容減少的因素為：多晶矽閘極廣泛用於商業生產技術。即使多晶矽為簡併摻雜，空乏層及聚積層厚度仍然是個有限值。圖 40 所示為實驗量測數據與使用古典模型，量子力學模型計算之電容值，除了在 $V \geq 1.0$ V 以外，所得計算值與實驗數據相一致 [47]。這計算值是假設波函數在氧化層內是零穿透，由解薛丁格－波松方程式而得。這計算與量測數據的偏差值是因在 $V \geq 1.0$ V 時，在氧化層發生實質的穿隧。由 QM 計算所得之 C-V 曲線，產生正的電容偏移，其意味著與古典模型計算比較有較高的起始電壓。用式 (70)

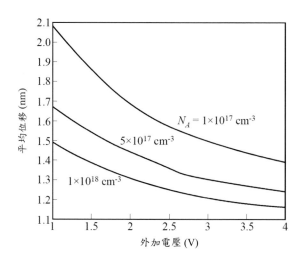

圖 37　對不同基板的濃度 N_A，由半導體表面電子的平均位移與外加電壓之函數關係圖。

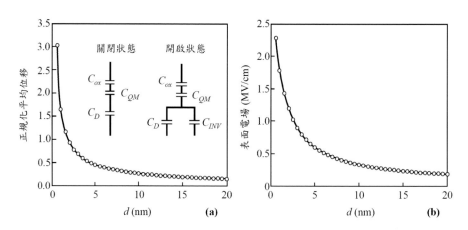

圖 38　n- 型 MOS 電容器，閘極為 n^+- 多晶矽，$N_D = 5 \times 10^{19}$ cm^{-3}，p- 型基板摻雜濃度 N_A
$= 10^{17}$ cm^{-3}，在 $V = 1$ V，以量子力學模型計算正規化平均位移和表面電場。(a)
平均位移對氧化層厚度比值是氧化層厚度之函數 (b) 表面電場對氧化層厚度。圖
(a) 之插圖顯示氧化電容 C_{ox}，量子電容 C_{QM}，空乏電容 C_D 和反轉電容 C_{INV} 的組
合。

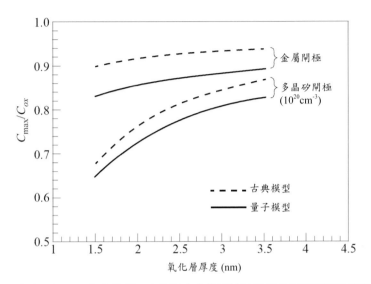

圖 39 電容降低的量子力學模型。也顯示古典模型的結果與多晶矽閘極的空乏效應。
（參考文獻 48）

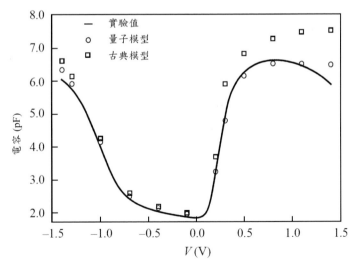

圖 40 20×20 μm² 的 n- 型 MOSFET，以古典與量子力學模型比較模擬與實驗量測的
C–V 曲線，閘極為多晶矽，二氧化矽層厚度是 1.6 nm，在頻率為 100 kHz 下量
測 C–V 曲線。（參考文獻 47）

連結波松與薛丁格方程式數值計算可得在矽反轉層內側電子密度。若元件具有弱的表面電場，在方程式 (70) 耦合之波松與薛丁格方程式可以去耦合，並以數值分析解出。為得到量子力學對起始電壓之影響的觀點，因此與全數值計算所得結果做比較。如圖 33c 所示。一般使用的分析方法為三角井近似法 (triangular-well approximation)。這是基於假設半導體內靜電位能是線性的，如在反轉層假設為恆定電場。基於此簡化，式 (70) 之耦合並由艾瑞函數 (Airy function) 得到薛丁格方程式的解答。次帶可以由下式估算 [49]

$$E_n = \left[\frac{\hbar^2 (q \mathscr{E}_s)}{2 m_e^*} \right]^{\frac{1}{3}} A_n \quad n = 1, 2, \ldots \tag{73}$$

其中艾瑞函數 A_n 之解答，可由下式得到

$$A_n = \left[\frac{3\pi}{8} (4n - 1) \right]^{\frac{2}{3}} \tag{74}$$

在式 (73) 中 $\mathscr{E}_s$ 是表面電場，m_e^* 是有效電子質量。對於與圖 34 相同之元件，例如第一激態與基態之差值為 100-meV，可使用全數值計算與三角井方法而得到，三角井法可以提供當元件在起始條件下之第一次估算值 [50]。但此假設對於具超薄氧化層與重度通道摻雜之元件會面臨重大挑戰。已討論具有 SiO$_2$ 薄膜的矽 MOS 電容器。然而，開發金屬閘極與高 -κ 介電材料，用來製作具可靠性與高品質 MOS 相關元件，是一個有效的選擇。對於有不同閘極堆疊與絕緣薄膜的 MOS 電容器，前述爭議可以用先進的古典模型與量子力學模型效應兩個理論來說明 [51-52]。

4.4 MOS 電容器的載子傳輸

本節將討論載子傳輸特性，包括不同的崩潰。

4.4.1 載子傳輸

理想的金屬—絕緣體—半導體電容器 (MIS) 是假設絕緣體薄膜的電導為零，然而實際上，當絕緣體在電場或溫度足夠高的時候，會呈現某些程度的載子傳導 (Carrier Transport)。在偏壓的情況下估計絕緣體內的電場，我們得到

$$E_i = E_s \left(\frac{\varepsilon_s}{\varepsilon_i} \right) \approx \frac{V}{d} \tag{75}$$

其中 E_i 及 E_s 分別為絕緣體及半導體內的電場，且 ε_i 及 ε_s 為對應的介電常數。此方程式也假設氧化層電荷可以被忽略，且平帶電壓及半導體能帶彎曲 ψ_s 和外加偏壓比起來很小。表 3 總結絕緣體內的基本傳導過程，並且強調電壓及溫度和每一過程的關係。這些關係在實驗上經常用來判定傳導機制。在高電場下，穿隧 (tunneling) 為絕緣體最常見的傳導機制。穿隧發射為量子力學的結果，其電子波函數可以穿過位能障礙（參見 1.5.7 節）。穿隧和外加偏壓有最強烈的關係，但基本上和溫度無關。依據圖 41，穿隧可以分成直接穿隧 (direct tunneling) 和福勒—諾德漢穿隧 (Fowler-Nordheim tunneling)，其載子只穿隧過部分位障寬度[53]。蕭特基發射 (Schottky emission) 過程和第三章所討論的過程類似，其中熱離子發射越過金屬—絕緣體位障或絕緣體—半導體位障，而導致載子傳輸。在表 3 中，由 ϕ_B 扣掉的部分是源自於影像力 (image-force) 降低（參見 3.2.4 節）。由表中公式可知，將 $\ln(J/T^2)$ 對 $1/T$ 作圖產生一條直線，其斜率可由淨位障高度決定。夫倫克爾—普爾 (Frenkel-Poole) 發射[54, 55]如圖 41d 所示，源自於捕獲的電子發射至導電帶，電子從缺陷內經由熱激發補充。缺陷狀態之庫倫電位表示方式類似蕭特基發射，然而，位障高度為缺陷位能井的深度。由於正電荷不能移動，因此位障降低量為蕭特基發射的兩倍。

在低電壓及高溫時，電流為從一孤立的態位跳躍到鄰近的態位所產生熱激發之電子。這機制產生歐姆特性並與溫度呈現指數關係。離子導電率 (ionic conductivity) 和擴散過程類似。一般而言，因離子不能輕易地由絕緣體內注入或萃取出來，因此直流離子導電率隨外加電場的施加時間而減少。最初的電流流動後，正、負空間電荷將建立在金屬─絕緣體及半導體─絕緣體介面附近，引起電位分布的變形。當移除外加電場，大的內部電場維持不變，引起部分但非全部的離子流回平衡位置，因此 $I-V$ 軌跡出現延滯現象。

表 3 絕緣體的基本傳導過程

過程	表示式	電壓和溫度相關性
穿隧		$\propto V^2 \exp\left(\dfrac{-b}{V}\right)$
熱離子發射		$\propto T^2 \exp\left[\dfrac{q}{kT}(a\sqrt{V} - \phi_B)\right]$
夫倫克爾－普爾發射		$\propto V \exp\left[\dfrac{q}{kT}(2a\sqrt{V} - \phi_B)\right]$
歐姆	$J \propto \dfrac{\mathscr{E}_i}{T} \exp\left(\dfrac{-\Delta E_{ac}}{kT}\right)$	$\propto V \exp\left(\dfrac{-c}{T}\right)$
離子傳導	$J \propto \dfrac{\mathscr{E}_i}{T} \exp\left(\dfrac{-\Delta E_{ai}}{kT}\right)$	$\propto \dfrac{V}{T} \exp\left(\dfrac{-d'}{T}\right)$
空間電荷限制	$J = \dfrac{9\varepsilon_i \mu V^2}{8d^3}$	$\propto V^2$

A^{**}= 有效李查遜常數，ϕ_B = 位障高度，$\mathscr{E}_i$ = 絕緣層內的電場，ε_i = 絕緣層內的介電常數，m^* = 有效質量，d = 絕緣層厚度，ΔE_{ac} = 電子的活化能，ΔE_{ai} = 離子的活化能，$V \approx \mathscr{E}_i d$，$a \equiv \sqrt{q/4\pi qid}$、$b$、$c$ 及 d' 為常數。

空間電荷限制電流 (space-charge-limited current) 起源於載子注入輕摻雜的半導體或絕緣體，在那裡並無補償電荷存在。以單一極性 (unipolar) 的

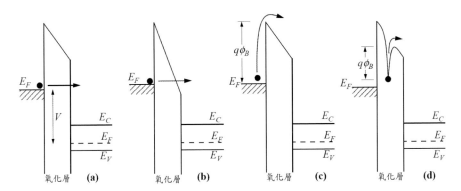

圖 41　(a) 直接穿隧 (b) 福勒－諾德漢 (F-N) 穿隧 (c) 熱離子發射 (d) 夫倫克爾－普爾發射傳導機制的能帶圖。

電流,且沒有缺陷的情況,其大小正比於外加電壓的平方。注意移動率區 (mobility regime) 與空間電荷限制電流有關(參見 1.5.8 節),因絕緣體內的移動率通常非常小。由於超薄絕緣體穿隧機率增加,因此傳導機制類似金屬－半導體接觸(參見 3.3.6 節),其中在半導體表面所測量的位障取代絕緣體,而電流則是熱離子發射電流再乘以穿隧因子。對於某一特定的絕緣體,每個傳導機制可能主導在某一溫度及電壓範圍內。而每一機制之間也不能各自獨立,所以應該小心地檢查。例如在大的空間電荷效應 (large space-charge effect) 中,已發現其穿隧特性非常類似蕭特基型式的發射 [56]。圖 42 顯示 Si_3N_4、Al_2O_3 及 SiO_2 等三種不同絕緣體的電流密度對 1/T 作圖。在此傳導可以一般性地分成三個溫度範圍。高溫(及高電場)下,電流 J_1 源自於夫倫克爾－普爾發射。低溫時,傳導受穿隧限制 (J_2),對溫度不敏感。由此也可以觀察到穿隧電流強烈取決於位障高度,和絕緣體的能隙有關。在中間的溫度,電流 J_3 本質上為歐姆 (ohmic) 特性。

　　圖 43 的例子顯示在不同偏壓下的不同傳導機制。注意當中相反極性的兩條曲線實際上是完全相同的。有些少許的不同(特別在低電場)主要是來自金－氮化矽及氮化矽－矽介面 $(Au\text{-}Si_3N_4\text{-}Si)$ 的位障高度差異。在高電場

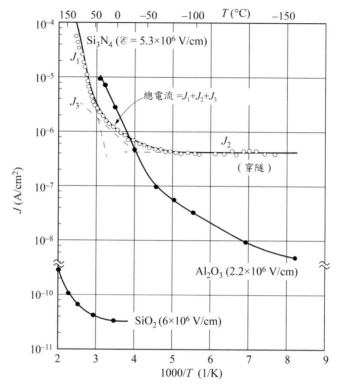

圖 42 Si_3N_4、Al_2O_3 及 SiO_2 薄膜的電流密度對 $1/T$ 圖。（參考文獻 57-59）

時，電流隨 $\mathscr{E}$ 平方根呈現指數變化，為夫倫克爾－普爾發射的一項特徵；在低電場時，為歐姆特性。我們可以發現，在室溫下，對於已知的電場，電流密度對電場的特性，基本上與膜厚、電極材料及電極極性無關，這些結果強烈暗示電流為塊材所控制，而不像蕭特基位障二極體，是由電極所控制。

　　對數 nm 之超薄閘極氧化層，需要一個更精確的公式，可以用江崎－朱公式 (Esaki-Tsu formula) 來計算穿隧電流，例如 n- 型矽金氧半電容器具有 n^+- 多晶矽閘極，其氧化層厚度小於 3 nm，已知在閘極穿隧電流方向的動能為 E，以江崎－朱穿隧電流公式 [60] 計算閘極穿隧電流密度 J，可得

$$J = J_0 \int D(E) F_s(E) dE \tag{76}$$

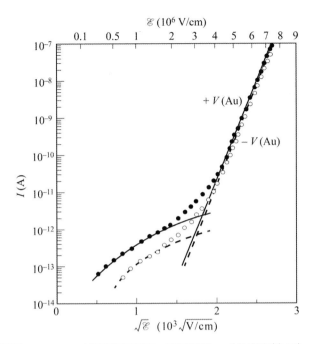

圖 43　在室溫下 Au-Si₃N₄-Si 電容器之電流－電壓特性。（參考文獻 57）

其中

$$J_0 = \frac{qm_e^* kT}{2\pi^2 \hbar^3} \tag{77}$$

而 $D(E)$ 與 $F_s(E)$ 分別是傳輸係數和供給函數 (supply function)，m_e^* 是有效電子質量，k 是波茲曼常數，T 是絕對溫度，$\hbar$ 為約化普朗克常數 (reduced Planck constant)，大部分電子佔據態靠近導電帶邊緣，因此可以簡化假設當所有穿隧發生在恆定能量

$$E_T = -q\psi_s + \frac{1}{2}\left[|V_{ox} - C_0 V_T| - (V_{ox} - C_0 V_T) \right] \tag{78}$$

其中 $-q\psi_s$ 是表面電位能，$-V_{ox}/q$ 是跨過閘極氧化層電壓差，C_0 是最佳化參數，可用來說明在 Si-SiO₂ 與多晶矽 –Si 介面的導電帶偏移的可能性差值。

因此式 (76) 可以分析簡化 [60, 61] 如下

$$J = kTJ_0 D(E_T)F_s(E_T) \quad \text{和} \quad F_s(E_T) = \ln\left(\frac{1+\Delta_{\mathrm{Si}}}{1+\Delta_{\mathrm{Poly}}}\right) \tag{79}$$

其中 Δ_{Si} 與 Δ_{Poly} 的表示式為

$$\Delta_{\mathrm{Si}} = \exp\left(\frac{E_F^{\mathrm{Si}} - E_T}{kT}\right) \quad \text{和} \quad \Delta_{\mathrm{Poly}} = \exp\left(\frac{E_F^{\mathrm{Poly}} - E_T}{kT}\right) \tag{80}$$

其中 E_F^{Si} 是矽基板的費米能階，E_F^{Poly} 是多晶閘的費米能階，溫茲爾—卡門爾—布里淵 (Wentael, Kramers and Brillouin, WKB) 近似可用來估算傳輸係數 $D(E_T)$，使用泰勒展開，函數中之指數項關於小 $V_{ox}/(\chi_B - E_T)$ 得 [61,62]

$$D(E_T) \approx \exp\left(\frac{2d}{\hbar}\right)\sqrt{2qm_e^*(\chi_B - E_T)}\left[C_1 + C_2\frac{V_{ox}}{\chi_B - E_T} + C_3\left(\frac{V_{ox}}{\chi_B - E_T}\right)^2\right] \tag{81}$$

其中 d 是氧化層厚度，χ_B 是在 Si-SiO$_2$ 介面的導電帶偏移，C_1、C_2 和 C_3 是相對應的展開係數。值得注意的是若 $E_F^{\mathrm{Si}} = E_F^{\mathrm{Poly}}$，可得 $\Delta_{\mathrm{Si}} = \Delta_{\mathrm{Poly}}$，所以 $F_s = 0$。由式 (79) 得在平衡條件下 $J = 0$。依據絕緣層厚度，式 (78) 中的表面位能 ψ_s 可以考慮使用 CL 和 QM 兩個模式（參考 4.4.3 節），則表面位能 ψ_{s_CL} 與 ψ_{s_QM}，可以寫成下式 [62]

$$\psi_{s\_\mathrm{CL}} = 0.03 + 0.026\ln N_A - 0.026\,d + 0.1\,V - 0.01\,dV \tag{82}$$

和

$$\psi_{s\_\mathrm{QM}} = 0.08 + 0.026\ln N_A - 0.036\,d + 0.2\,V - 0.02\,dV \tag{83}$$

$$\begin{cases} C_{0\_\mathrm{CL}} = 0.429 + 0.229\,d \\ C_{1\_\mathrm{CL}} = -1.442 + 0.180\,d \\ C_{2\_\mathrm{CL}} = 0.486 - 0.086\,d \\ C_{3\_\mathrm{CL}} = 5.958 - 1.062\,d \end{cases} \tag{84}$$

$$\begin{cases} C_{0\_QM} = 0.436 + 0.212\,d \\ C_{1\_QM} = -1.201 + 0.119\,d \\ C_{2\_QM} = 0.351 - 0.059\,d \\ C_{3\_QM} = 8.232 - 1.712\,d \end{cases} \tag{85}$$

尤其在前述模型，V 是外加電壓，以伏特 (V) 爲單位，N_A 是 p- 型摻雜濃度，單位 cm^{-3}，圖 44 中所示爲 C_0–C_3 係數對 d 的關係圖，有兩組最佳化 C_0–C_3，使用 CL 和 QM 修正表面位能，可用來計算閘極電流 I_G。除了 C_0 以外，$C's$ 偏差值很大，當 d 減小，此偏差值增加。最初是因 E_T 的主要差值強烈地由表面位能主導，使用 CL 與 QM 方法模型化。因此在 CL 與 QM 修正下的 C_0 差值非常小，C_1–C_3 與每個 $D(E_T)$ 的導出函數有關。

此外，製作具有 1.0 與 1.5 nm 兩個不同氧化層厚度的 0.12 μm n- 型 MOSFET 來量測數據，以用來實際探討精確導出的 I_G 模型，比較數值分析結果與實驗量測所得之 I_G 數據。如圖 45 所示，對 d = 1.0 與 1.5 nm 的 n- 型 MOSFET 使用 QM 修正表面電位爲所得之模型化值是好的，而且與量測數據具有一致性的。其中 V_D = 0.05 V，寬度 W = 10 μm，N_A = 10^{17} cm^{-3}，在精確計算 I_G 值時，量子修正對表面電位扮演著重要的角色。對相同的 I_G 模型，計算 I_G 時使用與未使用 QM 修正之差值，表面電位會上升一個級數，而在外加高電壓時，表面電位會敏感地隨 d 減少而增加。值得注意的是，已知閘極穿隧電流最大誤差值爲 3%，其是改變 N_A 由 10^{16} 至 10^{18} cm^{-3}；d 由 1 至 3 nm；V 則由 -2 至 2 V，使用式 (79) 測試得到的效度。更多穿隧元件相關內容將在 9.3 節討論。

4.4.2 非平衡及累增

回到圖 7 的電容曲線 (d)，爲非平衡狀態，其空乏寬度大於平衡狀態下的最大值 W_{Dm}，這種情況稱爲深空乏。當偏壓由空乏掃到強反轉，大量少數載子濃度必須在半導體表面上。少數載子的補充受到熱產生率的限制。對於快速的掃瞄速率，熱產生率跟不上要求，於是發生深空乏。這現象也可以由圖 8 之電荷的位置來解釋，深空乏的能帶圖如圖 46a 所示，在平衡狀態下

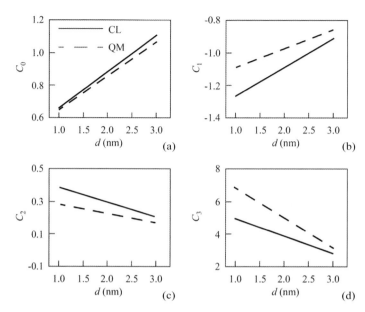

圖 44　針對閘極穿隧電流，最佳化係數 (a) C_0 (b)C_1 (c) C_2 (d) C_3，使用 CL 和 QM 模式修正表面電位，實線是 CL 模型的表面電位；虛線是 QM 模型的表面電位。（參考文獻 62）

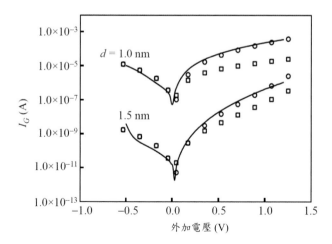

圖 45　0.12 μm 之 n- 型 MOSFET，分別使用 CL（空心方型）和 QM（空心圓）表面位能模式計算閘極電流，實線為量測數據，$N_A = 10^{17}\,cm^{-3}$，汲極電壓為 0.05 V，而 d = 1.0 與 1.5 nm。（參考文獻 62）

（圖 46b）可以放慢或停止電壓的提升、提高溫度來增加載子熱產生率，或是藉由照光產生額外的電子－電洞對等方式來重建。一旦轉變為平衡狀態，電場將重新分配，而其中大部分電壓會落至氧化層上。如圖 46c 與圖 47 所示，理想之金屬－絕緣層－半導體電容器有三種不同之能帶圖，分別為累增注入、輻射和發光情況。圖 48 所示為累增情況下，已知氧化層厚度，存在之摻雜濃度會產生崩潰電壓的最小值。圖 49 所示，在 $\mathscr{E}_m > \mathscr{E}_1$ 的情況下，由邊緣電壓主導最小電場的大小（左側電場）。若在 $\mathscr{E}_m = \mathscr{E}_1$ 的情況，均勻的崩潰主導左側的最小電場。為了避免邊緣崩潰，必須維持 $d/W_{max} > 0.3$ 的比值。其中 W 是空乏層在崩潰時的最大寬度。如果以夠大的偏壓進入深空乏，累增倍乘 (Avalanche multiplication) 及崩潰可能在半導體的部分發生（圖 46c），類似 p-n 接面。崩潰電壓定義為：「沿著半導體表面至空乏層邊緣的路徑積分，使得游離化積分等於 1 的閘極電壓」。MOS 電容器在深空乏情況下的累增崩潰電壓，已利用二維模型 [63] 為基礎計算出來。圖 48 顯示不同摻雜程度及氧化層厚度的結果。

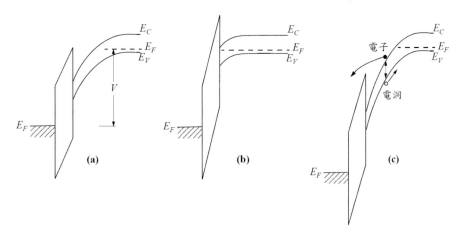

圖 46　MOS 電容器的能帶圖，在 (a) 深空乏非平衡狀態 (b) 平衡狀態 (c) 深空乏且較高的偏壓下，電子累增注入氧化層。

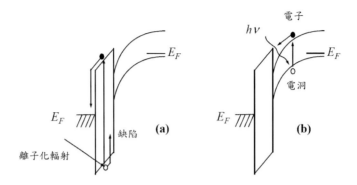

圖47   在 (a) 輻射 (b) 發光情況下，理想 MIS 電容器的能帶圖。（參考文獻 9）

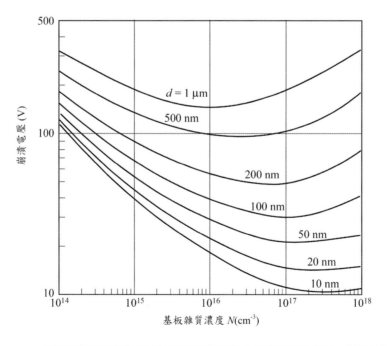

圖48   MOS 電容器在深空乏狀態下的崩潰電壓對應矽摻雜濃度關係圖，以氧化層厚度作為參數。也包含因邊緣效應引起較低的崩潰。（參考文獻 63）

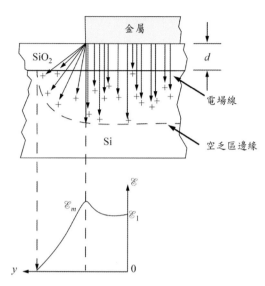

圖 49　MOS 電容器的電場與空乏區邊緣關係圖，其中 $\mathscr{E}_m$ 是最大電場。

　　將這些崩潰電壓與第二章圖 19a 的 *p-n* 接面比較是很有趣的。記住，對於電場相似的半導體，由於氧化層會分配到額外的電壓，因此，MOS 結構會有較高的偏壓。圖 48 指出幾個有趣的特色。首先崩潰電壓 V_B 為摻雜程度的函數，再度增加前有一個谷底，由於摻雜增加電場，V_B 的減少與 *p-n* 接面有相同的趨勢。最低點後的增加是因為高摻雜程度，在半導體表面有較高的電場，而崩潰時引起更大的電壓橫跨氧化層，導致更高的端點電壓。在高摻雜程度，MOS 電容器會有比較高的崩潰電壓。因為 MOS 的崩潰電壓等於橫跨氧化層電壓 $V_i = \mathscr{E}_i d$ 與在 Si-SiO₂ 介面在最大電場 $\mathscr{E}_m$ 時之半導體崩潰電壓總和。另一點為較低的雜質濃度，MOS 崩潰竟然小於 *p-n* 接面，這是因為這項研究包含邊緣效應，參考圖 49。因二維效應電場較高，接近閘極電極周邊，將導致較低的崩潰電壓。

　　因為累增倍乘，使得載子的注入 [64] 可靠度也成為一個議題，如圖 46c 所示。載子在表面空乏層由累增倍乘所產生，以本例而言，電子將擁有足夠的能量克服介面能障並且進入氧化層，電子注入的能障為 3.2 eV($q\chi_{si} - q\chi_i$ =

4.1–0.9)，而電洞注入（在 n- 型基板上）爲 4.7 eV{即 [E_g (SiO$_2$) + $q\chi_i$]−[E_g(Si) + $q\chi_{si}$]}，因爲有較低的能障，所以電子有較高的注入機率。熱電子進入氧化層後，通常在氧化層內的塊材及介面缺陷產生固定的電荷[9]。在圖 50 中，由於 $-Q_f$ 熱電子注入造成 C–V 曲線平帶位移，電導 G 值增加是因 D_{it} 值由 1.2×10^{11} 變化增加至 7.9×10^{11} cm^{-2}eV^{-1}。熱載子或累增注入和許多 MOS 元件的操作有密切的關係。例如，MOSFET 通道載子可以被源極—汲極的電場加速，有足夠的能量克服 Si-SiO$_2$ 介面能障。因元件特性在操作期間產生變化，並不需要這些效果。另一方面，這些現象可利用在非揮發性半導體記憶體（參見第七章）。

在圖 47a 中，另一個熱載子來源爲游離輻射，例如 X 光[65] 或 γ 光[66]。游離輻射在氧化層內藉由打斷 Si-O 鍵產生電子—電洞對。在暴露輻射時，橫跨氧化層的電場將使得產生的電子與電洞往相反方向移動。由於電子比電洞的移動率高，電子快速地向正極漂移，於是多數將流入外部的電路；電洞則緩慢地朝負極漂移，並且部分被捕獲。氧所捕獲的電洞生成氧化層，捕獲電荷 Q_{ot} 並造成 C–V 曲線偏移。這些所捕獲的電洞也與游離輻射所造成介面缺陷電荷密度 Q_{it} 的增加有關[9]。

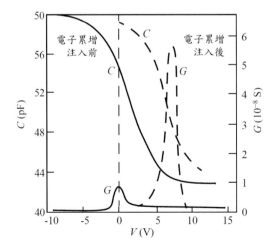

圖 50　MOS 電容器在電子累增注入前後電容、電導對施加電壓的變化圖。

照光下（參考圖 47b）MIS 電容曲線主要的效應為：強反轉區的電容隨著照光強度增加接近低頻值。此現象主要是由於兩種基本機制，其一為在反轉層內少數載子產生的時間常數減少[12]。其二為光子所產生的電子－電洞對，在固定外加電壓下引起表面電位 ψ_s 的減少。ψ_s 的減少造成空乏區寬度減少及電容增加。在高的測量頻率下，為第二種機制主導。而對於快速的閘極掃描 (sweep)[圖 7 曲線 (d)] 所引起的深空乏狀態，因為有額外的電子－電洞對能夠補充載子來維持平衡，所以曲線 (d) 將回復為曲線 (c)。

4.4.3 介電崩潰

可靠度[67, 68](reliability) 為 MOS 元件共同的考量。在大的偏壓下，部分電流將經由絕緣體傳導，通常大多為穿隧電流，這些充滿能量的載子引起介電薄膜內塊材的缺陷。當這些缺陷達到一個臨界密度程度，災難性的崩潰發生。微觀上浸透理論 (percolation) 可用來解釋崩潰（圖 51），充滿能量的載子通過，缺陷也隨機發生，當缺陷密集到足以形成一個連結閘極至半導體的連續鏈，會形成傳導途徑，發生災難性的崩潰。厚介電層的 MOS 電容器，假設先前存在的缺陷密度大，隨後，在相對較低崩潰電場強度情況下[69]，很容易發展成一個滲透途徑。假設由缺陷產生使氧化層退化或在應力情況下，缺陷促成穿隧進而造成介電層崩潰。時間相依介電崩潰 (time-dependent dielectric breakdown, TDDB) 在 MOS 技術是一個重要的破壞機制 (failure mechanism)。崩潰時間 (time to breakdown)t_{BD} 為量測可靠度的量化值，其表示直到崩潰發生的總應力時間 (total stress time)。在低電場崩潰時間主要依循下列關係式[70]

$$t_{BD} \approx \exp\left(\frac{\Delta H_0}{kT} - \gamma \mathscr{E}_{ox}\right) \tag{86}$$

其中 ΔH_0 是活化能，$\mathscr{E}_{ox}$ 是氧化層的電場，k 是波茲曼常數，γ 是電場的加速參數，這是很常見的模型 ($\mathscr{E}$ model)。其他理論[71, 72]建議崩潰過程是基於陽極電洞注入 (anode hole injection, AHI)。根據 AHI 模型，假設因福勒－諾

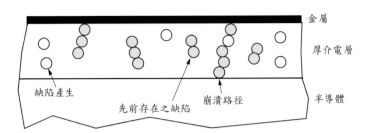

圖 51　滲透理論 (percolation theory)：當隨機分布的缺陷在閘極及半導體之間形成一個漏電路徑時，發生崩潰。（參考文獻 69）

德漢電子穿隧 (Fowler-Nordheim electron tunneling) 或衝擊離子化而使電洞由陽極接觸注入氧化物薄膜層，這些電洞會加強電子的穿隧，甚至導致氧化層崩潰，基於這些假說，氧化層崩潰時間與外加電場成反比，此模型一般指的是「$1/\mathscr{E}$ 模型」，以下式表示

$$t_{BD} \approx \exp\left(\frac{\Delta H_0}{kT} - \gamma\, \frac{1}{\mathscr{E}_{ox}} \right) \tag{87}$$

　　而另一項量化值稱為崩潰電荷 q_{BD} (charge to breakdown)，為 t_{BD} 時間內，經過元件的總電荷（對電流積分）。明顯地，t_{BD} 及 q_{BD} 兩者都是外加偏壓的函數。圖 52 顯示不同氧化層厚度 t_{BD} 對應氧化層電場的例子。q_{BD} 的圖顯示類似的形狀及趨勢。少數的關鍵點可以在圖中注意到，首先 t_{BD} 為偏壓的函數。即使微小的偏壓，花費非常久的時間，最後氧化層也會崩潰。相反地，施加大電場則只能維持一非常短暫的時間而沒有發生崩潰。為快速地尋找崩潰電場，通常會增加電壓直到偵測到大的電流。對於一般的測量，增加率通常在 1 V/s 的數量級。圖中顯示對這個時間架構，崩潰電場大約為 10 MV/cm。當氧化層厚度變得更薄，崩潰電場增加。然而最新的結果顯示，當厚度低於 4 nm 以下，因穿隧電流增加將導致崩潰電場降低 [73]。圖 53 更進一步顯示 Al-SiO$_2$-Si MOS 元件的 SiO$_2$ 層崩潰電場對氧化層厚度的變化，其中氧化層厚度由 4 nm 變化至 200 nm。

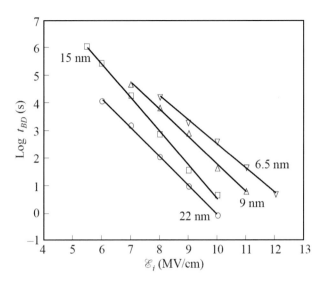

圖 52　在不同的氧化層厚度下，崩潰時間 t_{BD} 對氧化層電場的關係。（參考文獻 73）

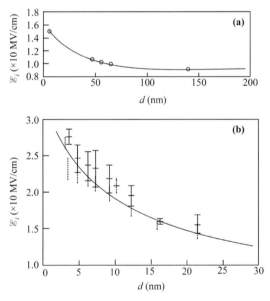

圖 53　崩潰電場對 SiO₂ 氧化層厚度的變化圖。(a) Al-SiO₂-Si MOS 元件，d 為 10 至 200 nm，其中 n- 型矽基板為 2 Ω-cm 和在 Al(+) 外加斜坡電壓為 1 MV/cm-s。(b) d 為 4 至 30 nm，氧化層面積為 $2.3 \times 10^6\ cm^2$，其中所有崩潰均在施加正電壓情況下。

參考文獻

1. J. L. Moll, "Variable Capacitance with Large Capacity Change," *Wescon Conv. Rec.*, Pt. 3, p. 32 (1959).

2. W. G. Pfann and C. G. B. Garrett, "Semiconductor Varactor Using Space-Charge Layers," *Proc. IRE*, **47**, 2011 (1959).

3. D. R. Frankl, "Some Effects of Material Parameters on the Design of Surface Space Charge Varactors," *Solid-State Electron.*, **2**, 71 (1961).

4. R. Lindner, "Semiconductor Surface Varactor," *Bell Syst. Tech. J.*, **41**, 803 (1962).

5. J. R. Ligenza and W. G. Spitzer, "The Mechanisms for Silicon Oxidation in Steam and Oxygen," *J. Phys. Chem. Solids*, **14**, 131 (1960).

6. D. Kahng and M. M. Atalla, "Silicon-Silicon Dioxide Field Induced Surface Devices," *IRE-AIEE Solid-State Device Res. Conf.*, Carnegie Inst. of Technology, Pittsburgh, PA, 1960.

7. L. M. Terman, "An Investigation of Surface States at a Silicon/Silicon Dioxide Interface Employing Metal-Oxide-Silicon Diodes," *Solid-State Electron.*, **5**, 285 (1962).

8. K. Lehovec and A. Slobodskoy, "Field-Effect Capacitance Analysis of Surface States on Silicon," *Phys. Status Solidi*, **3**, 447 (1963).

9. E. H. Nicollian and J. R. Brews, *MOS (Metal Oxide Semiconductor) Physics and Technology*, Wiley, New York, 2002.

10. C. G. B. Garrett and W. H. Brattain, "Physical Theory of Semiconductor Surfaces," *Phys. Rev.*, **99**, 376 (1955).

11. S. R. Hofstein and G. Warfield, "Physical Limitation on the Frequency Response of a Semiconductor Surface Inversion Layer," *Solid-State Electron.*, **8**, 321 (1965).

12. A. S. Grove, B. E. Deal, E. H. Snow, and C. T. Sah, "Investigation of Thermally Oxidized Silicon Surfaces Using Metal-Oxide-Semiconductor Structures," *Solid-State Electron.*, **8**, 145 (1965).

13. S. M. Sze and M. K. Lee, *Semiconductor Devices Physics and Technology*, 3rd Ed., Wiley, New York, 2013.

14. A. S. Grove, *Physics and Technology of Semiconductor Devices*, Wiley, New York, 1967.

15. A. S. Grove, E. H. Snow, B. E. Deal, and C. T. Sah, "Simple Physical Model for the Space-Charge Capacitance of Metal-Oxide-Semiconductor Structures," *J. Appl. Phys.*, **33**, 2458 (1964).

16. J. R. Brews, "A Simplified High-Frequency MOS Capacitance Formula," *Solid-State Electron.*, **20**, 607 (1977).

17. A. Goetzberger, "Ideal MOS Curves for Silicon," *Bell Syst. Tech. J.*, **45**, 1097 (1966).

18. B. E. Deal, "Standardized Terminology for Oxide Charges Associated with Thermally Oxidized Silicon," *IEEE Trans. Electron Dev.*, **ED-27**, 606 (1980).

19. I. Tamm, "Uber eine mogliche Art der Elektronenbindung an Kristalloberflachen," *Phys. Z. Sowjetunion*, **1**, 733 (1933).

20. W. Shockley, "On the Surface States Associated with a Periodic Potential," *Phys. Rev.*, **56**, 317 (1939).

21. W. Shockley and G. L. Pearson, "Modulation of Conductance of Thin Films of Semiconductors by Surface Charges," *Phys. Rev.*, **74**, 232 (1948).

22. F. G. Allen and G. W. Gobeli, "Work Function, Photoelectric Threshold and Surface States of Atomically Clean Silicon," *Phys. Rev.*, **127**, 150 (1962).

23. E. H. Nicollian and A. Goetzberger, "MOS Conductance Technique for Measuring Surface State Parameters," *Appl. Phys. Lett.*, **7**, 216 (1965).

24. C. N. Berglund, "Surface States at Steam-Grown Silicon-Silicon Dioxide Interface," *IEEE Trans. Electron Dev.*, **ED-13**, 701 (1966).

25. R. Castagne and A. Vapaille, "Description of the SiO2-Si Interface Properties by Means of Very Low Frequency MOS Capacitance Measurements," *Surface Sci.*, **28**, 157 (1971).

26. E. H. Nicollian and A. Goetzberger, "The Si-SiO2 Interface-Electrical Properties as Determined by the MIS Conductance Technique," *Bell Syst. Tech. J.*, **46**, 1055 (1967).

27. M. H. White and J. R. Cricchi, "Characterization of Thin-Oxide MNOS Memory Transistors," *IEEE Trans. Electron Dev.*, **ED-19**, 1280 (1972).

28. B. E. Deal, M. Sklar, A. S. Grove, and E. H. Snow, "Characteristics of the Surface-State Charge (Qss) of Thermally Oxidized Silicon," *J. Electrochem. Soc.*, **114**, 266 (1967).

29. M. H. White and J. R. Cricchi, "Characterization of Thin-Oxide MNOS Memory Transistors," *IEEE Trans. Electron Dev.*, **ED-19**, 1280 (1972).

30. B. E. Deal, M. Sklar, A. S. Grove, and E. H. Snow, "Characteristics of the Surface-State Charge (Qss) of Thermally Oxidized Silicon," *J. Electrochem. Soc.*, **114**, 266 (1967).

31. J. R. Ligenza, "Effect of Crystal Orientation on Oxidation Rates of Silicon in High Pressure Steam," *J. Phys. Chem.*, **65**, 2011 (1961).

32. Y. Li and H. W. Cheng, "Random Interface-Traps-Induced Electrical Characteristic Fluctuation in 16-nm-Gate High-κ/Metal Gate Complementary Metal–Oxide–Semiconductor Device and Inverter Circuit," *Jpn. J. Appl. Phys.*, **51**, 04DC08 (2012).

33. Y. Li and H. W. Cheng, "Statistical Device Simulation of Physical and Electrical Characteristic Fluctuations in 16-nm-Gate High-κ/Metal Gate MOSFETs in the Presence of Random Discrete Dopants and Random Interface Traps," *Solid-State Electron.*, **77**, 12 (2012).

34. D. Andrews, T. Nann, and R. Lipson, Eds., *Comprehensive Nanoscience and Nanotechnology*, 2nd Ed., Academic Press, Amsterdam, 2019.

35. Y. Li, H. W. Cheng, Y. Y. Chiu, C. Y. Yiu, and H. W. Su, "A Unified 3D Device Simulation of Random Dopant, Interface Trap and Work Function Fluctuations on High-κ/Metal Gate Device," *Tech. Dig. IEEE IEDM*, p.107, 2011.

36. H. W. Cheng, F. H. Li, M. H. Han, C. Y. Yiu, C. H. Yu, K. F. Lee, and Y. Li, "3D Device Simulation of Work-Function and Interface Trap Fluctuations on High-κ/Metal Gate Devices," *Tech. Dig. IEEE IEDM*, p.379, 2010.

37. E. H. Snow, A. S. Grove, B. E. Deal, and C. T. Sah, "Ion Transport Phenomena in Insulating Films,"*J. Appl. Phys.*, **36**, 1664 (1965).

38. J. V. Dalton and J. Drobek, "Structure and Sodium Migration in Silicon Nitride Films," *J. Electrochem. Soc.*, **115**, 865 (1968).

39. B. E. Deal, E. H. Snow, and C. A. Mead, "Barrier Energies in Metal-Silicon Dioxide-Silicon Structures," *J. Phys. Chem. Solids,* **27**, 1873 (1966).

40. R. Williams, "Photoemission of Electrons from Silicon into Silicon Dioxide," *Phys. Rev.*, **140**, A569 (1965).

41. Y. Taur, *Fundamentals of Modern VLSI Devices*, 2nd Ed., Cambridge University Press,New York, 2009.

42. R. Rios and N. D. Arora, "Determination of Ultra-Thin Gate Oxide Thicknesses for CMOS Structures Using Quantum Effects," *Tech. Dig. IEEE IEDM*, p.613, 1994.

43. J. Colinge and C. A. Colinge, *Physics of Semiconductor Devices*, Kluwer, Boston, 2002.

44. F. Stern, "Self-Consistent Results for N Type Si Inversion Layers," *Phys. Rev. B*, **5**, 4891 (1972).

45. J. A. López-Villanueva, I. Melchor, F. Gámiz, J. Banqueri, and J. A. Jiménez-Tejada, "A Model for the Quantized Accumulation Layer in Metal–Insulator–Semiconductor Structures," *Solid-State Electron.*, **38**, 203 (1995).

46. T. Ando, A. B. Fowler, and F. Stern, "Electronic Properties of Two-Dimensional Systems," *Rev. Mod. Phys.*, **54**, 437 (1982).

47. F. Stern, "Iteration Methods for Calculating Self-consistent Fields in Semiconductor Inversion Layers," *J. Comput. Phys.*, **6**, 56 (1970).

48. Y. Li and S. M. Yu, "Numerical Iterative Method for Solving Schrödinger and Poisson Equations in Nanoscale Single, Double and Surrounding Gate Metal–Oxide–Semiconductor Structures," *Comput. Phys. Commun.*, **169**, 309 (2005).

49. T. W. Tang and Y. Li, "A SPICE-Compatible Model for Nanoscale MOSFET Capacitor Simulation Under the Inversion Condition," *IEEE Trans. Nanotechnol.*, **1**, 243 (2002).

50. Y. Taur, D. A. Buchanan, W. Chen, D. J. Frank, K. E. Ismail, S. Lo, G. A. Sai-Halasz, R. G. Viswanathan, H. C. Wann, S. J. Wind, and H. Wong, "CMOS Scaling into the Nanometer Regime," *Proc. IEEE*, **85**, 486 (1997).

51. H. Kroemer, *Quantum Mechanics: For Engineering, Materials Science, and Applied Physics*, Prentice-Hall, New Jersey, 1994.

52. Y. Taur, *Fundamentals of Modern VLSI Devices*, 2nd Ed., Cambridge University Press, New York, 2009.

53. S. R. M. Anwar, W. G. Vandenberghe, G. Bersuker, D. Veksler, G. Verzellesi, L. Morassi, R. V. Galatage, S. Jha, C. Buie, A. T. Barton, E. M. Vogel, and C. L. Hinkle, "Comprehensive Capacitance-Voltage Simulation and Extraction Tool Including Quantum Effects for High-κ on Si_xGe_{1-x} and $In_xGa_{1-x}As$: Part I—Model Description and Validation," *IEEE Trans. Electron Dev.*, **64**, 3786 (2017); "Comprehensive Capacitance-Voltage Simulation and Extraction Tool Including Quantum Effects for High-κ on Si_xGe_{1-x} and $In_xGa_{1-x}As$: Part II-its and Extraction From Experimental Data," *IEEE Trans. Electron Dev.*, **64**, 379 (2017).

54. Y. Li, J. W. Lee, T. W. Tang, T. S. Chao, T. F. Lei, and S. M. Sze, "Numerical Simulation of Quantum Effects in High-κ Gate Dielectric MOS Structures Using Quantum Mechanical Models," *Comput. Phys. Comm.*, **147**, 214 (2002).

55. K. L. Jensen, "Electron Emission Theory and its Application: Fowler-Nordheim Equation and Beyond," *J. Vac. Sci. Technol. B*, **21**, 1528 (2003).

56. J. Frenkel, "On the Theory of Electric Breakdown of Dielectrics and Electronic Semiconductors,"Tech. Phys. USSR, 5, 685 (1938); "On Pre-Breakdown Phenomena in Insulators and Electronic Semiconductors," *Phys. Rev.*, **54**, 647 (1938).

57. Y. Takahashi and K. Ohnishi, "Estimation of Insulation Layer Conductance in MNOS Structure," *IEEE Trans. Electron Dev.*, **ED-40,** 2006 (1993).

58. J. J. O'Dwyer, *The Theory of Electrical Conduction and Breakdown in Solid Dielectrics*, Clarendon, Oxford, 1973.

59. S. M. Sze, "Current Transport and Maximum Dielectric Strength of Silicon Nitride Films:" *J. Appl. Phys.*, **38**, 2951 (1967).

60. W. C. Johnson, "Study of Electronic Transport and Breakdown in Thin Insulating Films," *Tech. Rep*. No.7, Princeton University, 1979.

61. M. Av-Ron, M. Shatzkes, T. H. DiStefano, and I. B. Cadoff, "The Nature of Electron Tunneling in SiO2," in S. T. Pantelider, Ed., *The Physics of SiO2 and Its Interfaces*, Pergamon, New York, 1978, p. 46.

62. R. Tsu and L. Esaki, "Tunneling in a Finite Superlattice," *Appl. Phys. Lett.*, **22**, 562 (1973).

63. S. H. Lo, D. A. Buchanan, Y. Taur, and W. Wang, "Quantum-Mechanical Modeling of Electron Tunneling Current from the Inversion Layer of Ultra-Thin-Oxide nMOSFET's," *IEEE Electron, Device Lett.*, **18**, 209 (1997).

64. Y. Li, S. M. Yu, and J. W. Lee, "Quantum Mechanical Corrected Simulation Program with Integrated Circuit Emphasis Model for Simulation of Ultrathin Oxide Metal–Oxide–Semiconductor Field Effect Transistor Gate Tunneling Current," *Jpn. J. Appl. Phys.*, **44**, 2132 (2005).

65. A. Rusu and C. Bulucea, "Deep-Depletion Breakdown Voltage of SiO2/Si MOS Capacitors," *IEEE Trans. Electron Dev.*, **ED-26**, 201 (1979).

66. E. H. Nicollian, A. Goetzberger, and C. N. Berglund, "Avalanche Injection Currents and Charging Phenomena in Thermal SiO2," *Appl. Phys. Lett.*, **15**, 174 (1969).

67. D. R. Collins and C. T. Sah, "Effects of X-Ray Irradiation on the Characteristics of MOS Structures," *Appl. Phys. Lett.*, **8**, 124 (1966).

68. E. H. Snow, A. S. Grove, and D. J. Fitzgerald, "Effect of Ionization Radiation on Oxidized Silicon Surfaces and Planar Devices," *Proc. IEEE*, **55**, 1168 (1967).

69. J. S. Suehle, "Ultrathin Gate Oxide Reliability: Physical Models, Statistics, and Characterization," *IEEE Trans. Electron Dev.*, **ED-49**, 958 (2002).

70. J. H. Stathis, "Physical and Predictive Models of Ultrathin Oxide Reliability in CMOS Devices and Circuits,"*IEEE Trans. Device Mater. Reliab.*, **1**, 43 (2001).

71. J. W. McPherson, "On Why Dielectric Breakdown Strength Reduces with Dielectric Thickness," *IEEE IRPS*, p.3A-3-1 (2016).

72. E. M. Vogel, J. S. Suehle, M. D. Edelstein, B. Wang, Y. Chen, and J. B. Bernstein, "Reliability of Ultrathin Silicon Dioxide Under Combined Substrate Hot-Electron and Constant Voltage Tunneling Stress," *IEEE Trans. Electron Dev.*, **47**, 1183 (2000).

73. K. Okada, Y. Ito, and S. Suzuki, "A New Model for Dielectric Breakdown Mechanism of Silicon Nitride Metal–Insulator–Metal Structures," *IEEE IRPS*, p.3A-6-1 (2016).

74. M. Miao, Y. Zhou, J. A. Salcedo, J. J. Hajjar, and J. J. Liou, "Compact Failure Modeling for Devices Subject to Electrostatic Discharge Stresses—A Review Pertinent to CMOS Reliability Simulation," *Microelectron. Reliab.*, **55**, 15 (2015).

75. J. S. Suehle and P. Chaparala, "LowElectric Field Breakdownof Thin SiO2 Films Under Static and Dynamic Stress," *IEEE Trans. Electron Dev.*, **ED-44**, 801 (1997).

習題

1. 對一個 $d = 10$ nm，$N_A = 5 \times 10^{17}$ cm^{-3} 之理想 Si-SiO$_2$ MOS 電容，求 (a) 能使得矽表面變爲本質特性，以及 (b) 能造成爲強反轉時，所需要的外加電壓與在 Si-SiO$_2$ 介面的電場大小。

2. 對一個 $N_D = 10^{16}\,\text{cm}^{-3}$ 之 n- 型矽在溫度 300 K 下，繪出空間電荷密度 $|Q_S|$ 的變化對於表面電位 ψ_s 之函數。參考本章圖 5。請在圖上標明 $2\psi_B$ 的值以及 Q_s 在開始強反轉下的強度。

3. 請推導平帶條件下半導體－空乏層的微分電容。$C_D = \varepsilon_s/L_D$。

4. 推導在空乏狀態時，近似的理想 MOS 的 C-V 曲線部分表示式

$$\frac{C}{C_i} = \frac{1}{\sqrt{1+\gamma V}} \quad (0 \le V \le V_T)$$

如在本章圖 9 所示。其中 $\gamma \equiv 2\varepsilon_i{}^2/qN_A\varepsilon_s d^2$，$V$ 為施加在金屬板上的外加電壓。

5. 求一 $N_A = 10^{16}\,\text{cm}^{-3}$，$d = 10\,\text{nm}$ 及 $V_G = 1.77\,\text{V}$ 之理想 MOS 二極體反轉層內每單位面積的電荷。

6. 對一 $N_A = 10^{16}\,\text{cm}^{-3}$ 及 $d = 8\,\text{nm}$ 的金屬－二氧化矽－矽 (metal-SiO$_2$-Si) 電容，計算在高頻條件下 C-V 曲線中的最小電容值。

7. 一個理想的矽 MOS 電容，有一個 5 nm 厚的氧化層及摻雜 $N_A = 10^{17}$ cm^{-3}。當表面電位比費米能階與本質費米能階的電位差大 10% 時，求反轉層的寬度。

8. 繪出一個 MOS 電容，其反轉層內每單位面積電子的數目 (N_I) 對表面電場 $(\mathscr{E}_s)$ 的關係圖。基板的摻雜為 10^{17} cm^{-3}。請使用 log-log 作圖，且其 N_I 的範圍從 10^9 至 10^{13} cm^{-2} 以及 $\mathscr{E}_s$ 的範圍從 10^5 到 10^6 V/cm。另外，在 $\mathscr{E}_s = 2.5 \times 10^5$ V/cm 情況下，寫出 N_I 的值。

9. 一氧化層厚度為 100 nm 及特殊摻雜分布之理想的矽 MOS(MO-p-π-p$^+$) 電容器，其頂端 p- 層的摻雜為 10^{16} cm^{-3}，厚度為 1.5 μm，而 π- 層的厚度為 3 μm。求脈衝條件下，此結構的崩潰電壓。

10. 請繪出溫度 300 K 下，一個 $N_A = 5 \times 10^{15}$ cm^{-3}，$d = 3$ nm 的矽—二氧化矽電容 (Si-SiO$_2$ MOS) 之理想 $C-V$ 曲線（請標明 C_i、C_{min}、C_{FB} 及 V_T）。若當金屬功函數為 4.5 eV，$q\chi = 4.05$ eV，$Q_f/q = 10^{11}$ cm^{-2}，$Q_m/q = 10^{10}$ cm^{-2}，$Q_{ot}/q = 5 \times 10^{10}$ cm^{-2} 和 $Q_{it} = 0$ 時，請繪出其相對應之 $C-V$ 曲線（請標明 V_{FB} 及新的 V_T）

11. 對一個 Au-Si$_3$N$_4$-Si 電容器，材料的介電常數可以表示為 $\varepsilon_i = 5.5 \, \varepsilon_0$，在高電場部分，估算此材料的介電常數（參考本章圖 43）。

12. 假設在氧化層內的氧化層捕獲電荷 Q_{ot} 為面積密度是 5×10^{11} cm^{-2} 的片電荷層，並位處於距離金屬—氧化層介面上方的 $y = 5$ nm 之處。氧化層的厚度為 10 nm，求 Q_{ot} 所造成之平帶電壓的變化。

13. 兩個 MOS 電容器，其氧化層厚度皆為 15 nm。其中一個為 n^+- 多晶矽閘極及 p- 型基板，而另一個為 p^+- 多晶閘極及 n- 型基板。若這兩個電容的起始電壓 $V_{Tn} = |V_{Tp}| = 0.5$ V 及 $Q_f = Q_m = Q_{ot} = Q_{it} = 0$，求各基板摻雜濃度 N_A 與 N_D。

14. 如本章圖 45 所示，請說明為什麼用 CL 和 QM 模型，對一個已知氧化層厚度之元件，計算 I_G 差值會因 V 值增加而增加。

15. (a) 請計算一個具有均勻正電荷分布的氧化層其所對應之平帶電壓的變化量。其中氧化層的厚度為 0.2 μm，且總離子電荷的密度為 10^{12} cm^{-2}。

    (b) 在 (a) 小題所述的相同總離子密度及相同氧化層厚度的前提下，但正電荷的分布改成為三角形分布，其中高電荷密度的區域是靠近金屬端，而靠近矽端的電荷密度為零，請計算此時 V_{FB} 的變化量。

16. MOS 電容器的電場分布如圖，假設平帶電壓 V_{FB} 為零。(a) 請繪出電位分布 (b) 計算閘極電容。

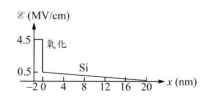

17. 右圖為矽之 MOS 電容器的 $C-V$ 曲線。曲線的平移是由於二氧化矽－矽 (SiO$_2$-Si) 介面處的固定氧化層電荷所造成。此電容器的閘極為 n^+- 多晶矽。求固定氧化層電荷的數目。

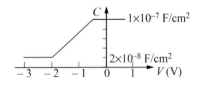

18. 以弱反轉區域的圖 23 為基礎，求與介面缺陷相關的電阻。

19. 一氧化層厚度為 10 nm 及摻雜 $N_A = 10^{16}$ cm^{-3} 的 MOS 電容器。此電容器的閘極正偏壓是 2 V，表面電位為 0.91 V。當電容器照光時，在二氧化矽－矽的介面額外產生一 10^{12} 電子數 /cm^2 片電荷層。請計算高頻電容變化的百分比：即

$$\frac{C(照光下)}{C(未照光)} - 1$$

20. 如右圖所示，n- 型 MOS 電容器在正閘極偏壓作用下，且具有超薄之氧化層。曲線 A 與 B 兩個導電帶是在圖中由 Si- SiO$_2$ 介面 $x=0$ 開始量測而得。以量子力學模型計算會有許多可能結果，請證明你的答案。

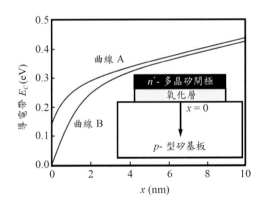

21. n- 型 MOS 電容器，如圖 36，電子濃度的空間分布對 1、1.5、2、2.5 與 3 nm 等不同 SiO$_2$ 層厚度，請繪出在反轉層由 Si- SiO$_2$ 介面所對應的能帶。

22. 已知在 60℃ 與 400℃ 時，γ 值分別為 0.85 與 1.25 cm/MV，氧化層崩潰之活化焓分別為 0.8 與 0.39 eV，當外加電場分別是 9 與 12 MV/cm。請計算 SiO$_2$ 在 60℃ 與 400℃ 下崩潰時間的比值。

23. 假設崩潰時間是 6 秒，使用問題 22 之參數，計算常數 τ_0，相關的鍵振動頻率在 60°C 時，外加電場 $\mathscr{E}=9$ MV/cm（提示：$1\,nt_{BD}=\tau_0\,(\Delta H_0\,/kT\text{-}\gamma\,\mathscr{E}_{ox})$）。

第五章
雙極性電晶體
Bipolar Transistors

5.1 簡介

　　電晶體源自於轉換電阻器 (transfer resistor)，一種由第三端點來控制另外兩端點間電阻的三端點元件，電晶體效應 (transistor effect) 是 1947 年由貝爾實驗室 (Bell laboratories) 的研究團隊發明。電晶體是重要的半導體元件之一，它對一般的電子工業，特別是固態研究方面，造成空前的衝擊。在 1947 年以前，半導體僅應用在熱阻器 (Thermistor)、光二極體 (photodiode) 與整流器 (rectifier) 等所有的兩端點元件。直至 1948 年巴丁 (Bardeen) 與布萊登 (Brattain) 宣布點接觸 (point-contact) 電晶體 [1] 的實驗觀察報告；以及隔年，蕭克萊 (Shockley) 發表關於接面二極體及電晶體的經典文章 [2]，於是 p-n 接面的少數載子注入理論成為接面電晶體的基礎。而第一個接面雙極性電晶體則於 1951 年被驗證出來 [3]。

　　之後電晶體理論持續延伸至高頻、功率及開關特性，電晶體製作技術上也有了許多突破，特別在晶體成長、磊晶 (epitaxy)、擴散 (diffusion)、離子佈植 (ion implantation)、微影 (lithography)、乾式蝕刻 (dry etch)、表面鈍化 (surface passivation)、平面化 (planarization)，以及多層金屬連線 (multi-level) 等領域 [4]。這些突破不但增加了電晶體的功率及頻率效能，也提高了可靠度。雙極性電晶體的歷史發展在參考文獻 5 和 6 中有詳細的敘述。除此之外，半導體物理、電晶體理論與電晶體技術的應用，開拓了我們的知識，同時改良了其他半導體元件。雙極性電晶體爲現今最重要元件之一，例如應用在高速電腦、汽車、人造衛星、現代通訊及電力系統等方面，也有許多探討關於雙極性電晶體的物理、設計及應用的著作 [7-10]。

5.2 靜態特性

5.2.1 基本電流－電壓關係

　　本節我們將探討雙極性電晶體基本的直流特性。圖1表示 n-p- n 及 p-n-p 電晶體的符號及表示法。箭頭表示操作在正常模式下的電流方向，亦即射極 (emitter) 接順向偏壓，而集極 (collector) 接逆向偏壓。其他偏壓條件則綜合整理在表 1。依照輸入與輸出電路的共同接地點不同，雙極性電晶體可接成三種電路結構。圖 2 表示 n-p-n 電晶體的共基極 (common-base)、共射極 (common-emitter) 及共集極 (common- collector) 結構，其中電流與電壓爲正常模式下的操作情形。對 p-n-p 電晶體而言，全部的符號及極性都必須相反。在下列的討論中，我們僅探討 n-p-n 電晶體，而將極性與物理參數作適當的變換，結果可適用於 p-n-p 電晶體。

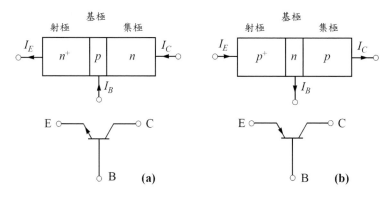

圖 1　(a) n-p-n 電晶體與 (b) p-n-p 電晶體的符號及表示法。

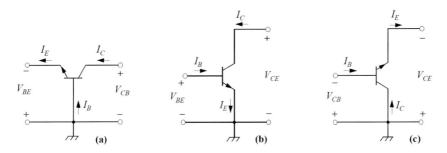

圖 2　在正常模式下 (a) 共基極 (b) 共射極 (c) 共集極三種 *n-p-n* 電晶體在施加偏壓下的
電路結構。

表 1　雙極性電晶體之操作模式

操作模式	射極偏壓	集極偏壓
正常(normal)／主動(active)	順向	逆向
飽和(saturation)	順向	順向
截止(cutoff)	逆向	逆向
反轉(inverse)	逆向	順向

　　圖 3a 為 *n-p-n* 電晶體連接成共基極結構且施加正常模式偏壓的示意圖。
圖 3b 為具均勻雜質密度之電晶體的摻雜分布圖形。在此可看出，典型的設
計上會要求射極的摻雜濃度比基極高，而集極具有最低的摻雜濃度。圖 3c
顯示在正常操作條件下所對應的能帶圖。圖 3a 和 b 也指出在施加正常模式
的偏壓下所有的電流組成。這些電流的解釋如下：

I_{nE}：在射極－基極接面所注入的電子擴散電流

I_{nC}：到達集極端的電子擴散電流

I_{rB}：$(= I_{nE} - I_{nC})$ 在基極處因復合所損耗的電子流

I_{pE}：在射極－基極接面的電洞擴散電流

I_{rE}： 在射極 – 基極接面的復合電流

I_{CO}： 在集極 – 基極接面的逆向電流

就定性的解釋上，首先只考慮雙極性電晶體在基本操作下主要的電流成分。當射極 – 基極接面為順向偏壓時，此 *p-n* 接面電流是由電子與電洞電流所構成，電子會經由擴散注入到基極，並穿過基極而由集極所收集（圖

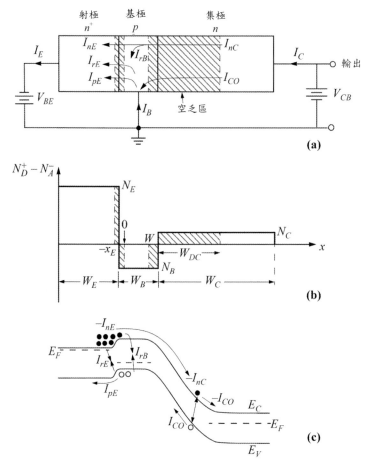

圖 3　*n-p-n* 電晶體施加偏壓在正常操作條件下 (a) 共基極結構的連接與偏壓示意圖 (b) 具陡峭雜質分布的摻雜分布與臨界範圍 (c) 能帶圖。電流成分如 (a) 和 (c) 所示。注意在 (c) 中，因為電子帶負電，因此電子流是負的。

3c）。由於基極爲 p- 型，對電子而言具有較高的位能，因此並不會收集電子。另一方面，源自於基極的電洞擴散電流則爲基極電流，並不影響集極端電流大小。因此，集極電流 I_C 與基極電流 I_B 的比例，即是基極－射極接面擴散電子與電洞成分的比例。然而，如果電子對電洞的注入比例很大，像是在 n^+-p 射極－基極接面這種摻雜不同的濃度情況下，則電流增益 I_C/I_B 大於 1 是可能實現的。

　　參考第二章所討論的 p-n 接面理論，在適當的邊界條件下，我們可以簡單地推導出其穩態特性。爲了說明電晶體的主要特性，我們假設射極與集極接面的電流－電壓關係爲理想的二極體方程式 [2]，即忽略表面復合－產生、串聯電阻與高階注入等效應。這些效應將於之後探討。以下將推導兩個最重要的模式，即主動與飽和模式的分析。在此二模式中的射極－基極接面皆爲順向偏壓。如圖 3b 所示，所有的電壓降跨在接面空乏區上。在基極的中性區（從 $x=0$ 到 W），所注入的少數載子（電子）分布是由連續方程式所決定

$$0 = -\frac{n_p - n_{po}}{\tau_n} + D_n \frac{d^2 n_p}{dx^2} \tag{1}$$

上式的一般解爲

$$n_p(x) = n_{po} + C_1 \exp\left(\frac{x}{L_n}\right) + C_2 \exp\left(\frac{-x}{L_n}\right) \tag{2}$$

其中 C_1 及 C_2 爲常數，而 $L_n \equiv \sqrt{D_n \tau_n}$ 爲基極內的電子擴散長度。C_1 及 C_2 是由 $n_p(0)$ 及 $n_p(W)$ 的邊界條件所決定，可得

$$C_1 = \left\{ n_p(W) - n_{po} - [n_p(0) - n_{po}] \exp\left(\frac{-W}{L_n}\right) \right\} \bigg/ 2\sinh\left(\frac{W}{L_n}\right) \tag{3}$$

$$C_2 = \left\{ [n_p(0) - n_{po}] \exp\left(\frac{W}{L_n}\right) - [n_p(W) - n_{po}] \right\} \bigg/ 2\sinh\left(\frac{W}{L_n}\right) \tag{4}$$

在基極的中性區，其兩端的邊界條件與接面偏壓的關係爲

$$n_p(0) = n_{po} \exp\left(\frac{qV_{BE}}{kT}\right) \quad 和 \quad n_p(W) = n_{po} \exp\left(\frac{qV_{BC}}{kT}\right) \tag{5}$$

利用此邊界條件，不但可以知道電子的分布，也可以得到擴散電流。則射極端的電子電流 I_{nE} 與集極端的電子電流 I_{nC} 為

$$
\begin{aligned}
I_{nE} &= A_E q D_n \frac{dn_p}{dx}\bigg|_{x=0} \\
&= \frac{A_E q D_n n_{po}}{L_n} \coth\left(\frac{W}{L_n}\right)\left\{\left[\exp\left(\frac{qV_{BE}}{kT}\right)-1\right] - \operatorname{sech}\left(\frac{W}{L_n}\right)\left[\exp\left(\frac{qV_{BC}}{kT}\right)-1\right]\right\}
\end{aligned}
\tag{6}
$$

$$
\begin{aligned}
I_{nC} &= A_E q D_n \frac{dn_p}{dx}\bigg|_{x=W} \\
&= \frac{A_E q D_n n_{po}}{L_n} \operatorname{cosech}\left(\frac{W}{L_n}\right)\left\{\left[\exp\left(\frac{qV_{BE}}{kT}\right)-1\right] - \coth\left(\frac{W}{L_n}\right)\left[\exp\left(\frac{qV_{BC}}{kT}\right)-1\right]\right\}
\end{aligned}
\tag{7}
$$

其中 A_E 為射極－基極接面的截面面積。這些電流在正常模式與飽和模式下皆成立。在正常模式下，$V_{BC} < 0$ 及 $n_p(W) = 0$，可得兩端的電子電流為

$$I_{nE} = \frac{A_E q D_n n_{po}}{L_n} \coth\left(\frac{W}{L_n}\right)\exp\left(\frac{qV_{BE}}{kT}\right) \tag{8}$$

$$I_{nC} = \frac{A_E q D_n n_{po}}{L_n} \operatorname{cosech}\left(\frac{W}{L_n}\right)\exp\left(\frac{qV_{BE}}{kT}\right) \tag{9}$$

I_{nC}/I_{nE} 的比例稱為基極傳輸因子 (base transport factor) α_T。I_{nE} 與 I_{nC} 的差異對部分基極電流帶來貢獻。我們可以發現當 $W \ll L_n$ 時，I_{nE} 非常接近 I_{nC}。在 W 很小的極限下

$$I_{nE} \approx I_{nC} \approx \frac{A_E q D_n n_{po}}{W}\exp\left(\frac{qV_{BE}}{kT}\right) \approx \frac{A_E q D_n n_i^2}{W N_B}\exp\left(\frac{qV_{BE}}{kT}\right) \tag{10}$$

且 $\alpha_T \approx 1$。式(10) 可以簡化成簡單形式

$$I_{nE} \approx I_{nC} \approx \frac{2A_E D_n Q_B}{W^2} \tag{11}$$

其中 Q_B 為注入到基極的額外載子，

$$
\begin{aligned}
Q_B &= q \int_0^W [n_p(x) - n_{po}] dx \\
&\approx \frac{qWn_{po}}{2} \exp\left(\frac{qV_{BE}}{kT} \right)
\end{aligned} \tag{12}
$$

在另一個極端的情況，如果 $W \to \infty$ 或 $W/L_n \gg 1$，則集極的電子電流 I_{nC} 為零，射極與集極之間無法傳達任何訊息，因此電晶體會失去功用。

為了改善基極傳輸因子，可改變基極的摻雜濃度分布以取代均勻的摻雜，如圖 4 所示。具有此種基極摻雜分布的電晶體，其基極的內建電場能夠產生漂移作用而增強基極內部的電子傳輸，因此亦稱為漂移電晶體 (drift transistor)。在基極的摻雜濃度 N_B、電洞密度與費米能階之關係為

$$p(x) \approx N_B(x) = n_i \exp\left(\frac{E_i - E_F}{kT} \right) \tag{13}$$

因為費米能階 E_F 在中性的基極區為平面的，我們可以得到內建電場

$$\mathscr{E}(x) = \frac{dE_i}{qdx} = \frac{kT}{qN_B} \frac{dN_B}{dx} \tag{14}$$

現在電子電流包含了漂移成分，而總電流變成

$$I_n(x) = A_E q \left(\mu_n n_p \mathscr{E} + D_n \frac{dn_p}{dx} \right) \tag{15}$$

將式 (14) 帶入到式 (15)，可得

$$I_n(x) = A_E q D_n \left(\frac{n_p}{N_B} \frac{dN_B}{dx} + \frac{dn_p}{dx} \right) \tag{16}$$

由邊界條件 $n_p(W) = 0$，式 (16) 的穩態解為

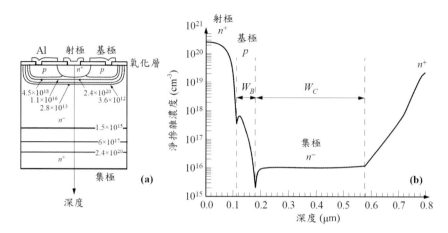

圖 4 (a) 以 1000°C 快速熱退火處理 20 秒後，*n-p-n* 電晶體程序模擬之截面輪廓圖，圖中所有之輪廓線條為 cm^{-3}。(b) 典型的矽雙極性電晶體沿著深度方向由基極至集極之摻雜分布圖形。在基極為梯度的雜質分布，而集極後方為重摻雜區。

$$n_p(x) = \frac{I_n(x)}{A_E q D_n} \frac{1}{N_B(x)} \int_x^W N_B(x) dx \qquad (17)$$

在 $x = 0$ 的電子濃度可以下列公式得出

$$n_p(0) = \frac{I_{nE}}{A_E q D_n N_B(0)} \int_0^W N_B(x) dx \approx n_{po}(0) \exp\left(\frac{qV_{BE}}{kT}\right) \qquad (18)$$

利用 $N_B(0)n_{po}(0) = n_i^2$ 關係，可得電子電流

$$I_{nE} = \frac{A_E q D_n n_i^2}{\int_0^W N_B(x) dx} \exp\left(\frac{qV_{BE}}{kT}\right) = \frac{A_E q D_n n_i^2}{Q_b} \exp\left(\frac{qV_{BE}}{kT}\right) \qquad (19)$$

上式中的積分

$$Q_b \equiv \int_0^W N_B(x) dx \qquad (20)$$

為基極中性區內每單位面積的總雜質劑量。Q_b 又稱為甘梅數 (Gummel number)[11]。對典型的矽雙極性電晶體而言，甘梅數約 10^{12} 到 10^{13} cm^{-2}。比較

式 (19) 與式 (10)，可以注意到注入的電子電流 I_{nE} 與基極區域的總摻雜劑量或甘梅數有關。而實際的摻雜分布並不會影響 I_{nE}，其主要的作用是形成內建電場，使集極端的電子電流 I_{nC} 增加且改善 α_T。從基極注入到射極的電洞擴散電流為基極電流的主要成分。其電洞分布及電流方程式與一般的 *p-n* 接面狀況相似。假設 $W_E < L_p$ 時，則電洞電流為

$$I_{pE} = \frac{A_E q D_{pE} p_{noE}}{W_E}\left[\exp\left(\frac{qV_{BE}}{kT}\right) - 1\right] \tag{21}$$

其中 D_{pE} 和 p_{noE} 為射極中的電洞擴散係數與平衡狀態的電洞濃度。

基極電流的另一成分為在基極－射極接面的復合電流。此電流在小偏壓操作下特別重要。此區有兩種復合機制，其一為蕭克萊－瑞得－厚爾 (Shockley-Read-Hall) 復合。第二種為電洞注入到高摻雜 n^+ 區域（射極）所發生的歐傑（(Auger) 復合。發生歐傑復合時電子與電洞作直接復合，並且將能量轉換到另外一個自由電子[12]。這樣的過程率涉到兩個電子與一個電洞，是一種累增倍乘(avalanche multiplication) 的反向過程。而歐傑生命期 τ_A 為 $1/G_n N_D{}^2$，其中 N_D 為射極摻雜濃度，G_n 為復合率（在室溫下的矽為 $1-2\times10^{-31}$ cm⁶/s）。同樣地，若於高摻雜 p^+ 區域產生復合時，亦牽涉兩個電洞與一個電子，其 τ_A 為 $1/G_p N_A{}^2$。結合此兩種復合過程，n- 型射極中的有效少數載子生命期為

$$\frac{1}{\tau} = \frac{1}{\tau_n} + \frac{1}{\tau_A} \tag{22}$$

其中 τ_n 為蕭克萊－瑞得－厚爾復合的生命期，而基極－射極復合電流正比於 [參考第二章，式(71)]

$$I_{rE} \propto \frac{1}{\tau}\exp\left(\frac{qV_{BE}}{mkT}\right) \tag{23}$$

式中 *m* 趨近於 2。當射極的摻雜濃度高至某一程度時，將會變成以歐傑復合機制主導，使得基極的復合電流增加，而造成射極效率的劣化。除此之外，

較短的生命期 τ 會使得射極裡的擴散長度比射極寬度 W_E [式(21)] 還短，造成較大的電洞擴散電流（基極電流的一部分）。最後，我們將探討集極－基極接面。由先前的討論可知，在飽和操作模式下，從集極注入的電子與從射極注入的電子數類似。而在正常操作模式下，基極－集極的逆向電流變得非常簡單，可由標準的 *p-n* 接面電流得到

$$I_{CO} \approx A_C q \left(\frac{D_{pC} p_{noC}}{W_C - W_{DC}} + \frac{D_n n_{po}}{W} \right) \tag{24}$$

式中 A_C 為集極－基極的截面面積，D_{pC} 和 p_{noC} 為集極的電洞擴散係數與平衡狀態的電洞濃度，並且假設 $(W_C - W_{DC}) < L_p$。然而，因為在 $x = 0$ 的邊界條件改變，此逆向電流可依據基極－射極的偏壓大小而變大或變小（稱之為 I_{CEO} 及 I_{CBO}）。因此，式 (24) 只會在射極－基極很窄情況下，也就是 V_{BE} = 0 時成立。此現象將會在之後詳細探討。記住，在一般元件中，集極－基極接面面積 A_C 通常比射極－基極接面面積 A_E 大許多，也會在之後的章節討論。另外，式(24) 中也不包含在空乏區的產生電流。

5.2.2 電流增益

將已分析的每一個電流成分整合起來，我們可以得到圖 3 中每一端點的電流

$$I_E = I_{nE} + I_{rE} + I_{pE} \tag{25}$$

$$I_C = I_{nC} + I_{CO} \tag{26}$$

$$I_B = I_{pE} + I_{rE} + (I_{nE} - I_{nC}) - I_{CO} \tag{27}$$

由克希荷夫定律 (Kirchhoff's law) 及電流方向，可得知

$$I_E = I_C + I_B \tag{28}$$

對於 *n-p-n* 電晶體，如圖 4a 所示，我們用圖 4b 的摻雜情況模擬出相對應傳輸與輸出特性：圖 5a 顯示在正常模式下，集極與基極電流及基極－射極電壓的關係：圖 5b 顯示射極電流對 V_{CE} 的關係圖，將在 5.2.3 節作更詳細

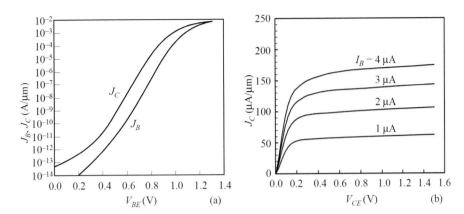

圖 5 由圖 4 已知的 *n-p-n* 雙極性電晶體摻雜分布計算得 (a) 集極與基極電流及基極—射極電壓的關係 (b) 共—射極結構的輸出特性。

的討論。圖 6 表示在正常操作模式下，典型的基極與集極特性，以及基極—射極電壓 V_{BE} 的關係。圖中顯示四個區域：(1) 低電流的非理想區域：此區復合電流是非常明顯的，且基極電流會隨著 exp (qV_{BE}/mkT) 改變，$m \approx 2$；(2) 理想區域；(3) 中注入區域：其重大的電壓降在基極電阻 R_B 上，進而使特性改變；以及 (4) 高注入區域。為了改善在低電流區域的傳輸特性（如：電流特性），必須減少空乏區內部及半導體表面的缺陷密度。另外基極的摻雜分布和其他元件參數也需要做調整，以使基極電阻和高階注入效應減至最小。電流增益的概念也精確地顯示在圖 6。由圖 6 可看出電流增益 $\approx I_C/I_B$ 非常的大，且其比例在大部分的電流範圍裡幾乎是常數。常見的雙極性電晶體參數如表 2 所列。共基極電流增益 α_0 也稱為 h_{FB}，可由四端點混合參數推想而得（下標符號的 *F* 與 *B* 分別指順向及共基極），與射極電流的關係為

$$I_C = \alpha_0 I_E + I_{CBO} \tag{29}$$

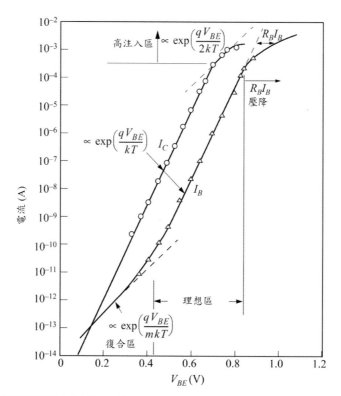

圖 6 集極及基極電流與基極－射極電壓的關係圖。（參考文獻 13）

表 2 雙極性電晶體的常見參數

射極注入效率	$\gamma \equiv I_{nE}/I_E$
基極傳輸因子	$\alpha_T \equiv I_{nC}/I_{nE}$
共基極電流增益，h_{FB}	$\alpha_0 \equiv I_{nC}/I_E = \gamma\alpha_T \approx I_C/I_E$
共基極電流增益，小訊號 h_{fb}	$\alpha \equiv dI_C/dI_E$
共射極電流增益，h_{FE}	$\beta_0 \equiv \alpha_0/(1-\alpha_0) \approx I_C/I_B$
共射極電流增益，小訊號 h_{fe}	$\beta \equiv dI_C/dI_B$

當 $I_E = 0$ 時，I_{CBO} 為 I_{CO}，或稱為射極開路。由上式及式 (26)，我們可得

$$\alpha_0 \equiv h_{FB} = \frac{I_C - I_{CBO}}{I_E} = \frac{I_{nC}}{I_E} = \left(\frac{I_{nC}}{I_{nE}}\right)\left(\frac{I_{nE}}{I_E}\right) = \alpha_T \gamma \tag{30}$$

上式的第一項 I_{nC}/I_{nE} 為到達集極端的電子電流比例，稱之為基極傳輸因子。第二項 I_{nE}/I_E 則定義為射極注入效率。在共射極結構中，其靜態的共射極電流增益 β_0（也稱之為 h_{FE}）與基極電流的關係為

$$I_C = \beta_0 I_B + I_{CEO} \tag{31}$$

當 $I_B = 0$ 時，I_{CEO} 為 I_{CO}，或稱為基極開路 (open base)。由式 (29)，可得

$$I_C = \alpha_0(I_C + I_B) + I_{CBO} = \frac{\alpha_0}{1-\alpha_0} I_B + \frac{I_{CBO}}{1-\alpha_0} \tag{32}$$

由以上兩個方程式，我們可得知電流增益 α_0 與 β_0 彼此的關係為

$$\beta_0 \equiv h_{FE} = \frac{\alpha_0}{1-\alpha_0} \tag{33}$$

而兩個飽合電流的關係為

$$I_{CEO} = \frac{I_{CBO}}{1-\alpha_0} \tag{34}$$

由於在一個設計良好的雙極性電晶體中，α_0 的值會近似於 1，所以 I_{CEO} 會比 I_{CBO} 大上許多。而電流增益 β_0 也會比 1 大很多。例如，若 α_0 是 0.99，則 β_0 為 99；若 α_0 是 0.998，則 β_0 為 499。

在正常操作下，可由式 (8) 及 (9) 得到基極傳輸因子

$$\alpha_T \equiv \frac{I_{nC}}{I_{nE}} = \frac{1}{\cosh(W/L_n)} \approx 1 - \frac{W^2}{2L_n^2} \tag{35}$$

假設在可以忽略復合電流的理想區域裡，射極效率會變成

$$\gamma \equiv \frac{I_{nE}}{I_E} \approx \frac{I_{nE}}{I_{nE} + I_{pE}} \approx \left[1 + \frac{p_{noE}D_{pE}L_n}{n_{po}D_nW_E}\tanh\left(\frac{W}{L_n}\right)\right]^{-1} \tag{36}$$

注意，式中的 α_T 與 γ 均略小於 1；其與 1 之差距表示必須由基極接觸端提供電子電流。就基極寬度小於十分之一擴散長度的雙極性電晶體而言，$\alpha_T >$ 0.995；其電流增益幾乎完全由射極效率決定。在 $\alpha_T \approx 1$ 的情況下

$$h_{FE} = \frac{\gamma}{1-\gamma} = \frac{n_{po}D_nW_E}{p_{noE}D_{pE}L_n}\coth\left(\frac{W}{L_n}\right) \propto \frac{n_{po}}{p_{noE}W} \propto \frac{N_E}{N_BW} \propto \frac{N_E}{Q_b} \qquad (37)$$

因此，在已知射極濃度 N_E 下，靜態的共射極電流增益 h_{FE} 與甘梅數 Q_b 成反比。由於電晶體的基極離子摻雜劑量會直接正比於 Q_b，所以隨摻雜劑量減少，h_{FE} 增加[14]。由圖 4 的電晶體數據，共射極電流增益 h_{FE} 對基極摻雜總數與分布的關係如圖 7 所示。儘管與基極摻雜濃度分布相類似，由式 (37) 可看出 h_{FE} 值與甘梅數 Q_b 變化成反比。如圖 7 中基極摻雜分布曲線 C 所示，該元件由於有最高 Q_b（6.2×10^{19} cm^{-2}，整合圖 7 整個基極寬度），因此元件的 h_{FE} 值最小。

一般而言，電流增益 h_{FE} 會隨著集極電流改變。代表性的圖形如圖 8，係利用式 (31) 並根據圖 6 而求得。在非常低的集極電流下，其射極空乏區的復合電流與表面漏電流的貢獻，相較於跨越基極的少數載子擴散電流來的

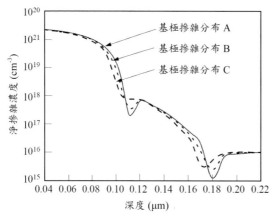

圖 7　共射極電流增益 h_{FE} 與基極摻雜分布關係圖，曲線 A、B、C 分別為以 1100 °C 快速熱退火處理 22、20 及 18 秒後之基極摻雜分布。

大，因此效率很低。在此區域，電流增益 h_{FE} 隨著集極電流增加的關係如下

$$h_{FE} \approx \frac{I_C}{I_B} \propto \frac{\exp(qV_{BE}/kT)}{\exp(qV_{BE}/mkT)} \propto \exp\left[\frac{qV_{BE}}{kT}\left(1-\frac{1}{m}\right)\right] \propto I_C^{(1-1/m)} \tag{38}$$

藉由降低塊材及表面的缺陷，則可改善低電流時的 h_{FE} 值 [15]。當基極電流進入理想區域時，h_{FE} 增加並趨於穩定。若持續提高集極電流，則注入到基極的少數載子密度將接近於此處的多數載子密度（高階注入情況），所注入的載子會有效地增加基極摻雜，其結果會造成射極效率的降低。解擴散與漂移電流之連續方程式及電流方程式可以得到詳細的分析。參照韋式效應 (Webster effect)[16]，可知電流增益會隨著 I_C 增加而降低。如圖 8 所示，在高階注入的 h_{FE} 隨著 $(I_C)^{-1}$ 變化

$$h_{FE} \approx \frac{I_C}{I_B} \propto \frac{\exp(qV_{BE}/2kT)}{\exp(qV_{BE}/kT)} \propto \exp\left(\frac{-qV_{BE}}{2kT}\right) \propto \left(I_C\right)^{-1} \tag{39}$$

此高電流情況將在後面詳細討論。當輸入為電壓源而輸出為電流源，可獲得另一重要參數，稱之為轉導 (transconductance) g_m，其定義為 dI_C/dV_{BE}。由式 (9) 可知，既然 I_C 為 V_{BE} 的指數關係，可得轉導為

$$g_m \equiv \frac{dI_C}{dV_{BE}} = \left(\frac{q}{kT}\right)I_C \tag{40}$$

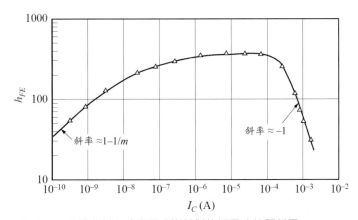

圖 8　根據圖 6 的電晶體資料所繪之電流增益對集極電流的關係圖。

因此，g_m 正比於 I_C，此為雙極性電晶體一獨特的特性。在高電流 I_C 下，高轉導為主要的特徵之一。假設通過基極—射極端點接—串聯射極電阻器 R_E 之電壓為 V_{BEX}，$V_{BEX} = V_{BE} + I_E R_E \approx V_{BE} + I_C R_E$，所以本質轉導 g_m 為

$$g_{mi} \equiv \frac{\partial I_C}{\partial V_{BE}} \tag{41}$$

外質轉導 g_m 為

$$g_{mx} = \frac{\partial I_C}{\partial V_{BEX}} = \frac{\partial I_C}{\partial V_{BE}}\frac{\partial V_{BE}}{\partial V_{BEX}} = g_{m0}\left(1 + \frac{\partial I_C}{\partial V_{BE}} R_E\right)^{-1} \tag{42}$$

其中 $g_{m0} = qI_C/kT$。另外一方面，大的 g_m 值需要較小的寄生射極電阻，因為外質轉導 g_{mx} 與本質轉導 g_{mi} 的關係為

$$g_{mx} \equiv \frac{g_{mi}}{1 + R_E g_{mi}} \tag{43}$$

由此可看出在結構設計上，必須降低射極電阻。值得注意的是，我們進一步討論不同集極摻雜濃度的電流增益變化。圖 9 顯示室溫下，不同集極摻雜濃度異質接面雙極性電晶體 (heterojunction bipolar transistor, HBT)[9] h_{FE} 與集極

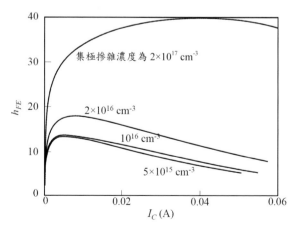

圖 9　電流增益對集極電流的量測曲線圖，集極電流與集極摻雜濃度的關係。異質接面雙極性電晶體面積為 2×20 μm²。（參考文獻 9）

電流的測量曲線（參考 5.6 節）。電流增益隨著集極摻雜濃度增加而增大，然而，由於非理想效應，如克爾克效應 (Kirk effect) 與自我加熱效應 (self-heating effect) 造成的集極摻雜濃度增加，但其造成的電流增益增加與集極摻雜濃度增加，並非成線性比例關係（參考 5.2.4 節）。

5.2.3 輸出特性

在 5.2.2 節中，可看出電晶體三個端點的電流主要為擴散電流，其與基極區域內少數載子分布具有密切關係。就具有高射極效率的電晶體而言，可以忽略復合電流，並且射極與集極的直流電流方程式在 $x = 0$ 與 $x = W$ 處，可簡化為與少數載子濃度梯度 (dn_p/dx) 成比例。因此，我們可以概述一個電晶體的基本關係如下：

1. 經由 $\exp(qV/kT)$ 項，施加電壓以控制邊界的載子密度；

2. 射極與集極電流可由接面邊界，即 $x = 0$ 與 $x = W$ 的少數載子密度梯度求得；

3. 基極電流為射極與集極電流的差值。

圖 10 表示各種外加偏壓下，n-p-n 電晶體基極區域的電子分布情形。利用這些圖形，可解釋各種直流特性。圖 11 表示共基極與共射極結構的一組輸出特性曲線。就共基極結構而言（圖 11a），集極電流實際上等於射極電流($\alpha_0 \approx 1$)。集極電流保持不變，與 V_{CB} 無關，即使電壓降為零而仍有過量電子被集極汲取，電子分布情形如圖 10b 所示。對於負的 V_{CB}（正的 V_{BC}），基極—集極接面為順向偏壓，且此電晶體操作在飽和模式下。在 $x = W$ 的電子濃度大幅提升（圖 10c），使擴散電流迅速降為零。此正是反映式(7) 中含 V_{BC} 的負號項。利用射極開路電路，可量測到集極飽和電流 I_{CBO}。由於在 $x = 0$ 之射極接面的電子梯度為零（對應的射極電流為零），造成 $x = W$ 處的電子梯度減少（如圖 10d 所示），使得電流小於一般 p-n 接面的逆向電流，因此電流 I_{CBO} 小於當射極接面為短路時 ($V_{EB} = 0$)，式 (24) 所計算的近似值。當 V_{CB} 增加到 V_{BCBO} 時，集極電流開始急速增加（如圖 11a 所示）。一般而言，

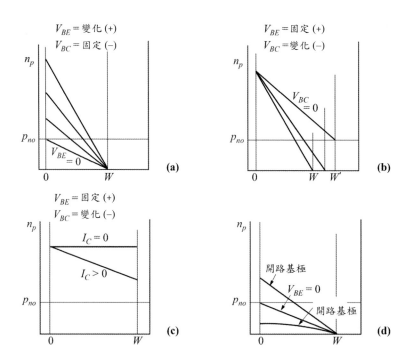

圖 10 不同偏壓下，*n-p-n* 型電晶體於中性基極區域的電子密度分布。(a)、(b) 正常模式 (c) 飽和模式 (d) 不同的射極 / 基極偏壓所影響的基極－集極逆向電流 I_{CO}。(+) 表示順向偏壓接面。(−) 表示逆向偏壓接面。（參考文獻 17）

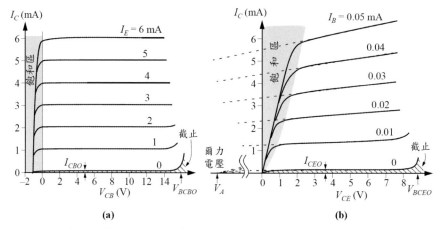

圖 11 (a) 共基極結構 (b) 共射極結構的 *n-p-n* 型電晶體輸出特性。圖中亦顯示出崩潰電壓與爾力電壓 V_A (電流外插至 *x* 軸)。

這項增加是由於集極—基極接面的累增崩潰造成的，這種崩潰電壓類似於第二章所討論的 *p-n* 接面情形。在非常窄的基極寬度或非常低摻雜的基極時，崩潰現象也可能由於貫穿效應 (punch-through effect) 造成，也就是在足夠的 V_{CB} 時，會使中性基極寬度降爲零，以及集極空乏區域與射極空乏區域直接接觸。此時，集極與射極有效地短路，可流過大量電流。

現在，我們考慮共射極結構的輸出特性。圖 11b 表示典型的 *n-p-n* 電晶體的輸出特性曲線（I_C 對 V_{CE} 的關係）。注意到電流增益 (h_{FE}) 頗大，且電流隨著 V_{CE} 增加而增大。飽和電流 I_{CEO}[當基極電流爲零時（基極開路）的集極電流] 比 I_{CBO} 大很多，一如式 (34) 所示。實際上，在基極開路時會稍微向正的電位浮動，因此增加了其電子濃度及斜率，如圖 10d 所示。當 V_{CE} 增加，中性的基極寬度 W 減少，造成 β_0 的增大（如圖 10b 所示）。在共射極的輸出特性中顯示無法趨於飽和，是由於 β_0 隨著 V_{CE} 大量增加，這種現象稱爲爾力效應 [18](Early effect)。在輸出曲線延長線相交點的電壓 V_A，稱爲爾力電壓 (Early voltage)。在電晶體的基極寬度 W_B 遠大於基極的空乏區域時，對於均勻摻雜的基極，爾力電壓可寫爲 [19]

$$V_A \approx \frac{qD_n(x)n_i^2(x)W_B}{\varepsilon_s}\bigg|_{x=W_B} \int_0^{W_B} \frac{N_B(x)}{D_n(x)n_i^2(x)}dx \approx \frac{qN_B(x)W_B^2}{\varepsilon_s}\bigg|_{x=W_B} \tag{44}$$

就小基極寬度而言，小的爾力電壓等於小的輸出電阻 (dI_C/dV_{CE})，是在電路應用上不希望有的現象。如果基極寬度夠小，就會發生貫穿效應，此現象與累增崩潰相似。另一方面，因爲小的甘梅數會有較高的電流增益 [如式 (37) 所示]，在爾力電壓與電流增益兩者間必須取得一個平衡。對於很小的集極—射極電壓，集極電流迅速降爲零。電壓 V_{CE} 被分配在兩個接面上，形成射極端很小的順向偏壓，以及集極端很大的逆向偏壓。爲保持一固定的基極電流，則跨越於射極接面的電位必須完全保持不變。因此當 V_{CE} 減小到某一定值（對於矽電晶體 ≈ 1 V）以下時，集極接面將趨於零偏壓。若繼續降低 V_{CE} 值，則集極實際上爲順向逆偏，並進入飽和模式（如圖 10c）。由於在 $x = W$ 的電子梯度下降，故集極電流急速降低。在基極開路時，可求

出如下的崩潰電壓。由集極－基極接面的崩潰電壓著手，因為此電壓非常
接近共基極的崩潰電壓 V_{BCBO} （射極開路）。設 M 為集極接面的倍乘因子
(multiplication factor)，並可近似為

$$M = \frac{1}{1 - (V_{CB}/V_{BCBO})^n}$$

(45)

式中 n 為常數；對矽而言，此值介於 2 到 6 之間。當基極為開路時，可得
$I_E = I_C = I$。當電流 I_{CBO} 與 $\alpha_0 I_E$ 流過集極接面時，乘以 M 值（如圖12所示），
可得

$$M(\alpha_0 I + I_{CBO}) = I \Rightarrow I = \frac{MI_{CBO}}{1 - \alpha_0 M}$$

(46)

當 $\alpha_0 M = 1$ 時，$I \to \infty$，電流 I 僅受到外部電阻的限制。相同地，在基極開
路情況下，$V_{CE} \approx V_{CB}$，由於 V_{BE} 是順向偏壓且很小，所以電流所受的限制亦

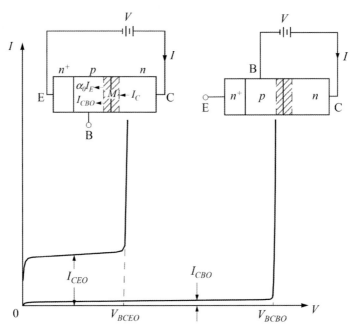

圖12   共基極射極開路結構的崩潰電壓 V_{BCBO} 與飽和電流 I_{CBO}，以及共射極基極開路結
構的 V_{BCEO} 與 I_{CEO}。（參考文獻 20）

同。根據 $\alpha_0 M = 1$ 與式 (45) 的條件，則共射極結構的崩潰電壓 V_{BCEO} 為

$$V_{BCEO} = V_{BCBO}(1-\alpha_0)^{1/n} = V_{BCBO}\beta_0^{-1/n} \tag{47}$$

V_{BCEO} 值因此遠小於接面崩潰電壓 V_{BCBO}。定性上而言，這是由雙極增益所造成的正向回饋。現在可以清楚知道為何摻雜分布必須像圖 4b 所示。射極高摻雜是為了提升注入效應。為了改善傳輸因子，基極為非均勻摻雜。為了高的爾力電壓，其摻雜也必須合理的高。為了獲得高崩潰電壓，集極要有最低的摻雜濃度。（譯註：V_B 表崩潰電壓；V_{BCBO} 表共基極，射極開路時，集極與基極間的崩潰電壓；V_{BCEO} 表共射極，基極開路時，集極與射極間的崩潰電壓。）

5.2.4 非理想效應

射極能隙窄化 (emitter bandgap narrowing)　利用式 (37) 計算電流增益 h_{FE} 時，除了甘梅數外，尚有另一個重要的因子，即射極摻雜濃度 N_E。為了改善 h_{FE}，則射極的摻雜濃度必須遠高於基極，即 $N_E \gg N_B$。然而，當射極摻雜變得非常高時，除了歐傑效應之外，還必須考慮能隙窄化效應；此兩者皆會造成 h_{FE} 降低。在高摻雜的矽中，由於導電帶與價電帶兩者變寬使得能隙窄化。依照經驗，能隙的降低 ΔE_g 可以表示為 [21]

$$\Delta E_g = 18.7 \ln\left(\frac{N}{7\times10^{17}}\right) \quad \text{meV} \tag{48}$$

式中 N 大於 7×10^{17} cm^{-3}。圖 13 顯示不同作者的實驗數據，其與式 (48) 極為吻合。根據第一章式 (25)，在射極的本質載子密度為

$$n_{iE}^2 = N_C N_V \exp\left(-\frac{E_g - \Delta E_g}{kT}\right) = n_i^2 \exp\left(\frac{\Delta E_g}{kT}\right) \tag{49a}$$

式中 n_i 為沒有能隙窄化效應下的本質載子密度。在射極的少數載子濃度變成

$$p_{noE} = \frac{n_{iE}^2}{N_E} = \frac{n_i^2}{N_E} \exp\left(\frac{\Delta E_g}{kT}\right) \tag{49b}$$

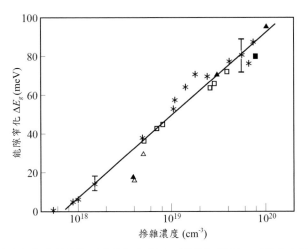

圖 13　矽能隙窄化的實驗數據（符號）與擬合（線條）結果。（參考文獻 22）

可以發現此淨效應為射極的少數載子濃度增加。一般能隙窄化亦可解釋為降低射極的摻雜濃度

$$N_{ef} = N_E \exp\left(-\frac{\Delta E_g}{kT}\right) \tag{50}$$

在任何情況下，此最終淨結果會使基極到射極的電洞擴散電流增加，依據式(37)，電流增益減少為

$$h_{FE} \propto \frac{n_{po}}{p_{noE}} \propto \exp\left(-\frac{\Delta E_g}{kT}\right) \tag{51}$$

克爾克效應 (Kirk effect)　近代的雙極性電晶體是使用輕摻雜的磊晶集極區域，在高電流情況下，集極內部的淨電荷量變化會很明顯。此情況會改變高電場區域的位置，由基極—集極接面移至集極的 n^+- 基板 [23]，有效的基極寬度由 W_B 增加到 $W_B + W_C$。此高電場位置改變即是克爾克效應 [24]，此效應會增加有效的基極甘梅數 Q_b，並造成 h_{FE} 的降低。其中重要而且值得說明的是在高注入情況下，集極區域的電流大到足以產生大電場，使得在古典觀念中

清楚定義的射極—基極與基極—集極接面之過渡區域 (transition region) 不再成立，必須利用數值方法及電子端點的邊界條件去解基本微分方程式（如電流密度、連續性和波松方程式）。圖 14 表示在固定 V_{CB} 與各種集極電流密度下所計算出的電場分布結果。注意，當電流增加，電場的峰值會移向集極的 n^+- 基板。如圖 14 指出，因電流誘發的基極寬度 W_{CIB} 會依集極摻雜濃度和集極電流密度而變。在高電流密度下，當注入的電子密度高於集極摻雜，靜電荷密度寬度會改變，使得極性也因此改變。很明顯地，接面會移到集極內部。如圖 15 所示。對第一階而言，注入的電子密度 n_C 與集極電流密度的關係為

$$J_C = qn_C v_S \tag{52}$$

其中假設在高電場時，電子是以飽和速度 v_s 行進。淨空間電荷密度變成 $n_C - N_C$，而此接近 n^+- 基板的新空間電荷區域 W_{sc} 為

$$W_{sc} = \sqrt{\frac{2\varepsilon_s V_{CB}}{q(n_C - N_C)}} \tag{53}$$

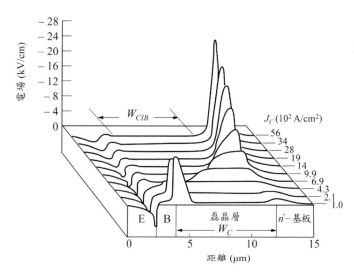

圖 14　在不同集極電流密度下，其電場分布與距離的關係，圖中顯示了克爾克效應。
（參考文獻 23）

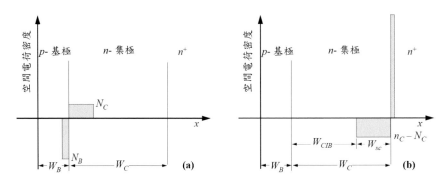

圖15 (a) 低集極電流 (b) 高集極電流的空間電荷區域。圖中顯示在高電流下基極寬度變寬（克爾克效應）。基極寬度 $= W_B + W_{CIB}$。

可得電流誘發的基極寬度為

$$W_{CIB} = W_C - W_{sc} = W_C - \sqrt{\frac{2\varepsilon_s \upsilon_s V_{CB}}{J_C - qN_C\upsilon_s}} \tag{54}$$

當克爾克效應顯著時，可以確認臨界集極電流，即當 $W_{CIB} = 0$，令式(54) 為零，可得此臨界電流密度為

$$J_K \equiv q\upsilon_s \left(N_C + \frac{2\varepsilon_s V_{CB}}{qW_C^2} \right) \tag{55}$$

式(54) 可重寫為另一形式

$$W_{CIB} = W_C \left(1 - \sqrt{\frac{J_K - q\upsilon_s N_C}{J_C - q\upsilon_s N_C}} \right) \tag{56}$$

當 J_C 變成大於 J_K，W_{CIB} 開始增加；且當 J_C 遠大於 J_K 時，W_{CIB} 會趨近於 W_C。

電流擁擠效應 (Current Crowding)   之前已討論過射極電阻效應對於轉導的影響，為了降低射極電阻，射極的接觸通常直接製作在射極上方，這使得基極的接觸必須製作在旁邊，如圖 16 所示，而此在射極下方會造成一相關於此結構的內部基極電阻。在高電流情況下，此電阻的電壓降會降低跨在接

面的淨 V_{BE} 值，甚至傾向跨在射極的中心。此結果造成通過射極區域的基極電流不再均勻，使得接近中心有較低的密度。此電流擁擠效應使得射極帶的寬度 S 設計上有一些限制。對寬的 S 而言，中心區域會傳送小電流。傳送大部分電流的有效寬度 S_{ef} 可估計為 [21]

$$\frac{S_{ef}}{S} = \frac{\sin Z \cos Z}{Z} \tag{57}$$

可求得式中的 Z 為

$$Z \tan Z = \frac{q I_B R_\square S}{8 X k T} \tag{58}$$

$R_\square$ 為基極片電阻，可得

$$R_\square = 1 \bigg/ \int_0^W q \mu N_B(x) dx \tag{59}$$

且 X 為垂直於 S 的射極寬度大小，所以射極面積為 SX。當基極電流 I_B 增加，Z 上升且 S_{ef}/S 的比例減少。由於電流的分布特性，很難利用解析解計算出在電流擁擠效應下的基極電阻。此外，亦必須考慮串聯接面的 I–V 關係。我們只能分析低電流的情況，也就是沒有電流擁擠效應的狀況。在高電流時，所計算出電流擁擠效應下的基極電阻對應值已發表在文獻上 [21]。我們考慮一般具有兩側基極接觸的結構。在沒有電流擁擠的情況下，此結構一半的基極電流與橫向距離的關係，隨距離增加線性下降

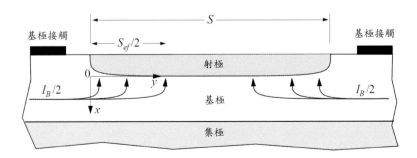

圖 16　雙邊基極接觸結構的剖面圖，圖中顯示出在高基極電流下電流擁擠現象。

$$I_B(y) = \frac{1}{2} I_B \left(1 - \frac{2y}{S} \right) \tag{60}$$

考慮系統的總功率，可得等效的基極電阻

$$I_B^2 R_B = 2 \int_0^{S/2} \frac{I_B^2(y) R_\square}{X} \, dy \tag{61}$$

由式 (60) 與式(61) 可獲得基極電阻為

$$R_B = \frac{R_\square S}{12X} \tag{62}$$

此基極電阻對於微波元件特性也很具關鍵性（請見 5.4 節）。

5.3 雙極性電晶體的緊密模型

　　緊密模型 (Compact model)（或稱等效電路模型）[25] 可連結物理及技術參數與元件終端的特性 (device terminal characteristics)。對於雙極性電晶體的電路應用而言，雙極性電晶體的電特性 (electrical characteristics) 例如直流 (dc)、交流 (ac) 及射頻 (rf) 應該可以適當的以等效電路模擬，其等效電路 (equivalent circuit) 是由被動元件的電阻器、電容器及電感器所組成，且分別相依性於電壓源及電流源、不相依性於電壓源及電流源。圖 17a 顯示一個非常簡單具有長基極 n-p-n 雙極性電晶體的等效電路。圖 17b 是一個與電子擴散長度相比較，具有短基極的電晶體之簡化電路模型。例如基極—射極及基極—極接面之間的相互作用是以相依性於電流源 [26] 為考量。然而，對於實際雙極性電晶體的電路設計，需要較精確性電氣特性的緊密模型。在本章節，首先討論推導伊伯—莫爾模型 (The Ebers-Moll Model) 及甘梅—普恩模型 (The Gummel- Poon Model)，以及摘述工業化標準緊密模型。

5.3.1 伊伯—莫爾模型

雙極性電晶體等效電路 (equivalent circuit) 的進化開始於 1954 年的伊伯—莫爾模型 (The Ebers-Moll Model)[27]，其企圖將大訊號的雙極性電晶體與熟悉的小訊號參數連結在一起。最初的伊伯—莫爾模型只是直流模型及射極和集極電流的雙埠 (two-port) 共基極的表示 (common-base representation)。以具有理想的電流—電壓特性的兩個背向對背向 p-n 接面 (back-back p-n junction) 作電晶體近似的特性分析。有分路電流控制的電流源以表示順向及反向基極傳輸電流。如圖 17c，理想的 n-p-n 雙極性電晶體（也稱為伊伯—莫爾模型）可以表示為 [26-28]

$$I'_E = a_{11}\left[\exp\left(\frac{qV_{BE}}{kT}\right)-1\right]+a_{12}\left[\exp\left(\frac{qV_{BC}}{kT}\right)-1\right] \tag{63}$$

以及

$$I'_C = a_{21}\left[\exp\left(\frac{qV_{BE}}{kT}\right)-1\right]+a_{22}\left[\exp\left(\frac{qV_{BC}}{kT}\right)-1\right] \tag{64}$$

其中的 a_{11}、a_{12}、a_{21} 及 a_{22} 是材料參數、電晶體維度及摻雜程度等的函數。對於一理想的雙埠的元件 (two-port device)，需要互反關係 $a_{12} = a_{21}$；然而，可能無法滿足實際的雙極性電晶體。對於 $W/L_n \ll 1$，藉由考量 coth $(W/L_n) \approx L_n/W$，以及 $\sinh(W/L_n) \approx W/L_n$，我們可以得到

$$a_{11} = -qA_E\left[\frac{D_n n_{po}\coth(W/L_n)}{L_n}+\frac{D_{pE}p_{noE}}{W_E}\right] \approx -qA_E\left[\frac{D_n n_i^2}{N_B W}+\frac{D_{pE}p_{noE}}{W_E}\right] \tag{65}$$

$$a_{12} = a_{21} = qA_E\left[\frac{D_n n_{po}}{L_n\sinh(W/L_n)}\right] \approx qA_E\left[\frac{D_n n_i^2}{N_B W}\right] \tag{66}$$

以及

$$a_{22} = -qA_E\left[\frac{D_n n_{po}\coth(W/L_n)}{L_n}+\frac{D_{pC}p_{noC}}{W_C}\right] \approx -qA_E\left[\frac{D_n n_i^2}{N_B W}+\frac{D_{pC}p_{noC}}{W_C}\right] \tag{67}$$

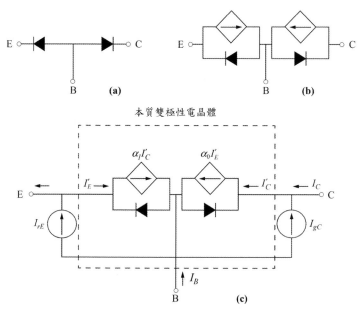

圖 17 *n-p-n* 雙極性電晶體的等效電路模型 (a) 具有長基極電晶體的模型 (b) 與電子擴散 長度相比較具有短基極電晶體的模型 (c) 伊伯—莫爾模型的大訊號等效電路,其 中的 I_{rE} 是基極—射極復合電流,I_{gC} 是集極產生電流。(參考文獻 26-27)

基極—射極復合電流 I_{rE} (base-emitter recombination current) 在式 (23) 可更 進一步地表示為

$$I_{rE} = \sqrt{\frac{\pi}{2}}\left(\frac{kT}{\mathscr{E}}\right)\frac{n_i A_E}{\tau}\exp\left(\frac{qV_{BE}}{mkT}\right) \tag{68}$$

其中 $\mathscr{E}$ 是當 $n = p$,在位於基極—射極接面的空乏區之內某一點的電場。集 極產生電流 I_{gC} (collector generation current) 可以表示為

$$I_{gC} = \frac{qn_i W_{DC} A_E}{\tau} \tag{69}$$

由去除式 (63) 及式 (64) 中的 V_{BE} 的指數項,可以表示為

$$I'_C = \left(\frac{a_{12}}{a_{11}}\right)I'_E + \left(a_{22} - \frac{a_{12}a_{21}}{a_{11}}\right)\left[\exp\left(\frac{qV_{BC}}{kT}\right) - 1\right]$$
$$= \alpha_0 I'_E + I_{CO}\left[\exp\left(\frac{qV_{BC}}{kT}\right) - 1\right] \tag{70}$$

其中的 $\alpha_0 = a_{21}/a_{11}$ 及 $I_{CO} = a_{12} - a_{12}a_{21}/a_{11}$ 是逆向共基極的集極飽和電流。明顯地，式 (70) 可以用來討論在主動操作模式 (active operation mode) 下的電晶體。以外加的簡化，我們能夠更進一步地證明，式 (70) 能夠被簡化成式 (29)。同樣地，藉由消除式 (63) 及式 (64) 中的 V_{BC} 的指數項，我們可以表示為

$$I'_E = \left(\frac{a_{21}}{a_{22}}\right)I'_C + \left(a_{11} - \frac{a_{21}a_{12}}{a_{22}}\right)\left[\exp\left(\frac{qV_{BE}}{kT}\right) - 1\right]$$
$$= \alpha_I I'_C + I_{EO}\left[\exp\left(\frac{qV_{BE}}{kT}\right) - 1\right] \tag{71}$$

其中 $\alpha_I = a_{21}/a_{22}$ 是逆向共基極的電流增益，$I_{EO} = a_{11} - a_{21}a_{12}/a_{22}$ 是逆向共基極的射極飽和電流。式 (71) 可以用來描述在逆向操作模式 (inverse operation mode) 下的電晶體，值得注意的是理想的伊伯－莫爾模型不考慮注入準位對共射極電流增益的效應、能隙窄化的效應、歐傑復合，以及射極電流擁擠 (emitter current crowding)。次級的效應：(1) 由於爾力效應 (Early effect) 造成基極寬度的調變；(2) 空乏區域的復合及高階注入於基極（韋氏效應 (Webster effect)）造成的電流增益；(3) 電流相依的傳渡時間，歸因於有效基極寬度變寬（克爾克效應 (Kirk effect)），需加更多的因素與修正現有因素的功能相依性來建立模式 [26, 28-29]。這些效應對於實際性的元件運作很重要，所以要有較精確及實際性的甘梅－普恩模型，將在於下一章節描述。

5.3.2 甘梅－普恩模型

推導理想的伊伯－莫爾模型已超越疊加原理 (superposition) 之假設，甘梅－普恩模型 (The Gummel-Poon Model) [30] 發展於 1970 年，是基於電荷積

分其有關於電特性與基極電荷的關聯性。為了獲得積分電荷關係，分別依據式 (27a)、式 (27b)、式 (151a) 及式 (151b)，電子、電洞的濃度及電流連續方程式，在第一章中，載子濃度的積分從 $x = 0$ 到 W （如圖 3b）可以得到

$$pn\Big|_{x=0}^{x=W} = \frac{J_n}{kT} \int_0^W \frac{p(x)}{\mu_n} dx \tag{72}$$

其中 μ_n 是電子的移動率 (mobility)，復合項目可以忽略，J_n 是從射極到集極的電流密度，若元件是單一增益 (unity gain)。以擬費米能階來表示電子及電洞，式 (72) 可被重寫為

$$\exp\left[\frac{q(\phi_p - \phi_n)}{kT}\right]_{x=0}^{x=W} = \frac{J_n}{n_i^2 kT} \int_0^W \frac{p(x)}{\mu_n} dx \tag{73}$$

我們假設來自價電帶邊緣的費米位能 ϕ_p 在基極中是恆定的。不考慮末端電壓的歐姆值下降，如圖 3a，電壓 V_{BE} 及 V_{BC} 是

$$V_{BE} = \phi_p(0) - \phi_n(0) \tag{74}$$

以及

$$V_{BC} = \phi_p(W) - \phi_n(W) \tag{75}$$

在此，式 (73)，即是所謂積分電荷關係，傳輸電流為

$$
\begin{aligned}
I_{CC} &= -J_n A_E \\
&= q n_i^2 A_E^2 \mu_n kT \frac{\exp\left[\dfrac{qV_{BE}}{kT}\right] - \exp\left[\dfrac{qV_{BC}}{kT}\right]}{qA_E \displaystyle\int_0^W p(x)dx} \\
&= I_s q A_E Q_b \left(\frac{\exp\left(\dfrac{qV_{BE}}{kT}\right) - 1}{Q_B} - \frac{\exp\left(\dfrac{qV_{BC}}{kT}\right) - 1}{Q_B}\right) \\
&= I_s Q_{BO} \left(\frac{\exp\left(\dfrac{qV_{BE}}{kT}\right) - 1}{Q_B} - \frac{\exp\left(\dfrac{qV_{BC}}{kT}\right) - 1}{Q_B}\right) = I_F - I_R
\end{aligned}
\tag{76}
$$

其中的 A_E 是面積，I_S 是截距電流 (intercept current)

$$I_S = \frac{n_i^2 A_E \mu_n kT}{\int_0^W p(x)dx} \tag{77}$$

以及甘梅數 Q_b(Gummel number) 表示於式 (20)。基極電荷 Q_B 是

$$Q_B = qA_E \int_0^W p(x)dx \tag{78}$$

以及 Q_{BO} 是零偏壓的電荷。I_F 及 I_R 是順向的，以及逆向的電流

$$I_F = I_S Q_{BO} \frac{\exp\left(\frac{qV_{BE}}{kT}-1\right)}{Q_B} \quad 和 \quad I_R = I_S Q_{BO} \frac{\exp\left(\frac{qV_{BC}}{kT}-1\right)}{Q_B} \tag{79}$$

在式 (78) 之中，Q_B 由五個部分所組成的

$$Q_B = Q_{BO}+Q_{jE}+Q_{jC}+Q_{dE}+Q_{dC} \tag{80}$$

其中 $Q_{jE} = C_{jE}V_{BE}$ 及 $Q_{jC} = C_{jC}V_{BC}$，其與電荷、射極，以及集極的空乏電容值 (C_{jE} 以及 C_{jC}) 相關。明顯地，空乏電容值 C_j（也表示爲 C_D）是在元件模擬時，接面爲逆向偏壓狀態下的接面電容值。Q_{jC} 是相依性於 V_{CB}，因此，可以用來描述爾力效應 (Early effect)。$Q_{dE} = B_{\tau F}I_F$ 及 $Q_{dC} = \tau_R I_R$ 是與少數載子的電荷、射極及集極的擴散電容值相關，τ_F 是生命期與在順向電流的少數載子有關，B 是因子，通常等於 1，但可能由於克爾克效應會變成大於 1，其爲 I_C 及 V_{BC} 的函數。τ_R 是在逆向電流的少數載子生命期。明顯地，擴散電容值會隨著注入準位而變化，特別是在高注入的情況下。因爲 Q_B 相依於電壓，所以包含在基極內高階注入效應。圖 18 顯示甘梅—普恩模型的等效電路，包含串聯電阻。藉由組合這些表示式，式 (80) 可寫成 Q_B 二次方程式 (quadratic equation)，其解答可得

$$Q_B = \frac{Q_1}{2} + \sqrt{\left(\frac{Q_1}{2}\right)^2 + Q_2} \tag{81}$$

其中

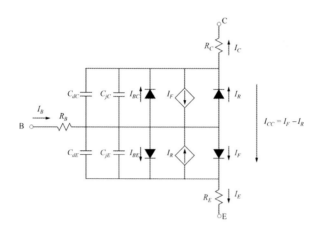

圖 18　甘梅—普恩模型的等效電路圖。（參考文獻 30-31）

$$Q_1 = Q_{BO} + Q_{jE} + Q_{jC} \tag{82}$$

以及

$$Q_2 = I_S Q_{BO} \left[B\tau_F \left(\exp\left(\frac{qV_{BE}}{kT} \right) - 1 \right) - \tau_R \left(\exp\left(\frac{qV_{BC}}{kT} \right) - 1 \right) \right] \tag{83}$$

基極電流 I_B 表示爲

$$I_B = \frac{dQ_B}{dt} + I_{BE} + I_{BC} \tag{84}$$

其中基極復合電流由兩個項所組成的

$$I_{BE} = I_1 \left(\exp\left(\frac{qV_{BE}}{kT} \right) - 1 \right) + I_2 \left(\exp\left(\frac{qV_{BE}}{m_E kT} \right) - 1 \right) \tag{85}$$

以及

$$I_{BC} = I_3 \left(\exp\left(\frac{qV_{BC}}{m_C kT} \right) - 1 \right) \tag{86}$$

其中 I_1 及 I_2 是在射極—基極電壓上射極電流的截距電流(intercept current)，
I_3 是在集極—基極電壓上集極電流的截距電流，m_E 及 m_C 是射極及集極的理

想因子 (ideality factor)。對於理想電流，兩者都是等於 1。復合—產生電流，則是等於 2。總射極以及集極電流表示為

$$I_E = I_{CC} + I_{BE} + \tau_F \frac{dI_F}{dt} + C_{jE} \frac{dV_{BE}}{dt} \tag{87}$$

以及

$$I_C = I_{CC} - I_{BC} + \tau_R \frac{dI_R}{dt} + C_{jC} \frac{dV_{BC}}{dt} \tag{88}$$

綜合整理，式 (76)、 (79) 及 (81)-(88) 可以得到一組甘梅—普恩模型的分析性幾何方程式。相比較於伊伯—莫爾模型，甘梅—普恩模型的精確度已有改善，並將許多的物理性效應考慮在與偏電壓相依性的 Q_B 中。相關物理效應如爾力效應 (Early effect) 及高階注入效應（亦是克爾克效應）等，都適當地模型化。甘梅—普恩模型已用在各種不同的電路模擬中，最普遍的是使用在雙極性電晶體的電路設計上 [32]。然而，對直流特性模擬需要超過二十多個參數。雙極性電晶體以甘梅—普恩模型特徵工業標準之電路模擬較詳細的等效電路圖，顯示於附錄 K 的圖 1a。對於電路分析，必須對精確度與模型複雜度之間作折衷的選擇。

5.3.3 MEXTRAM 及 VBIC 模型

對於雙極性電晶體技術的應用上，甘梅—普恩模型已經發展成為一工業標準化工具。然而，為了使非線性電路模擬較快速的收斂，最精緻的電晶體模型 (MEXTRAM)[33] 被報導於 1989 年，是已知可應用於矽及矽鍺雙極性電晶體的優異模型，包含類比、混合訊號、高速、高電壓及高功率的技術 [34]。為了改善模型的缺點以便改進雙極性電晶體製程技術，1996 年進一步提出 [35] 垂直雙極間公司模型 (vertical bipolar inter-company model, VBIC model)。基於甘梅—普恩模型，VBIC 模型是可以改進多變性爾力效應的模型。爾力效應是由於較強的基極寬度調變、擬飽和的衝擊、基板效應和氧化物寄生、累增倍增及溫度效應 [36, 37] 等因素所造成。

MEXTRAM 模型（The MEXTRAM Model）　MEXTRAM 模型的大訊號等效電路是基於元件傳輸模型，其包含有一傳輸電流源、用於理想及非理想基極電流分量的二極體，以及串聯電阻。與甘梅－普恩模型 (The Gummel-Poon Model) 相較，MEXTRAM 模型除了分開基極－射極，基極－集極的接面也分開基極電阻，基極－集極的累增電流模型及自熱網路 (self-heating network) 等均列入考量。MEXTRAM 模型的等效電路圖，如附錄 K 的圖 1b 所示，由射極、基極、集極所組成的，包含雙極性電晶體的基板區域、本質的部分與外質的部分。值得注意的是，雙極性電晶體本質部分與接觸電極的電阻構成 MEXTRAM 模型的簡化電路圖，相當於圖 18 中甘梅－普恩模型的等效電路圖。

如圖 19a 所示，比較甘梅－普恩模型（虛線）及 MEXTRAM 模型（實線）的 $I_C - V_{CE}$ 特性曲線，結果顯示甘梅－普恩模型僅能夠在低的基極電流條件下，描述輸出特性 (output characteristics)。在甘梅－普恩模型中，爾力電壓假設為固定值，所以無法很好地描述所量測的數據。當 $V_{CE} > 0.4$ V，

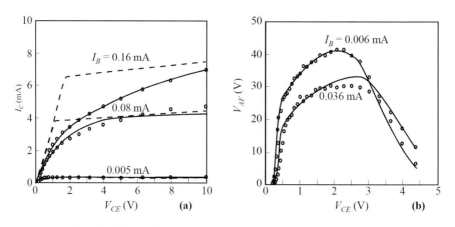

圖 19　(a) 對直流特性，甘梅－普恩模型及 MEXTRAM 模型準確度的比較圖，其中標示符號是量測數據，虛線是使用甘梅－普恩模型的擬合曲線，實線是 MEXTRAM 模型。甘梅－普恩模型不能完全擬合量測數據。(b) 量測雙極性電晶體的爾力電壓。符號是量測數據及線條是 MEXTRAM 模型。（參考文獻 33）

甘梅—普恩模型給予一固定 40 V 電壓值。MEXTRAM 模型考慮從基極—射極，以及基極—集極接面的空乏電荷 Q_{jE} 及 Q_{jC}。如圖 19b 所示，在不同的偏壓條件下，量測所得的正向爾力電壓（符號）$V_{AF} = (dV_{CE}/dI_C)\,I_C$ 對以 MEXTRAM 模型（實線）校正過的 V_{CE} 關係圖。依據表示式[33]

$$V_{AF} = \frac{Q_{BO} + Q_{jE}}{X_{CJC} C_{jC}} \tag{89}$$

其中的 X_{CJC} 是基極—集極電容本質的部分調諧因子 (tuning factor)，且 C_{jC} 是基極—集極接面的空乏電容器；由於 C_{jC} 的增加會造成 V_{AF} 隨著基極電流的增加而減少，而且因累增倍增會引起 $V_{CE} \approx 2.0$ V 以上的減少。

VBIC 模型（VBIC Model）　VBIC 模型[35] 是工業上眾多知名的雙極性電晶體緊密模型之一。VBIC 模型的核心 (kernel) 是傳輸電流模型（亦是集極電流），其模型行為與經由輕微地增加集極電壓的甘梅—普恩模型的爾力電壓相類似。如圖 31a（元件結構在 5.4.4 節中討論），甘梅—普恩模型對於寬基極的雙極性電晶體能夠合理地描述爾力效應模型，但對於模擬窄基極的雙極性電晶體則無法提供一物理上合理的描述（參閱圖 31c）。圖 31c 所示的雙層多晶雙極性電晶體，具有一相當大的電容器來自固定的介電質（亦是與偏電壓無相依性），其不被考慮在甘梅—普恩模型的方程式之中。與甘梅—普恩模型比較，VBIC 模型主要改善的部分包含提升爾力效應、擬飽和的碰撞（衝擊）、寄生基板電晶體、寄生固定（氧化層）電容值、累增倍增、溫度相依性、基極和集極電流的去耦合 (decoupling)，以及電熱性 (electrothermal)（亦是自熱性）等。此外，也能夠應用於異質接面雙極性電晶體 (heterojunction bipolar transistor，HBT)[39]。

　　如附錄 K 的圖 1c 所示，VBIC 模型的等效電路圖包含有本質的 *n-p-n* 電晶體、寄生 *p-n-p* 電晶體、寄生電阻及電容、局部熱網 (local thermal network)，以及在順向傳輸電流情況下電路實現過量相 (excess phase)。對於 VBIC 模型而言，內部基極—集極基電流被分配至主要的 *n-p-n* 電晶體；然而，外部基極—集極基電流則被考慮為寄生 *p-n-p* 電晶體的基極—射極電流。局部熱網則僅被使用於模型的電熱行為。

　　MEXTRAM 模型及 VBIC 模型主要是遵循甘梅－普恩模型的傳輸物理。直流、交流特性除了有相似的等效電路，在 MEXTRAM 模型之中，基極電荷分配用來實現過量相位移 (excess phase shift) 及 VBIC 模型，也考慮熱及過量的相電路。MEXTRAM 模型及 VBIC 模型兩者的等效電路，組成有本質 n-p-n 電晶體與寄生 p-n-p 電晶體。在 MEXTRAM 模型中，p-n-p 電晶體分裂為側邊及底部，而 VBIC 模型 p-n-p 電晶體有基板及基極串聯電阻，而表 3 中比較甘梅－普恩模型、MEXTRAM 模型與 VBIC 模型的基極電荷方程式，符號表示請見附錄 K。在甘梅－普恩模型中，正規化的基極電荷 q_b 是由 q_1（爾力效應）及 q_2（高階注入，亦就是高電流下降）所組成。MEXTRAM 模型與甘梅－普恩模型相似，皆為使用正規化的基極電荷，其中利用正規化的空乏電荷計算 q_1，以取代其內部分電壓。對於正規化的基極電荷 q_2 而言，順向及逆向的電流兩者均被正規化成膝點電流 I_K (Knee Current)（也就是處於高電流情況下，順向電流增益的角落下降）。對於 VBIC 模型而言，q_1 的表示式與 MEXTRAM 模型相似，以及正規化的電荷 q_2 與高階注入模型相同。

表 3　基極電荷方程式在甘梅－普恩模型、MEXTRAM 及 VBIC 模型的比較表，符號的表示在附錄 K 中。所有的 q 是所有的 Q 的正規化的電荷；V_{AF} 及 V_{AR} 是順向的及逆向的爾力電壓；I_{KF} 及 I_{KR} 是順向的及逆向的轉折電流 (Knee Current)。（參考文獻 40）

參數	甘梅－普恩模型	MEXTRAM	VBIC
q_1	$1+\dfrac{V_{BC}}{V_{AF}}+\dfrac{V_{BE}}{V_{AR}}$	$1+\dfrac{q_{jC}}{V_{AF}}+\dfrac{q_{jE}}{V_{AR}}$	$1+\dfrac{q_{jC}}{V_{AF}}+\dfrac{q_{jE}}{V_{AR}}$
q_2	$1+\dfrac{I_F}{I_{KF}}+\dfrac{I_R}{I_{KR}}$	$\dfrac{2I_F}{I_K}+\dfrac{2I_R}{I_K}$	$1+\dfrac{I_F}{I_{KF}}+\dfrac{I_R}{I_{KR}}$
q_b	$q_1\left(\dfrac{1+\sqrt{1+4q_2}}{2}\right)$	$q_1(1+q_2)$	$\dfrac{q_1+\sqrt{q_1^2+4q_2}}{2}$

5.3.4 高電流模型及其他的模型

高電流模型（The HICUM Model）　基於在 5.3.2 節的討論，接下來延伸討論廣義積分電荷控制關係，高電流模型 (High Current Model, HICUM)[25, 41, 42] 所設定目標是垂直式的元件，包含高速的雙極性電晶體及 $V_{BCEO} > 15\ V$ 的特徵雙極性電晶體。甘梅－普恩模型的其中一項限制是高速電路的設計，因此，藉由應用延伸及廣義的積分電荷控制關係的概念，不需要不適當的簡化及外加的擬合參數，HICUM 模型的開發是為了改進甘梅－普恩模型對於高速電子元件的限制性，其中特別聚焦於對空乏電容及載子的傳渡時間，以提高模型對高速操作動態行為的準確度。半物理性的 HICUM 模型適用於任意的電晶體結構，是由射極尺寸大小、基極的數量及位置、射極及集極的指狀電極尺寸定義，從一套完整的模型參數可計算出來的[41]。HICUM 模型的推導及應用在毫米波與太赫茲 (Terahertz) 技術報導於文獻 41 及 42 中。

　　尤其是 MEXTRAM 模型、VBIC 模型及 HICUM 模型的等效電路模型與甘梅－普恩模型比較，這三種模型的改善包含：(1) 分開表示基極及集極電流；(2) 外部的基極—射極接面；(3) 改良型的爾力效應模型；(4) 空乏電容模型；(5) 累增模型；(6) 寄生 p-n-p 模型；(7) 擬飽和模型；(8) 異質接面電晶體模型化的能力；(9) 改良型的溫度模型；(10) 自我加熱效應；(11) 重疊電容值表示式等 [40]。在 HICUM 模型及 MEXTRAM 模型中考慮非準靜態效應 (nonquasistatic effect) 及改良 f_T 模型。基板模型及基極—射極崩潰模型皆可以使用於 VBIC 模型與 HICUM 模型 [25, 41]。傳統結構橫向 p-n-p 雙極性電晶體被視爲 p-n-p 元件的標準製程。橫向 p-n-p 雙極性電晶體已考慮用在雙極性互補型金屬—氧化物—半導體 (BiCMOS) 的技術（見 5.5 節），以減少 BiCMOS 製程的複雜性 [43, 44]。甘梅—普恩模型起源於以中性基極內多數載子來表示集極電流並忽略橫向 p-n-p 複雜的二維特性。然而，它僅是一個半實驗性的公式。

MODELLA 模型（The MODELLA Model）　我們已經討論過雙極性電晶體各種不同的緊密模型 (compact model)，橫向的 p-n-p 雙極性電晶體的物理等效電路在雙極性電晶體的電路設計上，有著至關重要的作用，而不是使用現有的垂直式雙極性電晶體的緊密模型，並修改參數來描述元件的橫向行爲。考慮二維集極電流，如源自射極—基極側壁的純橫向流動，以及射極下方並沿著曲線的軌跡流動，模型—橫向 (MOD ELLA) [45] 已經被導入作爲橫向的 p-n-p 雙極性電晶體的緊密模型。由於橫向的 p-n 接面與垂直式是不同的，使用垂直 n-p-n 電晶體的緊密模型來模擬橫向的 p-n-p 電晶體會造成不準確的元件模擬 [46]。圖 20a 由本質電晶體及寄生射極—基極—基板電晶體所組成，圖 20b [47] 介紹外加寄生集極—基極—基板電晶體。

UCSD HBT 模型（The UCSD HBT Model）　異質接面電晶體 (heterojunction transistors, HBTs) 主要應用在光電通訊系統、量測儀器、毫米波無線技術及雷達通訊系統 [48] 等領域。有數種 HBT 模型可供選擇，如 FBH (Ferdinand-Braun-Institut für Höchstfrequenztechnik)、UCSD (University of California San Diego) 及安傑倫 (Agilent) HBT 模型 [39]。藉由全功能性的 (full-featuring) III-V 族異質接面電晶體 (III-V HBTs) [9]，UCSD HBT 模型已用於描述 GaAs

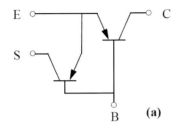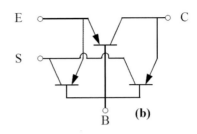

圖 20　橫向 *p-n-p* 雙極性電晶體兩種不同的等效電路 (a) 除了本質電晶體，外加寄生射極―基極―基板 (S) 電晶體。(b) 外加寄生集極―基極―基板電晶體。（參考文獻 47）

及 InP 異質接面電晶體 (HBTs)[48, 49]。其靈感來自於甘梅―普恩模型，UCSD HBT 模型考慮以下的效應：(1) 爾力及韋氏 (Webster) 效應；(2) 異質接面電荷的過量儲存；(3) 空乏電容模型說明透穿 (reach-through)；(4) 由於速度調變造成傳渡時間及集極電容變化；(5) 由於克爾克效應造成過量的傳渡時間；(6) 基極―射極接面及基極―集極電容器分配為本質以及外質的部分；(7) 自我加熱效應；(8) 基極―集極崩潰；(9) 寄生基板分流（對於矽鍺異質接面雙極性電晶體）[50]。因此在接面能障、自我加熱的效應，以及溫度相依性的參數方面，UCSD HBT 模型優異於甘梅―普恩模型。

5.4 微波特性

　　雙極性電晶體應用在高速元件上是非常具有吸引力。對於高速電路，雙極性電晶體不只具有高速響應功能，雙極性電晶體的高轉導 g_m 產生的大電流驅動能力，也是主要的品質指數 (figure-of-merit) 之一。在實際電路中，由於金屬連線間的寄生電容非常明顯，因此高電流的驅動能力特別重要。在本節中，將探討雙極性電晶體的小訊號與大訊號的高速特性。

5.4.1 截止頻率

截止頻率 f_T (Cutoff frequency) 為微波電晶體的一項重要參數。f_T 定義為共射極且短路電流增益 h_{fe} ($\equiv dI_C/dI_B$) 為 1 時的頻率[51]。可利用圖 21a 的等效電路得到任意電晶體的截止頻率。對任意已知轉導 g_m 與總輸入電容 C'_{in} 的電晶體，小訊號的輸出與輸入電流為

$$i_{out} = \frac{dI_{out}}{dV_{in}}\upsilon_{in} = g_m\upsilon_{in} \tag{90}$$

$$i_{in} = \upsilon_{in}\omega C'_{in} \tag{91}$$

（注意符號所代表的因次：C' 為總電容，而 C 為每單位面積的電容）。計算式 (90) 與式(91)，可得一般的表示式為

$$f_T = \frac{g_m}{2\pi C'_{in}} \tag{92}$$

圖 21b 顯示雙極性電晶體的代表。如圖 21c 所示，在雙極性電晶體中，各電容組成的總和可表示為 $C'_{in} = C'_{par} + C'_{dn} + C'_{dp} + C'_{DE} + C'_{DC} + C'_{sc}$，且這些電容分別為 C'_{par} 寄生電容；C'_{dn} 電子造成的擴散電容（注入到基極）；C'_{dp} 電洞

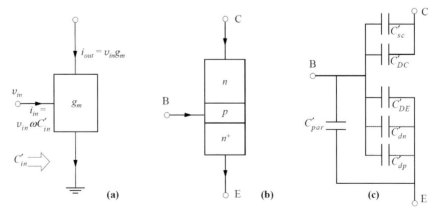

圖 21　分析截止頻率的示意圖 (a) 電晶體具有轉導 g_m 及輸入電容 C'_{in} (b)n-p-n 型雙極性電晶體的表示法和 (c) 其輸入電容成分。

造成的擴散電容（注入到射極）；C'_{DE}：射極－基極的空乏電容；C'_{DC}：集極－基極的空乏電容；C'_{sc}：集極區域因注入的電子所形成的空間電荷電容。截止頻率可重新寫成

$$f_T = \frac{1}{2\pi \sum(C'/g_m)} = \frac{1}{2\pi \sum \tau} \tag{93}$$

式中 τ 為每一個電容 C'/g_m 的充電時間或是延遲時間。有些電容成分的解釋已經在第二章討論過了，例如空乏電容 C'_{DE} 與 C'_{DC}。在此，我們先探討由電子注入到基極所形成的擴散電容。由第二章的式 (87)，並利用 $g_m = qI_C/kT$，可得

$$\begin{aligned}\frac{C'_{dn}}{g_m} &= \left(\frac{qW^2 I_C}{2kTD_n}\right)\frac{1}{g_m} \\ &= \frac{W^2}{\eta D_n}\end{aligned} \tag{94}$$

其中 $\eta = 2$ 為均勻摻雜基極 。非均勻摻雜的基極如圖 4b 所示，充電時間會因為漂移作用而降低，因子 η 的值會變大。若內建電場 $\mathscr{E}_{bi}$ 為一常數，則此因子可估計為 [52]

$$\eta \approx 2\left[1+\left(\frac{\mathscr{E}_{bi}}{\mathscr{E}_0}\right)^{3/2}\right] \tag{95}$$

式中 $\mathscr{E}_0 = 2D_n/\mu_n W = 2kT/qW$。若 $\mathscr{E}_{bi}/\mathscr{E}_0 = 2$，則 η 約為 7；因此在較大的內建電場時，能顯著地降低充電時間。就實際電晶體使用基極佈植或是擴散過程，可以得到基極摻雜分布的形狀。相較於箱型摻雜分布，具有高斯與指數摻雜分布的基極可減少充電時間，如圖 22 所示。

同樣地，電洞擴散亦會進入射極形成擴散電容。充電時間可由下式計算

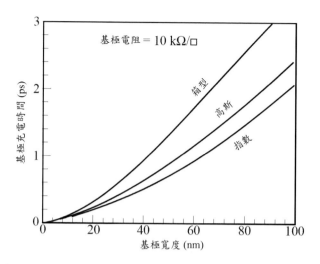

圖 22 藉由高斯 (Gaussian) 與指數的基極摻雜分布來減少其基極的充電時間。
（參考文獻 53）

$$\frac{C'_{dp}}{g_m} = (C'_{dp})\frac{kT}{q}\left(\frac{1}{I_C}\right)$$

$$= \left[\frac{A_E q^2 W_E p_{noE}\exp(qV_{BE}/kT)}{2kT}\right]\frac{kT}{q}\left[\frac{W}{A_E q D_n n_{po}\exp(qV_{BE}/kT)}\right] = \frac{N_B W_E W}{2 N_E D_n} \tag{96}$$

在實際的元件中，射極與基極摻雜濃度都相當高，在過渡區域的空乏區會類似於一個線性的梯度接面。式(96) 可簡化為

$$\frac{C'_{dp}}{g_m} \approx \frac{W_E W}{\theta D_n} \tag{97}$$

式中 $\theta = 2N_E/N_B$。如預期地，此表示式的形式與式(94) 相同。最後，我們來討論由注入到集極空乏區電子所形成的空間電荷電容。此電容不同於一般傳統的空乏電容 C_{DC}。概念上而言，C_{DC} 定義為 dQ_{sc}/dV_{CB}，其空間電荷的改變是由空乏區寬度變大而引起的。另一方面，C_{sc} 定義為 dQ_{sc}/dV_{BE}，此空間電荷的增加是直接來自於集極電流密度 J_C [式(52)] 所注入的電子。圖 23 表示

具有電子注入與沒有電子注入時的空間電荷密度變化。因為在空間電荷區域波松方程式的解與總電位 V_{CB} 有關，且當此偏壓固定時，可知[54]

$$N_C W_{DC}^2 = \frac{2\varepsilon_s V_{CB}}{q} = (N_C - n_C)(W_{DC} + \Delta W_{DC})^2 \tag{98}$$

從上式可得

$$\frac{n_C}{N_C} \approx \frac{2\Delta W_{DC}}{W_{DC}} \tag{99}$$

其中假設 $\Delta W_{DC} \ll W_{DC}$，由於 ΔW_{DC} 的變化，注入的電荷密度不再為簡單的 $qn_C W_{DC}$，但其值減少為

$$\begin{aligned} Q_{sc} &= qn_C W_{DC} - q(N_C - n_C)\Delta W_{DC} \\ &\approx \frac{qn_C W_{DC}}{2} \approx \frac{W_{DC} J_C}{2\upsilon_s} \end{aligned} \tag{100}$$

與 C'_{sc} 相關的注入時間為

$$\begin{aligned} \frac{C'_{sc}}{g_m} &= \left(\frac{A_E dQ_{sc}}{dV_{BE}} \right)\left(\frac{dV_{BE}}{dI_C} \right) = \frac{dQ_{sc}}{dJ_C} \\ &= \frac{W_{DC}}{2\upsilon_s} \end{aligned} \tag{101}$$

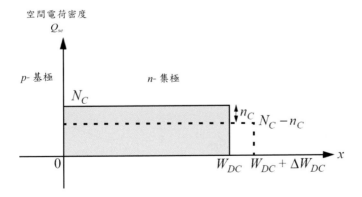

圖 23　由於注入電子所造成的空間電荷密度與寬度的改變（虛線）。$n_C = J_C / q\upsilon_s$。

因子 2 出現在分母是違反直覺的，尤其是當這個充電時間在文獻中被當作傳渡時間(transit time)。另外還有一個源自於集極端的延遲，它是與 C/g_m 無關的固定延遲時間 $R_C C'_{DC}$，在此 R_C 爲總集極電阻。因此，截止頻率 f_T 可寫成

$$f_T = \left\{ 2\pi \left[\frac{kT(C'_{par} + C'_{DE} + C'_{DC})}{qI_C} + \frac{W^2}{\eta D_n} + \frac{W_E W}{\theta D_n} + \frac{W_{DC}}{2v_s} + R_C C'_{DC} \right] \right\}^{-1} \quad (102)$$

由此表示式可知，第一項的延遲時間與電流相關，會隨著電流增加而減少。就高頻應用而言，雙極性電晶體在高頻時必須利用大電流操作，並在其他不希望的高電流效應發生之前完成操作。很明顯地，電晶體也必須有非常窄的基極厚度，如同狹窄的集極空乏區區域一樣。圖 24a 表示實驗的截止頻率 f_T 與集極電流的關係。在小電流密度的情況下，f_T 會如同式 (102) 所預測隨著 J_C 上升而增加。在此區域內，集極電流主要爲漂移電流成分，所以

$$J_C \approx q\mu_n N_C \mathscr{E}_C \quad (103)$$

上式中 $\mathscr{E}_C$ 爲集極磊晶層的內建電場。當電流增加時，f_T 會到達一最大值，大約在 J_1 時快速地降低。其中 J_1 爲最大均勻電場 $\mathscr{E}_C = (\psi_{bi} + V_{CB})/W_C$ 可以存在的電流，而 ψ_{bi} 爲集極的總內建電位[23]。超過這點時，電流無法完全被漂

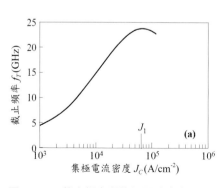
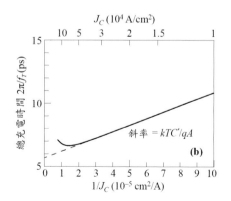

圖 24   (a) 截止頻率與集極電流密度的關係 (b)1 /f_T 對 1 /J_C 之 關係圖，可藉此分離其與電流的關係項。（參考文獻 55）

移項帶走並穿越整個集極磊晶區。由式 (103) 可求出電流 J_1 為

$$J_1 = \frac{q\mu_n N_C(\psi_{bi} + V_{CB})}{W_C} \tag{104}$$

此電流值必須設計低於克爾克效應開始發生的值。在此特別指出，當 V_{CB} 增加時，對應的 J_1 值亦隨著增加。圖 24b 顯示 $2\pi/f_T$ 對應 $1/J_C$ 的圖形，藉由斜率可將式 (102) 中與電流有關的部分分開，並藉由外插至 $1/J_C$ 為零，可得到和電流無關的部分。圖 25 所示為截止頻率對集極電流的關係圖，為在不同基極—集極接面電壓情況下，比較由甘梅—普恩模型與 MEXTRAM 模型量測截止頻率 f_T 的結果。針對截止頻率對集極電流之關係[33]，與甘梅—普恩模型比較，MEXTRAM 模型與量測數據較擬合，特別是在 $V_{CB} = 0$ 時，原因是集極電壓決定 τ_F。

就高速元件而言，$W_{DC}/2v_s$ 為一項非常重要的因子。若要小的集極空乏寬度則需較高的集極摻雜濃度，可是卻會面臨較低的崩潰電壓。因此，必須在截止頻率 f_T 與崩潰電壓 V_{BCEO} 間作取捨。事實上，這意味著以特定的材料

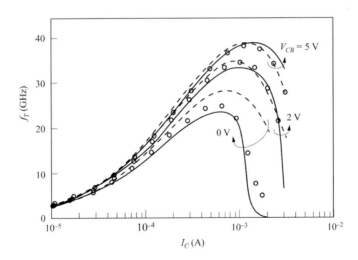

圖 25　空心圓是截止頻率對集極電流的量測數據，虛線是以甘梅—普恩模型、實線是以 MEXTRAM 模型擬合的結果。（參考文獻 33）

所製作的電晶體，其 f_T 與 V_{BCEO} 的乘積值仍爲一定值。對於包括矽鍺 (SiGe) 爲基極的異質接面雙極性電晶體 (heterojunction bipolar transistor, HBT) 的矽材料集極而言，f_T 與 V_{BCEO} 乘積的理論值約爲 400 GHz-V（假設與 $W_{DC}/2v_s$ 相比較，其他所有的延遲時間可以忽略）[56]。

5.4.2 小訊號特性

在描述微波特性 (Microwave Characteristic) 時，散射參數（亦稱爲 s 參數）被廣泛採用，因爲在高頻率時，這些參數相較於其他參數較容易量測[57]。圖 26 爲一般雙埠網路，並利用 s 參數的定義來表示入射波 (a_1, a_2) 與反射波 (b_1, b_2)。描述雙埠網路的線性方程式爲

$$\begin{bmatrix} b_1 \\ b_2 \end{bmatrix} = \begin{bmatrix} s_{11} & s_{12} \\ s_{21} & s_{22} \end{bmatrix} \begin{bmatrix} a_1 \\ a_2 \end{bmatrix} \tag{105}$$

其中 s 參數的 s_{11}、s_{22}、s_{12} 及 s_{21} 爲

$$s_{11} = \frac{b_1}{a_1}\Big|_{a_2=0} = 輸出端具有匹配負載的輸入反射係數$$
$$（Z_L = Z_0 \text{ 設定 } a_2 = 0，其中 } Z_0 \text{ 爲特徵阻抗）}$$

$$s_{22} = \frac{b_2}{a_2}\Big|_{a_1=0} = 輸入端具有匹配負載的輸出反射係數$$
$$（Z_s = Z_0 \text{ 設定 } a_1 = 0）$$

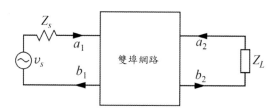

圖 26　雙埠網路，並利用 s 參數表示之入射波 (a_1, a_2) 與反射波 (b_1, b_2)。

$$s_{21} = \frac{b_2}{a_1}\bigg|_{a_2=0} = 為輸出端具有匹配負載的順向－傳輸增益$$

$$s_{12} = \frac{b_1}{a_2}\bigg|_{a_1=0} = 為輸入端具有匹配負載的逆向－傳輸增益$$

以 s_{11} 與 s_{22} 為例，圖 27 顯示精確的 VIBC 模型（線）與量測數據（標點）之比較。與 VIBC 模型相比，甘梅—普恩模型無法完美擬合 s 參數，如表 4 所列，其中 RMS 為均方根值。我們使用 s 參數可定義出許多微波電晶體的特徵值。功率增益 (power gain) G_p 是輸出功率與輸入功率的比值

$$G_p = \frac{|s_{21}|^2(1-\Gamma_L^2)}{(1-|s_{11}|^2)+\Gamma_L^2(|s_{22}|^2-D^2)-2\mathrm{Re}(\Gamma_L N)} \tag{106}$$

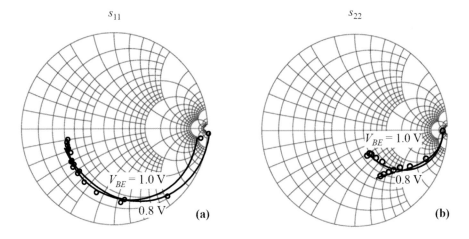

圖 27　(a)s_{11}(b)s_{22} 參數，在 $V_{BE}=0.8$ 及 1.0 V，$V_{CE}=2.0$ V，量測頻率由 0.1 至 15 GHz，標誌為量測數據，線條為由 VBIC 模型模擬而得的結果。（參考文獻 58）

表 4 甘梅—普恩模型與 VBIC 模型的 s 參數有效值誤差之列表

s 參數	甘梅－普恩 RMS 誤差 (%)	VBIC RMS 誤差 (%)
實根 (s_{11})	99.90	7.00
虛根 (s_{11})	65.20	6.20
實根 (s_{12})	112.6	12.0
虛根 (s_{12})	34.60	6.90
實根 (s_{21})	209.6	14.3
虛根 (s_{21})	81.60	8.30
實根 (s_{22})	31.30	8.50
虛根 (s_{22})	63.80	8.50

其中

$$\Gamma_L \equiv \frac{Z_L - Z_0}{Z_L + Z_0} \tag{107}$$

$$D \equiv s_{11}s_{22} - s_{12}s_{21} \tag{108}$$

$$N \equiv s_{22} - Ds_{11}^* \tag{109}$$

於式 (106) 中，Re ($\Gamma_L N$) 表示 $\Gamma_L N$ 的實數部分、s_{11}^* 星號(*) 表示共軛複數。穩定因子 K 指出，電晶體施加被動負載及無外部回饋的電源阻抗時，是否將產生振盪。此因子可寫為

$$K = \frac{1 + |D|^2 - |s_{11}|^2 - |s_{22}|^2}{2|s_{12}s_{21}|} \tag{110}$$

若 K 遠大於 1，則元件為無條件穩定 (unconditionally stable)；即在沒有外部回饋下，只要有被動負載或電源阻抗就不會造成振盪。若 K 小於 1 時，元件具潛在的不穩定性。只要加上任意被動負載和電源阻抗之組合，就會引起振盪。

最大可用功率增益(maximum available power gain, $G_{p\max}$) 的定義爲：「一個無外部回饋的特殊電晶體所能實現的最大功率增益。」其可由同時輸入與輸出且共軛匹配時，量測其電晶體的順向功率增益值來獲得。此最大可用功率增益僅能在無條件穩定的電晶體下 ($K > 1$) 被定義

$$G_{p\max} = \left| \frac{s_{21}}{s_{12}} (K + \sqrt{K^2 - 1}) \right| \tag{111}$$

當 $K < 1$ 時，括號項變爲複數而且無法定義 $G_{p\max}$。單向增益(unilateral gain)爲調整電晶體周圍的無損耗倒反回饋網路下，且逆向功率增益設定爲零時的回饋放大器之順向功率增益。單向增益爲與接頭電抗和共同接頭圖形結構無關。此增益定義爲

$$U = \frac{|s_{11} s_{22} s_{12} s_{21}|}{(1 - |s_{11}|^2)(1 - |s_{22}|^2)} \tag{112}$$

現在，我們將結合元件內部參數於上述的雙埠分析中。圖 28 表示高頻雙極性電晶體的簡化等效電路。圖中的元件參數參見先前的定義。C'_E 與 C'_C 爲總射極與總集極電容。小訊號下共基極的電流增益 α 定義爲

$$\alpha \equiv h_{fb} = \frac{dI_C}{dI_E} = \frac{i_C}{i_E} \tag{113}$$

同理，小訊號共射極電流增益 β 定義爲

$$\beta \equiv h_{fe} = \frac{dI_C}{dI_B} = \frac{i_C}{i_B} \tag{114}$$

由式 (29)、(31)、(113) 及(114) 可得

$$\alpha = \alpha_0 + I_E \frac{d\alpha_0}{dI_E} \quad \text{和} \quad \beta = \beta_0 + I_B \frac{d\beta_0}{dI_B} \tag{115}$$

其中 $\beta = \alpha/(1-\alpha)$，在低電流準位，$\alpha_0$ 與 β_0 皆隨著電流增加（圖 28），同時 α 與 β 均大於對應的靜態值。然而，於高電流準位下，反方向爲正確的。

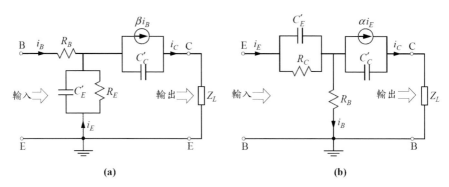

圖 28 (a) 共射極 (b) 共基極結構的簡化小訊號等效電路。

由這些等效電路可知，功率增益可以用這些元件參數來表示，而不需要 s 參數。功率增益可以表示成

$$G_p = \frac{i_C^2 Z_L}{4 i_B^2 R_B} = \frac{\beta^2 Z_L}{4 R_B} \qquad (116)$$

對於 $f < f_T$，可近似為 $\beta \approx f_T/f$。功率增益變為

$$G_p \approx \left(\frac{Z_L}{4 R_B} \right) \frac{f_T^2}{f^2} \qquad (117)$$

若選擇阻抗 $Z_L C'_C = 1/2\pi f_T$ 時，可得最大可用功率增益為

$$G_{p\max} = \frac{f_T}{8 \pi R_B C'_C f^2} \qquad (118)$$

就圖 28b 中所示的等效電路，單向增益可寫為 [59]

$$U \equiv \frac{|\alpha(f)|^2}{8 \pi f R_B C'_C \left\{ -\mathrm{Im}[\alpha(f)] + 2 \pi f R_E C'_C / \left(1 + 4\pi^2 f^2 R_E^2 C'^2_E \right) \right\}} \qquad (119)$$

式中 Im $[\alpha(f)]$ 為 α 的虛數部分。同樣地，若 $\alpha(f)$ 可表示為 $\alpha_0/(1 + jf/f_T)$，且若 $f < f_T$ 時，Im$[\alpha(f)]$ 可以 $-\alpha_0 f/f_T$ 近似。則單向增益可寫為

$$U \approx \frac{\alpha_0}{16\pi^2 R_B C'_C f^2 [(1/2\pi f_T) + (R_E C'_C / \alpha_0)]} \qquad (120)$$

因為 $\alpha_0 \approx 1$，且如果與 $1/2\pi f_T$ 比較，$R_E C'c$ 很小，式(120) 可簡化為

$$U \approx \frac{f_T}{8\pi R_B C'_C f^2} \tag{121}$$

另一重要的品質指數為最大振盪頻率 (maximum frequency of oscillation) f_{max}，其為單向增益變為 1 時的頻率。由式(121)，f_{max} 的外插值可寫為

$$f_{max} = \sqrt{\frac{f_T}{8\pi R_B C'_C}} \tag{122}$$

由上式得知，單向增益與最大振盪頻率會隨著 R_B 的減少而同時增加，這就是為何射極條狀寬度 S 為微波應用上重要的臨界尺寸

$$G_{p\,max} = \frac{f^2_{max}}{f^2} \tag{123}$$

另一重要的品質指數為雜訊指數 (Noise figure)，其定義為電晶體輸出端全部的雜訊電壓與電源電阻 R_s 的熱雜訊在輸出端造成的雜訊電壓，這兩項雜訊的均方值比例。在較低頻率下，電晶體的主要雜訊是由表面效應所產生的 $1/f$ 雜訊頻譜。在中頻與高頻下，雜訊指數可寫為 [60]

$$NF = 1 + \frac{R_B}{R_s} + \frac{R_E}{2R_s} + \frac{(1-\alpha_0)(R_s + R_B + R_E)^2[1 + (1-\alpha_0)^{-1}(f/f_\alpha)^2]}{2\alpha_0 R_E R_s} \tag{124}$$

由式 (124) 可知，在 $f \approx f_\alpha$ 的中頻時，雜訊指數為由 R_B，R_E，$(1-\alpha_0)$ 和 R_s 所決定的常數值。而最佳的終端電阻值 R_s，可由 $d(NF)/dR_s = 0$ 的條件求得，其相對應的雜訊指數可視為 NF_{min}。在低雜訊設計上，低的 $(1-\alpha_0)$ 值即高的 α_0 值，是非常重要的。在超過轉角 (corner) 頻率 $f = f_\alpha\sqrt{1-\alpha_0}$ 的高頻下，雜訊指數大約隨著 f^2 增加。有關 s 參數增益截止頻率和雜訊圖更多詳細的實驗數據與數值分析結果，可參考文獻 29。

5.4.3 切換特性

切換電晶體是設計為開關元件，能使元件在短時間內由高阻抗（關閉）變成低阻抗（開啟）的狀態[61]。由於切換為一種大訊號的暫態過程，而微波電晶體一般是屬於小訊號放大作用，因此切換電晶體與微波電晶體的基本工作條件是不同的。一般常見的例子即是數位電路上的切換。通常在開啟的狀態下，元件操作在飽和模式，此時與理想開關的功能是最相近的。然而切換時元件是否在飽和模式，對於雙極性電晶體的響應時間會有額外的限制。以下我們將探討共射極結構，輸入基極電流的方形波如圖 29a 所示。

在主動區域中，可由式 (11) 得到基極所儲存的電荷 Q_B。在飽和區域中，Q_B 會提高且超過集極電流不再增加時的值（圖 29b）。Q_B 的改變會引起暫

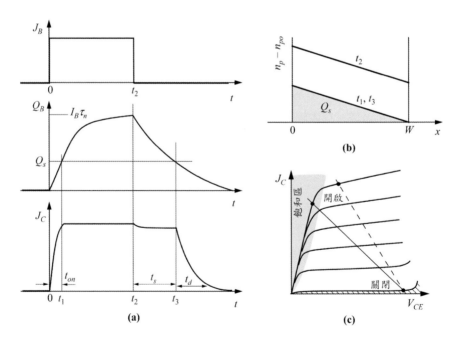

圖 29　(a)Q_B 和 J_C 對應於一方形基極電流輸入的反應 (b) 不同時間下基極的少數載子分布 (c) 在共射極結構下開啟與關閉的操作點，虛線是限制正常操作模式下開啟狀態以避免儲存時間 t_s。

態反應。電晶體的基極電流開啓之後，根據

$$Q_B = J_B \tau_n \left[1 - \exp\left(\frac{-t}{\tau_n} \right) \right] \tag{125}$$

Q_B 會趨近於一穩態 $J_B \tau_n$ 的值，其中 t_{on} 為 Q_B 增加至飽和值 Q_s 所需的時間。飽和狀態是由基極電荷是否大於正常模式的值來判斷

$$Q_s = \frac{J_C W^2}{2 D_n} \tag{126}$$

在飽和區域中，J_C 主要是由集極串聯電阻來決定($\approx V_{CE}/R_C$)。因此，開啓時間為

$$t_{on} = \tau_n \ln \left[\frac{1}{1 - (Q_s / J_B \tau_n)} \right] \tag{127}$$

開啓時間通常會比關閉時間（為圖 29a 中 t_s 及 t_d 的總和）短。在 t_2 時，基極電流開始關閉，Q_B 隨著一時間常數 τ_n 呈指數下降。儲存時間 t_s 為 Q_B 由 $J_B \tau_n$ 降到 Q_s 時所間隔的時間

$$t_s = \tau_n \ln \left(\frac{J_B \tau_n}{Q_s} \right) \tag{128}$$

在這段期間內，J_C 並不會明顯地改變。在 t_3 之後，J_C 隨著一時間常數 τ_n 呈指數下降。所以，集極電流由極大值掉到 10% 所需的延遲時間為 2.3 τ_n。而 t_s 及 t_d 的和即為總關閉時間。在數位電路中，關閉時間會嚴重地受到開關速度的限制，有些部分也會受到順偏情況下由集極注入到基極的超量電荷所影響。有一方法可減低此少數載子的注入，即是在集極－基極接面間並聯一蕭特基位障夾 (Schottky-barrier clamp)（如圖 30）。此蕭特基二極體可以限制基極與集極間的順向偏壓，大量降低基極電荷由 Q_B 至 Q_s。蕭特基二極體本身可以省略少數載子的儲存，所以可當作一多數載子元件。

　　另一方法是藉由縮短基極內少數載子的生命期來改善開關速度。如上述的方程式可知，開啓時間及關閉時間都直接與 τ_n 相關。就矽電晶體而言，

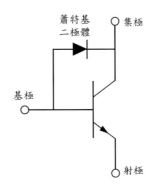

圖 30　藉由蕭特基二極體夾減低飽和狀態時，由集極注入至基極的少數載子之雙極性電晶體。

可摻入金雜質作為能隙重組中心。而此方法的缺點是復合電流會造成電流增益減低。還有一方法是藉由選擇適當的負載與偏壓，使得開啟狀態處在飽和區外，如圖 29c 虛線所示。在此情況下，儲存時間 t_s 會降為零，但其他的延遲時間依舊存在。

5.4.4 元件幾何與性能

平面式的矽 n-p-n 雙極性電晶體之一般結構如圖 31 所示。大部分使用化合物半導體的雙極性電晶體都屬於異質接面元件，而此類元件會在本章 5.6 節中討論。由於電子的移動率一般比電洞的移動率要高，因此所有的高效能電晶體皆為 n-p-n 型。因為在雙極性電晶體中，電流在半導體塊材流動方式與場效電晶體表面流動的方式不同，雙極性電晶體是屬於垂直元件（除了低效能的側向結構，皆為垂直電流）。相同地，因為射極電阻比集極電阻重要 [參見式 (43)]，所以射極的接觸是直接製作在射極接面上，而集極則是透過一埋入式的 n^+- 層當接觸端。為了減少基極電阻，基極接觸通常是製作在條狀射極的兩端。

如圖 31 所示，現今的雙極性電晶體已作了許多技術的改良。最重要的是將多晶矽整合在射極接面。此多晶矽射極在設計上有許多的優點，就製程

觀點而言，因為雜質在多晶矽裡的擴散是非常快的，可以藉由已摻雜的多晶
矽層精準地利用外擴散方式來形成單晶區域的 n^+- 層。此擴散的接面深度可
以控制在小於 30 nm。就效能觀點而言，已發現利用多晶矽射極可以產生較
高的電流增益[62]。此現象有幾種不同的可能機制來解釋，但皆會抑制基極（電
洞）電流，而不影響集極（電子）電流。第一個解釋是由於多晶矽與矽的表
面有一層超薄的氧化層能減少穿隧的電洞電流。此氧化層的最佳厚度大約爲

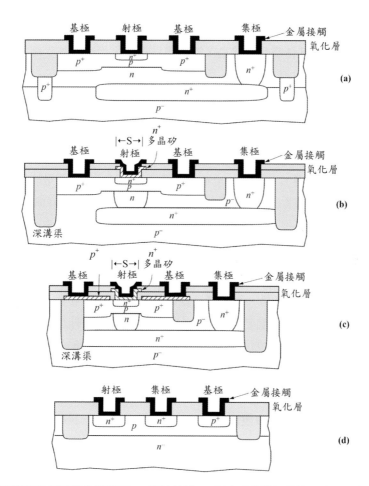

圖 31　矽雙極性電晶體的橫截面 (a) 傳統結構 (b) 具有深溝槽絕緣的現代單—多晶結構
　　　(c) 現代雙重多晶自我對準結構 (d) 低效能側向結構。

1 nm。第二個解釋是由於在多晶矽層內少數載子的移動率較低。第三個可能的機制是由於在晶粒邊界上雜質的分離，在這些區域形成了少數載子的位能能障。在任意情況下，使用多晶射極來改善增益是毫無爭議的，而且大部分高效能的矽雙極性電晶體皆使用這個設計。其他改良的模組包含了自我對準基極接觸的雙重多晶結構（圖 31c）。p^+- 基極是利用 p^+- 多晶層內的雜質向外擴散而形成，並且與射極窗口自我對準。由圖可知，自我對準不僅減少了外質的基極電阻，也減少了集極—基極與集極—基板所有區域的電容。圖 31b 與 c 所示，選擇性摻雜的集極，亦稱爲支架集極 (pedestal collector)，也能減少集極—基極電容。最後，深溝槽技術能大大地改善集極寄生邊緣電容，同時減少整個元件的面積。

就高頻應用而言，元件尺寸能垂直且水平地縮小。擴散製程與離子摻雜技術的開發只能幫助減少垂直尺寸，而微影與蝕刻的改進技術能幫助減少水平尺寸。垂直微縮主要在基極寬度上，改善了 f_T。近年來，基極寬度已可小於 30nm，且能獲得 f_T 大約爲 100 GHz。基極寬度減小，主要是能消除沿著差排擴散穿越基極而造成的射極—集極短路 [63]。還有一些必要的製程，像是消除氧化作用誘發疊差 (oxidation-induced stacking faults)、磊晶成長誘發滑動差排及其他製程造成的缺陷 [64]。水平微縮主要是包含減少條狀窗口 S。近來，條狀大小大約能達到 0.2 μm，較小的條狀面積能減小本質的基極電阻，因此能改善 f_{max} 及雜訊指數。比較雙極性電晶體與場效電晶體（如 MOSFET）的效能是很有趣的。每個製程都有它自己的優點。雙極性電晶體主要的優點包含高轉導 g_m，或較高的正規化 g_m（較高的 g_m/I）。雙極性電晶體能作成較高速的電路，甚至達到與 FET 相同的 f_T。這是因爲對於驅動寄生電容，較高的電流是較具有優勢的。雙極性電晶體減少了在 FET 中與表面相關的效應，這些表面有關的效應直接與良率和可靠度有關。p-n 接面的開啓電壓比 MOSFET 的 MOS 起始電壓更好控制。雙極性電晶體也具有較高的類比增益，可由 $g_m R_{out}$ 乘積獲得，其中 R_{out} 爲輸出電阻。

5.5 相關元件結構

5.5.1 功率電晶體

功率電晶體(Power Transistor) 的設計是用來作功率放大或功率切換，所以必須能夠處理高電壓和大電流。就微波電晶體而言，強調的是速度及小訊號功率增益。然而，在設計功率電晶體上，由於功率－頻率的乘積主要受到材料參數的限制 [65]，因此在功率與速度之間必須有所取捨。由於累增崩潰電場與載子飽和速度的限制 [65]，典型的功率輸出會隨著 $1/f^2$ 變化。在脈衝波情況下，其功率輸出可高於操作在連續波(cw) 下。例如，在 1 GHz 脈衝波操作下，功率輸出約爲 500 W。然而在連續波操作時，可達到的條件在 2 GHz 時爲 60 W，5 GHz 時爲 6 W，以及 10 GHz 時爲 1.5 W。

高電壓限制（High-Voltage Limit） 高電壓操作是由崩潰所限制，其典型的值是在截止狀態，即 V_{BCEO}。如之前所探討，如果電流增益較低則崩潰電壓較高 [式 (47)]。因此若要延伸電壓操作範圍，可降低電流增益。另一方法是在基極與射極間增加額外的電阻，以降低電流增益。

高電流效應（High-Current Effects） 在高電流操作下，會有許多不良影響。我們已探討過由於克爾克效應造成基極變寬現象，而另一因素是因本質基極電阻產生朝向射極邊界的電流擁擠效應（圖 16）。然而爲了獲得高崩潰電壓，必須降低集極摻雜 N_C。低的 N_C 不僅會加重克爾克效應，還會引起集極的導電率調變，而產生一準飽和 (quasi-saturation) 區域。

準飽和區域如圖 32a 所示。物理上，它是當注入的電子密度高於集極摻雜時，由集極的導電率調變所造成。這與造成克爾克效應的原因相同。不同的地方是克爾克效應是發生在高 V_{CE} 時，載子以飽和速度移動，而在準飽和區，載子的傳輸是在低 V_{CE} 下的移動率區域。回顧圖 10，飽和是定義爲當基極－集極接面在順向偏壓的操作，這會使得靠近集極端的基極邊界有高電子濃度。在準飽和情況下，電子濃度分布是相似的，但其產生是因導電率調變，比照結果請見圖 32b-d 。注意，就飽和與準飽和狀態，$n(0)$（在基極－

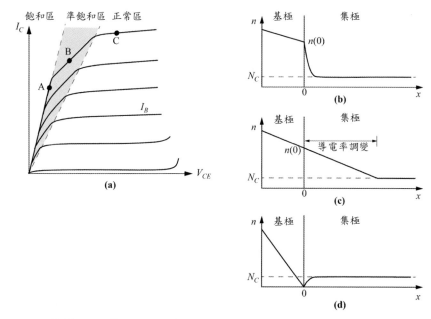

圖 32 (a) 共射極 I–V 特性，圖中顯示出在高電流和低 V_{CE} 之準飽和狀態，對應於 (b) 飽和模式（A 點）(c) 準飽和模式（B 點）和 (d) 正常模式（C 點）的電子濃度分布。注意 $x = 0$ 是基極－集極接面。

集極接面）是相似的。因此，在準飽和狀態時的電流與正常模式比較是較低的。準飽和的標準可由下式來分析。在高階注入時，電場設定為 [66]

$$\mathscr{E}(x) = \frac{kT}{qn(x)} \frac{dn(x)}{dx} \tag{129}$$

包含愛因斯坦關係式的電流方程式為

$$J_C = q\mu_n n\mathscr{E} + qD_n \frac{dn}{dx}$$
$$= 2qD_n \frac{dn}{dx} \tag{130}$$

因此，電子密度分布為一線性形狀

$$n(x) = n(0) - \frac{J_C}{2qD_n} x \tag{131}$$

超過導電率調變的距離，如圖 32c 所示。跨在等距離的電壓降為

$$V_{cm} = \int \mathcal{E} dx = \frac{kT}{q} \ln\left[\frac{n(0)}{N_C}\right] \tag{132}$$

準飽和的外部 V_{CE} 變成

$$V_{CE} = V_{BE} + \frac{kT}{q} \ln\left[\frac{n(0)}{N_C}\right] + I_C R_C \tag{133}$$

由此可看出，當準飽和範圍超過右邊第二項的總數，則一般的飽和會在 V_{CE} $= V_{BE} + I_C R_C$ 開始發生。

熱散逸（Thermal Runaway） 就功率電晶體而言，當功率消散時，溫度必然會升高，而高溫將導致電晶體電流升高，這種正向回饋會造成局部的嚴重損害，此現象稱之為熱散逸。為了改善電晶體的效能，封裝設計上必須提供適當的熱衰減以提高熱傳導效率。另一有效的方法是強迫電流均勻分布，並橫跨整個元件範圍。可將整個射極面積分開成較小的平行面積，並聯結而形成交錯式的布局，再透過一射極電阻連結每個元件來達成。任何不希望增加的電流經過此特殊射極結構，將會被此電阻所限制。此串連的電阻稱之為穩定電阻或是射極穩流電阻器 (emitter ballasting resisters)。

二次崩潰（Second Breakdown） 在大電流與高電壓的區域，功率電晶體經常會受到一種稱為二次崩潰作用的限制，這是由於內部電流突然受到壓縮而顯現出元件電壓急速下降。桑頓 (Thornton) 和西蒙 (Simmons) 首次提出有關於二次崩潰現象的報告 [67]，直到現在已在高功率半導體元件中被廣泛地研究 [68, 69]。高功率元件必須操作在特定安全範圍內，可避免二次崩潰作用引起的永久損害。圖 33 表示共射極電晶體在二次崩潰情況下的一般特性 [70]。當外加射極－集極電壓達到如式 (47) 所示的 V_{BCEO} 值時，發生累增崩潰現象（第一次崩潰）。當電壓繼續增加，則二次崩潰開始發生。這項實驗結果一般可

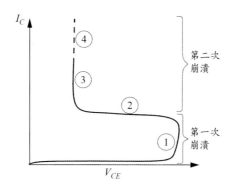

圖 33 共射極 $I\text{-}V$ 特性顯示在高電壓及高電流下的二次崩潰。

包括下列四項階段：第一階段為在崩潰電壓時，所導致的電流不穩定性；第二階段是由高至低的切換電壓區域；第三階段為低電壓高電流區；第四階段則為永久破壞。在不穩定狀況下（第一階段），跨越於接面的電壓出現崩潰現象。在崩潰作用的第二個過程中，在熱點的電阻變得非常低。在第三個低電壓過程裡，半導體處於高溫下，同時在崩潰點附近變為本質體（n_i= 摻雜濃度）。當電流持續增加，崩潰點熔解，即進入破壞的第四個步驟。

在實際應用上，功率元件常處於暫態的偏壓情況，使得高功率只能在短暫時間內散逸。當考慮能量（功率 × 時間）時，應用脈衝比在直流操作下較能承受高功率。不穩定現象的產生，主要是由溫度效應引起。當功率為 $P = I_C V_{CE}$ 的脈衝波施於電晶體後，隨著一時間延遲，然後觸發元件進入二次崩潰狀況，這段時間稱為觸發時間 (triggering time)。圖 34 顯示在不同周圍溫度下，觸發時間對外加脈衝功率的典型圖形。設在相同的觸發時間 τ 時，處於二次崩潰前的熱點溫度下，此觸發溫度 (triggering temperature) T_{tr} 與脈衝功率 P 之間的近似關係式，由熱關係可得

$$P = C_3(T_{tr} - T_0) \tag{134}$$

式中 T_0 為周遭溫度，且 C_3 為與熱衰減效率有關的常數。因此，在低的周遭溫度下，可允許較高的功率散逸。由圖 34 得知，於已知的周遭溫度下，脈衝功率與觸發時間之間的關係近似為

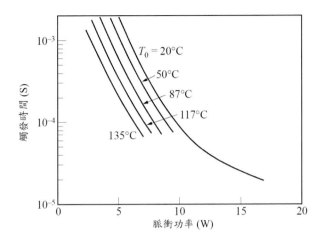

圖 34　在不同周遭溫度 T_0 下，二次崩潰觸發時間與施加脈衝功率之關係圖。（參考文獻 71）

$$\tau \propto \exp(-C_4 P) \tag{135}$$

式中 C_4 為另一常數。由此關係式指出，在破壞發生前，高功率的操作能使用一短暫時間。觸發溫度 T_{tr} 會隨著各種元件參數和幾何形狀而變化。對於大部分的矽二極體與電晶體而言，T_{tr} 即為使本質濃度 $n_i\,(T_{tr})$ 等於集極摻雜濃度時的溫度（參見第一章，圖 9）。熱點一般是位於元件的中央附近。對於不同的摻雜濃度則會改變 T_{tr} 值，而不同元件幾何圖形也會改變 C_3 及 C_4，而造成觸發時間隨功率大量的變化。

安全操作範圍面積（Safe Operating Area, SOA）　綜合以上的現象，為了保護電晶體免於永久的損害，必須定義出安全操作範圍面積。圖 35 表示矽功率電晶體於共射極結構下操作的典型範例。對於其電路而言，集極負載曲線必須低於圖中標示的適用曲線極限值。這些數據是根據 150℃ 的峰值接面溫度 T_j 所計算的。直流 SOA 的熱極限值是由元件的熱電阻決定，可寫成 [72]

$$R_{th} = \frac{T_j - T_0}{P} \tag{136}$$

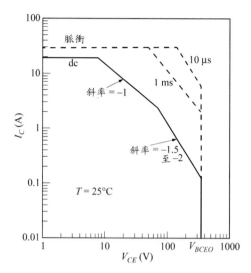

圖 35 功率電晶體安全操作範圍面積 (SOA) 範例。在高溫時，SOA 會減少。（參考文獻 72）

因此，熱極限定義了最大容許接面溫度及功率的極限值：如果假設 T_j 與 R_{th} 為常數，而固定的功率使得在 $\ln(I_C)$ 與 $\ln(V_{CE})$ 之間存在一斜率為 -1 的直線關係。在高電壓與低電流下，會造成條狀中央區域溫度大量升高。此項溫度升高，會造成二次崩潰現象，一般的斜率值在 -1.5 至 -2 之間。在較低的電流，此元件於 SOA 最終會受到第一次崩潰電壓 V_{BCBO} 的限制，如圖中的垂直直線部分。在脈衝操作下，SOA 可延伸至較高的電流值。在較高的周遭溫度下，熱限制降低了元件所能夠處理的功率，且此電流限制降低，導致較小的 SOA。

5.5.2 基本電路邏輯

　　基本的雙極性電晶體反相器或是類比放大器最簡單的形式如圖 36a 所示。當輸入高時，則電晶體導通。高集極電流跨過負載電阻器 R_L 並產生一 IR_L 電壓降，因此輸出電壓會被拉低。雙極性電晶體比場效電晶體較具有優勢的地方，是在於當元件轉換進入高速操作時仍有較高的轉導，但缺點是當雙極性電晶體切換進／出飽和模式時會產生延遲。以下爲一些主要雙極性電晶體的邏輯討論。

射極耦合邏輯（Emitter-Coupled Logic, ECL） 射極耦合邏輯爲一種具高速高效能的電路（圖 36b），但功率損耗較高。在速度的考量下，電晶體的排列與控制施加偏壓條件，將使它們更容易在飽和區域操作。施加一參考基極電壓於參考電晶體 $Q2$ 上，且電流流經 R_E 爲固定常數。此常數電流藉由射極電阻 R_E 將分給 $Q1$ 及 $Q2$ 的電流耦合在一起。基本上 V_{out} 近似於反相器之輸出，當 $Q1$ 啓動 $(V_{in} > V_{ref})$，避開 $Q2$ 電流，因而低電流通過，提高輸出電壓 $\overline{V_{out}}$，射極耦合邏輯 (ECL) 獨特且可提供兩個互補之輸出。

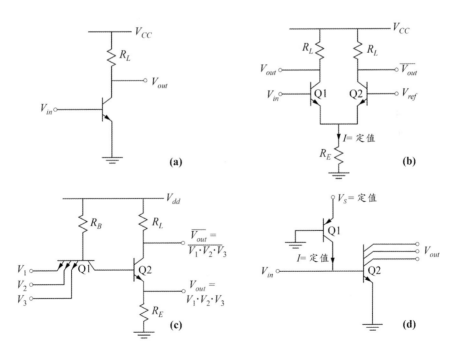

圖 36　雙極性積體電路邏輯(a) 基本反相器與放大器(b) 射極耦合邏輯(c) 電晶體－電晶體邏輯 (d) 積體注入邏輯。

電晶體電晶體邏輯（Transistor-Transistor Logic, TTL）　TTL 有多個輸入閘極（圖 36c）較適用於密集電路。電晶體 $Q1$ 是 AND 邏輯並具有多個射極輸入。在較低 V_{out} 下，$Q2$ 是射極隨耦器 (emitter follower)，在較高 V_{out} 下，$Q2$ 是反轉器。這兩個電晶體邏輯是針對速度來作設計：當 $Q2$ 由飽和狀態關閉，基極電荷會作為基極電流通過 $Q1$ 迅速排空。

積體注入邏輯（Integrated-Injection Logic, IIL 或 I²L）　此整合注入邏輯也稱為合併電晶體邏輯(merged-transistor logic, MTL) 自從 1972 問世後，IIL 已廣泛地使用在 IC 邏輯及記憶體設計上。此邏輯使用了互補型雙極性電晶體，即 *n-p-n* 與 *p-n-p* 型兩種形式（圖 36d），結構尚包含水平式 *p-n-p* 電晶體，且其合併了 *p-* 集極與垂直式 *n-p-n* 電晶體的基極。此邏輯單位不需要電阻器。元件間可以靠得非常近且不需要隔離。因此，對於大型複雜電路而言，I²L 具有電路布局容易且高密集度的特性。水平式 *p-n-p* 電晶體 $Q1$ 扮演注入到 $Q2$ 基極的電流源。電晶體 $Q2$ 則具有多重集極輸出接觸。

雙極性互補式金氧半電晶體（Bipolar Complementary Metal Oxide Semiconductor, BiCMOS）　在 BiCMOS 技術中，理想設計是整合雙極性電晶體與互補型（*n-* 通道與 *p-* 通道）MOSFET，因為兩者各有優點，對不同的最優化條件可衍生許多邏輯結構。

5.6 異質接面雙極性電晶體

　　在雙極性電晶體中，電流增益的基本原理源於射極—基極接面的注入效率，對 *n-p-n* 電晶體而言，即是電子電流對電洞電流的比例 I_n/I_p。異質接面雙極性電晶體是在射極整合一較大能隙的異質接面當作射極—基極接面[73-74]，其注入效率可大幅地改善（參見 2.7.1 節），也使得電流增益增大。然而，在實際的電路上，這超大的增益並不如改善其他元件參數來的有吸引力。只要電流增益足夠大，額外增加的部分就可與其他元件參數的改良做取捨。如式 (37) 所示，在單一接面裡，增益絕大部分是由射極摻雜濃度與基極摻雜濃度的比例決定。在異質接面裡，則可以調整此比例，事實上當基極濃度高於射極濃度時，仍然可保持合理的增益值。HBT 的典型摻雜分布如圖 37 所示，在此基極濃度高於射極濃度。高基極濃度有幾個優點：首先，具有較低的基極電阻可改善 f_{max} 及電流擁擠效應；較高的基極濃度可以改善爾力電壓 (Early voltage) 及降低高電流效應。較低的射極濃度也具有降低能隙窄化及 C_{BE} 的優點。此外，大的射極能隙能提供較大的內建電位，細節將在之後討論。應用上，HBT 大部分用於半絕緣基板的 III-V 族化合物半導體上，這將可減少寄生電容及大幅改善速度特性。我們接下來將推導 HBT 的電流增益，其射極－基極異質接面的能帶圖如圖 38 所示。由式 (10) 和式 (20)，可得電子和電洞電流密度為

$$J_n = \frac{qD_n n_{iB}^2}{WN_B} \exp\left(\frac{qV_{BE}}{kT}\right) \tag{137}$$

$$J_p = \frac{qD_{pE} n_{iE}^2}{W_E N_E} \exp\left(\frac{qV_{BE}}{kT}\right) \tag{138}$$

式中 $n_{iB}{}^2$ 及 $n_{iE}{}^2$ 個別對應基極及射極的本質濃度。請記住，在 p-n 接面中，每一個電流成分只由接受端的特性來決定。即對於由 n- 射極端注入的電子而言，式(12) 之參數是由基極所決定。相同的道理，對電洞電流是由射極的

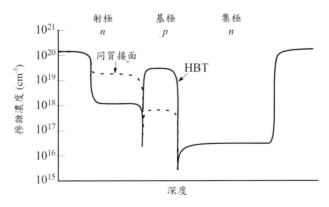

圖 37　同質接面與異質接面雙極性電晶體摻雜分布的比較。

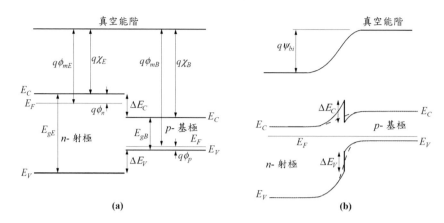

圖 38　較大能隙的 n- 型射極與較小能隙的 p- 型基極異質接面間 (a) 接合前 (b) 接面形成後之能帶圖。在(b) 圖中，原本於陡峭異質接面的額外能障在漸變式異質接面下可以被消除。

特性所決定。記住，大的射極能隙會降低電洞電流，卻不會影響到電子電流。因此，可得電流增益為

$$\left.\frac{J_n}{J_p}\right|_{HBT} = \left(\frac{n_{iB}^2}{n_{iE}^2}\right)\left.\frac{J_n}{J_p}\right|_{\text{同質接面}} = \left[\exp\left(\frac{\Delta E_g}{kT}\right)\right]\left.\frac{J_n}{J_p}\right|_{\text{同質接面}} \tag{139}$$

此式提供了其他所有的參數，如相同的摻雜濃度。有一點要注意的是必須消除由 ΔE_C 所產生的額外能障，否則將會出現其他限制電流傳導的機制。若在空乏區中緩慢地改變的組成，形成所謂的漸變式之 HBT，則此能障即可消除。陡峭及漸變式的 HBT 之位能圖如圖 39a 及 b 所示。根據式(139)，電流增益的改善是由能隙的總改變量 ΔE_g 所決定，與 ΔE_C 及 ΔE_V 無關。為了比較，圖 39 中還包括了整合了第二個異質接面於基極—集極接面的雙異質接面雙極性電晶體 (double-heterojunction bipolar ransistor, DHBT)，以及逐漸改變中性基極的能隙之漸變式基極雙極性電晶體。此兩結構將在之後詳細探討。由圖 38 所計算的射極—基極接面之內建電位為

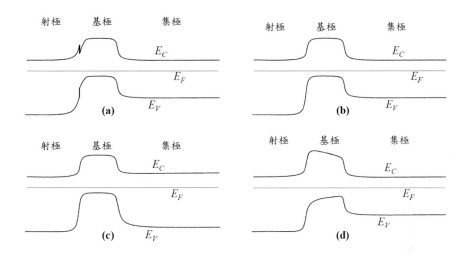

圖 39　(a) 陡峭 HBT (b) 漸變式 HBT (c) 漸變式 DHBT (d) 漸變式基極的雙極性電晶體
能帶圖。

$$\psi_{bi} = \phi_{mB} - \phi_{mE} = \left(\chi_B + \frac{E_{gB}}{q} - \phi_p \right) - (\chi_E + \phi_n)$$

$$= \frac{E_{gB} + \Delta E_C}{q} - \frac{kT}{q} \ln \left(\frac{N_{VB}}{N_B} \right) - \frac{kT}{q} \ln \left(\frac{N_{CE}}{N_E} \right) \tag{140}$$

式中 N_{VB} 及 N_{CE} 分別為基極的價電帶有效態位密度,以及射極的導電帶有
效態位密度。同樣也使用 $\Delta E_C = q(\chi_B - \chi_E)$ 關係式。其他異質接面的方程
式請參見 2.7.1 節。圖 40 為一典型 HBT 結構。有三種常見的 HBT 材料應
用,這些材料的選擇是基於材料的晶體晶格與能隙是否相匹配(參見第一章
圖 34)。這些材料有 (1)GaAs—基底(射極/基極 = InAlAs /InGaAs);
(2)InP—基底(射極/基極 = InP /InGaAs)和 (3)Si—基底(射極/基 =
Si /SiGe)。為了精準地控制組成及厚度,所有的 III-V 族的 HBT 皆是利
用 MBE 或 MOCVD 來成長。就大多數研究發表結果來看,以 Si 基底的

HBT，像是 Si-Ge 異質結構仍不太成熟，實際上反而是漸變式基極型的雙極性電晶體爲主（參見以下 5.6.2 節）[75]。就電路應用而言，集極的電容是主要關鍵。集極在上的結構設計用來縮小此電容值，其結構如圖 40b 所示。因爲射極—基極接面變大，所以此設計的缺點會有較低的電流增益。另外，還有一項製程上的困難，就是製作基極接觸必須要蝕刻較厚的集極到薄基極層。

5.6.1 雙異質接面雙極性電晶體

HBT 在共射極結構上有一個缺點，就是會有一偏移補償電壓（圖 41a），因爲在低 V_{CE} 區域（即飽和區域）基極—射極和基極—集極接面都是順向偏壓。而在 HBT 中，基極—射極電流是被抑制的，所以基極—集極電流會貢獻一負集極端的電流。此缺點在基極—集極接面面積遠大於基極—射極接面面積下會更嚴重（圖 40a），可用另一異質接面來當作基極—集極接面，製作出相對於單 HBT(SHBT) 的雙異質接面雙極性電晶體 (DHBT) 來消除（見圖 39c）。InAlAs /InGaAs 之 DHBT 及 SHBT 的補償電壓比較如圖 41b 所示。DHBT 的其他優點包含了因大的集極能隙所獲得的高崩潰電壓。與高的射極能隙類似，高能隙的集極也會降低飽和模式下由基極到集極的電洞注入，因此可減少少數載子的儲存。在 DHBT 中，集極摻雜濃度可以更高，從而減少高電流效應，像是克爾克效應及準飽和現象。

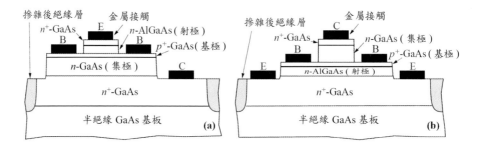

圖 40 (a) 典型 HBT 結構 (b) 利用集極在上 (collector-up) 來縮小集極電容的特別結構。

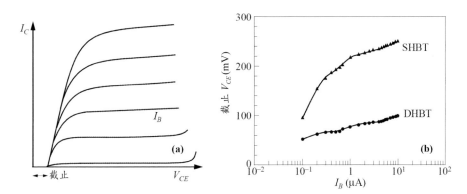

圖 41 (a) 存在於 HBT 的偏移補償電壓 V_{CE} (b)InAlAs /InGaAs 的單 HBT 與雙 HBT 的偏移補償電壓比較。（參考文獻 76）

5.6.2 漸變式基極雙極性電晶體

在漸變式基極雙極性電晶體中，其漸變式的組成是在中性基極區裡而非接面。此設計的功能完全不同於 HBT。在此，漸變式的組成會形成一輔助電子漂移的準電場（圖 39d）。其目的與 5.4.1 節所討論的非均勻基極摻雜是相同的，不過在這裡所產生的準電場是更有效的。當摻雜梯度所造成的總位能變化為 2 kT/q 級數時，由此能隙工程所改變的位能可大於 4 kT/q。漸變式雙極性電晶體的優點有：高電子流與電流增益、減少充電時間獲得較高的 f_T，以及增加爾力電壓。接下來用 SiGe 漸變式基極雙極性電晶體為範例，靠近射極為 Si，而靠近集極端為 Ge，其能隙會減少 ΔE_g。此外，級數隨著距離的變化而呈線性變化。本質濃度為

$$n_i^2(\text{Si}_{1-x}\text{Ge}_x) = n_i^2(\text{Si})\exp\left(\frac{\Delta E_g}{kT}\frac{x}{W_B}\right) \tag{141}$$

由式(19)，可得電子飽和電流密度 J_{n0} 為 [19]

$$J_{n0}(\text{SiGe}) = q\bigg/\int_0^{W_B}\frac{N_B(x)}{D_n(x)n_i^2(x)}dx$$
$$= \frac{qD_n n_i^2(\text{Si})}{N_B W_B}\left[\frac{\Delta E_g/kT}{1-\exp(-\Delta E_g/kT)}\right] \tag{142}$$

因為電洞電流保持不變，比較矽基底元件，其電流與電流增益的改善倍數為

$$\frac{J_{n0}(\text{SiGe})}{J_{n0}(\text{Si})} = \frac{\beta_0(\text{SiGe})}{\beta_0(\text{Si})} = \frac{\Delta E_g / kT}{1 - \exp(-\Delta E_g / kT)} \tag{143}$$

漸變式基極雙極性電晶體因基極充電時間減少，可得到一較高的 f_T 為 [19]

$$\tau_B(\text{SiGe}) = \frac{1}{D_n} \int_0^{W_B} \exp\left(\frac{\Delta E_g}{kT}\frac{x}{W_B}\right) \int_x^{W_B} \exp\left(\frac{-\Delta E_g}{kT}\frac{x'}{W_B}\right) dx' dx$$

$$= \frac{W_B^2}{2D_n}\left(\frac{2kT}{\Delta E_g}\left\{1 - \frac{kT}{\Delta E_g}\left[1 - \exp\left(\frac{-\Delta E_g}{kT}\right)\right]\right\}\right) \tag{144}$$

比較均勻矽或鍺基極結構，通常其 $W_B^2/2D_n$ 項會隨著括弧內的因子而減小。
最後，所計算的爾力電壓為

$$V_A(\text{SiGe}) = \frac{qN_BW_B\exp(\Delta E_g / kT)}{\varepsilon_s} \int_0^{W_B} \exp\left(\frac{-\Delta E_g}{kT}\frac{x}{W_B}\right) dx$$

$$= \frac{qN_BW_B^2}{\varepsilon_s}\left\{\frac{kT}{\Delta E_g}\left[\exp\left(\frac{\Delta E_g}{kT}\right) - 1\right]\right\} \tag{145}$$

注意，受括弧內的因子所造成的改善是非常顯著的。圖 42 所示為 Si 與
SiGe 雙極性電晶體在強激基極—射極電壓 (forced V_{BE}) 與強激電流 I_B 條件
下，爾力電壓 V_A 對溫度倒數的關係圖 [50, 77]。由式 (44)，矽雙極性電晶體因
可忽略在基極電流作用下之中性基極復合，所以 V_A 對溫度的變化非常緩慢。
對 SiGe 異質面雙極性電晶體 (HBT)，由式 (145) 可得到，由於 SiGe HBT 能
隙漸變，V_A 對溫度變化非常大。

5.6.3 熱電子電晶體

熱電子是指電子的能量高於費米能量數個 kT 以上，因此電子不再處於
晶格的熱平衡狀態。藉由此額外的動能，電子能以較快的速度行進，提高
其速度及較大的電流。圖 43a 顯示了一個群速高於導電帶能量的熱電子電
晶體。圖中指出這些群速會高於平衡狀態時的數倍。以陡峭 HBT 為結構的

熱電子電晶體如圖 43b 所示。有許多其他種類的熱電子電晶體已經被報導出來，其能帶圖描述於圖 44 中。這些電晶體不同的地方主要在於發射熱電子到基極的方式[79]。注入的機制包括穿隧方式穿過一高能隙材料[80]的穿隧方式，在金屬基極電晶體利用熱離子發射方式跨越過的蕭特基射極[59]，或是在平面摻雜位障電晶體中跨越過三角形位能[81]。到目前為止，熱電子電晶體在

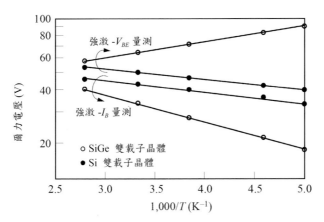

圖 42　Si 與 SiGe 雙極性電晶體，以強激 $-V_{BE}$（恆定電壓輸入）與強激 $-I_B$（恆定電流輸入）量測技術量測所得爾力電壓對溫度倒數的關係圖，兩元件射極面積均為 $0.8 \times 2.5 \ \mu m^2$，集極電流是 $1.0 \ \mu A$。（參考文獻 50）

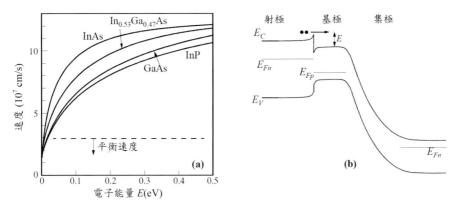

圖 43　(a) 電子速度（群速）與導電帶以上能量的關係。（參考文獻 78）；(b) 具陡峭 HBT 結構的熱電子電晶體能帶圖。

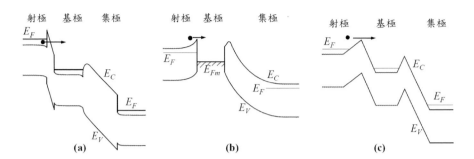

圖 44   其他熱電子電晶體的形式。熱電子產生方式 (a) 穿隧通過能障 (b) 熱離子發射跨越過蕭特基能障 (c) 越過平面摻雜位障。

速度上的優勢仍未被證實，而它已被應用在電子能譜儀上，藉由改變集極－基極間異質接面的能障，以過濾或選擇不同能量的電子，分析熱電子能量與其性質的關係。

5.7 自熱效應

近年來，在微波與毫米波頻率下操作的高功率雙極性電晶體與異質接面雙極性電晶體，在無線網路與光纖通訊的應用一直備受關注。這些應用在功率元件上的電晶體通常具有特殊的結構設計，如多重指狀結構可擴展電流而達到散熱作用。通過雙極性電晶體的施加功率下降值會等於集極的電流乘上偏壓值。基於熱傳導理論，當相當之功率消耗，會使元件接面溫度由週遭環境溫度上升，而發生自加熱效應。因此自熱效應對功率電子元件是重要議題 [82-84]。除了在 5.2.4 節討論的非理想效應，由於克爾克效應 (Kirk effect) 與熱產生所造成的電流增益下降，元件的自熱效應扮演關鍵性角色。當集極電流增加，接面溫度 T_j 增加及載子飽和速率降低，因此由式 (55) 可得在高電流準位，傳導電流降低。而電流增益也會受到因元件自熱效應導致熱產生的影響，當溫度增加時，在射極－基極接面的電洞電流 I_{pE} 增加，而造成電流增益下降。尤其是漸變式基極的 HBT，在高溫時 I_{pE} 值小，克爾克效應是電流增益降低的主導因子。然而對陡削接面的 HBT，在高溫時由克爾克效應與自熱效應之間的交互作用，使 I_{pE} 值變大[9]。如圖 45 所示，由於溫度決定飽和速度，當溫度上升時，量測得到 HBT 的電流增益減小。對於熱電子回饋機制 (thermal feedback mechanism)，與溫度相依之參數如飽和電流及順向逆向電流增益，可由工業標準的甘梅－普因模型得到。如附錄 K 中之式 (13)-(16) 所示。對照第一章式 (10)，能隙與溫度相依的表示式如下式

$$E_g(T_j) = E_g(T_N) + E_a \frac{T_N^2}{T_N + T_b} - E_a \frac{T_j^2}{T_j + T_b} \tag{146}$$

其中 T_j 與 T_N 分別為接面與標稱溫度 (nominal temperature)，對 Si，E_a 為 4.73×10^{-4} eV，T_b 是 636℃；對 GaAs，E_a 為 5.4×10^{-4} eV，T_b 是 204℃；對 InGaP，E_a 為 5.405×10^{-4} eV，T_b 是 204 K。$T_N = 300$ K[9, 89]，是極高功率元件的週遭溫度，以及在基板背面的溫度。如圖 46 所示為以金屬－有機－氣相－沉積 (metal-organic-vapor-deposition) 設備來製作之 *n-p-n* InGaP 的 HBT 元件[85]。在考慮與不考慮自熱效應的影響下，量測 I_C 對 V_{CE} 特性的關

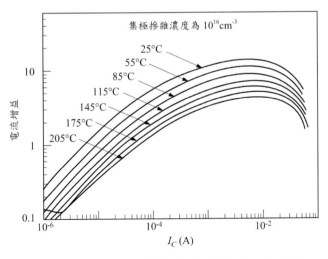

圖 45　在不同基板溫度下，量測電流增益對集極電流的關係圖。（參考文獻 9）

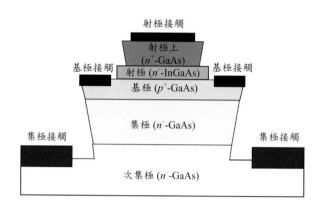

圖46　InGaP 異質階面雙極性電晶體 (HBT) 的截面剖視圖。元件的面積是 $2 \times 6 \ \mu m^2$。（參考文獻 85）

係如圖 47a。集極電流 I_C，隨著集極—射極電壓 V_{CE} 增加，而慢慢降低在共射極 I_C–V_{CE} 曲線上造成負微分電阻 (negative differential resistance, NDR) 區域，當基極電流 I_B 增加，電路為負回饋。因為在高接面溫度時，能隙降低，I_{pE} 會增加，而導致電流下降。NDR 區域只發生在假設輸入偏壓為電流源。若輸入偏壓為電壓源（如圖 47b），在高 V_{BE} 時會形成極端高射極電流。在高電壓與高電流的條件下操作元件，會導致二次崩潰，造成結果是元件不可逆的損壞。

　　尤其是對 HBT 之非線性雙埠網路 (two-port network) 顯示，基本頻率與三階互調變 (third-order intermodulation, IM3) 輸出振幅頻率之乘積為 $a_1 V_1$ 與 $3a_3 V^3 m/4$，其中 a_1 與 a_3 為常數，圖線對 V_m 之斜率值等於以對數表示為 1 與 3。[31] 三階交調截取點 (third-order intercept point, OIP3) 的輸出值，是兩條額外繪出線條交叉點的投影。OIP3 是用來評估元件在頻率調變下的線性重要指標，這取決於元件的材料與結構 [86-88]。雙極性電晶體的線性強烈地相依於偏壓條件，並會被熱效應影響。圖 48a 為不考慮自熱效應 OPI3 值對集極電流密度 J_C 的關係圖，J_C 值是由基本頻率時的輸出功率與 IM3 乘積

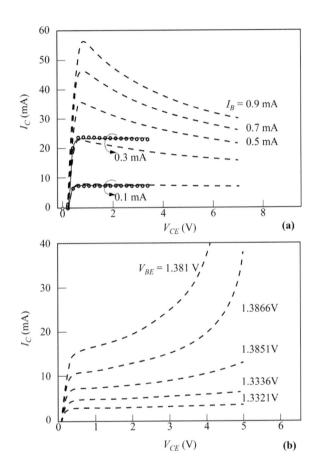

圖 47 在不同 (a) I_B (b) V_{BE} 條件下的量測與模擬 I_C–V_{CE} 曲線。符號為量測的數據值，實線為不考慮自熱效應的模擬結果，虛線為考慮自熱效應的模擬結果。（參考文獻 31、85 與 89）

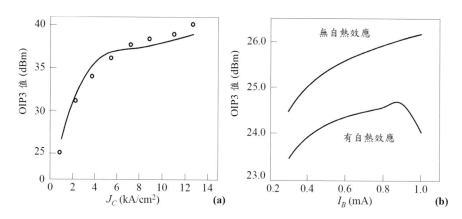

圖 48　(a) OIP3 對集極電流密度關係圖，其中符號為量測數據，線是模擬所得。 (b)
OIP3 對基極電流關係圖，其中 V_{CE} = 3.8 V 輸入功率為每一調為 −22 dBm。（參
考文獻 31 與 89）

計算所得到。符號是以諧波負載拉移系統 (harmonic load-pull system)[31] 在
晶圓上元件測試，量測所得的數據。而計算結果是由產業用的標準甘梅—
普恩模式而得。HBT 元件在較高的 OIP3 值時，顯示雙調互調變 (two-tone
intermodulation) 特性有較佳的線性 [31, 89]。圖 48b 為在元件考慮或不考慮自熱
效應條件下，OPI3 計算值對基極電流 I_B 的關係圖，圖中顯示 OIP3 值會隨
著 I_B 增加而增加。在高電流注入時，功率消耗產生熱，會降低 HBT 雙調的
線性化。熱效應可以實際用來描述 HBT 元件在高電流偏壓下的非線性現象。
在不考慮熱電性的回饋情況下，線性化的性能將會被高估。

參考文獻

1. J. Bardeen and W. H. Brattain, "The Transistor, A Semiconductor Triode," *Phys. Rev.*, **74**, 230 (1948).

2. W. Shockley, "The Theory of p-n Junctions in Semiconductors and p-n Junction Transistors," *Bell Syst. Tech. J.*, **28**, 435 (1949).

3. W. Shockley, M. Sparks, and G. K. Teal, "p-n Junction Transistors," *Phys. Rev.*, **83**, 151 (1951).

4. G. S. May and S. M. Sze, *Fundamentals of Semiconductor Fabrication*, Wiley, Hoboken, New Jersey, 2004.

5. W. Shockley, "The Path to the Conception of the Junction Transistor," *IEEE Trans. Electron Dev.*, **ED-23**, 597 (1976).

6. M. Riordan and L. Hoddeson, *Crystal Fire*, Norton, New York, 1998.

7. D. J. Roulston, *Bipolar Semiconductor Devices*, McGraw-Hill, New York, 1990.

8. M. Reisch, *High-Frequency Bipolar Transistors,* Springer Verlag, New York, 2003.

9. W. Liu, *Handbook of III-V Heterojunction Bipolar Transistors*, Wiley, New York, 1998.

10. M. F. Chang, Ed., *Current Trends in Heterojunction Bipolar Transistors*, World Scientific, Singapore, 1996.

11. H. K. Gummel, "Measurement of the Number of Impurities in the Base Layer of a Transistor," *Proc. IRE*, **49**, 834 (1961).

12. S. K. Ghandi, *Semiconductor Power Device*s, Wiley, New York, 1977.

13. P. G. A. Jespers, "Measurements for Bipolar Devices," in F. Van de Wiele, W. L. Engl, and P. G. Jespers, Eds., *Process and Device Modeling for Integrated Circuit Design*, Noordhoff, Leyden, 1977.

14. R. S. Payne, R. J. Scavuzzo, K. H. Olson, J. M. Nacci, and R. A. Moline, "Fully Ion-Implanted Bipolar Transistors," *IEEE Trans. Electron Dev.*, **ED-21**, 273 (1974).

15. W. M. Werner, "The Influence of Fixed Interface Charges on Current Gain Fallout of Planar n-p-n Transistors," *J. Electrochem. Soc.*, **123,** 540 (1976).

16. W. M. Webster, "p-n the Variation of Junction-Transistor Current Amplification Factor with Emitter Current," *Proc. IRE*, **42**, 914 (1954).

17. M. J. Morant, *Introduction to Semiconductor Devices*, Addison-Wesley, Reading, Mass., 1964.

18. J. M. Early, "Effects of Space-Charge Layer Widening in Junction Transistors," *Proc. IRE*, **40**, 1401 (1952).

19. Y. Taur and T. H. Ning, *Fundamentals of Modern VLSI Devices*, Cambridge University Press, Cambridge, 1998.

20. W. W. Gartner, *Transistors, Principle, Design, and Application*, D. Van Nostrand, Princeton, New Jersey, 1960.

21. J. R. Hauser, "The Effects of Distributed Base Potential on Emitter-Current Injection Density and Effective Base Resistance for Strip Transistor Geometries," *IEEE Trans. Electron Dev.*, **ED-11**, 238 (1964).

22. J. del Alamo, S. Swirhun, and R. M. Swanson, "Simultaneous Measurement of Hole Lifetime, Hole Mobility and Bandgap Narrowing in Heavily Doped n-Type Silicon," Tech. Dig. *IEEE IEDM*, **290**, 1985.

23. H. C. Poon, H. K. Gummel, and D. L. Scharfetter, "High Injection in Epitaxial Transistors," *IEEE Trans. Electron Dev.*, **ED-16**, 455 (1969).

24. C. T. Kirk, "Theory of Transistor Cutoff Frequency (fT) Fall-Off at High Current Density," *IEEE Trans. Electron Dev.*, **ED-9**, 164 (1962).

25. G. Gildenblat, Ed., *Compact Modeling Principles, Techniques and Applications*, Springer, New York, 2010.

26. M. Shur, *Physics of Semiconductor Devices*, Prentice-Hall, New Jersey, 1990.

27. J. J. Ebers and J. L. Moll, "Large-Signal Behavior of Junction Transistors," *Proc. IRE*, **42**, 1761 (1954).

28. I. Getreu, *Modeling the Bipolar Transistor*, Tektronix Inc., New York, 1976.

29. G. D. Vendelin, A. M. Pavio, and U. L. Rohde, *Microwave Circuit Design Using Linear and Nonlinear Techniques*, 2nd Ed., Wiley, New Jersey, 2005.

30. H. K. Gummel and H. C. Poon, "An Integral Charge Control Model of Bipolar Transistors," *Bell Syst. Tech. J.*, **49**, 827 (1970).

31. K. Y. Huang, Y. Li, and C. P. Lee, "A Time Domain Approach to Simulation and Characterization of RF HBT Two-Tone Intermodulation Distortion," *IEEE Trans. Microwave Theory Tech.*, **51**, 2055 (2003).

32. HSPICE® *Elements and Device Models Manual*, Synopsys, California, 2016.

33. H. C. de Graaff, W. J. Kloosterman, J. A. M. Geelen, and M. C. A. M. Koolen, "Experience with the New Compact MEXTRAM Model for Bipolar Transistors," *Proc. Bipolar Circuits and Technology Meeting*, p.246 (1989).

34. G. Niu, R. van der Toorn, J. C. J. Paasschens, and W. J. Kloosterman, *The Mextram Bipolar Transistor Model Version 505.00*, Auburn University, Alabama, 2017.

35. C. C. McAndrew, J. A. Seitchik, D. F. Bowers, M. Dunn, M. Foisy, I. Getreu, M. McSwain, S. Moinian, J. Parker, D. J. Roulston, et al., "VBIC95, The Vertical Bipolar Inter-Company Model", *IEEE J. Solid-State Circuits*, **31**, 1476 (1996).

36. C. I. Lee, Y. T. Lin, and W. C. Lin, "An Improved VBIC Large-Signal Equivalent-Circuit Model for SiGe HBT with an Inductive Breakdown Network by X-Parameters," *IEEE Trans. Microwave Theory Tech.*, **63**, 2756 (2015).

37. Y. Tian, R. Hedayati, and C. M. Zetterling, "SiC BJT Compact DC Model with Continuous-Temperature Scalability From 300 to 773 K," *IEEE Trans. Electron. Dev.*, **64**, 3588(2017).

38. J. C. J. Paasschens, W. J. Kloosterman, and R. van der Toorn, *Model Derivation of Mextram 504 - The Physics behind the Model*, Koninklijke Philips Electronics N.V., Amsterdam, 2005.

39. M. Rudolph, *Introduction to Modeling HBTs*, Artech House, Massachusetts, 2006.

40. J. Berkner, "Compact Models for Bipolar Transistors," *Proc. European IC-CAP Device Modeling Workshop*, Berlin, p.17, 2002.

41. M. Schröter and A. Chakravorty, *Compact Hierarchical Modeling of Bipolar Transistors with HICUM*, World Scientific, Singapore, 2010.

42. M. Schröter, T. Rosenbaum, P. Chevalier, B. Heinemann, S. P. Voinigescu, E. Preisler, J. Böck, and A. Mukherjee, "SiGe HBT Technology: Future Trends and TCAD-Based Roadmap," *Proc. IEEE*, **105**, 1068 (2016).

43. D. MacSweeney, K. McCarthy, A. Mathewson, and B. Mason, "Modelling of Lateral Bipolar Devices in a CMOS Process," IEEE Proc. BIPOLAR/BiCMOS Circuits and Technology Meeting, p.27 (1996).

44. S. M. Chen, Y. K. Fang, and F. R. Juang, "A Low-Flicker Noise Gate-Controlled Lateral-Vertical Bipolar Junction Transistor Array With 55-nm CMOS Technology," *IEEE Trans. Electron Dev.*, **58**, 3276 (2011).

45. F. G. O'Hara, J. J. H. van den Biesen, H. C. de Graaff, W. J. Kloosterman, and J. B. Foley, "MODELLA-a New Physics-Based Compact Model for Lateral P–N–P Transistors," *IEEE Trans. Electron Dev.*, **39**, 2553 (1992).

46. K. Joardar, "An Improved Analytical Model for Collector Currents in Lateral Bipolar-Transistors," *IEEE Trans. Electron Dev.*, **41**, 373 (1994).

47. V. Paňko, J. Slezák, J. Dobeš, and L. Vojkůvka, "Lateral PNP Transistor Modeling with SPICE Models," *MOS-AK/ESSDERC/ESSCIRC Workshop*, 2008.

48. T. K. Johansen, V. Midili, M. Squartecchia, V. Zhurbenko, V. Nodjiadjim, J. Y. Dupuy, M. Riet, and A. Konczykowska, "Large-Signal Modeling of Multi-Finger InP DHBT Devices at Millimeter-Wave Frequencies," *Integrated Nonlinear Microwave and Millimetre-wave Circuits Workshop*, 2017.

49. Y. Shi, Y. He, L.Wang, and Yan Wang, "A Large-Signal Model for GaInP/GaAs Heterojunction Bipolar Transistors," *IEEE International Conference of Electron Devices and Solid-State Circuits*, 2010.

50. J. D. Cressler and G. Niu, *Silicon-Germanium Heterojunction Bipolar Transistors*, Artech House, Boston, 2003.

51. R. L. Pritchard, J. B. Angell, R. B. Adler, J. M. Early, and W. M. Webster, "Transistor Internal Parameters for Small-Signal Representation," *Proc. IRE,* **49,** 725 (1961).

52. A. N. Daw, R. N. Mitra, and N. K. D. Choudhury, "Cutoff Frequency of a Drift Transistor," *Solid-State Electron.*, **10**, 359 (1967).

53. K. Suzuki, "Optimized Base Doping Profile for Minimum Base Transit Time," *IEEE Trans. Electron Dev.*, **ED-38**, 2128 (1991).

54. R. G. Meyer and R. S. Muller, "Charge-Control Analysis of the Collector-Base Space-Charge-Region Contribution to Bipolar-Transistor Time Constant τT," *IEEE Trans. Electron Dev.*, **ED-34**, 450 (1987).

55. W. D. van Noort, L. K. Nanver, and J. W. Slotboom, "Arsenic-Spike Epilayer Technology Applied to Bipolar Transistors," *IEEE Trans. Electron Dev.*, **ED-48**, 2500 (2001).

56. K. K. Ng, M. R. Frei, and C. A. King, "Reevaluation of the fTBVCEO limit on Si Bipolar Transistors," *IEEE Trans. Electron Dev.*, **ED-45**, 1854 (1998).

57. K. Kurokawa, "Power Waves and the Scattering Matrix," I*EEE Trans. Microwave Theory Tech.*, **MTT-13**, 194 (1965).

58. G. W. Huang, K. M. Chen, J. F. Kuan, Y. M. Deng, S. Y. Wen, and D. Y. Chiu, "Silicon BJT Modeling Using VBIC Model," *Asia-Pacific Microwave Conference*, p.240, 2001.

59. S. M. Sze and H. K. Gummel, "Appraisal of Semiconductor-Metal-Semiconductor Transistors," *Solid-State Electron.*, **9**, 751 (1966).

60. E. G. Nielson, "Behavior of Noise Figure in Junction Transistors," *Proc. IRE*, **45**, 957 (1957).

61. J. L. Moll, "Large-Signal Transient Response of Junction Transistors," *Proc. IRE,* **42**, 1773 (1954).

62. I. R. C. Post, P. Ashburn, and G. R. Wolstenholme, "Polysilicon Emitters for Bipolar Transistors: A Review and Re-Evaluation of Theory and Experiment," *IEEE Trans. Electron Dev.*, **ED-39**, 1717 (1992).

63. A. C. M. Wang and S. Kakihana, "Leakage and hFE Degradation in Microwave Bipolar Transistors," IEEE Trans. Electron Dev., **ED-21**, 667 (1974).

64. L. C. Parrillo, R. S. Payne, T. F. Seidel, M. Robinson, G. W. Reutlinger, D. E. Post, and R. L. Field, "The Reduction of Emitter-Collector Shorts in a High-Speed, All Implanted, Bipolar Technology," *Tech. Dig. IEEE IEDM*, 348 (1979).

65. E. O. Johnson, "Physical Limitations on Frequency and Power Parameters of Transistors," *IEEE Int. Conv. Rec.*, p. 27 ,1966.

66. J. G. Kassakian, M. F. Schlecht, and G. C. Verghese, *Principles of Power Electronics,* Addison-Wesley, New York, 1991.

67. C. G. Thornton and C. D. Simmons, "New High Current Mode of Transistor Operation," IRE Trans. Electron Devices, **ED-5**, 6 (1958).

68. H. A. Schafft, "Second-Breakdown—A Comprehensive Review," *Proc. IEEE*, **55**, 1272 (1967).

69. N. Klein, "Electrical Breakdown in Solids,"in L. Marton, Ed., *Advances in Electronics and Electron Physics*, Academic, New York, 1968.

70. L. Dunn and K. I. Nuttall, p-n Investigation of the Voltage Sustained by Epitaxial Bipolar Transistors in Current Mode Second Breakdown," *Int. J. Electron.*, **45**, 353 (1978).

71. H. Melchior and M. J. O. Strutt, "Secondary Breakdown in Transistors," *Proc. IEEE,* **52**, 439 (1964).

72. F. F. Oettinger, D. L. Blackburn, and S. Rubin, "Thermal Characterization of Power Transistors," *IEEE Trans. Electron Dev.*, **ED-23**, 831 (1976).

73. W. Shockley, "Circuit Element Utilizing Semiconductive Material," U.S. Patent 2,569,347 (1951).

74. H. Kroemer, "Theory of a Wide-Gap Emitter for Transistors," Proc. IRE, 45, 1535 (1957); "Eeterostructure Bipolar Transistors and Integrated Circuits," *Proc. IEEE,* **70**, 13 (1982).

75. E. Kasper and D. J. Paul, *Silicon Quantum Integrated Circuits*, Springer Verlag, Heidelberg, 2005.

76. T. Won, S. Iyer, S. Agarwala, and H. Morko "Collector Offset Voltage of Heterojunction Bipolar Transistors Grown by Molecular Beam Epitaxy," IEEE Electron Dev. Lett., **EDL-10**, 274 (1989).

77. A. F. J. Levi, "Nonequilibrium Electron Transport in Heterojunction Bipolar Transistors," in B. Jalali and S. J. Pearton, Eds., *InP HBTs: Growth, Processing, and Applications,* Artech House, Boston, 1995.

78. H. Kroemer, "Two Integral Relations Pertaining to Electron Transport through a Bipolar Transistor with a Nonuniform Energy Gap in the Base Region," *Solid-State Electron.*, **28**, 1101 (1985).

79. J. L. Moll, "Comparison of Hot Electrons and Related Amplifiers," *IEEE Trans. Electron Dev.*, **ED-10**, 299 (1963).

80. C. A. Mead, "Tunnel-Emission Amplifiers," *Proc. IRE*, **48**, 359 (1960).

81. J. R. Hayes and A. F. J. Levi, "Dynamics of extreme nonequilibrium electron transport in GaAs," *IEEE J. Quan. Electron.*, **QE-22**, 1744 (1986).

82. J. M. Andrews, C. M. Grens, and J. D. Cressler, "Compact Modeling of Mutual Thermal Coupling for the Optimal Design of SiGe HBT Power Amplifiers," *IEEE Trans. Electron Dev.*, **56**, 1529 (2009).

83. S. Lehmann, Y. Zimmermann, A. Pawlak, and M. Schröter, "Characterization of the Static Thermal Coupling Between Emitter Fingers of Bipolar Transistors," *IEEE Trans. Electron Dev.*, **61**, 3696 (2014).

84. S. Balanethiram, A. Chakravorty, R. D'Esposito, S. Fregonese, D. Céli, and T. Zimmer, "Accurate Modeling of Thermal Resistance for On-Wafer SiGe HBTs Using Average Thermal Conductivity," *IEEE Trans. Electron Dev.*, **64**, 3955 (2017).

85. C. E. Huang, C. P. Lee, H. C. Liang, and R. T. Huang, "Critical Spacing between Emitter and Base in InGaP Heterojunction Bipolar Transistor (HBTs)," *IEEE Electron Dev. Lett.*, **23**, 576 (2002).

86. J. Lee, W. Kim, Y. Kim, T. Rho, and B. Kim, "Intermodulation Mechanism and Linearization of AlGaAs/GaAs HBT's," *IEEE Trans. Microwave Theory Techn.*, **45**, 2065 (1997).

87. B. Li and S. Prasad, "Intermodulation Analysis of Collector-Up InGaAs/InAlAs/InP HBT Using Volterra Series," *IEEE Trans. Microwave Theory Tech.*, **46**, 132 (1998).

88. M. Iwamoto, P. M. Asbeck, T. S. Low, C. P. Hutchinson, J. B. Cognata, X. Qin, L. H. Camnitz, and D.C. D'A vanzo, "Linearity Characteristics of GaAs HBTs and the Influence of Collector Design," *IEEE Trans. Microwave Theory Tech.*, **48**, 2377 (2000).

89. K. Y. Huang, Y. Li, and C. P. Lee, "Computer Simulation of Multifinger Heterojunction Bipolar Transistor with Self-Heating and Thermal Coupling Models," *Microelectron. Eng.*, **75**, 137 (2004).

習題

1. 一個矽 p^+-n-p 電晶體,其射極、基極及集極的濃度分別為 5×10^{18},10^{16} 及 $10^{15} \mathrm{cm}^{-3}$。基極的寬度為 $1.0\ \mu\mathrm{m}$,元件的截面積為 $3\ \mathrm{mm}^2$。若 $V_{EB} = 0.5$ V 和 $V_{CB} = 5$ V(逆向偏壓)(a) 請計算中性基極的寬度;(b) 少數載子在射極-基極接面中的濃度,以及 (c) 在中性基極區中之少數載子的電荷量。

2. 一矽陡峭摻雜的 n^+-p-n 雙極性電晶體,其射極、基極及集極的濃度分別為 10^{19},3×10^{16} 及 $5 \times 10^{15}\ \mathrm{cm}^{-3}$,求基極-集極的上限電壓,此時射極偏壓不再控制集極電流(由於貫穿或者是累增崩潰所造成)。假設基極寬度(在冶金接面之間)為 $0.5\ \mu\mathrm{m}$。

3. 在 *n-p-n* 電晶體中，具有一般的基極摻雜雜質 $N(x)$，請由式 (16) 所給予的電子流密度，並在邊界條件 $x = W$ 之處，$n_p = 0$ 之情況下，證明式 (17)。

4. 一個 *p*- 層厚度為 3 μm，π 層厚度為 9 μm 的 n^+-p-π-p^+ 二極體。要在 *p*- 區域中產生累增崩潰及在 π- 區域中達到速度飽和，其偏壓必須夠高才行。求此所需要的最小偏壓。

5. *n-p-n* 雙極性電晶體的摻雜濃度分布如右圖所示，元件之摻雜濃度分布 A 比摻雜濃度分布 B 是否具有相對較大之電流增益？請證明之。（提示：應用式 (37) 估算 Q_b。）

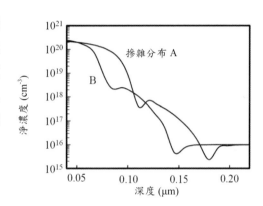

6. 流過集極─基極接面之逆向偏壓空乏區的集極電流為一漂移電流。(a) 假設載子在飽和速度下，請證明基極─集極空乏區內所注入的載子濃度為常數；(b) 請繪出集極─基極接面之空乏區內電場隨電流密度增加的分布，假設基極與集極兩者分別均勻地摻雜 N_B 及 N_C，且 $N_B \gg N_C$。集極─基極電壓被固定在 V_{CB}；(c) 電場要達到一個定值，電流密度需為多少？

7. 若我們要設計一具有截止頻率 f_T 為 25 GHz 的雙極性電晶體，那麼中性基極將為何？假設 D_p 為 10 cm²/s，並忽略射極與集極延遲。

8. 考慮一 $Si_{1-x}Ge_x$/Si HBT，在基極區域中 $x = 10\%$（在射極及集極區域為 $x = 0\%$）。基極的能隙較矽能隙小 9.8%。若基極電流僅由射極注射效率造成，那麼在 0 與 100°C 之間共射極電流增益的預期改變為何？

9. 一異質接面雙極性電晶體 (HBT) 射極能隙為 1.62 eV、基極能隙為 1.42

eV。一同質接面電晶體(BJT) 射極與基極能隙爲 1.42 eV：其射極摻雜濃度爲 10^{18} cm^{-3}，而基極摻雜濃度爲 10^{15} cm^{-3}。若 HBT 與 BJT 有相同的射極摻雜濃度，以及共射極電流增益爲 β_0，那麼 HBT 基極摻雜的最低限制值爲何？(atoms/cm^3)（提示：假設基極傳輸因子非常接近 1，以及 β_0 主要由射極效率所決定，且假設射極與基極的擴散係數，導電帶與價電帶中能態密度相同並與摻雜無關。此外，中性基極寬度 W 遠小於基極擴散長度，且等於或小於射極擴散長度。）

10. 一個 *n-p-n* GaAs HBT，摻雜濃度分布與電子移動率之關係已知如下式：

$$\mu_n = 8{,}300 \left(1 + \frac{N_A}{3.98 \times 10^{15} + \dfrac{N_A}{641}} \right)^{-\frac{1}{3}}$$

其中 N_A 是摻雜濃度，假設基極摻雜濃度均勻且爲 1.25×10^{19} cm^{-3}，基極寬度爲 10 nm，射極面積 A 爲 4×30 μm^2，請求出 (a) 移動率；(b) 甘梅數 Q_b；(c) 在 300 K 時，甘梅—普恩模型之截取電流 I_S。

11. 請計算電子從陡峭之射極—基極 InP /InGaAs 異質接面注入至基極區域的速度。假設 InGaAs 能帶爲一拋物線。請決定接近射極之基極區中電子速度的角分布 (angular distribution)。（提示：InP/InGaAs 異質接面 ΔE_C = 0.25 eV 及 InP 的 m^* 約爲 0.045 m_0）

第六章
金氧半場效電晶體
MOSFETs

6.1 簡介

金屬－氧化物－半導體場效電晶體 (metal-oxide-semiconductor field-effect transistor, MOSFET) 是在現今先進積體電路技術中的關鍵元件。如圖 1 所示，自 1959 至 1975 年起，IC 晶片上的電晶體數目呈倍數成長。自 1975 年起，其可容納的電晶體數目約每隔十八個月增加一倍（每三年約增加四倍）。對高密度積體電路而言，如微處理器與半導體記憶體，MOSFET 不只是重要的元件，也可作為重要的功率元件。在 1930 年代初期，李列菲爾德 (Lilienfeld)[1] 與海爾 (Heil)[2] 率先提出表面場效電晶體的工作原理。1940 年代後期，蕭克萊 (Shockley) 與皮爾森 (Pearson)[3] 繼續從事這方面的研究。而到了 1960 年，里吉納 (Ligenza) 與史匹哲 (Spitzer)[4] 利用矽熱氧化成氧化矽的方式製作出第一個金氧半 (MOS) 結構。藉由矽－氧化矽結構，亞特拉 (Atalla) 提出基本的 MOSFET 結構[5]。接著姜 (Kahng) 和亞特拉於 1960 年發表第一顆 MOSFET[6] 元件。關於 MOSFET 的發展歷史記載於文獻 7-8。接著有埃安多拉 (Ihantol) 和摩拉 (Moll)[9]、薩 (Sah)[10] 與赫斯登 (Hofstein) 和海門 (Heiman)[11] 等研究元件的基本特性。至於技術、應用和元件物理方面，在許多書上都有詳細的介紹[12-19]。

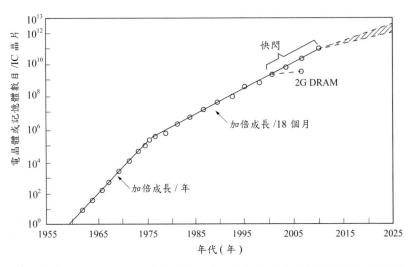

圖 1 莫爾定律 (Moore's law) 說明在每個 IC 晶片上電晶體或記憶體數目隨年代演進。

圖 2 為自 1970 年起，積體電路產業的閘極長度隨年代微縮的情形。在可預見的未來裡，其尺寸依然會維持此速度繼續往下微縮。由於電晶體效能與密度必須不斷地提升，因而趨使元件尺寸必須向下微縮，而積體電路晶片上的單位數目亦呈指數增加，但是此成長速率將會因製程困難度與成本而降低。2018 年，已使用 10 nm 技術製造元件，此時單位晶片上的電晶體數目達十億顆或更多。

本章首先考慮的基本元件為長通道 MOSFET，此時沿著通道的縱向電場不至於大到產生速度飽和，所以在此狀況下，載子的速度受限於移動率，或者說移動率為定值。當通道長度變短時，由二維電位與高電場傳導所造成的短通道效應，如速度飽和與彈道傳輸變得相當重要。有學者提出不同的元件結構來克服這些問題，進而改善 MOSFET 的工作效能。本章也將討論一些具代表性的結構。

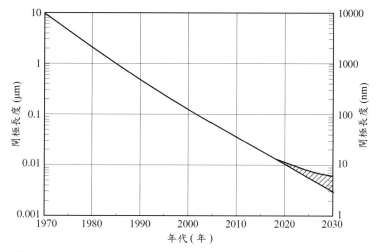

圖 2　積體電路的最小閘極長度隨年代演進。

6.1.1 場效電晶體：族系

由於 MOSFET 為場效電晶體中最重要的元件，所以本節我們先介紹場效電晶體 (Field-effect transistor, FET) 與電位效應電晶體 (potential-effect transistor, PET) 的差別。一般來說，電晶體皆為三端點元件，其中通道電阻位於兩個端點中間，並且由第三端點控制（MOSFET 在基板則有第四個端點）。而通道的控制方式為 FET 與 PET 的最大差別。如圖 3，FET 控制通道的方式主要是利用電場（故名為場效電晶體）；而 PET 則是利用通道電位（故名為位效應電晶體）。FET 通道內的載子藉由控制端點閘極 (gate) 的控制由源極 (source) 流向汲極 (drain)；反觀 PET，相對應的端點稱為射極、集極與基極。在第五章中討論的雙極性電晶體，即為 PET 中最具代表性的元件。

圖 4 為整個場效電晶體的族系。圖中第一層的三個元件分別為絕緣閘極場效電晶體 (insulated-gate FET, IGFET)、接面場效電晶體 (junction FET, JFET) 與金屬－半導體場效電晶體 (metal-semiconductor FET, MESFET)，

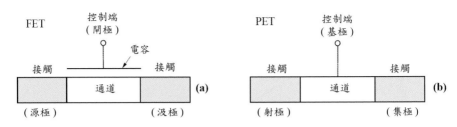

圖 3　(a) 場效電晶體 (FET)(b) 電位效應電晶體 (PET) 的元件結構。

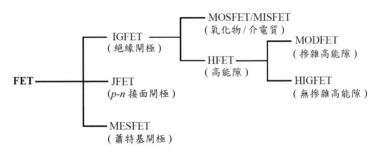

圖 4　場效電晶體 (FET) 的族系。

主要差別為閘極電容形成的方式不同。IGFET 是利用絕緣體為閘極電容，而 JFET 與 MESFET 的閘極電容分別利用 $p\text{-}n$ 接面產生的空乏層及蕭特基位障。圖中 IGFET 衍生出金屬－絕緣體－半導體場效電晶體(MOSFET/MISFET) 和異質接面場效電晶體 (heterojunction FET, HFET)。MOSFET 是生成氧化層來當絕緣體，而 MISFET 則是沉積介電質來當絕緣體。HFET 主要藉由高能隙的閘極產生異質接面來當作絕緣體，儘管 MOSFET 中有很多材料可以使用，半導體方面有鍺[20]、矽和砷化鎵[21]，氧化物方面則有氧化矽、氮化矽和氧化鋁，但在 MOSFET 結構中最重要的還是氧化矽－矽系統。因此本章將著重於氧化矽－矽的結構。其他的如 JFET、MESFET 與 HFET 將會在第八章中討論。

　　場效電晶體的特性廣泛地被應用在類比開關、高輸入阻抗放大器與微波放大器，特別是數位積體電路。對雙極性電晶體來說，由於 FET 具有較高的輸入阻抗，所以使得 FET 的輸入更容易匹配標準的微波系統。而 FET 在高電流情況下具有負溫度係數，即其電流值會隨著溫度升高而下降。該特性使得整個元件區域面積內的溫度分布較為均勻，同時可以防止 FET 發生類似雙極性電晶體與 SOI 元件（參考 6.5.4 節）的熱散逸或二次崩潰，所以即使主動區的面積很大或是許多元件並聯在一起，元件仍可保持熱穩定狀態；又因為不存在順偏的 p-n 接面，故 FET 沒有少數載子聚積的問題，因此有較高的大信號切換速度。此外，這類的元件基本上滿足平方定理或線性元件特性，在交互調變及交叉調變結果會小於一般雙極性電晶體。

6.1.2 場效電晶體的種類

要分類 FET 有許多種方法，首先可以以通道內的載子來分類，分為 n-型通道與 p- 型通道元件。n- 型通道是由電子形成，電導值會隨著閘極正偏壓加大而增加；p- 型通道則是由電洞形成，其電導值變化與 n- 型通道相似，只是改為施加負偏壓。此外，當電晶體的閘極偏壓等於零時也是一個很重要的狀態。當閘極偏壓為零時，如果通道內的電導值很低，需要外加閘極偏壓才能形成導電的通道，這種 FET 我們稱為加強模式 (enhancement-mode) 或常態關閉 (normally-off)。另外，當閘極偏壓為零時，通道內已經具有導電性或需要透過外加閘極偏壓來關閉電晶體，則稱為空乏模式 (depletion-mode) 或常態開啟 (normally-on)。上述四種電晶體的輸出特性及轉換特性 (transfer characteristics)、汲極電流對閘極電壓 (I_D-V_G) 以及汲極電流對汲極電壓 (I_D-V_D)，總結如圖 5 所示。在場效電晶體分類中，通道性質亦是很重要的分類方式。如圖 6 所示，通道型式可分為表面反轉層通道與埋入式通道，表面反轉層通道可視為厚度約 5-10 nm 的二維片電荷層，埋入式通道的厚度則比較厚，且會隨著表面空乏層厚度 W_D 而改變，因為當電晶體關閉時，其電晶體通道將完全被表面空乏層所消耗。在所有 FET 種類中，MESFET 與 JFET 一直是埋入式通道元件，而調變摻雜場效電晶體 (modulation-doped FET, MODFE) 是表面通道元件。在 MOSFET 與 MISFET 裡，則是兩者都可以使用，但在實際應用上大多數還是採用表面通道元件。

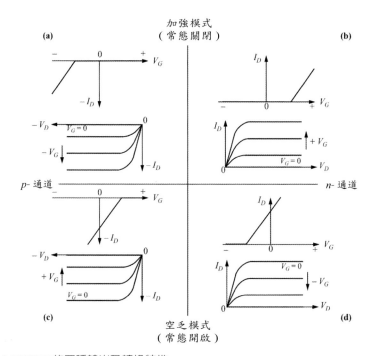

圖 5　MOSFET 的四種輸出及轉換特性。

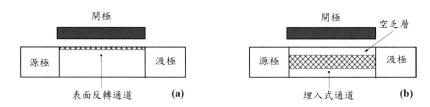

圖 6　FET 的通道型式 (a) 表面反轉通道 (b) 埋入式通道。

　　這兩種通道方式有其各自的優點。埋入式通道基本上由塊材傳導，與表面的缺陷及散射機制影響無關，因此擁有較佳的載子移動率。然而由於通道離閘極的距離太遠，導致閘極控制能力下降，所以會有較低的電導。注意，通常空乏模式元件皆使用埋入式通道，但理論上亦可藉由改變閘極材料來獲得適當的功函數與起始電壓，而得到相同的結果。

6.2 基本元件特性

MOSFET 的基本結構如圖 7a 所示,是一個平面塊材元件。於本章中我們將以 n- 型通道元件爲例。若要研究 p- 型通道元件,只要將 p- 型半導體的參數代入並改變電壓極性,所有的假設與公式都成立。一般 MOSFET 的基本結構是一個四端點元件,由一個擁有兩個以離子佈植形成的 n^+- 區域(稱爲源極與汲極)與 p- 型半導體基板所組成。絕緣層上方的金屬稱爲閘極,可由高摻雜濃度的多晶矽或矽化物,以及多晶矽的組合來形成。因爲矽—二氧化矽的介面品質很好,所以閘極絕緣體一般都採用經熱氧化產生的二氧化矽。基本的元件參數有通道長度 L(在過去 50 年來,通道尺寸縮減大於 1000 倍 [18, 19]),爲兩個 n^+-p 冶金接面間的距離;通道寬度 Z;絕緣層厚度 d;接面深度 r_j 及基板摻雜 N_A。矽的積體電路設計中,MOSFET 常使用厚氧化物 [稱爲場效氧化物 (field oxide) 來與閘極氧化物區分] 或填滿絕緣體的溝渠圍繞以隔離鄰近元件,n- 通道 MOSFET 的電路符號如圖 7b。

在本章裡,源極接點將作爲電壓的參考點。當閘極未施加偏壓或處於極低的外加偏壓時,通道呈現關閉狀態,源極到汲極電極之間相當於兩個背對背相接的 p-n 接面。當外加一足夠大的正電壓於閘極上時,在兩個 n^+- 型區

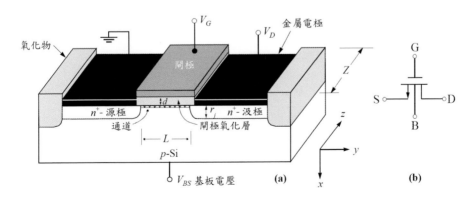

圖 7　(a) n- 通道加強型金氧半場效電晶體 MOSFET 的示意圖,其爲平面塊材元件,當中最關鍵的參數爲通道長度 L。(b) 相對應的 n- 通道 MOSFET 電路符號。

域之間將形成表面反轉層（或通道），於是源極與汲極藉由此一表面 n- 通道相互連結，並容許大量電流通過。而通道的電導可藉由閘極電壓的變化來加以調節。背面的基板（或基板接點）可接一參考電壓或逆向偏壓，而此基板偏壓亦會影響通道電導。

6.2.1 通道內的反轉電荷

當施加電壓跨過源極－汲極接面時，MOS 結構將處於非平衡狀態，此時少數載子（電子）準費米能階 E_{Fn} 會被拉低。為了更清楚說明能帶彎曲的情形，如圖 8a 所示，我們將 MOSFET 旋轉 90°。圖 8b 為二維能帶於平帶，即零偏壓 ($V_G = V_D = V_{BS} = 0$) 下的平衡狀態。而在閘極施加偏壓的平衡狀況下，如圖 8c 所示，會造成表面反轉。當閘極與汲極都施加偏壓時，會處於圖 8d 的非平衡狀態，電子與電洞的準費米能階將會分離；電洞準費米能階 E_{Fp} 依然位於本體費米能階，而電子準費米能階 E_{Fn} 則降低到汲極電位。圖 8d 說明汲極端達反轉時所需的閘極電壓比平衡狀態的 $\psi_s(\text{inv}) \approx 2\psi_B$ 還要高[#]。換句話說，汲極端的反轉電荷因汲極偏壓而降低。這是因為施加的汲極偏壓拉低 E_{Fn}，而反轉層只有在表面電位滿足 $[E_{Fn} - E_i(0)] > q\psi_B$ 的情況下才能夠形成，其中 $E_i(0)$ 為 $x=0$ 處的本質費米能階。

圖 9 為靠近汲極端的 p- 型基板於反轉時，在平衡與非平衡狀態下的電荷分布與能帶變化圖。在平衡狀況下，表面空乏區在反轉時達到最大寬度 W_{Dm}；在非平衡狀況時，空乏區寬度將大於 W_{Dm}，並且隨汲極偏壓 V_D 變化。在接近強反轉時，於汲極端的表面電位 $\psi_s(y)$ 可近似為

$$\psi_s(\text{反轉}) \approx V_D + 2\psi_B \tag{1}$$

在非平衡狀態下，表面空間電荷的特性可根據下列兩個假設推知：(1)

[#]　一般假設 $\psi_s = 2\psi_B$ 是弱反轉剛開始進入強反轉時。通常強反轉區 ψ_s 還要大於數個 kT。[12] 這可由第四章圖 5 中得知。

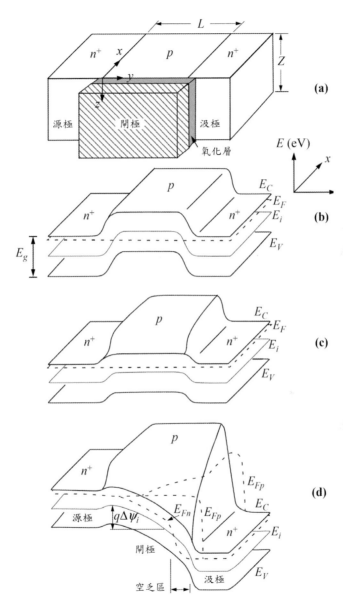

圖 8　*n*- 型通道 MOSFET 的二維能帶圖 (a) 元件結構旋轉 90° (b) 平帶零偏壓下的平衡
　　　狀態 (c) 正閘極偏壓下的平衡狀態 ($V_D = 0$) (d) 在閘極與汲極偏壓下的非平衡狀
　　　態。（參考文獻 22）

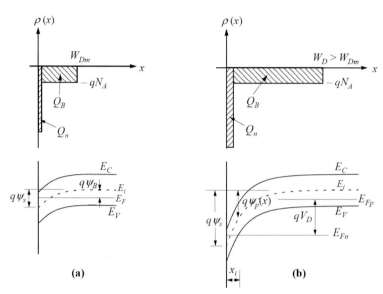

圖9　p- 型基板的汲極端在反轉情況下的電荷分布與能帶變化 (a) 平衡狀態 (b) 非平衡
狀態。（參考文獻 23）

多數載子的準費米能階 E_{Fp} 與基板相同，而且不隨著基板到表面的距離變化
（即沿 x 方向為常數）；(2) 少數載子的準費米能階 E_{Fn} 則因汲極偏壓作用
而降低，且隨著 y 方向變化。在第一個假設裡，當表面反轉時，多數載子在
表面空間電荷中為可忽略的一項，故只產生些微的誤差；第二個假設裡，因
為少數載子在表面反轉時，對於表面空間電荷來說是很重要的一項，故此假
設是可以成立的。根據上述的假設，位於汲極端的表面空間電荷區，其一維
波松方程式可寫為

$$\frac{d^2 \psi_p}{dx^2} = \frac{q}{\varepsilon_s}(N_A - p + n) \tag{2}$$

式中

$$p_{po} = N_A = \frac{n_i^2}{n_{po}} \tag{3}$$

$$p = N_A \exp(-\beta\psi_p) \tag{4}$$

$$n = n_{po} \exp(\beta\psi_p - \beta V_D) \tag{5}$$

在式 (4) 與 (5) 中，$\beta \equiv q/kT$。概念上，可由 4.2.1 節中推導出，p- 型反轉層中的少數載子電量為

$$
\begin{aligned}
|Q_n| &\equiv q\int_0^{x_i} n(x)dx = q\int_{\psi_s}^{\psi_B} \frac{n(\psi_p)\,d\psi_p}{d\psi_p/dx} \\
&= q\int_{\psi_s}^{\psi_B} \frac{n_{po}\exp(\beta\psi_p - \beta V_D)\,d\psi_p}{(\sqrt{2}kT/qL_D)F(\beta\psi_p, V_D, n_{po}/p_{po})}
\end{aligned} \tag{6}
$$

其中 x_i 表示為 $q\psi_p(x) = E_{Fn} - E_i(x) = q\psi_B$。與第四章式 (17) 與式 (18) 相同，式中的 L_D 為狄拜長度

$$L_D \equiv \sqrt{\frac{kT\varepsilon_s}{p_{po}q^2}} \equiv \sqrt{\frac{\varepsilon_s}{qp_{po}\beta}} \tag{7}$$

而函數 F 的定義為

$$
F\left(\beta\psi_p, V_D, \frac{n_{po}}{p_{po}}\right) \equiv \\
\frac{}{\sqrt{\exp(-\beta\psi_p) + \beta\psi_p - 1 + \dfrac{n_{po}}{p_{po}}\exp(-\beta V_D)[\exp(\beta\psi_p) - \beta\psi_p\exp(\beta V_D) - 1]}} \tag{8}
$$

在矽的實際摻雜濃度範圍內，x_i 的數值非常小，大約介於 3 至 30 nm。式(6) 雖然可以準確地描述反轉層內的少數載子，但也只能作概估。我們可以利用第四章的式 (20) 推測，汲極端沿 x 方向的表面電場可表示為

$$\mathscr{E}_s = -\frac{d\psi_p}{dx}\bigg|_{x=0} = \pm\frac{\sqrt{2}kT}{qL_D}F\left(\beta\psi_s, V_D, \frac{n_{po}}{p_{po}}\right) \tag{9}$$

藉由高斯定律 (Gauss law)，半導體的總表面電荷為

$$Q_s = -\varepsilon_s\mathscr{E}_s = \mp\frac{\sqrt{2}\varepsilon_s kT}{qL_D}F\left(\beta\psi_s, V_D, \frac{n_{po}}{p_{po}}\right) \tag{10}$$

在強反轉層中，每單位面積的表面電荷，可寫爲

$$Q_n = Q_s - Q_B \tag{11}$$

由 4.2.2 節式 (38) 得空乏區電荷爲

$$Q_B = -qN_AW_D = -qN_A\sqrt{\frac{2\varepsilon_s\psi_s}{qN_A}} = -\sqrt{2qN_A\varepsilon_s\psi_s} = -\sqrt{2qN_A\varepsilon_s(V_D + 2\psi_B)} \tag{12}$$

式 (8) 中強反轉電荷主導在第 2 與第 4 項

$$F\left(\beta\psi_p, V_D, \frac{n_{po}}{p_{po}}\right) \approx \sqrt{\beta\psi_p + \frac{n_{po}}{p_{po}}\exp(-\beta V_D)\exp(\beta\psi_p)} \tag{13}$$

由式 (7)、式(10)-(13)，在汲極端反轉電荷 Q_n 可化簡爲

$$\begin{aligned}
|Q_n| = Q_s - Q_B &= \frac{\sqrt{2}\varepsilon_s\psi_s kT}{qL_D}F\left(\beta\psi_p, V_D, \frac{n_{po}}{p_{po}}\right) - \sqrt{2qN_A\varepsilon_s\psi_s} \\
&\approx \sqrt{2}qN_AL_D\left[\sqrt{\beta\psi_s + \left(\frac{n_{po}}{p_{po}}\right)\exp(\beta\psi_s - \beta V_D)} - \sqrt{\beta\psi_s}\right]
\end{aligned} \tag{14}$$

　　但是在強反轉的情況下，全數值分析表示式仍複雜，因爲 Q_n 對表面電位 ψ_s 的變化是非常敏感的（見第四章圖 5），另一缺點是尚未考慮 V_G 與終端偏壓的關係。所以接下來討論的電荷層模型較爲簡單，對於推導 MOSFET 的電流－電壓特性也比較有用。

片電荷模型（Charge-Sheet Model）　　在片電荷模型中 [24]，當強反轉發生時，將反轉的電荷層視爲厚度爲零 ($x_i = 0$)。這個假設意味著跨過電荷層的電位爲零。雖然此假設有些錯誤，但是仍在可接受的範圍。由高斯定律，電荷層兩側的邊界條件爲

$$\mathscr{E}_{ox}\varepsilon_{ox} = \mathscr{E}_s\varepsilon_s - Q_n \tag{15}$$

爲了表達整個通道內的 $Q_n(y)$，表面電位可由式 (1) 改寫爲

$$\psi_s(y) \approx \Delta\psi_i(y)+2\psi_B \tag{16}$$

式中的 $\Delta\psi_i$ 為通道內某處對源極的電位差

$$\Delta\psi_i(y) \equiv \frac{E_i(x=0, y=0)-E_i(x=0, y)}{q} \tag{17}$$

（見圖 8a 與 8d 的標記）其與汲極端的 V_D 相同。電場即可表示為

$$\mathscr{E}_{ox} = \frac{V_G-\psi_s}{d} = \frac{V_G-(\Delta\psi_i+2\psi_B)}{d} \tag{18}$$

在強的反轉發生時，氧化層與半導體層介面的電場 $\mathscr{E}_s$ 會達到最大值。只考慮式 (8) 中 F 函數的第 2 項。則 $\mathscr{E}_s$ 可表示為

$$\mathscr{E}_s = \frac{\sqrt{2}kT}{qL_D}$$
$$\times \sqrt{\exp(-\beta\psi_s)+\beta\psi_s-1+\frac{n_{po}}{p_{po}}\exp(-\beta V_D)[\exp(\beta\psi_s)-\beta\psi_s\exp(\beta V_D)-1]} \tag{19}$$
$$\approx \frac{\sqrt{2}kT}{qL_D}\sqrt{\beta\psi_s} = \sqrt{\frac{2qN_A\psi_s}{\varepsilon_s}} = \sqrt{\frac{2qN_A(\Delta\psi_i+2\psi_B)}{\varepsilon_s}}$$

在式 (18) 導出項 $Q_n(y)$ 的假設裡，理想 MOS 結構功函數差是零。在式 (19) 中 $\mathscr{E}_s$ 是空乏區邊緣的最大電場。結合式 (15)-(19)，並且將 $C_{ox}=\varepsilon_{ox}/d$ 代入可得

$$\begin{aligned}
|Q_n(y)| &= Q_s-Q_B = V_i C_{ox}-Q_B = (\varepsilon_{ox}d)C_{ox}-Q_B \\
&= [V_G-\psi_s(y)]C_{ox}-Q_B \\
&= [V_G-\Delta\psi_i(y)-2\psi_B]C_{ox}-\sqrt{2\varepsilon_s qN_A[\Delta\psi_i(y)+2\psi_B]}
\end{aligned} \tag{20}$$

式 (20) 已可合理的應用於計算通道電荷上傳導電流。

6.2.2 電流－電壓特性

基於下列的假設，我們將推導出基本的 MOSFET 特性：(1) 閘極結構如第四章定義的理想 MOS 二極體結構，即無介面缺陷或移動氧化層電荷；(2) 僅考慮漂移電流；(3) 通道內摻雜為均勻分布；(4) 可忽略逆向漏電流；(5) 通

道中閘極電壓所產生的橫向電場 (transverse field)（x 方向的電場 $\mathscr{E}x$，由表面深入基板內）遠大於由汲極所產生的縱向電場 (Longitudinal field)（y 方向的電場 $\mathscr{E}y$，由源極端至汲極端）。上述最後一項條件又稱為漸變通道近似法 (Gradual-channel approximation)。要注意的是，在假設 (1) 中，已移除零固定氧化層電荷與功函數差，因此當閘極施加偏壓令 MOSFET 達到平帶時，V_{FB} 已考慮它們所造成的影響。在反轉電荷公式裡的 V_G，將由 $V_G\text{-}V_{FB}$ 替代

$$|Q_n(y)| = [V_G - V_{FB} - \Delta\psi_i(y) - 2\psi_B]C_{ox} - \sqrt{2\varepsilon_s q N_A[\Delta\psi_i(y) + 2\psi_B]} \tag{21}$$

根據假設，位於通道內所有 y 方向的電流可表示成

$$I_D(y) = Z|Q_n(y)|v(y) \tag{22}$$

其中 $v(y)$ 是載子的平均速度、Z 是通道寬度。在圖 10 中，由於通道內的電流可視為連續且為常數，由 $(x,y) = (0,0)$ 積分到 $(0, L)$ 代入式 (22)，可得

$$\int_0^L I_D(y)dy = \int_0^L Z|Q_n(y)|v(y)dy \tag{23}$$

因上式左側項與 $I_D(y)$ 與 y 無關，可得

$$I_D(y) = \frac{Z}{L}\int_0^L |Q_n(y)|v(y)dy \tag{24}$$

因為縱向電場 $\mathscr{E}_y(v)$ 是可變的，$v(y)$ 為位置 y 方向的函數，因此對計算式 (24) 來說，$v(y)$ 與 $\mathscr{E}_y(y)$ 的關係很重要。我們首先考慮，在低縱向電場 $\mathscr{E}_y(y)$ 的情況下，此時的移動率為定值。對短通道長度來說，較高的電場會造成速度飽和與彈道傳輸。這些有趣的現象將於後面討論。

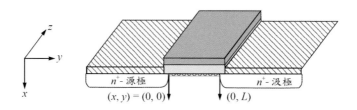

圖 10　積分方向由源極端流至汲極端。

定值移動率（Constant Mobility） 在這個假設下，令 $v = -\mathscr{E}\mu$，將式 (21) 代入式 (24) 可得

$$
\begin{aligned}
I_D &= -\frac{Z\mu_n}{L}\int_0^L |Q_n(y)|\mathscr{E}(y)dy \\
&= \frac{Z\mu_n}{L}\int_0^L |Q_n(y)|\frac{d\Delta\psi_i(y)}{dy}dy \\
&= \frac{Z\mu_n}{L}\int_0^{V_D} |Q_n(\Delta\psi_i)|d\Delta\psi_i \\
&= \frac{Z}{L}\mu_n C_{ox}\left\{\left(V_G - V_{FB} - 2\psi_B - \frac{V_D}{2}\right)V_D - \frac{2}{3}\frac{\sqrt{2\varepsilon_s q N_A}}{C_{ox}}\left[(V_D + 2\psi_B)^{3/2} - (2\psi_B)^{3/2}\right]\right\}
\end{aligned}
\tag{25}
$$

觀察式 (25) 可知，對 V_G 而言，當施加閘極偏壓時，汲極電流一開始會隨著汲極偏壓增加，呈線性上升（線性區），接著會逐漸緩和（非線性區），最後達到一個飽和值（飽和區）。圖 11 為理想 MOSFET 的基本輸出特性。圖中右邊的虛線指出，當電流達到飽和（即 I_{Dsat}）時，汲極電壓的位置（即 V_{Dsat}）。當 V_D 很小時，I_D 隨著 V_D 作線性變化。這兩條虛線間，我們稱為非線性區。

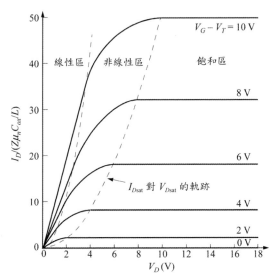

圖 11　MOSFET 汲極電流對汲極電壓的理想輸出特性（I_D–V_D 圖）。虛線區分出線性區、非線性區與飽和區。

　　圖 12 有助我們考慮閘極施加正電壓，且大到足以令半導體表面產生反轉。若此時在汲極端施加一小電壓，電流會經由導電的通道由源極流向汲極。此時通道的作用如同電阻一般，且汲極電流 I_D 與汲極電壓 V_D 成正比關係，我們稱為線性區。當汲極電壓持續增大時，電流與電壓的關係不再是線性，因這時靠近汲極端的電荷會因通道電位 $\Delta\psi_i$ 而減少（式 21）。當汲極電壓增加至使得汲極端的反轉電荷 $Q_n(L)$ 減少到幾乎為零時，此 $Q_n \approx 0$ 的位置稱為夾止點 (pinch-off point)，如圖 12b 所示。就電流的連續性而言，由於處於高電場與高載子速度下，因此實際上 $Q_n(L)$ 只是很小，但並不為零。若此時繼續施加汲極偏壓，汲極電流基本上不再改變。因為當 $V_D > V_{Dsat}$ 時，其夾止點位置由原本的靠近汲極端開始向源極端移動，而夾止點的電壓值 V_{Dsat} 仍始終保持不變，因此除了自源極端有效通道長度值 L 減少為 L' 外，而抵達夾止點的載子量及其電流仍將維持定值（圖 12c）。然而，假如通道長度的變化量與原始長度的比例達到某種程度時，汲極電流會因通道長度的縮短而增加。縮短通道長度的影響是屬於短通道效應的討論範疇（參考 6.4節）。

　　現在讓我們來討論線性區、非線性區與飽和區的三種情況下電流公式。首先考慮在線性區域，當 $V_D \ll (V_G - V_T)$ 與 $V_D \ll 2\psi_B$，將式 (25) 對 $(V_D + 2\psi_B)^{3/2}$ 項做泰勒展開，可得

$$(V_D + 2\psi_B)^{3/2} = (2\psi_B)^{3/2}\left[1 + \frac{3}{2}\frac{V_D}{2\psi_B} + \frac{\frac{3}{2}\cdot\frac{1}{2}}{2}\left(\frac{V_D}{2\psi_B}\right)^2 + \cdots\right] \qquad (26)$$

忽略式 (26) 中 V_D 的高階項，可以進一步得到 $(V_D + 2\psi_B)^{3/2} - (2\psi_B)^{3/2}$ 項

$$(V_D + 2\psi_B)^{3/2} - (2\psi_B)^{3/2} = (2\psi_B)^{3/2}\left[1 + \frac{3}{2}\frac{V_D}{2\psi_B} + \frac{\frac{3}{2}\cdot\frac{1}{2}}{2}\left(\frac{V_D}{2\psi_B}\right)^2 + \cdots\right] - (2\psi_B)^{3/2}$$

$$\approx (2\psi_B)^{3/2}\left[\frac{3}{2}\frac{V_D}{2\psi_B}\right] = 3V_D\left(\frac{\psi_B}{2}\right)^{1/2} \qquad (27)$$

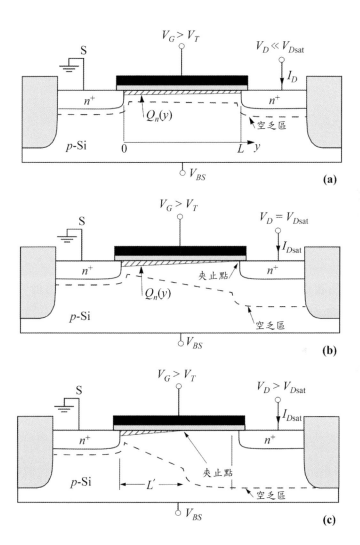

圖 12　*n*- 通道 MOSFET 操作於 (a) 線性區（低汲極電壓）(b) 開始進入飽和區 (c) 過飽和時（有效長度縮減）的情形。

將式 (27) 帶入式 (25) 中，可得

$$
\begin{aligned}
I_D &\approx \frac{Z}{L}\mu_n C_{ox}\left\{\left(V_G - V_{FB} - 2\psi_B - \frac{V_D}{2}\right)V_D - \frac{2}{3}\frac{\sqrt{2\varepsilon_s q N_A}}{C_{ox}}\left[3V_D\left(\frac{\psi_B}{2}\right)^{1/2}\right]\right\} \\
&= \frac{Z}{L}\mu_n C_{ox}\left\{\left(V_G - V_{FB} - 2\psi_B - \frac{V_D}{2}\right)V_D - \frac{\sqrt{2\varepsilon_s q N_A 2\psi_B}}{C_{ox}}V_D\right\} \\
&= \frac{Z}{L}\mu_n C_{ox}\left\{V_G - \left[V_{FB} + 2\psi_B + \frac{\sqrt{2\varepsilon_s q N_A(2\psi_B)}}{C_{ox}}\right] - \frac{V_D}{2}\right\}V_D \\
&= \frac{Z}{L}\mu_n C_{ox}\left(V_G - V_T - \frac{V_D}{2}\right)V_D
\end{aligned}
\tag{28}
$$

已知 V_T 為

$$
V_T = V_{FB} + 2\psi_B + \frac{\sqrt{2\varepsilon_s q N_A(2\psi_B)}}{C_{ox}}
\tag{29}
$$

式中的 V_T 為起始電壓 (threshold voltage)，將於下節中詳細討論。 因此汲極的電導 (conductance) g_D，以式 (28) 可以計算得到

$$
g_D \equiv \left.\frac{\partial I_D}{\partial V_D}\right|_{V_G=常數} = \frac{Z}{L}\mu_n C_{ox}(V_G - V_T - V_D)
\tag{30}
$$

相似的，傳導 (transconductance) g_m 為

$$
g_m \equiv \left.\frac{\partial I_D}{\partial V_G}\right|_{V_D=常數} = \frac{Z}{L}\mu_n C_{ox}V_D
\tag{31}
$$

式 (25) 指出電流一開始會增加，之後隨著 V_D 增加達到最大值並且飽和。飽和現象是因位於汲極端附近的反轉層電荷 $Q_n(L)$ 變為零。截止點的產生是由於閘極與半導體間的相對電壓減少。此點的汲極電壓與汲極電流分別標示為 V_{Dsat} 及 I_{Dsat}。夾止點後的電流與 V_D 無關，故稱為飽和區。當 $Q_n(L) = 0$ 時，可由式 (21) 求得 V_{Dsat}

$$
0 = |Q_n(L)| = [V_G - V_{FB} - V_{Dsat} - 2\psi_B]C_{ox} - \sqrt{2\varepsilon_s q N_A[V_{Dsat} + 2\psi_B]}
\tag{32}
$$

其中 $V_{Dsat} = \Delta \psi_i(L)$，可得到式 (32) 的解答

$$V_{Dsat} = \Delta \psi_i(L) = V_G - V_{FB} - 2\psi_B + K^2 \left[1 - \sqrt{1 + \frac{2(V_G - V_{FB})}{K^2}} \right] \qquad (33)$$

式中 $K \equiv \sqrt{\varepsilon_s q N_A}/C_{ox}$。若令 $dI_D/dV_D = 0$，也可以得到與上式相同的解。將式 (33) 代入式 (25) 中可得飽和電流 I_{Dsat}

$$I_{Dsat} = \frac{Z}{2ML} \mu_n C_{ox} (V_G - V_T)^2 \qquad (34)$$

M 為摻雜濃度與氧化層厚度的函數

$$M \equiv 1 + \frac{K}{2\sqrt{\psi_B}} \qquad (35)$$

正常 M 的值會比 1 稍大，若使用超薄氧化層和低摻雜濃度，其值會比較接近 1。而 V_{Dsat} 可更簡單的表示為

$$V_{Dsat} = \frac{V_G - V_T}{M} \qquad (36)$$

由式 (34) 類似式 (31) 可得飽和區的轉導 (transconductance)

$$g_m = \left. \frac{dI_D}{dV_G} \right|_{V_D > V_{Dsat}} = \frac{Z}{ML} \mu_n C_{ox} (V_G - V_T) \qquad (37)$$

在飽和區，移動率為定值，根據式 (34) 可知，電流是平方定律函數，在圖 11 中顯示每單位增加電流量與閘極偏壓的關係。最後，非線性區介於兩個極端情況間，假設為 $|Q_n(y)| = C_{ox}[V_G - V_T - M\Delta\psi_i(y)]$，電流公式可表示為

$$\begin{aligned}
I_D &= \frac{Z}{L} \int_0^L C_{ox} \left[V_G - V_T - M\Delta\psi_i(y) \right] \upsilon(y) dy \Big|_{\upsilon(y) = -\mu_n \mathscr{E}_y = \mu_n \frac{d\Delta\psi_i}{dy}} \\
&= \frac{Z}{L} \int_0^{V_D} C_{ox} \left[V_G - V_T - M\Delta\psi_i(y) \right] \mu_n d\Delta\psi_i \\
&= \frac{Z}{L} \mu_n C_{ox} \left(V_G - V_T - \frac{MV_D}{2} \right) V_D
\end{aligned} \qquad (38)$$

式 (21) 是反轉電荷的萃取表示式,爲了方便萃取起始電壓,我們將其下方
式近似爲

$$|Q_n(y)| = C_{ox}[V_G - V_T - M\Delta\psi_i(y)] \tag{39}$$

將上式代入式 (24) 中,可得到與式 (38) 相同的適用於三個區域的操作通式。
但在線性區中,會與先前的結果有些微的差距。對於接下來要討論的在摻雜
場依於移動率與速度飽和情況下,上述簡單的電荷解釋有助分析。

速度－電場關係 (Velocity-Electric-Field Relationship)　當科技不斷地進
步,爲了增加元件的效能與密度,有效通道長度越來越短,結果造成由源
極至汲極通道內的縱向電場 $\mathscr{E}_y$ 也明顯增加。圖 13 爲高電場下的 $v-\mathscr{E}$ 關係
圖。移動率 μ 定義爲 $v/\mathscr{E}$,且低電場下的移動率爲定值。通常低電場移動率
(low-field mobility) 都使用在長通道元件中,將於最後一小節討論。在高電
場的情況下,載子速度將達到飽和速度 v_s。在定值移動率區與速度飽和區
間,載子速度可表示成 [25]

$$v(\mathscr{E}) = \frac{\mu_n\mathscr{E}}{[1+(\mu_n\mathscr{E}/v_s)^n]^{1/n}} = \frac{\mu_n\mathscr{E}}{[1+(\mathscr{E}/\mathscr{E}_c)^n]^{1/n}} \tag{40}$$

式中的 μ_n 爲低電場移動率。曲線的形狀會因 n 的值而改變,但是 μ_n、v_s 和
臨界電場 $\mathscr{E}_c(\equiv v_s/\mu_n)$ 則不會變。在矽中,電子爲 $n=2$,電洞爲 $n=1$,有
最佳的擬合。值得注意的是,電子及電洞 $\mathscr{E}_c$ 值變化會分別與 $(T/300\text{ K})^{1.55}$
及 $(T/300\text{ K})^{0.17}$ 成正比。而電子及電洞 n 值的變化會分別與 $(T/300\text{ K})^{0.66}$ 及
$(T/300\text{ K})^{1.68}$ 成正比。在室溫下,矽的電子與電洞的飽合速度分別爲 1.1×10^7
與 9.5×10^6 cm/s[26]。當端點電壓 V_D 由零開始增加,電流會因電場與載子速度
的增加而上升。最後載子速度會達到一個最大值 v_s,此時的電流亦會達到一
飽和定值。要注意的是,此電流飽和的機制與定值移動率造成的飽和電流是
完全不同的。此飽和機制是由於載子的速度飽和,而且在夾止點形成前就可
能會發生。在推導 $I-V$ 特性前,首先要瞭解 $v-\mathscr{E}$ 關係(圖 13)的重要性。
當式 (40)中的 $n=2$ 時,就數學上來說分析是很複雜的。幸運的是,圖中二
段線性近似 (Two-piece linear approximation) 與式 (40) 中 $n=1$ 的條件下,

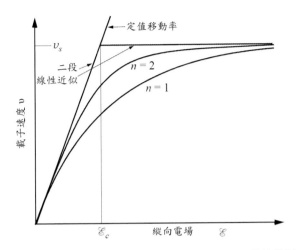

圖 13　式 (40) 中 $n = 1$ 和 2 的載子速度與縱向電場關係及此二段線性近似；臨界電場 $\mathscr{E}_c \equiv v_s/\mu$，其中 μ 為低電場下的移動率。

數學運算是較容易的，而且可以得到簡單的解。因爲這兩個極端的情況幾乎涵蓋實際上不同類型載子的特性，所以我們將這兩個假設都列入考慮。

場依移動率：二段線性近似（Electric-Field-Dependent Mobility: Two-Piece Linear Approximation）　　在二段線性近似中，定值移動率模型只適用到當最大電場接近汲極電場超出 $\mathscr{E}_c$ 前。相反地，式 (25) 中 V_{Dsat} 發生的比定值移動率模型早，所以只要求出 V_{Dsat} 即可。將式 (39) 代入式 (22) 可得

$$I_D(y) = ZC_{ox}\mu_n\mathscr{E}(V_G - V_T - M\Delta\psi_i) \tag{41}$$

我們知道最大的電場位於汲極，當汲極電壓持續增加，直到 $\mathscr{E}(L) = \mathscr{E}_c$ 時，電流將達到飽和。此情況下，式 (41) 可改寫爲

$$I_{Dsat} = ZC_{ox}\mu_n\mathscr{E}(V_G - V_T - MV_{Dsat}) \tag{42}$$

我們還需要一條方程式來解這兩個未知數，所以利用式 (39) 和 (24)，可以得到類似式 (38) 的形式

$$I_{Dsat} = \frac{ZC_{ox}\mu_n}{L}\left(V_G - V_T - \frac{MV_{Dsat}}{2}\right)V_{Dsat} \tag{43}$$

令式 (43) 等於式 (42)，可求得 V_{Dsat} 為

$$V_{Dsat} = L\mathscr{E}_c + \frac{V_G - V_T}{M} - \sqrt{(L\mathscr{E}_c)^2 + \left(\frac{V_G - V_T}{M}\right)^2} \tag{44}$$

此 V_{Dsat} 永遠小於 $(V_G - V_T)/M$（式 (36)），所以場依移動率總是帶來較低的 I_{Dsat}。

場依移動率：經驗方程式（Electric-Field-Dependent Mobility: Empirical Formula）　接下來討論速度與電場的關係，令式 (40) 中的 $n=1$，將其代入式 (22) 可得

$$I_D\left(\mathscr{E}_c + \frac{d\Delta\psi_i}{dy}\right) = ZC_{ox}\mu_n\mathscr{E}_c(V_G - V_T - M\Delta\psi_i)\frac{d\Delta\psi_i}{dy} \tag{45}$$

等號右邊的形式與定值移動率模型很類似，因此

$$I_D = Z|Q_n(y)|\frac{\mu_n\mathscr{E}}{1 + \mathscr{E}/\mathscr{E}_c} \tag{46}$$

$$\Rightarrow I_D\left(1 + \frac{d\Delta\psi_i/dy}{\mathscr{E}_c}\right) = Z[C_{ox}(V_G - V_T - M\Delta\psi_i)]\mu_n\frac{d\Delta\psi_i}{dy} \tag{47}$$

將上式從源極積分到汲極後得到

$$\int_0^L I_D\left(\mathscr{E}_c + \frac{d\Delta\psi_i}{dy}\right)dy = \int_0^{V_D} Z\mu_n C_{ox}\mathscr{E}_c(V_G - V_T - M\Delta\psi_i)\,d\Delta\psi_i \tag{48}$$

$$\Rightarrow I_D(\mathscr{E}_c L + V_D) = Z\mu_n C_{ox}\mathscr{E}_c(V_G - V_T - M\frac{V_D}{2})V_D \tag{49}$$

$$\Rightarrow I_D = \frac{ZC_{ox}\mu_n\mathscr{E}_c}{L\mathscr{E}_c + V_D}\left(V_G - V_T - \frac{MV_D}{2}\right)V_D \tag{50}$$

若將上式的 $L\mathscr{E}_c + V_D$ 改寫成 L，可發現與式 (38) 相似。此外，令 $dI_D/dV_D = 0$ 便可得到 V_{Dsat}

$$V_{Dsat} = L\mathscr{E}_c \left[\sqrt{1 + \frac{2(V_G - V_T)}{ML\mathscr{E}_c}} - 1 \right] \tag{51}$$

一旦知道 V_{Dsat}，便可由式 (50) 計算出 I_{Dsat}。

速度飽和（Velocity Saturation） 在飽和速度情況下，$\Delta\psi_i(y=0) = 0$，在源極終端的反轉電荷，依據式 (20) 為

$$|Q_n| = (V_G - 0 - 2\psi_B)C_{ox} - \sqrt{2\varepsilon_s q N_A(0 + 2\psi_B)} + (V_G - V_T)C_{ox} \tag{52}$$

藉由以上任一的假設，我們發現在極短通道元件中，電流會受到速度飽和的限制。當我們令 $\upsilon = \upsilon_s$ 的情況下，因為電流的連續性，所以 Q_n 將是個定值，並可由式 (52) 近似成 $(V_G - V_T)C_{ox}$。現由式 (24) 與式 (52) 可得

$$I_{Dsat} = \frac{Z}{L} \int_0^L |Q_n(y)|\upsilon(y)dy = \frac{Z}{L}|Q_n|\upsilon_s L = Z(V_G - V_T)C_{ox}\upsilon_s \tag{53}$$

類似式 (37)，轉導 g_m 則為

$$g_m \equiv \frac{dI_{Dsat}}{dV_G} = ZC_{ox}\upsilon_s \tag{54}$$

並且與閘極偏壓無關。圖 14 為相同元件的 $I-V$ 特性，在定值移動率和速度飽和情況下比較幾種模型。首先，是速度飽和造成元件的 I_{Dsat} 和 V_{Dsat} 變低，但線性區則沒什麼變化。而 g_m（每增加單位 V_G 時的電流變化量）也成為定值，即與 V_G 無關。最後，在式 (53) 中可以發現有趣的現象，飽和電流不再跟通道長度有關。實驗數據證實此理論相當令人滿意。實際上，圖 13 指出載子速度不可能完全達到 υ_s。同樣地，通道內的橫向電場也不是平均分布。因此源極的低電場要達到 $\mathscr{E}_c$ 是很困難的，對電流最大值而言將會是一個瓶頸。因此通常都會在式 (53) 和式 (54) 前面乘以一個修正值加以修正，此值約 $0.5 \sim 1.0$。

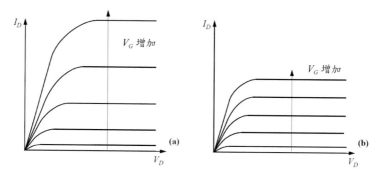

圖 14　(a) 定值移動率 (b) 速度飽和的 *I–V* 特性比較。其它的參數皆相同。

彈道傳輸（Ballistic Transport）　　上述的速度飽和是在有許多散射的高電場情況下達成穩態且平衡的現象。然而，當通道長度很短，短到與平均自由徑相同或更短時，通道內的載子將不再受到散射。載子能夠從電場中獲得能量，卻不會因為散射而喪失能量至晶格，所以載子速度會遠高於飽和速度。此效應於 1.5.3 節中有介紹過，稱為彈道傳輸或速度過衝 (velocity overshoot)。彈道傳輸對通道長度縮小後所產生的現象來說非常重要，它解釋了為何電流與轉導會高於飽和速度造成的結果。參考文獻 27-32 為彈道傳輸相關的理論與解釋。利用電腦模擬，可看出這些元件內的電場與速度都非常不均勻。圖 15 為通道內的能帶變化與速度分布。縱向電場沿著通道 ($d\mathscr{E}_c/d_y$) 變化，其最大值位於汲極端，因此彈道效應總是在汲極端發生，其速度能夠超出飽和速度 v_s。（對室溫下的矽而言，熱速度 $v_s \approx v_{th}$）而越靠近源極，速度會下降。為了得到電流連續性，必須修正通道電位與反轉電荷，因此整個通道內的速度和電荷的乘積要維持常數。藉由這樣的論證，在極短通道長度中，電流的瓶頸處應該具有電荷最大值與電場最小值，也就是說電位最大值的位置靠近源極端，如圖 15a 所示。為了分析彈道區中的飽和電流，我們將式 (24) 應用於電位最大值的位置上，並且由廣義的形式出發

$$I_{Dsat} = Z\,|Q_n|v_{eff} \tag{55}$$

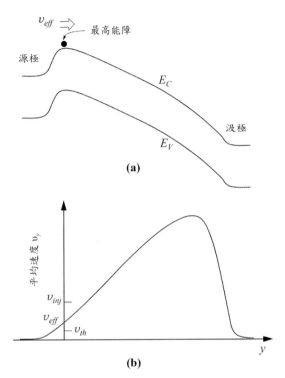

圖 15 (a) 施加汲極偏壓下，汲極電流的限制與最高電位有關。(b) 載子平均速度（y 軸）與通道內位置的關係，其中 v_{eff} 介於 v_{inj} 與 v_{th} 間，且在汲極端的速度會大於 v_{inj}。

式中的 $|Q_n|$ 在源極端具有最大值 $C_{ox}(V_G - V_T)$，而 v_{eff} 為有效載子平均速度，其值應該與最後實驗上的飽和電流吻合，所以最關鍵的參數就是 v_{eff}。根據熱平衡的條件，v_{eff} 的最大值僅為熱速度 $v_{th} [= (2kT/\pi m^*)^{1/2}]$。當系統處於高反轉電荷濃度時，隨機速度能夠超出熱速度。這是一種量子力學效應，稱為載子簡併 (carrier degeneracy)[28]，其載子能量會被推到比熱能還高的能態。這個較高的值稱為注入速度(injection velocity) v_{inj}，如以載子存在的能量態及費米能量間的關係表示，即為[27]

$$v_{inj} = \sqrt{\frac{2kT}{\pi n^*}} \frac{F_{1/2}\left[(E_F - E_n)/kT\right]}{\ln\left\{1 + \exp\left[(E_F - E_n)/kT\right]\right\}} \tag{56}$$

式中的 $F_{1/2}$ 是費米－狄拉克積分（見 1.4.1 節）。在微小反轉電荷或 $E_F - E_n$ 很小的情況下，式 (56) 可變成 $\sqrt{2kT/\pi m^*}$ ，並且 $v_{inj} = v_{th}$ 。如果反轉電荷很多時，那式(56)將簡化為

$$v_{inj} = \frac{8\hbar}{3m^*}\sqrt{\frac{|Q_n|}{2\pi q}} = \frac{8\hbar}{3m^*}\sqrt{\frac{C_{ox}(V_G - V_T)}{2\pi q}} \qquad (57)$$

而且是反轉電荷或超額量閘極電壓 (gate overdrive) 的函數。理論上 v_{inj} 為反轉電荷的函數，如圖 16 所示的矽 n- 通道 MOSFET。電流最大值為 $Q_n v_{inj}$ 的乘積，可得到彈道 MOSFET 的最終驅動電流，此關係亦顯示於圖 16 中。對彈道傳輸，假設反轉載子濃度為 10×10^{12} cm^{-2}，與 v_{inj} 為 2×10^7 cm/s，$I_{max} = |Q_n|v_{inj} = (10 \times 10^{12})(1.6 \times 10^{-19}) \times 2 \times 10^7 = 3.2$ A/mm。式 (55) 的飽和電流公式可重新寫為

$$I_{Dsat} = r_n Z|Q_n|v_{inj} = \frac{8r_n Z\hbar}{3m^*}\frac{[C_{ox}(V_G - V_T)]^{3/2}}{\sqrt{2\pi q}} \qquad (58)$$

式中的 r_n 為彈道指標 (index of ballisticity) $(= v_{eff}/v_{inj})$。在最大程度的彈道傳輸中，$r_n = 1$，其為在 $L \rightarrow 0$ 情況下所得的極值電流值，而其轉導為

$$g_m = \frac{4r_n Z\hbar}{m^*}\sqrt{\frac{C_{ox}(V_G - V_T)}{2\pi q}} \qquad (59)$$

可看出 I_{Dsat} 和 g_m 都與通道長度無關。彈道指標也可以利用通道載子自汲極返回源極的背向散射 R 來解釋。此外，因為移動率與散射有關，所以 r_n 與低電場移動率 μ_n 間一定存在某些關係。可表示為 [29]

$$r_n = \frac{v_{eff}}{v_{inj}} = \frac{1 - R}{1 + R}$$

$$= \left[\frac{1}{v_{inj}} + \frac{1}{\mu_n \mathscr{E}(0^+)}\right]^{-1} \qquad (60)$$

其中 $\mathscr{E}(0+)$ 為一朝向汲極端方向，下降一個 kT 位能的最大電場。可利用這個解釋精確地說明一些實驗的數據與模擬趨勢。如低溫環境下 I_{Dsat} 會增加，

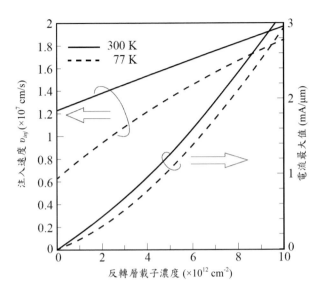

圖 16　注入速度 v_{inj} 在 (100) 平面與反轉層載子濃度關係圖；最大電流為 v_{inj} 與反轉電荷的乘積（參考文獻 27）。

或相同溫度下，即使處在彈道區，較高的低電場移動率會帶來較高的 I_{Dsat}。這些現象都可以透過式 (60) 中移動率的改善來解釋。

　　在這個模型中必須強調，即使靠近汲極端的區域發生彈道傳輸，但靠近電位最大值位置上的電場卻太低以致不能造成彈道傳輸，所以使得 v_{inj} 限定電流最大值。汲極端的高彈道速度不會產生比 v_{inj} 還高的電流，但藉由再次平衡整個系統有助於達到利用 v_{inj} 所設定的最大值。不同通道長度下 V_G 與 I_{Dsat} 的關係也是相當引人注目，在長通道與定值移動率情況下，I_{Dsat} 正比於 $(V_G - V_T)^2$。在短通道與速度飽和情況下，I_{Dsat} 正比於 $(V_G - V_T)$。而在彈道傳輸的限制下，I_{Dsat} 正比於 $(V_G - V_T)^{3/2}$。

6.2.3 起始電壓

　　我們現在開始討論在式 (29) 中首次提到的起始電壓 V_T。考慮從非零平帶電壓的起始電壓位移 ΔV_T，是由於閘極材料與半導體間存在固定氧化層電

荷 Q_f 與功函數差 ϕ_{ms} 所造成。式 (29) 修正為

$$V_T = V_{FB} + 2\psi_B + \frac{\sqrt{2\varepsilon_s q N_A (2\psi_B)}}{C_{ox}}$$

$$= \left(\phi_{ms} - \frac{Q_f}{C_{ox}}\right) + 2\psi_B + \frac{\sqrt{4\varepsilon_s q N_A \psi_B}}{C_{ox}} \tag{61}$$

由上式可看出，起始電壓定義為：「達到平帶後，開始產生反轉電荷層所需要外加的閘極偏壓。」而產生反轉電荷層所需的偏壓為半導體 ($2\psi_B$) 與氧化層跨壓的總合 [式 (29) 最後項]。式 (61) 中的根號項為空乏區的總電荷。當基板施加偏壓時（對 p- 型基板是負的），起始電壓會變成

$$V_T = V_{FB} + 2\psi_B + \frac{\sqrt{2\varepsilon_s q N_A (2\psi_B - V_{BS})}}{C_{ox}} \tag{62}$$

而 ΔV_T 是基板偏壓的函數則為

$$\Delta V_T = V_T\big|_{V_{BS} \neq 0} - V_T\big|_{V_{BS} = 0} = \frac{\sqrt{2\varepsilon_s q N_A}}{C_{ox}} \left(\sqrt{2\psi_B - V_{BS}} - \sqrt{2\psi_B}\right)$$

$$= \frac{a}{\beta} \left(\sqrt{2\beta\psi_B - \beta V_{BS}} - \sqrt{2\beta\psi_B}\right) \tag{63}$$

其中 $\beta \equiv q/kT$ 與 $a \equiv \sqrt{2}(\varepsilon_s/\varepsilon_{ox})(d/L_D)$ 。圖 17 所示為矽 n- 通道 MOSFET，在室溫下，不同 a 值時，ΔV_T 與基板偏壓的關係圖。當閘極氧化層電容值小，會造成 a 值變大，在此情況下，ΔV_T 對基板的偏壓變化較敏感。在 L_D 變小（換言之，N_A 增加），以及／或 d 增加，則 a 減小，而造成 ΔV_T 隨著基板偏壓值變大。由於基板偏壓的存在，若要使 ΔV_T 最小化，需使用小 a 值（如，低基板摻雜與薄的氧化層厚度）。實際上，在因基板偏壓造成的 ΔV_T 最小化情況下，可優先選擇低的基板摻雜與薄的氧化層厚度。我們選擇小汲極電壓下的線性區 ($V_D \ll V_G$)，量測萃取起始電壓，而 I_D-V_G 圖如圖 18a 所示。根據式 (28) 可推斷出，圖 18a 中的 I_D 曲線截距值 $V_G = V_T + 1/2\ V_D$。當 I_D 為線性軸時，起始電壓以下的 I_D 值幾乎都為零。如果要觀察起始電壓以下的 I_D 特性時，只要將 I_D 改為對數軸即可（圖 18b）。

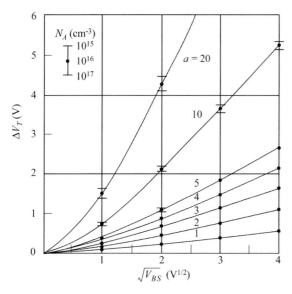

圖 17 在室溫下，矽 n- 通道 MOSFET 在不同 a 值條件下，ΔV_T 與基板偏壓的變化關係圖。

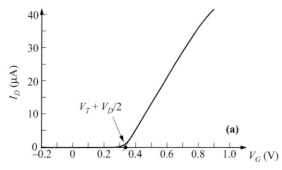

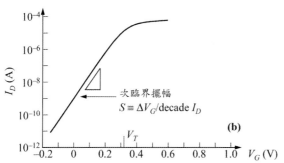

圖 18 線性區 ($V_D \ll V_G$) 的傳輸特性 (I_D–V_G 圖) (a) 可藉由線性的 I_D 圖中求得 V_T。在較高 V_G 下，由於較低移動率而偏離線性關係。(b) 對數的 I_D 圖可觀察次臨界擺幅特性。

6.2.4 次臨界區

當閘極偏壓低於起始偏壓，或半導體表面處於弱反轉或空乏時，此時的汲極電流稱為次臨界電流 (subthreshold current)[33, 34]。次臨界區可清楚地描述為何電流隨著閘極偏壓快速下降，對低電壓和低功率的應用特別重要，例如當 MOSFET 作為數位邏輯電路的開關與記憶體的應用。

在弱反轉與空乏時，因為電子非常少，所以漂移電流非常低。此時的汲極電流是由擴散電流主導，並且如同在均勻基極摻雜之雙極性電晶體導出的集極電流。考慮通道內的電子濃度為梯度分布，此時的擴散電流為[35]

$$I_D = -qAD_n \frac{dn}{dy} = qAD_n \frac{n(0)-n(L)}{L} \tag{64}$$

其中，$A = x_i Z$ 是元件面積，x_i 是表面電荷層的有效厚度，如圖 19 所示。與表面電場 $\mathscr{E}_s$ 有關，Z 是通道寬度。注意，$\mathscr{E}_s = (1/q)(d\mathrm{E}/dx) = (kT/q)/x_i$；因此 $x_i = kT/q\mathscr{E}_s$，$D_n = (kT/q)\mu_n$ 是電子的擴散係數，$n(0)$ 與 $n(L)$ 分別是在通道源極端與汲極端的電子濃度。可表示為

$$n(0) = n_{p0}\exp(\beta\psi_s) \text{ 和 } n(L) = n_{p0}\exp(\beta\psi_s - \beta V_D) \tag{65}$$

其中 $\beta = q/kT$，因此式 (64) 可以表示為

$$
\begin{aligned}
I_D &= q\left(\frac{kTZ}{q\mathscr{E}_s}\right)\left(\frac{kT}{q}\mu_n\right)\frac{n_{p0}[\exp(\beta\psi_s) - \exp(\beta\psi_s - \beta V_D)]}{L} \\
&= \frac{Z\mu_n}{L\beta^2}\sqrt{\frac{q\varepsilon_s N_A}{2\psi_s}}\left(\frac{n_i}{N_A}\right)^2 \exp(\beta\psi_s)[1 - \exp(-\beta V_D)] \\
&\approx \frac{Z\mu_n}{L\beta^2}\sqrt{\frac{q\varepsilon_s N_A}{2\psi_s}}\left(\frac{n_i}{N_A}\right)^2 \exp(\beta\psi_s) \qquad \text{對充分大} V_D
\end{aligned}
\tag{66}
$$

式 (66) 指出在次臨界區的汲極電流以指數關係隨 ψ_s 改變。為了瞭解電流與閘極偏壓的關聯性，首先需要 V_G 與 ψ_s 的關係。由第四章的式 (39)，我們可得到以下關係

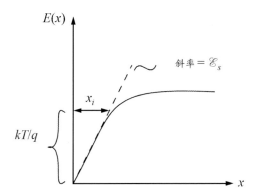

圖 19　為圖 9b 的縮圖，描述表面電荷層的有效厚度。

$$V_G - V_{FB} = V_T = \psi_s + \frac{\sqrt{2\varepsilon_s \psi_s q N_A}}{C_{ox}} \tag{67}$$

雖然從式 (67) 得到的 ψ_s 比較複雜，不過一旦求出 ψ_s，便可算出次臨界電流 (subthreshold current)。使用閘極電壓如何快速關閉電晶體的量化參數，被稱爲次臨界擺幅 S (subthreshold swing)，是次臨界斜率 (substreshold) 的相反值。其定義爲引發汲極電流改變一階次大小幅度所需的閘極電壓，值得注意的是，由式 (66) 中指出，因爲在根號項中的 ψ_s 可以假設爲常數，汲極電流是由指數項主導，可得到

$$I_D \propto \exp(\beta \psi_s) \Rightarrow \ln I_D \propto \beta \psi_s \Rightarrow \frac{d(\ln I_D)}{d\psi_s} \propto \beta \Rightarrow d(\ln I_D) \propto \beta d\psi_s \tag{68}$$

另一方面，由式 (67) 可求出 V_G 與 ψ_s 變化的關係

$$\frac{dV_G}{d\psi_s} = 1 + \frac{1}{C_{ox}} \sqrt{\frac{\varepsilon_s q N_A}{2\psi_s}} = \frac{C_{ox} + C_D}{C_{ox}} \tag{69}$$

代入式 (68) 與 (69)，便可計算次臨界擺幅 (subthreshold swing)：

$$S \equiv (\ln 10) \frac{dV_G}{d(\ln I_D)}$$

$$= (\ln 10) \frac{dV_G}{d(\beta\psi_s)} = (\ln 10) \left(\frac{kT}{q}\right)\left(\frac{C_{ox}+C_D}{C_{ox}}\right) = 2.3 \frac{kT}{q}\left(1+\frac{C_D}{C_{ox}}\right) \tag{70}$$

從式 (70) 導出次臨界擺幅後，可以直觀地說明其簡單型式。在氧化層厚度幾乎爲零的情況下，其指數特性與 p-n 接面的擴散電流完全相同。當氧化層厚度不爲零時，次臨界擺幅會因兩個串聯電容構成的分壓器而下降，其比例爲 $1+C_D/C_{ox}$。而分壓器如式 (69) 中所示。因爲 W_D 與空乏層電容 C_D 會隨 ψ_s 而變化，S 是 V_G 的轉函數，如圖 20 所示。值得注意的是，S 也會受到基板偏壓 V_{BS} 的影響，當基板施加逆偏壓，ψ_s 值會增加，因此 C_D 與 S 會下降，此外如圖 21 所示，對一已知 V_{BS}，S 會隨著 a 增加而增加，當 V_{BS} 因 C_D 減小而增加時，S 值會降低。在具有大的介面缺陷濃度 D_{it} 的情況下，其電容 $C_{it}(= q^2 D_{it})$ 與空乏層電容 C_D 爲並聯模式。利用式 (70)，將 C_D 代換成 (C_D+C_{it}) 後，如第四章圖 15c 所示，可得

$$S\big|_{D_{it}\neq 0} = 2.3 \frac{kT}{q}\left(1+\frac{C_D+C_{it}}{C_{ox}}\right) = S\big|_{D_{it}=0} = \left(1+\frac{C_{it}}{C_{ox}+C_D}\right) \tag{71}$$

其中 S 在 $D_{it} = 0$ 是新元件，假如已知元件的其他參數，如摻雜濃度和氧化層厚度，便可藉由量測次臨界擺幅來得到介面缺陷濃度。除了利用 MOS 電容量測，次臨界擺幅提供了另一個可以量測 D_{it} 的選擇。一般而言，直流的 I-V 量測比交流的電容和電導量測簡單，且可應用在三端點電晶體上（不一定要具有基板接觸）。若要得到陡峭的次臨界斜率（如，小的 S 值），最好能在低通道摻雜濃度、薄氧化層、低介面缺陷濃度及低溫環境下操作。當基板上施加偏壓時，除了改變起始電壓，ψ_s 也會隨 V_{BS} 增加，結果造成空乏層電容縮小，因此 S 也會縮小。在圖 18a，靠近起始電壓處的汲極電流並不會像式 (28) 預料的那樣急遽關閉，因爲在起始電壓下的電流是由擴散電流所主導，當我們作出 6.6.2 節中的假設後，這現象就一直被忽略。爲了討論構成擴散的效應，參考圖 8 中的非平衡狀態，包含漂移和擴散組成跨過 (x, y)

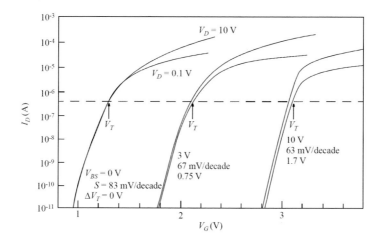

圖 20　一個具有 15.5 μm *n*- 通道的金氧半場效電晶體實驗量測所得的次臨界特性，其中 *d* = 57 nm，N_A = 5.6×10^{15} cm^{-3} 及 *a* = 4。

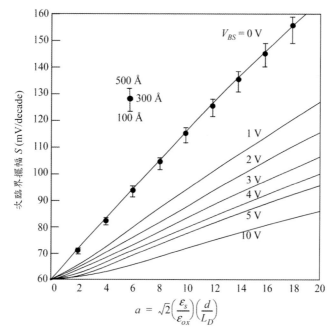

$$a = \sqrt{2}\left(\frac{\varepsilon_s}{\varepsilon_{ox}}\right)\left(\frac{d}{L_D}\right)$$

圖 21　在不同基板逆偏壓條件下，次臨界擺幅 *S* 對 *a* 的變化圖。

截面積的總汲極電流密度為

$$J_D(x,y) = q\mu_n n \mathscr{E}_y + qD_n \frac{dn}{dy} = D_n n(x,y)\frac{dE_{Fn}}{dy} \tag{72}$$

由漸變通道近似法導出的汲極電流

$$
\begin{aligned}
I_D &= Z\int_0^{xi} J_D(x,y)dx = \frac{ZD_n}{L}\int_0^L \frac{dE_{Fn}}{dy}\int_0^{xi} n(x,y)dxdy \\
&= \frac{Z}{L}\frac{\varepsilon_s \mu_n}{L_D}\int_0^{V_D}\int_{\psi_B}^{\psi_s} \frac{\exp(\beta\psi_p - \beta\Delta\psi_i)}{F(\beta\psi_p, \Delta\psi_i, n_{po}/p_{po})}d\psi_p d\Delta\psi_i
\end{aligned} \tag{73}
$$

其中假設擴散電流為定值，$\Delta\psi_i$ 是在源極端的通道電位 (channel potential)，由式 (6) 的積分與計算可得到電子濃度。閘極電壓 V_G 與表面電位 ψ_s 的關係

$$V_G - V_{FB} = -\frac{Q_s}{C_{ox}} + \psi_s = \frac{\sqrt{2}\varepsilon_s kT}{C_{ox}qL_D}F\left(\beta\psi_s, \Delta\psi_i, \frac{n_{po}}{p_{po}}\right) + \psi_s \tag{74}$$

當閘極偏壓高於起始狀態時，式 (73) 將會變成式 (25)。但在閘極電壓 V_G 接近或低於起始狀態，簡化會變得較不準確。式 (73) 中的被積函數會隨式 (8) 而變動，因此全數值分析解是相當複雜的。最後，針對如圖 22 所示的特定元件，由線性區至飽和區，以式 (73) 數值計算得到所有的 V_D 值，均具有精確的結果。

6.2.5 移動率行為

　　因為通道內載子被侷限在反轉層內，所以反轉層厚度預期會影響漂移速度 v 與移動率 μ。當施以微弱的縱向電場 $\mathscr{E}_y$（平行半導體表面的電場）時，漂移速度隨 $\mathscr{E}_y$ 作線性變化，而比例常數就是低電場移動率。由實驗量測得知，低電場移動率為橫向電場 $\mathscr{E}_x$ 的唯一函數（此橫向電場與電流方向垂直），與 $\mathscr{E}_y$ 無關 [36]。此相依性與摻雜濃度或氧化層厚度並無直接關係，而是與它們對反轉層電場 $\mathscr{E}_x$ 造成的影響有關。圖 23 為量測的結果，若測量許多不同氧化層厚度及摻雜濃度的元件，可以發現與移動率有關係的就只有橫向電場 $\mathscr{E}_x$。在已知的溫度下，移動率隨有效橫向電場增加而減少；有效

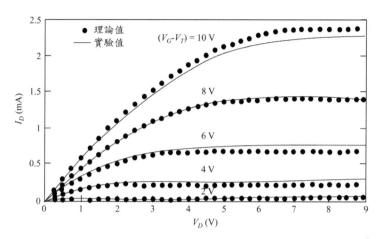

圖 22　一個 *p*- 型金氧半場效電晶體之源極特性的理論值（點）與實驗（實線）值的關係圖，其中 $d = 2000\ \text{Å}$，$N_D = 4.6 \times 10^{14}\ \text{cm}^{-3}$，與 $\mu_p = 256\ \text{cm}^2/\text{V-s}$。

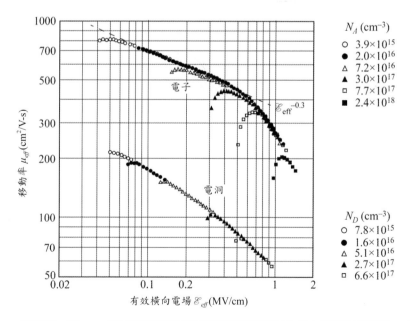

圖 23　室溫下，矽 (100) 面電子與電洞的反轉層移動率與有效橫向電場的關係圖。（參考文獻 37）

横向電場則定義爲在反轉層內整個電子分布的平均電場,即寫爲

$$(\mathcal{E}_x)_{\text{eff}} = \frac{1}{\varepsilon_s}\left(Q_B + \frac{1}{2}Q_n\right)$$　　　(75)

實際上,這意味著平均反轉載子受到了空乏層電荷 Q_B 的全部影響,但只有受到一半反轉層電荷 Q_n 的影響。注意,這有效的移動率對式 (28) 與式 (34) 中的電流公式是有效的;但是與定值移動率爲假設下,所導出的 g_m[式(37)] 卻有些微的不同。當縱向電場增加時,$v-\mathcal{E}$ 就會偏離線性關係。這種場依移動率在式(40)與圖 13 中都已詳加討論過。圖 24 爲在不同的 $\mathcal{E}_x$ 下,電子漂移速度與 $\mathcal{E}_y$ 的關係。在任何電場下移動率都定義爲 $v/\mathcal{E}_y$,並隨著 $\mathcal{E}_y$ 減少,最後將造成速度飽和,這結果與在矽本體有類似情形。圖 23 表現出 $\mathcal{E}_x$ 對低電場移動率的影響,也可以瞭解飽和速度 v_s 與低電場移動率或 $\mathcal{E}_x$ 無關。

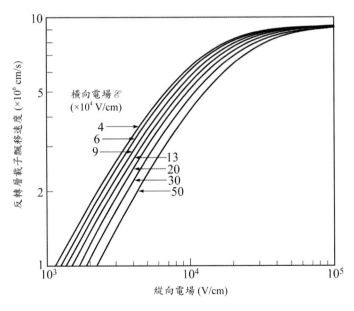

圖 24　不同橫向電場下,電子飄移速度與縱向電場的關係圖。低縱向電場的斜率是移動率。（參考文獻 38）

6.2.6 溫度相依性

　　溫度會直接影響元件參數與效能，特別是在移動率、起始電壓和次臨界特性等方面。如圖 25 所示，0.5 μm 的 n- 通道金氧半場效電晶體可以第一章式 (154) 晶格溫度方程式求解，在強反轉情況下，晶格溫度偏移大，當元件在強反轉情況下，從通道表面到基板的最大溫度差可高達到數百 K。在閘極偏壓符合強反轉與溫度為 300K 的情況下，反轉層內的有效移動率隨著溫度以 T^{-2} 次冪呈相依性變化 [36]。這結果顯示，在低溫下會有較高的電流與轉導。為了得到起始電壓與溫度的關係，我們利用式 (61)

$$V_T = \phi_{ms} - \frac{Q_f}{C_{ox}} + 2\psi_B + \frac{\sqrt{4\varepsilon_s q N_A \psi_B}}{C_{ox}} \tag{76}$$

因為功函數差 ϕ_{ms} 和固定氧化層電荷基本上和溫度無關，故將式 (76) 對溫度微分後可得 [39]

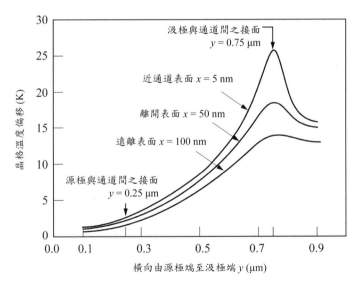

圖 25　0.5 μm 的 n- 型 MOSFET，計算由通道表面至基板不同深度位置的晶格溫度偏移，其中施加於元件的偏壓為 $V_G = 4$ V 與 $V_D = 7$ V，基板的摻雜濃度為 1×10^{16} cm^{-3}，源 / 汲極的摻雜濃度為 1×10^{19} cm^{-3}，通道的摻雜為 5×10^{17} cm^{-3}，氧化層的厚度為 10 nm。

$$\frac{dV_T}{dT} = \frac{d\psi_B}{dT}\left(2 + \frac{1}{C_{ox}}\sqrt{\frac{\varepsilon_s q N_A}{\psi_B}}\right) \tag{77}$$

根據基本公式，在 4.2.1 節靜電位能

$$\psi_B = \frac{kT}{q}\ln\left(\frac{N_A}{n_i}\right) \tag{78}$$

由第一章式 (25)

$$n_i \propto T^{3/2}\exp\left(\frac{-E_{g0}}{2kT}\right) \Rightarrow \ln(n_i) \propto \ln T^{3/2} - \frac{E_{g0}}{2kT} \tag{79}$$

其中 E_{g0} 為 $T = 0$ 時的能隙。式 (79) 代入式 (78)，我們可以得到 ψ_B 對 T 的導數

$$\begin{aligned}\frac{d\psi_B}{dT} &= \frac{d}{dT}\left[\frac{kT}{q}\ln\left(\frac{N_A}{n_i}\right)\right] = \frac{k}{q}\ln\left(\frac{N_A}{n_i}\right) + \frac{kT}{q}\frac{3}{2T} - \frac{kT}{q}\left(\frac{E_{g0}}{2kT^2}\right) \\ &= \frac{k}{q}\ln\left(\frac{N_A}{n_i}\right) + \frac{3k}{2q} - \frac{E_{g0}}{2q}\left(\frac{1}{T}\right) \approx \frac{k}{q}\ln\left(\frac{N_A}{n_i}\right) - \frac{E_{g0}}{2q}\left(\frac{1}{T}\right) = \frac{1}{T}\left(\psi_B - \frac{E_{g0}}{2q}\right)\end{aligned} \tag{80}$$

在式 (80) 中的 $3k/2q$ 可以忽略。圖 26 表示在室溫下，對不同氧化層厚度之起始電壓對基板摻雜濃度的關係圖。$|dV_T/dT|$ 會隨基板摻雜濃度而增加或減小。對已知 N_A 與 $d = 0.1$ μm 的元件，如圖 27 所示為量測所得的 ΔV_T 對溫度的關係，顯示 dV_T/dT 幾乎為常數。隨著溫度下降，MOSFET 的特性會獲改善，特別是在次臨界區。圖 28 是在不同的溫度下，0.5 μm 的 MOSFET ($L = 0.5$ μm)的傳輸特性。當溫度自 450 K 降至 150 K 時，起始電壓 V_T 由 0.28 V 大約增加至 0.57 V。此項 V_T 的增加類似圖 26 所示。最明顯的改善為次臨界擺幅 S 的降低，從 450 K 的 118 mV/(decade) 降為 150 K 的 34 mV/(decade)。在 150 K 的次臨界擺幅改善約為 3.5 倍，這種改善主要來自於式 (70)的 kT/q 項。在 150 K 時，其他的改善之處還包含較高的移動率與電流、較大的轉導、較低的功率消耗、較低的接面漏電流與較低的金屬線電阻。主要的缺點是 MOSFET 必須放入適當的惰性冷卻劑內（如液態氮），以及低溫設備與特殊處理的額外裝置需求。

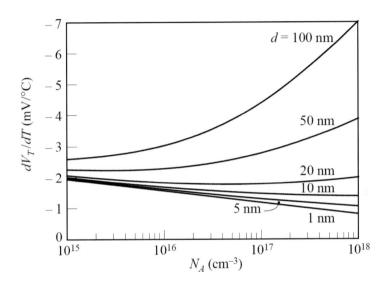

圖 26 　在室溫下，對不同氧化層厚度的 Si-SiO$_2$ 系統，起始電壓對基板摻雜濃度的關係圖。

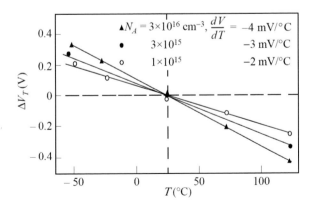

圖 27 　ΔV_T 實驗量測值對溫度的關係圖，已知 N_A，$d = 0.1 \ \mu m$，dV_T/dT 幾乎為定值。

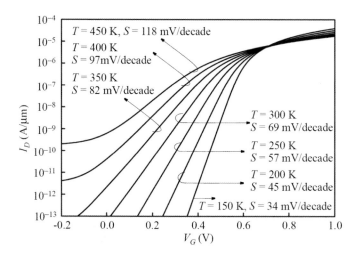

圖 28 使用圖 25 的 0.5 μm MOSFET，在不同溫度下，$V_D = 1\ V$，由計算所得的次臨界特性圖。

6.3 非均勻摻雜與埋入式通道元件

在 6.2 節中，假設通道內的摻雜濃度為常數，然而在實際的元件，通常摻雜都是非均勻的，因為在近代的 MOSFET 技術裡，離子佈植被廣泛地使用以改善元件特性。譬如，深層低階摻雜可以縮小汲極－基板電容與基板底偏壓效應（參考圖 29）， 比較近似階梯摻雜分布曲線（虛線）與非均勻摻雜濃度分布（實線）的結果，可得起始電壓向右偏移。另外，藉由矽－二氧化矽介面的低階摻雜，可以用來調整起始電壓，以及降低電場並改善移動率，而深層高階摻雜也可以減少源 / 汲極間的貫穿效應。這兩種常見的摻雜形式，分別稱為高－低與低－高分布，如圖 30 所示，圖中的階梯分布近似值是為了讓分析更容易。我們接下來研究非均勻通道摻雜對元件特性的影響，特別是起始電壓和空乏區寬度，因為它們會影響次臨界擺幅與基板偏壓效應，所以由空乏區內的摻雜分布來決定 V_T 是很重要的。當考慮電容與基板敏感度，即起始電壓與基板逆向偏壓的相依性，此時空乏區外的摻雜分布就顯得重要。根據以上的敘述，一般起始電壓公式可寫為

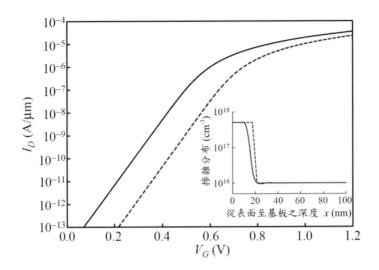

圖 29　採用圖 25 的 0.5 μm n- 型 MOSFET 元件，在 V_D= 1 V 下，高—低摻雜分布（實線）與階梯摻雜分布近似值（虛線）的 I_D 對 V_G 的關係圖。

$$V_T = V_{FB} + \psi_s + \frac{Q_B}{C_{ox}}$$
$$= V_{FB} + 2\psi_B + \frac{q}{C_{ox}} \int_0^{W_{Dm}} N(x)dx \tag{81}$$

其中 Q_B 為空乏區電荷。當開始強反轉時，利用波松方程式求出的 W_{Dm}，定義為最大空乏區寬度，並為上式的積分上限

$$\psi_s = 2\psi_B = \frac{q}{\varepsilon_s} \int_0^{W_{Dm}} xN(x)dx \tag{82}$$

對非均勻摻雜分布來說，ψ_B 和 V_{FB} 的定義變得更為重要且複雜。幸運的是，利用 N_B 的背景摻雜對這些數值來說足夠準確的，特別是當表面電位 ψ_s = $2\psi_B$ 時，因它與摻雜程度的關係相當微弱。

6.3.1 高－低分布

　　為了得到因離子佈植所造成的起始電壓偏移，我們考慮如圖 30c 所示的理想階梯分布。原本的佈植分布經熱退火後，可近似為階梯深度 x_s 的階梯函數，其值約等於原來佈植的投射距離和標準差異的總合。對較寬的 x_s 而言，強反轉情況下的最大空乏區寬度位於 x_s 內，所以表面區域可視為高濃度的均勻摻雜。每個區域的電場如圖 31 所示，由波松方程式可得

$$\mathscr{E}_1(x) = \mathscr{E}_m - \frac{qN_s x}{\varepsilon_s} \tag{83}$$

$$\mathscr{E}_0(x) = \mathscr{E}_m - \frac{qN_s x_s}{\varepsilon_s} \tag{84}$$

與

$$\mathscr{E}_2(x) = \mathscr{E}_0 - \frac{qN_B(x - x_s)}{\varepsilon_s} \tag{85}$$

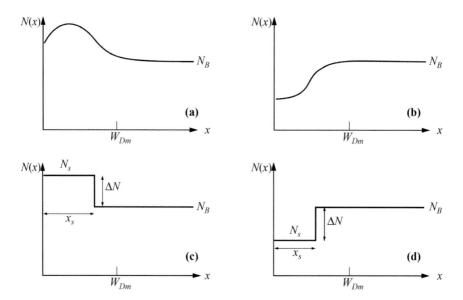

圖 30　非均勻通道摻雜的濃度分布 $N(x)$，深度是由通道表面至基板。(a) 高－低分布 (b) 低－高分布（逆增式濃度分布）(c) (d) 近似後的階梯摻雜分布。

在 $x = W_{Dm}$，$\mathscr{E}_2(W_{Dm}) = 0$ ，由式 (84) 與 (85)

$$\mathscr{E}_2(W_{Dm}) = \mathscr{E}_0 - \frac{qN_B(W_{Dm} - x_s)}{\varepsilon_s} = \left(\mathscr{E}_m - \frac{qN_s x_s}{\varepsilon_s}\right) - \frac{qN_B(W_{Dm} - x_s)}{\varepsilon_s} = 0 \qquad (86)$$

因此可得到

$$\mathscr{E}_m = \frac{qx_s(N_s - N_B)}{\varepsilon_s} + \frac{qN_B W_{Dm}}{\varepsilon_s} \qquad (87)$$

式 (87) 代入式 (84)，可重寫為

$$\mathscr{E}_0 = \mathscr{E}_m - \frac{qN_s x_s}{\varepsilon_s} = \frac{qx_s(N_s - N_B)}{\varepsilon_s} + \frac{qN_B W_{Dm}}{\varepsilon_s} - \frac{qN_s x_s}{\varepsilon_s} = \frac{qN_B}{\varepsilon_s}(W_{Dm} - x_s) \qquad (88)$$

在 $\mathscr{E}(x)$ 對 x 作圖下的面積是電壓 $\psi_s + V_{BS}$，也就是區域 I 、 II 與 III 面積的總和，如圖 31 所示，其中 V_{BS} 為基板偏壓

$$\begin{aligned}
\psi_s + V_{BS} &= 區域\mathrm{I} + 區域\mathrm{II} + 區域\mathrm{III} \\
&= (\mathscr{E}_m - \mathscr{E}_0)\frac{x_s}{2} + \mathscr{E}_0 x_s + \mathscr{E}_0(W_{Dm} - x_s)/2 \\
&= \frac{qN_s x_s}{\varepsilon_s}\left(\frac{x_s}{2}\right) + \frac{qN_B}{\varepsilon_s}(W_{Dm} - x_s)\left(x_s + \frac{W_{Dm} - x_s}{2}\right) \\
&= \frac{qN_s x_s^2}{2\varepsilon_s} + \frac{qN_B}{2\varepsilon_s}(W_{Dm}^2 - x_s^2)
\end{aligned} \qquad (89)$$

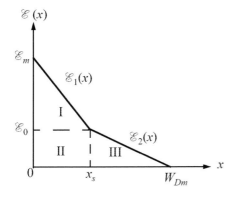

圖 31　如圖 30 所示的高—低摻雜分布在不同摻雜程度下的近似電場分布圖，由表面至基板。

$$\Rightarrow \frac{qN_BW_{Dm}^2}{2\varepsilon_s}=\psi_s+V_{BS}-\frac{qx_s^2}{2\varepsilon_s}(N_s-N_B)=\psi_s+V_{BS}-\frac{qx_s^2\Delta N}{2\varepsilon_s} \tag{90}$$

$$\Rightarrow W_{Dm}=\sqrt{\frac{2\varepsilon_s}{qN_B}\left(\psi_s+V_{BS}-\frac{q\Delta Nx_s^2}{2\varepsilon_s}\right)} \tag{91}$$

其中 $\Delta N = N_S - N_B$，V_T 與式 (62) 完全相同。如果 $W_{Dm} > x_s$，起始電壓由式 (81) 得到，Q_B 是圖 30c 中的 $N(x)$ 對 x 作圖曲線下面積

$$\begin{aligned}V_T &= V_{FB}+\psi_s+\frac{Q_B}{C_{ox}}=V_{FB}+2\psi_B+\frac{qN_BW_{Dm}+q\Delta Nx_s}{C_{ox}}\\&=V_{FB}+2\psi_B+\frac{1}{C_{ox}}\sqrt{2q\varepsilon_sN_B\left(2\psi_B-\frac{q\Delta Nx_s^2}{2\varepsilon_s}\right)}+\frac{q\Delta Nx_s}{C_{ox}}\end{aligned} \tag{92}$$

根據上式可瞭解，增加表面摻雜會增加 V_T 和縮小 W_{Dm}。請注意，對相同的摻雜劑量，起始電壓變化量 ΔV_T 會隨著額外的摻雜在靠近表面處達到最大值。對於 δ 摻雜劑量 (delta doping) 極限情況下，在 Si-SiO$_2$ 介面 ($x_s = 0$) 處，起始電壓改變量可簡單表示為

$$\Delta V_T\approx\frac{qD_I}{C_{ox}} \tag{93}$$

其中 D_I 為總劑量 ΔNx_s。此為調整起始電壓的方法，與調變功函數差 ϕ_{ms} 或改變固定氧化層電荷總量的效果相同。圖 32 顯示基板的敏感度在不同摻雜分布下，起始電壓對基板偏壓的關係圖，情況 (a) 均勻的摻雜濃度為 7.5×10^{15} cm^{-3} 與 a 值是 3.2，情況 (b) 均勻的摻雜濃度為 4×10^{16} cm^{-3} 與 a 值是 7.4。情況 (b) 的起始電壓比情況 (a) 敏感。圖 32 顯示情況 (c) δ 摻雜 (delta doping) 為 6.5×10^{16} cm^{-2}，$qD_I/C_{ox} = 1.1$ V，對 V_T 的敏感度與情況 (a) 相同。亦是曲線與情況 (a) 平行。圖 32 情況 (d) 可分兩部分描述，當 $W_{Dm} < 0.2$ μm，趨勢變化遵循情況 (b)；當 $W_{Dm} > 0.2$ μm，趨勢變化則遵循情況 (c)。為了得到精確的起始電壓，必須考慮實際的摻雜分布，可以總劑量 D_I 取代，劑量中心位置 x_c 將於後面章節中討論。前面敘述的階梯分布近似法，可求出一階

(First-order) 起始電壓 V_T 的結果。為求得更正確的 V_T 值，我們必須考慮實際的摻雜分布，因為階梯深度 x_s 無法完整的定義非均勻摻雜分布。對比之下，圖 30c 是理想摻雜分布，圖 33 表示一非均勻摻雜分布 $N(x)$ 的分布情形。對於一典型的例子，其起始電壓隨著摻雜劑量 D_I 和劑量中心位置 x_s 變化。因此，實際摻雜可用位於 $x = x_c$ 的 δ 函數來代替，並寫為

$$D_I = \int_0^{W_{Dm}} \Delta N(x)dx \tag{94}$$

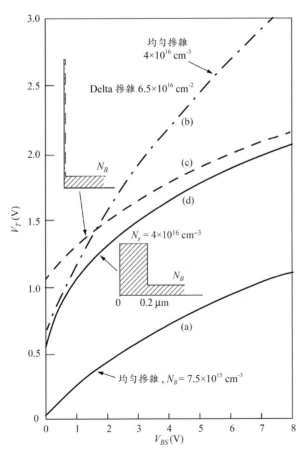

圖 32 在不同的摻雜濃度分布下，氧化層厚度 d = 35 nm，起始電壓的計算敏感度對基板偏壓的關係圖。

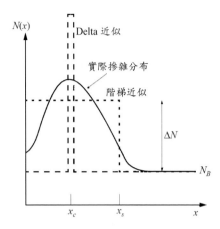

圖 33   利用階梯與 delta 分布模擬實際的摻
雜濃度近似值。

$$x_c = \frac{1}{D_I}\int_0^{W_{Dm}} x\Delta N(x)dx \tag{95}$$

相同地由式 (83) 至 (92) 推導，可得

$$\mathscr{E}_m - \frac{qN_Bx_c}{\varepsilon_s} - \frac{qD_I}{\varepsilon_s} - \frac{qN_B(W_{Dm}-x_c)}{\varepsilon_s} = 0 \Rightarrow \mathscr{E}_m = \frac{q}{\varepsilon_s}(N_BW_{Dm}+D_I) \tag{96}$$

因此應用式 (94) 與 (95)，$\mathscr{E}_0$ 可以表示成

$$\mathscr{E}_0 = \mathscr{E}_m - \frac{qN_Bx_c}{\varepsilon_s} = \frac{q}{\varepsilon_s}(N_BW_{Dm}+D_I-N_Bx_c) \tag{97}$$

圖 34a 顯示實際的摻雜分布，相對應的表面位能 ψ_s 是在 $\mathscr{E}(x)-x$ 作圖中曲線所涵蓋的面積，如圖 34b，是三個面積的總和。可以下式計算

$$\begin{aligned}
\psi_s + V_{BS} &= \frac{qN_Bx_c}{\varepsilon_s}\left(\frac{x_c}{2}\right) + \frac{q}{\varepsilon_s}(N_BW_{Dm}+D_I-N_Bx_c)x_c + \frac{qN_B}{2\varepsilon_s}(W_{Dm}x_c)^2 \\
&= \frac{qN_B}{\varepsilon_s}\left[\frac{x_c^2}{2} + W_{Dm}x_c + \frac{D_Ix_c}{N_B} - x_c^2 + \frac{W_{Dm}^2 - 2W_{Dm}x_c + x_c^2}{2}\right] \\
&= \frac{qN_B}{\varepsilon_s}\left(\frac{D_Ix_c}{N_B} + \frac{W_{Dm}^2}{2}\right)
\end{aligned} \tag{98}$$

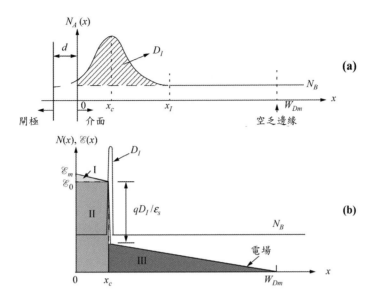

圖 34 (a) 佈值摻雜分布 (b) 相當於 (a) 的 δ 函數圖及在區域 I、II 與 III 的電場分布，在 $\mathscr{E}_0 \leq \mathscr{E} \leq \mathscr{E}_m$ 與 $0 \leq x \leq x_c$，區域 I 為上三角形，在 $0 \leq \mathscr{E} \leq \mathscr{E}_0$ 與 $0 \leq x \leq x_c$，區域 II 為長方形，在 $0 \leq \mathscr{E} \leq \mathscr{E}_0$，$qD_I/\varepsilon_s$ 與 $x_c \leq x \leq W_{Dm}$ 區域 III 為三角形。

$$\Rightarrow W_{Dm} = \sqrt{\frac{2\varepsilon_s}{qN_B}\left(2\psi_B + V_{BS} - \frac{qD_I x_c}{\varepsilon_s}\right)} \tag{99}$$

起始電壓 V_T 已知為

$$V_T = V_{FB} + \psi_s + \frac{Q_B}{C_{ox}} = V_{FB} + 2\psi_B + \frac{qN_B W_{Dm} + qD_I}{C_{ox}}$$

$$= V_{FB} + 2\psi_B + \frac{1}{C_{ox}}\sqrt{2q\varepsilon_s N_B\left(2\psi_B + V_{BS} - \frac{qx_c D_I}{\varepsilon_s}\right)} + \frac{qD_I}{C_{ox}} \tag{100}$$

　　當已知摻雜的劑量 D_I 與中心位置為 x_c 時，觀察起始電壓改變和空乏區寬度變化是很有趣的。對 $x_c = 0$，摻雜就像矽—二氧化矽介面的 δ 函數，所以可從式 (100) 得到與式 (93) 相同的結果 $\Delta V_T = qD_I/C_{ox}$。當 x_c 增加，劑量對於 V_T 變化的影響變得較為輕微，此時空乏區寬度 W_{Dm} 也會縮小。最後 x_c

達空乏區邊緣，而 W_{Dm} 被止住了，且會隨佈值中心 x_c 而增加。對均勻摻雜 N_B，原始 W_{Dm} 的表示式爲

$$W_{Dm0}^2 = \frac{2\varepsilon_s}{qN_B}(\psi_s + V_{BS}) \tag{101}$$

由式 (99)

$$W_{Dm}^2 = \frac{2\varepsilon_s}{qN_B}\left(\psi_s + V_{BS} - \frac{qD_I x_c}{\varepsilon_s}\right) = W_{Dm0}^2 - \frac{2D_I x_c}{N_B} \tag{102}$$

當 x_c 在 W_{Dm} 止住，即 $x_c = W_{Dm}$

$$x_c^2 = W_{Dm0}^2 - \frac{2D_I x_c}{N_B} \tag{103}$$

當 x_c 開始等於 W_{Dm} 時，可由式 (103) 得到

$$D_I(x_c = W_{Dm}) = \frac{N_B(W_{Dm0}^2 - x_c^2)}{2x_c} \tag{104}$$

其中 W_{Dm0} 是背景摻雜爲 N_B 的原始 W_{Dm}。最後當 x_c 大於 W_{Dm} 時，對起始電壓和空乏區寬度就沒任何影響。如圖 35，x 增加，根據式 (102)，W_{Dm} 會減小，當 $x_c = x_4 = W_4$，隨著 x_c 增加，W_{Dm} 會止住。圖 36 爲 ΔV_T 對正規化佈值中心的關係圖。當離子劑量增加，根據式 (93)，當 x 值小時，則 ΔV_T 變化大，當 $x_c = W_{Dm}$ 時，ΔV_T 會達到最大值。接下來討論次臨界擺幅和基板敏感度，在 6.2.4 節裡，我們利用閘極氧化層電容 C_{ox} 與空乏區電容 C_D 的關係解釋過次臨界擺幅特性。一旦知道空乏區寬度，就可以計算出式 (70) 次臨界擺幅，在不同劑量中心時，電場分布如圖 37，在 W_{Dm} 止住前，圖 37 a、b 與 c 顯示出由於 W_{Dm} 減小造成 C_D 與 S 增加。在止住後，$W_4 < W_5$，如圖 37d，C_D 與 S 均降低。總結如下：S 會隨著 x_c 增加至 $x_c = W_{Dm}$ 時止住，當 W_{Dm} 隨 x_c 增加，C_D 與 S 會將低。對於如圖 38 的高－低分布來說，增加摻雜會降低 W_{Dm} 並增加 C_D，結果將造成較大（不陡峭）的次臨界擺幅。只要將計算 V_T 中的 ψ_B 替換爲 $2\psi_B + V_{BS}$ 便可得到基板敏感度，若可忽略基板敏感度，則 $2\psi_B + V_{BS}$ 項可簡化爲 $2\psi_B$。

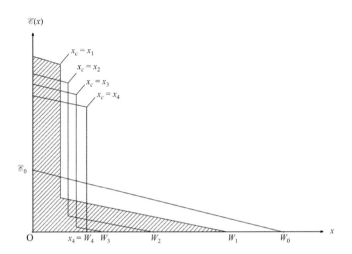

圖 35 不同的電場分布對 x 之關係圖，ψ_{s0} 是在均勻摻雜濃度 N_B 時三角形 $\mathcal{E}_0 W_0 O$ 的面積。

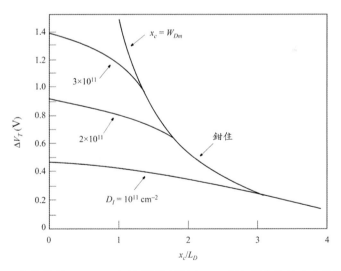

圖 36 在不同的離子劑量 D_I 下，起始電壓改變量 ΔV_T 對正規化佈值中心的關係圖，其中 $L_D = 127.2$ nm。

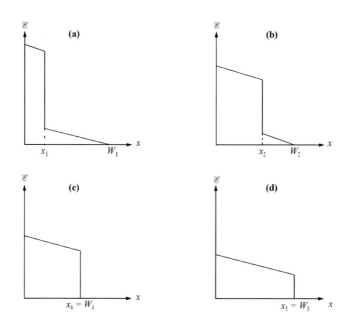

圖 37 對不同劑量佈值中心，電場對通道由表面至基板的距離變化圖。(b) 與 (a) 比較，$W_2 < W_1$，C_D 與 S 增加，(c) 與 (b) 比較，W_{Dm} 變成止住及 $W_4 < W_2$，因此 C_D 與 S 增加，(d) 與 (c) 比較，在止住後，$W_4 < W_5$，C_D 與 S 均下降。

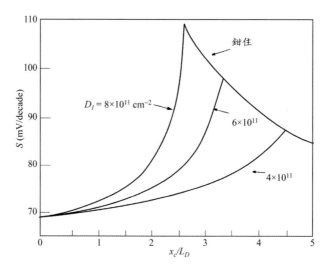

圖 38 對不同離子劑量 D_I，次臨界擺幅對正規化佈值中心的變化圖，其中 $N_B = 7.5 \times 10^{15}$ cm^{-3}，$d = 35$ nm，$V_{BS} = 1$ V。

6.3.2 低－高分布

圖 30b 為低－高分布，又可稱為逆增式濃度分布，與高－低分布相似，具 ΔN 差值，差別在基板摻雜高於表面摻雜，所以起始電壓與空乏區寬度的公式可得

$$W_{Dm} = \sqrt{\frac{2\varepsilon_s}{qN_B}\left(2\psi_B + V_{BS} + \frac{q\Delta N x_s^2}{2\varepsilon_s}\right)} \tag{105}$$

和

$$\begin{aligned}
V_T &= V_{FB} + 2\psi_B + \frac{qN_B W_{Dm} - q\Delta N x_s}{C_{ox}}\\
&= V_{FB} + 2\psi_B + \frac{1}{C_{ox}}\sqrt{2q\varepsilon_s N_B\left(2\psi_B + V_{BS} + \frac{q\Delta N x_s^2}{2\varepsilon_s}\right)} - \frac{q\Delta N x_s}{C_{ox}}
\end{aligned} \tag{106}$$

式 (105) 與式 (106) 相類似於式 (91) 與式 (92) ，只是改變了當中的符號。若表面摻雜濃度降低，起始電壓會因而降低，而空乏區寬度則會增加。

6.3.3 埋入式通道元件

在極端的低－高分布裡，表面摻雜的類型將會與基板摻雜相反。若表面摻雜層沒有完全空乏，此時將存在著一中性區域，電流便可經此流過這個埋入式通道。這類型的元件稱為埋入式通道元件 [40-43]。圖 39a 為 n- 型埋入式通道 MOSFET 的截面圖。閘極電壓可以改變表面空乏層，藉此控制淨開啟通道的厚度與電流。當閘極正偏壓增大時，通道將完全開啟，並且在表面產生一附加的表面反轉層（類似一般的表面通道），結果將會產生兩條平行的通道。之前已經討論過表面反轉通道，所以不須再詳細闡述，我們現在將聚焦在埋入式通道元件，圖 39b 為其摻雜分布，而能帶圖則如圖 40 所示。通道的淨厚度為 x_s 扣除表面空乏寬度 W_{Ds} 與底部 p-n 接面空乏寬度 W_{Dn}。表面空乏區與 V_G 的關係和第四章中式 (33) 一樣，在此則修正為

$$W_{Ds} = \sqrt{\frac{2\varepsilon_s}{qN_D}(V_{FB}^* - V_G) + \frac{\varepsilon_s^2}{C_{ox}^2}} - \frac{\varepsilon_s}{C_{ox}} \tag{107}$$

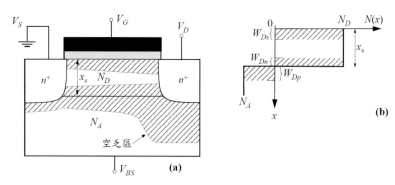

圖 39　(a) 在偏壓下埋入式通道 MOSFET 元件的剖面圖 (b) 空乏區與通道摻雜分布。

請注意，此處平帶電壓的定義略為不同，如圖 40a 所示。我們現在所提及的是當表面為 n 型，而基板為 p- 型的平帶電壓，所以新的平帶電壓將重新定義為 $V^*_{FB} = V_{FB} + \psi_{bi}$，式中 V_{FB} 是以 p- 型基板作為參考平帶電壓。底部 p-n 接面的空乏區寬度則為

$$W_{Dn} = \sqrt{\frac{2\varepsilon_s \psi_{bi}}{qN_D}\left(\frac{N_A}{N_D + N_A}\right)} \tag{108}$$

特別有趣的是 V_T 在偏壓時，通道寬度完全被兩個空乏區消耗掉了。令 $x_s = W_{Ds} + W_{Dn}$，可得到起始電壓[43]

$$V_T = V^*_{FB} - qN_Dx_s\left(\frac{x_s}{2\varepsilon_s} + \frac{1}{C_{ox}}\right) + \left(\frac{x_s}{\varepsilon_s} + \frac{1}{C_{ox}}\right)\sqrt{\frac{2q\varepsilon_s N_D N_A \psi_{bi}}{N_D + N_A}} - \frac{N_A \psi_{bi}}{N_D + N_A} \tag{109}$$

一旦得知通道尺寸，將可輕易計算出通道內的電荷。根據所施加的閘極偏壓範圍，我們可以求得不同的塊體電荷 Q_B 和表面反轉電荷 Q_I

$$Q = \begin{cases} Q_B = (x_s - W_{Ds} - W_{Dn})N_D & V_T < V_G < V^*_{FB} \\ Q_B + Q_I = (x_s - W_{Dn})N_D + C_{ox}(V_G - V^*_{FB}) & V^*_{FB} < V_G \end{cases} \tag{110}$$

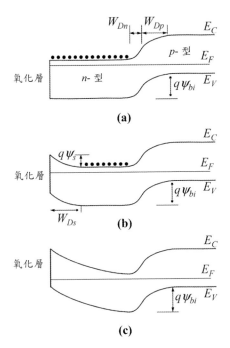

圖 40 在施加偏壓下 (a) 平帶時 ($V_G = V^*_{FB}$) (b) 表面空乏時 (c) 起始時 ($V_G = V_T$) 埋入式通道 MOSFET 的能帶圖。

當給定一通道電荷,計算汲極電流的方式與前面推導的類似。但是跟表面通道元件相比,埋入式通道 MOSFET 的公式會較爲複雜,主要是因爲閘極對於通道的耦合(或閘極電容)變得與閘極偏壓有關。其 I–V 特性如圖 41 所示。若要得到精確的汲極電流,只要替換式 (24) 中的電荷項即可。在不同 V_G 下得到的結果將在表 1 作總整理。這些結果是以長通道定值移動率爲前提下得到的。而由速度飽和造成的飽和電流可大約估計爲 Qv_sW。

埋入式通道 MOSFET 一般都是常態開啓(空乏模式)。理論上只要藉由選擇適當的金屬功函數,也是能夠製作常態關閉元件(加強模式)。同樣地,當給定一 N_D,起始電壓會隨著埋入式通道深度 x_s 增加而變得更負。因爲在 MOS 元件中存在著最大空乏寬度,所以如果摻雜濃度 N_D 或 / 與埋入

式通道深度 x_s 夠大，W_{Ds} 將可以達到最大值卻不會夾止通道。但通道分布也存在一個限制，否則電晶體便無法關閉。隨之而來的，在最大 x_s 可得

$$x_s\big|_{max} = \sqrt{\frac{2\varepsilon_s}{qN_D}}\left(\sqrt{2\psi_B} + \sqrt{\frac{N_A\psi_{bi}}{N_D + N_A}}\right) \tag{111}$$

由於基板偏壓效應可視為底部閘極，所以在埋入式通道元件中的影響變得更為直接。若考慮此效應的影響，則上述公式中的 ψ_{bi} 將置換為 ψ_b-V_{BS}（V_{BS} 為負值）。特別是式 (108) 中的 V_T 與式 (109) 中的 W_{Dn} 將會隨著基板偏壓而變化，因此我們可利用基板偏壓來開啟或關閉元件，或者將元件在空乏模式與加強模式間作切換。接下來我們回頭討論埋入式通道元件的次臨界電流。當閘極負偏壓夠大時，通道將會夾止，此時的 $x_s=W_{Ds}+W_{Dn}$（圖40c）。而低於起始電壓的電流傳導是由於存在部分空乏電子的區域，所以此時的電流主要由漂移電子主導，因此埋入式通道 MOSFET 的次臨界（次夾止）電流與表面通道 MOSFET 的次臨界電流相似，使得次臨界電流與閘極電壓呈現指數關係，而次臨界擺幅 S 則可由式 (70) 中的電容比例求得，但是必須稍微修正電容。從圖40c 中可看出，電子濃度最大值位於 $x \approx x_s-W_{Dn}$ 上。所以式 (70) 中的 C_D 將替換為基板的 p-n 接面空乏電容 $[\varepsilon_s/(W_{Dn}+W_{Dp})]$，而 C_{ox} 可以由 C_{ox} 和表面空乏區電容 ε_s/W_{Ds} 的串聯電容代替。將這些

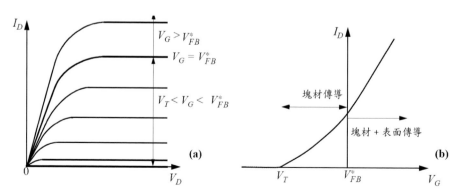

圖41   埋入式通道 MOSFET 的(a) 輸出 (I_D-V_D) (b) 轉換 (I_D-V_G)的特性圖，(b) 是在線性區（小 V_D 時）並標示元件的起始電壓 V_T 與平帶電壓 V^*_{FB}。

電容代入後可得 [42]

$$S = 2.3 \frac{kT}{q} \left[1 + \frac{\varepsilon_{ox}W_{Ds} + \varepsilon_s d}{\varepsilon_{ox}(W_{Dn} + W_{Dp})} \right] \tag{112}$$

式中為起始狀態下的全部空乏層 W_{Ds}、W_{Dn} 和 $W_{Dp}(V_G = V_T)$。次臨界擺幅通常比一般的表面通道元件來得大，因為埋入式通道元件的載子不會受到表面散射和其它表面效應影響，所以具有比表面通道元件更高的載子移動率。短通道效應的影響也會減少（將於後面討論），例如熱載子引起的可靠度問題。另一方面，由於閘極和通道間的距離越來越遠，與閘極偏壓相關的轉導則會變得更小及不穩定。假如閘極以蕭特基接面或 p-n 接面代替，元件就分別變成 MESFET 或 JFET，這些都會於第八章討論。

表 1 基於長通道定移動率之埋入式通道 MOSFET 的電流方程式（參考文獻 12 及 40）

當 $V_T \leq V_G \leq V_{FB}^*$

$$I_D = \begin{cases} \dfrac{W}{L} \dfrac{\mu_B C_{ox}}{1+\sigma} \left[(V_G - V_T)V_D - \dfrac{1}{2}\alpha V_D^2 \right] & V_D \leq V_{Dsat} \\[3mm] \dfrac{W}{L} \dfrac{\mu_B C_{ox}}{1+\sigma} \dfrac{(V_G - V_T)^2}{2\alpha} & V_D \geq V_{Dsat} \end{cases}$$

當 $V_G \geq V_{FB}^*$

$$I_D = \begin{cases} \dfrac{W}{L} \dfrac{\mu_B C_{ox}}{1+\sigma} \left\{ (V_G - V_T)V_D - \dfrac{1}{2}\alpha V_D^2 + (r-1)\left[(V_G - V_{FB}^*)V_D - \dfrac{1}{2}\alpha V_D^2 \right] \right\} & V_D < V_G - V_{FB}^* \\[3mm] \dfrac{W}{L} \dfrac{\mu_B C_{ox}}{1+\sigma} \left[(V_G - V_T)V_D - \dfrac{1}{2}\alpha V_D^2 + \dfrac{1}{2}(r-1)(V_G - V_{FB}^*)^2 \right] & V_G - V_{FB}^* \leq V_D < V_{Dsat} \\[3mm] \dfrac{W}{L} \dfrac{\mu_B C_{ox}}{1+\sigma} \left[\dfrac{(V_G - V_T)^2}{2\alpha} + \dfrac{1}{2}(r-1)(V_G - V_{FB}^*)^2 \right] & V_D \geq V_{Dsat} \end{cases}$$

$r = (1+\sigma)\mu_s/\mu_B$，$\mu_s$ 以及 μ_B 分別為塊材與表面的移動率。

$$\sigma = \frac{C_{ox}x_s}{\varepsilon_s}\left(1 + \frac{C_{ox}x_s}{2\varepsilon_s}\right), \alpha = 1 + (1+\sigma)\frac{\gamma}{4\sqrt{\psi_{bi}}} \quad \text{和} \quad V_{Dsat} = \frac{V_G - V_T}{\alpha}$$

6.4 元件微縮與短通道效應

　　自 1959 年進入積體電路時代後，元件最小的特徵長度已被縮小三個數量級以上，我們預期最小尺寸還會繼續縮小，如圖 2 所示。而 MOSFET 尺寸的微縮，前提為必須維持長通道的特性。當通道長度縮減時，源極與汲極的空乏寬度幾乎相當於通道長度，並且會發生源／汲極間的貫穿效應，所以需要較高的通道摻雜來避免這些效應，如圖 42 所示為實際的 0.35 μm n- 型 MOSFET[44]，但較高的通道摻雜會使得起始電壓變大。為了適當的控制起始電壓，必須使用較薄的氧化層。圖 42 是針對短通道元件提出的輕摻雜汲極分布（將在下節詳細討論）。由此可知，元件裡的各項參數是相互關聯的，而且某些微縮是為了改善元件的效能。無論微縮規則再完美，一旦縮減通道長度，勢必發生偏離長－通道特性的行為。首先是短通道效應將導致通道內的二維電位分布與高電場效應。圖 43 顯示通道內的電位分布會隨著橫向電

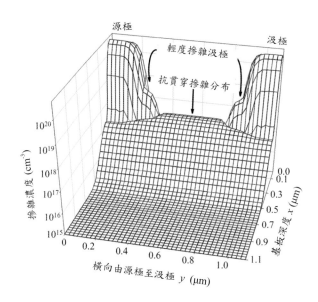

圖 42　0.35 μm n- 型 MOSFET 之實際摻雜濃度分布的表面圖。壓制短通道效應，使用反貫穿摻雜與輕度摻雜的汲極。（參考文獻 44）

場 $\mathcal{E}_x$（由閘極電壓與背面基板偏壓控制）和縱向電場 $\mathcal{E}_y$（由汲極電壓控制）改變。圖 43a 為在熱平衡條件下的位能圖。圖 43b-d 則是元件分別在強縱向電場、強橫向電場與強反轉條件下的位能變化圖，從圖中可明顯看出，短通道元件在通道區域的位能受到施加於閘極、基板與汲極偏壓間的相互作用所控制。換句話說，電位分布變為二維，與 $\partial^2 \psi(x,y)/\partial x \partial y \neq 0$，故漸變通道近似法（即 $\mathcal{E}_x \gg \mathcal{E}_y$）將不再適用。這樣的二維電位分布也將造成許多令人困擾的電性特性。例如在圖 44 中，當長通道元件（圖 44a 與 c）收縮為短通道（圖

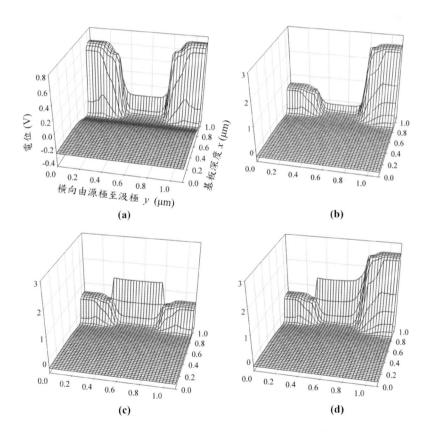

圖 43　0.35 μm *n*- 型 MOSFET，施加基板偏壓 (a) 在熱平衡條件下，在 (b)$V_D = 2$ V 與 $V_G = 0$ V (c)$V_D = 0$ 與 $V_G = 2$ V (d)$V_D = 2$ V 與 $V_G = 2$ V 等條件下的靜電位圖。

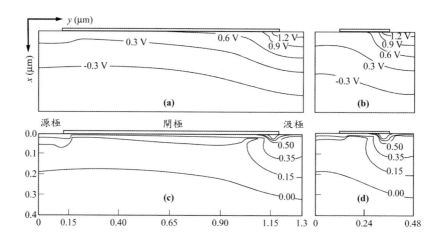

圖 44   (a)(b) 採用圖 25 *n*- 型 MOSFET 模擬靜電位的等高（值）線圖，並針對長短通道作比較，其中長與短通道分別為 1.0 與 0.18 μm。(c)(d) 為對應電場的分布，單位 MV/cm。

44b 與 d）時，靜電位增加的交互作用，縱向與橫向電場耦合。最後，源極與通道介面的能障會由施加於汲極電壓所主導並造成更大的能帶彎曲，而使得起始電壓會下降。

當電場增加後，通道移動率就隨著電場變化，最後達到速度飽和（移動率特性已在 6.2.5 節討論過）。當電場繼續增加，在汲極附近會發生載子倍乘現象，導致基板電流和寄生雙極性電晶體作用，高電場也會引起熱載子注入氧化層，造成氧化層電荷並導致起始電壓偏移與轉導下降。

上述由短通道效應造成的現象可歸納整理為：(1) 隨著通道長度改變，V_T 不再是常數；(2) 起始電壓前後的 I_D，都不再隨著 V_D 增加而達飽和；(3)I_D 與 $1/L$ 不再是比例關係；(4) 元件特性會隨操作時間增加而變差。因為短通道效應使元件操作複雜與元件特性衰退，這些效應必須消除或減至最小，這樣短通道元件才能保有長通道元件的電性。在這節，我們將討論 MOSFET 微縮與元件微縮後伴隨而來的短通道效應（關於上述第三項的高電場移動率與速度飽和，已在 6.2.2 節討論過）。

6.4.1 元件微縮

　　爲了避免短通道效應，最理想的微縮規則就是將長通道 MOSFET 的尺寸與電壓一起縮小，這樣才能使內部的電場保持固定[45]。表 2 和圖 45 爲針對元件微小化，考慮包含幾何形狀、摻雜與電壓等的線性縮小，在定電場下微縮的簡單概念圖。所有的尺寸，包含通道長度 L 與氧化層厚度 d、接面深度 r_j 及外加電壓都依微縮因子 (scaling factor) κ 縮小。此外，閘極電容是 $C'_{ox} = \varepsilon'_{ox}/d' = \varepsilon_{ox}/(d/\kappa) = \kappa C_{ox}$，空乏區寬度 $W'_D = W_D/\kappa = \sqrt{(2\varepsilon_s/qN_A)(V_{bi}+V)}/\kappa \approx \sqrt{V/N_A}/\kappa = \sqrt{V/\kappa/(N_A\kappa)}$。因此摻雜濃度隨 κ 值增加，即是 $N_A' = N_A\kappa$，長通道元件微縮，如圖 45a 與 45b，在定值電場微縮下，由於物理參數的改變，起始電壓值左移（如圖 45c）。注意次臨界擺幅 S 基本上仍維持相同，並且與 $1 + C_D/C_{ox}$ 項成比例關係，因此 C_D 與 C_{ox} 這兩個電容值會依相同的因子 κ 放大。進一步可知，堆積密度（電晶體數 /cm^2）是（堆積密度）' =（堆積密度）κ^2，每個電晶體時間的延遲可由 $\tau' = L'/\upsilon = \tau/\kappa$ 得到。

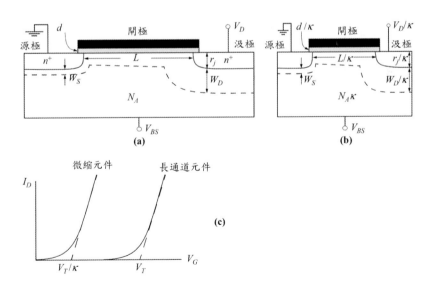

圖 45　定值電場下，元件小型化的微縮 (a) 長通道 (b) 微縮元件 (c) 兩元件的汲極電流對閘極電壓圖。起始電壓 V_T 值向左偏移，但次臨界擺幅維持不變。

其中 v 是電子在通道的速度。每個電晶體的靜態與動態功率消耗分別為 (dc power)$' = (I/\kappa)(V/\kappa) = $ (dc power)$/\kappa^2$ 與 (ac power) $= (C'_{ox} A') V'^2 f_T' = (C_{ox} A/\kappa)$ $(V/\kappa)^2 \kappa f = $ (ac power)$/\kappa^2$，元件量縮的能量消耗為 (dc energy)$' = (C_{ox}A)'V'^2/2$ $= (C_{ox}A/\kappa)(V/\kappa)^2/2 = $ (dc energy)$/\kappa^3$。

可惜的是，理想的微縮規則仍然被其他無法微縮的要素所阻礙。首先是接面的內建電位與開始產生弱反轉的表面電位無法微縮（在摻雜濃度增加十倍時，僅改變約 10%）。介於空乏與強反轉之間的閘極電壓範圍約為 0.5 V。這些限制主要是由於能隙與熱能 kT 仍為定值。當氧化層厚度微縮至數個奈米尺寸時，缺陷的因素造成技術上的困難。此外，閘極氧化層的穿隧漏電也是另一個基本限制。在 4.3.3 節中討論過的量子侷限效應，會使得載子位置在 Si-SiO$_2$ 與介面有一段距離（約 1 nm），因此會降低閘極電容值。源極與汲極的串聯電阻也會因 r_j 縮小而增加。當元件的電流增大時，此現象是非常不利的。為了防止 p-n 接面崩潰，通道摻雜濃度也不能一直增加。由於系統的考量及高速度的需求，所以在工作電壓方面的微縮歷程很慢。表 2 列出各項參數微縮時的限制，其為定電場微縮下所產生的實際非理想微縮因子。根據這些限制，使得微縮時電場不再維持定值，而是隨著閘極長度縮小而增加。

表 2　*n*-MOSFET 元件以不同方法的微縮的參數

元件參數	元件微縮與對應因子				議題與限制
	定電場	定電壓	準定電壓	實際微縮	
$\mathscr{E}$	1	>1	>1	>1	熱電子效應
V_T	$1/\kappa$	1	$1/\kappa'$	$\gg 1/\kappa$	關閉電流
V_D	$1/\kappa$	1	$1/\kappa'$	$\gg 1/\kappa$	系統，V_T
L	$1/\kappa$	$1/\kappa$	$1/\kappa$	$1/\kappa$	微影
W	$1/\kappa$	$1/\kappa$	$1/\kappa$	$1/\kappa$	應用
d	$1/\kappa$	$1/\kappa'$	$1/\kappa$	$>1/\kappa$	穿隧電流，缺陷
r_j	$1/\kappa$	$>1/\kappa$	$>1/\kappa$	$>1/\kappa$	電阻
N_A	κ	κ^2	κ	$<\kappa$	接面崩潰

* 在理想的定電場微縮下，元件裡的參數依照相同的微縮因子微縮。但實際上，微縮
　因子會受到其他因素影響而受到限制，$1 < \kappa' < \kappa$。

　　由於上述實際的限制，其它的微縮規則亦相繼被提出，如表 2 所示，其中包含基於在電晶體－電晶體－邏輯介面相容性需求 [46] 的定電壓微縮。準定電壓微縮的電壓是以 $\kappa' < \kappa$ 微縮（降低比 κ 值慢）以及如前面所述容許增加氧化層電場 [47]，與實際微縮（或稱一般化量縮）[48]。而另外一個特殊的微縮規則，即具有彈性的微縮因子亦被提出 [49]。其允許各自調整不同的元件參數，只須維持元件所有的特性即可。因此，元件裡的所有參數不用再依同一個因子 κ 微縮，最小通道長度經驗式，其表示為 [49]

$$L \geq C_1[r_j d(W_S + W_D)^2]^{1/3} \tag{113}$$

其中 C_1 為常數，$W_S + W_D$ 為一維陡峭接面情況下，源極和汲極空乏區寬度的總合

$$W_D = \sqrt{\frac{2\varepsilon_s}{qN_A}(V_D + \psi_{bi} - V_{BS})} \tag{114}$$

當 $V_D = 0$，W_D 等於 W_S。圖 46 為由式 (113) 的經驗式得到最小通道長度，這

些規則變化的進一步論述在參考文獻 17、50 與 51。先前我們討論過以定電場微縮為前提時，非理想因素對元件造成的不利結果。然而，藉由整合一些不同領域的技術還是有助於元件繼續微縮。首先是建構三維的 MOSFET 結構，這將有效地消除貫穿效應的電流流動路徑，減輕通道摻雜濃度（詳見 6.5.5 節）。其次，有些研究著重於高介電常數的閘極介電層之使用。使用高介電常數閘極介電質，不必一直減少厚度，更可以改善缺陷濃度與減少閘極絕緣層的穿隧電流。對於通道長度的特定世代，我們可以藉由這些技術來將短通道效應的影響降至最低。

6.4.2 源／汲極電荷共享

目前為止的通道電荷分析都是在一維情況下，此時反轉電荷與空乏區電荷完全受到閘極的控制，所以可視為電荷密度，但若沿著通道端點的傳輸平面詳細的二維量測，此時空乏區電荷必須考慮 n^+- 源極與汲極的影響，如圖 47a 所示。當元件偏離長通道特性時，依電荷守恆原則，在閘極、通道及源／汲極區內的總電荷 [52]

$$Q'_M + Q'_n + Q'_B = 0 \tag{115}$$

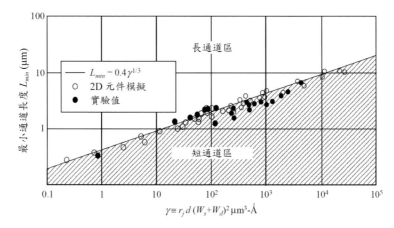

圖 46　最小通道長度對 $r_j d \ (W_s + W_d)^2$ 參數乘積圖，其中的實心圓是量測值，空心圓為模擬結果，直線為模型擬合的結果。（參考文獻 49）

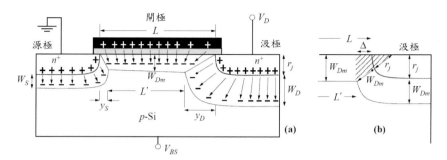

圖 47 (a) $V_D > 0$ (b)$V_D = 0$的電荷守恆模型圖。其中 $W_D \approx W_S \approx W_{Dm}$。（參考文獻 52）

Q'_M 為閘極上的總電荷，Q'_n 為全部反轉層電荷，Q'_B 為空乏區內已游離的全部雜質。這當然是假設氧化層與介面上沒有任何的電荷情況下。起始電壓可視為在最大空乏寬度內，空乏所有塊材電荷 Q'_B 需要的電壓。故

$$V_T = V_{FB} + 2\psi_B + \frac{Q'_B}{C_{ox}A} \tag{116}$$

式中 $A = Z \times L$ 為閘極面積。對長通道元件而言，$Q'_B = q_A N_A W_{Dm}$，其中 W_{Dm} 為最大空乏區寬度

$$W_{Dm} = \sqrt{\frac{2\varepsilon_s(2\psi_B - V_{BS})}{qN_A}} \tag{117}$$

在一維情況下，此分析就已足夠。對於短通道元件，Q'_B 對起始電壓的影響降低，這是因為在通道的源極與汲極端附近，一些起源於塊材電荷的電場線終止於源極或汲極，而不是閘極（圖 47a）。因為橫向（與通道垂直）電場強烈地影響通道表面的電位分布，因此水平方向的空乏寬度 y_S 和 y_D 分別小於垂直方向的空乏寬度 W_S 和 W_D。

透過電荷分區，可對起始電壓作一階估算。塊材的總空乏電荷可以梯形計算 [52]

$$Q'_B = ZqN_A W_{Dm}\left(\frac{L + L'}{2}\right) \tag{118}$$

當汲極偏壓很小時，我們可以假設應用畢氏定理如圖 47b 中的三角形陰影區，$y_S = \Delta$ 與 $y_D \approx \Delta$ 得

$$(r_j + W_{Dm})^2 = (r_j + \Delta)^2 + W_{Dm}^2 \Rightarrow \Delta = -r_j + \sqrt{r_j^2 + 2r_j W_{Dm}} \tag{119}$$

$$L' = L - y_S - y_D \approx L - 2\Delta \tag{120}$$

$$\Rightarrow \frac{L + L'}{2L} = \frac{2L - 2\Delta}{2L} = 1 - \frac{\Delta}{L} = 1 - \frac{r_j}{L}\left(\sqrt{1 + \frac{2W_{Dm}}{r_j}} - 1\right) \tag{121}$$

因此具長通道特性元件的起始電壓變化量為

$$\begin{aligned}\Delta V_T &= \frac{1}{C_{ox}}\left(\frac{Q'_B}{ZL} - qN_A W_{Dm}\right) = -\frac{qN_A W_{Dm}}{C_{ox}}\left(1 - \frac{L + L'}{2L}\right) \\ &= -\frac{qN_A W_{Dm} r_j}{C_{ox} L}\left(\sqrt{1 + \frac{2W_{Dm}}{r_j}} - 1\right)\end{aligned} \tag{122}$$

式中的負號代表 V_T 降低，而電晶體變得較容易開啟。與長通道元件比較，如圖 48，當 L 變長，$|\Delta V_T|$ 增加。若考慮汲極電壓與基板偏壓的影響，式 (122) 將修改為 [53]

$$\Delta V_T = -\frac{qN_A W_{Dm} r_j}{2C_{ox} L}\left[\left(\sqrt{1 + \frac{2y_S}{r_j}} - 1\right) + \left(\sqrt{1 + \frac{2y_D}{r_j}} - 1\right)\right] \tag{123}$$

y_S 與 y_D 分別為

$$y_S \approx \sqrt{\frac{2\varepsilon_s}{qN_A}(\psi_{bi} - \psi_s - V_{BS})} \tag{124a}$$

$$y_D \approx \sqrt{\frac{2\varepsilon_s}{qN_A}(\psi_{bi} + V_D - \psi_s - V_{BS})} \tag{124b}$$

注意，此時的起始電壓變成含有 L 與 V_D 的函數。圖 48 顯示起始電壓與通道長度，以及和汲極偏壓兩者的關係。

6.4.3 通道長度調變

　　圖 47a 也顯示，處於 y_D 的載子將有效地被高電場排除掉。y_S 是一過渡區，而位於 y_S 的載子濃度高於通道內的載子濃度。若考慮通道內的載子傳輸（通道漂移區域），此時有效通道長度 L_{eff} 可寫為 $L_{eff} = L' = L - y_S - y_D$，其中 L 為通道長度。這因素將造成有效通道長度與汲極偏壓有關，並部分解釋了汲極電流不再隨汲極偏壓增加而達到飽和的現象。不過通道長度的改變對電流的影響只是線性的，但因為電流和位障是指數關係，由於汲極偏壓所造成位障降低的現象將更加明顯，接下來將討論此效應。

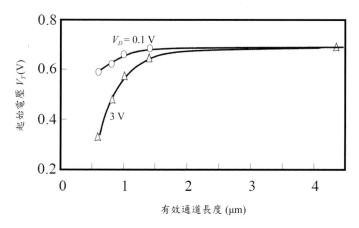

圖 48　在不同汲極偏壓條件下，起始電壓與通道長度的關係圖。大的汲極偏壓會造成大的起始電壓偏移。（參考文獻 54）

6.4.4 汲極引發位障降低效應

　　我們已經瞭解，當源極與汲極的空乏區占通道長度的大部分比例時，會發生短通道效應。而在極端情況下，空乏區長度總和幾乎接近通道長度時 ($y_S + y_D \approx L$)，則會發生更嚴重的短通道效應。我們可由長短通道元件的電場分布觀察到此效應，如圖 44c 與 d，這效應通稱為貫穿效應 (punch-through)，將造成源極與汲極之間產生極大的漏電流，而且此電流與汲極偏壓存在著極爲強烈的關係。爲了抑制貫穿效應的發生，如圖 42 所示，須考慮以反貫穿通過的摻雜分布情況。

貫穿效應的成因是接近源極端的能障被拉低，而汲極引發能帶降低效應 (drain-induced barrier lowering, DIBL) 通常也是因此發生的。當汲極相當接近源極時，汲極電壓將會影響源極端的能障，因此位於此處的通道載子濃度便不再固定，這可由圖 49a 與 b 中沿半導體表面的能帶圖證明。圖 49c、d 是在不同通道長度下，模擬由源極至汲極通道表面的導電帶邊緣能帶圖。在圖 49c 中，對在關閉狀態下的長通道元件來說，汲極電壓能夠改變有效通道長度，但是源極端的能障依然能保持固定。然而對短通道元件來說，在關閉的狀態下，此能障將不再是定值。源極能障降低會造成額外的電子注入，因此大量地增加電流。電流增加將在大於起始值及次臨界兩區域顯示上升現象。值得注意的是，貫穿效應發生在半導體表面，而在實際的元件裡，通常基板摻雜濃度降低降低到源 / 汲極接面深度 r_j 以下。而降低基板摻雜濃度會增加空乏區寬度，因此貫穿效應將會藉由塊材路徑發生。

元件產生嚴重貫穿效應時的電壓－電流特性，如圖 50a 所示。當 $V_D = 0$ 時，y_S 與 y_D 的總和爲 0.26 μm，甚至大於通道長度 (0.23 μm)。因此，汲極接面的空乏區將會與源極接面的空乏區接合。超過汲極偏壓範圍的話，元件會在貫穿效應下操作。在這樣的情況下，源極區域的多數載子（此例子爲電子）將可以注入通道內的空乏區，藉由電場的加速流動被汲極收集。產生貫穿效應下的汲極電壓可寫爲

$$V_{pt} \approx \frac{dN_A(L-y_S)^2}{2\varepsilon_s} - \psi_{bi} \tag{125}$$

汲極電流爲空間電荷限制電流所主導

$$I_D \approx \frac{9\varepsilon_s \mu_n A V_D^2}{8L^3} \propto V_D^2 \tag{126}$$

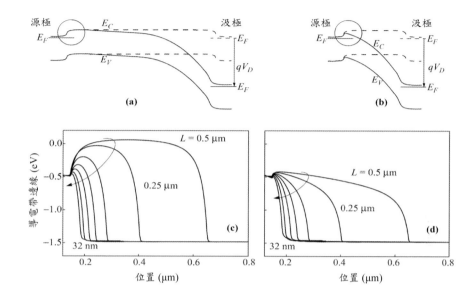

圖 49 (a) 長通道 (b) 短通道的 MOSFET 的半導體表面沿源極到汲極的能帶圖，後者產生 DIBL 效應。虛線與實線分別為 $V_D = 0$、$V_D > 0$ 時的情形。使用圖 25 的 n-MOSFET 的導電帶邊緣 (c)$V_D = 1$ V 與 $V_G = 0$ V (d)$V_D = 1$ V 與 $V_G = 1$ V，通道長度分別為 0.5 μm、0.25 μm、0.13 μm、90 nm、65 nm、45 nm 與 32 nm。

其中 A 為貫穿效應路徑的截面積。空間電荷限制電流與反轉層電流平行，並且以 V_D^2 的比例增加。圖中的計算值是在二維條件下利用電腦計算出來的，其中包含了貫穿效應與場依移動率效應。

　　圖 50b 是在不同的通道長度下，DIBL 效應對次臨界電流的影響。當元件通道長度為 7 μm 時，顯示出長通道特性，也就是在 $V_D > 3kT/q$ 時，依據式 (66)，次臨界電流仍與汲極電壓無關。當 $L = 3$ μm，電流就與 V_D 有關，並且造成 V_T 的偏移（在不同 V_D 下的 I–V 特性，可看到實線與虛線已不再重疊）。此外，次臨界擺幅也會增加。對於更短的通道，$L = 1.5$ μm，長通道特性已經完全喪失。次臨界擺幅將變得更糟，而且元件也無法再關閉。

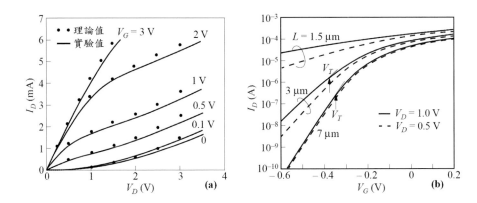

圖 50 在 DIBL 效應下 MOSFET 的 I_D–V_D 曲線 (a) 大於起始值($d = 25.8$ nm、$N_A = 7{\times}10^{16}$ cm^{-3})(b) 低於起始值($d = 13$ nm、$N_A = 10^{14}$ cm^{-3})。（參考文獻 55）

6.4.5 波動特性

　　除了製程變動的影響，互補型 MOS(CMOS) 元件尺度也縮短至次 100 nm 範圍，由本質參數而引發的起始電壓波動（也就是起始電壓的標準偏差）是明顯的 [56-61]。起始電壓的波動對超大型積體電路的設計窗口、良率、雜訊容限 (noise margin)、穩定度與變化性是非常重要的，其波動可能來自不同的製程變動與隨機性。對於具奈米尺度通道的金氧半場效電晶體 (MOSFET)，離子佈值、擴散與熱退火製程均會導致重大的隨機摻質波動 (random dopant fluctuation, RDF)。對於絕緣層上覆矽 (Silicon on Insulator, SOI) 元件 [57]（參考 6.5.4 小節），短通道波動效應包含製程變動引發的閘極長度偏差、線邊緣粗糙度及元件厚度的變化。當元件的尺規更進一步地微縮時，由於一系列的短通道效應，波動會變得愈來愈糟。如圖 51，起始電壓波動的來源假設是隨機摻質、閘極長度偏壓與線邊緣粗糙度，因此起始電壓的標準偏差 (Standard devation of the threshold voltage) σ_{V_T}，可近似為

$$\sigma^2{}_{V_T} \approx \sigma^2{}_{V_{T,RD}} + \sigma^2{}_{V_{T,L}} + \sigma^2{}_{V_{T,LER}} \tag{127}$$

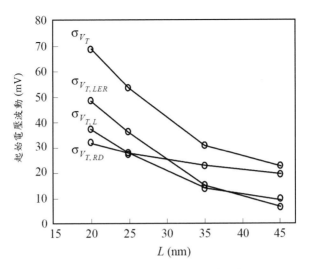

圖 51 35-nm *n*-MOSFET 的起始電壓波動圖，其中氧化層厚度 *d* = 1.7 nm。（參考文獻 56）

其中 $\sigma_{V_{T,\,RD}}$ 是隨機摻質引發的波動，$\sigma_{V_{T,\,L}}$ 與 $\sigma_{V_{T,\,LER}}$ 是由閘極長度偏差與線邊緣粗糙度所造成的波動。製程變動效應會主導起始電壓的波動，並變成一系列的通道長度縮短。圖 52 為起始電壓波動對長－寬乘積平方根號倒數的關係圖。隨機摻質引發起始電壓波動（空心圓）如下表示式 [62]

$$\sigma_{V_{T,\,RD}} = 3.19 \times 10^{-8} \frac{d N_A^{0.401}}{\sqrt{WL}} \propto \frac{1}{\sqrt{WL}} \tag{128}$$

其中 *d* 是閘極氧化層厚度，*W* 與 *L* 是通道的寬度與長度，N_A 是基板的摻雜濃度，當元件的維度縮小，隨機摻質引發起始電壓波動值會增加。然而，因製程變動效應引發的波動會依不同的應用而決定。如圖 52a 與 b 所示為 65 nm 高效能（具低起始電壓的元件）與低功率（具高起始電壓的元件）元件的實驗量測所得之起始電壓波動，顯示高效能元件與低功率技術的比較。因為較低基板摻雜濃度，所以具有相對較低的起始電壓波動。圖 53 所示為抑制起始電壓波動，針對不同的技術結點提出不同方法 [56]，如薄的體絕緣層上覆矽 (SOI) 與高介電金屬閘極（參考 6.5.2 節）。表 3 為針對 15 與 20 nm 兩種不同通道長度元件的 $\sigma_{V_{T,\,RD}}$ 列表整理。由式 (128)[58] 得 $\sigma_{V_{T,\,RD}}$ 與氧化層厚度成比例。對次 -45 奈米世代 [63] 高 κ 金屬閘極為關鍵性技術。然而，使用這些方法會導入兩種新的隨機性來源：(1) 由於奈米尺寸金屬晶粒形成的隨機功函數；(2) 在通道與高 κ 閘極絕緣層介面上的不規則缺陷 [64-68]，因此由製程變動與隨機摻質等會造成介面缺陷波動與功函數波動等外加的影響，對電子特性變化是非常重要的 [60-61, 69-71]。

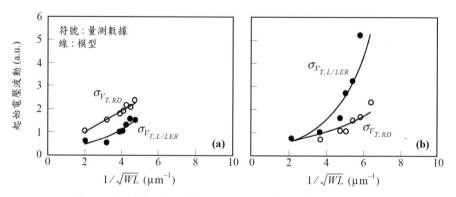

圖 52　(a) 高效能 (b) 低功率元件，在 65-nm 的隨機摻質與短通道效應下，起始電壓波動對長－寬乘積平方根倒數關係圖。（參考文獻 56）

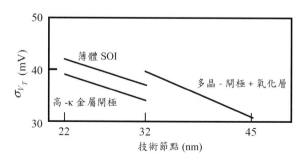

圖 53　起始電壓波動對不同技術節點圖，包含 $\sigma_{V_{T,\,tSi}}$，其中 tSi 是矽的厚度。（參考文獻 56）

表 3　20 與 15 nm一閘極平面 CMOS 元件的隨機摻質波動總結表，其中 EOT 是有效氧
化層厚度。（參考文獻 58）

L(nm)	W(nm)	數據來源	閘極功函數 (eV)	通道摻雜 (cm⁻³)	**EOT**(nm)	$\sigma_{V_{T,RD}}$(mV)
	200	實驗		5×10^{18}	1.2	17
20	20	實驗	帶邊緣	5×10^{18}	1.2	40
	20	模擬		5×10^{18}	1.2	39
	15	模擬	$\phi_n = 4.22$	5×10^{18}	1.2	54
15	15	模擬	$\phi_p = 4.98$	5×10^{18}	0.8	41

6.4.6 倍乘與氧化層可靠度

　　由於非理想微縮，MOSFET 內的電場會因通道的縮短而增加。在這節中將會討論因高電場所產生的不規則電流，與它們造成的影響。圖 54 中清楚描述除了通道電流外的所有寄生電流。在這裡要注意的是，最強電場發生在接近汲極端的位置，而此位置便是產生不規則電流的來源。首先，當通道載子（電子）流經過高電場區域時，它們從電場獲得額外的能量，而且沒有流失至晶格。這些充滿能量的載子稱為熱載子(hot carrier)，其獲得的動能在傳導電帶 E_C 之上。如果額外的能量高於 Si/SiO₂ 能障 (3.1 eV)，載子便可以跨過氧化層到達閘極，進而造成閘極電流上升。

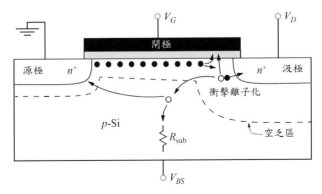

圖 54　高電場下 MOSFET 的電流路徑。

　　另一個由高電場區域產生的現象稱爲衝擊離子化 (impact ionization)，將會產生額外的電子－電洞對。這些額外的電子會直接被汲極收集，使得通道電流增加，受衝擊產生的電洞其路徑較多樣化，其中有一小部分流向閘極，與先前提及的熱電子類似；而大多數生成的電洞則流向基板。對短通道元件來說，有些電洞將會往源極移動。這些電洞流向源極與基板的比例和基板接觸的優劣有關。一個完美的基板接觸 ($R_{sub} = 0$) 可以收集所有的電洞，而且沒有任何的電洞會到達源極。接下來解釋當電洞流向閘極或源極將會造成的不良效應。圖 55 顯示 MOSFET 的端點電流，包括了閘極電流與基板電流。這裡要注意，熱電子與熱電洞越過能障造成的閘極電流和以載子穿隧過能障所造成的閘極電流是不同的。熱載子閘極電流的峰值發生在 $V_G \approx V_D$ 時，一般來說此電流與通道電流相比是非常小，幾乎可以忽略不計，並不會造成任何問題，但是它們造成的損害卻會產生影響。我們已知熱電子會產生氧化層電荷與介面缺陷 [73]。有鑒於此，元件特性將會隨著操作時間而改變。

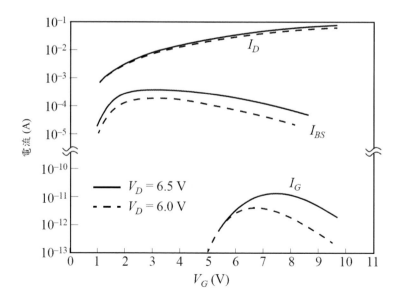

圖 55　MOSFET 中汲極電流、基板電流與閘極電流對閘極電壓的關係圖，$L/W = 0.8/30$ μm/μm。（參考文獻 72）

　　圖 56 所示為氧化層充電所造成起始電壓偏移，因為載子移動率降低，會造成轉導 g_m 降低與因介面缺陷密度增加而造成較高的次臨界電流（等於圖 56 曲線下的面積）。氧化層充電前與充電後，元件的起始電壓由 1.1 V 變化至 1.7 V。特別是臨界電壓偏移至更高值，而轉導 g_m 則會降低，這都是因為介面缺陷的緣故，且通道移動率也會減小。次臨界擺幅則會因介面缺陷濃度增加而變大。為了減少氧化層電荷，氧化層內與水有關的缺陷 (water-related traps) 濃度必須盡可能的縮小 [74]，因為這些缺陷會捕獲熱載子。為了確保 MOSFET 在合理時間內的性能，最重要的是將元件生命期定量化，其定義為：「當元件在給定的偏壓條件下，元件參數不會超出給定的範圍。」在 MOSFET 技術中，這是一項必備的規格。圖 55 亦顯示一般的基板電流特性。基板電流與閘極偏壓呈現一個獨特的鐘型關係 [75]。一開始先隨著閘極偏壓增加，當達到最大值後隨之下降，而最大值通常發生在 $V_G \approx V_D/2$ 處。接下來將解釋為何 I_{BS} 會發生最大值。首先假設高電場區域內的衝擊離子化均勻地發生，此時基板電流可寫為 $I_{BS} \approx I_D \alpha(\mathscr{E}) y_D$，其中 α 為游離化係數，為

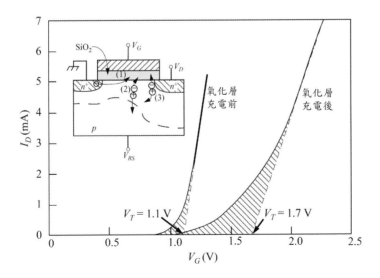

圖 56　氧化層充電前後汲極電流 I_D 對閘極電壓 V_G 的關係圖，插圖中三種電流來源 (1) 通道電流 (2) 熱產生電流 (3) 累增電漿。

單位距離內所產生的電子—電洞對數目，並且與電場存在著強烈的關係；y_D 則為高電場或夾止區。對給定一個 V_D，當 V_G 增加時，I_D 與 V_{Dsat} 都會跟著增加 ($V_{Dsat} \approx V_G - V_T$)。但當 V_{Dsat} 增加時，橫向電場 [$\approx (V_D - V_{Dsat}/y_D)$] 卻會降低，所以造成 α 縮小。因此我們得到兩個互相矛盾的因素。I_{BS} 一開始會增加是因為汲極電流隨著 V_G 增加，但是在更大的 V_G 時，I_{BS} 降低的現象是由 α 的減少造成的。而 I_{BS} 在這兩個因素相互平衡時具有最大值，基板電流可表示為

$$I_{BS} = C_2 I_D (V_D - V_{Dsat}) \exp\left(\frac{-C_3}{V_D - V_{Dsat}} \right) \tag{129}$$

其中 C_2 和 C_3 為常數。由於短通道元件的源極與汲極的距離非常近，所以將會增加累增產生的電洞流向源極的機會[76]。此電洞流產生了寄生 n-p-n 雙極性電晶體作用，元件的源極—基板—汲極可等效為射極—基極—集極電路，而電洞流則構成基極電流。對於流向源極的電洞，可視為電子注入基板。這些電子將會被汲極收集，並成為額外的汲極電流。而雙極性電流增益 I_n/I_p 可約略地從 N_D/N_A 的比值求出。或者可由另一角度觀之：基板電流產生—基板電壓 $I_{BS} \times R_{sub}$，此時源極—基板可視為順偏下的 p-n 接面，因此電子將注入至基板。較高的基板電位還會造成其他的效應，像是降低表面通道的起始電壓，並且增加表面通道電流，這些效應都會增加汲極電流，而且會隨著 R_{sub} 的增加與 L 的縮短變得更加嚴重。最極端的例子是在缺少基板接觸 ($R_{sub} = \infty$) 的 MOSFET 中，如 SOI 與 TFT 結構（詳見 6.5.4 節）輸出曲線中的 I_D 會隨著 V_D 增加突然上升。此輸出特性中的現象稱為扭結效應 (kink effect)。當寄生 n-p-n 雙極性行為更嚴重時，基板電流甚至會引起源極—汲極崩潰。此現象與第 5.2.3 節提到的雙極性崩潰情形相似，當源極和汲極間的距離遠短於汲極和基板接觸的距離時，基極便可視為開路，而 MOSFET 的源極—汲極崩潰可以用寄生開路—基極雙極性崩潰表示 [第五章的式 (47)]

$$V_{BDS} = V_{BDx} (1 - \alpha_{npn})^{1/n} \tag{130}$$

V_{BDx} 為汲極—基板的 p-n 接面崩潰電壓，n 用來描述二極體的崩潰特性形式。

而共基極電流增益 α_{npn} 爲基極傳輸因子 α_T 與射極效率 γ 的乘積。假設 $\gamma \approx 1$，可得到

$$\alpha_{npn} = \alpha_T \gamma \approx \alpha_T \approx 1 - \frac{L^2}{2L_n^2} \tag{131}$$

其中 L 爲有效基極寬度，L_n 爲基板中的電子擴散長度。根據以上的公式，短通道 MOSFET 中源極與汲極間的崩潰電壓爲

$$V_{BDS} \approx \frac{V_{BDx}}{2^{1/n}} \left(\frac{L}{L_n} \right)^{2/n} \tag{132}$$

當 $n \approx 5.4$ 時，式 (132) 與數據非常吻合[76]。正如第二章討論過，不同接面曲率的崩潰電壓差異，可由 V_{BDx} 與 r_j 的關係來解釋。爲了降低寄生電晶體效應，必須盡可能地降低基板電阻 R_{sub}，如此才能維持 $I_{BS} \times R_{sub}$ 小於 0.6 V。於是短通道 MOSFET 的崩潰電壓將不再受到寄生雙極效應限制，可在較高的電壓與更可靠的情況下操作。

　　當元件在汲極電壓遠低於崩潰電壓時，會存在閘極引發汲極漏電流 (gate-induced drain leakage, GIDL)。汲極漏電主要由於閘極與汲極重疊區域閘極引發的高電場，並主導薄氧化層在閘極偏壓爲零時的電流。由於汲極與閘極的重疊區域會形成閘極二極體 (gated diode) 結構，因此在薄氧化層與陡峭接面的情況時，於某些偏壓下會發生崩潰現象，並導致汲極漏電流流向基板。這種閘極二極體崩潰電流稱爲閘極引發的汲極漏電流 (gate-induced drain leakage, GIDL)，其機制已於 2.4.3 節中詳細討論。對 n- 型通道元件施加一個固定汲極偏壓時，正常的通道電流會隨著閘極偏壓減少而降低，進入次臨界區。在某些閘極偏壓下，汲極電流將變成 GIDL 電流，並且隨著閘極負偏壓的增加而上升。短通道元件通常於 $V_G = 0$ 就已經存在 GIDL 電流，因此在關閉狀態時又多添加一項漏電流。圖 57 爲具不同通道長度 n- 型 MOSFET 的次臨界特性，在 $V_G = 0$ V，當 V_D 增加與存在於汲極與基板 n^+-p 接面間的大電位差造成 V_G 降低，導致汲極漏電增加。元件的通道長度與汲極漏電並無明顯相關性。如圖 57b，當 V_D 大時，在汲極與基板重疊區域的

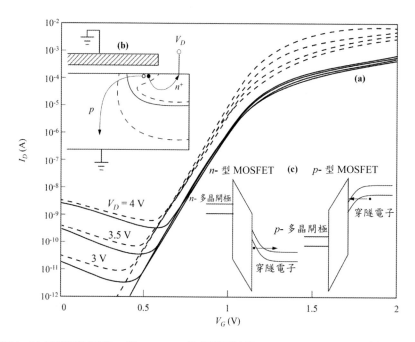

圖57　(a)具薄氧化層的 *n*- 型 MOSFET 的次臨界特性，*d* = 8.8 nm，L_{eff} = 0.6（虛線）與 4.5 μm（實線），當 V_D 高時，可觀察到大的關閉電流 (V_G = 0 V)。(b) 在閘極／汲極重疊區域形成深空乏區，大的反轉電位降低跨越 n^+-p 接面，因為由汲極至基板的電洞傳輸引發大的基底電流。(c) *n*- 型與 *p*- 型 MOSFET 的能帶圖，顯示在矽閘極／汲極重疊區域的帶與帶穿隧過程。（參考文獻 78）

電壓差會形成不可忽略的基板電流。此外，氧化層崩潰，負偏壓溫度不穩定性 (negative bias temperature instability, NBTI) 對於 MOSFET 的可靠度也具關鍵性的影響。

　　p- 型 MOSFET 在升溫時，元件受到負閘極偏壓，也會有閘極引發汲極漏電流 (GIDL) 現象，NBTI 會造成起始電壓偏移與因閘極介電質的電洞捕獲與電洞脫離而使轉導改變。偏壓溫度不穩定會造成多晶矽／ SiON 與高介電金屬閘極 (HKMG) CMOS 元件的退化 [17, 79]。圖 58 是 *p*- 型 MOSFET 在各種負偏壓條件下承受嚴重的起始電壓偏差。許多研究聚焦在瞭解 NBTI 製程及如何控制 NBTI 的影響，所以 MOSFET 需設計可改善元件與電路的可靠度問

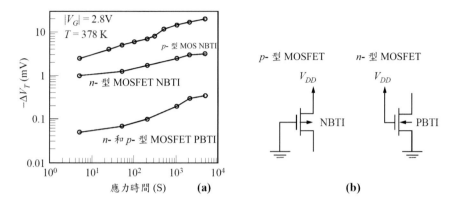

圖 58 (a) 在正與負閘極偏壓下,MOSFET 起始電壓的變化。(b) 在 CMOS 電路中,PMOS 與 NMOS 的基本架構圖。 (參考文獻 79)

題。NBTI 機制自 1970 年代即被探討,儘管如此,仍受到熱烈爭議[79, 80]。隨著技術微縮的發展,也急速降低了因 NBTI 造成損壞的次數,其多變性增加在 6.4.5 節討論。電晶體的 NBTI 退化與對電路衝擊的相對關係是重要的,特別是對靜態隨機存取記憶體 (SRAMs) (參看 6.6.3 節) 容易受到 NBTI 現象而損壞[17],會導致在最小操作電壓條件下無法大量增加位元胞。

6.5 MOSFET 結構

到目前為止,矽 MOSFET 一直是電子工業裡的要角。如圖 2 所示,為了更好的效能與更高的密度,MOSFET 的通道長度與其他尺寸都不斷縮小。事實上,元件微縮的困難度持續增加,所得到的效能增益也趨於飽和,因此微縮極限成為一項熱門的討論話題[81]。可能會阻礙微縮的因素有:統計上的隨機摻雜波動(或稱離散的摻質波擾動)及表面電荷的敏感度、短通道效應造成的種種影響、量子侷限效應對反轉層與閘極電容的距離限制、源 / 汲極串聯電阻等。最近已有資料指出通道長度低於 32 nm 是可行的,即使利用平面結構技術[82-85]。然而,在實際的應用上,就算採用三維結構[86-90],

微縮的極限也大約在 7 nm 左右。目前已發表許多可控制短通道效應並增進
MOSFET 效能的元件結構。接下來我們利用一些高效能與特殊應用上的代
表性元件，逐項討論 MOSFET 結構中的重要因素：通道摻雜、閘極堆疊與
源 / 汲極設計。

6.5.1 通道摻雜分布

　　圖 59 顯示採用平面技術的典型高效能 MOSFET 結構示意圖。在半
導體表面下有一高峰級的通道摻雜分布，這種逆增式濃度分布 (retrograde
profile) 通常是利用多重劑量和能量的離子佈植來形成。較低的表面摻雜濃
度由於可降低垂直電場與降低起始電壓，因此可獲得較高的移動率，也能夠
抑制隨機摻雜物的變動 [91-93]。而表面下的高濃度部分可有效的控制貫穿效應
（參閱圖 42，例如：一個實際的摻雜濃度分布）與其他的短通道效應；接
面深度以下則為低濃度摻雜，因此可降低接面電容，其作用和基板偏壓影響
起始電壓一樣。

6.5.2 閘極堆疊

　　閘極堆疊 (gate stack) 主要是由閘極介電質及閘極接觸材料所組成的。
自從 MOSFET 問世以來，二氧化矽 (SiO_2) 一直被用來作為閘極介電質的
材料。事實上，理想的 Si-SiO_2 介面是在成功製作 MOSFET 上的一項重要

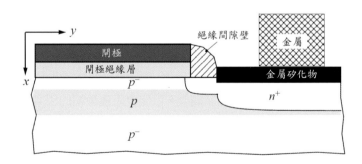

圖 59　具逆增式通道濃度分布、二次摻雜源極 / 汲極接面，以及自我對準金屬矽化物
　　　　源 / 汲極接觸的高效能 MOSFET 平面結構圖。

因素。然而，當氧化層厚度微縮至 2.0 nm 以下，仍會有基本的穿隧問題，以及技術性消除缺陷的困難，使得我們需要尋求其他的替代方法。目前最主要的解決方法是尋找高介電常數的材料，稱為高介電常數介電質 (high-κ dielectric)。當電容值相同，高介電常數介電質可擁有較厚的厚度，因此能減少電場與製程上的缺陷問題。計算介電常數常用術語，即等效氧化層厚度 (equivalent oxide thickness, EOT) 的定義為

$$\text{EOT} = d_i \left(\frac{\varepsilon_{\text{SiO}_2}}{\varepsilon_i} \right) = d_i \left(\frac{\kappa_{\text{SiO}_2} \varepsilon_0}{\kappa_i \varepsilon_0} \right) = d_i \left(\frac{\kappa_{\text{SiO}_2}}{\kappa_i} \right) \tag{133}$$

其中的 d_i 是絕緣閘極的厚度，ε_{SiO2} (κ_{SiO2}) 與 ε_i(κi) 分別是 SiO_2 與高 -κ 介電絕緣體的電容率 (permittivity) 或介電常數 (dielectric constant)，ε_0 是真空的介電常數。假設一個絕緣體厚度為 d_i = 20 nm，其介電常數 κ_i = 39，藉由式 (133) 可以計算出 EOT = 20 nm×(3.9/39) = 2.0 nm。如所看到的，κ_{SiO2} = 3.9，若某些選項最終證實可以成功，則可輕易地將等效氧化層厚度降低至 1 nm 以下。圖 60 顯示等效氧化層厚度 (EOT) 的微縮趨勢。量測選擇的材料有氧化鋁(Al_2O_3)、氧化鉿(HfO_2)、氧化鋯(ZrO_2)、氧化釔(Y_2O_3)、氧化鑭(La_2O_3)、氧化鉭(Ta_2O_5 及氧化鈦 (TiO_2)。對於這些異方向性材料的介電常數通常是具空間相依性的，這些材料介電常數介於 9 至 30 ，其中 TiO_2 甚至大於 80。儘管如此，如 4.4.3 節中討論過的量子力學效應會使閘極電容值受到限制，而對於次 16-nm CMOS 技術來說，減小高 κ 介電質閘極堆疊（高 κ 薄膜及 SiO_x）的厚度，甚至用更薄的高 κ 介電質閘極堆疊，可以明顯地慢慢降低因直接穿隧造成電流指數式的增加。以多晶矽作為閘極材料已有一段很長的時間（參閱 4.3.3 節），多晶矽閘極的好處在於能與矽的製程相容，並且可承受自我對準源 / 汲極佈植後的高溫退火。另一個重要的關鍵是其功函數可由不同類型的摻雜來調整，這樣的調整對講究對稱的 CMOS 技術來說是很重要的。多晶矽閘極的一個限制是它的電阻比較高，這雖然不會對 DC 特性造成不利結果（閘極終端為一絕緣體），卻會對高頻參數造成影響，例如雜訊和 $f_{\max}$ （參閱 6.6.2 節）。多晶矽閘極的另一個缺點為其在氧化層介面會產

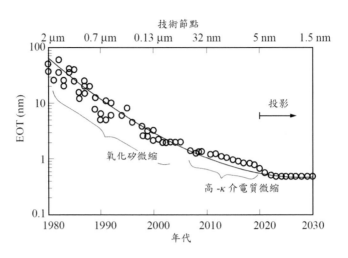

圖 60 等效氧化層厚度的微縮趨勢圖。符號是實驗數據,線條是模型模擬結果。(參考文獻 94-96)

生有限的空乏寬度,進而造成空乏電容,有效閘極電容也會因此縮小,此一現象會隨氧化層厚度變薄而變得更嚴重。為了避免電阻與空乏造成的問題,閘極可選用金屬矽化物 (silicide) 或是金屬來加以解決,有潛力的選擇材料為氮化鈦 (TiN)、氮化鉭 (TaN)、鎢 (W)、鉬 (Mo) 及矽化鎳 (NiSi)。如圖 61 所示,由於高 κ 值介電質應用於製作高 -κ 值 / 金屬閘極 (HKMG) 可以改善減少閘極漏電流,以及能夠持續閘極絕緣體的有效厚度微縮。對於具有 45 nm 厚高 κ 值金屬閘極的 n- 型與 p-MOSFET 元件,分別與 65nm 多晶矽 / SiON 元件比較下,已可以分別降低大於 25 倍及 1000 倍的閘極漏電流。它也可以消除多晶矽空乏,以及解決高 -κ 值的閘極介電質因為金屬閘極造成的起始電壓之釘扎效應 (pinning)。無論如何,金屬閘極的製作技術在熱穩定性及製程整合上面臨到額外的挑戰 [97]。

6.5.3 源 / 汲極設計

圖 59 為源 / 汲極的詳細結構圖。一般接面是由兩個部分組成,靠近通道的延伸區域具有較淺的接面深度,目的是要減少短通道效應。此接面的摻

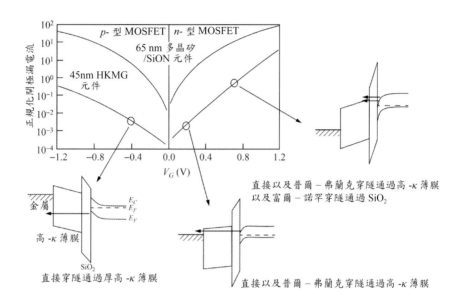

圖 61 多晶矽／SiON 閘極元件具有高 κ 值／金屬閘極 (HKMG) 的 n- 型以及 p- 型金氧半場效電晶體，閘極漏電流對於閘極電壓的關係圖。（參考文獻 97）

雜濃度也比較淡，以降低金屬橫向點電場，減少熱載子產生的劣化效應，此摻雜方式稱為輕摻雜汲極 (lightly doped drain, LDD)。離通道較遠的接面則比較深，主要是要縮小串聯電阻。先前已指出陡峭或是梯度的源／汲極摻雜濃度分布是縮小串聯電阻的關鍵[98]。我們可從圖 62 瞭解其原因。實際上分布不可能是完美的陡接面，所以在電流擴散至源／汲極主體前會存在一個聚集層區（n- 型的）。這項聚集區電阻 R_{ac} 和摻雜達到一臨界值前的過渡距離有關。

源／汲極設計的重要里程碑，就是在 1990 年代初期時發展金屬矽化物接觸。跟金屬接觸不同，金屬矽化物可以與閘極自我對準 (self-aligned)，如圖 59 所示，因此金屬接觸與通道間會有最小的片電阻 (R_{sh})。如此一來也可降低金屬導線和源／汲極的接觸電阻，因為金屬和金屬矽化物的接觸

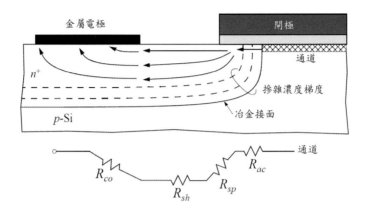

圖 62　為源 / 汲極串聯電阻內的各項寄生電阻。R_{ac} 是因濃度梯度產生的聚集層電阻、
R_{sp} 為展阻 (spreading resistance)、R_{sh} 為片電阻、R_{co} 為接觸電阻。（參考文獻
98）

電阻非常小，而自我對準金屬矽化物 (self-aligned silicide) 製程亦被創造出
"salicide" 一詞。接下來我們將介紹自我對準金屬矽化物製程。在閘極被定
義出來後，會在閘極側端形成絕緣間隙壁 (spacer)，之後沉積上一層均勻
的金屬層，作為矽化之用，此時閘極和源 / 汲極是相互導通的。經過低溫
(450°C)的熱反應後，源 / 汲極上的金屬會與矽相互作用而形成金屬矽化物。
至於閘極上方金屬矽化物的形成，則取決於在閘極堆疊時是否有一絕緣層覆
蓋於閘極上方。覆蓋於閘極間隙壁絕緣層與場氧化層（區隔電晶體用，未顯
示出）上的金屬沒有與矽接觸，因此不會有反應。最後再藉由選擇性化學
蝕刻去除金屬，不會蝕刻金屬矽化物，各端點間的導通部分也因此被去除。
注意圖 59，金屬矽化物 / 矽的介面會有輕微下凹的情形，這是因為在金屬
矽化物形成的過程中會消耗矽。可用的金屬矽化物種類有二矽化鈷 ($CoSi_2$)、
二矽化鎳 ($NiSi_2$)、二矽化鈦 ($TiSi_2$) 及矽化鉑 (PtSi) 等。

蕭特基位障 (Schottky-Barrier Source/Drain)　源 / 汲極對 MOSFET 的製
程與效能來說，在源 / 汲極利用蕭特基位障接觸比 *p-n* 接面具有更多的優
勢。圖 63a 為 MOSFET 中使用蕭特基源極和汲極的結構圖 [99]。因為蕭特基

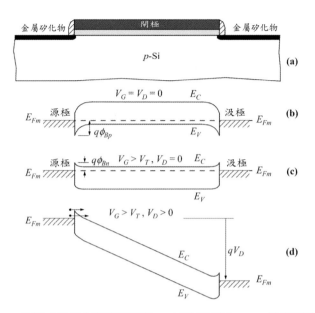

圖 63　MOSFET 的源／汲極的蕭特基能障 (a) 元件截面圖 (b)-(d) 沿著半導體表面，不同偏壓下的能帶圖。

接觸可做到非常淺的接面深度，所以可將短通道效應降到零至最低。而且也沒有 *n-p-n* 雙極性電晶體造成的效應，例如雙極性崩潰和 CMOS 電路中的閉鎖 (latch-up) 現象 [100]。避開高溫離子佈植活化也可維持較好的氧化層品質及擁有較好的幾何控制。此外，蕭特基位障接觸也可用在其它不易製作 *p-n* 接面的半導體上，如 CdS。圖 63b-d 說明蕭特基源／汲極的操作原理。在 $V_G = V_D = 0$ 的熱平衡下，對電洞而言，金屬與 *p-* 型半導體間的位障高度為 $q\phi_{Bp}$（例如 ErSi-Si 接觸時為 0.84 eV）[101]。例如金屬鐿 (Yb)、鉺 (Er)、鈦 (Ti)、鋁 (Al) 與鎳 (Ni) 共濺鍍，並且以熱退火處理形成鎳合金的矽化物 [102]。圖 64 說明在矽上形成不同的接觸金屬矽化物，電子位障高度 ϕ_{Bn} 相對於薄膜電阻率的關係圖。

　　當閘極電壓大於起始電壓時，表面將會由 *p-* 型反轉成 *n-* 型，而源極和反轉層（電子）間的位障高度 $q\phi_{Bn} = 0.28$ eV。注意圖 63d，源極接觸在操作

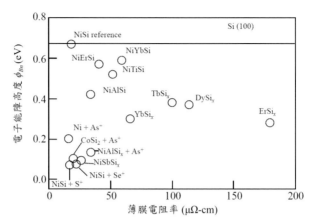

圖 64　不同的接觸金屬矽化物形成於矽上的電子能障高度 ϕ_{Bn} 對薄膜電阻率的關係圖。最好的選擇是低能障及低電阻 R。（參考文獻 102）

條件下為逆向偏壓，當位障高度為 0.28 eV 且在室溫的環境下，熱離子型態的逆向飽和電流密度大小約在 103 A/cm² 。為了增加電流密度，必須選擇相對於半導體的多數載子擁有最大位障高度的金屬，如此才能獲得最小的少數載子位障高度。另外穿隧過位障所產生的額外電流也能夠增加通道內載子的供給。到目前為止，在 p- 型基板上製作 n- 型通道的 MOSFET，比在 n- 型基板上製作 p- 型通道元件還要困難，原因是金屬矽化物與金屬對於 p- 型矽來說其位障通常都不高。由於位障高度有限，所以蕭特基源 / 汲極的缺點就是串聯電阻太高和汲極漏電流太大。金氧半場效電晶體(MOSFETs)針對蕭特基位障高度工程已經有廣泛地探討，採用不同的方法以減少接觸電阻[102, 103]。典型的 $I-V$ 曲線顯示出在較低的汲極偏壓時不易產生電流（圖 65）。在圖 63 中，可看到金屬或金屬矽化物會延伸到閘極下方，若利用自我對準佈植和擴散的方法製作，其製程要求將會比形成半導體的源 / 汲極接面還要困難。

增高式源 / 汲極（Rised Source/Drain）　增高式源 / 汲極是一項先進的設計，其特色是在源 / 汲極上成長一層重摻雜的磊晶層（圖 66a），藉由縮小接面深度來控制短通道效應。注意，閘極間隙壁絕緣層下方的延伸區依舊是連續

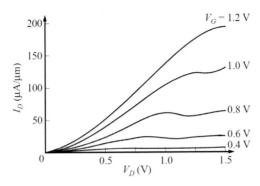

圖 65 具蕭特基能障源／汲極 *n*- 型通道 MOSFET 的 *I–V* 特性圖。（參考文獻 101）

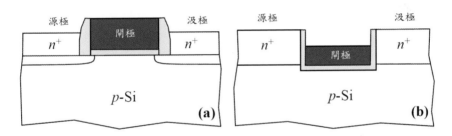

圖 66 降低源／汲極的接面深度與串聯電阻的結構 (a) 增高式源／汲極 (b) 埋藏式通道。

著。另一個類似的元件稱爲嵌入式通道 (recessed-channel) MOSFET，其接面深度 r_j 爲零或負值（圖 66b）[104]。但是嵌入式通道存在著一個缺點，特別是在次微米元件裡，其轉角處的氧化層形狀與厚度不易掌控，這會決定起始電壓值，發生更多的熱載子注入，氧化層電荷的現象也會變得更嚴重。

6.5.4 SOI 與薄膜電晶體(TFT)

SOI 與薄膜電晶體不同，絕緣層上覆矽 (silicon-on-insulate, SOI) 在晶圓上的矽是高品質的單晶結構，可用於製作高效能與高密度的積體電路[105]。SOI 結構可以不同種類的絕緣層材料與基板形成，包括氧化層上覆矽、矽在藍寶石上 (silicon-on-sapphire, SOS)、矽在氧化鋯上 (silicon-on-zirconia,

SOZ) 和矽在無物上 [空氣間隙 (air gap)] 的技術中，單晶矽薄膜是藉由磊晶成長在結晶的絕緣基板上。在這些例子中，絕緣體就是基板本身，如在 SOS 內的 Al_2O_3 和在 SOZ 內的 ZrO_2。當薄膜越來越薄時，如何維持薄膜的品質是一項困難的技術。最初的選擇是使用氧化層作為絕緣體，再用另一片晶圓當作支撐的基板，這也是目前常採用的方式。製作 SOI 結構的方法還有很多種，其中一種稱為佈植氧加以分離 (separation by implantation of oxygen, SIMOX)，是將高劑量的氧利佈植到矽晶圓內，接著利用熱退火來形成埋藏二氧化矽層；另一種技術則需要將兩片晶圓黏合在一起，其中一片具有氧化層，然後再削薄上方的晶圓直到留下一層薄薄的矽；還有一種是使用橫向磊晶成長矽在氧化層上，從一晶種孔洞開始到基板；也有一種技術是使用雷射再結晶技術，將沉積於氧化層上的非結晶矽轉變成單晶矽，或是將多結晶形成更大的晶粒。

　　圖 67a 為製作於 SOI 基板上的 n- 型通道 MOSFET，其 I_D-V_D 特性如圖 67b 所示。圖中 I_D 在尾端翹起的現象，是因為無基板連結造成的浮體效應 (floating body effect) 所引起的，此現象稱為扭結效應 (kink effect)。由於 SOI 基板具有較薄的主動層，其優點包括能夠改善 MOSFET 的微縮，減輕貫穿效應引起的問題，以降低通道的摻雜濃度，也會改善次臨界擺幅。而埋藏氧化層提供了主動層與基板間的良好絕緣，可降低對基板的電容，進而提升速度。如圖 67a 所示，元件間的隔離技術也很簡單，只要將包圍在元件

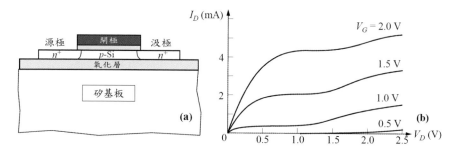

圖 67 (a) 在典型 SOI 晶圓上的 MOSFET 結構圖 (b) 其汲極電流特性。（參考文獻 106）

外的薄膜移除即可，所以能夠增加電路密度。利用這樣的隔離方式，而不是平面技術中的接面隔離，將可消除 CMOS 電路中的閉鎖現象，但 SOI 的缺點是晶圓價格太高、品質不穩定及扭結效應，而且氧化層的熱傳導能力非常差。

薄膜電晶體 (Thin Film Transistor, TFT)　　薄膜電晶體通常是 MOSFET，而不是其他種類的電晶體。其結構與 SOI 上的 MOSFET 相似，不同的是主動層是以沉積方式形成的薄膜，而且能夠使用在各種形式的基材上[107]。以沉積的方式形成的半導體層爲非結晶材料，所以缺陷會比單晶還要多，這也導致 TFT 中的傳輸機制變得更加複雜。爲了改善元件的效能、重複性和可靠度，必須將塊材與介面缺陷濃度降低至合理的範圍內。由於 TFT 的移動率比較低，所以電流不大，也會造成較大的漏電流；其主要的應用是在大面積與可彎曲的基板上[108-110]，這是傳統半導體製程做不到的。最好的例子就是大尺寸的顯示器，因爲需要電晶體陣列來控制發光元件陣列。在這樣的應用中，元件的電流或速度等特性並不是最關鍵的因素。

　　薄膜電晶體是液晶顯示器 (liquid-crystal display, LCD) 產業的關鍵性元件，薄膜電晶體因爲具低溫的相容性及低製程成本，被考慮爲軟性電子元件的理想選擇，廣泛多樣化的材料可以用於薄膜電晶體的半導體薄膜層，當中最爲廣泛使用的是低成本生產的非晶矽 (a-Si)。相對於 MOSFETs 是藉由通道摻雜來調節起始電壓，而非晶矽薄膜電晶體 (a-Si TFTs) 的通道則是未摻雜。因爲摻雜在非晶矽中移動率會明顯降低。標準 a-Si TFTs 製作成反轉堆疊式 (inverted staggered) 的元件結構，是背向通道蝕刻 (back-channel etched) 類型。通常我們會採用五道光罩的製程步驟來製作非晶矽薄膜電晶體元件[109]，雖然非晶矽薄膜電晶體的基本原理與 MOSFETs 相似，但其特性非常的不同。根據閘極電壓 V_G 值大小，在不同區域的操作可確認爲：大於起始值、次臨界及普爾－弗蘭克發射 (Poole-Frenkel Emission)。次臨界區域是由順向及逆向區域所組成的，在大於起始值及順向次起始值的區域操作，稱爲操作的順向區域 ($V_G > 0$ V)，而在逆向次臨界及普爾－弗蘭克的 (Poole-

Frenkel) 區域操作，則稱爲操作的逆向區域 ($V_G < 0\,\text{V}$)，其中非晶矽薄膜電晶體是理想非主動的。對於液晶顯示器的應用，非晶矽薄膜電晶體正常時通常是在大於起始値及普爾－弗蘭克的 (Poole-Frenkel) 區域。在大於起始値的區域 ($V_G > V_T$)，因爲費米能階較接近導電帶的邊緣，會形成高的而且大於起始値的電流，所以非晶矽薄膜電晶體是在開啓狀態，以及會在汲極與源極端之間傳導大的電流。

依據汲極電壓 V_D 値的大小，大於起始値的區域可以區分成二個次區域：線性區域 ($V_D < V_G$) 及飽和區域 ($V_D > V_G - V_T$)。當閘極電壓 V_G 變成較負的値，元件特性進入普爾－弗蘭克的 (Poole-Frenkel) 區域，其中汲極漏電流隨著負閘極電壓 V_G 的增加而呈現指數式增加，此一現象可以由圖 68 中量測値清楚地觀察到。在固態物理學中，普爾－弗蘭克效應即是眾所皆知的普爾－弗蘭克發射 (Poole-Frenkel emission)，是指在電絕緣體能有傳導電性，它意味

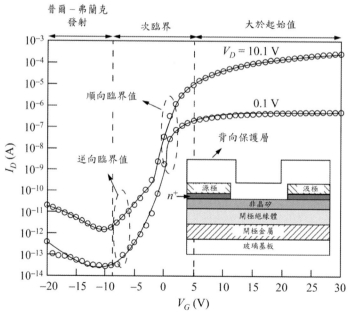

圖 68　非晶矽薄膜電晶體由量測（空心圓）及模擬（實線）所得的 I_D–V_D 曲線，$L = 4.0$ μm 及 $W = 500$ μm，其中的插圖爲元件結構圖。（參考文獻 109）

著電子能夠緩慢地移動而通過絕緣體，電子通常會在侷限能態被捕獲而成為缺陷。換言之，這些電子被固定於單一原子內，不能在晶體周圍自由移動。偶而隨機的熱振動會提供電子足夠的能量，擺脫它的侷限能態，並且移動到導電帶上。一旦到了那裡，電子可在晶體中移動，會在很短的時間內，鬆弛至另一侷限能態。普爾－弗蘭克效應描述電子如何在一大電場內不需要那麼多的熱能量而能進入導電帶，所以電子不需要那麼大的熱振動且有能力更頻繁移動。這種類型的漏電流是由於負閘極電壓 V_G 提供傳導路徑，而使得電洞的累積在前端介面。因普爾－弗蘭克電場增強熱離子發射在鄰近閘極－汲極重疊區產生電洞，造成前端通道傳導。因此，TFT 最小的關閉電流可能會發生在當閘極電壓 V_G 從 −5.0 至 −10 V 時。圖 68 顯示在操作狀態下，非晶矽薄膜電晶體的不同區域。在大多數的平面面板顯示器 (flat panel display, FPD) 產品中，非晶矽薄膜電晶體設計為用像素薄膜電晶體 (pixel TFT) 來控制液晶分子材料或有機發光二極體。如圖 69 所示，在主動矩陣結構的 FPD，是以掃描線 (scan line) 控制像素薄膜電晶體的閘極終端，汲極終端是透過數據線 (data line) 來接收數據電壓。為了使驅動掃描線有類似位移暫存器 (shift register) 的功能 [110]，近年來已開發非晶矽閘極驅動器的電路並應用於許多的 FPD 產品上。

很明顯地，當元件尺寸進入深次微米及次 100 奈米範圍，傳統的微縮法可能導致極高的通道摻雜，將造成不合乎要求的大接面電容值及劣化載子的移動率 [111-114]。藉由檢視 MOSFET 元件的微縮，一個自然長度尺規 (natural length scale) λ 可有效地用作為設計規範 [113]。從基板的 x–y 平面內二維波松方程式 (Poisson equation) 開始，邊界條件如下

$$\frac{\partial \psi}{\partial x} = \begin{cases} -\dfrac{\varepsilon_{ox}}{\varepsilon_{Si}} \dfrac{V_G - V_{FB} - \psi}{d} & x = 0 \\ 0 & x > W_D \end{cases} \tag{134}$$

並在 x- 方向使用拋物線函數近似從通道表面至基板的位能分布。對於 n- 型 MOSFET 的波松方程式 (Poisson equation) 可以簡化為

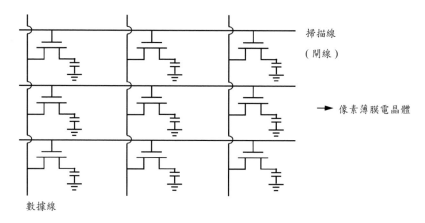

掃描線

（閘線）

像素薄膜電晶體

數據線

圖 69 平面面板顯示器 (FPD) 的主動矩陣式結構。（參考文獻 109）

$$\frac{\partial^2 \psi}{\partial x^2} + \frac{V_G - V_{FB} - \psi}{\lambda^2} = \frac{qN_A}{\varepsilon_{Si}} \tag{135}$$

其中 $\lambda = \sqrt{(\varepsilon_{si}/\varepsilon_{ox})W_D d}$。式 (135) 可以解出在通道表面 ($x = 0$) 的位能。導入自然長度尺規 λ 來描述整個結構的位能分布 $\psi(x)$。爲了抑制短通道效應，L/λ 比值必須大於 5。若以 d_{Si} 取代空乏層寬度 W_D，對於絕緣層上覆矽 (SOI) 元件，其自然長度尺規 $\lambda = \sqrt{(\varepsilon_{si}/\varepsilon_{ox})d_{si} d}$。同樣地，對於 MOSFET 自然長度尺規 λ 的嚴謹推導已經應用在雙閘極 (dual-gate) MOSFETs 元件 [112]、超薄本體 SOI 元件 [114]、三閘極 (tri-gate) 及平面式接地平面塊體 MOSFETs [111]。圖 70 爲不同結構自然長度尺規 λ 表示式的列表。

6.5.5 三維結構

在目前實際的元件製作上，已針對不同的面向逐步改良以克服在元件微縮時所遭遇到的問題。因爲使用許多的新材料於不同的應用上，使製作元件結構變得更爲複雜。例如，在 n- 型 MOSFETs 的微縮，需藉由增加 p- 型本體基板的摻雜濃度來微縮空乏深度。無論如何，它會造成幾個問題，例如在逆向偏壓汲極—本體基板的接面形成能帶至能帶的穿隧，即使低的功函數閘極

結構	傳統	閘極全環式	接地層
示意圖	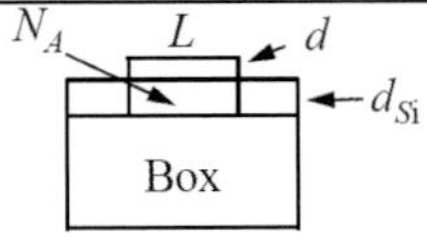 N_A　L　d　d_{Si}　Box	 n^+　d　d_{si}	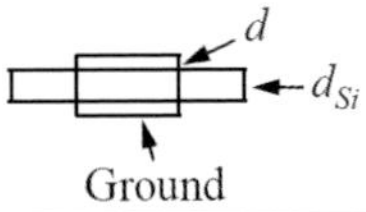 d　d_{Si}　Ground
微縮	$\lambda = \sqrt{\dfrac{\varepsilon_{Si}}{\varepsilon_{ox}} d_{Si} d}$	$\lambda = \sqrt{\dfrac{\varepsilon_{Si}}{2\varepsilon_{ox}} d_{Si} d}$	$\lambda = \sqrt{\dfrac{\varepsilon_{Si}}{\varepsilon_{ox}} \dfrac{d_{Si} d}{\left(1 + \dfrac{\varepsilon_{Si} d}{\varepsilon_{ox} d_{Si}}\right)}}$

圖 70　傳統的 SOI MOSFET、閘極全環式，以及接地平面結構的微縮關係圖，其中 d 及 d_{Si} 分別是氧化物與通道厚度。（參考文獻 111-114）

也會產生高的起始電壓，以及隨機摻雜擾動 (RDF) 等。為了克服這些問題，我們對平面型的 MOSFET 結構作了改變，其中以二維短通道效應取代原來受控於空乏區深度，變成由矽薄膜的厚度來控制，以多重側邊控制通道位能，就是多重閘極 MOSFETs 的構想。與傳統的 MOSFETs 比較，三維結構包覆閘極環繞在矽通道的所有側邊，能夠改善通道區域的靜電控制。如圖 71a，會形成一較尖銳的次臨界斜率值，可提供降低高達十倍的關閉電流 [115]。此外，具有多重閘極的 MOSFETs 可以在相當低的起始電壓條件下操作，並與平面的單閘極元件具有相同的關閉電流，因此有利於高性能的製作技術或可降低操作的電壓值。如圖 71b，在 $V_G = 0.7\ V$ 及閘極電壓的減少一 0.2 V，相同的閘極延遲條件下，22-nm 三閘極元件相較於 32-nm MOSFET，可改善 37% 的閘極延遲 [115]。

　　因此，在元件微縮中，最理想的設計就是將 MOSFET 放在超薄主體層上，使主體層能在整個偏壓範圍下完全空乏。環繞式閘極是一項極為有效的設計，其結構至少能夠圍住主體區兩側。圖 72 為不同的三維結構，圖 72a 與 72b 是塊體及絕緣層上覆矽鰭片式場效電晶體 (SOI FinFETs)，圖 72c 與 72d 是閘極全環電晶體 (gate-all-around FET，GAAFET)（換言之，基本元件具有一無限的閘極，閘極環繞在所有通道的表面上）及包覆閘極（或

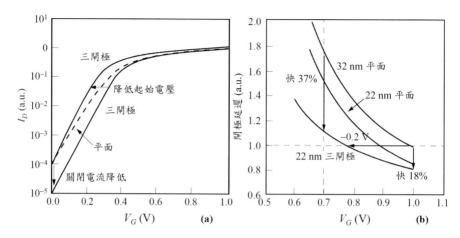

圖 71　平面及三閘極元件的 (a) I_D–V_G 曲線 (b) 閘極延遲對閘極電壓關係圖。因全空乏的特性，三閘極元件次臨界斜率較陡峭。（參考文獻 115）

omega 閘極）的奈米線 MOSFETs 等。很明顯地，與平面型 MOSFET 比較，對抑制汲極空乏深度，圖 72c 是一個理想的結構。圖 72e 是垂直式的結構，可依電流模型來將其分為水平式電晶體 [116-117] 和垂直式電晶體 [118]，這兩種結構的製作都非常有挑戰性，而水平式結構與 SOI 較為相似，故在此方面有較多的文獻發表 [119-125]。對於這兩種結構來說，由於大多數的通道表面都位在垂直的側壁上，因此在新開發也遇到一些困難。當側壁經過蝕刻、成長或沉積閘極介電層後，要維持良好的表面平滑性是製程上的一大挑戰。而形成源／汲極接面不再是像利用離子佈植這麼簡單，金屬矽化物的形成也變得更加困難，這些結構是否會成為未來首選，還有待觀察 [126]。儘管如此，目前矽基 CMOS 技術已普及化，而且奈米電子元件的三維微縮帶來更多的計算特性及功能 [127]。

6.5.6 功率金氧半場效電晶體

　　一般來說，功率 MOSFET 使用較厚的氧化層、較深的接面，並具有較長的通道長度，通常會對元件效能產生不利結果，例如轉導 (g_m) 與速率

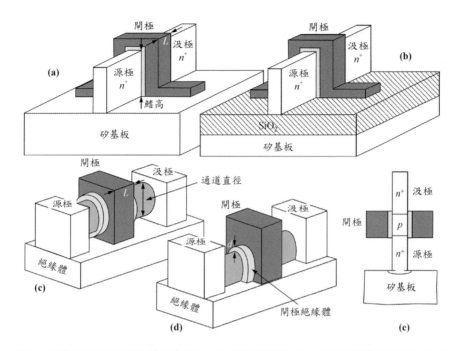

圖72 三維 MOSFETs 的結構示意圖 (a)-(d) 水平式的結構。(a)(b) 是塊體 SOI FinFETs (c) 閘極全環式 (d) 包覆閘極的奈米線 MOSFETs (e) 垂直式的結構。它們都是包覆閘極及薄的本體。

(f_T)。然而，由於行動電話與基地台等對極大電壓操作產品的需求增加，功率 MOSFETs 的應用亦隨之上升。以下我們將介紹兩種應用於 RF 上的功率結構。

雙擴散金氧半電晶體（Double-Diffused MOS, DMOS） 在 DMOS 電晶體（圖 73a）中，通道長度由較高擴散速率的 p- 型摻質（如硼）與源極 n^+- 型摻質（如磷）的對比來決定。這項技術不需要使用微影光罩便可得到非常短的通道。p- 型擴散可當成通道摻雜，並且可有效控制貫穿效應，通道後是輕摻雜的 n^-- 型漂移區，此漂移區與通道相比是較長的，藉由維持均勻的電場可減小此區域電場的峰值[128]。而汲極通常位於下方並與基板接觸，由於靠近汲極端的電場與漂移區的一樣，所以相較傳統的 MOSFET，累增崩潰、倍乘和氧化層電荷的現象都會減少。然而，由於 DMOS 電晶體中通道內的摻雜不再是常數，所以控制起始電壓 V_T 將變得很困難 [129]。因為 V_T 是由沿著半導體的表面摻雜濃度來決定，所以 V_T 會隨摻雜程度的變化而變化。與傳統結構相比，為了控制貫穿效應，DMOS 電晶體的 p- 型區域濃度較高，但會帶來較差的關閉特性。

橫向擴散金氧半電晶體（Laterally Diffused MOS, LDMOS） LDMOS 電晶體的電流方向是水平的（圖 73b），這是與 DMOS 電晶體最大的不同。LDMOS 電晶體的漂移區為一佈植形成的水平區域，當處於高汲極偏壓時，這樣的水平安排方式可以使 p^+- 基板用來空乏漂移區域；然而當處於低汲極偏壓時，其高摻雜濃度會有著較低的串聯電阻。此漂移區域的作用就類似一個非線性的電阻。低汲極電壓時的電阻可由 $1/nq\mu$ 來決定。在高汲極偏壓下，該區域處於完全空乏，故造成一個大的電壓降跨於該處，稱為縮減表面電場 (Reduced Surface Field, RESURF) 技術 [130]。利用這項技術，漂移區的摻雜濃度便能夠比 DMOS 電晶體的更高，因此也獲得較低的開啟電阻。LDMOS 電晶體的另一項優點為其源極是可利用深 p- 型擴散區在內部與基板相連結，此方式可避免外部金屬連線和源極間產生太大的寄生電感，因此 LDMOS 電晶體可獲得較高速度的效能表現。

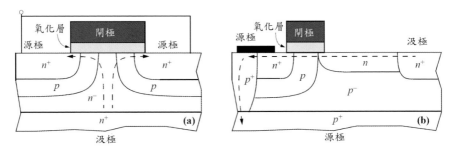

圖 73　(a) 垂直雙擴散金氧半電晶體 (DMOS) (b) 橫向擴散金氧半電晶體 (LDMOS)。虛線是電流路徑。

6.6 電路應用

6.6.1 金氧半場效電晶體的緊密模型

在前面 5.3 節討論過雙極性電晶體的緊密模型 (compact model)。而自 1970 年代開始,即有 MOSFETs 各種緊密模型 [131],如表 4 所列,第一代 MOSFETs 的緊密模型,如 LEVEL 1-3,已被考慮用於長通道元件 [132]。然而隨著元件尺寸微縮,模型精確度變得至關重要,因此需為短通道元件及量子力學效應加入較多的方程式。第二代的模型,如柏克萊短通道 IGFET 模型 (Berkeley Short-channel IGFET Model, BSIM) 及 恩茨–葛那門尼丘–維托茲 (Enz-Krummenacher-Vittoz, EKV) 模型在 1980 年代被提出來討論。對起始電壓基礎的模型,如 BSIM3 及 BSIM4 模型,在 2000 年代導入並作為第三代模型。EKV3.0、BSIM-CMG、廣島大學 STARC IGFET 模型 (HiSIM) 及表面位能基礎 (PSP) 模型,其基於電荷基礎及表面電位原理在 2000 年被提出。如前所述的緊密模型包含有數個重要的部分,如電流、電容、閘極漏電流、直流與交流雜訊及射頻特性 [151, 133-136]。對於精確快速的積體電路模擬,已將緊密模型與萃取的模型參數納入,並應用於電路模擬 [137-139]。

6.6.2 等效電路及微波性能

理想上,MOSFET 是個無限大的輸入阻抗,以及輸出端為電流產生器的轉導放大器,但實際上存在其它非理想效應。圖 74 為共—源極 (common-Source) 的等效電路,閘極電阻 R_G 與氧化層上閘極所使用的材料有關。輸入阻抗 R_{in} 是由閘極絕緣層的穿隧電流造成的,此外也包括經由缺陷傳導的電流。因此想當然地其為與氧化層厚度的函數。對熱成長的二氧化矽層來說,閘極與通道間的漏電流小到可以忽略,因此輸入阻抗非常大,這是 MOSFET 的主要優點之一。然而當氧化層厚度低於 5 nm 時,穿隧電流就成為非常重要的因素。閘極電容 $C'_G (= C'_{GS} + C'_{GD})$ 主要來自 C_{ox} 乘以主動通道面積 $Z \times L$。在實際的元件裡,閘極會稍微延伸到源極與汲極上方,這些重疊電容將會增加總 C'_G 值。這種邊緣效應 (fringing effect) 對回饋電容 C'_{GD} 是

表 4　已知緊密模型列表，各模型的差異以起始電壓基礎理論 / 電荷基礎或表面位能原理區分。標示 O 為使用該理論基礎的模型。（參考文獻 131）

年份	緊密模型	dc/ac 參數數目		基礎理論	
		無微縮	具幾何微縮	起始電壓及電荷基礎	表面電位
1968	LEVEL 1	4		O	
1976	LEVEL 2	10-20		O	
1980	LEVEL 3	10-20		O	
1985	BSIM	20	50	O	
1990	EKV	10-20		O	
1990	BSIM2	30-40		O	
1996	MM9	20			O
1997	EKV2.6	10-20		O	
1999	BSIM3v3	70-80	400	O	
2000	BSIM4	70-80		O	
2000	EKV3.0	20-30		O	
2004	MM11		400-500		O
2005	HiSIM2.4.0		100-200		O
2007	PSP	50			O
2012	BSIM-CMG	400-500	700-800		O

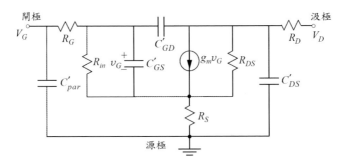

圖 74　金氧半場效電晶體 (MOSFET) 的小訊號等效電路。v_G 是 V_G 的小訊號。電容的單位是法拉第 (Farads)。

個很重要的貢獻。事實上，汲極電流不會真的隨著汲極電壓增加而達到飽和，所以會有汲極輸出電阻 R_{DS}。這效應與先前討論的短通道效應一樣，特別容易發生在短通道元件上。輸出電容 C'_{DS} 主要是兩個經由半導體塊材的 p-n 接面電容串聯組成的。在飽和區中，V_D 與 R_D 會些微影響汲極飽和電流，而 R_S 將會影響有效閘極偏壓，故外質轉導為

$$g_{mx} = \frac{g_m}{1 + R_S g_m} \tag{136}$$

為了分析微波性能，我們依照 5.4.1 節中的步驟來求取截止頻率 f_T，其定義為電流增益為 1 時的頻率（汲極電流與閘極電流的比例）

$$\frac{i_{out}}{i_{in}} = 1 \tag{137}$$

其中

$$|i_{in}| = \omega(C'_G + C'_{par})\widetilde{v}_G = \omega(C'_{GS} + C'_{GD} + C'_{par})\widetilde{v}_G \tag{138}$$

以及

$$i_{out} = g_m \widetilde{v}_G \tag{139}$$

藉由式 (137)- 式 (139)，可得

$$\omega(C'_{GS} + C'_{GD} + C'_{par})\widetilde{v}_G = g_m \widetilde{v}_G \tag{140}$$

$$\Rightarrow f_T = \frac{\omega_T}{2\pi} = \frac{g_m}{2\pi(C'_{GS} + C'_{GD} + C'_{par})} \tag{141}$$

其中 C'_{par} 為總輸入寄生電容（註腳 * 為完整的 f_T 公式，包含 R_S 與 R_D）。有趣的是如果 C'_{par} 只是由閘／汲極與閘／源極的重疊區域所造成，那麼對氧化層厚度的相依性會與 g_m 一樣，即 f_T 對於 C_{ox} 或氧化層厚度無關。在理想的狀況下，為無寄生現像，$C'_{par} = 0$、$(C'_{GS} + C'_{GD}) = C_{ox}ZL$ 及在速度飽和的狀況下，$g_m = ZC_{ox}v_s$，式 (141) 可重寫為

$$f_T = \frac{g_m}{2\pi ZLC_{ox}} = \frac{v_s}{2\pi L} = \frac{1}{2\pi \tau_t} \tag{142}$$

其中的 τ_t 是載子從源極至汲極通過通道長度的傳渡時間 (transit time)。如此理想的情況實際上不可能達到，但藉由此方程式可以估計 f_T 的上限值。在此限制下，f_T 也與氧化層厚度或 g_m 無關。然而，實際的元件還是具有寄生現象，所以 g_m 依然很重要。微波性能的另一項品質指數 (figure-of-merit) 為最大振盪頻率 (maximum frequency of oscillation)f_{max}，頻率在其單向的增益 (unilateral gain) 變為 1。它可以表示為

$$f_{max} = \sqrt{\frac{f_T}{8\pi R_G C'_{GD}}} \qquad (143)$$

所以對高頻率性能而言，最重要的元件參數是 g_m、R_G 及所有的其他寄生電容。

6.6.3 基本的電路區塊

　　在本節中，我們將介紹由基本數位電路組成的邏輯與記憶體電路。最基本的邏輯電路為反向器 (inverter)。圖 75 為不同的 MOSFET 反向器的電路結構，當中最常見的是互補式金氧半場效電晶體 (Complementary MOS, CMOS) 反向器，顯然是由一對 n- 型與 p- 型通道電晶體所組成的，不論輸入的電位是高或低，在串連電路內其中的一個電晶體會處於關閉狀態，此時僅有微小的穩態電流（即次臨界電流）流過，所以該邏輯電路功率消耗非常低。事實上，由於絕緣的閘極能夠承受任何極性的電壓，這也成為 MOSFET 應用的優點之一。若不在輸入端前放置大電阻，雙極性電晶體與 MESFET 是很難做到這樣的設計。如圖 75b 所示，在 NMOS 邏輯電路可以使用空乏模式 n- 型通道電晶體來取代 p- 型通道電晶體，其優點為製作技術比較簡單，而在消耗高直流功率的情況下也不會使用 p- 型通道元件。由於

---

* 在源極和汲極電阻非常大的情況下，更完整的表達是

$$f_T = \frac{g_m}{2\pi ZLC_{ox}} = \frac{\upsilon_s}{2\pi L} = \frac{1}{2\pi \tau_t}$$

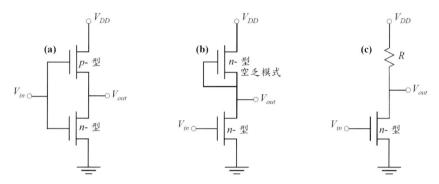

圖 75　各種不同電路結構的反向器 (inverters)(a) CMOS 邏輯電路 (b) 搭配空乏模式電晶體負載的 NMOS 邏輯電路 (c) 搭配電阻負載的 NMOS 邏輯電路。

閘極與源極連接在一起，故可將空乏模式元件視為二端點非線性電阻，與圖 75c 中的簡單電阻負載相比則有相當的改善。

　　圖 76 所示為兩種由 MOSFET 組成的基本記憶胞，分別為靜態隨機存取記憶體 (static random-access memory, SRAM) 和動態隨機存取記憶體 (dynamic random-assess memory, DRAM)。由於不同消費性電子產品的快速成長，如資訊與通訊技術、物聯網及雲端計算，積體電路及系統晶片元件變得更加的複雜，並增加對嵌入式記憶體的需求 [140-142]。SRAM 因具有優異的堅固性，已經廣泛地用於高性能的積體電路及系統晶片中的快取／緩衝記憶體 (cache memory)。嵌入式 SRAM 陣列在系統晶片中預期會佔大於 90% 的面積，因此嵌入式 SRAM 所增加的面積會主導 CMOS 的良率、穩定性及可靠度。如圖 76a 所示為六顆電晶體的 (6T) SRAM 記憶胞操作寫入及讀取的狀態 [143-144]。 SRAM 結構為兩個背對背相互連接的 CMOS 反向器，它是閉鎖與穩定的記憶胞，但需要四顆電晶體。6T 記憶胞包括字元線 (word line) 與位元線 (bit line)，因為在讀取操作期間雜訊會損害記憶胞，所以 SRAM 記憶胞的穩定性與靜態雜訊容限 (static noise margin, SNM) 有關。SNM 的定義為：「避免記憶胞狀態在讀取存取期間被翻轉的最大直流雜訊電壓容許值」。[143] 而 DRAM 記憶胞只需要一個電晶體，因此 DRAM 擁有很高的

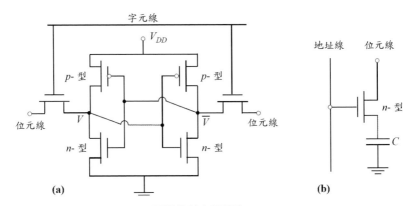

圖 76　(a) 6T SRAM (b) DRAM 電路的基本記憶胞 (memory cells)。

記憶密度 [145-146]。如圖 76b，其記憶資訊的方式是將電荷儲存於電容器兩邊。因爲非理想的電容器存在著漏電問題，所以記憶胞必須週期性的更新，其頻率約爲 100 Hz。DRAM 電容器可以表示爲

$$C = \varepsilon_i \frac{A}{d_i} \tag{144}$$

要降低 d_i 值，僅有 ε_i 及 A 二個參數可以調整：使用氧化鉭 (Ta_2O_3)、鈦酸鍶 ($SrTiO_3$) 等材料可以增加 ε_i 值，如圖 77a 與 b，使用溝槽式 (trench) 或冠狀 (crown) 結構可以增加其面積 A [147-150]。

6.7 負電容場效電晶體及穿隧場效電晶體

6.7.1 負電容場效電晶體 (NCFET)

在半導體藍圖 (roadmap) 的最後階段，隨著技術節點的減少，熱產生及功率消耗呈現指數式上升。依據量子力學，當通道長度縮短時，在源極及汲極之間的穿隧位障會降低，因此漏電流呈現指數式成長，此效應稱爲汲極引發位障降低 (drain-induced barrier lowering, DIBL) [151-152]。電晶體的功率消

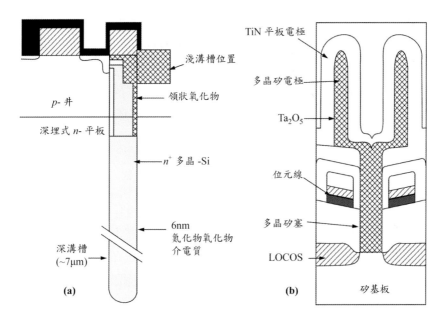

圖 77 (a) 深溝槽式儲存電容器 (b) 冠狀式儲存電容器。注意在 (a) 中電容器是在 Si 表面下 (b) 電容器是在 Si 表面上。

耗 (P) 能夠根據經驗式而化爲 [153, 154] $P \approx I_{off} V^{3}_{DD}$，其中的 I_{off} 及 V_{DD} 分別是漏電流及供應電壓。儘管我們可以藉由操作電晶體在較小的 V_{DD} 以減少功率消耗，但因爲次臨界擺幅值 S 不能陡峭到大於 60 mV/decade，這會造成漏電流 I_{off} 增加。由式 (70)，雖然已經使用高 κ 值的介電質 [155] 增加氧化層電容值，本體因子 (body factor) $(1+C_D/C_{ox})$ 值仍大於 1。在室溫下，當氧化層電容值趨向於無限大時，次臨界擺幅值的極限爲 60 mV/decade，因此，操作電晶體在低 V_{DD}，以維持次臨界擺幅值更陡峭而大於 60 mV/decade，成爲高效能電子元件的優先選項。

　　負 電 容 場 效 電 晶 體 (Negative-Capacitance Field Effect Transistor, NCFET) [156-159] 與 MOSFETs 具有相同的傳輸物理學，如熱離子注入，但以鐵電性材料 (ferroelectric material) 取代 MOSFETs 的氧化物材料 [160]，如

圖 78a。鐵電性材料有二個穩定的極化狀態 (polarization state)，非線性特性化依施加電壓電荷極化而定。若施加電壓翻轉大於強制電壓 (coercive voltage)，大量的束縛電荷會累積在鐵電性材料的表面上，造成二個穩定極化狀態間的轉換 [161]。圖 79a-c 是為施加電壓 V 通過材料的主體，鐵電性材料的能量圖。以一般電容器的能量為基準，在零電荷的點 ($q = 0$)，鐵電性電容器的能量是負的，所以電容值 C 也是負的

$$E = \frac{q^2}{2C} \tag{145}$$

當電壓 V 從零增加至強制的電壓 V_C，電荷的能量會落在極化狀態之一最接近局部的最小值位置，同時，能谷是傾斜的。然而，當 $V > V_C$，電荷會重新分布到另一能谷，而極化切換至另一穩定的極化狀態。在極化的轉換期間，電荷通過零電荷點時，其電容值是負的，如圖 78b 中圓圈的部分。這樣的暫態行為可解決微縮的瓶頸問題。使用鐵電性材料來取代 MOSFETs 的氧化物材料，在室溫下，可以達到次臨界擺幅 $S < 60$ mV/decade，因為一個負的電容器 $-C_{FE}$ 與 C_D 串聯可以增加有效的電容值 $C_{eff} = 1/(1/(-C_{FE}) + 1/C_D) = C_D C_{FE}/(C_D - C_{FE})$；同時，本體因子能夠被微縮至小於 1 [162-163]。圖 80 比較 NCFET（外閘極）與 FinFET（內閘極）的 I–V 特性曲線及次臨界擺幅值 S [163]。明顯地，NCFinFET 是將 NCFET 與 FinFET 整合於相同的元件上，如圖 80a。它的優點是可以鑑定在 FinFET 上鐵電性材料的衝擊性。圖 80b 與 c 分別是

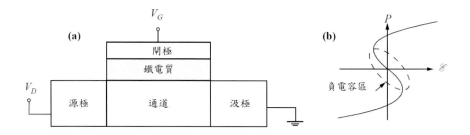

圖 78　(a) 負電容場效電晶體 (NCFET) 的結構圖 (b) 極化電場與基於朗道理論鐵電性的關係圖。

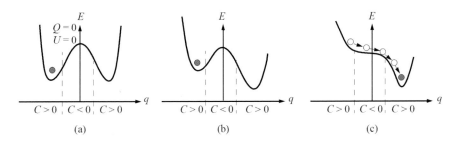

圖 79　施加 (a) 電壓 $V = 0$ (b) $0 < V < V_C$ (c) $V_C < V$ 條件下，鐵電性材料的能量圖。（參考文獻 160）

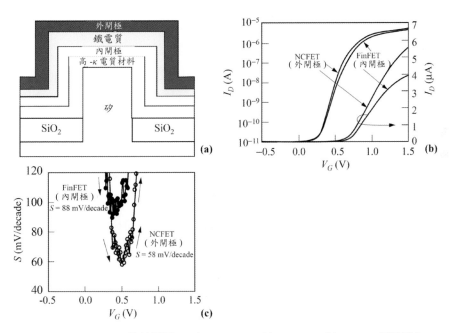

圖 80　(a) NCFinFET 元件結構圖 (b) 在 $V_D = 0.1$ V 時，NCFET 以 FinFET 所量測的 I_D–V_G 曲線圖 (c) 在 $V_D = 0.1$ V 時，所量測的次臨界擺幅值 S。（參考文獻 163）

NCFET 及 FinFET 的電流－電壓曲線，以及次臨界擺幅值 S 關係圖。在低的供應電壓，V_{DD} 小於 0.1 V 狀態下，NCFET 與 FinFET 比較會有較高的導通電流。最重要的是，儘管氧化物電容是鐵電性材料的電容串聯高 κ 值介電質，NCFET 的次臨界擺幅值 S 突破了 60 mV/decade 的極限值，這增加了本體因子。

6.7.2 穿隧場效電晶體

當代的 CMOS 具有較高的密度及多樣功能，可以用於先進的微縮技術。然而，當閘極長度減小，會因漏電流增加與無法降低供應電壓 V_{DD}，使得 CMOS 的功率消耗呈現指數式增加[154]。前者的挑戰是從通道至閘極與源極至汲極的量子穿隧造成的結果；後者的挑戰是來自熱離子注入的基本限制性[164, 165]，MOSFETs 使用熱離子注入過程以切換開啟狀態及關閉狀態間的電流。因此，閘極電壓必須夠大，大到可以引發一個階次大小的汲極電流變化，以用來調整電子位障，這性質定義為次臨界擺幅值 S(subthreshold swing)。隨著熱離子注入，汲極電流的次臨界擺幅值不會大於 60 mV/decade[166]，供應電壓應該大於 0.5 V，以維持一個合理的 on/off 比值。同時需要一個具有先進載子注入機制能量的有效元件來操作低於 0.5 V 下的邏輯元件。

穿隧場效電晶體（Tunneling field-effect transistor, TFETs） 利用源極－通道接面上能帶至能帶穿隧作為載子注入機制[154, 167]。圖 81a-b 及圖 81d-e 分別是 p- 型的及 n- 型 TFETs 元件的幾何形狀與能帶圖。與 MOSFETs 相比，源極及汲極區域的不對稱性摻雜濃度分布是為了引發單極性與抑制關閉狀態下的漏電流[164]。由於具有窄的接面寬度，簡併摻雜源極－通道接面有利於穿隧效率。當施加一負閘極偏壓，穿隧通道開啟，因為通道區域的能帶向上彎曲，所以允許源極區域的電子以量子穿隧機制注入通道區域的空能態。具體來說，施加的閘極電壓藉由改變穿隧機率 (tunneling probability) T，以指數型控制開啟狀態的穿隧電流，其中的穿隧概率 T 可以能量視窗 (energy window) $\Delta\phi$ 與源極－通道穿隧能障的屏蔽穿隧長度 λ 來表示[167]，如圖 81b 與 c 的說明。增加逆向閘極偏電壓會使 λ 變窄與 $\Delta\phi$ 變寬。使用具有三角

形位能（參閱圖 81c 與 f）的穿隧能障近似，可以 WKB 近似來模型化穿隧機率 T

$$T \approx T_t \approx \exp\left(-\frac{4\lambda\left(\sqrt{2m^*E_g^3}\right)}{3q\hbar(E_g + \Delta\phi)}\right) \tag{146}$$

值得一提的是，在源極－通道接面上穿隧機率 T 的描述與在 p^+-n^+ 齊納二極體 (Zener didoe) 上是相同的。反之，當施加一正的閘極偏壓，穿隧通道關閉，

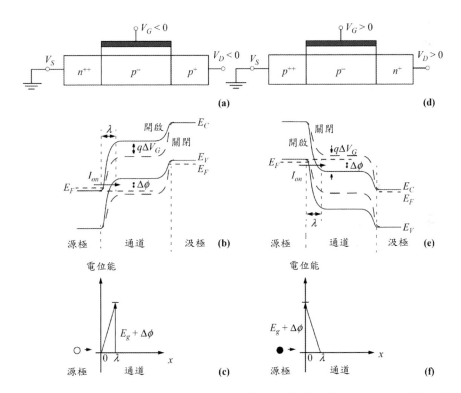

圖 81　(a)(d) p- 型的與 n- 型的 TFETs 幾何形狀及摻雜濃度分布 (b) (e) p- 型與 n- 型 TFETs 的能帶圖之開啟（實線）及關閉（虛線）。ΔV_G、$\Delta\phi$ 及 λ 分別是在開啟與關閉狀態間施加閘極的電壓差，源極－通道穿隧能障的能量視窗及屏蔽穿隧長度。(c) (f) 源極－通道接面開啟狀態的位障，在 E_g 至 $E_g + \Delta\phi$ 的區域，具有一三角形的位能近似。（參考文獻 154）

因爲通道區域的能帶向下彎曲，所以價電子佔據在價電帶的空能態上，也就是源極區域的電子不再從源極穿隧至通道。這說明了 TFETs 的低漏電流。因爲量子穿隧，可藉由施加的閘極電壓快速切換 TFETs 的開啓狀態及關閉狀態。與 MOSFETs 比較，TFETs 具有更陡峭的次臨界擺幅值 S 及較小的關閉電流，所以他們能夠在低的供應電壓下以高的能量效率操作 [168, 169]。

一個能量效率的 TFETs 可在低的供應電壓條件下操作，但因較小的關閉電流而會有高的開啓電流。從式 (146) 可知，對於小 E_g、m^* 與 λ，穿隧機率 T 及開啓電流兩者均會以指數式升高。目前已開發出多種型態的材料與元件結構，藉由操縱 E_g、m^* 與 λ 值來提升 TFET 的性能。首先，異質結構的 TFETs 在源極區域使用窄能隙材料，會有高的穿隧機率與大的開啓電流等優點，在汲極選擇用寬能隙材料以抑制關閉電流。在候選材料中，具有小的有效質量及直接能隙的 III-V 族半導體有利於有效率的穿隧 [170]。此外，除了良性的固有性質，穿隧能障還可以藉由將能帶校直而進一步調整。雖然交錯的能帶使其排列平直，如 InP-GaAs 異質接面的 TFET [171] 已經被證實能夠突破 MOSFETs 熱離子的極限值，其 S = 50 mV/decade，而破斷能隙異質接面的 TFETs，如 InAs-Si 異質接面 TFETs [172]，因穿隧能障的透明性 (transparency)，能將低次臨界擺幅值 S 降低至 20 mV/decade。

藉由減少 TFETs 的維度，具有閘極全環式奈米線 的 TFETs 元件架構，可對穿隧接面有較強的靜電控制，以及達到較高的開啓 / 關閉電流比值 [172-176]。在開啓的狀態 (on state) 下，因爲 λ 減少，T 得到改善，所以開啓電流也獲改善；在關閉的狀態 (off-state) 下，因爲能態密度受到限制，載子散射獲得緩解，關閉電流達到最小 [170]。III-V 族半導體可提供具吸引力的電性，TFETs 植入 III-V 族異質結構奈米線是很大的變革，可以更進一步提高開啓電流、降低關閉電流，以及改善次臨界擺幅值 S。圖 82a 及 b 是使用 InAs-Si 奈米線材料的 n- 型異質結構 TFETs 的元件結構與 I–V 特性關係圖。所有量測的 S 值，如 A、B 與 C 曲線所示，均比熱離子的極限更陡峭，且開 / 關比值大於 10^4。最重要的是，這些數值都是在低的供應電壓情況下量測得到的。另

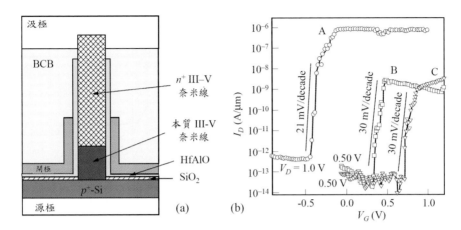

圖 82　(a) 元件的示意圖 (b) 使用 InAs-Si 奈米線製作的 n- 型異質結構 TFETs 的 I–V 特性關係，BCB 是苯環丁烯 (benzocyclobutene)。在低的供應電壓值為 0.5 V 下，所有量測的 S 均比 60 mV/decade 更陡峭。（參考文獻 172 及 176）

一個提升 TFETs 穿隧機制的方法是線穿隧 (line-tunneling) 效應 [177]。此機制可以使用 n- 袋狀 (n-pocket) 沿著通道導入載子，在此情況下，穿隧發生在電場平行方向。由點穿隧 (point tunneling) 主導選擇的方法（換言之，穿隧垂直於電場）。值得注意的是，我們可以使用線穿隧及 III–V 族材料來提升 TFETs 的電流 [178-180]。一個共振穿隧場效電晶體 (resonant TFETs)[181] 具有與異質 TFETs 相似的結構；然而，在源極、通道及汲極區域使用的材料順序是相反的，如圖 83，其目的是在源極及通道的介面上形成具有離散共振能階的三角形量子井。一旦共振能階與位於源極區域的價電帶邊緣對齊，共振 TFETs 會超越異質 TFETs 與 MOSFETs，會具有更陡峭的 S 值（參閱圖 83b 中的 InAs），因為可以更有效地調節 T。相反地，若量子井設計不完美，會造成在開啟狀態時，共振能階與源極區域價電帶邊緣無法對齊，如圖 83b 所示的 InAs，因為較高的穿隧位障會降低 T 及 S。

　　因為 TFETs 的性質有雙極性 (ambipolarity) 的缺點。TFETs 的原理將會導致在施加負的閘極偏壓期間（n- 型的）出現雙極性，其意味著負的偏壓

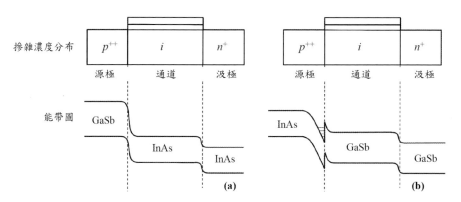

圖 83　*n*- 型的元件與其能帶圖 (a) 異質結構穿隧場效電晶體 (b) 共振穿隧場效電晶體。
（參考文獻 181）

將會使接近於閘極—汲極接面的能帶彎曲，因此發生穿隧。有各種不同處理
的方法來克服此缺點，如：通道汲極接面使用高能隙材料、閘極在汲極上以
及不對稱性的摻雜，均被考慮用來解決此一現象 [182-184]。

6.8 單電子電晶體

　　隨著科技的發展至奈米的尺度，使得我們能夠進行以往無法實現的實
驗。其中一種是於 1987 年 [186] 發現的單電子電晶體 (single-electron transistor,
SET)[185] 中電荷量子化效應 (charge-quantization effect)。圖 84 為單電子電
晶體的結構電路示意圖，結構中有一個極微小的單電子島 (single-electron
island)，可讓電子穿隧的電容分別連結至汲極與源極；第三端點為絕緣閘極，
用來控制源極與汲極間的電流，類似 FET 閘極的功用。可直接從單電子島
中觀察電荷的量子化行為。將單一電子傳送到單電子島，或由單電子島傳出
所需的最小能量為

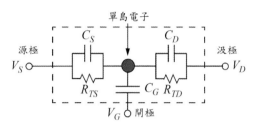

圖 84　單電子電晶體電路示意圖，其中 C_S 與 C_D 分別為源極與汲極的穿隧電容，R_{TS} 和 R_{TD} 分別為源極與汲極的穿隧電阻。

$$E = \frac{C_\Sigma V^2}{2} = \frac{C_\Sigma}{2}\left(\frac{q}{C_\Sigma}\right)^2 = \frac{q^2}{2C_\Sigma} \tag{147}$$

其中 $C_\Sigma = C_S + C_D + C_G$ 為總電容。為了能夠在實驗中觀察到，其能量必須遠大於熱能

$$\frac{q^2}{2C_\Sigma} > 100kT \tag{148}$$

在室溫的條件下，C_Σ 的數量級必須達到 aF(10^{-18} F)，如假設 $E = 1$ eV，氧化層厚度 $d = 2$ nm，面積是 $l \times l$，由式 (147) 可得 $C_\Sigma = q^2/2E = q/2 = 1.6 \times 10^{-19}/2 = 3.45 \times 10^{-13} \times l^2 /(2 \times 10^{-7})$，計算出 l 是 2×10^{-7} cm $= 2.1$ nm。這迫使單電子島的大小要低於 1-2 nm。值得注意的是，單電子島不必使用半導體材料，大多數的研究報告是基於金屬點而來。使用小的半導體量子點有許多限制，因為半導體形成的量子點內電子數（< 100 個）遠少於金屬量子點的電子數目（約 10^7 個）。此外，半導體量子點會有能階量子化的現象，這會造成 I_D-V_D 特性的改變[187]，但所影響的卻不是單電子電晶體最重要的特徵，所以不在此討論。實際上，單電子電晶體不需要任何半導體材料，只要金屬與絕緣體即可。

單電子島與源／汲極間的電容可分別看成穿隧電阻 R_{TS} 和 R_{TD}。為了傳導足夠的電流，這些電阻要非常小（利用超薄絕緣層），但根據不準確性原

理 ($\Delta E \Delta t > \hbar/2$)，電子在接面的任一側，可以視為粒子處理，電阻器的功率與能量 $P = I^2R$ 與 $\Delta E = P\Delta t = I^2R\Delta t = (q/\Delta t)^2R\Delta t = q^2R/\Delta t$。由於不準確性原理，我們可以得到 $q^2R > h/4\pi \Rightarrow R > h/q^24\pi \approx 2.05\ \text{k}\Omega$，便以得知穿隧電阻 R 需要為

$$R_{TS} \approx R_{TD} > 2.05\ \text{k}\Omega \tag{149}$$

而電阻應當超過 100 kΩ。圖 85 為單電子電晶體的基本電流－電壓特性。首先，在圖 85a 中可看到在不同 V_G 下的 I_D 電流，在小於電流轉折處 V_D 值時，電流幾乎完全被抑制。這個 V_D 稱為起始汲極電壓（threshold drain voltage），主要是由庫侖阻絕 (Coulomb blockade) 造成的，此現象將於稍後解釋。另一個重要的特徵是庫侖阻絕會因閘極偏壓而變化。在某些 V_G 下，庫倫阻絕將完全消失。如圖 85b 所示，這些可重複數次的循環稱為庫侖阻絕振盪 (Coulomb-blockade oscillation)。這和一般電晶體有非常大的差異，因為後者的閘極只能單純地將電流開啟或關閉。為了解釋上述特性，最好回到最簡單的結構：如圖 85c 所示的穿隧電容。此電容是利用微小電流源來進行充電，所以必須增加接面電壓 V_j，直到電子能夠穿隧。庫侖阻絕的基本原理在於單一個電子要達成穿隧必須先提升 V_j 到某一特定值，使電子可以獲得一最小的能量，而這最小的能量為 $q^2/2C_j$，其為單一電子穿隧後的能量改變量。這也與電子穿隧電壓為 V_j 的電容時獲得的能量相同，即

$$\frac{q^2}{2C_j} = qV_j \tag{150}$$

因此，在電子穿隧前，V_j 必須達到 $q/2C_j$。而這項起始電壓便是庫倫阻絕的基礎。另外，藉由考慮 N_i 個電子轉移所需的充電能量 E_{ch}，亦可得到相同的結果

$$\begin{aligned}
E_{ch} &= \frac{(Q_o - N_iq)^2}{2C_j} - \frac{Q_o^2}{2C_j} \\
&= \frac{N_i^2q^2}{2C_j} - N_iqV_j
\end{aligned} \tag{151}$$

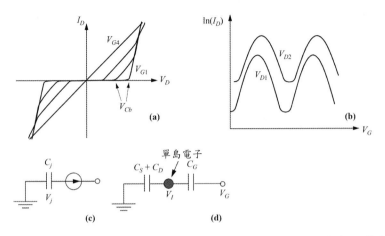

圖 85　(a) 在不同 V_G 下，單電子電晶體的 I–V 特性。庫倫阻絕電壓會隨 V_G 變化。(b) 在不同 V_D 下，汲極電流（對數座標）與 V_G 的關係。須注意 V_G 會隨著 V_D 而改變。(c) 穿隧電容器充電 (d) 單電子盒的電路示意圖。

式中的 $Q_o = V_j / C_j$，是穿隧前原本的電荷量。要轉換到不同狀態的基本要求，就是 E_{ch} 必須是負值並且為最小值。

　　接下來，我們考慮位於兩個電容間的單電子島所構成的單電子盒模型，如同將單電子電晶體中的源極與汲極繫在一起（圖 85d）。雖然微縮一 C_G/C_Σ 因子，但當閘極電壓增加，單電子島的電壓也隨之增加；當穿隧接面的電壓超過 $q/2C_\Sigma$ 後，電子便開始穿隧；一旦電子穿隧進入中間的單電子島，其電位將會降低 q/C_Σ。圖 86 為單電子島的充電和電位隨閘極電壓變化的關係，可看出在倍數的值 N_i 可以共存時，其閘極電壓為

$$V_G = \frac{q}{C_G}\left(N_i + \frac{1}{2}\right) \tag{152}$$

此條件意味著簡併：倍數的 N 可同時存在，卻不需要改變能量，而且單一電子可自由的進出單電子島。假如汲極施加一微小偏壓，電子便能夠由源極穿隧進入單電子島，最後由單電子島流向汲極。因為符合此條件的 V_G 時，其單電子電晶體中的庫倫阻絕已經消失。另外，也可藉由考慮單電子盒模型

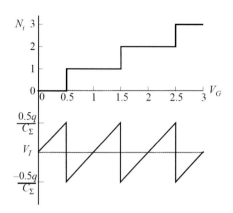

圖 86 單電子盒的充電與 V_G (q/C_G) 的關係，並與單電子島電壓 V_I 有關。

的充電能量導出式(152)

$$E_{ch} = \frac{N_i^2 q^2}{2C_\Sigma} - \frac{N_i q V_G C_G}{C_\Sigma} \tag{153}$$

藉由 $E_{ch}(N_i+1) = E_{ch}(N_i)$ 的相等關係，可得到式(152)。另一個了解的方式是畫出在不同 V_G 下，E_{ch} 與電荷 $(N_i q)$ 的關係圖，如圖 87 所示。請記住，N_i 只能為整數，在某些 V_G 下，E_{ch} 的最小值可同時對應到兩個 N_i 值，此情況便是簡併。這代表系統能夠在兩個不具有能障的狀態間作變換。我們現在回到單電子電晶體，並解釋其中最重要的兩個現象：庫倫阻絕及其電壓、庫倫阻絕振盪。當電流從源極傳導至汲極，電子必須穿隧經過兩個接面，但其中只有一個接面能夠控制電流。利用圖 88 中的能帶圖，假如「瓶頸」位於源極和單電子島間的接面，當接面電壓超過 $q/2C_\Sigma$ 後，電子將開始穿隧，其條件為

$$\frac{V_D C_D}{C_\Sigma} + \frac{V_G C_G}{C_\Sigma} \geq \frac{q}{2C_\Sigma} \tag{154}$$

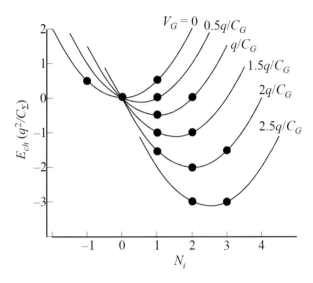

圖 87　在不同 V_G 下，量測單電子盒中的 N_i，E_{ch} 和 N_i 的關係圖。可看出 E_{ch} 的最小值與 V_G 有關，且會落在單一或雙重的 N_i 上。

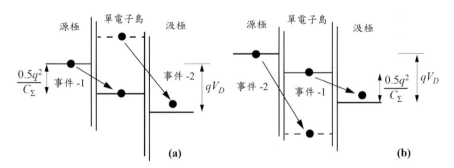

圖 88　當觸發過程發生於接面時，顯示穿隧順序的能帶圖 (a) 單電子島與源極之間 (b) 單電子島與汲極之間。事件 -1 發生於事件 -2 前。注意在每一個穿隧事件發生後，單電子島的位能將改變 q/C_Σ。

若為最小 V_D 值，則

$$V_{Cb} = \frac{q}{2C_D} - \frac{V_G C_G}{C_D}$$ (155)

阻絕電壓 V_{Cb} 與 V_G 的關係如圖 89 所示，如同具有負斜率的直線 $dV_{Cb}/dV_G = -C_G/C_D$，相反地，如果穿隧過程是從單電子島－汲極接面開始，電子開始流動的條件為

$$V_D - \left(\frac{V_D C_D}{C_\Sigma} + \frac{V_G C_G}{C_\Sigma} \right) \geq \frac{q}{2C_\Sigma}$$ (156)

即可得到另一個形式

$$V_{Cb} = \frac{(q/2) + V_G C_G}{C_G + C_S}$$ (157)

並具有正斜率 $dV_{Cb}/dV_G = C_G/(C_G + C_D)$。在此請注意，因為電流輪廓與庫侖阻絕鑽石方塊相似 [188]，所以單電子電晶體同時擁有正轉導與負轉導，且與 V_G 範圍有關。此特徵與一般電晶體不同。由式 (155) 與 (157) 兩條實線中，q/C_Σ 的截距便是 V_{Cb} 的最大值。另外，將充電能量設為負值也可求出庫倫阻絕電壓，以單電子島－源極接面或單電子島－汲極接面為電流限制接面

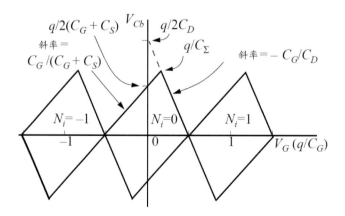

圖 89　庫倫阻絕電壓 V_{Cb} 與 V_G 的關係為一庫侖阻絕鑽石方塊。

$$E_{ch}(N_i = 1) = \begin{cases} \dfrac{q^2}{2C_\Sigma} - q\left(\dfrac{V_D C_D}{C_\Sigma} + \dfrac{V_G C_G}{C_\Sigma}\right) \le 0 & \text{對源極接面} \\[4mm] \dfrac{q^2}{2C_\Sigma} - q\left[V_D - \left(\dfrac{V_D C_D}{C_\Sigma} + \dfrac{V_G C_G}{C_\Sigma}\right)\right] \le 0 & \text{對汲極接面} \end{cases} \tag{158}$$

這些公式推導出的結果分別與式 (155) 和 (157) 相同。在 V_{Cb} 上方與下方，單電子電晶體的電流可充分地藉由正統理論 (orthodox theory) 描述 [189]，此狀態下的穿隧速率為

$$V_{Cb} = \frac{q}{2C_D} - \frac{V_G C_G}{C_D} \tag{159}$$

式中 R_T 為 $(R_{TS} + R_{TD})$ 的總合，而 ΔE_{ch} 為不同 N_i 狀態下充電能量的變化。單電子電晶體的缺點就是除了 V_G，汲極也能夠控制電流。如圖 85b 所示，汲極偏壓造成 V_G 的變化量為 $\Delta V_G = (C_G + C_S - C_D)V_D / 2C_G$ [189]，在庫倫阻絕區中，改變一個數量級的電流所需的 V_G 可計算為 $\Delta V_D \approx (\ln 10)(C_\Sigma/C_G)(kT/q)$，同樣地，相同的改變所需的 $V_D \approx (\ln 10)(2kT/q)$，若要電晶體的閘極控制能力高於汲極控制能力，則 C_G/C_Σ 需要大於 0.5。

就應用上而言，單電子電晶體要表現邏輯功能是可行的，因為它同時擁有正與負的轉導，所以只需要單一類型的元件便可形成互補式邏輯電路。然而，穿隧造成的電流與轉導都比較小，所以限制了它在實際電路上的應用。單電子電晶體的另一個問題就是單電子島對周圍的寄生電荷非常敏感，此現象是非常難控制的。不同於以單電子電晶體為基礎的電路，因多變化性衝擊所導致不同的波動來源也被分析探討 [190]。單電子電晶體的潛在應用之一為非揮發性記憶體，單電子記憶胞 (single-electron memory cell, SEMC) 是浮動閘極結構的極限情況。浮動閘極長度縮小至 nm 範圍，即可以得到單電子記憶胞。若將結構中的浮動閘極縮小成單電子島，則圖 90 為單電子記憶胞的示意圖（正確的說法應該是記憶胞使用單電子盒或單電子儲存，而不包含單電子電晶體），因為它的尺寸非常小，且電容量非常小（約 10^{-19} F），圖 91a 與 b 為單電子記憶胞的能帶圖，量子井（浮動閘極）只容許一個電子穿

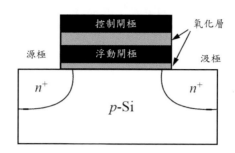

圖 90　堆疊閘電晶體 (stacked-gate transistor) 示意圖。

隧進入量子井，如圖 91 當電子穿隧進入量子井，在左側的電位降低，另一
傳輸電子會被堵塞住，稱庫侖阻絕 (Coulomb blockade)。少量的電子可儲存
或排出單電子島中，藉此控制 MOSFET 的起始電壓。因爲浮動閘極島中電
荷爲少量並且不連續，所以起始電壓爲量子化且具有記憶多重態位的能力，
此爲單電子電晶體的優點。單電子記憶胞是最終浮動閘極記憶胞（詳細的
浮動閘記憶體會在第七章中討論）。

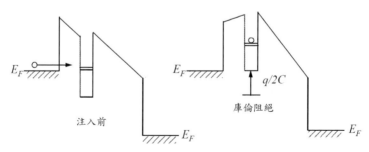

圖 91　單電子胞注入前後的能帶圖。（參考文獻 191）

參考文獻

1. J. E. Lilienfeld, "Method and Apparatus for Controlling Electric Currents," U.S. Patent 1,745,175. Filed 1926. Granted 1930.

2. O. Heil, "Improvements in or Relating to Electrical Amplifiers and other Control Arrangements and Devices," British Patent 439,457. Filed and granted 1935.

3. W. Shockley and G. L. Pearson, "Modulation of Conductance of Thin Films of Semiconductors by Surface Charges," *Phys. Rev.*, **74**, 232 (1948).

4. J. R. Ligenza and W. G. Spitzer, "The Mechanisms for Silicon Oxidation in Steam and Oxygen," *J. Phys. Chem. Solids*, **14**, 131 (1960).

5. M. M. Atalla. "Semiconductor Devices Having Dielectric Coatings," U.S. Patent 3,206,670. Filed 1960. Granted 1965.

6. D. Kahng and M. M. Atalla, "Silicon-Silicon Dioxide Field Induced Surface Devices," *IRE-AIEE Solid-State Device Res. Conf.*, (Carnegie Inst. of Tech., Pittsburgh, PA), 1960.

7. D. Kahng, "Historical Perspective on the Development of MOS Transistors and Related Devices," *IEEE Trans. Electron Dev.*, **ED-23,** 655 (1976).

8. C. T. Sah, "Evolution of the MOS Transistor-From Conception to VLSI," *Proc. IEEE*, **76**, 1280 (1988).

9. H. K. J. Ihantola and J. L. Moll, "Design Theory of a Surface Field-Effect Transistor," *Solid-State Electron.*, **7**, 423 (1964).

10. C. T. Sah, "Characteristics of the Metal-Oxide-Semiconductor Transistors," *IEEE Trans. Electron Dev.*, **ED-11**, 324 (1964).

11. S. R. Hofstein and F. P. Heiman, "The Silicon Insulated-Gate Field-Effect Transistor," *Proc. IEEE*, **51**, 1190 (1963).

12. Y. Tsividis, *Operation and Modeling of the MOS Transistor*, 2nd Ed., Oxford University Press, Oxford, 1999.

13. Y. Taur and T. H. Ning, *Fundamentals of Modern VLSI Devices*, Cambridge University Press, Cambridge, 2009.

14. D. L. Pulfrey, *Modern Transistors and Diodes*, Cambridge, New York, 2010.

15. C. Hu, *Modern Semiconductor Device for Integrated Circuits*, Pearson Education, New Jersey, 2010.

16. S. M. Sze and M. K. Lee, *Semiconductor Devices Physics and Technology*, 3rd Ed., Wiley, New York, 2012.

17. J. N. Burghartz, Ed., *Guide to State-of-the-Art Electron Devices*, Wiley-IEEE Press, New York, 2013.

18. S. Luryi, J. Xu, and A. Zaslavsky, Eds., *Future Trends in Microelectronics: The Nano Millennium*, Wiley-IEEE Press, New York, 2002.

19. S. Luryi, J. Xu, and A. Zaslavsky, Eds., *Future Trends in Microelectronics: Journey into the Unknown*, Wiley-IEEE Press, New York, 2016.

20. L. L. Chang and H. N. Yu, "The Germanium Insulated-Gate Field-Effect Transistor (FET),"*Proc. IEEE*, **53**, 316 (1965).

21. P. D. Ye, G. D. Wilk, J. Kwo, B. Yang, H. J. L. Gossmann, M. Frei, S. N. G. Chu, J. P. Mannaerts, M. Sergent, M. Hong, K. K. Ng, and J. Bude, "GaAs MOSFET with Oxide Gate Dielectric Grown by Atomic Layer Deposition,"*IEEE Electron Dev. Lett.*, **EDL-24**, 209, (2003).

22. H. C. Pao and C. T. Sah, "Effects of Diffusion Current on Characteristics of Metal-Oxide (Insulator)-Semiconductor Transistors (MOST),"*IEEE Trans. Electron Dev.*, **ED-12**, 139 (1965).

23. A. S. Grove and D. J. Fitzgerald, "Surface Effects on p-n Junctions: Characteristics of Surface Space-Charge Regions under Nonequilibrium Conditions,"*Solid-State Electron.*, **9**, 783 (1966).

24. J. R. Brews, "A Charge-Sheet Model of the MOSFET,"*Solid-State Electron.*, **21**, 345 (1978).

25. D. M. Caughey and R. E. Thomas, "Carrier Mobilities in Silicon Empirically Related to Doping and Field,"*Proc. IEEE*, **55**, 2192 (1967).

26. C. Canali, G. Majni, R. Minder, and G. Ottaviani, "Electron and Hole Drift Velocity Measurements in Silicon and Their Empirical Relation to Electric Field and Temperature," *IEEE Trans. Electron Dev.*, **ED-22**, 1045 (1975).

27. K. Natori, "Pallistic Metal-Oxide-Semiconductor Field Effect Transistor," *J. Appl. Phys.*, **76**, 4879 (1994).

28. K. Natori, "Scaling Limit of the MOS Transistor—A Ballistic MOSFET," *IEICE Trans. Electron.*, **E84-C**, 1029 (2001).

29. M. Lundstrom, "Elementary Scattering Theory of the Si MOSFET," *IEEE Electron Dev. Lett.*, **EDL-18**, 361 (1997).

30. V. Barral, T. Poiroux, J. Saint-Martin, D. Munteanu, J. L. Autran, and S. Deleonibus, "Experimental Investigation on the Quasi-Ballistic Transport: Part I—Determination of a New Backscattering Coefficient Extraction Methodology," *IEEE Trans. Electron Dev.*, **56**, 408 (2009).

31. V. Barral, T. Poiroux, D. Munteanu, J. L. Autran, and S. Deleonibus, "Experimental Investigation on the Quasi-Ballistic Transport: Part II—Backscattering Coefficient Extraction and Link With the Mobility," *IEEE Trans. Electron Dev.*, **56**, 420 (2009).

32. A. Majumdar and D. A. Antoniadis, "Analysis of Carrier Transport in Short-Channel MOSFETs," *IEEE Trans. Electron Dev.*, **61**, 351 (2014).

33. M. B. Barron, "Low Level Currents in Insulated Gate Field Effect Transistors," *Solid-State Electron.*, **15**, 293 (1972).

34. W. M. Gosney, "Subthreshold Drain Leakage Current in MOS Field-Effect Transistors," *IEEE Trans. Electron Dev.*, **ED-19**, 213 (1972).

35. G. W. Taylor, "Subthreshold Conduction in MOSFET's," *IEEE Trans. Electron Dev.*, **ED-25**, 337 (1978).

36. A. G. Sabnis and J. T. Clemens, "Characterization of the Electron Mobility in the Inverted <100> Si Surface," *Tech. Dig. IEEE IEDM*, p.18, 1979.

37. S. Takagi, A. Toriumi, M. Iwase, and H. Tango, "On the Universality of Inversion Layer Mobility in Si MOSFET's: Part I—Effects of Substrate Impurity Concentration," *IEEE Trans. Electron Dev.*, **ED-41**, 2357 (1994).

38. J. A. Cooper, Jr. and D. F. Nelson, "High-Field Drift Velocity of Electrons at the Si-SiO2 Interface as Determined by a Time-of-Flight Technique," *J. Appl. Phys.*, **54**, 1445 (1983).

39. L. Vadasz and A. S. Grove, "Temperature Dependence of MOS Transistor Characteristics Below Saturation," *IEEE Trans. Electron Dev.*, **ED-13**, 863 (1966).

40. G. Merckel, "Ion Implanted MOS Transistors—Depletion Mode Devices," in F. Van de Wiele, W. L. Engle, and P. G. Jespers, Eds., *Process and Device Modeling for IC Design*, Noordhoff, Leyden, 1977.

41. J. S. T. Huang and G. W. Taylor, "Modeling of an Ion-Implanted Silicon-Gate Depletion-Mode IGFET," *IEEE Trans. Electron Dev.*, **ED-22**, 995 (1975).

42. T. E. Hendrikson, "A Simplified Model for Subpinchoff Condition in Depletion Mode IGFET," *IEEE Trans. Electron Dev.*, **ED-25**, 435 (1978).

43. M. J. van der Tol and S. G. Chamberlain, "Potential and Electron Distribution Model for the Buried-Channel MOSFET," *IEEE Trans. Electron Dev.*, **ED-36**, 670 (1989).

44. Y. Li, "A Parallel Monotone Iterative Method for the Numerical Solution of Multi-dimensional Semiconductor Poisson Equation," *Comput. Phys. Commun.*, 153, 359 (2003).

45. R. H. Dennard, F. H. Gaensslen, H. Yu, V. L. Rideout, E. Bassons, and A. R. LeBlanc, "Design of Ion-Implanted MOSFET with Very Small Physical Dimensions," *IEEE J. Solid State Circuits*, **SC-9**, 256 (1974).

46. P. K. Chatterjee, W. R. Hunter, T. C. Holloway, and Y. T. Lin, "The Impact of Scaling Laws on the Choice of n-channel or p-channel for MOS VLSI," *IEEE Electron Dev. Lett.*, **EDL-1**, 220 (1980).

47. J. Meindl, K. Ratnakumar, L. Gerzberg, and K. Saraswat, "Circuit Scaling Limits for Ultra Large Scale Integration," *Digest Int. Solid-State Circuits Conf.*, **36**, Feb. 1981.

48. G. Baccarani, M. R. Wordeman, and R. H. Dennard, "Generalized Scaling Theory and its Application to a 1/4 Micrometer MOSFET Design," *IEEE Trans. Electron Dev.*, **ED-31**, 452 (1984).

49. J. R. Brews, W. Fichtner, E. H. Nicollian, and S. M. Sze, "Generalized Guide for MOSFET Miniaturization," *IEEE Electron Dev. Lett.*, **EDL-1**, 2 (1980).

50. K. K. Ng, S. A. Eshraghi, and T. D. Stanik,n "An Improved Generalized Guide for MOSFET Scaling," *IEEE Trans. Electron Dev.*, **ED-40**, 1895 (1993).

51. Q. Xie, J. Xu, and Y. Taur, "Review and Critique of Analytic Models of MOSFET Short-Channel Effects in Subthreshold," *IEEE Trans. Electron Dev.*, **59**, 1569 (2012).

52. L. D. Yau, "A Simple Theory to Predict the Threshold Voltage of Short-Channel IGFET ," *Solid-State Electron.*, **17**, 1059 (1974).

53. W. Fichtner and H. W. Potzl, "MOS Modeling by Analytical Approximations. I. Subthreshold Current and Threshold Voltage," *Int. J. Electron.*, **46**, 33 (1979).

54. Y. Taur, G. J. Hu, R. H. Dennard, L. M. Terman, C. Y. Ting, and K. E. Petrillo, "Self-Aligned 1 μm Channel CMOS Technology with Retrograde n-well and Thin Epitaxy," *IEEE Trans. Electron Dev.*, **ED-32**, 203 (1985).

55. W. Fichtner, "Scaling Calculation for MOSFET's," *IEEE Solid State Circuits and Technology Workshop on Scaling and Microlithography*, New York, Apr. 22, 1980.

56. Y. Li, S. M. Yu, H. M. Cheng, "Process-Variation- and Random-Dopants-Induced Threshold Voltage Fluctuations in Nanoscale CMOS and SOI Devices," *Microelectron Eng.*, **84**, 2117 (2007).

57. S. Markov, B. Cheng, and A. Asenov, "Statistical Variability in Fully Depleted SOI MOSFETs due to Random Dopant Fluctuations in the Source and Drain Extensions," *IEEE Electron Dev. Lett.*, **3**, 315 (2012).

58. Y. Li, S. M. Yu, J. R. Hwang, and F. L. Yang, "Discrete Dopant Fluctuations in 20-nm/15-nm-Gate Planar CMOS," *IEEE Trans. Electron Dev.*, **55,** 1449 (2008).

59. K. J. Kuhn, M. D. Giles, D. Becher, P. Kolar, A. Kornfeld, R. Kotlyar, S. T. Ma, A. Maheshwari, and S. Mudanai, "Process Technology Variation," *IEEE Trans. Electron Dev.*, **58**, 2197 (2011).

60. Y. Li and H. W. Cheng, "Random Work Function Induced Threshold Voltage Fluctuation in Metal-Gate MOS Devices by Monte Carlo Simulation," *IEEE Trans. Semicond. Manuf.*, **25**, 266 (2012).

61. Y. Li and H. W. Cheng, "Statistical Device Simulation of Physical and Electrical Characteristic Fluctuations in 16-nm-Gate High-κ/Metal Gate MOSFETs in the Presence of Random Discrete Dopants and Random Interface Traps," *Solid-State Electron.*, **77**, 12 (2012).

62. Y. Li, C. H. Hwang, and T. Y. Li, "Discrete-Dopant-Induced Timing Fluctuation and Suppression in Nanoscale CMOS Circuit," *IEEE Trans. Circuits Syst. II: Express Briefs*, **56**, 379 (2009).

63. X. Chen, S. Samavedam, V. Narayanan, K. Stein, C. Hobbs, C. Baiocco, W. Li, D. Jaeger, M. Zaleski, H. S. Yang, et al., "A Cost Effective 32 nm High-κ/Metal Gate CMOS Technology for Low Power Applications with Single-Metal/Gate-First Process," *Dig. Symp. VLSI Tech.*, p.88, 2008.

64 X. Zhang, J. Li, M. Grubbs, M. Deal, B. M. Köpe, B. M. Clemens, and Y. Nishi, "Physical Model of the Impact of Metal Grain Work Function Variability on Emerging Dual Metal Gate MOSFETs and its Implication for SRAM Reliability," *Tech. Dig. IEEE IEDM*, p.57, 2009.

65. K. Ohmori, T. Matsuki, D. Ishikawa, T. Morooka, T. Aminaka, Y. Sugita, T. Chikyow, K. Shiraishi, Y. Nara, and K. Yamada, "Impact of Additional Factors in Threshold Voltage Variability of Metal/High-κ Gate Stacks and Its Reduction by Controlling Crystalline Structure and Grain Size in the Metal Gates," *Tech. Dig. IEEE IEDM*, 2008.

66. L. Brunet, X. Garros, M. Cassé, O. Weber, F. Andrieu, C. F. Béranger, P. Perreau, F. Martin, M. Charbonnier, et al., "New Insight on VT Stability of HK/MG Stacks with Scaling in 30 nm FDSOI Technology" *Dig. Symp. VLSI Tech.*, p.29, 2010.

67. P. Andricciola, H. P. Tuinhout, B. De Vries, N. A. H. Wils, A. J. Scholten, and D. B. M. Klaassen, "Impact of Interface States on MOS Transistor Mismatch," *Tech. Dig. IEEE IEDM*, p.711, 2009.

68. M. Cassé, K. Tachi, S. Thiele, and T. Ernst, "Spectroscopic Charge Pumping in Si Nanowire Transistors with a High-κ/Metal Gate," *Appl. Phys. Lett.*, **96**, 123506 (2010).

69. A. R. Brown, J. R. Watling, and A. Asenov, "Intrinsic Parameter Fluctuations due to Random Grain Orientations in High-κ Gate Stacks," *J. Comput. Electron.*, **5**, 333 (2006).

70. H. W. Cheng, F. H. Li, M. H. Han, C. Y. Yiu, C. H. Yu, K. F. Lee, and Y. Li, "3D Device Simulation of Work-Function and Interface Trap Fluctuations on High-κ/Metal Gate Devices," *Tech. Dig. IEEE IEDM*, p.379, 2010.

71. Y. Li, H. W. Cheng, Y. Y. Chiu, C. Y. Yiu, and H. W. Su, "A Unified 3D Device Simulation of Random Dopant, Interface Trap and Work Function Fluctuations on High-κ/Metal Gate Device," *Tech. Dig. IEEE IEDM*, p.107, 2011.

72. K. K. Ng and G. W. Taylor, "Effects of Hot-Carrier Trapping in n- and p-Channel MOSFET," *IEEE Trans. Electron Dev.*, **ED-30**, 871 (1983).

73. T. H. Ning, C. M. Osburn, and H. N. Yu, "Effect of Electron Trapping on IGFET Characteristics," *J. Electron. Mater.*, **6**, 65 (1977).

74. E. H. Nicollian and C. N. Berglund, "Avalanche Injection of Electrons into Insulating SiO2 Using MOS Structures," *J. Appl. Phys.*, **41**, 3052 (1970).

75. T. Kamata, K. Tanabashi, and K. Kobayashi, "Substrate Current Due to Impact Ionization in MOSFET," *Jpn. J. Appl. Phys.*, **15**, 1127 (1976).

76. E. Sun, J. Moll, J. Berger, and B. Alders, "Breakdown Mechanism in Short-Channel MOS Transistors," *Tech. Dig. IEEE IEDM*, p. 478, 1978.

77. T. Y. Chan, A. T. Wu, P. K. Ko, and C. Hu, "Effects of the Gate-to-Drain/Source Overlap on MOSFET Characteristics," *IEEE Electron Dev. Lett.*, **EDL-8**, 326 (1987).

78. T. Y. Chan, J. Chen, P. K. Ko, and C. Hu, "The Impact of Gate-Induced Drain Leakage Current on MOSFET Scaling," *Tech. Dig. IEEE IEDM*, p.718, 1987.

79. D. K. Schroder, "Negative Bias Temperature Instability: What Do We Understand?" *Microelectron. Reliab.*, **47**, 841 (2007).

80. T. Grasser, Ed., *Bias Temperature Instability for Devices and Circuits*, Springer, New York, 2014.

81. D. J. Frank, R. H. Dennard, E. Nowak, P. M. Solomon, Y. Taur, and H. P. Wong, "Device Scaling Limits of Si MOSFETs and Their Application Dependencies," *Proc. IEEE*, **89**, 259 (2001).

82. B. Yu, H. Wang, A. Joshi, Q. Xiang, E. Ibok, M. Lin, "15nm Gate Length Planar CMOS Transistor," *Tech. Dig. IEEE IEDM*, p.937, 2001.

83. A. Hokazono, K. Ohuchi, M. Takayanagi, Y. Watanabe, S. Magoshi, Y. Kato, T. Shimizu, S. Mori, H. Oguma, T. Sasaki, et al., "14 nm Gate Length CMOSFETs Utilizing Low Thermal Budget Process with Poly-SiGe and Ni Salicide," *Tech. Dig. IEEE IEDM*, p.639, 2002.

84. H. J. Cho, K. I. Seo, W. C. Jeong, Y. H. Kim, Y. D. Lim, W. W. Jang, J. G. Hong, S. D. Suk, M. Li, C. Ryou, et al., "Bulk Planar 20 nm High-κ/Metal Gate CMOS Technology Platform for Low Power and High Performance Applications," *Tech. Dig. IEEE IEDM*, p.350, 2011.

85. P. Packan, S. Akbar, M. Armstrong, D. Bergstrom, M. Brazier, H. Deshpande, K. Dev, G. Ding, T. Ghani, O. Golonzka, et al., "High Performance 32 nm Logic Technology Featuring 2nd Generation High-κ+ Metal Gate Transistors," *Tech. Dig. IEEE IEDM*, p.659, 2009.

86. C. C. Wu, D. W. Lin, A. Keshavarzi, C. H. Huang, C. T. Chan, C. H. Tseng, C. Y. Chen, C. Y. Hsieh, K. Y. Wong, M. L. Cheng, et al., "High Performance 22/20 nm FinFET CMOS Devices with Advanced High-κ/Metal Gate Scheme," *Tech. Dig. IEEE IEDM*, p.600, 2010.

87. C. Auth, C. Allen, A. Blattner, D. Bergstrom, M. Brazier, M. Bost, M. Buehler, V. Chikarmane, T. Ghani, T. Glassman, et al., "A 22 nm High Performance and Low-Power CMOS Technology Featuring Fully-Depleted Tri-Gate Transistors, Self-Aligned Contacts and High Density MIM Capacitors," *Dig. Symp. VLSI Tech.*, p.131, 2012.

88. S. Y. Wu, C. Y. Lin, M. C. Chiang, J. J. Liaw, J. Y. Cheng, S. H. Yang, S. Z. Chang, M. Liang, T. Miyashita, C. H. Tsai, et al., "An Enhanced 16 nm CMOS Technology Featuring 2nd Generation FinFET Transistors and Advanced Cu/Low-κ Interconnect for Low Power and High Performance Applications," *Tech. Dig. IEEE IEDM*, p.48, 2014.

89. C. Auth, A. Aliyarukunju, M. Asoro, D. Bergstrom, V. Bhagwat, J. Birdsall, N. Bisnik, M. Buehler, V. Chikarmane, G. Ding, et al., "A 10 nm High Performance and Low-Power CMOS Technology Featuring 3rd Generation FinFET Transistors, Self-Aligned Quad Patterning, Contact over Active Gate and Cobalt Local Interconnects," *Tech. Dig. IEEE IEDM*, p.673, 2017.

90. S. Narasimha, B. Jagannathan, A. Ogino, D. Jaeger, B. Greene, C. Sheraw, K. Zhao, B. Haran, U. Kwon, A. K. M. Mahalingam, et al., "A 7 nm CMOS Technology Platform for Mobile and High Performance Compute Application," *Tech. Dig. IEEE IEDM*, p.689, 2017.

91. Y. Li, S. M. Yu, J. R. Hwang, and F. L. Yang, "Discrete Dopant Fluctuations in 20-nm/15-nm-Gate Planar CMOS," *IEEE Trans. Electron Dev.*, **55**, 1449 (2008).

92. Y. Li and H. W. Cheng, "Statistical Device Simulation of Physical and Electrical Characteristic Fluctuations in 16-nm-Gate High-κ/Metal Gate MOSFETs in the Presence of Random Discrete Dopants and Random Interface Traps," *Solid-State Electron.*, **77**, 12 (2012).

93. Y. Li, "Random Nanosized Metal Grains and Interface-Trap Fluctuations in Emerging CMOS Technologies," in D. Andrews, T. Nann, and R. Lipson, Eds., *Comprehensive Nanoscience and Nanotechnology*, 2nd Ed., Academic Press, London, 2019.

94. B. H. Lee, J. Oh, H. H. Tseng, R. Jammy, and H. Huff, "Gate Stack Technology for Nanoscale Devices," *Mater. Today*, **9**, 32 (2006).

95. H. H. Radamson, X. He, Q. Zhang, J. Liu, H. Cui, J. Xiang, Z. Kong, W. Xiong, J. Li, J. Gao, et al., "Miniaturization of CMOS," *Micromachines*, **10**, 293 (2019).

96. K. Kakushima, K. Okamoto, K. Tachi, P. Ahmet, K. Tsutsui, N. Sugii, T. Hattori, and H. Iwai, "Further EOT Scaling below 0.4 nm for High-κ Gated MOSFET," *Tech. Dig. Int. Workshop on Dielectric Thin Films for Future ULSI Devices: Sci. Tech.*, p.9, 2008.

97. K. Mistry, C. Allen, C. Auth, B. Beattie, D. Bergstrom, M. Bost, M. Brazier, M. Buehler, A. Cappellani, R. Chau, et al., "A 45 nm Logic Technology with High-κ+Metal Gate Transistors, Strained Silicon, 9 Cu Interconnect Layers, 193 nm Dry Patterning, and 100% Pb-Free Packaging," *Tech. Dig. IEEE IEDM*, p.247, 2007.

98. K. K. Ng and W. T. Lynch, "Analysis of the Gate-Voltage-Dependent Series Resistance of MOSFETs," *IEEE Trans. Electron Dev.*, **ED-33**, 965 (1986).

99. M. P. Lepselter and S. M. Sze, "SB-IGFET: An Insulated-Gate Field-Effect Transistor Using Schottky Barrier Contacts as Source and Drain," *Proc. IEEE*, **56**, 1088 (1968).

100. R. R. Troutman, *Latchup in CMOS Technology: The Problem and its Cure*, Kluwer, Norwell, Massachusetts, 1986.

101. J. Kedzierski, P. Xuan, E. H. Anderson, J. Bokor, T. J. King, and C. Hu, "Complementary Silicide Source/Drain Thin-Body MOSFETs for the 20nm Gate Length Regime," *Tech. Dig. IEEE IEDM*, p.57, 2000.

102. Y. C. Yeo, "Advanced Source/Drain Engineering for MOSFETs: Schottky Barrier Height Tuning for Contact Resistance Reduction," *ECS Trans.*, **28**, 91 (2010).

103. J. M. Larson and J. P. Snyder, "Overview and Status of Metal S/D Schottky-Barrier MOSFET Technology," *IEEE Trans. Electron Dev.*, **53**, 1048 (2006).

104. S. Nishimatsu, Y. Kawamoto, H. Masuda, R. Hori, and O. Minato, "Grooved Gate MOSFET," *Jpn. J. Appl. Phys.*, **16**; Suppl. 16-1, 179 (1977).

105. G. K. Celler and S. Cristoloveanu, "Frontiers of Silicon-on-Insulator," *J. Appl. Phys.*, **93**, 1 (2003).

106. K. A. Jenkins, J. Y. C. Sun, and J. Gautier, "History Dependence of Output Characteristics of Silicon-on-Insulator (SOI) MOSFET," *IEEE Electron Dev. Lett.*, **EDL-17**, 7 (1996).

107. C. R. Kagan and P. Andry, Eds., *Thin-Film Transistors*, Marcel Dekker, New York, 2003.

108. Y. Li, K. F. Lee, I. H. Lo, C. H. Chiang, and K. Y. Huang, "Dynamic Characteristic Optimization of 14 a-Si:H TFTs Gate Driver Circuit Using Evolutionary Methodology for Display Panel Manufacturing," *IEEE J. Disp. Technol.*, **7**, 274 (2011).

109. C. H. Chiang and Y. Li, "Design, Fabrication and Characterization of Low-Noise and High-Reliability Amorphous Silicon Gate Driver Circuit for Advanced FPD Applications," *IEEE J. Disp. Technol.*, **11**, 633 (2015).

110. C. H. Chiang and Y. Li, "A Novel Driving Method for High-Performance Amorphous Silicon Gate Driver Circuits in Flat Panel Display Industry," *IEEE J. Disp. Technol.*, **12**, 1051 (2016).

111. X. Sun and T. J. King Liu, "Scale-Length Assessment of the Bulk Trigate MOSFET Design," *IEEE Trans. Electron Dev.*, **56**, 2840 (2009).

112. K. Suzuki, T. Tanaka, Y. Tosaka, H. Horie, and Y. Arimoto, "Scaling Theory for Double-Gate SOI MOSFET's," *IEEE Trans. Electron Dev.*, **40**, 2326 (1993).

113. R. H. Yan, A. Ourmazd, and K. F. Lee, "Scaling the Si MOSFET: from Bulk to SOI to Bulk," *IEEE Trans. Electron Dev.*, **39**, 1704 (1992).

114. K. K. Young, "Short-Channel Effect in Fully Depleted SOI MOSFET's," *IEEE Trans. Electron Dev.*, **36**, 399 (1989).

115. M. Bohr, "The Evolution of Scaling from the Homogeneous Era to the Heterogeneous Era," *Tech. Dig. IEEE IEDM*, p.1.1.1, 2011.

116. D. Hisamoto, T. Kaga, and E. Takeda, "Impact of the Vertical 'DELTA' Structure on Planar Device Technology," *IEEE Trans. Electron Dev.*, **ED-38**, 1399 (1991).

117. B. S. Doyle, S. Datta, M. Doczy, S. Hareland, B. Jin, J. Kavalieros, T. Linton, A. Murthy, R. Rios, and R. Chau, "High Performance Fully-Depleted Tri-Gate CMOS Transistors," *IEEE Electron Dev. Lett.*, **EDL-24**, 263 (2003).

118. J. M. Hergenrother, G. D. Wilk, T. Nigam, F. P. Klemens, D. Monroe, P. J. Silverman, T. W. Sorsch, B. Busch, M. L. Green, M. R. Baker, et. al., "50 nm Vertical Replacement-Gate (VRG) nMOSFETs with ALD HfO2 and Al2O3 Gate Dielectrics," *Tech. Dig. IEEE IEDM*, p.51, 2001.

119. J. P. Colinge, Ed., *FinFETs and Other Multi-Gate Transistors*, Springer, New York, 2008.

120. P. Packan, S. Akbar, M. Armstrong, D. Bergstrom, M. Brazier, H. Deshpande, K. Dev, G. Ding, T. Ghani, O. Golonzka, et al., "High Performance 32 nm Logic Technology Featuring 2nd Generation High-κ+ Metal Gate Transistors," *Tech. Dig. IEEE IEDM*, p.659, 2009.

121. S. Borkar, "Design Challenges for 22 nm CMOS and Beyond," *Tech. Dig. IEEE IEDM*, p.446, 2009.

122. C. H. Jan, U. Bhattacharya, R. Brain, S. J. Choi, G. Curello, G. Gupta, W. Hafez, M. Jang, M. Kang, K. Komeyli, et al., "A 22 nm SoC Platform Technology Featuring 3-D Tri-Gate and High-κ/Metal Gate, Optimized for Ultra Low Power, High Performance and High Density SoC Applications," *Tech. Dig. IEEE IEDM*, p.44, 2012.

123. S. Natarajan, M. Agostinelli, S. Akbar, M. Bost, A.Bowonder, V. Chikarmane, S. Chouksey, A. Dasgupta, K. Fischer, Q. Fu, et al., "A 14 nm Logic Technology Featuring 2nd-Generation FinFET Transistors, Air-Gapped Interconnects, Self-Aligned Double Patterning and a 0.0588 m2 SRAM cell size," *Tech. Dig. IEEE IEDM*, p.71, 2014.

124. S. Y. Wu, C. Y. Lin, M. C. Chiang, J. J. Liaw, J. Y. Cheng, S. H. Yang, C. H. Tsai, P. N. Chen, T. Miyashita, C. H. Chang, et al., "A 7 nm CMOS Platform Technology Featuring 4th Generation FinFET Transistors with a 0.027 μm2 High Density 6-T SRAM Cell for Mobile SoC Applications," *Tech. Dig. IEEE IEDM*, p.43, 2016.

125. C. Auth, A. Aliyarukunju, M. Asoro, D. Bergstrom, V. Bhagwat, J. Birdsall, N. Bisnik, M. Buehler, V. Chikarmane, G. Ding, et al., "A 10 nm High Performance and Low-Power CMOS Technology Featuring 3rd Generation FinFET Transistors, Self-Aligned Quad Patterning, Contact over Active Gate and Cobalt Local Interconnects," *Tech. Dig. IEEE IEDM*, p.673, 2017.

126. K. J. Kuhn, U. Avci, A. Cappellani, M. D. Giles, M. Haverty, S. Kim, R. Kotlyar, S. Manipatruni, D. Nikonov, C. Pawashe, et al., "The Ultimate CMOS Device and Beyond," *Tech. Dig. IEEE IEDM*, p.171, 2012.

127. J. Y. C. Sun, "System Scaling for Intelligent Ubiquitous Computing," *Tech. Dig. IEEE IEDM*, p.17, 2017.

128. T. Masuhara and R. S. Muller, "Analytical Technique for the Design of DMOS Transistors,"*Jpn. J. Appl. Phys.*, **16**, 173 (1976).

129. M. D. Pocha, A. G. Gonzalez, and R. W. Dutton, "Threshold Voltage Controllability in Double-Diffused MOS Transistors," *IEEE Trans. Electron Dev.*, **ED-21,** 778 (1974).

130. A. W. Ludikhuize, "Review of RESURF Technology," *Proc. 12th Int. Symp. Power Semiconductor Devices & ICs,* p.11, 2000.

131. G. Gildenblat, Ed., *Compact Modeling Principles, Techniques and Applications*, Springer, New York, 2010.

132. N. Arora, *MOSFET Modeling for VLSI Simulation: Theory and Practice*, World Scientific Publishing, New Jersey, 2007.

133. C. Enz, F. Chicco, and A. Pezzotta, "Nanoscale MOSFET Modeling: Part 1: The Simplified EKV Model for the Design of Low-Power Analog Circuits," *IEEE Solid-State Circuits Mag.*, **9**, 26 (2017).

134. X. Li, W. Wu, A. Jha, G. Gildenblat, R. van Langevelde, G. D. J. Smit, A. J. Scholten, D. B. M. Klaassen, C. C. McAndrew, J. Watts, et al., "Benchmark Tests for MOSFET Compact Models with Application to the PSP Model," *IEEE Trans. Electron Dev.*, **56**, 243 (2009).

135. J. P. Duarte, S. Khandelwal, A. Medury, C. Hu, P. Kushwaha, H. Agarwal, A. Dasgupta, and Y. S. Chauhan, "BSIM-CMG: Standard FinFET Compact Model for Advanced Circuit Design," *Proc. IEEE ESSCIRC*, p.196, 2015.

136. Y. S. Chauhan, D. D. Lu, S. Vanugopalan, S. Khandelwal, J. P. Duarte, N. Paydavosi, A. Niknejad, and C. Hu, *FinFET Modeling for IC Simulation and Design Using the BSIMCMG Standard*, Elsevier Inc., New York, 2015.

137. Y. Li and Y. Y. Cho, "Intelligent BSIM4 Model Parameter Extraction for Sub-100 nm MOSFET Era," *Jpn. J. Appl. Phys.*, **43**, 1717 (2004).

138. Y. Li, "A Hybrid Intelligent Computational Methodology for Semiconductor Device Equivalent Circuit Model Parameter Extraction," in A. M. Anile, G. Alì, G. Mascali, Eds., *Scientific Computing in Electrical Engineering 2006*, Springer, Berlin, 2006.

139. *HSPICE® Elements and Device Models Manual*, Synopsys, California, 2016.

140. S. Y. Wu, C. W. Chou, C. Y. Lin, M. C. Chiang, C. K. Yang, M. Y. Liu, L. C. Hu, C. H. Chang, P. H. Wu, C. I. Lin, et al., "A 32 nm CMOS Low Power SoC Platform Technology for Foundry Applications with Functional High Density SRAM," *Tech. Dig. IEEE IEDM*, p.263, 2007.

141. S. Natarajan, M. Agostinelli, S. Akbar, M. Bost, A. Bowonder, V. Chikarmane, S. Chouksey, A. Dasgupta, K. Fischer, Q. Fu, et al., "A 14 nm Logic Technology Featuring 2nd-Generation FinFET, Air-Gapped Interconnects, Self-Aligned Double Patterning and a 0.0588 µm2 SRAM Cell Size," *Tech. Dig. IEEE IEDM*, p.71, 2014.

142. Z. Guo, D. Kim, S. Nalam, J. Wiedemer, X. Wang, and E. Karl, "A 23.6-Mb/mm2 SRAM in 10-nm FinFET Technology with Pulsed-pMOS TVC and Stepped-WL for Low-Voltage Applications," *IEEE J. Solid-State Circuits*, **54**, 210 (2019).

143. E. Seevinck, F. J. List, and J. Lohstroh, "Static-Noise Margin Analysis of MOS SRAM Cells," *IEEE J. Solid-State Circuits*, **22**, 748 (1987).

144. A. J. Bhavnagarwala, X. Tang, and J. D. Meindl, "The Impact of Intrinsic Device Fluctuations on CMOS SRAM Cell Stability," *IEEE J. Solid-State Circuits*, **36**, 658 (2001).

145. J. Lutzen, A. Birner, M. Goldbach, M. Gutsche, T. Hecht, S. Jakschik, A. Orth, A. Sanger, U. Schroder, H. Seidl, et al., "Integration of Capacitor for Sub-100-nm DRAM Trench Technology," *Dig. Symp. VLSI Tech.*, p.178, 2002.

146. N. Butt, K. Mcstay, A. Cestero, H. Ho, W. Kong, S. Fang, R. Krishnan, B. Khan, A. Tessier, W. Davies, et al., "A 0.039 μm2 High Performance eDRAM Cell Based on 32 nm High-κ/Metal SOI Technology," *Tech. Dig. IEEE IEDM*, p.616, 2010.

147. P. L. Chen, A. Selcuk, D. Erb, "A Double-Epitaxial Process for High-Density DRAM Trench-Capacitor Isolation," *IEEE Electron Dev. Lett.*, **8**, 550 (1987).

148. K. P. Muller, B. Flietner, C. L. Hwang, R. L. Kleinhenz, T. Nakao, R. Ranade, Y. Tsunashima, and T. Mii, "Trench Storage Node Technology for Gigabit DRAM Generations," *Tech. Dig. IEEE IEDM*, p.507 (1996).

149. S. J. Lin, C. S. Lai, S. H. Liao, C. Y. Lee, P. I. Lee, S. M. Chiang, and M. W. Liang, "A Novel Trench Capacitor Enhancement Approach by Selective Liquid-Phase Deposition," *IEEE Trans. Semicond. Manuf.*, **18**, 644 (2005).

150. Y. Nakamura, I. Asano, M. Hiratani, T. Saito, and H. Goto, "Oxidation-Resistant Amorphous TaN Barrier for MIM–Ta2O5 Capacitors in Giga-Bit DRAMs", *Dig. Symp. VLSI Tech.*, p.39, 2001.

151. K. Roy, S. Mukhopadhyay, and H. Mahmoodi-Meimand, "Leakage Current Mechanisms and Leakage Reduction Techniques in Deep-Submicrometer CMOS Circuits," *Proc. IEEE*, **91**, 305 (2003).

152. R. R. Troutman, "VLSI Limitations from Drain-Induced Barrier Lowering," *IEEE J. Solid-State Circuits*, **14**, 383 (1979).

153. L. Chang, D. J. Frank, R. K. Montoye, S. J. Koester, B. L. Ji, P. W. Coteus, R. H. Dennard, and W. Haensch, "Practical Strategies for Power-Efficient Computing Technologies," *Proc. IEEE*, **98**, 215 (2010).

154. A. M. Ionescu and H. Riel, "Tunnel Field-Effect Transistors as Energy-Efficient Electronic Switches," *Nature*, **479**, 329 (2011).

155. M. Radosavljevic, B. Chu-Kung, S. Corcoran, G. Dewey, M. K. Hudait, J. M. Fastenau, J. Kavalieros, W. K. Liu, D. Lubyshev, M. Metz, et al., "Advanced High-κ Gate Dielectric for High-Performance Short-Channel In0.7Ga0.3As Quantum Well Field Effect Transistors on Silicon Substrate for Low Power Logic Applications," T*ech. Dig. IEEE IEDM*, p.319, 2009.

156. S. Salahuddin and S. Datta, "Use of Negative Capacitance to Provide Voltage Amplification for Low Power Nanoscale Devices," *Nano Lett.*, **8**, 405 (2008).

157. S. Salahuddin, "Review of Negative Capacitance Transistors," *Proc. Symp. VLSI TSA,* Hsinchu, p.1, 2016.

158. J. Jo and C. Shin, "Negative Capacitance Field Effect Transistor With Hysteresis-Free Sub-60-mV/Decade Switching," *IEEE Electron Dev. Lett.*, **37,** 245 (2016).

159. M. A. Alam, M. Si, and P. D. Ye, "A Critical Review of Recent Progress on Negative Capacitance Field-Effect Transistors," *Appl. Phys. Lett.*, **114**, 090401 (2019).

160. A. I. Khan, K. Chatterjee, B. Wang, S. Drapcho, L. You, C. Serrao, S. R. Bakaul, R. Ramesh, and S. Salahuddin, "Negative Capacitance in a Ferroelectric Capacitor," *Nat. Mater.*, **14**, 182 (2014).

161. G. Catalan, D. Jiménez, and A. Gruverman, "Ferroelectrics: Negative capacitance detected," *Nat. Mater.*, **14**, 137 (2015).

162. S. C. Chang, U. E. Avci, D. E. Nikonov, and I. A. Young, "A Thermodynamic Perspective of Negative-Capacitance Field-Effect Transistors," *IEEE J. Explor. Solid-State Computat. Devices and Circuits*, **3**, 56 (2017).

163. K. S. Li, P. G. Chen, T. Y. Lai, C. H. Lin, C. C. Cheng, C. C. Chen, Y. J. Wei, Y. F. Hou, M. H. Liao, M. H. Lee, et al., "Sub-60 mV-Swing Negative-Capacitance FinFET without Hysteresis," *Tech. Dig. IEEE IEDM*, p.620, 2015.

164. I. A. Young, U. E. Avci, and D. H. Morris, "Tunneling Field Effect Transistors: Device and Circuit Considerations for Energy Efficient Logic Opportunities," *Tech. Dig. IEEE IEDM*, p.600, 2015.

165. Q. Huang, R. Huang, Z. Zhan, Y. Qiu, W. Jiang, C. Wu, and Y. Wang, "A Novel Si Tunnel FET with 36 mV/dec Subthreshold Slope Based on Junction Depleted-Modulation through Striped Gate Configuration," *Tech. Dig. IEEE IEDM*, p. 187, 2012.

166. U. E. Avci, D. H. Morris, S. Hasan, R. Kotlyar, R. Kim, R. Rios, D. E. Nikonov, and I. A. Young, "Energy Efficiency Comparison of Nanowire Heterojunction TFET and Si MOSFET at Lg = 13 nm, Including P-TFET and Variation Considerations," *Tech. Dig. IEEE IEDM*, p.830, 2013.

167. Q. Zhang, W. Zhao, and A. Seabaugh, "Low-Subthreshold-Swing Tunnel Transistors," *IEEE Electron Dev. Lett.*, **27**, 297 (2006).

168. S. O. Koswatta, S. J. Koester, and W. Haensch, "On the Possibility of Obtaining MOSFET-Like Performance and Sub-60-mV/dec Swing in 1-D Broken-Gap Tunnel Transistors," *IEEE Trans. Electron Dev.*, **57**, 3222 (2010).

169. J. Knoch and J. Appenzeller, "Modeling of High-Performance p-Type III–V Heterojunction Tunnel FETs," *IEEE Electron Dev. Lett.*, **31**, 305 (2010).

170. B. M. Borg, K. A. Dick, B. Ganjipour, M. E. Pistol, L. E. Wernersson, and C. Thelander, "InAs/GaSb Heterostructure Nanowires for Tunnel Field-Effect Transistors," *Nano Lett.*, **10**, 4080 (2010).

171. B. Ganjipour, J. Wallentin, M. T. Borgstrom, L. Samuelson, and C. Thelander, "Tunnel Field-Effect Transistors Based on InP-GaAs Heterostructure Nanowires," *ACS Nano*, **6**, 3109 (2012).

172. K. Tomioka, M. Yoshimura, and T. Fukui, "Sub 60 mV/decade Switch Using an InAs Nanowire–Si Heterojunction and Turn-on Voltage Shift with a Pulsed Doping Technique," *Nano Lett.*, **13**, 5822 (2013).

173. K. Tomioka and T. Fukui, "Recent Progress in Integration of III–V Nanowire Transistors on Si Substrate by Selective-Area Growth," *J. Phys. D: Appl. Phys.*, **47**, 394001 (2014).

174. K. Tomioka and T. Fukui, "Tunnel Field-Effect Transistor Using InAs Nanowire/Si Heterojunction," *Appl. Phys. Lett.*, **98**, 083114 (2011).

175. R. Gandhi, Z. Chen, N. Singh, K. Banerjee, and S. Lee, "Vertical Si-Nanowire n-Type Tunneling FETs With Low Subthreshold Swing (≤50mV/decade) at Room Temperature," *IEEE Electron Dev. Lett.*, **32**, 437 (2011).

176. K. Tomioka, M. Yoshimura, and T. Fukui, "Steep-Slope Tunnel Field-Effect Transistors Using III–V Nanowire/Si Heterojunction," *Dig. Symp. VLSI Tech.*, p. 47, 2012.

177. F. Najam and Y. S. Yu, Impact of Quantum Confinement on Band-to-Band Tunneling of Line-Tunneling Type L-Shaped Tunnel Field-Effect Transistor, I*EEE Trans. Electron Dev.*, **66**, 1 (2019).

178. S. Blaeser, S. Glass, C. S. Braucks, K. Narimani, N. V. D. Driesch, S. Wirths, A. T. Tiedemann, S. Trellenkamp, D. Buca, Q. T. Zhao, et al., "Novel SiGe/Si Line Tunneling TFET with High Ion at Low Vdd and Constant SS," *Tech. Dig. IEDM*, p.608, 2015.

179. A. S. Verhulst, D. Leonelli, R. Rooyackers, and G. Groeseneken, "Drain Voltage Dependent Analytical Model of Tunnel Field-Effect Transistors," *J. Appl. Phys.*, **110**, 024510 (2011).

180. K. Hemanjaneyulu and M. Shrivastava, "Fin Enabled Area Scaled Tunnel FET," *IEEE Trans. Electron Dev.*, **62**, 3184 (2015).

181. U. E. Avci and I. A. Young, "Heterojunction TFET Scaling and Resonant-TFET for Steep Subthreshold Slope at Sub-9nm Gate-Length," *Tech. Dig. IEEE IEDM*, p.96, 2013.

182. D. B. Abdi and M. J. Kumar, "Controlling Ambipolar Current in Tunneling FETs Using Overlapping Gate-on-Drain," *IEEE J. Electron Dev. Soc.*, **2**, 187 (2014).

183. S. Richter, S. Trellenkamp, A. Schäfer, J. M. Hartmann, K. K. Bourdelle, Q. T. Zhao, and S. Mantl, "Improved Tunnel-FET Inverter Performance with SiGe/Si Heterostructure Nanowire TFETs by Reduction of Ambipolarity," *Solid-State Electron.*, **108**, 97 (2015).

184. S. C. Teng, Y. S. Su, and Y. H. Wu, "Design and Simulation of Improved Swing and Ambipolar Effect for Tunnel FET by Band Engineering Using Metal Silicide at Drain Side," *IEEE Trans. Nanotechnol.*, **18**, 274 (2019).

185. D. V. Averin and K. K. Likharev, "Coulomb Blockade of Single-Electron Tunneling, and Coherent Oscillations in Small Tunnel Junctions," *J. Low Temp. Phys.*, **62**, 345 (1986).

186. T. A. Fulton and G. J. Dolan, "Observation of Single-Electron Charging Effects in Small Tunnel Junctions," *Phys. Rev. Lett.*, **59**, 109 (1987).

187. M. A. Kastner, "Artificial Atoms," *Physics Today*, **46**, 24 (1993).

188. Y. A. Pashkin, Y. Nakamura and J. S. Tsai, "Room-Temperature Al Single-Electron Transistor Made by Electron-Beam Lithography," *Appl. Phys. Lett.*, **76**, 2256 (2000).

189. K. Uchida, K. Matsuzawa, J. Koga, R. Ohba, S. Takagi and A. Toriumi, "Analytical Single-Electron Transistor (SET) Model for Design and Analysis of Realistic SET Circuits," *Jpn. J. Appl. Phys.*, **39**, 2321 (2000).

190. E. Amat, J. Bausells, and F. P. Murano, "Exploring the Influence of Variability on Single-Electron Transistors Into SET-Based Circuits," *IEEE Trans. Electron Dev.*, **64**, 5172 (2017).

191. S. M. Sze, "Evolution of Nonvolatile Semiconductor Memory: from Floating-Gate Concept to Single-Electron Memory Cell," in S. Luryi, J. Xu, and A. Zaslavsky, Eds., *Future Trends in Microelectronics: the Road Ahead*, Wiley, New York, 1999.

習題

1. 一 MOSFET($Z/L = 1$)，在 $V_G = 3$ V 及 $V_D = 0.4$ V 的操作下，可量測得 I_D 值為 18.7 μA。如果在同樣的 $V_G = 3$ V 及 $V_D = 0.4$ V 的條件下，欲獲得 I_D 值為 1.6 mA，該元件的最小 Z 值為何？假設多晶矽閘極長度為 0.6 μm，n^+- 源極和汲極深度為閘極下 0.05 μm。

2. 考慮 一 MOSFET 其 $L = 0.25$ μm，$Z = 5$ μm，$N_A = 10^{17}$ cm^{-3}，$\mu_n = 500$ cm^2/V-s，$C_{ox} = 3.45 \times 10^{-7}$ F/cm^2 及 $V_T = 0.5$ V，試計算在 $V_G = 1$ V 及 $V_D = 0.1$ V 的條件下時，其通道電導值。

3. 一 MOSFET 在某個偏壓條件下，其通道長度為 10 μm，通道電流 I_D 值為 1 mA，閘極電流值為 1 μA。如果除了能調整通道長度，而欲維持在相同的元件參數設定及相同的偏壓條件下，減低其閘極電流至 $10^{-6} I_D$，試計算通道長度值。

4. 考慮一 MOSFET 有足夠的汲極電壓達到飽和狀態（在移動率為定值狀態下），在 $V_G = 1$ V 下，其電流值 50 μA，而 $V_G = 3$ V 時，電流值為 200 μA，求其起始電壓值。

5. (a) 為避免 *n*- 型通道 MOSFET 的熱電子效應，我們假設所允許的最大氧化層電場為 $1.45×10^6$ V/cm，而矽摻雜濃度為 10^{18} cm^{-3}，試求符合該情況下的表面電位值；(b) 對於 n^+- 多晶矽閘極，假設 $Q_{it} = Q_{ox} = Q_f = Q_m = 0$ 的條件下，試計算 $d = 8$ nm 的 MOSFET 其起始電壓值。

6. 有一 *n*- 型 MOSFET 設定起始電壓為 +0.5 V 及閘極氧化層為 15 nm。請使用 n^+- 多晶矽作為其閘極材料，且不考慮元件中的氧化層內電荷、介面捕獲電荷及移動離子電荷影響下，計算出能符合此設定的通道摻雜值。

7. 為了防止元件間的相互影響，每個 MOSFET 必須利用場氧化層進行隔離，如果與場氧化層厚度相關的「場電晶體」的起始電壓值必須大於或等於 20 V，試計算場氧化層的最小厚度 ($N_A = 10^{17}$ cm^{-3}，$Q_f/q = 10^{11}$ cm^{-3}，及利用 n^+- 多晶矽局部連結來當作此元件閘極電極)

8. 假設一 *n*- 型通道 n^+- 多晶矽 $-SiO_2-Si$ MOSFET 的 $N_A = 10^{17}$ cm^{-3}，$Q_f/q = 2×10^{10}$ cm^{-2}，$d = 10$ nm，如佈植硼離子以增加 1 V 的起始電壓值。假設其離子佈植會在 $Si-SiO_2$ 界面形成一帶負電荷的片層狀，試計算所需離子佈植的劑量。($\phi_{ms} = -0.98$ V)

9. 一 *n*- 型 MOSFET 的 $q\psi_B$ 為 0.5 eV，當施加基板的偏壓 V_{BS} 為 −1 V 時，其起始電壓變化量 ΔV_T 為 1 V，則當基板偏壓 V_{BS} 為 −3 V 時，起始電壓變化量 ΔV_T 為何？

10. 一 MOSFET($N_A = 10^{17}$ cm^{-3}，$d = 5$ nm) 的起始電壓為 0.5 V，次臨界擺幅值為 100 mV/decade，且在起始電壓 V_T 操作下，所得的汲極電流為 0.1 μA。如欲減低在 $V_G = 0$ 時的漏電流至 10^{-13} A，試計算其所應施加的逆向

基板至源極偏壓值？

11. 理想的 MOSFET 次臨界電流為

$$I_D = A(\beta\psi_s)^{-1/2}\exp(\beta\psi_s)$$

和
$$\beta\psi_s = \beta V_G - \frac{a^2}{2}\left[\sqrt{1+\frac{4}{a^2}(\beta V_G - 1)}-1\right]$$

ψ_s 是表面位能，$\beta \equiv q/kT$，$a \equiv \sqrt{2}(\varepsilon_s/\varepsilon_{ox})(t_{ox}/L_D)$，$L_D$ 為 Debye 長度 $= \sqrt{\varepsilon_s/qN_A\beta}$，$A$ 為常數。試證明次臨界擺幅值為 S：

$$S \equiv (\ln 10)\frac{dV_G}{d(\ln I_D)} = \frac{kT}{q}(\ln 10)\left(1+\frac{C_D}{C_{ox}}\right)$$

其中，$C_D \equiv \sqrt{q\varepsilon_s N_A/2\psi_S}$，$C_{ox} \equiv \varepsilon_{ox}/t_{ox}$ 和 $a \gg C_D/C_{ox}$

12. 對於一個閘極氧化層為 10 nm 及基板摻雜為 10^{17} cm^{-3} 的 MOSFET，試計算其次臨界擺幅值。

13. 假設一個矽 MOSFET 其 $N_A = 5\times10^{16}$ cm^{-3}、$d=10$ nm 及介面捕獲電荷密度為 10^{11} cm^{-2}，在基板接地的情況下，試計算其次臨界擺幅值。

14. 一理想化的離子佈值階梯式摻雜分布為 $N_S = 10^{16}$ cm^{-3}，$N_B = 10^{15}$ cm^{-3}，及 $x_s = 0.3\,\mu$m，請計算(a)佈植劑量 D_I；(b)佈植的中心濃度；(c)相對於均勻性摻雜 N_B 的情況，佈植所造成的起始電壓偏移值 ($d = 100$ nm)。

15. 參照圖 33，假設 $N_B = 7.5\times10^{15}$ cm^{-3}，$d = 35$ nm，一逆向背偏壓為 1 V，且離子佈植劑量為 $D_I = 6\times10^{11}$ cm^{-2}，試計算空乏層邊緣夾止至離子佈值區域時佈值中心的深度（以 nm 為單位）。

16. 針對兩種 n-MOSFET，試計算隨通道寬度(I_D/Z)微縮後，相對的汲極端電流微縮情形；其一是透過定電壓微縮，另一是定電場微縮，假設元件都是操作於速度飽和情況下，原始的元件參數爲 $L = 1$ μm，$d = 10$ nm，$V_D = 5$ V，$(I_D/Z) = 500$ μA/μm。微縮因子 $\kappa = 5$。

17. 對於 MOSFET 定電壓微縮的方式，其微縮因子爲 $\kappa = 10$，若原始元件的摻雜劑量爲 10^{15} cm^{-3}，則當元件微縮後其摻雜劑量爲何？（以 cm^{-3} 爲單位）

18. 對於 n- 型 MOSFET，使用定電壓微縮的方法，其微縮因子爲 κ，請證明 (a) 新的閘極電容爲 $C_{ox}\kappa$，其中 C_{ox} 是原始閘極電容；(b) 微縮元件其摻雜濃度爲 $\kappa^2 N_A$，N_A 是原始摻雜濃度。

19. 一線性維度的 MOSFET 元件，依定電場的方式微縮，其微縮因子爲 10 (a) 試計算微縮後的切換能量所對應因子；(b) 計算微縮後的功率－延遲的乘積，假設在原始尺寸元件的乘積爲 1 J。

20. 一 20 nm 的 $Ta_2O_5(\varepsilon_i/\varepsilon_o = 25)$ 夾入以 2 nm SiO_2 爲上下電極的三明治複合結構中，試計算其等效 SiO_2 的厚度（以 nm 爲單位）。

21. 請導出如圖 70 中閘極全環式的結構及接地平面式結構的自然長度尺規 (length scale)。

22. 一 DRAM 的操作必須控制其資料更新的最小時間於 4 ms 內，而每個儲存電容值爲 50 fF，且得達成完全充飽於 5 V。試估計在一動態電容所能容忍的範圍下，所能允許漏電量的最糟條件（即電容內的電荷儲存量漏掉至其原先的 50%）。

23. 對於一 DRAM 操作，假設我們最少必須有 10^5 個電子儲存於 MOS 電容結構中，如果其於晶圓表面的電容面積爲 0.25 μm^2，而氧化層厚度爲 5nm，並於兩伏特操作即達成完全充飽，則對於一個矩形深渠式電容來說，最少需要多少的深度？

24. 對於一隔離鐵電 (isolated ferroelectric, FE) 電容器，直接連結至電壓源 V_S，如右圖所示，其動態特性以朗道－哈拉特尼科夫方程式 (Landau-Khalatnikov (L-K)equation) 特性分析，在鐵電電容器中極化電荷的變化率 $Q_F \approx A_P$，A 是截面積，P 是極化，可以寫為

$$\rho \frac{dQ_F}{dt} = -\frac{dE}{dQ_F}$$

$\rho > 0$ 是系統的摩擦慣性 (frictional inertia)、E (eV) 是鐵電材料的自由能，可以表示為

$$E = \frac{\alpha}{2} Q_F^2 + \frac{\beta}{4} Q_F^4 - Q_F V_F$$

其中 $\alpha = -3\sqrt{3}\, V_C/2Q_0 < 0$，與 $\beta = 3\sqrt{3}\, V_C/2Q_0^3$ 是非等向性常數，V_F 是橫跨 FE 電容器的電壓。假設 $V_C = 0.4$ V、$Q_0 = 3.6 \times 10^{-15}$ C。(a) 請求出橫跨 FE 電容器的電壓表示式；(b) 在穩定狀態下，求出 V_F 表示式，並畫出 "S" 形狀的 $Q_F - V_F$ 特性圖，範圍由 -5 fC < Q_F < 5 fC 與 −2 V < V_F < 2 V。

25. 下圖為 n- 通道 TFET 的基本結構圖，元件有三個區域：源極、通道與汲極。(a) 請畫出在無外加偏壓下（如 $V_G = V_S = V_D$ =0)TFET 熱平衡能帶圖；(b) 畫出在 $V_D > 0$ 與 $V_G =$ 0 條件下的能帶圖。

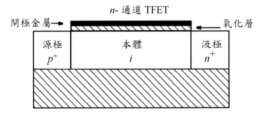

第七章
非揮發性記憶體元件
Nonvolatile Memory Devices

7.1 簡介

　　圖 1 為半導體記憶元件的兩大分類，差異在於當移除電源時，元件是否還能維持原有狀態。揮發性記憶體會因移除電源而喪失資料，而非揮發性記憶體不需要外加電壓也能保存資料 [1-3]。

　　隨機存取記憶體 (random-access memory, RAM) 的每一個記憶單元都擁有 x-y 位址，可作為與其他系列記憶體的區別，如磁性記憶體。嚴格說來，由於定址架構類似，所以唯讀記憶體 (read-only memory, ROM) 也有隨機存

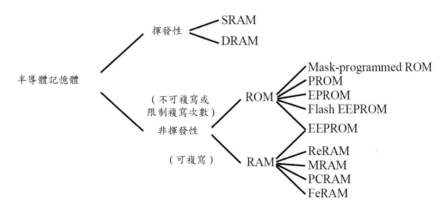

圖 1　半導體相關記憶體的分類圖。

取的能力。事實上，RAM 與 ROM 的讀取步驟是幾乎相同的。而 RAM 有時也更貼切地稱為「讀—寫記憶體」。然而，非揮發性唯讀記憶體很早就已開始發展到具有某種程度的重寫 (rewrite) 能力。所以 RAM 和 ROM 最主要的不同就是抹除與寫入的難易度及次數。RAM 的重寫和讀取的次數幾乎相同，但 ROM 的讀取次數一般都比重寫來得多。它擁有的重寫能力各不相同，其範圍從沒有任何寫入能力的單純唯讀記憶體 (ROM) 到全功能的 (full-feature) 電子式可抹除可程式化唯讀記憶體 (electrically erasablel/programmable ROM, EEPROM 或 E²PROM)。。因為 ROM 的尺寸比 RAM 小，而且更有成本效益，所以使用在不需經常性重寫的地方，依此背景將不同類型的非揮發性記憶體解釋如下：

罩幕程式唯讀記憶體（mask-programmed ROM）　此記憶體內部的資料是由製造者決定，一旦製作出來便無法再寫入。罩幕程式 ROM 有時也可簡稱為 ROM。

可程式唯讀記憶體（programmable ROM, PROM）　可程式唯讀記憶體有時稱為場可程式唯讀記憶體 (field-programmable ROM) 或可熔鏈結唯讀記憶體 (fusible-link ROM)。其連結矩陣可以藉由熔斷與熔合的技術來寫入資訊。一旦寫入完畢，其記憶體的功能就與 ROM 相同。

電子可程式唯讀記憶體（electrically programmable ROM, EPROM）　電子可程式唯讀記憶體的寫入方式是施加偏壓在汲極與控制閘極 (control gate, CG) 的情況下，利用熱電子注入或穿隧方式進入浮動閘極 (floating gate, FG) 來達到的。照射紫外光或 X- 光可將所有的記憶體完全抹除，但無法做到選擇性抹除。

快閃電子式可抹除程式唯讀記憶體（Flash EEPROM）　快閃 EEPROM 與全功能電子式可抹除可程式化唯讀記憶體 (EEPROM) 皆是利用電子來進行抹除，但不同之處在於 EEPROM 一次只對一個大區塊內的記憶單元群同時抹除。快閃 EEPROM 保持了單一個電晶體記憶胞，卻損失了位元的選擇能力，因此其為 EPROM 及全功能 EEPROM 間的折衷產物。

電子可抹除可程式唯讀記憶體（electrically erasable/programmable ROM, EEPROM）　此為在電子可抹除可程式唯讀記憶體中，不僅可以利用電子抹除，更可以藉由位元位址來達到選擇性抹除的記憶體。為了能夠選擇性抹除，每個記憶胞內必須多一個額外的選擇電晶體，所以每一個記憶胞將會有兩個電晶體。這也是造成 EEPROM 沒快閃 EEPROM 那麼受歡迎的原因。

非揮發隨機存取記憶體（Nonvolatile RAM）　可將此記憶體視為非揮發性的 SRAM 或寫入時間很短的 EEPROM，但是一樣擁有很好的耐久度。如果技術可能做到上述的特點，那將會是很棒的記憶體。

改良傳統的 MOSFET 閘極，便可在閘極內部持續長時間的儲存電荷，此新穎結構稱為非揮發性記憶元件。自從 1967 年姜 (Kahng) 與施敏 (Sze) 兩位學者首次提出非揮發性記憶體 (Nonvolatile memory, NVM) 後 [4]（參閱附錄 L），各種不同的元件結構相繼被製作出來，非揮發性記憶體也廣泛應用於商業產品上。

7.2 浮動閘極的概念

在過去的數十年間，浮動閘極記憶體 (floating-gate memory, FGM) 已成為全球電子工業最重要的非揮發性半導體記憶體 (nonvolatile semiconductor memory, NVSM)。第一個浮動閘極記憶體 (FGM) 的橫截面圖顯示於圖 2。

浮動閘極 M(1) 以三明治式夾在穿隧氧化層 I(1) 及一阻隔氧化層 I(2) 之間，因為沒有直接電接觸於浮動閘極 M(1)，而它的電位是浮動的 (floating)，因此稱為浮動閘極 (floating gate, FG)。浮動閘極記憶體 (FGM) 的操作原理是基於在浮動閘極內電荷的儲存量，來決定 MOSFET 是開啟狀態 (on-state) 或是關閉狀態 (off-state)。所儲存的電荷會提高起始電壓，而造成偏移 ΔV_T，元件是處於高起始電壓的狀態（可寫入狀態）。對於一個設計完善的

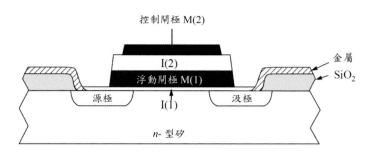

圖 2　第一個浮動閘極記憶體的橫截面圖發表於 1967 年。（參考文獻 4）

記憶體元件而言，電荷保存時間可超過一百年，但是最小需求通常是十年。若要抹除儲存電荷，只要在閘極施加電壓或用其他方法（例如紫外光）便可回到低起始狀態（抹除）。

　　浮動閘極記憶體元件是利用電荷注入浮動閘極中來改變起始電壓，其寫入的方式有兩種，分別為熱載子注入與福勒－諾德漢穿隧 (Fowler-Nordheim tunneling)。圖 3a 為熱載子注入的機制。側向電場的最大值靠近汲極端，所以通道載子（電子）可從電場獲得能量成為熱載子，只要載子能量高過 Si-SiO$_2$ 介面的位障時，便能夠注入至浮動閘極。在同一時間，高電場也會發生衝擊離子化。這些產生出來的二次熱電子也會注入到浮動閘極。閘極電流則會因這些熱載子注入電流而升高，如第六章圖 55 所示，其現象與一般的 MOSFET 相同。而閘極電流的最大值發生於 $V_{FG} \approx V_D$，其中 V_{FG} 為浮動閘極的電位能。圖 3b 為最初的熱載子注入方式，主要藉由汲極－基板累增來產生熱載子。此方式中的浮動閘極處於負電位能，因此得以注入熱電洞 #。後來發現這種注入方式效率太低，因此不再使用。

\#　原來的設計應為 p- 通道元件，因為以熱電子注入的方式比熱電洞更有效率。但為了讓讀者更好比較，圖中顯示皆為 n- 通道元件。

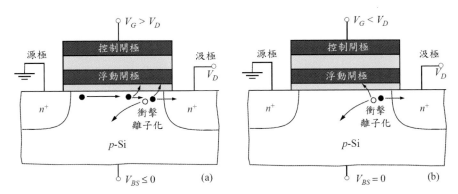

圖 3　利用熱載子充電的浮動閘極(a) 當 $V_G > V_D$ 時，熱電子由通道及衝擊離子化產生。
(b) 當 $V_G < V_D$ 時，汲極端累增產生熱電洞。請留意兩張圖的閘極偏壓不同。

除了熱載子注入，電子也可以利用穿隧的方式注入。圖 4 顯示，基本的浮動閘極記憶體在可寫入、儲存及可抹除等狀態下運作的能帶圖。在這樣的寫入模式中，跨越穿隧氧化層 I(1) 的電場是最關鍵的因素。當施加正偏壓 V_G 於控制閘極 CG M(2) 上時，電子傳輸可能經由福勒－諾德漢穿隧 (F-N tunneling) 跨越第一絕緣層 I(1) 而建立電場，如圖 4a 所示。可由高斯定律求得

$$\varepsilon_1 \mathscr{E}_1 = \varepsilon_2 \mathscr{E}_2 + Q_{FG} \tag{1}$$

以及

$$V_G = V_1 + V_2 = d_1 \mathscr{E}_1 + d_2 \mathscr{E}_2 \tag{2}$$

其中的下標 1 及 2 分別是穿隧氧化層與阻隔介電層，Q_{FG}（負的）是在浮動閘極上的儲存電荷。從式 (1)-(2)，我們可以得到

$$\mathscr{E}_1 = \frac{V_G}{d_1 + d_2(\varepsilon_1/\varepsilon_2)} + \frac{Q_{FG}}{\varepsilon_1 + \varepsilon_2(d_1/d_2)} \tag{3}$$

電流傳輸在絕緣層中通常是強的電場函數。當以福勒－諾德漢穿隧方式傳輸電流時，其電流密度具有下列的形式

$$J = C_4 + \mathscr{E}_1^2 \exp\left(\frac{-\mathscr{E}_0}{\mathscr{E}_1}\right) \tag{4}$$

其中 C_4 及 $\mathscr{E}_0$ 是與有效的質量及位障高度有關的常數。此種類型的電流傳輸會產生在 SiO_2 及 Al_2O_3 上,會在本書第四章及下冊第九章中討論。不論是以熱載子注入或穿隧作為寫入機制,在充電(寫入)過後,因為閘極是浮動的,Q_{FG} 等於流入浮動閘極的電流對時間積分的總合 (如圖 4b),造成起始電壓偏移 $\Delta V_T = -d_2 Q_{FG}/\varepsilon_2$。,可以直接量測 I_D-V_G 值(如圖 5)。由另一角度來說,起始電壓的漂移可由量測汲極電導而得知,這是因為 V_T 的變化會改變 MOSFET 的通道電導 g_D。小汲極電壓情況下,n- 型通道 MOSFET 電導為

$$g_D = \frac{I_D}{V_D} = \frac{Z}{L}\mu C_{ox}(V_G - V_T), \qquad V_G > V_T \tag{5}$$

改變浮動閘極上的電荷量 Q_{FG}(負的電荷)後,g_D-V_G 圖向右偏移量為 ΔV_T。若要抹除儲存電荷,只要在控制閘極上施加負偏壓或在源/汲極上施加正偏壓。抹除機制與上述的穿隧機制剛好相反,儲存電子是由浮動閘極穿隧至基板(如圖 4c)。當元件操作於寫入與抹除時,藉由施加閘極偏壓來有效控制浮動閘極的電位是很重要的。在浮動閘極記憶體中一項重要的參數,稱之為耦合比例 (coupling ratio),其定義為控制閘極上的電壓有效偶合至浮動閘極電容的比例。耦合比例可由電容的比例求得

$$R_{CG} = \frac{C_2'}{C_1' + C_2'} \tag{6}$$

其中的 C_1' 及 C_2' 是結合穿隧氧化層及阻隔介電層的電容。實際上,須注意控制閘極與浮動閘極的面積沒必要相同。由於控制閘極多半會覆蓋住浮動閘極,因此上方電容具有較大的面積,這與圖 3 所示並不相同,參數的 C_1' 及 C_2' 表示總淨電容值,因此浮動閘極電位為 $V_{FG} = R_{CG}V_G$。在實際的元件中,底部的穿隧氧化層厚度約為 8 nm,而堆疊於浮動閘極上方的等效氧化層厚

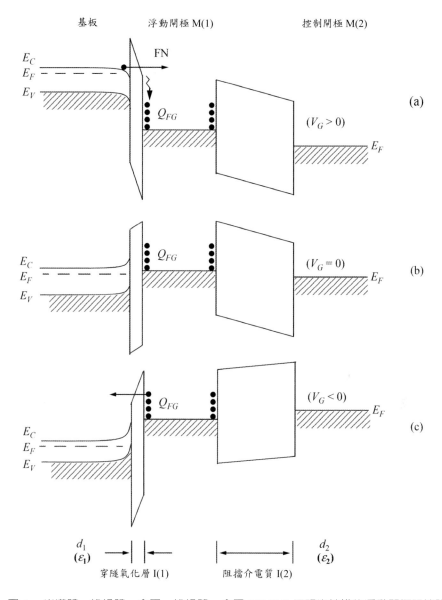

圖 4　半導體—絕緣體—金屬—絕緣體—金屬 (SIMIM) 三明治結構的浮動閘極記憶體
能帶示意圖 (a) 施加正電壓於控制閘極的可寫入模式（FN 或直接式穿隧）(b) 移
除電壓的儲存模式 (c) 施加負電壓於控制閘極的抹除模式（FN 或直接式穿隧）。
（參考文獻 4）

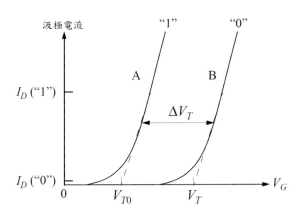

圖 5　浮動閘極記憶體的電流—電壓曲線，曲線 A 及 B 分別是浮動閘極在有 / 沒有負電荷儲存時的輸出特性。

度一般約爲 14 nm。較大的頂部面積造成每單位面積上的電容差異，而耦合比例通常介於 0.5 至 0.6 之間。

第一個實驗型的元件結構以 5 nm 的 SiO_2 作爲 I(1)、100 nm 的 Zr 作爲 M(1) 以及 100 nm 的 ZrO_2 作爲 I(2)。當 50 V 脈衝正電壓以 0.5 μs 脈衝期間，施加於控制閘極 (CG) M(2) 上，傳輸並儲存在 FG 上的電荷量大約爲 10^{12} 電子 /cm^2，所儲存的電荷會造成大的 V_T 位移，元件具有通道電流爲 0.25 mA，並呈現開啓狀態。當施加一大的負脈衝電壓於控制閘極上，儲存的電荷會被消耗掉，元件呈現關閉狀態。圖 6 所示爲施加於閘極的電壓脈衝及汲極電流。從開啓狀態的斜率可以估算數百毫秒 (ms) 的保存時間 (retention time) （也就是當儲存的電荷量減少爲最初值 50% 所需的時間），這種結果被視爲第一個展示的電子可抹除可程式唯讀記憶體 (EEPROM) 的操作。圖 7 顯示 ΔV_T 對脈衝期間的關係圖 [4]。請注意它是以有限的時間來聚集所儲存的電荷 Q_{FG}，因此當達到已知的電壓位移 6 V 時，可程式或寫入時間將大約在微秒 (ms) 階次。

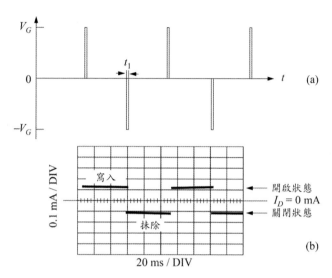

圖 6 第一個展示電子可抹除可程式的唯讀記憶體 (a) 施加閘極的電壓脈衝 (b) 汲極電流。$V_G = \pm 50$ V，$t_1 = 0.5$ μs。（參考文獻 4）

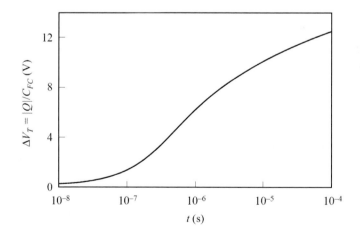

圖 7 施加偏壓脈衝在控制閘極上造成 V_T 偏移的理論結果，$V_G = 50$ V，$d_1 = 5$ nm，$d_2 = 100$ nm 及 $\kappa_{ZrO2} = 30$。（參考文獻 4）

7.3 元件結構

在討論浮動閘極記憶體 (FGM) 效應後，已發展出數種元件結構 (Device Structure)。FGM 的一項重要的限制情況是浮動陷阱 (floating-trap) 或電荷捕獲式記憶體 (charge-trapping memory, CTM)。當圖 2 中 FGM(1) 厚度減少至零，電荷儲存在上部的絕緣層 I(2)，FGM 變成 CTM。因此，CTM 是基於與 MOS 結構相同以及與 FGM 相同的電荷儲存的概念，其主要的差異是改變電荷儲存的材料，優點是如果局部漏電，就不會像多晶浮動閘極一樣消耗所有電荷。本章節將更詳細探討浮動閘極記憶體元件及電荷捕獲技術。

7.3.1 浮動閘極記憶體

1971 年，多夫－弗羅曼－班澤科斯基 (Dov Frohman Bentchkowsky) 發展出浮動閘極累增注入的金屬－氧化物－半導體 (floating-gate avalanche-injection MOS, FAMOS)[5]，如圖 8a。這種元件結構是 EPROM，具有浮動閘極，但沒有控制閘極。儲存在浮動閘極的電荷來自於熱電子，其產生在接近汲極的累增區域，超過半導體－絕緣體的位障 (= 3.1 eV) 而被注入浮動閘極中。因為 FAMOS 元件沒有控制閘極，所儲存的電荷不能以電子式抹除掉，需要使用紫外光照射才能抹除。1976 年，飯塚 (Hisakazu Iizuka) 等人的研究團隊研究堆疊式閘極累增注入的 MOS (stacked gate avalanche injection MOS, SAMOS)[6]，如圖 8b。這種元件結構是 EEPROM，基本上看似圖 2 的元件結構。然而，注入機制是以因倍增取代福勒－諾德漢 (F-N) 穿隧，外部的控制閘極可以電子抹除，也可以改善寫入效率。圖 9 為熱載子注入機制可寫入暫態的例子。由於在浮動閘極 (FG) 及通道之間相對厚的氧化層，可以得到持續改善保留時間。此外，對於操作典型的 EEPROM，每一單元需要一個 EEPROM 及一個選擇性 MOSFET 兩個元件，因此其單元尺寸比較大。在 EEPROM 電路中，較普遍是使用穿隧作為寫入的注入機制。一個成功的商業化元件，稱為浮動閘極穿隧氧化層 (floating gate tunnel oxide, FLOTOX) 電晶體，穿隧過程限制在汲極上的一個小面積，如圖 10a；FLOTOX 電晶體典型的寫入及抹除暫態顯示於圖 10b 及 10 c 中。

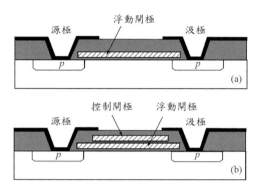

圖 8 兩個早期的浮動閘極記憶體 (a) 浮動閘極累增注入的 MOS（參考文獻 5）(b) 堆疊式閘極累增注入的 MOS。（參考文獻 6）

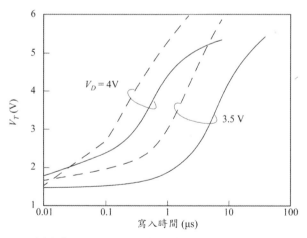

圖 9 在 $V_{BS} = 0$ V（實線）及 $V_{BS} = -2$ V（虛線）條件下，使用熱電子注入機制浮動閘極記憶體 (FGM) 寫入 V_T 變化圖。（參考文獻 7）

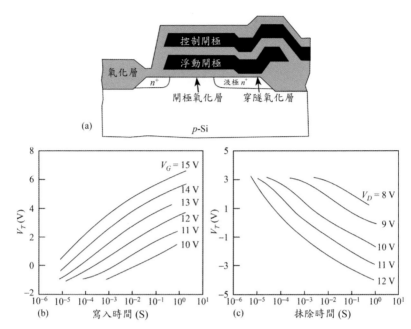

圖 10　(a) 浮動閘極穿隧氧化層 (FLOTOX) 電晶體元件結構圖，其寫入及抹除均使用穿隧機制。（參考文獻 8）FLOTOX 記憶元件典型 (b) 寫入 (c) 抹除除時間變化圖。（參考文獻 3）

　　在 1984 年，舛岡富士雄 (Fujio Masuoka) 的研究團隊開發出快閃記憶體[9]，如圖 11。沿著 A–A' 橫截面，是基本的 FG 架構；然而，沿著 B–B' 橫截面，加上一個抹除閘極，這個閘極是連接於許多串聯的單元 (cell)。當施加電壓於抹除閘極，整個記憶體單元的區塊 (block) 會同時被抹除掉，因此命名為「快閃」 (flash)。由於每個單元僅有一個元件，與可抹除可寫入唯讀記憶體 (EEPROM) 相較，快閃記憶體具有較高的密度、較低的成本以及較高的微縮性等優點。

　　1985 年及 1987 年，舛岡的研究團隊提出 NOR 及快閃 NAND 的架構 (architectures)[10, 11]，如圖 12。 快閃 NOR 記憶體的每一個單元是直接連接於記憶體陣列的字元線 (word line, WL) 及位元線 (bit line, BL)，而快閃 NAND 記憶體的單元則是串聯排列於小的區塊之內（如所示的 16 單元）。

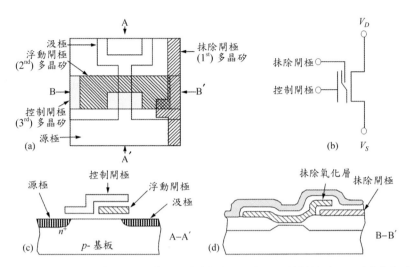

圖11　1984 年所提出的快閃記憶體。在抹除操作下，整個區塊被抹除，因此命名為「快閃」。(a) 布局圖形 (b) 電路符號圖。(c) 及 (d) 是 (a) 中 A–A' 及 B–B' 的橫截面圖。（參考文獻 9）

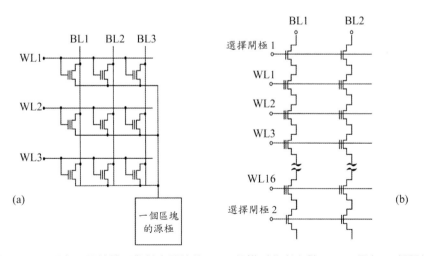

圖12　(a) 具有一記憶體元件基本單位的 NOR 架構（參考文獻 10) (b) 具有 16 個記憶體元件基本單位及二個選擇電晶體的 NAND 架構。同樣的，基本單位可擴展至 32 或 64 個元件。（參考文獻 11）

　　快閃 NOR 架構中的感測資料具有一個邏輯性 NOR 操作，如圖 13a，在位元線中資料選擇是用於感測 (sensing) ，並由一邏輯 OR 以及後接一個邏輯 NOT 操作所組成。只有一字元線及選擇獨立的位元線用於存取 (access)。另一方面，在快閃 NAND 架構中的感測資料 (sensing data) 具有一邏輯 NAND 操作，如圖 13b，選擇位元線中資料用於感測，並由一邏輯 AND 及後接一邏輯 NOT 操作所組成。存取選擇只有全部的字元線及獨立的位元線 (BL)。因此，雖然快閃 NOR 提供較快的隨機存取，但快閃 NAND 比快閃 NOR 明顯有較高的堆積密度，NAND 與鄰近單元共享源極與汲極。

　　現今，EEPROM、快閃 NOR、快閃 NAND 是三種主要的非揮發性半導體記憶體 (nonvolatile semiconductor memory, NVSM)。使用 EEPROM 時，位元需要可變更性，快閃 NOR 主要用於儲存編碼，快閃 NAND 用於高容量的資料儲存。圖 14 顯示前述產品 [12] 自 2000 年預估到 2025 年的市場佔有率。由於固態驅動器、雲端計算、物聯網及大數據等對高容量儲存的需求，快閃 NAND 自 2005 年起已具有最大的市場佔有率。我們預期快閃 NAND 在 2025 年時的市場佔有率將達到 96%。

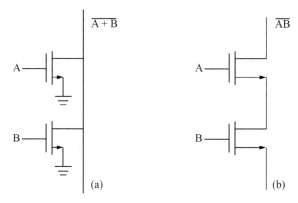

圖 13　(a) NOR 陣列存取：一個邏輯 OR 後接著邏輯 NOT 操作 (b) NAND 陣列存取：一個邏輯 AND 後接一個非邏輯 NOT 操作。

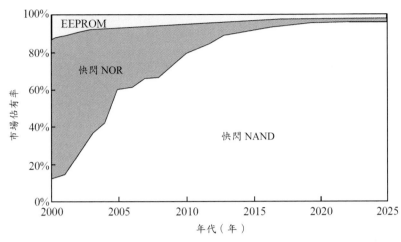

圖 14　2000 年預估到 2025 年，三種非揮發性半導體記憶體的市場佔有率。（參考文獻 12）

7.3.2 浮動捕獲或電荷捕獲型的記憶體

　　金屬－氮化物－氧化物－矽 (metal-nitride-oxide-silicon, MNOS) 的電晶體如一般的記憶體元件一樣，當電流通過介電層時，氮化矽的薄膜層為可以用來捕獲電子有效的材料 [13]。其他介電質材料如氧化鋁、氧化鉭及氧化鈦已被用來取代氮化矽薄膜，但不常見。在接近氧化物－氮化物界面的氮化物薄膜層中，電子會被捕獲。氧化物可以提供半導體一個好的界面以防止注入電荷的反向穿隧，以保有較佳的電荷保存 (charge retention)，它的厚度必須在保存時間 (retention time) 及寫入電壓值間維持平衡。

　　圖 15 為寫入及抹除操作下的基本能帶圖，請留意此能帶圖與圖 4 類似。在寫入過程中，施加大的正偏電壓於閘極，因為電子會從基板發射至閘極而形成電流傳導，兩個介電層中的傳導機制非常不同，但必須視為串聯。電流 J_{ox} 是以穿隧方式通過氧化層。值得注意的是，電子是以穿隧方式通過梯形的氧化層位障 (trapezoidal oxide barrier)，隨後再通過三角形的氮化層位障。

　　穿隧的形式被確認為是修正 F-N 穿隧，與 F-N 穿隧相反的是通過一個

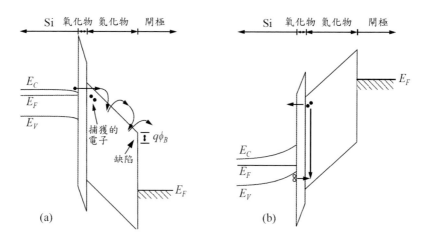

圖 15   金屬—氮化物—氧化物—矽 (MNOS) 記憶體的重寫。(a) 寫入：電子穿隧通過氧
化層在氮化層被捕獲 (b) 抹除：電洞穿隧通過氧化層而中和捕獲的電子及捕獲電
子的穿隧。

單一三角形位障，可表示為

$$J_{ox} = C_5 \mathscr{E}_{ox}^2 \exp\left(-\frac{C_6}{\mathscr{E}_{ox}} \right) \tag{7}$$

其中的 $\mathscr{E}_{ox}$ 是氧化層的電場，C_5 及 C_6 是常數。通過氮化層的電流密度 J_n 受
控於夫倫克爾—普爾 (Frenkel-Poole, FP) 傳輸，電流密度 J_n 可表示為

$$J_n = C_7 \mathscr{E}_n \exp\left[\frac{-q(\phi_B - \sqrt{q\mathscr{E}_n/\pi\varepsilon_n})}{kT} \right] \tag{8}$$

其中 $\mathscr{E}_n$ 及 ε_n 是氧化層的電場及介電常數，ϕ_B 是位於導電能帶下方的陷阱能
階 (trap level) (= 1.3 eV) 及 C_7 是常數 (= 3×10^{-9} C/cm-V-s)。

在寫入過程的最初階段，修正的 F-N 穿隧具有較高的電流，通過氮化
層時，電流傳導因 FP 傳輸而受到限制。當負電荷開始積累，氧化層電場降
低及修正的 FN 穿隧開始限制電流。起始電壓為寫入脈衝寬度的函數，如圖
16 所示，起始電壓隨著時間而呈線性變化，接著為對數變化關係，最後趨

向於飽和狀態。選擇氧化層厚度會明顯地影響寫入速度，較薄的氧化層允許較短的寫入時間。寫入速度必須與電荷保持於平衡，否則會因為氧化層太薄而導致捕獲的電荷穿隧返回到矽基板。雙重介電層 (dual dielectrics) 的總閘極電容值 C_G 等於它們的電容值串聯組合，可表示為

$$C_G = \frac{1}{(1/C_n)+(1/C_{ox})} = \frac{C_{ox}C_n}{C_{ox}+C_n} \tag{9}$$

其中 $C_{ox} = \varepsilon_{ox}/d_{ox}$ 及 $C_n = \varepsilon_n/d_n$ 分別為氧化層及氮化層的電容值。接近於氮化層、氧化層的界面所捕獲的電荷密度 Q，且相依於氮化層的捕獲效率 (trapping efficiency)，與通過的整合 FP 電流成正比例，最後的起始電壓位移量 ΔV_T，可表示為

$$\Delta V_T = -\frac{Q}{C_n} \tag{10}$$

在抹除過程，施加大的負偏壓於閘極（如圖 15b）。傳統上，放電過程是因為捕獲電子穿隧返回矽基板。但新的發現顯示，主要的放電過程是因為電洞

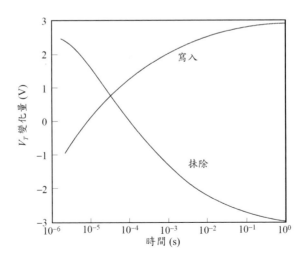

圖 16　金屬—氮化物—氧化物—矽電晶體 (MNOS) 的典型寫入及抹除速率圖。（參考文獻 13）

從基板穿隧而與捕獲的電子中和，放電過程是脈衝寬度的函數，如圖 16。MNOS 的優點是具有一合理的寫入及抹除的速度，所以是作為非揮發性隨機存取記憶體元件的潛在候選者。除此之外，因為它具有最小的氧化層厚度及無浮動閘極 (FG)，所以具有優異的抗輻射性。MNOS 的缺點是寫入及抹除的電壓大，以及從一個元件至另一元件的起始電壓不同。

穿隧電流的通道會因為漏電或所捕獲電子穿隧返回基板，而導致半導體表面介面缺陷的密度逐漸增加及捕獲效率的損失。這些現象在經過多次循環來回的寫入及抹除後，會造成 V_T 範圍窄化。MNOS 有一個嚴重的可靠度問題，是通過薄氧化層電荷的連續性損失。有一點必須指出的是，MNOS 元件與浮動閘極結構不同之處，是 MNOS 元件的寫入電流必須經過整個通道區域，以致於被捕獲電荷均勻分布於整個通道上。在浮動閘極電晶體中，注入浮動閘極的電荷可以自我重新分布於閘極材料內，因此，電荷能夠局部地注入在通道中的任何位置。

金屬—氧化物—氮化物—氧化物—矽 (metal-oxide-nitride-oxide-silicon, MONOS) [14] 或矽—氧化物—氮化物—氧化物—矽 (silicon -oxide-nitride-oxide-silicon, SONOS) 是一個改良版 MNOS 元件，在閘極及氮化層之間增加一層阻隔氧化層。阻隔氧化層的厚度通常與底部氧化層相似。在抹除操作期間，阻隔氧化層的功能是預防電子由金屬層注入到氮化層。因此，可使用較薄的氮化層，以得到較低的寫入電壓及較佳的保存時間。目前 SONOS 電晶體已取代舊有的 MNOS 結構，但是其操作原理仍然是相同的。

7.4 浮動閘極記憶單元的緊密模型

雙極性電晶體及 MOSFET 的緊密模型已分別於第五章與第六章中討論過，在電子工業中，從電腦、消費性電子、通訊及運輸等在設計、製造與及浮動閘極記憶體 (FGM) 技術的最佳化，非揮發性半導體記憶體 (NVSM) 元件的等效電路模型是基本且不可缺少的。在半導體工業中，為了有效地模擬包含浮動閘極單元 (FG cells) 的電子電路，已知使用浮動閘極來取代 MOSFET，重新模擬起始電壓以獲取單元的抹除及寫入的狀態。此緊密模型能夠適當地描述在直流偏電壓條件及交流動態的操作下，浮動閘極單元的電的特性，其在 NVM 電路模擬[15-18] 扮演著關鍵性的角色。接下來討論 FGM 單元的傳統式電容模型及電荷平衡模型。

7.4.1 傳統式電容模型

電容模型是以等效電路的基礎概念來描述 FG 元件，其組成爲一個電容性網路，FG 連接至外部各個端點，如控制閘極 (CG)、源極 (S)、塊狀基底 (B) 及汲極 (D)，示意圖如圖 17。FG 被環繞的介電層隔絕以用來儲存電荷 Q_{FG}，所儲存的電荷可表示爲

$$Q_{FG} = C_{CG}(V_{FG} - V_{CG}) + C_S(V_{FG} - V_S) + C_B(V_{FG} - V_B) + C_D(V_{FG} - V_D) \quad (11)$$

其中的 V_{FG} 是浮動閘極的電位能，V_{CG}、V_S、V_B 及 V_D 分別是在控制閘極、源極、塊狀基板及汲極等外部各個端點的電位能。C_{CG}、C_S、C_B 及 C_D 分別是浮動閘極與控制閘極、源極、基底與汲極之間的電容值。FG 的電位是操作

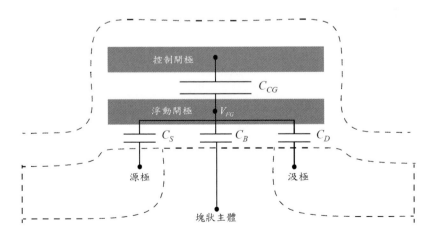

圖 17　浮動閘極記憶體單元的電容組成示意圖，其中 C_{CG}、C_S、C_B 及 C_D 分別是浮動閘極與控制閘極、源極、基板及汲極之間的電容值。（參考文獻 19 及 20）

單元的基本，V_{FG} 電位可用來控制閘極、源極、基底及汲極的電位，以及計算電容耦合比值的函數關係，可以表示為

$$V_{FG} = R_{CG}V_{CG} + R_S V_S + R_B V_B + R_D V_D + \frac{Q_{FG}}{C_T} \tag{12}$$

其中的 $C_T = C_{CG} + C_S + C_B + C_D$ 是浮動閘極的總電容值，耦合比值 R_i (coupling ratio) 可表示為

$$R_i = \frac{C_i}{C_T} \tag{13}$$

其中的 i 分別表示 CG、S、B 及 D。源極及塊狀主體的電極通常是接地的 ($V_S = V_B = 0$)，所以式 (12) 可更一步地表示為

$$V_{FG} = R_{CG}(V_{CG} + fV_D) + \frac{Q_{FG}}{C_T} \tag{14}$$

其中 $f = C_D/C_{CG}$。結合式 (14)，對於浮動閘極記憶體單元，元件方程式可由第六章的結果推導出來，以 V_{FG} 取代 V_G，轉換元件參數、起始電壓 V_T 及製程轉導參數 (process transconductance parameter) $k_n' \equiv \mu_n C_{ox}$，對於控制閘極是可以量測的數值 [20]，換言之

$$V_{T.FG} = \frac{C_{CG}}{C_T} V_T \quad \text{和} \quad k_{n,FG}' = \frac{C_T}{C_{CG}} k_n' \tag{15}$$

因此，浮動閘極單元從線性區域到飽和區域的汲極電流，可表示為

$$I_D = \begin{cases} k_n' \left[(V_{CG} + fV_D - V_T)V_D - \dfrac{1}{2}\dfrac{C_T}{C_{CG}} V_D^2 \right] & V_D < R_{CG}(V_{CG} + fV_D - V_T) \\[4mm] \dfrac{k_n'}{2} \dfrac{C_{CG}}{C_T} (V_{CG} + fV_D - V_T)^2 & V_D \geq R_{CG}(V_{CG} + fV_D - V_T) \end{cases} \tag{16}$$

其中

$$V_T = V_{T.0} - \frac{Q_{FG}}{Q_{CG}} \tag{17}$$

當 $Q_{FG} = 0$，$V_{T,0}$ 是起始電壓。因爲汲極與浮動閘極之間的電容性耦合，當 $V_G < V_T$ 時，浮動閘極單元可以連續傳導汲極電流。結果會由式 (16) 中的 fV_D 項引發而形成通道。浮動閘極單元與傳統 MOSFET 一樣，在飽和區域會隨著 V_D 變化而沒有飽和的汲極電流，但其汲極電流主要是透過耦合因子 fV_D 而增加。傳統 MOSFET 是 $V_{Dsat} = V_G - V_T$，相較之下，浮動閘極單元在線性與飽和區域之間介面的 $V_D = R_{CG}(V_{CG} + fV_D - V_T)$。FGM 模型的有效性可以直接修正並準確化式 (12) 中的浮動閘極電位。顯然地，前述的電容模型已用於估計浮動閘極單元的電性；此外，模型準確度會受到限制及無法滿足於 FGM 單元在電路上的應用，因爲在一致化下無法有效求出式 (13) 中的耦合比值 [15-25]。式 (13) 中的數值也與偏壓具相依性 [21, 25-27]。

7.4.2 電荷平衡的模型

電荷平衡的模型 [18-27] 是根據一個具有 V_S、V_B 及 V_D 三個基本元件的浮動閘極節點之電荷平衡方程式的解，如圖 18。除了閘極是記憶體單元的浮動閘極外，MOSFET 的端點與其在 FGM 單元上是相同的。C_{CG} 是多晶矽層間介電質的電容，其連接浮動閘極及控制閘極的記憶體單元。在直流條件下，需要以介於接地與浮動閘極之間的電壓源 V_{FG}，用來克服模擬電容性電路網

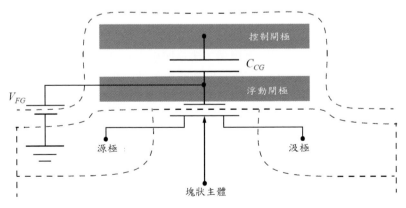

圖 18　浮動閘極記憶體 (FGM) 單元之電荷平衡模型示意圖，在模型中有三個部分：C_{CG}、MOSFET 的虛擬單元及 V_{FG}。（參考文獻 26）

路時產生的問題。因此，當單元在寫入／抹除操作期間，MOSFET 閘極的電荷 Q_G 等於介於浮動閘極及控制閘極之間電容器的電荷量，加上浮動閘極強制輸入／輸出的電荷量。

$$Q_G(V_{FG}, V_S, V_B, V_D) = C_{CG}(V_{CG} - V_{FG}) + Q_{FG} \tag{18}$$

基於 MOSFET 的緊密模型，Q_G 是 V_{FG}、V_S、V_B 及 V_D 的函數關係。為了簡化表示式，可定義 $F(V_{FG})$ 為

$$F(V_{FG}) \equiv Q_G(V_{FG}) + C_{CG}(V_{FG} - V_{CG}) - Q_{FG} \tag{19}$$

顯然地，對於所有節點的偏壓及電位，$F(V_{FG})$ 是一單調性函數 (monotone function)。因此，V_{FG} 可以由式 (19) 解出 [26-27]。圖 19 是使用電荷平衡模型的 EEPROM 及快閃單元模擬出來的電流－電壓曲線圖，其中採用 MOSFET 及 MM9 (MOS model 9) 的緊密模型 [27, 28]，因為 EEPROM 記憶體單元是由 FGM 單元與選擇性電晶體串聯所構成的，最後必須考慮的是正確地模擬 EEPROM 記憶體單元的行為。如圖 19，模擬選擇性電晶體可藉由以串聯方式連結於 FGM 單元的汲極電阻，因為當記憶體單元被定址時，選擇性電晶體的閘極是高偏壓（約 10-15 V）的，由此證明其對選擇性電晶體的貢獻是在模擬參數萃取期間增加電晶體汲極電阻值。

　　另一方面，快閃單元是由單一的 FGM 單元所組成，因此萃取過程可應用於虛擬單元（FGM 單元的浮動閘極及控制閘極是短路的）。很明顯地，因為 MOSFET 是可微縮的緊密模型，所以使用電容耦合比值的電荷－平衡的模型是可微縮的 (scalable)。此一模型能夠更進一步延伸應用於模擬暫態的行為，像是在寫入及抹除操作時，甚至因為輻射與應力引發的劣化所導致的漏電流 [29, 30]，以外加電壓控制的電流源方式。

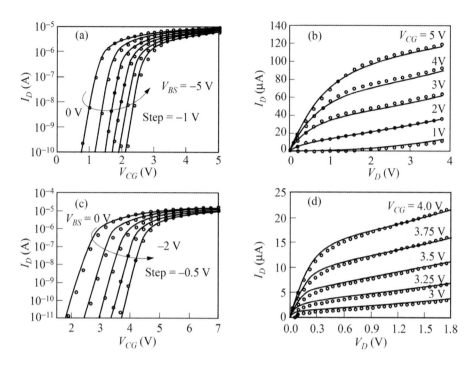

圖 19 在不同 V_{BS} 條件下，$V_D = 0.1$ V 時 (a) EEPROM (c) 快閃單元 I_D–V_{CG} 的關係圖。在不同 V_{CG} 條件下，$V_{BS} = 0$ V 時 (b) EEPROM (d) 快閃單元 I_D–V_D 的關係圖，以及 I_D–V_{CG} 的關係圖。其中 EEPROM 單元的 $W/L = 0.3/0.75$ (μm /μm)、$Q_{FG} = -0.65$ fC、$C_{CG} = 3.0$ fF，快閃單元的 $W/L = 0.25/0.375$ (μm/μm)、$C_{CG} = 0.8$ fF 以及 $Q_{FG} = -0.13$ fC。量測值（符號）及電荷平衡模型計算（實線）。（參考文獻 19，26-27）

7.5 多層單元及三維結構

　　為了有效改進 FGM 單元體積的製造與產量，已經導入兩種不同的技術：其一是從元件訊號操作的多層單元 (multi-level cells, MLCs)，另一是三維結構非揮發性半導體記憶體 (NVSM) 元件。相較於每一記憶體單元僅能儲存一個位元的單層單元 (single-level cells, SLC)，通常多層單元中的每一單元能夠儲存兩個位元；例如，三層單元 (triple-level cells, TLCs) 及四層單元 (quadruple-level cells, QLCs)，每一單元分別能儲存三個位元及四個位元。相較之下，為了達到比傳統的 NVSMs 有較高記憶體單元的密度，從生產的觀點來看，提出具有多晶片堆疊 (multi-chip stacking) 及多層整合 (multi-layer integration) 三維結構的 NVSMs，是希望能夠持續性地降低價格，而且帶動工業上的大量使用。

7.5.1 多層單元

　　1995 年，美國英特爾公司馬克・鮑爾 (Mark Bauer) 的研究團隊提出多層單元 (multi-level cell, MLC)[31]。對照於單層單元技術，多層單元允許每一單元可以儲存多重的位元，其優點是擁有比標準單層單元高的儲存密度。圖 20 為單層單元（每一單元有一個位元）及多層單元（每一單元有兩個位元）的電壓分布比較圖。從單層單元讀取位元，僅需要有一個比較參考電壓，而在多層單元 (MLC) 中，則需要三個起始電壓。如圖 20c，每一單位兩個位元的多層單元需使用四種狀態才能達成，其定義四個單元起始電壓的範圍。最低的電壓狀態被標示為「11」是抹除狀態，其決定於在抹除操作期間的抹除驗證電壓 (erase verify voltage, EV)。抹除狀態表示兩個最低有效位元(least significant bit, LSB) 及最高有效位元 (most significant bit, MSB) 都在資料「1」。其他三種都是寫入狀態，在編寫操作期間，由寫入驗證電壓 PV_1、PV_2 及 PV_3 控制。有三個起始電壓當作參考電壓 (RV_1、RV_2 及 RV_3)，其位於抹除狀態及三個可寫入狀態之間的間隔範圍內。

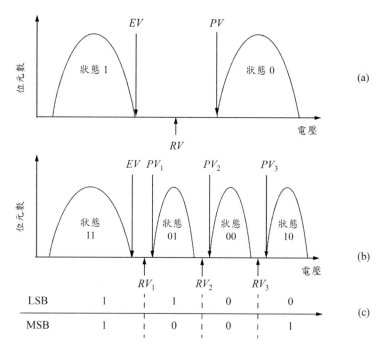

圖 20　(a) 單層單元 (b) 多層單元的電壓分布圖 (c) LSB 及 MSB 在特定範圍的對應值。
（參考文獻 31）

　　在讀取操作期間，若電壓小於 RV_2，RV_2 決定 LSB 資料，其表示資料
「1」；反之，表示資料「0」。若電壓超出 RV_1 至 RV_3 的範圍，RV_1/RV_3
決定 MSB 資料，而其表示資料「1」；反之表示資料「0」（在 RV_1 至
RV_3 的範圍內）。因此，經過三次讀取操作，兩個位元被讀出，所以多層
單元讀取會比單層單元讀取較慢約 1.5 倍。此外，也會具有相對較長的讀
取遲延 (latency)、較小的讀取界限 (margin of read)，以維持在合理的電壓
範圍內對四個不同準位電壓分布配置。因此，多層單元在統計上具有較大
的誤差機率。針對電路架構上的解決方法，如錯誤更正碼 (error-correction
code, ECC) 及程式演算 (program algorithm) 已被採用於增大讀取界限 (read
margin)[32, 33]。對於三層單元 (TLC) [34, 35]，需要 $2^3 = 8$ 的電壓分布，相當於七
個起始電壓，這可以更進一步增加讀出邏輯的數量及誤差機率。同樣地，對

於四層單元 (QLC) [36, 37]，有 $2^4 = 16$ 的電壓分布。明顯地，爲了克服減小電壓界限的缺點，必須考慮多層單元技術的三個條件：

1. 精確控制寫入記憶體單元的電荷量：例如，讀取參考電壓 RV_2 的讀取範圍，會受到寫入狀態「00」的電壓 PV_2 與電壓 PV_1 及寫入狀態「01」分布寬度的影響。當以參考電壓 RV_2 讀取最低有效位元時，若狀態「01」過度寫入（如大的起始電壓或寬的分布），會導致錯誤資料。遞增式階梯脈衝寫入 (incremental step pulse programming, ISPP) 已被應用在快閃 NAND 記憶體上，使得其在過程及溫度變動狀況下，具有緊密起始電壓 V_T 分布，以維持快速寫入的性能 [38-40]。對於快閃 NAND 使用 FN 穿隧作爲寫入機制，以遞增式階梯脈衝寫入的閘極電壓 V_{pp} 變化圖，如圖 21a，對於每一寫入步驟，增加一個固定階梯差值 ΔV_{pp}，造成 ΔV_T 等於 ΔV_{pp}。因此，如圖 21b 所示，使用狹窄的階梯差值 ΔV_p，可得到一個緊密起始電壓分布的 MLC。

2. 精確的電壓或電流感測電路：爲了達到精確性量測寫入或抹除的電荷，需要一個精確方法感測浮動閘極的電荷。除了內部偏壓的精確度，如汲極及閘

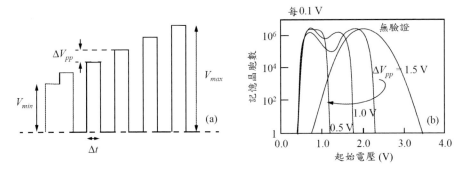

圖 21　(a) 階梯脈衝寫入的閘極電壓 V_{pp} (b) 有／無驗證的 16 M 位元記憶體寫入後的 V_T 分布圖，使用 (a) 圖中的脈衝長度爲 20 μs。（參考文獻 39）

極功率源,記憶體單元的製程控制也是重要的,因為百萬位元或兆位元密度的產品,表示產品具有十標準差變動 (tens-sigma variation) 的控制。再者,對於記憶體單元及邏輯電路而言,周圍的溫度是關鍵性因素,因此,使用參考記憶單元所產生的參考電壓可用來判斷資料狀態,使用在快閃 NOR 上,可以追蹤所有記憶體陣列單元的溫度及功率源。

3. 穩定的電荷維持或長的保存:儲存於浮動閘極的電荷被阻隔介電層與因為 Si-SiO$_2$ 能障的穿隧氧化層所保護。然而,因為在寫入、抹除及讀取的操作期間施加的高電場應力,會造成絕緣層的劣化,而漸漸減少能障。因此,應該要好好研究在不同的製程及操作條件下氧化層的損壞,以確保記憶體 V_T 值的穩定性[41-44]。除了良好的控制製程和保存模型的偏壓與溫度,新的演算法如錯誤更正碼 (ECC) 及可移動性讀取[45, 46] 都可以用於延長保存時間。可移動性讀取演算法已被提出用來補償資料保存時間的議題[45, 46]。

7.5.2 三維的結構

　　三維的積體電路 (3-D ICs) 已證明是改善半導體產品性能最有利的方法,因為可期待提升電晶體的密度數十倍,同時大幅改善速度。提出三維結構 (3-D structure) 的目的是為了增加記憶體單元數量及減少封裝記憶體單元的成本。有兩種不同的方法可用於三維的結構:多晶片堆疊 (multi-chip stacking) 及多層積體化 (multi-layer integration)。

三維的矽穿孔技術(Through-Silicon-Via(TSV) Technology)　矽穿孔是一個三維的封裝技術,其包括使用金屬填充穿孔及凸塊技術來垂直堆疊晶片。圖 22 顯示使用矽穿孔技術製作的 16- 晶片堆疊的快閃 NAND[47]。這種技術因為具有垂直的電極及導孔 (vias),其電子訊號可以通過半導體矽,並提供單一封裝矽晶片之間的相互連結。與先前所用的技術相比,會有雙倍資料傳輸速率,而在讀取和寫入操作期間減少一半的功率消耗。多晶片堆疊的主要優點是在已知的平面面積上增加記憶體密度,並有較彈性的設計規則,可用於已知的世代技術上。

　　如圖 23 所示，在封裝時有兩種用於連接堆疊晶粒 (dies) 的典型方法。圖 23a 顯示傳統的線接合技術，封裝時在一基板上連接多個晶粒，圖 23b 則爲 TSV 高密度及高速的應用，可以提供高速的資料輸入／輸出 (I/O)，並減少功率的消耗。TSV 是類似應用於印刷電路板上的穿洞技術。因爲傳統的接合連接方式必須連接在經過晶粒的周邊，所以較受限制，但是 TSV 連接方式能夠放置於晶粒上的任何地方，因而提供較彈性的放置位置及晶粒數量。圖 22 顯示一個使用 TSV 技術的實際產品，可以達到超過 1.0 Gbps 高速的輸入／輸出 (I/O)，在讀取和寫入操作期間大約可以減少 50% 的功率，因爲連接晶片之間的長度較短，所以能高速傳送資料。TSV 技術的缺點是會增加製程的成本。但因爲具有性能及功率的優點，所以使用多晶片堆疊封裝及更進一步結合多層積體化，可以持續降低成本[48-51]。使得 TSV 技術成爲一個頗富有吸引力的技術選項。

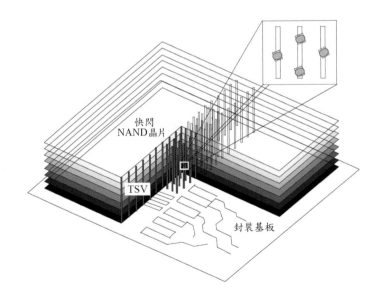

圖 22　16- 晶片三維結構的例子：使用矽穿孔多晶片堆疊的製作。與最新的快閃 NAND 技術相比較，新開發的元件可減少 50% 功率消耗。（參考文獻 47）

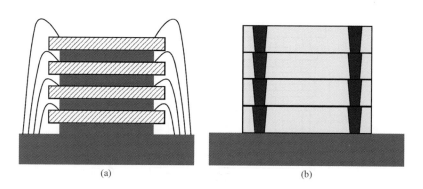

圖 23 對於訊號通訊 (a) 以金線連接所有堆疊晶粒在基板上 (b) 以矽穿孔 (TSV) 技術連接相鄰近的層與層間。

三維浮動閘極 NAND(3-D FG NAND) 對於多層積體化，圖 24 顯示三維浮動閘極 NAND 記憶體區塊 (memory block) 的橫截面透視圖 [49]。此記憶體晶片是 768 Gb、3 位元／單元、3-D 32 層的快閃記憶體，其設計規則是 45 nm 及晶片通孔配置 (chip footprint) 是 179 mm^2，因此平面內的記憶體密度是 4.29 Gb/mm^2。此 3-D 記憶體晶片的記憶體密度遠大於 128 Gb FG、2 位元／單元的 2-D 快閃記憶體， 2-D 設計規則是 16 nm 及相似的晶片通孔配置（記憶體密度只有 0.72 Gb/mm^2）。多層積體化與多晶片堆疊的優點相似，不同之處在於多層積體化還可以自動化的層對層對準，多晶片堆疊則需要非常精確地依據其密度晶片對晶片實際對準 [49, 52]。圖 25 為製作此種結構製造流程的示意圖。[53] 圖 25a 為開始製作結構先沉積形成多晶矽及 SiO$_2$ 堆疊交替的薄膜層，然後圖 25b 顯示蝕刻製作通過所有的薄膜層通道孔洞，再到下一個階段，以等向性蝕刻將暴露的多晶矽蝕刻成凹陷處，用來作為控制閘極 (CG)。如圖 25c，接著是沉積氧化層─氮化層─氧化層 (oxide-nitride-oxide, ONO) 的多晶矽層間介電層 (inter-poly dielectric, IPD)，再接著是另一道多晶矽沉積過程。然後，以異向性蝕刻移除過量的多晶矽，保留在凹陷處的多晶矽作為浮動閘極 (FG)。如圖 25d-f，然後沉積穿隧氧化層，接著是沉積通

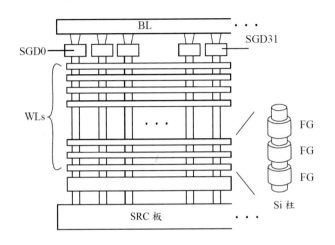

圖 24　3-D 的浮動閘極快閃 NAND 記憶體塊體多層積體的橫截面透視圖，右邊的結構是浮動閘極記憶體單元的放大圖。（參考文獻 49）

道多晶矽。製作浮動閘極元件的過程比製作簡單電荷捕獲元件是較複雜的，但並未顯示於圖 25。圖 25 的製作過程與其他的 3-D FG NAND 架構比較下，顯示其製作過程是極度地困難的。浮動閘極元件已知可以使用於許多世代的元件並具有完善的可靠度紀錄，因此，以浮動閘極爲基礎的 3-D NAND 結構的元件具有很多本質的優點。

　　然而，3-D FG NAND 架構有幾個缺點：第一、浮動閘極元件對穿隧氧化層的品質非常敏感，在此 3-D 的架構之中，穿隧氧化物無論沉積或成長形成於多晶矽表面，都不會與成長在基板上的結晶矽具有相同的品質。第二、在此一 3-D 結構（如圖 25）中的控制閘極沒有環繞於浮動閘極，以致無法產生高的閘極耦合比值 (GCR > 0.6)，但在 2-D NAND 架構是具有高閘極耦合比值的。第三、雖然圖 25 的製作流程未顯示垂直縱切面，但某些相似的結構用於凹陷控制閘極會減少陣列效率。最後一點是因爲控制閘極及浮動閘極以輻射狀方向對準，單元尺寸必須大到足夠用來調節浮動閘極，以及 *x-y*

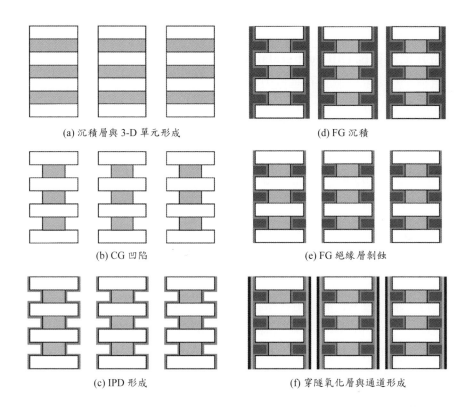

(a) 沉積層與 3-D 單元形成　　　　　　　(d) FG 沉積

(b) CG 凹陷　　　　　　　　　　　　　(e) FG 絕緣層剝蝕

(c) IPD 形成　　　　　　　　　　　　　(f) 穿隧氧化層與通道形成

圖 25　具有浮動閘極分隔結構的單元形成及其製作流程 (a) 先形成氧化層 / 多晶矽層，然後蝕刻所有薄膜層以形成通道孔洞 (b) 橫向反面蝕刻多晶矽 (c) 沉積 ONO、IPD 介電層 (d) 沉積多晶矽 (e) 隔絕蝕刻形成浮動閘極 (f) 沉積穿隧氧化層，接著沉積薄的通道，形成薄體的閘極環繞結構 (GAA) 元件。（參考文獻 53）

通孔配置所需額外的空間，其單元尺寸應該大於其他以電荷捕獲 (charge-trapping , CT) 為基礎的 3-D NAND 架構。

電荷捕獲型的三維 FG NAND (Charge-Trapping (CT) 3-D NAND)　電荷捕獲型元件有助於降低由 3-D FG NAND 本質所造成的問題，但不能解決極端的微縮議題（太少的電子），因此，CT 元件無法應用於二維的 NAND。然而，它們的簡單結構（沒有浮動閘極）及無穿隧氧化層缺陷，使得這些元件可以理想化地積體於三維的 NAND 架構，所以是目前主要用於製作三維的

NAND 方法。接下來將討論不同 CT NAND 的結構、操作、優點及缺點。

1. **位元成本微縮 (Bit cost scalable, BiCS)**：圖 26 顯示位元成本微縮的結構[54]。使用一個具有垂直方向（z- 方向）通道的環繞閘極 (gate-all-around, GAA) 元件取代平面的二維 NAND 元件。首先是交替性沉積氧化層及多晶矽層，其次切割一個經過所有薄膜層的通道孔洞；孔洞必須大到足夠調節穿隧氧化層與 ONO 阻隔 CT 層，以及薄的多晶矽通道層。孔洞的中央使用 SiO_2 密封，控制閘極是多晶矽薄層。與 2-D NAND 系列相類似，垂直 BL 串是由每一串末端的選擇元件 (selection device) 所控制。當堆疊多晶矽 / 氧化物薄層時，這些選擇元件是長通道元件，以平放厚的多晶矽層所製作的。BL 串底部末端連接到一埋源線 (buried source line)，連接到一水平鋪設的金屬位元線頂端。

每一水平的 WL 層是由樓梯狀接觸 (staircase contact) 的網絡而連結。在理論上，每一個樓梯狀接觸均需要一個分別的微影及蝕刻過程，因此，雖然所有在垂直 BL 串內的元件都能夠以微影及蝕刻技術製作，但閘極接觸製程仍然具有相當複雜性及昂貴的成本。為了減少製程的複雜性，本書下冊章

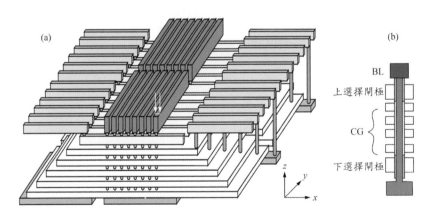

圖 26　NAND 的位元成本微縮 (BiCS) 堆疊的圖形，顯示「堆疊及打孔」的概念，在某些操作下，一個垂直 NAND 內的所有元件串。(a) 鳥瞰圖 (b) 一連串 BiCS 快閃記憶體的橫截面圖。（參考文獻 54）

節將再討論光阻修整方法 (photoresist trimming method)。BiCS 方法另一個困難的挑戰是製作源極接觸。在沉積通道多晶矽之前，埋源線先被 ONO 層覆蓋住；此外，通道必須接觸源線，這可以使用異向性蝕刻 ONO 來製作。雖然，異向性蝕刻僅用於移除底部的 ONO，但很容易損害未受保護的側壁 ONO，因為其作為穿隧氧化層，所以同時也會損害記憶體的可靠度。

為了避免 ONO 的損害，提出一種不同的結構以建構一個通過兩個 BL 的底部連結，並產生到頂部的源極接觸，因而稱為管狀的位元成本微縮 (pipe-shaped BiCS, PBiCS)[55]。建構底部通道連結是很複雜的，也會增加製程的成本。另一個問題是當製作 U 型轉彎後，在 BL 串上的元件數量會加倍，也會使串聯電阻值加倍而造成串聯電流 (string current) 減半。串聯電流減少會直接降低讀取速度。儘管如此，BiCS 仍是一個革命性的概念，可以增加記憶體密度及打破二維 NAND 的障礙。因此，在提出 BiCS 概念之後，也有許多新的三維 NAND 架構被提出，用於改善性能及解決缺點。

2. **兆位元單元陣列電晶體 (Terabit cell array transistor, TCAT)**：兆位元單元陣列電晶體是在最早的 BiCS 誕生兩年後被提出，TCAT 與 BiCS 兩者的本質架構相同，但閘極後的建構順序不同 [56]，如圖 27，TCAT 是先堆疊 SiN/SiO_2 層，取代 BiCS 先堆疊多晶矽氧化層。圖 27a 顯示，先在 SiN/SiO_2 堆疊層上打出一孔洞及使用多晶矽再填充 (refill)，然後再切割插槽 (slot)，圖 27b 即為選擇性的移除犧牲氮化矽層。在圖 27c，沉積 $SiO_2/SiN/SiO_2$ 介電質層，圖 27d 顯示沉積多晶矽（或金屬）閘極以形成 WL，圖 27e 蝕刻掉過量的多晶矽（或金屬），並且使用 SiO_2 再填充殘留的狹縫，然後在所有層蝕刻出通道孔洞，並在通道孔洞內沉積多晶矽。在通道孔洞被密封後，在整個的 SiN/SiO_2 堆疊層蝕刻出深的垂直狹縫，並藉由濕式化學蝕刻移除 SiN 層，化學品會進入這些狹縫中。接著，使用化學氣相沉積 (CVD) 或原子層沉積 (ALD) 等製程沉積形成 ONO 的薄層，此薄層是作為 CT 元件的穿隧氧化層、電荷捕獲層及阻隔氧化層。其次，在剩餘空的空間沉積多晶矽或金屬鎢以作為閘極電極。第二道垂直蝕刻則用於移除狹縫中殘留的多晶矽或金屬鎢，然後使用氧化物密封這些狹縫。

　　替代閘極 (replacement gate) 的製程是複雜的，但是它可以提供幾個優點。因爲它不需要蝕刻整個 ONO 層，所以可以忽視連結基板源線的困難度，也允許可使用金屬閘極，有助於減少字元線的 RC 延遲問題，因此可以提供較快的寫入／讀取速度。此外，因這種方法允許使用金屬閘極，相對地也容易連接金屬閘極和高介電 κ 值的阻隔層，有助於減少操作電壓。因爲 SiN/SiO$_2$ 堆疊僅含有絕緣體，蝕刻化學與蝕刻 DRAM 結構中深的接觸孔是相類似的。與原始 BiCS 結構的多晶矽／二氧化矽堆疊比較之下，其在蝕刻深度與高寬高孔洞比有顯著的優點。因此，氧化層與矽蝕刻複雜的化學性及相對選擇性等都是必須要考慮的議題。此外，TCAT 結構的重大缺點是需要額外垂直的狹縫空間，以用來蝕刻犧牲氮化層及再填充替代閘極，此一額外的空間會增加大約 20-30% 記憶體陣列的成本費用。

3. 三維垂直閘極 (3-D vertical gate, VG)：前述兩種架構及三維的浮動閘極 NAND 是 BiCS 的衍變結構，在垂直的位元線內使用以環繞閘極 (GAA)

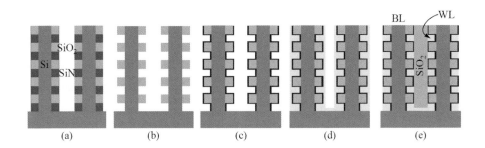

圖 27　兆位元單元陣列電晶體 (TCAT) 的製程：(a) 沉積 SiO$_2$/SiN 層及蝕刻通道孔洞，並使用通道材料再填充，未詳細顯示於此處的是通道材料，並非是固態多晶矽，而是以多層的材料形成薄的本體環繞閘極通道。(b) 蝕刻所有薄膜層通道之間深的狹縫，以濕式蝕刻移除犧牲 SiN 層。(c) 沉積穿隧氧化層、SiN 捕獲層及 ONO，高 κ 值的介電質可用於取代最後一層的阻絕層以降低操作電壓。(d) 沉積閘極材料鎢金屬（大部分）或多晶矽而形成 GAA 元件。(e) 等向性蝕刻移除殘留的鎢金屬（或多晶矽），以 SiO$_2$ 而填充殘留的狹縫。（參考文獻 56）

為基礎的元件：它也可使用平面型的元件在水平的位元線內建構三維的
NAND。如圖 28，可以藉由一層疊一層來達成鋪設多層的水平位元線串，
然後用垂直的字元線連結 [57]。在圖 28 的結構中，元件是一雙重閘極的平
面型電荷捕獲 (CT) 元件 [58, 59]。這種架構的位元線串是在 x- 方向，但是有
許多平行的位元線在 y- 與 z- 兩個方向，對位元線選擇是極富挑戰性，可
以島狀閘極 (island gate) 來達成位元線選擇，島狀閘極能夠定址在 y- 軸
上，並以個別獨立地連接到每一層以達成 z- 層的選擇。製作此結構，首
先將位元線圖案化及蝕刻成長刀狀，填入 ONO 及多晶矽閘極材料在位元
線之間的溝槽 (trenches) 內，然後進行第二道微影及蝕刻製程以定義字元
線。這種架構的優點是元件簡單，不會像 GAA 架構一樣有強烈的幾何限
制，因此，它能夠把 x-y 通孔配置縮小到明顯低於 GAA 架構所需的通孔
配置。

圖 29 為比較 GAA 及垂直閘極 (vertical gate, VG)[60] 架構的單元尺寸
及潛在的 x-y 微縮限制 (scaling limit)。有可能因 4F^2 單元尺寸具有在 2X

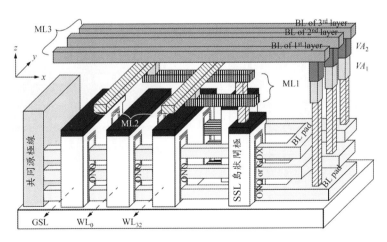

圖 28 一個具水平通道、垂直閘極的 3-D NAND，使用一雙閘極平面元件及一個「島
狀閘極」串選擇線 (string select line, SSL) 的解碼方法。（參考文獻 59）

nm(20-29 nm) 特徵尺寸 F，此結構與 GAA 為基礎的結構比較，將大大地減少 x-y 通孔配置。減少 x-y 通孔最直接的結果是，必須配置少數的三維層 (3-D layers) 以使成本減少到低於二維 NAND，這增加了許多可堆疊更多層的頂部空間，因此可以延長此架構的耐用年限。垂直的通道元件有兩個缺點： (1) 必須在 x- 方向及 y- 方向均容納兩倍的 ONO 厚度；(2) 在串選擇線 (string select line, SSL) 的邊緣及通道孔洞間需要一個著陸規則。因此，具有平面單元的架構享有一較小的單元。此外，對於量產而言，所用的單元尺寸遠大於最小值。對 GAA 元件，孔洞曲率所造成的電場增強會限制孔洞尺寸至大於最小值的 2X nm，如圖 29。對於平面單元，困難點是維持機械的穩定度，同時放大 x- 與 y- 的間距 (pitch)。

　　無論如何，這方法存在一些重大的挑戰性。若多晶矽本體太厚（正好類似 GAA)，雙閘極元件的性能就不佳，因此，位元線必須是薄的，如 2X nm 或更小的。不僅如此，這些薄的位元線是經由蝕刻高而長的多晶矽 / SiO₂ 線而形成的，這些線看起來像刮鬍刀片 (razor blade)。這些高而薄的刀片會因為受到內應力及靜電力而造成坍塌或扭曲。因此，在較

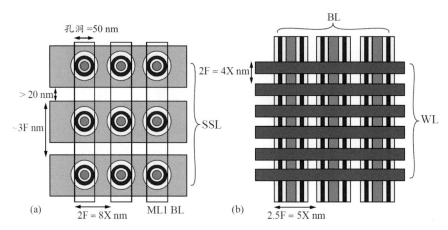

圖 29　最小的單元尺寸比較 (a) 環繞閘極 (GAA) 為基礎的垂直通道架構 (b) 平面單元垂直閘極架構。注意，(a) 及 (b) 的最小單元大約是 4X nm 6F² 及 2X nm 5F²。（參考文獻 60）

高的堆疊數量時，維持其機械性的穩定度是相當具挑戰性的。這可以經由微影－蝕刻－微影－蝕刻 (litho-etch-litho-etch, LELE) 的方法來補救，可使刀片厚度增加三倍。因為刀片的彎曲 (blade bending) 會與其厚度的三次方成反比， LELE 是可以增加機械穩定度的有效方法，但也會增加製程的複雜性及成本。更甚者，若蝕刻輪廓輕微地受到前段製程的影響，多晶矽殘留物會在垂直層之間形成架橋，並破壞生產良率。除了位元線本身機械性的穩定度外，用於蝕刻過程的硬質光罩材料並不易找到，因為它的機械穩定性更差。

機械性穩定度問題可採用反轉製程順序來緩解，這與 TCAT 製程有某些相類似，雖然這方法具有許多的優點，但是與 BiCS 架構比較其製程仍然有需要克服的挑戰性。無論如何，小的 x-y 通孔配置仍具獨特性，可以提供未來微縮的應用潛力。由於位元線是水平的並且排列於 y- 與 z- 兩個方向，解碼位元線 (decoding BL)（選擇特定的位元線）是有挑戰性的，因為接觸位元線僅能夠垂直地經過 z- 方向製作。然而，不同的解決方案已經被提出來 [57,59,61]，圖 28 即是一個範例。

4. **單一閘極垂直通道 (Single gate vertical channel, SGVC)**：近年來，有一種有趣的平面單元三維 NAND 架構出現 [62]。也就是如圖 30 所示的單一閘極垂直通道架構，我們可以視為將一個 GAA 單元分為兩個，再擴展每一

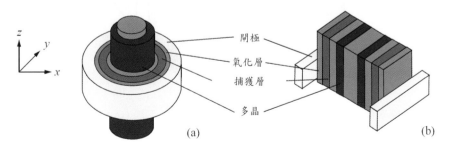

圖 30　(a) 環繞閘極 (GAA) (b) 單一閘極垂直通道 (SGVC)CT 元件的示意圖。請注意示意圖 (b) 是二個單一閘極超薄本體絕緣層上覆矽 (UTB SOI) 平面元件。

個 GAA 單元為一平面單元，每個單元由一個閘極來控制，如圖 30b。此新架構的好處是它可在 GAA 單元的相同的 *x-y* 通孔配置，調節兩個獨立可控制的實體元件，而不需要添加新的薄膜層或接觸結構，因此可以增加雙倍記憶體密度，還可享有無彎曲平面的單元及超薄本體絕緣層上覆矽 (ultra-thin body silicon on insulator, UTB SOI) 的性能，加上雙倍的密度容量。單一閘極垂直通道單元快閃 3-D 快閃 NAND 的另一項優點是具微縮 *x-y* 通孔配置的能力。與 GAA 不同的，SGVC 3-D 快閃 NAND 元件會受限於孔洞曲率的影響而引發干擾，平面單元僅受限於單一方向上 ONO 厚度的影響。因此，此一架構類似 VG 結構，是具有潛力的超高密度元件，也因為此本質，所以 SGVC 3-D 快閃 NAND 元件的製造流程與垂直的閘極相類似，而不是 BiCS 製程方法。具有平面單元的 SGVC 元件，對於蝕刻變化性較不敏感，這點則與 GAA 架構相似。圖 31 為比較 GAA 元件與平面單元元件，由頂部至底部的差異性。

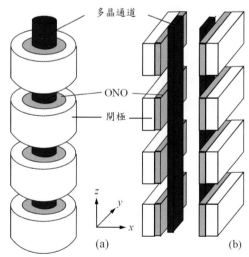

圖 31　四層的 (a) GAA 元件 (b)SGVC CT 元件的說明圖。若將 GAA 元件切割成兩片，加以擴展並移除曲率，可以得到兩個 UTB SOI 平面，用於 SGVC 架構。由於曲率效應，GAA 元件對通道孔洞臨界尺寸製程變化相當敏感。對於 SGVC 元件，因為 ONO 及通道維持平面，即使是非理想性垂直的蝕刻，也可以實現最小的特性變化。（參考文獻 62, 63）

　　圖 32 顯示，實際上八層三維陣列的電子量測數據，對於所有的薄膜層都非常一致 [62, 63]。儘管製造 SGVC 的流程與 VG 看似相同，但少許的差異將使得此架構更容易實現。VG 元件不是一個完全空乏的 UTB SOI 元件；因此，若要雙閘極元件有好的性能，需要薄的位元線，如 2X nm 或更小。雖然具有機械的不穩定度，當 SGVC 沉積薄的通道，可以實現一個完全空乏 UTB SOI 元件，此架構不使用任何犧牲材料，如使用於兆位元單元陣列電晶體 (TCAT) 上一樣，因此，與 BiCS 比較，SGVC 具有較好的陣列效率，因為二個實體的位元能夠在一個 x-y 單元通孔配置空間進行調節。與 GAA 基礎的架構比較，SGVC 架構僅需要 1/2 的層數就可以產生相同的記憶體密度。

　　一個用於 U- 反轉結構的 SGVC 3-D 快閃 NAND 的製造流程已被提出 [62,63]，然而，U- 反轉位元線串 (U-turn BL string) 被認為是不可取的，因為這樣的架構在元件上通常會有雙倍的串列，而導致更高的串列電阻、較

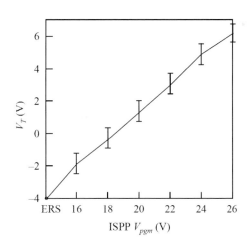

圖 32　八層單一閘極垂直通道三維快閃 NAND 元件，所有位元在 16 位元的位元線串的寫入性能，ERS 是事件關連的同步性 (event-related synchronization)。在增量階躍脈波寫入（ISPP）操作期間，對於元件在所有層內 V_T 變化值以及每一位元停留是非常緊密的。（參考文獻 62, 63）

低的讀取電流及較慢的操作速度。對於 SGVC，僅有一半的垂直層，元件內位元線串的總數量不變，所以不會受到低讀取電流的影響。在相同維度下，SGVC 通道寬度是 GAA 元件的三分之一。在理論上，平面單元元件只會產生大約三分之一的讀取電流，但可以由高電子移動率而得到補償。藉由一系列的優先策略，薄的多晶矽通道在高溫進行退火，因此，移動率及 ONO 可靠度持續得到改善。理論上，BiCS 也能夠採用一系列的優先策略，但對 TCAT 來說，因爲以金屬閘極取代操作，所以不易使用同樣的優先策略。這是因爲 GAA 有大的通道寬度來調節較多的電子，以達到多層單元 (MLC) 及三層單元 (TLC) 大的記憶範圍。GAA 及 SGVC 均面臨沿著 z- 方向嚴重的干擾，此外，SGVC 也受到來自 x-y 方向附近的干擾。整體上，GAA 的電特性是優於 SGVC，但是成本較高、微縮度較差。雖然三維快閃 NAND 早在 2014 年已作爲商業應用，但它每 GB(gigabyte) 需要相對較高的儲存成本，限制其應用於高性能市場，如固態硬碟 (solid-state drive, SSD)。由於其獨特的架構，三維快閃 NAND 必須面臨幾個挑戰以繼續增加密度。一般而言，並沒有限制可以堆疊多少層，更準確地說，要達到較高密度結構，但不會增加成本便是解決之道。因此，持續創新可能是持續增加記憶體密度的關鍵。

7.6 應用與尺寸微縮挑戰

　　FGM 具有非揮發性 (nonvolatility)、系統內可重寫性 (in-system rewritability)、堅固性、高密度、低功率消耗、小形狀因子 (form factor) 及對於 CMOS 製程技術可相容性等獨特性的組合。自 1990 年，FGM 提供長期的資訊儲存，使所有電子系統的創新成爲可能。圖 33 顯示自 1985 年起預測到 2025 年每一 GB(gigabyte) 硬碟 (hard disk drive, HDD) 及快閃 NAND 所需的成本[12]。我們注意到，快閃 NAND 的成本已經由 1987 年的 600,000 美元／GB（256 kb 單層單元） 快速地降低到 2016 年大約 0.2 美元／GB （128 GB 多層單元），以及期待至 2025 年能跌落到 0.02 美元／GB。雖然

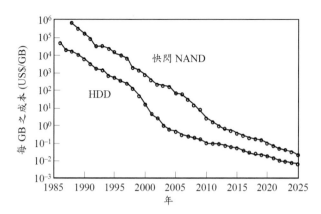

圖 33　從 1985 年起預測至 2025 年 HDD 及快閃 NAND 每 GB 的價格。至 2025 年快閃 NAND 價格將跌落至 0.02 美元 / GB。（參考文獻 12）

硬碟 (HDD) 的成本仍然是較低於快閃 NAND 爲基礎的固態硬碟 (solid-state drive, SSD)，但是在這樣的價格水準下，SSD 變得很具有吸引力，可望取代 HDD 在超薄筆記型電腦、大數據、雲端計算、數位存檔等應用上。

　　目前，全世界已有數十億個的電子系統以非揮發性半導體記憶體 (NVSM) 爲基礎。含有 NVSM 電子系統對總電子系統的比率稱爲滲透率 (penetration rate)，顯示於圖 34。[64] 自從 2014 年以來，滲透速率已是 100%：這意味著每一個現代化電子元件系統若要具有一最小的能力（寫入與 / 或重寫能力），需要以 NVSM 來執行它的功能，作爲一獨立的非揮發性記憶體 (standalone NVM) 或嵌入式記憶體 (embedded memory) 在系統核心的晶片上。圖 35 顯示十個 FGM 在電子工業上重要的應用，應用範圍從電腦、通訊到消費性產品[65]。目前，行動電話、個人電腦及數位電視是全世界銷售量前三名的項目，而物聯網、無線網路及平板電腦是年成長率前三名的項目。圖 36 顯示某些選擇性電子系統的年生產量[12]。然而，過去四分之一世紀，手機年產量快速增加了三百六十倍，換言之，從 1990 年五億支到 2016 年已超過十八億支。另外需要注意的是，過去幾年數位照相機產量減少，是因爲所有智慧型手機內建相機。浮動閘極記憶體 (FGM) 技術的應用

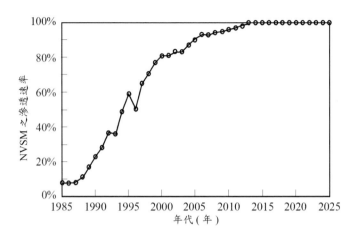

圖 34 從 1985 年起預測至 2025 年，非揮發性半導體記憶體 (NVSM) 在電子工業的滲透率。在 2013 年之後，滲透速率是 100%，換言之，每一個現代電子元件系統內均有 NVSM。（參考文獻 64）

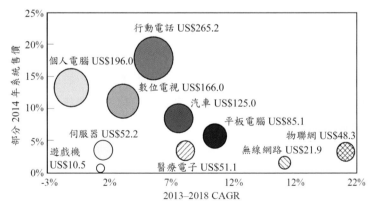

圖 35 以銷售量及成長率來表示（銷售容量在數十兆美元）浮動閘極記憶體 (FGM) 在電子工業中的前十大應用，其中的 CAGR(compound annual growth rate) 意指綜合年成長率。（參考文獻 65）

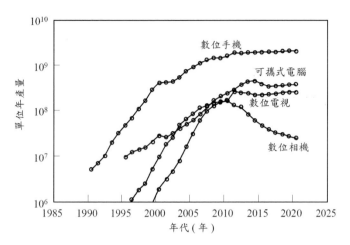

圖 36 選擇性電子系統的年度生產量。（參考文獻 12）

範圍很廣，可以應用於許多其他的工業上：

1. 自動化 (Automation)：雷射印表機、噴墨印表機、影印機、3-D 印表機、伺服控制及馬達控制。

2. 汽車：全球定位系統 (GPS)、防鎖死煞車系統 (ABS)、電子平衡系統、氣囊控制、電力傳動控制、自動駕駛及無人自駕車。

3. 商業：智慧 IC 卡、電子自動收費系統、條碼讀取機 (bar code reader)。

4. 健康照護：可穿戴式的醫療系統、植入式律節器 (implantable pacemaker)、心臟電擊去顫器 (defibrillator)、生物醫學系統晶片、達文西手術系統 (deVinci robot)、可攜式核磁共振影像機 (portable MRI machine) 及心電監護儀 (EKG monitor)。

5. 家電用品：微波爐、洗衣機、電冰箱及冷氣機。

　　展望未來，有許多新興的浮動閘極記憶體啟發性的應用，將更進一步改善我們日常生活的品質，如：

1. 健康照護 (Health care)：包括預測性 (predictive)、預防性 (preventive)、個性化 (personalized)、參與性 (participatory) 等 4P，用於醫療處理以挽救生命及保持健康。

2. 機械人技術 (Robotics)：各種不同感測器的結合計算能量以執行大量工作。

3. 資訊技術 (Information technology)：雲端計算、大數據、物聯網 (IoT)。

4. 環境保護 (Environmental protection)：在汽車上應用以 FGM 為基礎的微控制器，以減少二氧化碳排放量及燃料消耗量。

5. 節能 (Energy conservation)：將以 FGM 為基礎的微控制器應用於智慧建築物，以減少電力的使用。

　　在圖 37 中，較低的曲線顯示從 1995 年起預測至 2025 年，二維浮動閘極記憶體單元半線寬 (half pitch)[66] 減少的趨勢圖。此外，半線寬從 1995 年的 360 nm 快速地減少至 2018 年的 12 nm，元件維度的持續減少已經產生許多微縮挑戰性。對於十奈米 (deca-nanometer)（即次 100 奈米）時代微縮挑戰包含有[67]：

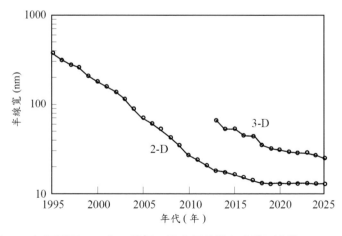

圖 37　從 1995 年預測至 2025 年二維及三維非揮發性半導體記憶體 (NVSM) 的半線寬減少趨勢圖。在 2025 年，二維與三維元件半線寬將分別是 12 nm 與 25 nm。（參考文獻 66）

1. 保存 (retention) （即有能力保存資料十至二十年，可以參看 7.2 節）穿隧氧化層需要 6-7 nm 厚度。此種需求使其難以改善寫入／抹除速度或減少施加電壓。

2. 在高電場的寫入及抹除操作期間，穿隧氧化層產生的缺陷及電荷捕獲限制了耐久性 (endurance) （即一個記憶體元件能執行的寫入／抹除循環的次數）。通常單層單元與多層單元 (2 bits/cell) 快閃記憶體，其耐久性分別是 10^5-10^6 循環及 10^3-10^4 循環。

3. 鄰近單元的干擾 (interference) 會造成單元對單元的串音干擾 (cross talk)、起始電壓偏移 ΔV_T （參閱 7.2 節）及減少記憶體視窗容限。

4. 當單元與單元之間的間距減少時，由於寄生電容而導致耦合比值 (coupling ratio) （即控制閘極及浮動閘極之間電容及與總電容之間的比值）降低。

5. 在浮動閘極的電子數減少。當閘極長度為 20 nm，在浮動閘極內大約僅有五十個電子，電荷損失容許值大約是五個電子。當閘極長度為 12 nm，在浮動閘極內大約僅有十五個電子；所以每減少一個電子都會造成起始電壓重大的變化。

6. 介電質的漏電 (dielectric leakage) 會造成資料保存的問題（參閱第四章及下冊第九章）。

7. 由於本質參數變動造成的變異（參閱 6.4.5 節）如：隨機摻質波動、隨機介面缺陷及功函數波動，以及製程變動效應如：線邊緣粗糙度及線寬變化，都將會影響元件的電子特性及可靠度。

8. 隨機電報雜訊 (random telegraph noise, RTN) 是因為接近基板表面的單一穿隧氧化層缺陷捕獲及發射通道電子。隨機電報雜訊會造成汲極電流變動及起始電壓的位移。

$$\Delta V_T = q\left(\frac{1}{C_{FS}} + \frac{1}{C_{FC}}\right) \tag{20}$$

其中的 q 是單位電子帶電量，C_{FS} 是浮動閘極 / 基板之間的電容值，及 C_{FC} 是浮動閘極 / 控制閘極之間的電容值。當元件面積減少，會降低 C_{FS} 及 C_{FC} 而造成大的起始電壓位移，進而影響讀出操作。

9. 因爲短通道效應，造成設定閘極氧化層的下限 (lower bound) 長度的限制。

　　爲了解決或最小化這些微縮的挑戰性議題，有許多電路創新技術被提出來，包含誤差修正電路 (error correction circuit, ECC)、平行 / 陰影寫入 (parallel/shadow programming)、損耗平均管理 (wear-leveling management)、數據壓縮方案 (data compression scheme) 及 ISPP 使用一個智慧演算法可以縮小起始電壓 V_T 的分布。然而，即使有這些電路的創新，二維設計最小的半線寬 (half pitch) 估算是 12 nm。低於 12 nm 以下，所有的二維設計會遭遇到嚴重的可靠度及變化性的問題 [66]。如同在第 7.5 節所提到的，藉由採用三維多晶片堆疊或多層積體化等技術，可以明顯地增加記憶體密度及放鬆其設計規則。如圖 37 的上方曲線所示，2013 年開始大量生產三維設計的記憶體晶片，晶片具有半線寬是 64 nm。2017 年減少至 45 nm，到了 2025 年將減少至 25 nm。在另一方面，堆疊的晶片或層的數量，從 2013 年的 16-32，增加至 2017 年的 32-64，甚至可望於 2025 年到 96-192，預計在 2025 年會有 4Tb(4×10^{12} bits) 記憶容量的三維記憶體晶片 (3-D memory chips)。

　　圖 14 顯示三個主要的非揮發性半導體記憶體 (NVSM) 產品，我們預測，未來 EEPROM、快閃 NOR、快閃 NAND 的主導單元型式仍是浮動閘極記憶體 (FGM)。然而，在 2017 年之後，對於超高密度 3D 快閃 NAND ($\geq$ 516 Gb)，主導性的單元型式將會是電荷補獲型記憶體 (CTM)，這是在第 7.4.2 節所考量的浮動閘極記憶體極限的情況。主要的理由是電荷補獲型記憶體不會有由於浮動閘極的存在，而需要大的三維支柱 (3-D pillar) （如圖 24）。因此，在三維的設計上，電荷補獲型記憶體 (CTM) 具有高的微縮性。雖然不同的非揮發性半導體記憶體元件性能已經獲得改善，但是在 NVSM 及 DRAM 之間仍然存在大的性能差距，如圖 38。2008 年，提出的儲存級

記憶體 (Storage-Class Memory, SCM)[68] 是一非揮發的位元存取隨機存取記憶體 (RAM)。不同的新興記憶體元件被提出來，填補此性能差距，如可變電阻式隨機存取記憶體 (Resistive Random-Access Memory, RRAM)、相變化隨機存取記憶體 (Phase Change Random-Access Memory, PCRAM) 及自旋轉移矩磁阻式隨機存取記憶體 (Spin-Transfer Torque magnitude random-access memory, STT-MRAM)。[69] 我們將於下一節中討論這些新興的記憶體元件。

7.7 替代性結構

在過去的五十年，提出許多無電荷儲存的非揮發性記憶體結構，有助於克服微縮的挑戰性議題。此外，電子工業是需持續研究理想記憶體或稱為統一記憶體 (unified memory)，統一記憶體能夠同時地滿足高速、高密度及非揮發性（如圖 38）三個基本要求。在現階段，這樣的記憶體尚未被開發出來，對於浮動閘極記憶體或電荷補獲型記憶體，它具有高密度及非揮發性，但是寫入 / 抹除的速度是相對低的（微秒 (μs) 的等級）。DRAM 具有高速 (≈ 10 ns) 及相當高的密度，但是它是可揮發性的。SRAM 具有很高的速度 (≈

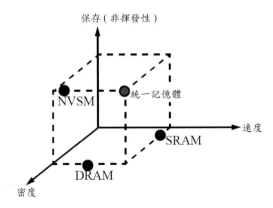

圖 38　統一記憶體具有高速、高密度及非揮發性（亦是高的保存時間）。這種記憶體尚未開發出來。圖中顯示三種現存記憶體元件具有關鍵性的貢獻度。

5 ns)，但它是很低的密度及可揮發性。對於統一記憶體而言，已提出許多非揮發性記憶體 (NVM)，以下是一些有潛力的候選者。

- 鐵電隨機存取記憶體 (Ferroelectric RAM, FeRAM) 是基於鈣鈦礦型 (perovskite materials) 材料剩餘極化 (remnant polarization) [70]。

- 相變化隨機存取記憶體 (Phase Change Random-Access Memory, PCRAM) 是基於硫化物玻璃 (chalcogenide glass) 的非晶態及結晶態之間可逆性相轉換，可以經由加熱及冷卻玻璃達成 [71]。

- 可變電阻式隨機存取記憶體 (Resistive Random-Access Memory, RRAM) 是基於隨著施加電場，其電阻值會產生變化。電阻切換開關從低電阻到高電阻，或已經發現另一種方法，如鈦酸鉛鋯 (lead zirconium titanate, PZT，$Pb[Zr_xTi_{1-x}]O_3$ ($0 \leq x \leq 1$)) 及氧化鉭 (Ta_2O_5)[72] 材料。

- 自旋轉移矩磁阻式隨機存取記憶體 (spin-transfer torque magnitude random-access memory, STT-MRAM) 是基於自旋極化可以用於 MRAM 單元內控制各層磁場的方向。[73]

7.7.1 鐵電隨機存取記憶體

如圖 39a 所示，鐵電質材料顯示了一個遲滯迴路 (hysteresis loop)，其中極化會隨著施加電壓或電場而改變。極化是由單元胞 (unit cell) 內離子運動造成，它保持在單元胞兩邊的兩個穩定狀態，該極化會進一步導致電極上的影像電荷 (image charge)，可以感測為數位「0」及「1」的狀態。最常用的鐵電質材料是鈦酸鉛鋯 (lead zirconium titanate)，因為退火溫度夠低，並能與傳統的矽製程相容，也稱為 PZT。最近，已經證明氧化鉿 (hafnium oxide, HfO_2) 系統材料的鐵電性 (ferroelectricity)，由於其與 CMOS 製程的相容性及高的微縮性 (scalability)[74-78]，大大擴展了對於解決鐵電性記憶體問題材料的選擇性。

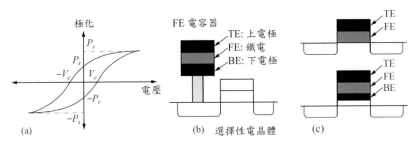

圖 39 (a) 鐵電性材料的遲滯迴路 (hysteresis loop) (b) 具有一個選擇性電晶體的鐵電電
容器 (c) 單電晶體等兩種主要的鐵電隨機存取記憶體單元架構。（參考文獻 70
及 80）

切換極化的電壓在 1-3 V 的範圍內，與鐵電質的厚度成正比，且切換時
間是在十個奈米秒等級，耐久性達到 10^{12}。因此，與 FGM 比較之下，鐵電
性記憶體具有低功率和電壓、寫入時間快及超高耐久性等優點。鐵電隨機存
取記憶體 (Ferroelectric RAM，FeRAM/FRAM) 有兩個主要的架構，如圖 39b
及 c。第一個使用一個鐵電電容器 (ferroelectric capacitor) 連接一個選擇性電
晶體 (1T/1C)[79]。第二個使用一個單電晶體 (1T)，其中以鐵電性材料取代過
渡閘極的介電質[70, 80]。對於 1T/1C 架構的記憶體單元[79, 81]，單元存取 (access)
資料是藉由提升字元線的電壓來開啟選擇電晶體；與此同時，鐵電電容器的
一端連接到板線 (plate line, PL)，另一端通過選擇電晶體連接到位元線，如
圖 40a。寫入操作的時序圖 (timing diagram) 顯示於圖 40b。在記憶體單元寫
入「1」，字元線電壓會提升到 $V_{DD} + V_T$，其中 V_T 是選擇電晶體的起始電壓
[82]，當位元線 (BL) 施加偏壓 V_{DD}，會傳送電壓 V_{DD} 在鐵電性電容器上。然後，
PL 具有 V_{DD} 脈衝，依據圖 40a 中的電壓傳送，便會在鐵電電容器中形成有效
的負電壓，而會切換到負的極化，並與最初的狀態無關，如圖 40c。

在記憶體單元寫入「0」狀態，BL 維持在 0 V，而 WL 及 PL 具相同的
波形，其與寫入「1」狀態類似，如圖 40b。鐵電性技術的最大挑戰是將鐵
電性的薄膜層整合入標準的 CMOS 製程中。氫在製程中會劣化極化的特性，
所以需要一個特殊的能障層用於隔離氫[83-86]。此外，從 1T/1C 單元讀取「1」

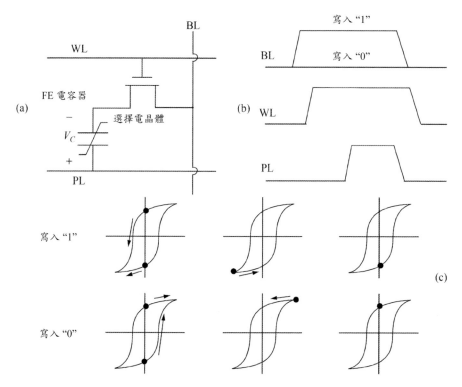

圖 40　(a) 鐵電性一電晶體 / 一電容器 (1T/1C) 架構圖 (b) 寫入操作的時序圖 (c) 當寫入
　　　「1」或「0」操作時，記憶體單元狀態的切換順序。極化的初始狀態不影響寫
　　　入操作。

或「0」數據，BL 必須預充電到 0 V 以維持在高阻抗情況下，然後 WL 被
選擇及施加 V_{DD} 於 PL 上。藉由施加電壓於鐵電電容器上，可以從 1T/1C 單
元中讀出數據。

7.7.2 相變化隨機存取記憶體

　　相變化隨機存取記憶體 (Phase Change Random-Access Memory,
PCRAM) 是基於硫化物玻璃 (chalcogenide glass) 的非晶態與結晶態之間的
可逆性相轉換，如圖 41a[87-92]。非晶態（重新設定狀態）具有高的電阻，而
結晶態（設定狀態）具有低的電阻，電阻的差異性可以感測數位「0」及

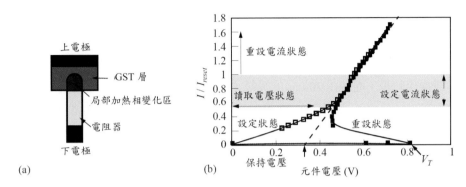

圖 41　相變化隨機存取記憶體 (a) 單元的橫截面示意圖 (b) 電流－電壓 (I–V) 特性圖。
（參考文獻 87）

「1」狀態。最常用的硫化物玻璃是鍺銻碲合金 (GeSbTe alloys)[93, 94]，也稱爲 GST，GST 合金在光碟片 CD/DVD 的應用上，已有廣泛探討其組成與性能的相依性 [95]。GST 合金以三明治方式夾在兩電極之間，並以柱狀電阻材料作爲加熱器 (heater)。針對加熱器的設計，不僅要在靠近附有 GST 層的介面以有效地產生溫度，完美控制 GST 層的相變化，並且必須使熱擴散最小化，以避免干擾在記憶體陣列中鄰近 GST 的其他層。

　　圖 41b 顯示遲滯電流－電壓曲線圖，說明在高電阻重設 (reset) 狀態（實體符號）及低電阻設定 (set) 狀態（空心符號）間的切換關係。在重設狀態的單元，電壓值必須要大於起始電壓 V_T，用來觸發電子的傳導，電流位準 (current level) 在設定範圍內以修正材料結構及切換至設定狀態，因爲焦耳加熱效應溫度增加，會造成結晶化溫度提高，而影響材料結構。在另一方面，對於在設定狀態的單元，需要較大的電流位準（重設電流區），用來增高溫度到熔融溫度，以切換至重設狀態。因此，在設定及重設狀態之間的切換，GST 層內局部溫度增加，在高於結晶化溫度時，晶體會成核及成長，導致 GST 層變成結晶。將 GST 層烘烤成非晶質狀態，溫度必須拉高至大於熔融溫度，然後再快速焠火以避免結晶成核，接著藉由低的偏壓或電流位準，以偵測此狀態的電阻值，而讀出單元的狀態。

　　對於重設操作，電流／電壓脈衝通常是在 20-50 ns 等級，關鍵因子大約 2 ns 的快速脈衝拖尾 (tailing of pulse)，當焦耳加熱達到熔融溫度時，將 GST 合金層焠火成非晶質相。在另一方面，對於設定操作，其電流／電壓脈衝比重設操作較長，通常在 200 ns 的等級，以有足夠的時間使結晶成核及成長。讀取延遲 (read latency) 是在 30-50 ns 的等級，這是與 DRAM 及快閃 NOR 比較，以區分電阻的差異性，由於寫入操作需要高的電流來提升局部溫度，特別是對於重設脈衝，對於 PCRAM 技術的挑戰是減少交換電流或功率，這在很大程度取決於硫化物玻璃的 3-D 結構，並隨著面積的增加而減少 [89, 96]。圖 42a、b 及 c 顯示 PCRAM 的三個主要架構。GST 記憶體單元分別被選擇用在 (1T/1R) 電晶體 [97, 98]、雙極性電晶體 [99, 100] 或 p-n 二極體 [101, 102] 上。由於 PCRAM 重設電流大，相對於 GST 記憶體單元，MOSFET 選擇器需要大的元件寬度。因為較簡單的設計、低的密度及低的漏電等，所以 MOSFET- 精選 GST 記憶體大多使用於嵌入式的應用。在另一方面，對於 GST 記憶體可使用雙極性電晶體或二極體選擇器達成高電流密度。雙極性電晶體精選 GST 記憶體單元的好處是保護區有較小單元尺寸 4-6 F^2，以及可用於獨立非揮發性記憶體之應用。二極體精選的 GST 記憶體單元具有最小的單元尺寸及可使用於高密度的非揮發性記憶體或儲存類的記憶體。

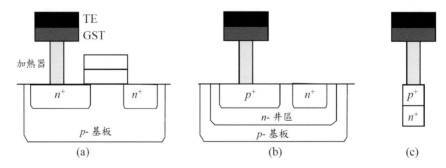

圖 42　相變化隨機存取記憶體 (PCRAM) 三種主要的單元架構：GST 材料選擇用在 (a) 金氧半場效電晶體 (b) 雙極性電晶體 (c) p-n 二極體。（參考文獻 97、99 及 101）

7.7.3 可變電阻式記憶體

電阻式或可變電阻式隨機存取記憶體 (resistive random-access memory, ReRAM, RRAM) 是一般記憶體的概念，數據資訊儲存在單元的電阻值內，與 7.7.2 節描述 PCRAM 相似，電阻的切換機制包含在記憶體單元的還原及氧化反應。從有機到無機材料等不同種類的材料均被用於 ReRAM，描述電阻變化的不同切換機制已經被提出來，如表 1 所示 [103]。ReRAM 有三種不同形式：

1. 價電子變化記憶體 (Valence change memory, VCM)，也稱為氧化物基電阻式記憶體 (oxide-based resistive memory, OxRAM)。VCM 是基於介電層電場及氧化一還原反應驅動的氧空位移動，陽離子 (cation) 的價電數變化以改變電子的導電度 [104]。美國惠普公司 (Hewlett-Packard) 的研究團隊提出以二氧化鈦為基礎的記憶電阻器 (memristor) 元件 [105, 106]，也是屬於相同種類的材料 [107]。氧化物電阻式記憶體顯示某些具吸引力的特徵 [108]，如切換速度快 (<10 ns)[109]、耐久性高 (10^{11} 次循環）[110]、高微縮性 [111] 及高密度 [112]。

2. 電化學金屬化記憶體 (Electrochemical metallization memory, ECM)，也稱為傳導橋的隨機存取記憶體 (conducting-bridge random access memory，CBRAM)。電化學的金屬化記憶體 (ECM) 主要基於電化學活性金屬，如銀或銅利用電化學的氧化反應從金屬覆蓋層（例如：Ag to Ag^+）、金屬離子漂移在離子傳導層，在對向電極發生還原反應 (counter electrode)[113, 114]。金屬的成長形成高導電絲 (conductive filament)。

3. 熱化學記憶體 (Thermos-chemical Memory, TCM)。此一類型記憶體是基於溫度梯度會驅動離子的擴散，可在導電絲及周邊的材料之間持續氧化還原反應 [115]。

表 1　可變電阻式記憶體 (ReRAM) 以切換機制的分類（參考文獻 103）

型態	價電子變化記憶體 VCM		電化學金屬化 記憶體 ECM	熱化學記憶體 TCM
切換機制	氧空位移動耦合氧化還原反應，也稱氧化物基電阻式記憶體 (OxRAM)		金屬離子移動耦合氧化還原反應，也稱傳導橋機存取記憶體。(CBRAM)	溫度梯度引發擴散耦合氧化還原反應
切換模式	雙極性		雙極性	雙極性
切換途徑	絲狀	介面	絲狀	絲狀
常用材料	TaO_x, HfO_x, TiO_x, ZnO	$Pr_{0.7}Ca_{0.3}MnO_3$ (PCMO), $SrTiO_3$	Ag, Cu 陽極 , GeS, GeSe, SiO_2, WO_3	NiO, CuO, ZrO, TiO_x

　　圖 43 說明可變電阻式記憶體 (ReRAM) 的基本操作。藉由施加一個電壓脈衝，處於高電阻狀態 (high-resistance state, HRS) 的電池可以被設定到低電阻狀態 (low-resistance state, LRS) 或重設回到高電阻狀態。當切換過程取決於施加電壓的振幅而與極性無關時，也就是正負偏壓幾乎是對稱的，這種操作模式稱為單極性 (unipolar)。從 HRS 到 LRS 的設定過程中，電流受限於順從電流 (current compliance, cc)；而從 LRS 到 HRS 的重設過程中，施加大的偏電壓，切換發生在較高的電流位準且電壓值低於設定電壓。在另一方面，設定從 HRS 到 LRS，施加電壓在一個極性及重設在相反的極性，這種操作模式稱為雙極性的 (bipolar)。在大部分情況下，這三個類型的可變電阻式記憶體會顯示細絲狀類型的電阻式切換[116]。然而，有某些報導關於電阻式切換材料的組合，此類型的材料顯示電阻值與電極面積的相依性[117]。日本產總研澤彰仁 (Sawa)[118] 報導均勻介面型態的切換，觀察介於具有不同金屬的摻雜鈮的鈦酸鍶 (Nb-doped $SrTiO_3$)[119] 及鐠鈣錳氧化物 ($Pr_{0.7}Ca_{0.3}MnO_3$, PCMO) 的異質接面，此種型態的切換單元顯示在面積內元件電阻明顯的微縮，可看出絲狀型態及介面型態兩種類型的切換效應共存在鈦酸鍶 ($SrTiO_3$)

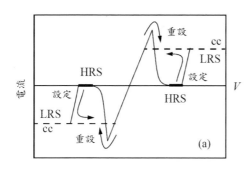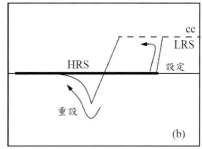

圖 43　(a) 單極性 (b) 雙極性切換模式 I–V 特性曲線，其中的粗線及虛線分別是 HRS 及 LRS，cc 是順從電流。（參考文獻 104）

金屬—絕緣體—金屬結構中 [120] 。

　　更常見的是，可變電阻式記憶體元件是絲狀的切換型態。在電鑄 (electroforming) 過程期間產生導電細絲。此切換過程相當於這些細絲在氧化還原時的「開」與「關」。除了絲狀型態的電阻式切換以外，某些系統會顯示導通電阻與電極面積成正比例 [117-118]，將這些情況視為均勻介面—型態的切換，可以藉由觀察專用傳導氧化層與金屬之間的介面來得到。此類型元件電阻的變化是因為蕭特基位障電場感應的變化，或是在介面穿隧位障均勻橫跨在整個電極面積。在某些情況下，在相同樣品中，可以透過實際觀測與分析得到絲狀型與介面型態的切換過程 [121] 。

7.7.4 自旋轉移矩磁阻式隨機存取記憶體

　　自旋轉移矩磁阻式隨機存取記憶體 (Spin-Transfer Torque Magnitude Random-Access Memory, STT-MRAM) 是基於磁性穿隧接面 (magnetic tunneling junction, MTJ) 概念的一種磁性記憶體。如同圖 44，磁性穿隧接面是被一個穿隧絕緣層隔開的二層鐵磁層組成。其中一個鐵磁性層稱為固定層 (fixed layer)，並被磁化於某一方位，而另一層稱為自由層 (free layer)，能夠動態地改變其磁性，以便於儲存數位記憶狀態。因為絕緣層是薄的，當

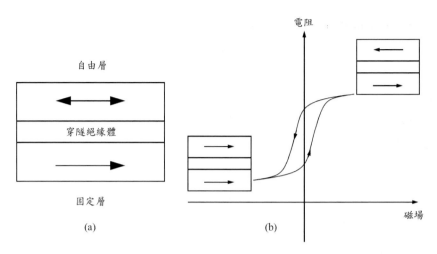

圖 44　(a) 磁性穿隧接面 (b) 磁性穿隧接面的遲滯曲線，其穿隧磁性電阻是施加電場的函數。

施加電場後，穿隧電流將流動。若自由層的磁化方向與固定層的磁化方向相同，則電子散射 (electron scattering) 減少而電流增加，且磁性穿隧接面的穿隧磁阻 (tunneling magnetoresistance, TMR) 是低的。若自由層的磁化方向與固定層的磁化方向是相反的，則電子散射增加及磁性穿隧接面在高的電阻狀態。這兩種電阻值的差異程度可用來儲存數位數據資料，可以根據磁場的方向而改變自由層的磁化，磁場產生是因電流在自由層的上或下方向流動。

與傳統的磁阻式隨機存取記憶體 (MRAM) 比較，自旋轉移矩磁阻式隨機存取記憶體 (STT-MRAM) 利用電流流過穿隧接面，改變自由層 (free layer) 的磁化 [73]。從固定層流過的自旋對齊電子將會直接地扭矩 (torque) 自由層的磁性狀態，使其與自由層的磁化方向平行。相反地，散射反向（折返）電子從具有反平行的自由層流動至固定層，將直接地扭矩自由層的磁化方向，使其成為反平行自旋狀態 (antiparallel spin state)。因此，自由層的磁化可以使用穿隧電流的方向切換到某一臨界階段 (critical level)。

　　所有上述的候選者都具有非常簡單的結構，而且大多數為二端點型元件 (two-terminal devices)。困難之處在於找到合適的材料或材料組合，以滿足高速、高密度及非揮發性等基本需求。此外，因為邏輯元件是 CMOS，所以材料必須能夠與積體電路技術相容。我們希望由 FGM 啟發的新型非揮發性記憶體研究，將成功地促使「統一記憶體」（Unified Memory）的實現與商業化 [122-123]。

　　我們已經討論浮動閘極記憶體並預估到 2025 年的趨勢，在過去的 1967-2019 年，浮動閘極記憶體已經從電荷儲存概念革新進展到浮動閘極累增注入金氧半 (FAMOS)、堆疊閘極累增注入金氧半 (SAMOS)、快閃記憶體、多層單元 (MLCs) 及三維結構 (3-D structure)。自 1990 年起，浮動閘極記憶體已經變成第四次工業革命主流技術的驅動器，幾乎實現所有現代化電子系統的發明，並對全人類的生活帶來不可思議的好處。當元件的尺寸被減少至數十奈米的範圍，浮動閘極記憶體面對許多嚴格的微縮挑戰，如：鄰近單元干擾、儲存電荷減少及隨機電報雜訊。我們確信元件科學家將發現新方法去面對這些挑戰，甚至發展出低成本、高性能及高可靠度的統一記憶體以用於未來的電子系統，這些系統將持續豐富並改善世界上數十億人的生活品質。

參考文獻

1.　P. Cappelletti, C. Golla, P. Olivo, and E. Zanoni, Eds., *Flash Memories*, Kluwer, Massachusetts, 1999.

2.　C. Hu, Ed., *Nonvolatile Semiconductor Memories: Technologies, Design, and Applications,* IEEE Press, New Jersey, 1991.

3.　W. D. Brown and J. E. Brewer, Eds., *Nonvolatile Semiconductor Memory Technology*, IEEE Press, New Jersey, 1998.

4. D. Kahng and S. M. Sze, "A Floating Gate and its Application to Memory Devices," *Bell Syst. Tech. J.*, **46**, 1288 (1967).

5. D. Frohman-Bentchkowsky, "Memory Behavior in a Floating-Gate Avalanche-Injection MOS (FAMOS) Structure," *Appl. Phys. Lett.*, **18**, 332 (1971).

6. H. Iizuka, F. Masuoka, T. Sato, and M. Ishikawa, "Electrically Alterable Avalanche Injection Type MOS Read-Only Memory with Stacked Gate Structure," *IEEE Trans. Electron Dev.*, **ED-23**, 379 (1976).

7. S. Mahapatra, S. Shukuri, and J. Bude, "CHISEL Flash EEPROM—Part I: Performance and Scaling," *IEEE Trans. Electron Dev.*, **ED-49**, 1296 (2002).

8. S. K. Lai and V. K. Dham, "VLSI Electrically Erasable Programmable Read Only Memory," in N. G. Einspruch, Ed., *VLSI Handbook,* Academic Press, Florida, 1985.

9. F. Masuoka, M. Asano, M. Iwahashi, T. Komuro, and S. Tanaka, "A New Flash EEPROM Cell Using Triple Polysilicon Technology," *Tech. Dig. IEEE IEDM*, p.464 (1984).

10. F. Masuoka, M. Asano, H. Iwahashi, T. Komuro, and S. Tanaka, "A 250K Flash EEPROM Using Triple Polysilicon Technology," *Tech. Dig. IEEE ISSCC*, p.168, 1985.

11. F. Masuoka, M. Momodomi, Y. Iwata, and R. Shirora, "New Ultra High Density EPROM and Flash EEPROM with NAND Structured Cell," *Tech. Dig. IEEE IEDM*, p.552 , 1987.

12. The Information Network (1989–2010), Gartner (2011–2020), adjusted by Macronix International Co. (2016).

13. Y. Kamigaki and S. Minami, "MNOS Nonvolatile Semiconductor Memory Technology: Present and Future," *IEICE Trans. Electron.*, **E84-C**, 713 (2001).

14. B. Kashavan and H. C. Lin, "MONOS Memory Element," *Tech. Dig. IEEE IEDM*, p.140, 1968.

15. A. Kolodny, S. T. K. Nieh, B. Eitan, and J. Shappir, "Analysis and Modeling of Floating Gate EEPROM Cells," *IEEE Trans. Electron Dev.*, **ED-33**, 835 (1986).

16. P. Pavan, R. Bez, P. Olivo, and E. Zanoni, "Flash Memory Cells-An overview," *Proc. IEEE*, **85**, 1248 (1997).

17. S. Chung, C. M. Yih, S. S. Wu, H. H. Chen, and G. Hong, "A Spice-Compatible Flash EEPROM Model Feasible for Transient and Program/Erase Cycling Endurance Simulation," *Tech. Dig. IEEE IEDM,* p.179, 1999.

18. L. Larcher, P. Pavan, L. Albani, and T. Ghilardi, "Bias and W/L Dependence of Capacitive Coupling Coefficients in Floating Gate Memory Cells," *IEEE Trans. Electron Dev.*, **ED-48**, 2081 (2001).

19. P. Pavan, L. Larcher, and A. Marmiroli, *Floating Gate Devices: Operation and Compact Modeling*, Springer, New York, 2004.

20. S. T. Wang, "On the $I-V$ Characteristics of Floating-Gate MOS Transistors," *IEEE Trans. Electron Dev.*, **ED-26**, 1292 (1979).

21. R. Bez, E. Camerlenghi, D. Cantarelli, L. Ravazzi, and G. Crisenza, "A Novel Method for the Experimental Determination of the Coupling Ratios in Submicron EPROM and Flash EEPROM Cells," *Tech. Dig. IEEE IEDM*, p.99, 1990.

22. K. T. San, Ç. Kaya, D. K. T. Liu, T. P. Ma, and P. Shah, "A New Technique for Determining the Capacitive Coupling Coefficients in Flash EPROM's," *IEEE Electron Dev. Lett.*, **EDL-13**, 328 (1992).

23. M. Wong, D. K. Y. Liu, and S. S. W. Huang, "Analysis of the Subthreshold Slope and the Linear Transconductance Techniques for the Extraction of the Capacitance Coupling Coefficients of Floating-Gate Devices," *IEEE Electron Dev. Lett.*, **EDL-13**, 566 (1992).

24. B. Moison, C. Papadas, G. Ghibaudo, P. Mortini, and G. Pananakakis, "New Method for the Extraction of the Coupling Ratios in FLOTOX EEPROM Cells," *IEEE Trans. Electron Dev.*, **ED-40**, 1870 (1993).

25. W. L. Choi and D. M. Kim, "A New Technique for Measuring Coupling Coefficients and 3-D Capacitance Characterization of Floating-Gate Devices," *IEEE Trans. Electron Dev.*, **ED-41**, 2337 (1994).

26. P. Pavan, L. Larcher, and A. Marmiroli, "Floating Gate Devices: Operation and Compact Modeling," *Tech. Proc. NSTI-Nanotech*, p.120, 2004.

27. L. Larcher, P. Pavan, S. Pietri, L. Albani, and A. Marmiroli, "A New Compact DC Model of Floating Gate Memory Cells Without Capacitive Coupling Coefficients," *IEEE Trans. Electron Dev.*, **ED-49**, 301 (2002).

28. G. Gildenblat, Ed., *Compact Modeling Principles, Techniques and Applications*, Springer, New York, 2010.

29. L. Larcher, A. Paccagnella, M. Ceschia, and G. Ghidini, "A New Model of Radiation Induced Leakage Current (RILC) in Ultra-Thin Gate Oxides," *IEEE Trans. Nucl. Sci.*, **46**, 1553 (1999).

30. L. Larcher, A. Paccagnella, and G. Ghidini, "A New Model of Stress Induced Leakage Current in Gate Oxides," *IEEE Trans. Electron Dev.*, **48**, 285 (2001).

31. M. Bauer, R. Alexis, G. Atwood, B. Baltar, A. Fazio, K. Frary, M. Hensel, M. Ishac, J. Javanifard, M. Landgraf, et al., "A Multilevel-Cell 32Mb Flash Memory," *Tech. Dig. IEEE ISSCC*, p.132, 1995.

32. R. Micheloni, R. Ravasio, A. Marelli, E. Alice, V. Altieri, A. Bovino, L. Crippa, E. Di Martino, L. D'Onofrio, A. Gambardella, et al., "A 4Gb 2b/Cell NAND Flash Memory with Embedded 5b BCH ECC for 36MB/s System Read Throughput," *Tech. Dig. IEEE ISSCC*, p.142, 2006.

33. R. Cernea, L. Pham, F. Moogat, S. Chan, B. Le, Y. Li, S. Tsao, T. Y. Tseng, K. Nguyen, J. Li, et al., "A 34 MB/s-Program-Throughput 16 Gb MLC NAND with All-Bitline Architecture in 56 nm," *Tech. Dig. IEEE ISSCC*, p.420, 2008.

34. Y. Li, S. Lee, Y. Fong, F. Pan, T. C. Kuo, J. Park, T. Samaddar, H. T. Nguyen, M. Mui, K. Htoo, et al., "A 16 Gb 3-Bit per Cell (X3) NAND Flash Memory on 56 nm Technology with 8 MB/s Write Rate," *IEEE J. Solid-State Circuits*, **44**, 195 (2009).

35. S. H. Chang, S. K. Lee, S. J. Park, M. J. Jung, J. C. Han, I. S. Wang, K. H. Lim, J. H. Lee, J. H. Kim, W. K. Kang, et al., "A 48 nm 32 Gb 8-Level NAND Flash Memory with 5.5MB/s Program Throughput," *Tech. Dig. IEEE ISSCC*, p.240, 2009.

36. N. Shibata, H. Maejima, K. Isobe, K. Iwasa, M. Nakagawa, M. Fujiu, T. Shimizu, M. Honma, S. Hoshi, T. Kawaai, et al., "A 70 nm 16 Gb 16-Level-Cell NAND Flash Memory," *IEEE J. Solid-State Circuits*, **43**, 929 (2008).

37. C. Trinh, N. Shibata, T. Nakano, M. Ogawa, J. Sato, Y. Takeyama, K. Isobe, B. Le, F. Moogat, N. Mokhlesi, et al., "A 5.6 MB/s 64 Gb 4 b/Cell NAND Flash Memory in 43 nm CMOS," *Tech. Dig. IEEE ISSCC*, p.246, 2009.

38. K. D. Suh, B. H. Suh, Y. H. Lim, J. K. Kim, Y. J. Choi, Y. N. Koh, S. S. Lee, S. C. Kwon, B. S. Choi, J. S. Yum, et al., "A 3.3 V 32 Mb NAND Flash Memory with Incremental Step Pulse Programming Scheme," *Tech. Dig. IEEE ISSCC*, p.128, 1995.

39. G. J. Hemink, T. Tanaka, T. Endoh, S. Aritome, and R. Shirota "Fast and Accurate Programming Method for Multi-Level NAND EEPROMs," *Dig. Symp. VLSI Tech.*, p.129, 1995.

40. K. T. Park, M. Kang, S. Hwang, Y. Song, J. Lee, H. Joo, H. S. Oh, J. H. Kim, Y. T. Lee, C. Kim, et al., "Dynamic Vpass ISPP Scheme and Optimized Erase Vth Control for High Program Inhibition in MLC NAND Flash Memories," *Tech. Dig. Symp. VLSI Circuits*, p.24, 2009.

41. H. P. Belgal, N. Righos, I. Kalastirsky, J. J. Peterson, R. Shiner, and N. Mielke, "A New Reliability Model for Post-Cycling Charge Retention of Flash Memories," Proc. *IEEE Int. Reliability Phys. Symp.*, p.7, 2002.

42. N. Mielke, H. P. Belgal, A. Fazio, Q. Meng, and N. Righos, "Recovery Effects in the Distributed Cycling of Flash Memories," Proc. *IEEE Int. Reliability Phys. Symp.*, p.29, 2006.

43. G. M. Paolucci, C. M. Compagnoni, C. Miccoli, M. Bertuccio, S. Beltrami, J. Barber, J. Kessenich, A. L. Lacaita, A. S. Spinelli, and A. Visconti, "A New Spectral Approach to Modeling Charge Trapping/Detrapping in NAND Flash Memories," Proc. *IEEE Int. Reliability Phys. Symp.*, p.2E.2, 2014.

44. D. Resnati, C. M. Compagnoni, G. M. Paolucci, C. Miccoli, J. Barber, M. Bertuccio, S. Beltrami, A. L. Lacaita, A. S. Spinelli, and A. Visconti, "A Step Ahead Toward a New Microscopic Picture for Charge Trapping/Detrapping in Flash Memories," Proc. *IEEE Int. Reliability Phys. Symp.*, p.6C.3, 2016.

45. C. Lee, S. K. Lee, S. Ahn, J. Lee, W. Park, Y. Cho, C. Jang, C. Yang, S. Chung, I. S. Yun, et al., "A 32 Gb MLC NAND-Flash Memory with Vth-Endurance-Enhancing Schemes in 32 nm CMOS," *Tech. Dig. IEEE ISSCC*, p.446, 2010.

46. S. Aritome, *NAND Flash Memory Technologies*, IEEE Press, New Jersey, 2016.

47. R. Beica, "3D Integration: Applications and Market Trends," *Proc. IEEE Int. 3D System Integration Conf.*, p.77, 2015.

48. A. Nitayama and H. Aochi, "Bit Cost Scalable (BiCS) Technology for Future Ultra High Density Storage Memories," *Dig. Symp. VLSI Tech.*, p.T60, 2013.

49. T. Tanaka, M. Helm, T. Vali, R. Ghodsi, K. Kawai, J. K. Park, S. Yamada, F. Pan, Y. Einaga, A. Ghalam, et al., "A 768 Gb 3 b/Cell 3D-Floating-Gate NAND Flash Memory," *Tech. Dig. IEEE ISSCC*, p.142, 2016.

50. H. Maejima, K. Kanda, S. Fujimura, T. Takagiwa, S. Ozawa, J. Sato, Y. Shindo, M. Sato, N. Kanagawa, J. Musha, et al., "A 512 Gb 3 b/Cell 3D Flash Memory on a 96-Word-Line-Layer Technology," *Tech. Dig. IEEE ISSCC*, p.336, 2018.

51. N. Shibata, K. Kanda, T. Shimizu, J. Nakai, O. Nagao, N. Kobayashi, M. Miakashi, Y. Nagadomi, T. Nakano, T. Kawabe, et al., "A 1.33Tb 4-Bit/Cell 3D-Flash Memory on a 96-Word-Line-Layer Technology," *Tech. Dig. IEEE ISSCC*, p.210, 2019.

52. S. Sivaram, "Storage Class Memory: Learning from 3D NAND," *Proc. Flash Memory Summit*, 2016.

53. K. Parat and C. Dennison, "A Floating Gate Based 3D NAND Technology with CMOS under the Array," *Tech. Dig. IEEE IEDM*, p.48, 2015.

54. H. Tanaka, M. Kido, K. Yahashi, M. Oomura, R. Katsumata, M. Kito, Y. Fukuzumi, M. Sato, Y. Nagata, Y. Matsuoka, Y. Iwata, H. Aochi, and A. Nitayama, "Bit Cost Scalable Technology with Punch and Plug Process for Ultra High Density Flash Memory," *Dig. Symp. VLSI Tech.*, p.14, 2007.

55. R. Katsumata, M. Kito, Y. Fukuzumi, M. Kido, H. Tanaka, Y. Komori, M. Ishiduki, J.Matsunami, T. Fujiwara, Y. Nagata, et al., "Pipe-Shaped BiCS Flash Memory with 16 Stacked Layers and Multi-Level-Cell Operation for Ultra High Density Storage Devices," *Dig. Symp. VLSI Tech.*, p.136, 2009.

56. J. Jang, H. S. Kim, W. Cho, H. Cho, J. Kim, S. I. Shim, Y. Jang, J. H. Jeong, B. K. Son, D. W. Kim, et al., "Vertical Cell Array Using TCAT (Terabit Cell Array Transistor) Technology for Ultra High Density NAND Flash Memory," *Dig. Symp. VLSI Tech.*, p.192, 2009.

57. W. Kim, S. Choi, J. Sung, T. Lee, C. Park, H. Ko, J. Jung, I. Yoo, and Y. Park, "Multi-Layered Vertical Gate NAND Flash Overcoming Stacking Limit for Terabit Density Storage," *Dig. Symp. VLSI Tech.*, p.188, 2009.

58. H. T. Lue, T. H. Hsu, Y. H. Hsiao, S. P. Hong, M. T. Wu, F. H. Hsu, N. Z. Lien, S. Y. Wang, J. Y. Hsieh, L. W. Yang, et al., "A Highly Scalable 8-Layer 3D Vertical-Gate (VG) TFT NAND Flash Using Junction-Free Buried Channel BE-SONOS Device," *Dig. Symp. VLSI Tech.*, p.131, 2010.

59. K. P. Chang, H. T. Lue, C. P. Chen, C. F. Chen, Y. R. Chen, Y. H. Hsiao, C. C. Hsieh, S. H. Chen, Y. H. Shih, T. Yang, et al., "An Efficient Memory Architecture for 3D Vertical Gate (3DVG) NAND Flash Using Plural Island-Gate SSL Decoding and Study of Its Program Inhibit Characteristics," *Proc. IEEE International Memory Workshop*, p.25, 2012.

60. S. H. Chen, H. T. Lue, Y. H. Shih, C. F. Chen, T. H. Hsu, Y. R. Chen, Y. H. Hsiao, S. C. Huang, K. P. Chang, C. C. Hsieh, et al., "A Highly Scalable 8-Layer Vertical Gate 3D NAND with Split-page Bit Line Layout and Efficient Binary-sum MiLC (Minimal Incremental Layer Cost) Staircase Contacts," *Tech. Dig. IEEE IEDM*, p.21, 2012.

61. C. H. Hung, H. T. Lue, K. P. Chang, C. P. Chen, Y. H. Hsiao, S. H. Chen, Y. H. Shih, K. Y. Hsieh, M. Yang, J. Lee, et al., "A Highly Scalable Vertical Gate (VG) 3D NAND Flash with Robust Program Disturb Immunity Using a Novel PN Diode Decoding Structure," *Dig. Symp. VLSI Tech.*, p.68, 2011.

62. H. T. Lue, T. H. Hsu, C. J. Wu, W. C. Chen, T. H. Yeh, K. P. Chang, C. C. Hsieh, P. Y. Du, Y. H. Hsiao, D. Chiang, et al., "A Novel Double-Density, Single-Gate Vertical Channel(SGVC) 3D NAND Flash that Is Tolerant to Deep Vertical Etching CD Variation and Possesses Robust Read-disturb Immunity," *Tech. Dig. IEEE IEDM*, p.44, 2015.

63. C. J. Wu, H. T. Lue, T. H. Hsu, C. C. Hsieh, W. C. Chen, P. Y. Du, C. J. Chiu, and C. Y. Lu, "Device Characteristics of Single-Gate Vertical Channel (SGVC) 3D NAND Flash Architecture," *Proc. IEEE International Memory Workshop*, 2016.

64. The Information Network, adjusted by Macronix International Co. (2016).

65. IC Insights, 2016.

66. The International Technology Roadmap for Semiconductor (ITRS), 2014.

67. C. M. Compagnoni, A. Spinelli, A. L. Lacaita, A. Ghetti, and A. Uisconti, "Emerging Constraints to NAND Flash Memory Reliability," in T. Y. Tseng and S. M. Sze, Eds., *Nonvolatile Memories: Materials, Devices, and Applications*, American Scientific Publishers, California, 2012.

68. R. Freitas and W. Wilcke, "Storage Class Memory: the Next Storage System Technology," *IBM J. Res. Dev.*, **52**, 439 (2008).

69. K. Ishimaru, "Non-Volatile Memory Technology for Data Age," *Proc. IEEE Int. Conf. Solid-State and Integrated Circuit Tech.*, 2018.

70. S. Y. Wu, "A New Ferroelectric Memory Device, Metal-Ferroelectric-Semiconductor Transistor," *IEEE Trans. Electron Dev.*, **21**, 499 (1974).

71. S. R. Ovshinsky, "Reversible Electrical Switching Phenomena in Disordered Structures," *Phys. Rev. Lett.*, **21**, 1450 (1968).

72. T. W. Hickmott, "Low-Frequency Negative Resistance in Thin Anodic Oxide Film," *J. Appl. Phys.*, **33**, 2669 (1962).

73. L. Berger, "Emission of Spin Waves by a Magnetic Multilayer Traversed by a Current," *Phys. Rev. B*, **54**, 9353 (1996).

74. S. S. Eaton, D. B. Butler, M. Paris, D. Wilson, and H. McNeillie, "A Ferroelectric Nonvolatile Memory," *Tech. Dig. IEEE ISSCC*, p.130 (1988).

75. N. Setter, D. Damjanovic, L. Eng, G. Fox, S. Gevorgian, S. Hong, A. Kingon, H. Kohlstedt, N. Y. Park, G. B. Stephenson, et al., "Ferroelectric Thin Films: Review of Materials, Properties, and Applications," *J. Appl. Phys.*, **100**, 051606 (2006).

76. T. S. Böscke, J. Müller, D. Bräuhaus, U. Schröder, and U. Böttger, "Ferroelectricity in Hafnium Oxide Thin Films," *Appl. Phys. Lett.*, **99**, 102903 (2011).

77. J. Müller, T. S. Böscke, S. Müller, E. Yurchuk, P. Polakowski, J. Paul, D. Martin, T. Schenk, K. Khullar, A. Kersch, et al., "Ferroelectric Hafnium Oxide: A CMOSCompatible and Highly Scalable Approach to Future Ferroelectric Memories," *Tech. Dig. IEEE IEDM*, p.280, 2013.

78. T. Mikolajick, S. Slesazeck, M. H. Park, and U. Schroeder, "Ferroelectric Hafnium Oxide for Ferroelectric Random-Access Memories and Ferroelectric Field-Effect Transistors," *MRS Bull.*, **43**, 340 (2018).

79. J. R. Anderson, "Electrical Circuits Employing Ferroelectric Capacitors," U. S. Patent No. 2,876,436 (1959).

80. S. L. Miller and P. J. McWhorter, "Physics of the Ferroelectric Nonvolatile Memory Field Effect Transistor," *J. Appl. Phys.*, **72**, 5999 (1992).

81. A. Sheikholeslami and P. G. Gulak, "A Survey of Circuit Innovations in Ferroelectric Random-Access Memories," *Proc. IEEE*, **88**, 667, (2000).

82. W. Kraus, L. Lehman, D. Wilson, T. Yamazaki, C. Ohno, E. Nagai, H. Yamazaki, and H. Suzuki, "A 42.5mm2 1Mb Nonvolatile Ferroelectricmemory Utilizing Advanced Architecture for Enhanced Reliability," *Dig. Symp. VLSI Circuits*, p.242, 1998.

83. T. Sakoda, T. S. Moise, S. R. Summerfelt, L. Colombo, G. Xing, S. R. Gilbert, A. L. S. Loke, S. Ma, R. Kavari, L. A. Willsm, and J. Amano, "Hydrogen-Robust Submicron IrOx/Pb(Zr, Ti)O3/Ir Capacitiors for Embedded Ferroelectric Memory," Jpn. J. Appl. Phys., **40**, 2911 (2001).

84. C. U. Pinnow and T. Mikolajick, "Material Aspects in Emerging Nonvolatile Memories," *ECS J. Electrochem. Soc.*, **151**, K13 (2004).

85. C. K. Huang, C. H. Chang, and T. B. Wu, "On the Suppression of Hydrogen Degradation in PbZr0.4Ti0.6O3 Ferroelectric Capacitors with PtOx Top Electrode," *J. Appl. Phys.*, **98**, 104105 (2005).

86. T. Eshita, W. Wang, K. Nakamura, S. Ozawa, Y. Okita, S. Mihara, Y. Hikosaka, H. Saito, J. Watanabe, K. Inoue, H. Yamaguchi, and K. Nomura, "Development of Ferroelectric RAM (FRAM) for Mass Production," *J. Phys. Sci. Appl.*, **5**, 29 (2015).

87. M. Gill, T. Lowrey, and J. Park, "Ovonic Unified Memory - A High-Performance Nonvolatile Memory Technology for Stand-Alone Memory and Embedded Applications," *Tech. Dig. IEEE ISSCC*, p.202, 2002.

88. S. Raoux, G. W. Burr, M. J. Breitwisch, C. T. Rettner, Y. C. Chen, R. M. Shelby, M. Salinga, D. Krebs, S. H. Chen, H. L. Lung, et al., "Phase-Change Random Access Memory: A Scalable Technology," *IBM J. Res. Dev.*, **52**, 465 (2008).

89. Y. Li, C. H. Hwang, T. Y. Li, and H. W. Cheng, "The Geometric Effect and Programming Current Reduction in Cylindrical-Shaped Phase Change Memory," *Nanotechnology*, **20**, 285701 (2009).

90. H. S. P. Wong, S. Raoux, S. Kim, J. Liang, J. P. Reifenberg, B. Rajendran, M. Asheghi, and K. E. Goodson, "Phase Change Memory," *Proc. IEEE*, **98**, 2201 (2010).

91. G. W. Burr, M. J. Brightsky, A. Sebastian, H. Y. Cheng, J. Y. Wu, S. Kim, N. E. Sosa, N. Papandreou, H. L. Lung, H. Pozidis, et al., "Recent Progress in Phase-Change Memory Technology," *IEEE J. Emerging Sel. Top. Circuits Syst.*, **6**, 146 (2016).

92. A. Redaelli, Ed., *Phase Change Memory—Device Physics, Reliability and Applications*, Springer, Switzerland, 2018.

93. S. R. Elliott, "Chalcogenide Phase-Change Materials: Past and Future," *Int. J. Appl. Glass Sci.*, **6**, 15 (2015).

94. A. V. Kolobov, J. Tominaga, and P. Fons, "Phase-Change Memory Materials," in S. Kasap and P. Capper, Eds., *Springer Handbook of Electronic and Photonic Materials*, Springer, Switzerland, 2017.

95. N. Yamada , E. Ohno , K. Nishiuchi , and N. Akahira, "Rapid-Phase Transitions of GeTeSb2Te3 Pseudobinary Amorphous Thin Films for an Optical Disk Memory," *J. Appl. Phys.*, **69**, 2849 (1991).

96. D. Lelmini and A. L. Lacaita, "Phase Change Materials in Non-Volatile Storage," *Materials Today*, **14**, 600 (2011).

97. S. Lai, "Current Status of the Phase Change Memory and Its Future," Tech. Dig. *IEEE IEDM*, p.255, 2003.

98. L. Wei, D. Jie, L. W.Chang, K. Kim, C. T. Chuang, and H. S. P. Wong, "Selective Device Structure Scaling and Parasitics Engineering: A Way to Extend the Technology Roadmap," *IEEE Trans. Electron Dev.*, **56**, 312 (2009).

99. G. Servalli, "A 45 nm Generation Phase Change Memory Technology," Tech. Dig. *IEEE IEDM*, p.113, 2009.

100. F. Pellizzer, A. Benvenuti, B. Gleixner, Y. Kim, B. Johnson, M. Magistretti, T. Marangon, A. Pirovano, R. Bez, and G. Atwood, "A 90 nm Phase Change Memory Technology for Stand-Alone Non-Volatile Memory Applications," *Dig. Symp. VLSI Tech.*, p.122, 2006.

101. D. Kau, S. Tang, I. V. Karpov, R. Dodge, B. Klehn, J. A. Kalb, J. Strand, A. Diaz, N. Leung, J. Wu, et al., "A Stackable Cross Point Phase Change Memory," *Tech. Dig. IEEE IEDM*, p.617, 2009.

102. J. H. Oh, J. H. Park, Y. S. Lim, H. S. Lim, Y. T. Oh, J. S. Kim, J. M. Shin, J. H. Park, Y. J. Song, K. C. Ryoo, et al., "Full Integration of Highly Manufacturable 512 Mb PRAM Based on 90 nm Technology," *Tech. Dig. IEEE IEDM*, p.49, 2006.

103. R. Waser, Ed., *Nanoelectronics and Information Technology*, 3rd Ed.,Wiley-VCH, Weinheim, 2012.

104. R. Waser, R. Dittmann, G. Staikov, and K. Szot, "Redox-Based Resistive Switching Memories - Nanoionic Mechanisms, Prospects, and Challenges," *Adv. Mater.*, **21**, 2632 (2009).

105. D. B. Strukov, G. S. Snider, D. R. Stewart, and R. S. Williams, "The Missing Memristor Found," *Nature*, **453**, 80 (2008).

106. J. J. Yang, M. D. Pickett, X. Li, D. A. A. Ohlberg, D. D. R. Stewart, and R. S. Williams, "Memristive Switching Mechanism for Metal/Oxide/Metal Nanodevices," *Nat. Nanotechnol.*, **3**, 429 (2008).

107. R. Waser, "Redox-Based Resistive Switching Memories," *J. Nanosci. Nanotechnol.*, **12**, 7628 (2012).

108. E. Vianello, D. Garbin, N. Jovanovic, O. Bichler, O. Thomas, B. Salvo, and L. Perniola, "Oxide Based Resistive Memories for Low Power Embedded Applications and Neuromorphic Systems," *ECS Trans.*, **69**, 3 (2015).

109. E. Vianello, O. Thomas, G. Molas, O. Turkyilmaz, N. Jovanović, D. Garbin, G. Palma, M. Alayan, C. Nguyen, J. Coignus, et al., "Resistive Memories for Ultra-Low-Power Embedded Computing Design," *Tech. Dig. IEEE IEDM*, p.144, 2014.

110. Y. B. Kim, S. R. Lee, D. Lee, C. B. Lee, M. Chang, J. H. Hur, M. J. Lee, G. S. Park, C. J. Kim, U. I. Chung, et al., "Bi-Layered RRAM with Unlimited Endurance and Extremely Uniform Switching," *Dig. Symp. VLSI Tech.*, p.52, 2011.

111. B. Govoreanu, G. S. Kar, Y. Y. Chen, V. Paraschiv, S. Kubicek, A. Fantini, I. P. Radu, L. Goux, S. Clima, R. Degraeve, et al., "10×10nm2 Hf/HfOx Crossbar Resistive RAM with Excellent Performance, Reliability and Low-Energy Operation," *Tech. Dig. IEEE IEDM*, p.729, 2011.

112. T. Y. Liu, T. H. Yan, R. Scheuerlein, Y. Chen, J. K. Lee, G. Balakrishnan, G. Yee, H. Zhang, A. Yap, J. Ouyang, et al., "A 130.7mm2 2-Layer 32Gb ReRAM Memory Device in 24 nm Technology," *Tech. Dig. IEEE ISSCC*, p.210, 2013.

113. I. Valov, R. Waser, J. R. Jameson, and M. N. Kozicki, "Electrochemical Metallization Memories—Fundamentals, Applications, Prospects," *Nanotech.*, **22**, 254003 (2011).

114. J. Jameson, P. Blanchard, C. Cheng, J. Dinh, A. Gallo, V. Gopalakrishnan, C. Gopalan, B. Guichet, S. Hsu, D. Kamalanathan, et al., "Conductive-Bridgememory (CBRAM) with Excellent High-Temperature Retention," *Tech. Dig. IEEE IEDM*, p.738, 2013.

115. D. Ielmini, R. Bruchhaus, and R. Waser, "Thermochemical Resistive Switching: Materials, Mechanisms, and Scaling Projections," *Phase Transit.*, **84**, 570 (2011).

116. B. J. Choi, D. S. Jeong, S. K. Kim, C. Rohde, S. Choi, J. H. Oh, H. J. Kim, C. S. Hwang, K. Szot, R. Waser, et al., "Resistive Switching Mechanism of TiO2 Thin Films Grown by Atomic-Layer Deposition," *J. Appl. Phys.*, **98**, 33715 (2005).

117. R. Meyer, L. Schloss, J. Brewer, R. Lambertson, W. Kinney, J. Sanchez, and D. Rinerson, "Oxide Dual-Layer Memory Element for Scalable Non-Volatile Cross-Point Memory Technology," *Proc. Non-Volatile Memory Techn. Symp.*, p.54, 2008.

118. A. Sawa, "Resistive Switching in Transition Metal Oxides," *Mater. Today*, **11**, 28 (2008).

119. H. Sim, D. Choi, D. Lee, S. Seo, M. J. Lee, I. K. Yoo, and H. Hwang, "Resistance-Switching Characteristics of Polycrystalline Nb2O5 for Nonvolatile Memory Application," *IEEE Electron Dev. Lett.*, **26**, 292 (2005).

120. R. Muenstermann, T. Menke, R. Dittmann, and R. Waser, "Coexistence of Filamentary and Homogeneous Resistive Switching in Fe-doped SrTiO3 Thin-Film Memristive Devices," *Adv. Mater.*, **22**, 4819 (2010).

121. R. Muenstermann, T. Menke, R. Dittmann, S. Mi, C. L. Jia, D. Park, and J. Mayer, "Correlation between Growth Kinetics and Nanoscale Resistive Switching Properties of SrTiO3 Thin Films," *J. Appl. Phys.*, **108**, 124504 (2010).

122. P. Cappelletti, "Non Volatile Memory Evolution and Revolution," *Tech. Dig. IEEE IEDM*, p.241, 2015.

123. S. H. Lee, "Technology Scaling Challenges and Opportunities of Memory Devices," *Tech. Dig. IEEE IEDM*, p.1, 2016.

習題

1. 一浮動閘極非揮發性記憶體元件的浮動閘極上絕緣層介電常數是 10 及厚度是 100 nm，下絕緣層的介電常數是 4 及厚度是 10 nm。電流密度 J_1 $= \sigma \mathscr{E}_1$，其中的 $\sigma = 10^{-7}$ S/cm，上絕緣層的電流是零。試求出 V_T 偏移值，在充分長的時間，電流密度 J_1 值小而可以忽略，施加在控制閘極的電壓是 10 V。

2. 一個具有浮動閘極的矽非揮發性記憶體元件，第一絕緣層（熱生成的二氧化矽）的厚度及介電常數分別是 3 nm 及 3.9，而第二絕緣層的厚度及介電常數分別是 30 nm 及 30。當 1 ms 施加的閘極電壓為 5.52 V，請估算浮動閘極內儲存電荷量 /cm²，沒有電流傳導經過第二絕緣層，電流傳導是以 F-N 穿隧機制經過第一絕緣層。

3. 一浮動閘極非揮發性半導體記憶體 (NVSM) 的總電容值為 3.71 fF、控制閘極 (CG) 至浮動閘極 (FG) 的電容值是 2.59 fF、汲極至浮動閘極的電容值為 0.49 fF、浮動閘極至基板的電容值為 0.14 fF。若要使量測的起始電壓 V_T 偏移 0.5 V（從 CG 開始量測），請估算需要多少電子？

4. 一 NVSM 單元其橫截面如下圖，通道寬度是 1 μm。假設鳥嘴 (bird's beak) 具有如說明的線性楔形 (linear wedge shape)。閘極氧化層（基板與 FG 之間）的厚度是 35 nm，層隔間多晶介電質 (IPD) 的氧化層是 50 nm，場氧化層為 0.6 μm。實際閘極長度為 1.2 μm，在閘極下方冶金接面為 0.15 μm 及有效的通道長度為 0.7 μm。多晶層浮動閘極的厚度是 0.3 μm。試計算 (a)CG 至 FG 的電容值 (b) 汲極至 FG 的電容值，假設一半的電容值是由通道至源極而另一半的電容值是通道至汲極 (c) 若 FG 至基板的電容值是 0.14 fF，試計算 CG 至 FG 的耦合比值 (couple ratio)R_{CG} 及汲極至 FG 的耦合比值 (couple ratio) R_D。

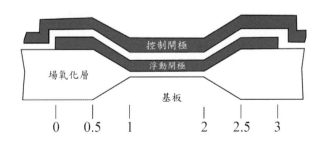

5. 一個電子可抹除可程式唯讀記憶體 (EEPROM) 具有 C_{CG} = 2.59 fF、C_S = C_D = 0.49 fF 及 C_B = 0.14 fF，其中分別表示 FG 至 CG、源極、汲極及基板之間的電容值。假設當 CG 與 FG 一起短路，量測得到元件的起始電壓 V_T 為 1.5 V。若 CG 是 12 V 而汲極是 7 V，在寫入期間，當寫入電壓存在，求 FG 可以被充入的電位量？在讀入期間，汲極偏壓為 2 V，處於這些偏電壓狀態下，在寫入後，可以觀察到的起始電壓值為何？

6. 一個能隙工程矽—氧化物—氮化物—氧化物—矽 (BE-SONOS) 被提出以強化寫入及抹除效率，同時抑制保存，與傳統的 SONOS 元件比較之下，在 BE-SONOS 之中，底部穿隧氧化層被氧化物 / 氮化物 / 氧化物 (ONO) 堆疊層所取代，此一堆疊層具有相似的等效氧化層厚度 (EOT)。假設 ONO 的各層厚度分別是 1.5 nm/2.0 nm/1.8 nm。(a) 計算底部穿隧氧化層 ONO 的 EOT，其中 ONO 堆疊層的 SiO_2 及 Si_3N_4 的介電常數分別是 3.9 及 7.5。(b) 基於 WKB 近似，通過梯形 / 三角形的能障（參閱下圖）的穿隧機率可以表示為

$$T(E) \propto \exp\left(-\frac{2}{\hbar}\int_{x_1}^{x_2}\sqrt{2m_e^*(\phi(x)-E)}\,dx\right)$$

$$= \begin{cases} \exp\left(-\frac{4\sqrt{2m_e^*}}{3\hbar q\,\mathscr{E}_{ox}}\left((\phi_2-E)^{\frac{3}{2}}-(\phi_1-E)^{\frac{3}{2}}\right)\right) & \text{當}\,E < q\phi_1 < q\phi_2 \\ \exp\left(-\frac{4\sqrt{2m_e^*}}{3\hbar q\,\mathscr{E}_{ox}}(\phi_2-E)^{\frac{3}{2}}\right) & \text{當}\,q\phi_1 < E < q\phi_2 \end{cases}$$

請使用 WKB 近似，針對低偏電壓（保存）及高偏電壓（寫入 / 抹除）狀態下，具有相同的 EOT，比較在 ONO 堆疊層及純氧化矽層之間的穿隧機率 $T(E=0)$。

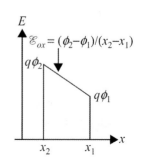

7. 一個具有環繞閘極 (GAA) 3-D 快閃 NAND 記憶體單元，由於彎曲效應會比平面型元件具有較大的電場。因此，電子或電洞注入經過穿隧氧化層較有效率，及減少經過阻絕氧化層的漏電流 (a) 如下圖所示，試繪出 GAA 記憶體單元的能帶圖，其基板半徑為 3.0 nm，ONO 層的厚度為 4.5 nm/6.0 nm/7.0 nm 和一平面型元件具有相同的 ONO 厚度，閘極偏電壓為 12 V。(b) 試說明在 (a) 中環繞閘極元件的好處。

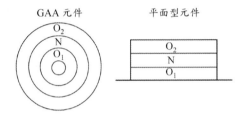

[提示：考慮環繞閘極 (GAA) 元件為圓柱形的對稱，閘極偏電壓為 V_G，基板半徑為 r_0，在介電層中的電位能 $q\phi$，可以表示為

$$q\phi_{O_1}(r) = C_1 \ln \frac{r}{r_0} \qquad 當 r_0 \le r \le r_{O_1}$$

$$q\phi_{N}(r) = C_1 \ln \frac{r_{O_1}}{r_0} + C_2 \ln \frac{r}{r_{O_1}} \qquad 當 r_{O_1} \le r \le r_N$$

$$q\phi_{O_2}(r) = V_G - C_3 \ln \frac{r_{O_2}}{r} \qquad 當 r_N \le r \le r_{O_2}$$

其中，若在介電層之中沒有電荷，參數 $C_1 = V_G/\alpha$、$C_2 = (\kappa_{O1}/\kappa_N) C_1$、$C_2 = (\kappa_{O1}/\kappa_{O2}) C_1$，$\alpha$ 與每一個區域介電常數相關，可以表示為

$$\alpha = \frac{\kappa_{O_1}}{\kappa_{O_2}} \ln \frac{r_{O_2}}{r_N} + \ln \frac{r_{O_1}}{r_0} + \frac{\kappa_{O_1}}{\kappa_N} \ln \frac{r_N}{r_{O_1}}$$

8. 阿瑞尼斯模型 (Arrhenius model) 是一種可以用於估算浮動閘極技術的數據保存壽命的工業標準方法，用於定義介於應力溫度及與使用溫度之間的加速因子 (acceleration rate, AF)，而可以表示為

$$AF = \exp\left[\frac{E_a}{k}\left(\frac{1}{T_{use}} - \frac{1}{T_{stress}}\right)\right]$$

其中的 E_a 是活化能 (activation energy)。對於電子脫離陷阱機制，已知典型的 E_a = 1.1 eV。請估算在 125℃ 應力條件下，保存數據的時間？其相當於 55 ℃ 之下使用十年的使用條件。

9. 3-D 快閃 NAND 記憶體單元對於較薄的薄膜沉積、蝕刻步驟、字元線解碼及周邊的 CMOS 元件需要不同的製程整合方法。為了討論針對 3-D 快閃 NAND 製程的位元成本，一個具有不同堆疊層數目 N_z 簡單化的方程式可以假設為

$$位元成本 \propto \left(1 + \alpha N_z\right)\left[\frac{A_{cell}\left(1 + \beta N_z\right)}{N_z n_{XLC}}\right]\left(1 + \gamma\right)$$

其中 α 是每增加一層時所增加的製程成本，β 是由於較多堆疊層所增加的晶粒尺寸，γ 是從 2-D 到 3-D 固定增加的製程成本，n_{XLC} 是每一單元的位元數（對於 MLC，n_{XLC} = 2，對於 TLC，n_{XLC} = 3)，A_{cell} 是從 $4F^2$ 到 $6F^2$ 單元尺寸的面積（F 是陣列最小的半線寬）。製程成本因子的 α 及 β 隨著堆疊層數目 N_z 呈線性化關係，會排除 3-D 製程的成本降低。為了解決基本成本的極限，若可以發展出一個創新的製程方法來改變所增加的製程成本，從線性變成為對數，如：$(1 + \beta N_z) \rightarrow (1 + \beta log2N_z)$ 或／及 $(1 + \alpha N_z) \rightarrow (1 + \alpha log2N_z)$，即可扭轉並避免 3-D 製程的成本飽和。假設 α = 1%、β = 1% 及 γ = 20%，請使用位元成本公式，以線性及對數來討論堆疊層數目的效應及它的製程成本因子 α 與 β。

10. 可變電阻式隨機存取記憶體 (ReRAM) 顯示不同的操作模式。如：氧空位移動、金屬離子移動或溫度梯度擴散，如同第 7.7 節所描述。請說明它們詳細的切換機制。

附錄 A
符號表

符號	說明	單位
a	晶格常數	Å
A	面積	cm^2
A	電子有效李查遜常數	A/cm^2-K^2
A^*, A^{**}	有效李查遜常數	A/cm^2-K^2
B	頻寬	Hz
$\mathscr{B}$	磁感應強度	Wb/cm^2, V-s/cm^2
c	真空光速	cm/s
c_s	聲速	cm/s
C_d	單位面積擴散電容	F/cm^2
C_D	單位面積空乏層電容	F/cm^2
C_{FB}	平帶單位面積電容	F/cm^2
C_i	單位面積絕緣層電容	F/cm^2
C_{it}	單位面積介面缺陷電容	F/cm^2
C_{ox}	單位氧化層電容	F/cm^2
C_p	比熱	J/g-K
C	電容	F
d, d_{ox}	氧化層厚度	cm
d_i	絕緣層厚度	cm
D	擴散係數	cm^2/s

符號	說明	單位
D_a	雙極性擴散係數	cm^2/s
D_{it}	介面缺陷密度	$cm^{-2}\text{-}eV^{-1}$
D_n	電子擴散係數	cm^2/s
D_p	電洞擴散係數	cm^2/s
$\mathscr{D}$	電位移	C/cm^2
E	能量	eV
E_a	活化能	eV
E_A	受體游離化能量	eV
E_C	導電帶底部邊緣	eV
E_D	施體游離化能量	eV
E_F	費米能階	eV
E_{Fm}	金屬費米能階	eV
E_{Fn}	電子準費米能階	eV
E_{Fp}	電洞準費米能階	eV
E_g	能隙	eV
E_i	本質費米能階	eV
E_p	光學聲子能量	eV
E_t	缺陷能量能階	eV
E_V	價電帶頂部邊緣	eV
$\mathscr{E}$	電場	V/cm
$\mathscr{E}_c$	臨界電場	V/cm
$\mathscr{E}_m$	最大電場	V/cm
f	頻率	Hz

符號	說明	單位
f_{max}	最大振動頻率（單方面增益是一致的）	Hz
f_T	截止頻率	Hz
F	費米—狄拉克分布函數	—
$F_{1/2}$	費米—狄拉克積分	—
F_C	電子費米—狄拉克分布函數	—
F_F	填充係數	—
F_V	電洞費米—狄拉克分布函數	—
g_m	轉導	S
g_{mi}	轉導，本質	S
g_{mx}	轉導，外質	S
G	電導率	S
G_a	增益	—
G_e	產生率	$cm^{-3}\text{-}s^{-1}$
G_n	電子產生率	$cm^{-3}\text{-}s^{-1}$
G_p	電洞產生率	$cm^{-3}\text{-}s^{-1}$
G_p	功率增益	—
G_{th}	熱產生率	$cm^{-3}\text{-}s^{-1}$
h	普朗克常數	J-s
h_{fb}	小訊號共基極電流增益，$=\alpha$	—
h_{FB}	共基極電流增益，$=\alpha_0$	—
h_{fe}	小訊號共射極電流增益，$=\beta$	—
h_{FE}	共射極電流增益，$=\beta_0$	—
h	減縮普朗克常數，$h/2\pi$	J-s

符號	說明	單位
$\mathscr{H}$	磁場	A/cm
i	本質（未摻雜）材料	—
I	電流	A
I_0	飽和電流	A
I_F	順向電流	A
I_h	保持電流	A
I_n	電子電流	A
I_p	電洞電流	A
I_{ph}	光電流	A
I_{re}	復合電流	A
I_R	反向電流	A
I_{SC}	光的反應短路電流	A
J	電流密度	A/cm^2
J_0	飽和電流密度	A/cm^2
J_F	順向電流密度	A/cm^2
J_{ge}	產生電流密度	A/cm^2
J_n	電子電流密度	A/cm^2
J_p	電洞電流密度	A/cm^2
J_{ph}	光電流密度	A/cm^2
J_{re}	復合電流密度	A/cm^2
J_R	反向電流密度	A/cm^2
J_{sc}	短路電流密度	A/cm^2
J_t	穿隧電流密度	A/cm^2

符號	說明	單位
J_T	起始電流密度	A/cm^2
k	波茲曼常數	J/K
k	波向量	cm^{-1}
k_e	消光係數，折射率的虛部	—
k_{ph}	聲子波數向量	cm^{-1}
κ	介電常數，$\varepsilon/\varepsilon_0$	—
κ_i	絕緣層介電常數	—
κ_{ox}	氧化層介電常數	—
κ_s	半導體介電常數	—
L	長度	cm
L	感應	H
L_a	雙極性擴散長度	cm
L_d	擴散長度	cm
L_D	狄拜長度	cm
L_n	電子擴散長度	cm
L_p	電洞擴散長度	cm
m_0	電子靜止質量	kg
m^*	有效質量	kg
m_c^*	導電有效質量	kg
m_{ce}^*	電子導電有效質量	kg
m_{ch}^*	電洞導電有效質量	kg
m_{de}^*	電子能態密度有效質量	kg

符號	說明	單位
m_{dh}^{*}	電洞能態密度有效質量	kg
m_{e}^{*}	電子有效質量	kg
m_{h}^{*}	電洞有效質量	kg
m_{hh}^{*}	重電洞有效質量	kg
m_{l}^{*}	電子縱向有效質量	kg
m_{lh}^{*}	光電洞有效質量	kg
m_{t}^{*}	電子橫向有效質量	kg
M	倍乘因子	—
M_C	導電帶相等的最小值數目	—
M_n	電子倍乘因子	—
M_p	電洞倍乘因子	—
n	自由電子濃度	cm^{-3}
n	n- 型半導體的（具有施體雜質）	—
n_i	本質載子濃度	cm^{-3}
n_n	n- 型半導體的電子濃度（多數載子）	cm^{-3}
n_{no}	n- 型半導體的熱平衡電子濃度（多數載子）	cm^{-3}
n_p	p- 型半導體的電子濃度（少數載子）	cm^{-3}
n_{po}	p- 型半導體的熱平衡電子濃度（少數載子）	cm^{-3}
n_r	折射率的實部	—
n	複數折射率，$= n_r + i k_e$	—
N	摻雜濃度	cm^{-3}
N	能態密度（態位密度）	eV^{-1}-cm^{-3}
N_A	受體雜質密度	cm^{-3}

符號	說明	單位
N_A^-	游離化的受體雜質密度	cm^{-3}
N_C	導電帶有效能態密度	cm^{-3}
N_D	施體雜質濃度	cm^{-3}
N_D^+	游離的施體雜質濃度	cm^{-3}
N_t	塊材缺陷密度	cm^{-3}
N_V	價電帶有效能態密度	cm^{-3}
N^*	單位面積密度	cm^{-2}
N_{it}^*	單位面積介面缺陷密度	cm^{-2}
N_{st}^*	單位面積表面缺陷密度	cm^{-2}
p	自由電洞密度	cm^{-3}
p	p- 型半導體的（具有受體雜質）	—
p	動量	J-s/cm
p_n	n- 型半導體的電洞濃度（少數載子）	cm^{-3}
p_{no}	n- 型半導體的熱平衡電洞濃度（少數載子）	cm^{-3}
p_p	p- 型半導體的電洞濃度（多數載子）	cm^{-3}
p_{po}	p- 型半導體的熱平衡電洞濃度（多數載子）	cm^{-3}
P	壓力	N/cm^2
P	功率	W
P_{op}	光學功率密度或強度	W/cm^2
P_{opt}	總光學強度	W
$\mathscr{P}$	熱電子功率	V/K
q	單位電子電荷，$=1.6 \times 10^{-19}$ 庫侖，絕對值	C
Q	電容器以及電感器的品質因數	—

符號	說明	單位
Q	電荷密度	C/cm^2
Q_b	甘梅數	cm^{-2}
Q_D	空乏區的空間電荷密度	C/cm^2
Q_f	固定氧化層電荷密度	C/cm^2
Q_{it}	介面缺陷電荷密度	C/cm^2
Q_m	移動離子電荷密度	C/cm^2
Q_{ot}	氧化層捕獲電荷	C/cm^2
r_F	動態順向電阻	Ω
r_H	霍爾因子	—
r_R	動態反向電阻	Ω
R	光的反射	—
R	電阻	Ω
R_c	特徵接面電阻	$\Omega\text{-}cm^2$
R_{co}	接面電阻	Ω
R_{CG}	浮動閘極的耦合	—
R_e	復合率	$cm^{-3}\text{-}s^{-1}$
R_{ec}	復合係數	cm^{-3}/s
R_H	霍爾係數	cm^3/C
R_L	負載電阻	Ω
R_{nr}	非輻射的復合率	$cm^{-3}\text{-}s^{-1}$
R_r	輻射的復合率	$cm^{-3}\text{-}s^{-1}$
$R_{\square}$	每正方的片電阻	$\Omega/\square$
$\mathscr{R}$	響應	A/W

符號	說明	單位
S	應變	—
S	次臨界擺幅	電流的 V/decade
S_n	電子表面復合速度	cm/s
S_p	電洞表面復合速度	cm/s
t	時間	s
t_r	躍遷時間	s
T	絕對溫度	K
T	應力	N/cm^2
T	光的穿透	—
T_e	電子溫度	K
T_t	穿隧機率	—
U	淨復合 / 產生率，$U=R-G$	cm^{-3}-s^{-1}
v	載子速度	cm/s
v_d	漂移速度	cm/s
v_g	群速度	cm/s
v_n	電子速度	cm/s
v_p	電洞速度	cm/s
v_{ph}	聲子速度	cm/s
v_s	飽合速度	cm/s
v_{th}	熱速度	cm/s
V	施加電壓	V
V_A	爾力電壓	V

符號	說明	單位
V_B	崩潰電壓	V
V_{BCBO}	集極─開基極─射極 崩潰電壓	V
V_{BCEO}	集極─開射極─基極 崩潰電壓	V
V_{BS}	背向基板電壓	V
V_{CC}, V_{DD}	供應電壓	V
V_F	順向偏壓	V
V_{FB}	平帶電壓	V
V_h	握住電壓	V
V_H	霍爾電壓	V
V_{oc}	光的開路電壓響應	V
V_P	截止電壓	V
V_{PT}	貫穿電壓	V
V_R	反向偏壓	V
V_T	起始電壓	V
W	厚度	cm
W_B	基極厚度	cm
W_D	空乏層寬度	cm
W_{Dm}	最大空乏層寬度	cm
W_{Dn}	n- 型材料的空乏層寬度	cm
W_{Dp}	p- 型材料的空乏層寬度	cm
x	距離或厚度	cm
$\bar{x}$	平均位移	cm
Y	楊氏係數或彈性模數	N/cm^2

符號	說明	單位
Z	阻抗	Ω
ZT	熱電子元件品質指數	—
α	光學吸收係數	cm^{-1}
α	小訊號共基極電流增益，$=h_{fb}$	—
α	游離化係數	cm^{-1}
α_0	共基極電流增益，$=h_{FB}$	—
α_n	電子游離化係數	cm^{-1}
α_P	電洞游離化係數	cm^{-1}
α_T	基極傳輸因子	—
β	小訊號共射極電流增益，$=h_{fe}$	—
β_0	共射極電流增益，$=h_{FE}$	—
β_{th}	熱位能的倒數，$=q/kT$	V^{-1}
γ	射極注入效率	—
Δn	在平衡之上的超量電子濃度	cm^{-3}
Δp	在平衡之上的超量電洞濃度	cm^{-3}
ε	介電係數	F/cm, C/V-cm
ε_0	真空的介電係數	F/cm, C/V-cm
ε_i	絕緣體的介電係數	F/cm, C/V-cm
ε_{ox}	氧化層的介電係數	F/cm, C/V-cm
ε_s	半導體的介電係數	F/cm, C/V-cm
η	量子效率	—

符號	說明	單位
η	順向偏壓下的整流器的理想因子	—
η_{ex}	外部的量子效率	—
η_{in}	內部的量子效率	—
θ	角度	rad, °
κ	熱導電率	W/cm-K
λ	波長	cm
λ_m	平均自由徑	cm
λ_{ph}	聲子平均自由徑	cm
μ	漂移速度 ($\equiv v/\mathscr{E}$)	cm^2/V-s
μ	磁導率	H/cm
μ_0	真空磁導率	H/cm
μ_d	微分移動率 ($\equiv dv/d\mathscr{E}$)	cm^2/V-s
μ_H	霍爾移動率	cm^2/V-s
μ_n	電子移動率	cm^2/V-s
μ_p	電洞移動率	cm^2/V-s
v	光的頻率	Hz, s^{-1}
v	波松比例	—
v	淺摻雜的 n- 型材料	—
π	淺摻雜的 p- 型材料	—
ρ	電阻率	Ω-cm
ρ	電荷密度	C/cm^3

符號	說明	單位
σ	導電率	S-cm^{-1}
σ	捕獲截面	cm^2
σ_n	電子捕獲截面	cm^2
σ_p	電洞捕獲截面	cm^2
τ	載子生命期	s
τ_a	雙極性載子生命期	s
τ_A	歐傑生命期	s
τ_e	能量鬆弛時間	s
τ_g	載子產生的生命期	s
τ_m	散射的平均自由徑	s
τ_n	電子的載子生命期	s
τ_{nr}	非輻射復合的載子生命期	s
τ_p	電洞的載子生命期	s
τ_r	輻射復合的載子生命期	s
τ_R	介電質鬆弛時間	s
τ_s	儲存時間	s
τ_t	傳渡時間	s
ϕ	功函數或位障高度	V
ϕ_B	位障高度	V
ϕ_{Bn}	n- 型半導體的蕭特基位障高度	V
ϕ_{Bp}	p- 型半導體的蕭特基位障高度	V
ϕ_m	金屬功函數	V
ϕ_{ms}	金屬與半導體的功函數差 $(\phi_m - \phi_s)$	V

符號	說明	單位
ϕ_n	n- 型半導體中從導電帶邊緣的費米位能，$(E_C - E_F)/q$，簡併材料為負值（如圖 1 所示）	V
ϕ_p	p- 型半導體中從導電帶邊緣的費米位能，$(E_F - E_V)/q$，簡併材料為負值（如圖 1 所示）	V
ϕ_s	半導體的功函數	V
ϕ_{th}	熱位能，kT/q	V
Φ	光通量	s^{-1}
χ	電子親和力	V
χ_s	半導體的電子親和力	V
ψ	波函數	—
ψ_{bi}	平衡態的內建位能（總是正值）	V
ψ_B	塊材中的費米能階到本質費米能階，$|E_F - E_i|/q$	V
ψ_{Bn}	n- 型材料的 ψ_B（如圖 1 所示）	V
ψ_{Bp}	p- 型材料的 ψ_B（如圖 1 所示）	V
ψ_i	半導體的位能，$-E_i/q$	V
ψ_n	n- 型邊緣相對於 n- 型塊材（n- 型材料的能帶彎曲，在能帶圖中往下彎曲為正）（如圖 1 所示）	V
ψ_p	p- 型邊緣相對於 p- 型塊材（p- 型材料的能帶彎曲，在能帶圖中往下彎曲為正）（如圖 1 所示）	V

符號	說明	單位
ψ_s	表面位能相對於塊材（能帶彎曲，在能帶圖中往下彎曲為正）（如圖所示）	V
ω	角頻率，$2\pi f$ 或 $2\pi v$	Hz

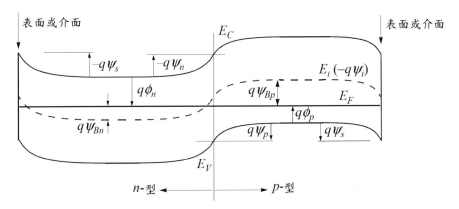

圖 1　半導體位能的表示符號與定義，注意此表面位能是相對於塊材，能帶向下彎曲時的數值為正，而當 E_F 位於能隙之外（簡併態）時，ϕ_n 與 ϕ_p 為負值。

附錄 B
國際單位系統 (SI Units)

度量	單位	符號	因次
長度	公尺 (meter)*	m*	
質量	公斤 (kilogram)	kg	
時間	秒 (second)	s	
溫度	凱氏溫度 (kelvin)	K	
電流	安培 (ampere)	A	C/s
頻率	赫茲 (hertz)	Hz	s^{-1}
力	牛頓 (newton)	N	$kg\text{-}m/s^2$, J/m
壓力、應力	帕斯卡 (pascal)	Pa	N/m^2
能量	焦耳 (joule)*	J*	N-m, W-s
功率	瓦特 (watt)	W	J/s, V-A
電荷量	庫侖 (coulomb)	C	A-s
電位	伏特 (volt)	V	J/C, W/A
電導	西門子 (siemens)	S	A/V, $1/\Omega$
電阻	歐姆 (ohm)	Ω	V/A
電容	法拉第 (farad)	F	C/V
磁通量	韋伯 (weber)	Wb	V-s
磁感應	特斯拉 (tesla)	T	Wb/m^2
電感	亨利 (henry)	H	Wb/A

* 在半導體領域中經常使用公分 (cm) 來表示長度，而以電子伏特 (eV) 表示能量。（1 cm = 10^{-2} m，1 eV = 1.6×10^{-19} J）

附錄 C
國際單位字首

乘方	字首	符號
10^{18}	exa	E
10^{15}	pexa	P
10^{12}	tera	T
10^{9}	giga	G
10^{6}	mega	M
10^{3}	kilo	k
10^{2}	hecto	h
10	deka	da
10^{-1}	deci	d
10^{-2}	centi	c
10^{-3}	milli	m
10^{-6}	micro	μ
10^{-9}	nano	n
10^{-12}	pico	p
10^{-15}	femto	f
10^{-18}	atto	a

取自國際度衡量委員會（不採用重複字首，例如：用 p 表示 10^{-12}，而非 $\mu\mu$。）

附錄 D
希臘字母

字母	小寫	大寫
Alpha	α	A
Beta	β	B
Gamma	γ	Γ
Delta	δ	Δ
Epsilon	ε	E
Zeta	ζ	Z
Eta	η	H
Theta	θ	Θ
Iota	ι	I
Kappa	κ	K
Lambda	λ	Λ
Mu	μ	M
Nu	ν	N
Xi	ξ	Ξ
Omicron	o	O
Pi	π	Π
Rho	ρ	P
Sigma	σ	Σ
Tau	τ	T
Upsilon	υ	Υ
Phi	ϕ	Φ
Chi	χ	X
Psi	ψ	Ψ
Omega	ω	Ω

附錄 E
物理常數

度量	符號	數值
大氣壓力		$1.01325 \times 10^5 \text{ N/cm}^2$
亞佛加厥常數	N_{AV}	$6.02204 \times 10^{23} \text{ mol}^{-1}$
波爾半徑	a_B	0.52917 Å
波茲曼常數	k	$1.38066 \times 10\text{-}23 \text{ J/K } (R/N_{AV})$ $8.6174 \times 10^{-5} \text{ eV/K}$
電子靜止質量	m_o	$9.1095 \times 10^{-31} \text{ kg}$
電子伏特	eV	$1 \text{ eV} = 1.60218 \times 10^{-19} \text{ J}$
基本電荷量	q	$1.60218 \times 10^{-19} \text{ C}$
氣體常數	R	$1.98719 \text{ cal/mol-K}$
磁通量子 $(h/2q)$		$2.0678 \times 10^{-15} \text{ Wb}$
眞空介磁係數	μ_0	$1.25663 \times 10^{-8} \text{ H/cm } (4\pi \times 10^{-9})$
眞空介電係數	ε_0	$8.85418 \times 10^{-14} \text{ F/cm } (1/\mu_0 c^2)$
普朗克常數	h	$6.62617 \times 10^{-34} \text{ J-s}$ $4.1357 \times 10^{-15} \text{ eV-s}$
質子靜止質量	M_p	$1.67264 \times 10^{-27} \text{ kg}$
約化普朗克常數 $(h/2\pi)$	$\hbar$	$1.05458 \times 10^{-34} \text{ J-s}$ $6.5821 \times 10^{-16} \text{ eV-s}$
眞空中光速	c	$2.99792 \times 10^{10} \text{ cm/s}$
300K 時的熱電壓	kT/q	0.0259 V

附錄 F

重要半導體的特性

半導體	晶格結構	300 K 時的晶格常數 (Å)	能隙 (eV) 300 K	能隙 (eV) 0 K	能帶	300 K 時的移動率 (cm²/V-s) μ_n	300 K 時的移動率 (cm²/V-s) μ_p	有效質量 m_n^*/m_0	有效質量 m_p^*/m_0^*	$\varepsilon_s/\varepsilon_0$
C 碳（鑽石）	D	3.56683	5.47	5.48	I	1,800	1,200	0.2	0.25	5.7
Ge 鍺	D	5.64613	0.66	0.74	I	3,900	1,900	$1.64^l, 0.082^t$	$0.04^{lh}, 0.28^{hh}$	16.0
Si 矽	D	5.43102	1.12	1.17	I	1,450	500	$0.98^l, 0.19^t$	$0.16^{lh}, 0.49^{hh}$	11.9
IV - IV SiC 碳化矽	W	$a=3.086, c=15.117$	2.996	3.03	I	400	50	0.60	1.00	9.66
III - V AlAs 砷化鋁	Z	5.6605	2.36	2.23	I	180		0.11	0.22	10.1
AlP 磷化鋁	Z	5.4635	2.42	2.51	I	60	450	0.212	0.145	9.8
AlSb 銻化鋁	Z	6.1355	1.58	1.68	I	200	420	0.12	0.98	14.4
BN 氮化硼	Z	3.6157	6.4		I	200	500	0.26	0.36	7.1
"	W	$a=2.55, c=4.17$	5.8		D			0.24	0.88	6.85
BP 磷化硼	Z	4.5383	2.0		I	40	500	0.67	0.042	11
GaAs 砷化鎵	Z	5.6533	1.42	1.52	D	8,000	400	0.063	$0.076^{lh}, 0.5^{hh}$	12.9
GaN 氮化鎵	W	$a=3.189, c=5.182$	3.44	3.50	D	400	10	0.27	0.8	10.4
GaP 磷化鎵	Z	5.4512	2.26	2.34	I	110	75	0.82	0.60	11.1
GaSb 銻化鎵	Z	6.0959	0.72	0.81	D	5,000	850	0.042	0.40	15.7
InAs 砷化銦	Z	6.0584	0.36	0.42	D	33,000	460	0.023	0.40	15.1
InP 磷化銦	Z	5.8686	1.35	1.42	D	4,600	150	0.077	0.64	12.6
InSb 銻化銦	Z	6.4794	0.17	0.23	D	80,000	1,250	0.0145	0.40	16.8

半導體	晶格結構	300 K 時的晶格常數（Å）	能隙 (eV) 300 K	能隙 (eV) 0 K	能帶	300 K 時的移動率 (cm²/V-s) μ_n	300 K 時的移動率 (cm²/V-s) μ_p	有效質量 m_n^*/m_0^*	有效質量 m_p^*/m_0^*	$\varepsilon_s/\varepsilon_0$
II - IV CdS 硫化鎘	Z	5.825	2.5		D			0.14	0.51	5.4
″	W	a=4.136,c=6.714	2.49		D	350	40	0.20	0.7	9.1
CdSe 硒化鎘	Z	6.050	1.70	1.85	D	800		0.13		10.0
CdTe 碲化鎘	Z	6.482	1.56		D	1,050	100		0.45	10.2
ZnO 氧化鋅	R	4.580	3.35	3.42	D	200	180	0.27		9.0
ZnS 硫化鋅	Z	5.410	3.66	3.84	D	600		0.39	0.23	8.4
″	W	a=3.822,c=6.26	3.78		D	280	800	0.287	0.49	9.6
IV - VI PbS 硫化鉛	R	5.9362	0.41	0.286	I	600	700	0.25	0.25	17.0
PbTe 碲化鉛	R	6.4620	0.31	0.19	I	6,000	4,000	0.17	0.20	30.0

D＝鑽石，W＝纖鋅礦，Z＝閃鋅礦，R＝岩鹽 結構。I、D＝非直接、直接能隙。l, t, lh, hh＝縱向、橫向、輕電洞、重電洞的有效質量。

附錄 G
布拉區理論與在倒置晶格中的週期性能量

目前，我們證明布拉區理論 (Bloch theorem)。晶體對稱性的基本需要是晶體位能具有晶格位置的週期性，亦就是

$$V(\boldsymbol{r}) = V(\boldsymbol{r} + \boldsymbol{R}) \tag{1}$$

在此，$\boldsymbol{R}$ 是一個直接晶格位置，因此

$$\left|\Psi(\boldsymbol{r},\boldsymbol{k})\right|^2 = \left|\Psi(\boldsymbol{r} + \boldsymbol{R},\boldsymbol{k})\right|^2 \tag{2}$$

以及 $\Psi(\boldsymbol{r})$ 與 $\Psi(\boldsymbol{r}+\boldsymbol{R})$ 僅能相差一個常數 A。

$$AA^* = 1 \tag{3}$$

令

$$A = \exp(j\boldsymbol{k} \cdot \boldsymbol{R}) \tag{4}$$

則

$$AA^* = \exp(j\boldsymbol{k} \cdot \boldsymbol{R})\exp(-j\boldsymbol{k} \cdot \boldsymbol{R}) = 1 \tag{5}$$

我們可以得到

$$\Psi(\boldsymbol{r} + \boldsymbol{R},\boldsymbol{k}) = A\Psi(\boldsymbol{r},\boldsymbol{k}) = \exp(j\boldsymbol{k} \cdot \boldsymbol{R})\Psi(\boldsymbol{r},\boldsymbol{k}) \tag{6}$$

以及

$$
\begin{aligned}
\Psi(\boldsymbol{r},\boldsymbol{k}) &= \frac{1}{\exp(j\boldsymbol{k} \cdot \boldsymbol{R})}\Psi(\boldsymbol{r} + \boldsymbol{R},\boldsymbol{k}) \\
&= \exp(-j\boldsymbol{k} \cdot \boldsymbol{R})\Psi(\boldsymbol{r} + \boldsymbol{R},\boldsymbol{k}) \\
&= \exp(j\boldsymbol{k} \cdot \boldsymbol{R})\exp(-j\boldsymbol{k} \cdot (\boldsymbol{r} + \boldsymbol{R}))\Psi(\boldsymbol{r} + \boldsymbol{R},\boldsymbol{k})
\end{aligned}
\tag{7}
$$

令

$$U_b(\boldsymbol{r},\boldsymbol{k}) = \exp(-j\boldsymbol{k} \cdot (\boldsymbol{r} + \boldsymbol{R}))\Psi(\boldsymbol{r} + \boldsymbol{R},\boldsymbol{k}) \tag{8}$$

在此，證明 $Ub(r)$ 是具有晶格的週期性的週期性。由方程式 (8)，對於任一晶格向量 (lattice vector) b，我們得到

$$U_b(r+R,k) = \exp(-jk \cdot (r+b+R))\Psi(r+b+R,k) \tag{9}$$

方程式 (6) 意指

$$\begin{aligned}\Psi(r+b+R,k)\big|_{r+R\equiv r'} &= \Psi(r'+b,k) \\ &= \exp(jk \cdot b)\Psi(r',k) \\ &= \exp(jk \cdot b)\Psi(r+R,k)\end{aligned} \tag{10}$$

因此

$$\begin{aligned}U_b(r+b,k) &= \exp(-jk \cdot (r+b+R))\exp(jk \cdot b)\Psi(r+R,k) \\ &= \exp(-jk \cdot (r+R))\Psi(r+R,k) \\ &= U_b(r,k)\end{aligned} \tag{11}$$

證明了布拉區理論。

在此，我們證明能量 $E(k)$ 在倒置晶格 (reciprocal lattice) 中是週期性的，也就是 $E(k)= E(k+G)$。依據布拉區函數 (Bloch function)

$$\begin{aligned}\Psi(r,k) &= \exp(jk \cdot r)U_b(r,k) \\ &= \exp(j(k+G) \cdot r)\exp(-jG \cdot r)U_b(r,k)\end{aligned} \tag{12}$$

以及

$$\Psi(r,k+G) = \exp(j(k+G) \cdot r)U_b(r,k+G) \tag{13}$$

若

$$U_b(r,k+G) = \exp(-jG \cdot r)U_b(r,k) \tag{14}$$

藉由方程式 (12)，我們得到

$$\begin{aligned}\Psi(r,k+G) &= \exp(j(k+G) \cdot r)\exp(-jG \cdot r)U_b(r,k) \\ &= \exp(jk \cdot r)U_b(r,k)\end{aligned} \tag{15}$$

因此，方程式 (15) 是對於相同能量薛丁格方程式 (Schrodinger equation) 的解，因為它與方程式 (12) 相同。我們在此證明 $U_b(r, k+G)$ 是 R 的週期性函數。

$$
\begin{aligned}
U_b(r+R, k+G) &= \exp(-jG \cdot (r+R))U_b(r+R, k) \\
&= \exp(-jG \cdot r) \cdot \exp(-jG \cdot R)U_b(r+R, k) \qquad (16) \\
&= \exp(-jG \cdot r)U_b(r, k)
\end{aligned}
$$

因為 $\exp(-jGa \cdot R) = 1$ 以及 $U_b(r+R, k) = U_b(r, k)$ ，方程式 (16) 等於方程式 (14)。它意謂著 k 以及 $(k+G)$ 是相同的。因此，能量 $E(k)$ 在倒置晶格中是 k 的週期性函數。明顯地，我們僅需要考慮 k 的有限值（對於一維情況：$-\pi/a \leq k \leq \pi/a$ ），是第一布里淵區 (first Brillouin zone)。

附錄 H
Si 與 GaAs 的特性

特性	Si	GaAs
原子密度 (cm^{-3})	5.02×10^{22}	4.43×10^{22}
原子重量	28.09	144.64
晶體結構	鑽石結構	閃鋅結構
密度 (g/cm^3)	2.329	5.317
晶格常數 (Å)	5.43102	5.6533
介電常數	11.9	12.9
電子親和力 χ (V)	4.05	4.07
能隙 (eV)	1.12（非直接）	1.42（直接）
導電帶的有效狀態位密度，N_C (cm^{-3})	2.8×10^{19}	4.7×10^{17}
價電帶的有效狀態位密度，N_V (cm^{-3})	2.65×10^{19}	7.0×10^{18}
本質載子濃度 n_i (cm^{-3})	9.65×10^9	2.1×10^6
有效質量 (m^*/m_0)　電子	$m^*_l = 0.98$	0.063
	$m^*_t = 0.19$	
電洞	$m^*_{lh} = 0.16$	$m^*_{lh} = 0.076$
	$m^*_{hh} = 0.49$	$m^*_{hh} 0.50$
漂移移動率 (cm^2/V-s)　電子 μ_n	1,450	8,000
電洞 μ_p	500	400
飽和速度 (cm/s)	1×10^7	7×10^6
崩潰電場 (V/cm)	$2.5\text{-}8 \times 10^5$	$3\text{-}9 \times 10^5$
少數載子生命期 (s)	$\approx 10^{-3}$	$\approx 10^{-8}$

特性	Si	GaAs
折射率	3.42	3.3
光頻聲子能量 (eV)	0.063	0.035
熔點 (℃)	1414	1240
線性熱膨脹係數 $\Delta L/L\Delta T$(℃$^{-1}$)	2.59×10^{-6}	5.75×10^{-6}
熱導率 (W/cm-K)	1.56	0.46
熱擴散率 (cm^2/s)	0.9	0.31
比熱 (J/g-℃)	0.713	0.327
熱容量 (J/mol-℃)	20.07	47.02
楊氏係數 (GPa)	130	85.5

注意：所有數值皆為室溫下之特性。

附錄 I
波茲曼傳輸方程式的推導與流體力學模型

　　為了推導半古典的波茲曼傳輸方程式 (Boltzmann transport equation, BTE)，我們考慮將電子以及電洞視為古典粒子，以它們在時間 t 時，位於真實空間 r，以及動量為 k 來描述。波茲曼傳輸方程式 (BTE) 的推導是基於下列假設：(1) 在 (r, k, t) 下，電子以及電洞均是古典粒子；(2) 載子之間沒有相關性；(3) 統計學上，載子的數量是足夠大的；(4) 以量子力學來描述碰撞。載子分布函數 $f(r, k, t)$ 是機率密度 (probability density)，以波茲曼傳輸方程式的運算求解找出載子。基於守恆定律，如圖 1 所示，在時間為 dt，若流入超過於流出，則載子分佈函數 f 在此一區間內是增加的；因此，我們得到

$$f(r+dr, k+dk, t+dt) - f(r, k, t) = \left(\frac{\partial f}{\partial r}\right)_{coll} dt \tag{1}$$

方程式 1 的左邊項使用泰勒展開式 (Taylor expansion)，我們得到

$$\frac{\partial f(r, k, t)}{\partial r} \cdot dr + \frac{\partial f(r, k, t)}{\partial k} \cdot dk + \frac{\partial f(r, k, t)}{\partial t} \cdot dt = \left(\frac{\partial f}{\partial r}\right)_{coll} dt \tag{2}$$

然後

$$\nabla_r f(r, k, t) \frac{dr}{dt} + \nabla_k f(r, k, t) \frac{dk}{dt} + \frac{\partial f(r, k, t)}{\partial t} = \left(\frac{\partial f}{\partial r}\right)_{coll} \tag{3}$$

顯然地，我們能夠定義電子群速度 (group velocity) 以及施加外力於電子

$$\frac{dr(k)}{dt} = u(k) \quad \text{和} \quad \frac{dk}{dt} = \frac{F(r, t)}{\hbar} = \frac{-q}{\hbar} E(r, t) \tag{4}$$

從方程式 3 以及 4，可得波茲曼傳輸方程式 (BTE)

$$\frac{\partial f(r,k,t)}{\partial t} + u(k) \cdot \nabla_r f(r,k,t) + \frac{-q\mathscr{E}}{\hbar} \nabla_k f(r,k,t) = \left(\frac{\partial f(r,k,t)}{\partial r} \right)_{coll} \tag{5}$$

在方程式 5 的右邊項，碰撞項目 $(\partial f(r, k, t)/\partial t)_{coll}$ 量化所有電子以及其他粒子的相互作用，如：電子－電子散射、聲學聲子 (phonon)、光學光子 (photon)、g 以及 f 類型的谷間聲子、離子化的雜質、衝擊離子化的散射等。

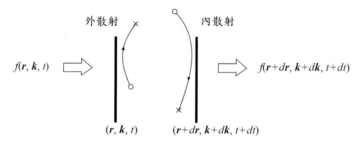

圖 1　在一維相空間 (r, k, t) 的單元

基於在方程式 5 所導出的波茲曼傳輸方程式，我們推導電子的流體動力學模型 (hydrodynamic model, HD model)。為了制定半導體的平衡方程式，將方程式 5 乘上一動量函數 $\chi(k)$，並對整個 k 空間進行積分。

$$\int_{-\infty}^{\infty} \frac{\partial f(r,k,t)}{\partial t} \chi(k)dk + \int_{-\infty}^{\infty} u(k) \cdot (\nabla_r f(r,k,t)) \chi(k)dk$$

$$-\int_{-\infty}^{\infty} \frac{qE}{\hbar} \cdot \nabla_k f(r,k,t) \chi(k)dk = \int_{-\infty}^{\infty} \left(\frac{\partial f(r,k,t)}{\partial t} \right)_{coll} \chi(k)dk \tag{6}$$

藉由進行部分積分，方程式 6 的第一項可以簡化成

$$\int_{-\infty}^{\infty} \frac{\partial f(r,k,t)}{\partial t} \chi(k)dk = \int_{-\infty}^{\infty} \frac{\partial (f(r,k,t)(\chi(k)))}{\partial t}dk$$

$$-\int_{-\infty}^{\infty} f(r,k,t) \frac{\partial \chi(k)}{\partial t}dk \tag{7}$$

$$= \frac{\partial}{\partial t} \int_{-\infty}^{\infty} f(r,k,t) \chi(k)dk$$

由於 $\partial \chi(\boldsymbol{k}) / \partial t = 0$。對於第二項

$$\int_{-\infty}^{\infty} u(\boldsymbol{k}) \cdot (\nabla_r f(\boldsymbol{r}, \boldsymbol{k}, t)) \chi(\boldsymbol{k}) d\boldsymbol{k} = \int_{-\infty}^{\infty} \nabla_r \cdot (u(\boldsymbol{k}) \nabla_r f(\boldsymbol{r}, \boldsymbol{k}, t) \chi(\boldsymbol{k})) d\boldsymbol{k}$$
$$- \int_{-\infty}^{\infty} f(\boldsymbol{r}, \boldsymbol{k}, t) \nabla_r \cdot (u(\boldsymbol{k}) \chi(\boldsymbol{k})) d\boldsymbol{k} \qquad (8)$$
$$= \nabla_r \cdot \int_{-\infty}^{\infty} (u(\boldsymbol{k}) f(\boldsymbol{r}, \boldsymbol{k}, t) \chi(\boldsymbol{k})) d\boldsymbol{k}$$

因爲 $u(\boldsymbol{k})\chi(\boldsymbol{k})$ 與 r 無相依性。對於第三項

$$\int_{-\infty}^{\infty} \frac{q\boldsymbol{E}}{\hbar} \cdot (\nabla_k f(\boldsymbol{r}, \boldsymbol{k}, t)) \chi(\boldsymbol{k}) d\boldsymbol{k}$$
$$= \frac{q\boldsymbol{E}}{\hbar} \cdot \left[\int_{-\infty}^{\infty} \nabla_k (f(\boldsymbol{r}, \boldsymbol{k}, t) \chi(\boldsymbol{k})) d\boldsymbol{k} - \int_{-\infty}^{\infty} f(\boldsymbol{r}, \boldsymbol{k}, t) \nabla_k \chi(\boldsymbol{k}) d\boldsymbol{k} \right]$$
$$= \frac{q\boldsymbol{E}}{\hbar} \cdot \left[f(\boldsymbol{r}, \boldsymbol{k}, t) \chi(\boldsymbol{k}) \Big|_{-\infty}^{\infty} - \int_{-\infty}^{\infty} f(\boldsymbol{r}, \boldsymbol{k}, t) \nabla_k \chi(\boldsymbol{k}) d\boldsymbol{k} \right] \qquad (9)$$
$$= \frac{-q\boldsymbol{E}}{\hbar} \cdot \int_{-\infty}^{\infty} f(\boldsymbol{r}, \boldsymbol{k}, t) \nabla_k \chi(\boldsymbol{k}) d\boldsymbol{k}$$

因爲當 $\boldsymbol{k} = \pm\infty$，分布函數會消失。右手邊項可表示爲

$$\int_{-\infty}^{\infty} \left(\frac{\partial f(\boldsymbol{r}, \boldsymbol{k}, t)}{\partial t} \right)_{coll} \chi(\boldsymbol{k}) d\boldsymbol{k} = \int_{-\infty}^{\infty} \left(\frac{\partial f(\boldsymbol{r}, \boldsymbol{k}, t) \chi(\boldsymbol{k})}{\partial t} \right)_{coll} d\boldsymbol{k} \qquad (10)$$

結合上面方程式，波茲曼傳輸方程式的動量方程式通式變爲

$$\frac{\partial}{\partial t} \int_{-\infty}^{\infty} f(\boldsymbol{r}, \boldsymbol{k}, t) \chi(\boldsymbol{k}) d\boldsymbol{k} + \nabla_r \cdot \int_{-\infty}^{\infty} u(\boldsymbol{k}) f(\boldsymbol{r}, \boldsymbol{k}, t) \chi(\boldsymbol{k}) d\boldsymbol{k}$$
$$+ \frac{q\boldsymbol{E}}{\hbar} \cdot \int_{-\infty}^{\infty} f(\boldsymbol{r}, \boldsymbol{k}, t) \nabla_k \chi(\boldsymbol{k}) d\boldsymbol{k} = \int_{-\infty}^{\infty} \left(\frac{\partial f(\boldsymbol{r}, \boldsymbol{k}, t)}{\partial t} \right)_{coll} \chi(\boldsymbol{k}) d\boldsymbol{k} \qquad (11)$$

我們定義下列的平均數量

$$n(\boldsymbol{r}, t) = \int_{-\infty}^{\infty} f(\boldsymbol{r}, \boldsymbol{k}, t) d\boldsymbol{k} \qquad (12)$$

$$n(\boldsymbol{r}, t) v_{dn}(\boldsymbol{r}, t) = \int_{-\infty}^{\infty} u(\boldsymbol{k}) f(\boldsymbol{r}, \boldsymbol{k}, t) d\boldsymbol{k} \qquad (13)$$

$$n(\boldsymbol{r},t)\omega_n(\boldsymbol{r},t) = \frac{m_n^*}{2}\int_{-\infty}^{\infty}\left|u(\boldsymbol{k})\right|^2 f(\boldsymbol{r},\boldsymbol{k},t)d\boldsymbol{k} \tag{14}$$

$$\frac{1}{2}n(\boldsymbol{r},t)k_B\boldsymbol{T}_n(\boldsymbol{r},t) = \frac{m_n^*}{2}\int_{-\infty}^{\infty}(u(\boldsymbol{k})-v_{dn}(\boldsymbol{r},t))^2 f(\boldsymbol{r},\boldsymbol{k},t)d\boldsymbol{k} \tag{15}$$

以及

$$Q_n(\boldsymbol{r},t) = \frac{m_n^*}{2}\int_{-\infty}^{\infty}(u(\boldsymbol{k})-v_{dn}(\boldsymbol{r},t))\left|u(\boldsymbol{k})-v_{dn}(\boldsymbol{r},t)\right|^2 f(\boldsymbol{r},\boldsymbol{k},t)d\boldsymbol{k} \tag{16}$$

其中，$n(\boldsymbol{r},t)$ 是電子濃度、$v_{dn}(\boldsymbol{r},t)$ 是電子平均速度、$\omega_n(\boldsymbol{r},t)$ 是平均電子能量、$\boldsymbol{T}_n(\boldsymbol{r},t)$ 是電子溫度張量、$Q_n(\boldsymbol{r},t)$ 是熱流向量，以及 m_n^* 是電子有效質量。令方程式 11 之中的 $\chi(\boldsymbol{k}) = 1$，可以得到

$$\frac{\partial}{\partial t}\int_{-\infty}^{\infty}f(\boldsymbol{r},\boldsymbol{k},t)d\boldsymbol{k} + \nabla_r\cdot\int_{-\infty}^{\infty}u(\boldsymbol{k})f(\boldsymbol{r},\boldsymbol{k},t)d\boldsymbol{k} = \int_{-\infty}^{\infty}\left(\frac{\partial f(\boldsymbol{r},\boldsymbol{k},t)}{\partial t}\right)_{coll}d\boldsymbol{k} \tag{17}$$

方程式 12 以及 13 應用於方程式 17，載子密度平衡方程式可得知

$$\frac{\partial n(\boldsymbol{r},t)}{\partial t} + \nabla_r\cdot(n(\boldsymbol{r},t)v_{dn}(\boldsymbol{r},t)) = G-U \tag{18}$$

其中

$$\int_{-\infty}^{\infty}\left(\frac{\partial f(\boldsymbol{r},\boldsymbol{k},t)}{\partial t}\right)_{coll}d\boldsymbol{k} = G-U \tag{19}$$

　　考慮到由於電子產生、再復合所導致的導電帶，以及價電帶之間的耦合作用。G 及 U 分別是產生，以及再復合項。為了推導動量平衡方程式，令在方程式 11 中的 $\chi(\boldsymbol{k}) = u(\boldsymbol{k})$，可以得到

$$\begin{aligned}&\frac{\partial}{\partial t}\int_{-\infty}^{\infty}f(\boldsymbol{r},\boldsymbol{k},t)u(\boldsymbol{k})d\boldsymbol{k} + \nabla_r\cdot\int_{-\infty}^{\infty}u(\boldsymbol{k})f(\boldsymbol{r},\boldsymbol{k},t)u(\boldsymbol{k})d\boldsymbol{k}\\&+\frac{q\boldsymbol{E}}{\hbar}\cdot\int_{-\infty}^{\infty}f(\boldsymbol{r},\boldsymbol{k},t)\nabla_k u(\boldsymbol{k})d\boldsymbol{k} = \int_{-\infty}^{\infty}\left(\frac{\partial f(\boldsymbol{r},\boldsymbol{k},t)u(\boldsymbol{k})}{\partial t}\right)_{coll}d\boldsymbol{k}\end{aligned} \tag{20}$$

根據方程式 13，則方程式 20 的第一項可表示為

$$\frac{\partial}{\partial t}\int_{-\infty}^{\infty} f(\boldsymbol{r},\boldsymbol{k},t)u(\boldsymbol{k})d\boldsymbol{k} = \frac{\partial(n(\boldsymbol{r},t)v_{dn}(\boldsymbol{r},t))}{\partial t} \tag{21}$$

方程式 20 的第二項積分可以表示為

$$\int_{-\infty}^{\infty}(u(\boldsymbol{k})-v_{dn}(\boldsymbol{r},t))(u(\boldsymbol{k})-v_{dn}(\boldsymbol{r},t))f(\boldsymbol{r},\boldsymbol{k},t)d\boldsymbol{k}$$

$$+\int_{-\infty}^{\infty}2v_{dn}(\boldsymbol{r},t)(u(\boldsymbol{k})-v_{dn}(\boldsymbol{r},t))f(\boldsymbol{r},\boldsymbol{k},t)d\boldsymbol{k}+\int_{-\infty}^{\infty}v_{dn}(\boldsymbol{r},t)v_{dn}(\boldsymbol{r},t)f(\boldsymbol{r},\boldsymbol{k},t)d\boldsymbol{k}$$

以及結合方程式 13，可計算出

$$\int_{-\infty}^{\infty}(u(\boldsymbol{k})-v_{dn}(\boldsymbol{r},t))f(\boldsymbol{r},\boldsymbol{k},t)v_{dn}(\boldsymbol{r},t)d\boldsymbol{k}=0$$

根據方程式 12, 15 以及上列的表示式

$$\nabla_r \cdot \int_{-\infty}^{\infty}u(\boldsymbol{k})u(\boldsymbol{k})f(\boldsymbol{r},\boldsymbol{k},t)\boldsymbol{k} = \nabla_r \cdot \left(\frac{n(\boldsymbol{r},t)k_B\boldsymbol{T}_n(\boldsymbol{r},t)}{m_n^*}+n(\boldsymbol{r},t)v_{dn}(\boldsymbol{r},t)^2\right) \tag{22}$$

對於方程式 20 的第三項，簡單假設為拋物線的能帶結構

$$E(\boldsymbol{k}) = \frac{\hbar^2 k^2}{2m_n^*}$$

以及粒子的群速度是

$$u(\boldsymbol{k}) = \frac{1}{\hbar}\frac{dE(\boldsymbol{k})}{d\boldsymbol{k}} = \frac{\hbar k}{m_n^*}$$

因此

$$\nabla_k \cdot u(\boldsymbol{k}) = \nabla_k \cdot \frac{\hbar k}{m_n^*} = \frac{\hbar}{m_n^*}\boldsymbol{I}$$

其中 $\boldsymbol{I}$ 是密度矩陣。因此，從上面的方程式，我們得到

$$\frac{qE}{\hbar} \cdot \int_{-\infty}^{\infty} f(\boldsymbol{r},\boldsymbol{k},t)\nabla_k u(\boldsymbol{k})d\boldsymbol{k} = \frac{qE}{\hbar} \cdot \frac{\hbar}{m_n^*} I \int_{-\infty}^{\infty} f(\boldsymbol{r},\boldsymbol{k},t)d\boldsymbol{k}$$

$$= \frac{qE}{m_n^*} \cdot (n(\boldsymbol{r},t)) \tag{23}$$

對於方程式 20 的右手邊項，可得

$$\int_{-\infty}^{\infty} \left(\frac{\partial f(\boldsymbol{r},\boldsymbol{k},t)u(\boldsymbol{k})}{\partial t} \right)_{coll} d\boldsymbol{k} = \left(\frac{\partial(n(\boldsymbol{r},t)v_{dn}(\boldsymbol{r},t))}{\partial t} \right)_{coll} \tag{24}$$

由方程式 21-24，方程式 20 可以重寫為

$$\frac{\partial(n(\boldsymbol{r},t)v_{dn}(\boldsymbol{r},t))}{\partial t} + \nabla_r \cdot \left(\frac{n(\boldsymbol{r},t)k_B T_n(\boldsymbol{r},t)}{m_n^*} + n(\boldsymbol{r},t)v_{dn}(\boldsymbol{r},t)^2 \right) + \frac{qE}{m_n^*}(n(\boldsymbol{r},t))$$

$$= \left(\frac{\partial(n(\boldsymbol{r},t)v_{dn}(\boldsymbol{r},t))}{\partial t} \right)_{coll} \tag{25}$$

為了推導能量平衡方程式，令方程式 11 中的 $\chi(\boldsymbol{k}) = m_n^* |u(\boldsymbol{k})|^2/2$，我們得到

$$\frac{\partial}{\partial t} \int_{-\infty}^{\infty} f(\boldsymbol{r},\boldsymbol{k},t) \frac{m_n^* |u(\boldsymbol{k})|^2}{2} d\boldsymbol{k} + \nabla_r \cdot \int_{-\infty}^{\infty} u(\boldsymbol{k}) \frac{m_n^* |u(\boldsymbol{k})|^2}{2} f(\boldsymbol{r},\boldsymbol{k},t)d\boldsymbol{k}$$

$$+ \frac{qE}{\hbar} \cdot \int_{-\infty}^{\infty} f(\boldsymbol{r},\boldsymbol{k},t) \nabla_k \left(\frac{m_n^* |u(\boldsymbol{k})|^2}{2} \right) d\boldsymbol{k}$$

$$= \int_{-\infty}^{\infty} \left(\frac{\partial f(\boldsymbol{r},\boldsymbol{k},t) \frac{m_n^* |u(\boldsymbol{k})|^2}{2}}{\partial t} \right)_{coll} d\boldsymbol{k} \tag{26}$$

同樣地，仔細地評估方程式 26 中的每一項，能量平衡方程式可得

$$\frac{\partial(n(\boldsymbol{r},t)\omega_n(\boldsymbol{r},t))}{\partial t} + \nabla_r \cdot (v_{dn}(\boldsymbol{r},t)n(\boldsymbol{r},t)\omega_n(\boldsymbol{r},t) + v_{dn}(\boldsymbol{r},t)n(\boldsymbol{r},t)k_B T_n(\boldsymbol{r},t) + Q_n(\boldsymbol{r},t))$$

$$+ qn v_{dn}(\boldsymbol{r},t)\cdot \mathscr{E} = \left(\frac{\partial(n(\boldsymbol{r},t)\omega_n(\boldsymbol{r},t))}{\partial t} \right)_{coll} \tag{27}$$

結合於波松方程式以及前述的方程式 18, 25 以及 27，可以制定出電子的一組流體動力學模型 (hydrodynamic model, HD model)。對於電洞，我們可以推導出類似的方程式。因此，由七個偏微分方程式組成的一完整電子及電洞之流體動力學模型被推導出。基於更進一步簡化波茲曼傳輸方程式的動量方程式，則流體動力學模型能夠簡化成能量傳輸模型以及漂移－擴散模型（參考 1.8.1 節）。

附錄 J
氧化矽與氮化矽的特性

特性	氧化矽	氮化矽
結構	非晶態	非晶態
密度 (g/cm^3)	2.27	3.1
介電常數	3.9	7.5
介電強度 (V/cm)	$\approx 10^7$	$\approx 10^7$
電子親和力, χ (eV)	0.9	
能隙, E_g (eV)	9	≈ 5
紅外線吸收頻譜 (μm)	9.3	11.5-12.0
熔點 (°C)	≈ 1700	
分子密度 (cm^{-3})	2.3×10^{22}	
分子重量	60.08	
折射率	1.46	2.05
電阻率 (Ω-cm)	$10^{14} - 10^{16}$	$\approx 10^{14}$
比熱 (J/g-°C)	1.0	
熱導率 (W/cm-K)	0.014	
熱擴散率 (cm^2/s)	0.006	
線性熱膨脹係數 (°C^{-1})	5.0×10^{-7}	

註：室溫下的特性

附錄 K
雙極性電晶體的緊密模型

在本附錄中，概要性敘述各種不同雙極性電晶體的工業標準緊密模型 (compact model)。首先，圖 1 是甘梅－普恩模型 (Gummel-Poon model) 的一個等效電路圖。表 1 列出對於所有模型參數詳細的描述。

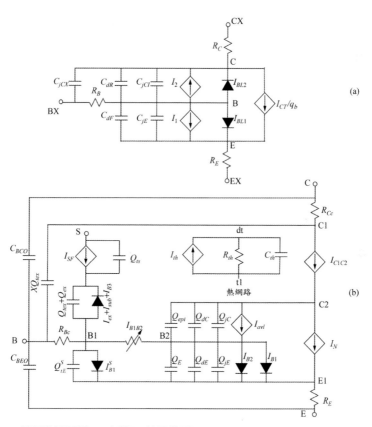

圖 1　*n-p-n* 雙極性電晶體 (a) 甘梅－普恩模型 (Gummel-Poon model) (b) MEXTRAM (c) VBIC 以及 (d) HICUM 的等效電路。在 MEXTRAM 模型中，電流 I_{B1B2} 以及 I_{C1C2} 描述可變電阻器（也稱 R_{Bv} 以及 R_{Cv}）。在 VBIC 模型中，熱的等效電路包含外接於模型的兩個節點，所以局部的加熱及散熱可以連接到熱網 (thermal network)。HICUM 模型的等效電路包含熱網 (thermal network)，用於自我加熱效應的計算。

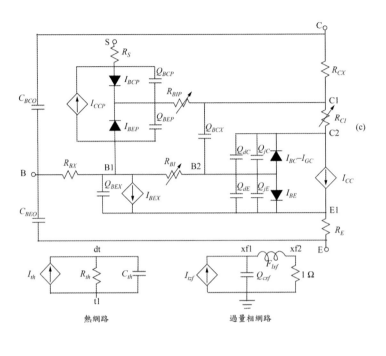

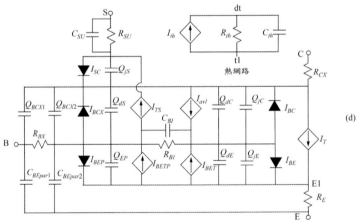

圖 1 （續）

表 1　甘梅—普恩模型 (Gummel-Poon model) 的模型參數列表，並提供參數的預設值。

名稱 (Name)	單位 (Unit)	數值 (Value)	描述 (Description)
I_S	A	1.0×10^{-16}	傳輸飽和電流
B_F	—	100	理想順向最大電流增量
N_F	—	1.0	順向電流理想因子
B_R	—	1.0	理想逆向最大電流增量
N_R	—	1.0	逆向電流理想因子
I_{SE}	A	0.0	基極—射極漏電流
N_E	—	1.5	基極—射極漏電流理想因子
I_{SC}	A	0.0	基極—集極漏電流
N_C	—	2.0	基極集極漏電流理想因子
I_{KF}	A	0.0	順向膝點電流
I_{KR}	A	0.0	逆向膝點電流
R_B	Ω	0.0	零偏壓基極電阻
R_E	Ω	0.0	射極電阻
R_C	Ω	0.0	集極電阻
C_{jEO}	F	0.0	基極—射極零偏壓空乏電容
V_{jE}	V	0.75	基極—射極接面內建電位能
M_{jE}	—	0.33	基極—射極接面指數因子
C_{jCO}	F	0.0	基極—集極零偏壓空乏電容
V_{jC}	V	0.75	基極—集極接面內建電位能
M_{jC}	—	0.33	基極—集極接面指數因子
X_{CJC}	—	1.0	本質基極—集極電容因子
T_F	s	0.0	理想順向傳渡時間
X_{TF}	—	0.0	T_F 偏電壓相依的預係數
V_{TF}	V	0.0	T_F 的 V_{BC} 相依的係數
I_{TF}	A	0.0	T_F 的 I_C 相依性的係數
T_R	s	0.0	逆向傳渡時間
F_C	—	0.5	順向偏電壓電容係數
M	—	1.0	電晶體連接乘數因子

中間的電流源 I_1、I_2 以及 I_{CT}，已知如下

$$I_1 = \frac{I_S}{B_F}\left[\exp\left(\frac{V_B - V_E}{N_F \times V_{th}}\right) - 1\right] \quad \text{和} \quad I_2 = \frac{I_S}{B_R}\left[\exp\left(\frac{V_B - V_C}{N_R \times V_{th}}\right) - 1\right] \tag{1}$$

$$I_{CT} = I_S\left[\exp\left(\frac{V_B - V_E}{N_F \times V_T}\right) - \exp\left(\frac{V_B - V_C}{N_R \times V_T}\right)\right] \tag{2}$$

其中，$V_{th} = kT/q$ 是熱電壓 (thermal voltage)。漏電流 I_{BL1} 以及 I_{BL2} 為

$$I_{BL1} = I_{SE}\left[\exp\left(\frac{V_B - V_E}{N_E \times V_{th}}\right) - 1\right] \quad \text{和} \quad I_{BL2} = I_{SC}\left[\exp\left(\frac{V_B - V_C}{N_C \times V_{th}}\right) - 1\right] \tag{3}$$

此外，基極電荷相關的項 q_b 可以寫成

$$q_b = \frac{q_1}{2} + \sqrt{\left(\frac{q_1}{2}\right)^2 + q_2} \tag{4}$$

其中，

$$q_1 = 1 + \frac{V_B - V_E}{V_{AR}} + \frac{V_B - V_C}{V_{AF}} \tag{5}$$

以及

$$q_2 = \frac{I_S}{I_{KF}}\left[\exp\left(\frac{V_B - V_E}{N_E \times V_{th}}\right) - 1\right] + \frac{I_S}{I_{KR}}\left[\exp\left(\frac{V_B - V_C}{N_R \times V_{th}}\right) - 1\right] \tag{6}$$

顯著地，q_b 是基極電荷 Q_B 以及平衡狀態下基極電荷 Q_{BO} 的比例值。此外，V_{AR} 以及 V_{AF} 分別是逆向以及順向爾力電壓；q_1 模擬爾力效應以及 q_2 模擬共射極電流增益的高電流下降。擴散電容值已知為

$$C_{dR} = \frac{d}{dV_{BC}}\left(T_R \times I_S \times \exp\left(\frac{V_{BC}}{N_R \times V_{th}}\right)\right) \quad \text{和} \quad C_{dF} = \frac{d}{dV_{BE}}\left(\tau_F \times \frac{I_{bf}}{q_b}\right) \tag{7}$$

在此，$V_{BC} = V_B - V_C$、$V_{BE} = V_B - V_E$，有效理想的順向傳渡時間

$$\tau_f = T_F\left[1 + X_{TF} \times \left(\frac{I_{bf}}{I_{bf} + I_{TF}}\right)^2 \times \exp\left(\frac{V_{BC}}{1.44 \times V_{TF}}\right)\right] \tag{8}$$

以及順向擴散電流

$$I_{bf} = I_S\left[\exp\left(\frac{V_{BE}}{N_F \times V_{th}}\right) - 1\right] \tag{9}$$

空乏電容值是

$$C_{jE} = \begin{cases} C_{jEO}\left(1 - \dfrac{V_{BE}}{V_{jE}}\right)^{-M_{jE}} & \text{當} V_{BE} \leq F_C \times V_{jE} \\[4mm] C_{jEO}(1 - F_C)^{-M_{jE}}\left[1 - F_C(1 + M_{jE}) + \dfrac{M_{jE}}{V_{jE}} \times V_{BE}\right] & \text{當} V_{BE} > F_C \times V_{jE} \end{cases} \tag{10}$$

$$C_{jCX} = \begin{cases} (1 - X_{CJC})C_{jCO}\left(1 - \dfrac{V_{BXC}}{V_{jC}}\right)^{-M_{jC}} & \text{當} V_{BXC} \leq F_C \times V_{jC} \\[4mm] (1 - X_{CJC})C_{jCO}(1 - F_C)^{-M_{jC}}\left[1 - F_C(1 + M_{jC}) + \dfrac{M_{jC}}{V_{jC}} \times V_{BXC}\right] & \text{當} V_{BXC} > F_C \times V_{jC} \end{cases} \tag{11}$$

以及

$$C_{jCI} = \begin{cases} X_{CJC} \times C_{jCO}\left(1 - \dfrac{V_{BC}}{V_{jC}}\right)^{-M_{jC}} & \text{當} V_{BC} \leq F_C \times V_{jC} \\[4mm] X_{CJC} \times C_{jCO}(1 - F_C)^{-M_{jC}}\left[1 - F_C(1 + M_{jC}) + \dfrac{M_{jC}}{V_{jC}} \times V_{BC}\right] & \text{當} V_{BC} > F_C \times V_{jC} \end{cases} \tag{12}$$

在此，$V_{BXC} = V_{BX} - V_C$。方程式 1-12 形成甘梅—普恩模型的一組方程式。結合前述的方程式，熱效應是更進一步模擬電流，其中，相關性的參數均列於表 2 中。

$$I_S(T_j) = I_S\left(\frac{T_j}{T_N}\right)^{X_{TI}} \exp\left[\frac{E_g(T_N)}{k \times T_N} - \frac{E_g(T_j)}{k \times T_j}\right] \tag{13}$$

$$I_{SE}(T_j) = I_{SE}\left(\frac{T_j}{T_N}\right)^{\frac{X_{TI}}{N_E} - X_{TB}} \exp\left[\frac{E_g(T_N)}{N_E \times k \times T_N} - \frac{E_g(T_j)}{N_E \times k \times T_j}\right] \tag{14}$$

$$I_{SC}(T_j) = I_{SC}\left(\frac{T_j}{T_N}\right)^{\frac{X_{TI}}{N_C}-X_{TB}} \exp\left[\frac{E_g(T_N)}{N_C \times k \times T_N} - \frac{E_g(T_j)}{N_C \times k \times T_j}\right] \tag{15}$$

$$B_F(T_j) = B_F\left(\frac{T_j}{T_N}\right)^{X_{TB}} \quad 和 \quad B_R(T_j) = B_R\left(\frac{T_j}{T_N}\right)^{X_{TB}} \tag{16}$$

在方程式 13-16 中，能隙 E_g 相依於溫度，參閱 5.7 節。

　　圖 1b 以及表 3 分別是 MEXTRAM 模型的等效電路圖及相關的符號。圖 1c 顯示 VBIC 模型的等效電路圖。VBIC 模型的等效電路圖之所有要素被列在表 4。圖 1d 及表 5 是 HICUM 模型的等效電路圖與相關性的模型符號。

表 2　甘梅─普恩模型 (Gummel-Poon model) 的溫度相依性參數列表

名稱 (Name)	單位 (Unit)	數值 (Value)	描述 (Description)
E_a	eV/K	$7.02\text{x}10^{-4}$	第一能隙修正因子
E_b	K	1108	第二能隙修正因子
X_{TI}	—	3.0	I_S 的溫度指數
X_{TB}	—	0.0	B_F 以及 B_R 的溫度指數

表 3　MEXTRAM 模型的模型符號列表

名稱 (Name)	單位 (Unit)	描述 (Description)
I_{SF}	A	基板故障電流
I_{av1}	A	總累增電流
I_{C1C2}	pA	磊晶層電流
I_N	pA	基本電晶體電流
I_{ex}	nA	外質逆向基極電流
I_{sub}	μA	主電流
I_{B3}	pA	非理想逆向基極電流
I^S_{B1}	A	流經側壁的理想基極電流

名稱 (Name)	單位 (Unit)	描述 (Description)
I_{B1}	nA	理想順向基極電流
I_{B2}	nA	非理想順向基極電流
I_{B1B2}	nA	收縮基極電流
R_{Bc}	Ω	基極的恆定電阻器
R_{Cc}	Ω	集極恆定電阻器
R_E	Ω	射極電阻器
C_{BC0}	F	重疊基極—集極電容
C_{BE0}	F	重疊基極—射極電容
XQ_{tex}	fC	外質基極—集極空乏電荷
Q_{tex}	fC	外質基極—集極空乏電荷
Q_{ex}	fC	外質基極—集極擴散電荷
Q^S_{tE}	fC	來自側壁的空乏電荷
Q_{tS}	C	集極—基板的空乏電荷
Q_{epi}	fC	磊晶層擴散電荷
Q_E	aC	在射極中與電荷相關的電洞積聚
Q_{dC}	aC	基極—集極擴散電荷
Q_{dE}	aC	基極—射極擴散電荷
Q_{jC}	fC	基極—集極空乏電荷
Q_{jE}	fC	基極—射極空乏電荷

表 4　VBIC 模型的模型符號列表

名稱 (Name)	單位 (Unit)	描述 (Description)
I_{CCP}	A	寄生電晶體傳輸電流
I_{BEX}	A	外部基極—射極基極電流
I_{CC}	A	基本電晶體電流
I_{BCP}	A	寄生基極—集極電流
I_{BEP}	A	寄生基極—射極電流
I_{BC}	A	本質基極—集極電流
I_{GC}	A	基極—集極弱累增電流
I_{BE}	A	本質基極—射極電流
I_{th}	A	熱（熱產生）電源
I_{tzf}	A	順向傳輸電流，零相
R_{BX}	Ω	外質基極電阻
R_{S}	Ω	基板電阻
R_{BIP}	Ω	理想寄生基極電阻
R_{BI}	Ω	本質基極電阻
R_{CX}	Ω	外質集極電阻
R_{CI}	Ω	本質集極電阻
R_{E}	Ω	射極電阻
R_{th}	Ω	熱電阻
C_{BCO}	F	基極與集極間的重疊電容
C_{BEO}	F	基極與射極間的重疊電容
C_{th}	F	熱電容
Q_{BEX}	C	外質基極—射極電荷（只有空乏）
Q_{BCP}	C	寄生基極—集極電荷
Q_{BEP}	C	寄生基極—射極電荷
Q_{BCX}	C	外質基極—集極電荷（只有擴散）
Q_{JC}	C	基極—集極擴散電荷
Q_{dE}	C	基極—射極擴散電荷
Q_{jC}	C	基極—集極空乏電荷
Q_{jE}	C	基極—射極空乏電荷

名稱 (Name)	單位 (Unit)	描述 (Description)
Q_{cxf}	C	過量相電路電容
F_{IXF}	H	過量相電路電感

表 5　HICUM 模型的模型符號列表

名稱 (Name)	單位 (Unit)	描述 (Description)
I_{SC}	A	集極－基板飽和電流
I_{BCX}	A	外部基極－集極飽和電流
I_{BEP}	A	周邊基極－射極飽和電流
I_{TS}	A	基板電晶體傳輸電流飽和電流
I_{BETP}	A	周邊基極－射極穿隧飽和電流
I_{av1}	A	累增產生電流
I_{BET}	A	基極－射極穿隧飽和電流
I_{BC}	A	內部基極－集極飽和電流
I_{BE}	A	內部基極－射極飽和電流
I_T	A	基本電晶體電流
I_{th}	A	熱（熱產生）電源
R_{BX}	Ω	外質基極電阻
R_{SU}	Ω	基板電阻
R_{B1}	Ω	本質基極電阻
R_{CX}	Ω	外質集極電阻
R_E	Ω	射極電阻
R_{th}	K/W	熱電阻
C_{BEpar}	F	射極－基極絕緣電容
C_{SU}	F	分流電阻（由基板介電係數所造成）
C_{B1}	F	本質基極電容
C_{th}	Ws/K	熱電容
Q_{BCX}	C	外質基極－集極電荷
Q_{jS}	C	基板空乏電荷
Q_{dS}	C	基板擴散電荷

名稱 (Name)	單位 (Unit)	描述 (Description)
Q_{EP}		寄生射極電荷
Q_{dC}	C	基極－集極擴散電荷
Q_{dE}	C	基極－射極擴散電荷
Q_{jC}	C	基極－集極空乏電荷
Q_{jE}	C	基極－射極空乏電荷

附錄 L
浮動閘極記憶體效應的發現

    在 1967 年的春天，姜大元 (Dawon Kahng) 與施敏 (Simon Sze) 發現了浮動閘極記憶體 (floating-gate memory, FGM) 效應 [1]。當時，他們兩位都是位於美國新紐澤西州默里山 (Murray Hill) 的美國電話電報公司貝爾研究室 (AT&T Bell Laboratory) 半導體元件部門的技術人員，任務是研究先進的電晶體以及開發新的元件概念。姜大元與施敏知道磁心記憶體 (magnetic core memory, MCM) 可使用於大型電腦，以及所有的通訊設備中，雖然磁心記憶體是非揮發性的 [2]，但是它遭遇到不少的缺點，包含大的形狀因子、高的功率消耗以及長的存取時間。此外，磁心記憶體與現有的半導體技術並不相容。

    由於這些的缺點，姜大元與施敏很有興趣探討使用半導體技術來開發出非揮發性記憶體元件的可行性。某一天，在默里山簡餐咖啡廳的午餐時，姜大元提出含有金氧半 (MOS) 電容器串聯一個非線性電阻器的電路方塊。然而，對於長的儲存時間，電阻器的非線性會是非常大。施敏隨後提出金氧半電容器串聯於一個蕭特基二極體的電路架構。結果發現在長的儲存時間，外加電壓將會非常高，而且趨近於崩潰的程度。姜大元與施敏終於提出一個新的想法，使用一金屬層埋入在介於頂部金屬閘極，以及傳統金屬半場效電晶體的通道之間氧化層內 [3]。閘極堆疊是由金屬－上部絕緣體－浮動閘極－下部絕緣體－半導體四層式堆疊的元件結構。浮動閘極 (floating gate, FG) 作為電荷儲存層會被絕緣體所環繞以得到最小的電荷洩漏。姜大元與施敏作了元件特性的理論性分析與設計實驗性元件結構，並由施敏的兩位技術助理喬治‧卡雷 (George Carey) 與安迪‧洛亞 (Andy Loya) 製作出實驗性元件結構。研究室的小組督導者馬蒂‧萊普塞爾特 (Marty Lepselter) 提出建議採用鋯 (Zr) 作為浮動閘極材料，因為鋯的表面容易氧化形成氧化鋯 (ZrO_2)，

以作爲上部絕緣體。量測結果與理論分析具有一致性，以及其中之一的第
一個浮動閘極記憶體結構具有較長且大於一小時的儲存時間。姜大元與施敏
在 1967 年 5 月 16 日投稿 *Bell System Technical Journal* 期刊論文，闡述浮
動閘極記憶體效應的發現，此論文發表於 1967 年 7 月 1 日 [BSTJ, Vol. 46,
p.1288-1295 (1967)][#]。

　　最初，姜大元與施敏的想法僅是以浮動閘極記憶元件結構來取代磁心
記憶體，但是此一元件的應用已經遠遠超過他們原有的或任何其他所想像
的 [4,5]。在 1983 年，浮動閘極記憶體被日本任天堂公司採用於遊戲機操縱台
(game console)，使遊戲機可以順利的重新啓動。在 1984 年，浮動閘極記憶
體在個人電腦之中用來作爲基本輸入以及輸出系統 (BIOS)，以便於在系統
開啓後啓動電腦。其次，浮動閘極記憶體已能夠合乎所有的現代化電子的系
統的發明，例如：數位手機（在 1990 年以及在 2007 年的智慧型手機）、
固態驅動器 (1991)、快閃記憶卡 (1992)、平板電腦 (1995)、個人數位助理
機 (1995)、數位影音播放器 (1997)、MP3 音樂播放器（1998 年以及在 2004
年的 iPod）、全球定位系統 (GPS)(1998)、數位照相機 (1999)、投影電視機
(1999)、通用串列匯流排 (USB)(2000)、快閃驅動器 (2000)、數位影音錄放
影機 (2002)、數位電視機 (2003)、電子書 (2004)、智慧電網 (2005)、雲端運
算 (2006)、先進駕駛輔助系統 (2009)、3D 列印機 (2010)、超輕薄筆記型電
腦 (2011)、大數據 (2011)、智慧型手錶 (2013)、物聯網 (2013)、虛擬與混成
實境播放器 (2016)，以及先進的人工智慧 (2020)。

　　在過去的五十年來，浮動閘極記憶體已經從電荷儲存的觀念進化到變成
第四次工業革命的主要技術驅動器。以浮動閘極記憶體爲基礎的系統應用，

[#]　1967 年 6 月 5 日，美國貝爾研究室也申請專利，名稱爲「具有記憶性且包含電荷載子
　　捕獲的場效半導體裝置 (Field Effect Semiconductor Apparatus with Memory Involving
　　Entrapment of Charge Carriers)」，在 1970 年 3 月 10 日取得專利證書，專利號碼爲
　　3,500,142。

幾乎改善人類社會的每一個面向並爲人類帶來無法預料的利益。爲了滿足不斷增長的需求，每年浮動閘極記憶體元件比起其他半導體元件有更大量的生產。僅在 2020 年一年之內，浮動閘極記憶體元件 (2.5×10^{21}) 運送的數量比電晶體（雙極性與金氧半型）整個歷史性所生產數量更多[6]。目前，在全世界上有 220 億兆浮動閘極記憶體 (FGM) 元件，對於每位男士、女士與小孩使用超過一兆記憶體元件，使得浮動閘極記憶體元件成爲我們現代的社會一個不可或缺的半導體元件。

參考文獻

1. D. Kahng and S. M. Sze. "A Floating Gate and its Application to Memory Devices." *Bell Syst. Tech.* J. 46, 1288 (1967).

2. A. Wang and W. D. Woo, "Static Magnetic Storage and Delay Line." *J. Appl. Phys.*, 21, 49 (1950).

3. For a discussion of MOSFET and nonvolatile memory devices, see for example: S. M. Sze and M. K. Lee. *Semiconductor Devices: Physics and Technology*, 3rd Ed.. Wiley. New Jersey, 2013.

4. C. Y. Lu and H. Kuan, "Nonvolatile Semiconductor Memory Revolutionizing Information Storage." *IEEE Nanotech. Mag..* 3. 4 (2009).

5. T. Coughlin. "Storage in Media and Entertainment: The Flash Advantage." *Flash Memory Summit* 2016.

6. World Semiconductor Trade Statistics (WSTS), 2020.

索引 Index

國家圖書館出版品預行編目 (CIP) 資料

半導體元件物理學 / 施敏, 李義明, 伍國珏著；顧鴻壽, 陳密譯.
-- 初版. -- 新竹市：國立陽明交通大學出版社, 2022.06-

　冊；　公分. --（電機電子系列）

譯自：Physics of semiconductor devices, 4th ed.

ISBN 978-986-5470-28-9(上冊：平裝)

1.CST: 半導體

　　　　　448.65　　　　　　　　　　　111005799

電機電子系列

半導體元件物理學第四版（上冊）
Physics of Semiconductor Devices Fourth edition Volume.1

作　　　者：施敏、李義明、伍國珏
譯　　　者：顧鴻壽、陳密
編輯校對：顧子念、顧文舒
封面設計：柯俊仰
美術編輯：黃春香
責任編輯：程惠芳

出 版 者：國立陽明交通大學出版社
發 行 人：林奇宏
社　　長：黃明居
執行主編：陳怡慈
編　　輯：郭家堯
行　　銷：蕭芷芃
地　　址：新竹市大學路 1001 號
讀者服務：03-5712121 #50503 　（週一至週五上午 8:30 至下午 5:00）
傳　　真：03-5731764
e - m a i l：press@nycu.edu.tw
官　　網：https://press.nycu.edu.tw
FB 粉絲團：https://www.facebook.com/nycupress
製版印刷：華剛數位印刷有限公司
初版日期：2025 年 3 月三刷
定　　價：900 元
I S B N　：978-986-5470-28-9
G P N　：1011100545

展售門市查詢：
　陽明交通大學出版社 https://press.nycu.edu.tw
　三民書局（臺北市重慶南路一段 61 號））
　　網址：http://www.sanmin.com.tw　電話：02-23617511
或洽政府出版品集中展售門市：
　國家書店（臺北市松江路 209 號 1 樓）
　　網址：http://www.govbooks.com.tw　電話：02-25180207
　五南文化廣場（臺中市西區台灣大道二段 85 號）
　　網址：http://www.wunanbooks.com.tw　電話：04-22260330